Die physikalischen und chemischen Grundlagen der Glasfabrikation

Von

Hermann Salmang

o. Professor em. der Technischen Hochschule Aachen

Mit 115 Abbildungen

Springer-Verlag

Berlin / Göttingen / Heidelberg

1957

ISBN-13: 978-3-642-92715-7   e-ISBN-13: 978-3-642-92714-0

DOI: 10.1007/978-3-642-92714-0

Vorwort

Die Wissenschaft vom Glase ist infolge der Anwendung neuer physikalischer Auffassungen und Methoden derart in Breite und Tiefe angeschwollen, daß es dem Ingenieur und dem Studenten immer schwieriger wird, die wissenschaftlichen Fundamente zu übersehen. Es ist Zweck dieses Buches, den Zusammenhang zwischen der Grundlagenforschung einerseits und der Glaschemie und der Technologie andererseits wieder herzustellen. Vielleicht kann dieses Buch auch dem Physiker und anorganischen Chemiker eine erste Hilfe zum Überschreiten der tiefen Kluft zwischen Wissenschaft und Praxis des Glasmachens werden.

Zu diesem Zwecke sind die Originalveröffentlichungen der letzten 30 Jahre gesichtet und extrahiert worden. Leider mußten wertvolle Veröffentlichungen an Hand vorliegender Extrakte benutzt werden, wenn die betreffende Sprache dem Verfasser fremd war. Gerne würde er über hierdurch oder auch durch andere Ursachen eingeschlichene Fehler Hinweise empfangen.

Der Leser wird gebeten, in diesem Buche nur das zu suchen, was durch den Titel versprochen wurde: Das heißt, hier liegt kein Buch über die Technologie des Glases vor. Deren gibt es genug. Es liegt auch kein Buch vor, in dem die Untersuchungsmethoden des glastechnischen Laboratoriums beschrieben werden. Auch hierüber gibt es hinreichendes Material in den Büchern und in den Veröffentlichungen der vielen Fachausschüsse und Normenkommissionen der verschiedenen Länder.

Dagegen wurde das Ziel verfolgt, ein Buch anzubieten, das auf knappstem Raume, also in lakonischer Sprache, das Wichtige umfaßt. Demjenigen, der tiefer graben will, sind durch die jeder Seite beigegebenen Literaturzitate die Wege gewiesen.

Der Verfasser möchte an dieser Stelle allen seinen Dank aussprechen, die ihn bei der Literatursammlung unterstützt haben. Das gilt besonders der *Deutschen Glastechnischen Gesellschaft*, der *N. V. de Sphinx* in Maastricht, Herrn R. H. Lehmann in Maastricht, der *N. V. Verenigde Glasfabrieken* in Schiedam und der *Bibliothek der Technischen Hochschule Aachen*.

Maastricht (Holland), im Dezember 1956
Plenkershoven 23

H. Salmang

Inhaltsverzeichnis

I. Der glasige Zustand

A. Definition der Gläser und ihre Stellung im Periodischen System

Die in der Glasindustrie hergestellten Gläser lassen sich durch die Definition der *American Society for Testing Materials* hinreichend kennzeichnen:

Glas ist ein anorganisches Schmelzprodukt, das abgekühlt ist ohne zu kristallisieren.

Doch gibt es viele Gläser, die nach ihrer Bildung ebenfalls die Festigkeit und Sprödigkeit von Glas besitzen, nicht kristallisiert sind und doch nicht wie die technischen Gläser aus Verbindungen von Sauerstoffsäuren des Siliziums, Bors, Phosphors usw. bestehen. K. H. Sun[1] hat die folgende Einteilung der Glasstoffe gegeben:

1. Gläser, nur anorganisch,
2. Plastika, nur organisch,
3. Zwischenstufen, z. B. Silikone, organmetallische Stoffe usw.

Die unter 1. genannten *Gläser* lassen sich wieder einteilen in

1. Elemente,
2. Oxyde,
3. Halogenide
4. Sulfide und Homologe
5. Verschiedene

1. Glasige Elemente

Zu diesen zählt vor allem der *Sauerstoff*, da er bei tiefen Temperaturen viskos und bei schneller Abkühlung spröde wird. Ferner gehört hierher der von 250° abgekühlte *Schwefel*. Er ist in CS_2 unlöslich, bei tiefen Temperaturen spröde und zu Fäden ausziehbar. Die S_8-Ringe des rhombischen Schwefels sind im Glas zu langen Ketten ausgezogen, die die Ursache des glasigen Zustandes sind. *Selen* bildet ebenso wie Schwefel ein sprödes Glas, das aus langen Se-Ketten besteht. Es bildet Gläser mit Phosphor und Schwefel. Letztere haben hohen Brechungsindex. Auch *Tellur* kann glasig erstarren. Alle diese Elemente gehören zur 6. Gruppe des Periodischen Systems.

2. Oxydgläser

a) Mit Wasserstoffbindung. Die Phosphorsäuren HPO_3 und H_3PO_4 erstarren glasig. Schnell strömendes Wasser erstarrt bei —190° zu einer starr amorphen Masse[2]. Zweifellos sind in allen Fällen H-Brücken hierfür verantwortlich.

---

[1] Sun, K. H.: Glass Industry, Bd. 27 (1946) S. 552.

[2] Luyet, B. J.: Phys. Rev. Bd. 56 (1939) S. 1244, J. Am. Inst. Phys. (1941) S. 420.

b) Glasige Oxyde. B_2O_3, SiO_2, GeO_2, ZrO_2, In_2O_3, P_2O_3, Tl_2O_3, P_2O_5, As_2O_5, Sb_2O_3, Sb_2O_5, Bi_2O_3, V_2O_5, SO_3. Alle diese Oxyde bilden innerhalb bestimmter Grenzen der Zusammensetzung mit Metalloxyden ebenfalls Gläser. Tl_2SO_4, $K_2S_2O_7$, $Na_2S_2O_3 \cdot 5H_2O$, $KHSO_4$[1] und Alaune erstarren ebenfalls glasig. Bei letzteren sind wahrscheinlich H-Brücken wirksam. Unter Druck entsteht glasiges $K_2Mg(CO_3)_2$[2], durch Abschrecken aus der Schmelze ferner glasiges $NaNO_3$, KNO_3 und $AgNO_3$[3] und glasiges $KNO_3 - Ca(NO_3)_2$[4].

3. Halogenidgläser

Die Bindungskräfte sind hier geringer, die Gläser weicher. BeF_2 ist der einzige echte Glasbildner unter den *Fluoriden*. Kleine Mengen von F sind wahrscheinlich an Kationen gebunden als Glas in Trübgläsern vorhanden. Das polymere $(PNF_2)_n$ ist gummiartig glasig. Auch AlF_3 und MgF_2 konnten glasig erhalten werden. Von den anderen *Halogenen* sind als glasig erkannt: $AgCl$, $AgBr$, AgJ, ferner $PNCl_2$, $PbCl_2$, $SnCl_2$ und $PbBr_2$[5].

4. Sulfidgläser

CS_2 unter Druck erstarrt glasig, GeS_2, As_2O_3, Sb_2O_3, außerdem sind nach Versuchen von A. WINTER[5] B_2S_3, SnS, Ga_2S_3, Jn_2S_3, N_2S_5, Tl_2S_3, P_2S_5, As_2S_5, Bi_2S_3 und GeS_2 glasig. Fast alle *Selenide* und *Telluride* der hier erwähnten Elemente erstarren glasig, auch einige interessante Mischverbindungen dieser Gruppe, z. B. CSSe.

B. Die elektronischen Ursachen des glasigen Zustandes

Die Schale eines Atoms gleicht der Schale einer Zwiebel, d. h. sie besteht aus verschiedenen Lagen. Diese Lagen werden durch die elliptischen Laufbahnen der negativ geladenen Elektronen um den positiv geladenen Kern gebildet. Jede Lage hat ihre eigene maximale Anzahl von Elektronen. Nur die äußere Schicht hat je nach Atomart 1 bis 7 Elektronen zu wenig, verglichen mit dem Maximum von 8 äußeren Elektronen, wie sie in den Edelgasen vorliegen. Die 1 bis 7 Elektronen sind die chemischen Valenzelektronen.

Jede Lage ist noch in Subniveaus (l, m, n usw.) unterteilt, deren jede 2 Elektronen enthält. Diese beiden Elektronen drehen sich in umgekehrtem Sinn um ihre eigene Achse (Spin) außer ihrer Rotation um den Kern. Jedes Elektron ist durch 4 Quantenzahlen definiert. Ein Sub-

---

[1] WEYL, W. A. u. T. FÖRLAND: Journ. Amer. ceram. Soc. Bd. 33 (1950) S. 186.
[2] EITEL, W. u. W. SKALIKS: Z. anorg. allg. Chem. Bd. 183 (1929) S. 263.
[3] TAMMANN, G.: Aggregatzustände, Leipzig 1922.
[4] DIETZEL, A. u. H. J. POEGEL: III. Internat. Kongreß f. Glas. Venedig, 1953.
[5] WINTER, A.: C. R. Bd. 240 (1955) S. 73, Cah. Phys. Mai-Juni (1955) 57/58 S.10.

niveau wird durch die Quantenzahl l gekennzeichnet, die für $l = 0$ auch als s, für $l = 1$ auch als p bezeichnet wird.

Die Elemente, die als Glasbildner auftreten können, haben folgenden Bau der äußeren Elektronenschalen:

Gruppe VI	(O, S, Se, Te)	$s^2\,p^4$
Gruppe V	(N, P, As, Sb, Bi)	$s^2\,p^3$
Gruppe IV	(C, Si, Ce, Sn, Pb)	$s^2\,p^2$
Gruppe III	(B, Al, Ga, In, Tl)	$s^2\,p$

Nach A. WINTER[1] sind die Elemente der Gruppe VI mit je 4 p-Elektronen die einzigen Elemente, die zu Gläsern erstarren. Auch ihre Mischungen oder Verbindungen erstarren glasig.

Elemente der Gruppen VI bis III können trotz geringerer Anzahl von p-Elektronen miteinander Glas bilden. Aber das Verhältnis der Anzahl der p-Elektronen zur Zahl der Atome darf nicht kleiner werden als 2.

A. WINTER zeigt das am Beispiel der Natriumsilikate:

Tabelle 1

	SiO_2	$Na_2O \cdot 2SiO_2$	$Na_2O \cdot 2CaO \cdot 3SiO_2$	$Na_2O \cdot SiO_2$	$3Na_2O \cdot 2SiO_2$	$2Na_2O \cdot SiO_2$
Zahl der Atome	3	9	16	6	15	9
Zahl der p-Elektronen	10	24	42	14	32	18
Verhältnis von p zur Zahl der Atome	3,3	2,66	2,63	2,33	2,1	2
		gute Gläser, verglasen leicht		weiche Gläser, entglasen gern		keine Glasbildung

Es kommt nicht darauf an, ob die Mehrzahl der p-Elektronen von einem Atom der Gruppe VI geliefert werden. Gläser aus Halogenverbindungen (Gruppe VII) können ebenfalls glasen, wenn nur ihre mittlere Anzahl von p-Elektronen größer als 2 ist (Tab. 1). A. WINTER hat durch Kombinationen von Atomen mit hinreichend großen Mengen von p-Elektronen eine große Zahl von Gläsern herstellen können, die bisher unbekannt waren. Dagegen konnte in keinem Fall der glasige Zustand erzielt werden, wenn die mittlere Anzahl der p-Elektronen kleiner als 2 war.

Es ist das Verdienst dieser Theorie, daß die Ursachen des glasigen Zustandes nicht der Gegenwart bestimmter Atomarten zugeschrieben werden, sondern daß die tieferen Ursachen, nämlich der elektronische Bau der äußeren Hüllen der Atome, herausgestellt worden sind. Die Rolle eines glasbildenden Elements wird auf diese Weise durch die einer glasformende Bindung ersetzt, die durch das p-Elektron bewirkt wird. Sie ist eine *gerichtete Bindung* und ist abhängig von dem Abstand der benachbarten Elektronen und der Lage der Elektronenbahn, die für die p-Elektronen die für die kovalente Bindung charakteristische Form einer länglichen Acht hat. Dasselbe besagt in anderer Form die S. 12 beschriebene Theorie von A. SMEKAL, allerdings nicht auf elektronischem, sondern auf atomischem Niveau.

---

[1] WINTER, A.: C. R. Bd. 240 (1955) S. 73, Cah. Phys. Mai-Juni (1955) 57–58 S. 10.

Ferner ist hier zum ersten Male die überragende Bedeutung des Anions als Hauptglasbildner erkannt worden. Wie im folgenden gezeigt werden wird, ist nämlich bisher nur das Kation als glasbildendes Ion angesehen worden.

C. Kristallchemische Auffassung der Glasstruktur

1. Glas als Ionenstruktur

Nach V. M. GOLDSCHMIDT[1] sind die Gläser aus Ionen nach denselben Gesetzen wie die Kristalle aufgebaut. Für sie gelten daher dieselben Regeln, wie sie allgemein in der sog. Kristallchemie angewandt werden. Wir haben sie uns daher als dichteste Packungen voneinander berührenden Kugeln vorzustellen. Entscheidend für die Packung ist der *Ionenradius*, seine freie *Ladung* und der Grad der *Polarisation*. GOLDSCHMIDT versteht unter Polarisation die Verformung der äußeren Elektronenschale durch die Ladung der benachbarten Ionen. Wie später ausgeführt werden wird, ist unter Umständen neben den Ionen selbst auch mit der Anwesenheit von Molekülen in der Form von Dipolen zu rechnen. Der Unterschied zwischen den Kristallen und den Gläsern besteht nur darin, daß erstere Raumgitter von sich regelmäßig folgenden Ionen darstellen. Ihre elektrischen Ladungen gleichen einander aus, so daß der Kristall elektrisch neutral ist bis auf seine Oberfläche, die auch freie Valenzen besitzt.

Die Gläser hingegen besitzen nicht diesen hohen Ordnungsgrad. Obwohl auch in ihrem Inneren Ausgleich der elektrischen Ladungen der Ionen vorhanden ist, fehlt der strenge Gitteraufbau der Kristalle. Daher sind die Röntgeninterferenzen von Kristallen scharf begrenzte Linien oder Punkte, die von Gläsern verwaschene Banden.

Aber auch diese Neutralität des Inneren von Kristallen und Gläsern ist nur ein relativer Begriff. Sie gilt nur für ideale Kristalle, die selten sind und eigentlich nur für deren Mosaikbausteine, aus denen auch der ideale Einkristall aufgebaut ist (10^{-6} bis 10^{-4} cm). Die Gitterstörungen der Kristalle und Gläser bestehen aus nicht besetzten Gitterplätzen oder Fremdionen, die beide die elektrische Neutralität in Frage stellen[2].

In Kristallen und Gläsern wird der Ausgleich der Ladungen dadurch erreicht, daß jedes Kation von Anionen, jedes Anion von Kationen umgeben ist. Mit den umgebenden Anionen bildet ein Kation zusammen eine Raumgruppe. Ein Kristall oder Glas besteht also aus so viel Arten von Raumgruppen wie Arten von Kationen vorhanden sind. Nach GOLDSCHMIDT sind nur solche Kationen zur Glasbildung befähigt, die sowohl kleinen Radius wie auch hohe elektrostatische Ladung haben, was sich übrigens wechselseitig bedingt. Ein kleines Kation, wie z. B. Si, das die hohe Ladung 4 hat, umgibt sich mit so viel von den viel größeren Anionen, daß es mit ihnen raumerfüllte Körper bildet. 1 Si^{4+}-Ion paßt gerade in den Hohlraum, den 4 O^{2-}-Anionen zwischen sich bilden. Das

---

[1] GOLDSCHMIDT, V. M.: Trans. Faraday Soc. Bd. 25 (1929) S. 253.
[2] Chemistry of the Defect State von A. L. REES, London 1954 (Methuen).

Ganze bildet ein SiO_4-Tetraeder. Da jedes O^{2-}-Anion nur mit einer Wertigkeit an das Si gebunden ist, sind Bindungen frei, um andere Tetraeder zu binden. So entstehen Ketten, Flächennetze und Raumnetze, deren Elemente SiO_4-Tetraeder sind. Da viele O^{2-}-Ionen verschiedenen Tetraedern angehören, ist im Kristall oder Glas das Verhältnis O : Si kleiner als 4. Im Quarz z. B. ist es wegen der Bindung der Si^{4+}- und der O^{2-}-Ionen nach allen Richtungen nur gleich 2.

Je größer der Kationenradius ist, desto mehr Anionen sind erforderlich, um seine positiven Ladungen abzuschirmen und eine stabile Raumgruppe zu bilden. Diese Raumgruppen haben meist einen Ladungsüberschuß, der ihnen abstoßende Kräfte verleiht. Deshalb sind sie nie vollständig aneinander mit Flächen angelagert, nur selten mit Kanten, sondern fast immer nur durch gemeinsame Ecken verbunden. Die so entstandenen Raumgebilde sind so stabil, daß Umwandlungen in andere Atomgruppierungen nur langsam verlaufen.

Zur Glasbildung sind nach GOLDSCHMIDT nur folgende Kationen befähigt: Der Radius muß kleiner als 0,8 A sein, ihre Valenz muß 3, 4 oder 5 sein, und es müssen 8 Außenelektronen vorhanden sein (Edelgastypus). Hinzu kommt aber die oben bereits beschriebene Forderung von A. WINTER bestimmter Anionen mit 4 p-Elektronen der Außenschale. Die nur sehr beschränkt zur Glasbildung befähigten Halogene haben 5 p-Elektronen in der Außenschale.

Bemerkenswert ist deren großer Radius:

O^{2-}	.... 1,40 A	F^-	.... 1,36 A
S^{2-}	.... 1,84 A	Cl^-	.... 1,81 A
Se^{2-}	.... 1,98 A	Br^-	.... 1,95 A
Te^{2-}	.... 2,21 A	J^-	.... 2,16 A

Die von GOLDSCHMIDT gestellte Forderung der größten Packungsdichte einer Raumgruppe bedingt, daß das Verhältnis der Ionenradien etwa 0,3 sein muß:

$$SiO_2 : 0,39 : 1,32 = 0,29$$
$$GeO_2 : 0,44 : 1,32 = 0,33$$
$$BeF_2 : 0,34 : 1,33 = 0,26$$

2. Die glasbildenden Kationen

Die hier beschriebenen Forderungen an die Eigenschaften der Kationen werden nur von wenigen Elementen im Periodischen System erfüllt. Die meisten Elemente wirken, selbst, wenn sie ins Glas eingebaut werden, schwächend auf seine glasige Struktur unter Beförderung der Kristallisation. Daher muß ein Unterschied gemacht werden zwischen *Netzwerkbildnern* und *Netzwerkwandlern*. Dazwischen besteht eine *Zwischengruppe*, deren Glieder je nach Glaszusammensetzung sowohl als Former wie auch als Wandler auftreten können[1]. Die Tatsache, daß nur 3-, 4- oder 5wertige Elemente als Glasbildner auftreten können, bedingt von selbst, daß die auf der linken Hälfte des Periodischen Systems aufgeführten Alkalien und Erdalkalien zu den Wandlern gerechnet werden müssen. In der Mitte, also der 3., 4. und 5. Gruppe befinden sich die

---

[1] STEVELS, J. M.: J. Soc. Glass Technol. Bd. 30 (1946) S. 173; STANWORTH, J. E.: J. Soc. Glass Technol. Bd. 30 (1946) S. 54.

wichtigsten Glasbildner B, Si, Ge, P, As und Sb. Zwischen beiden ist ein Streifen, der die Elemente der Zwischengruppe umfaßt: Al, Zn, Cd, Be, Ti, Zr, Sn, Tl, Pb.

Die Fähigkeit zur Glasbildung muß in den Bindungskräften der benachbarten Ionen zu suchen sein. K. H. Sun[1] sucht sie in der Stärke der Einzelbindung von Kation und O^{2-}-Anion. A. Dietzel[2] sucht sie in der Feldstärke z/a^2, wo z die Wertigkeit (= Ladung) und a den Abstand Kation-O^{2-}-Anion bedeutet. J. E. Stanworth[3] sucht sie in der Elektronegativität der Kationen, d. i. ihre Neigung, Elektronen an sich zu ziehen.

Die folgende Tabelle gibt eine Zusammenstellung ihrer Ergebnisse:

Tabelle 2

Kation	Radius A	Valenz	Abstand Kation-Anion	z/a^2	Koord. Zahl	Bindungsstärke	Elektronegativität
			Glasformer				
B	0,25	3	1,57	1,65	3	119	2,0
Si	0,39	4	1,60	1,57	4	106	1,8
Ge	0,44	4	1,66	(1,75)	4	108	1,8
Al	0,57	3	1,76	0,97	4	101—79	
B	0,25	3	1,44	1,45	4	89	
P	0,34	5	1,55	2,08	4	111—88	2,1
V	0,59	5	1,80	(1,85)	4	112—90	
As	0,46	5	1,68	(2,15)	4	87—70	2,0
Sb	0,63	5	1,84	(1,76)	4	85—68	1,8
Zr	0,87	4	2,19		6	81	
Mn	0,52	4	1,74	(1,60)	4		
Fe	0,67	3	1,88	(1,02)	4		
Co	0,82	2	2,02	(0,59)	4		
			Zwischengruppe				
Ti	0,64	4	1,96	(1,25)	6	73	1,6
Zn	0,83	2	2,03	(0,59)	„2"	72	
Pb	1,32	2			„2"	73	
Al	0,57	3	1,89	0,84	6	53—67	1,5
Th	1,10	4	2,52	0,69	8	64	
Be	0,34	2	1,53	0,87	4	63	1,5
Zr	0,87	4	2,19	0,78	8	61	1,6
Cd	1,03	2	2,35	(0,44)	„2"	60	
			Netzwerkwandler				
Sc	0,83	3	2,15	0,65	6	60	
La	1,22	3	2,64	0,44	7	58	
Y	1,06	3	2,48	0,49	8	50	
Sn	0,71	4			6	46	
Ga	0,62	3			6	45	
In	0,92	3	2,24	(0,72)	6	43	
Th	1,10	4	2,52	0,64	12	43	
Pb	0,84	4	2,10	(1,03)	6	39	
Mg	0,78	2	2,10	0,45	6	37	
Li	0,78	1	2,10	0,23	4	36	1,0
Pb	1,32	2			4	36	
Zn	0,83	2	2,03	(0,59)	4	36	

[1] Sun, K. H: J. Amer. Ceram. Soc. Bd. 30 (1947) S. 279.
[2] Dietzel, A.: Z. Elektrochem. Bd. 48 (1942) S. 9.
[3] Stanworth, J. E.: J. Soc. Glass. Technol. Bd. 30 (1946) S. 54.

Tabelle 2 (Fortsetzung)

Kation	Radius A	Valenz	Abstand Kation-Anion	z/a^2	Koord. Zahl	Bindungs-stärke	Elektro-negativität
			Netzwerkwandler				
Ba	1,43	2	2,86	0,24	8	33	0,9
Ca	1,06	2	2,48	0,33	8	32	1,0
Sr	1,27	2	2,70	0,27	8	32	1,0
Cd ·	1,03	2			4	30	
Na	0,98	1	2,30	0,19	6	20	0,9
Cd	1,03	2	2,35	(0,99)	6	20	
K	1,33	1	2,76	0,13	9	13	0,8
Rb	1,49	1			10	12	0,8
Cs	1,65	1			12	10	0,7
Mn	0,70	3	2,02	(0,88)	6		
Mn	0,91	2	2,23	(0,48)	6		
Fe	0,67	3	1,99	(0,91)	6		
Fe	0,83	2	2,15	(0,52)	6		
Co	0,46	3	1,98	(0,92)	6		
Co	0,82	2	2,14	(0,53)	6		

In dieser Tabelle sind nach DIETZEL die Feldstärken einiger Ionen, meist vom Nichtedelgascharakter willkürlich um 20% erhöht (in Klammern).

Bei einem Vergleich der Zahlen für die Stärke der Einzelbindung (SUN), für die Feldstärke (DIETZEL) sowie die Elektronegativität (STANWORTH) fällt auf, daß sie sprechende Unterschiede in den Werten für die Glasformer, die Zwischengruppe und die Wandler ergeben. Besonders sprechend sind die Werte für die Bindungsstärke der Kation-Sauerstoffbindungen sowie für die Feldstärken, weil sie zahlenmäßige Unterschiede im Verhältnis bis zu 1 : 10 für die Former und die Wandler geben. Sie bedeuten in Wirklichkeit dasselbe, aber sie sind ausgedrückt in anderen physikalischen Dimensionen.

Von diesen Darstellungsarten der Stärke der Bindungen der Atome aneinander ist die der Feldstärke DIETZELS[1] dadurch interessant, daß sie durch Einführung des Quadrates der Abstände Rechnung mit den Coulombkräften hält. Man ist daher imstande, mittels der *Feldstärke* eine Reihe von Grundeigenschaften der kristallisierten und glasigen Stoffe zu erklären:

Ist der Unterschied zwischen den *Feldstärken* der verschiedenen Kationen groß, wie z. B. bei den Alkalisilikaten, so entsteht eine ziemlich gute Glasigkeit. Ist der Unterschied klein, so entstehen höchstens bei rascher Abkühlung Gläser (Erdalkali-Silikatgesteine). Teilweise kommt es sogar zu Entmischungen in 2 flüssige Phasen oder zur Kristallisation[1]. Stabile *kristallisierte Verbindungen* zweier Oxyde entstehen nur bei einem Unterschied der *Feldstärke der Kationen* von mehr als 0,3. Mit Zunahme des Unterschieds in den Feldstärken nimmt auch die Zahl der Verbindungen in dem betreffenden System zu. Die Verbindung mit dem höchsten Schmelzpunkt in einem binären System enthält um so mehr Oxyde

---

[1] DIETZEL, A.: Glastechn. Ber. Bd. 22 (1948/49) S. 41, 81; Z. Elektrochem. Bd. 48 (1942) S. 9.

des schwächeren Kations, je kleiner die Differenz der Feldstärken beider beteiligter Kationen ist und umgekehrt. Eine kongruent schmelzende Verbindung kann eine bestimmte Menge an SiO_2 enthalten, die unmittelbar mit der Menge an Fremdkationen zusammenhängt. Ternäre Silikate gibt es nur dann, wenn der Feldstärkenunterschied einen bestimmten Schwellenwert überschreitet. Auch die Schmelzpunkte und die Ausdehnungskoeffizienten lassen sich nach den Feldstärken ordnen (s. S. 197).

Aus der Tabelle ist auch ersichtlich, in welchem Maße die Koordinationszahl mit zunehmendem Radius steigt. Auch sieht man, daß die Koordinationszahl nicht starr feststeht, sondern daß für dasselbe Kation verschiedene Koordinationen nebeneinander bestehen können. Dabei sind aber Verwaschungen der Grenzen zwischen den 3 Gruppen vorhanden. So kann fast jeder Wandler in beschränktem Umfang in das Netzwerk eintreten[1]. Aus dieser Tabelle kann man auch ersehen, daß der Radius *desselben* Ions mit steigender Ladung kleiner wird. Beim nicht geladenen Atom ist er am größten. Wegen der Polarisation (s. u.) kann übrigens von einem konstanten Ionenradius keine Rede sein. Der Einfluß der Felder der Nachbarionen ist auch bestimmend für Feldstärke und Bindungsstärke. Zur Glasbildung ist nach GOLDSCHMIDT (s. o.) ein kleines Verhältnis der Atomradien (etwa 0,3 A) unerläßlich. Nach K. H. SUN[2] muß es kleiner als 0,414 A sein. Deshalb sind Ta_2O_5, Nb_2O_5 und TiO_2 keine Netzwerkbildner. Daher bildet auch CO_2 (Verhältnis: 0,12) kein Glas.

Die in der Tabelle 2, S. 6 u. 7 angeführten Bindungsstärken sind von SUN aus den Bildungswärmen der Oxyde berechnet worden. Aus den Dissoziationsenergien, die hieraus berechnet werden, kann man die jedem Element eigentümlichen Energiekonstanten berechnen, die additiv anwendbar sind zur Ermittlung der Ionendissoziationsenergien von Kristallen und Gläsern. In Abb. 1 sind

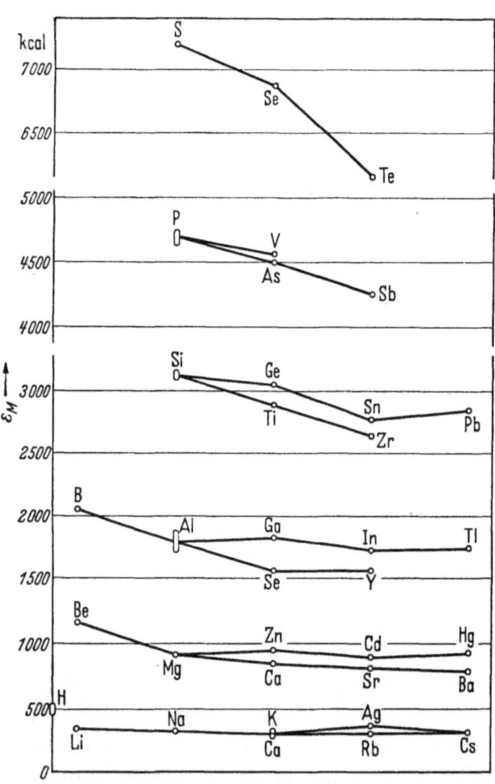

Abb. 1. Energiekonstanten der Elemente, aufgetragen gegen den Atomradius. (Nach SUN)

[1] KREIDL, N. J.: Bull. Amer. ceram. Soc. Bd. 1945, Abstracts S. 141.
[2] SUN, K. H. u. A. SILVERMAN: J. Amer. ceram. Soc. Bd. 25 (1942) 97.

sie gegen den Atomradius graphisch aufgetragen[1]. Sie ergeben einen klaren Zusammenhang mit dem Periodischen System, dessen 6 Hauptgruppen deutlich hervortreten. Diese Additivität ist allerdings beeinflußt durch die Zahl derjenigen O^{2-}-Ionen, in PO_4- und SiO_4-Gruppen, die auch anderen Koordinationen angehören.

Die hohe Ladung des Si^{4+}-Ions und der anderen Glasbildner sowie deren kleiner Radius sind die Ursache, daß sich bereits in der Schmelze stabile Koordinationsgruppen wie $(SiO_4)^-$ bilden. Diese schließen sich durch ihre freien Valenzen aneinander und bilden lange Ketten und festverbundene Netze, die bei Abkühlung keine Zeit und Gelegenheit haben, sich zu regelmäßigen Raumgittern zu ordnen, d. h. zu kristallisieren. Die Anordnung der Ionen, wie sie im flüssigen Zustande vorhanden war, bleibt dann auch im starren Zustande weitgehend erhalten. Da jedes O^{2-}-Ion nur an 2 Si^{4+}-Ionen gebunden ist (im Kieselglase), hat die Glasstruktur hinsichtlich der (SiO_4)-Tetraeder eine hohe Flexibilität. Deshalb ist ihr Energieinhalt nur wenig verschieden von dem des ihr entsprechenden Kristalls.

Die räumliche Aneinanderschaltung der $(SiO_4)^-$-Tetraeder im Kieselglas und analog der $(BO_3)^-$-Dreiecke im Borsäureglas ist nach ZACHARIASEN[2] nach folgenden Regeln erfolgt: Die einzelnen Polyeder ordnen sich ziemlich willkürlich zu unregelmäßigen Polyedern, wobei aber 4 einschränkende Regeln gelten:

1. Jedes O^{2-}-Ion ist höchstens an 2 Kationen gebunden.
2. Die Polyeder haben nur Ecken, aber nie Kanten oder Flächen gemeinsam.
3. Die Anzahl der das positive Ion umgebenden O-Atome beträgt nur 3 oder 4.
4. Eine Reihe dieser Polyeder müssen mindestens 3 Ecken mit anderen Polyedern gemeinsam haben.

K. H. SUN[3] drückt dasselbe in anderer Form aus:

1. Die Bindungsstärke (s. a. Feldstärke) der Ionen in den Ketten und Netzen muß sehr groß sein.
2. Die Fähigkeit dieser Ionen, um Ringe zu bilden, muß sehr klein sein.
3. Die Anzahl der Atomarten, die die Ketten und Netze aufbauen, muß sehr klein sein, um eine lange Kette bilden zu können.
4. Die Koordinationszahl der glasbildenden Ionen soll so klein wie möglich sein, um die Bindungsstärke hoch zu halten.

B. E. WARREN[2] hat diese Theorie durch röntgenographische Messungen gestützt. Er denkt sich die zwischen den Ketten und Waben des Netzwerkes befindlichen Hohlräume durch die Alkalien und Erdalkalien (Netzwerkwandler) erfüllt.

Die verwaschenen Banden der Röntgenogramme der Gläser gleichen weitgehend denen der Flüssigkeiten. Wertet man sie hinsichtlich der Verteilung ihrer Intensitäten nach der FOURIERschen Methode aus, so

---

[1] HUGGINS, M. L. u. K. H. SUN: J. Soc. Glass Technol. Bd. 28 (1944) S. 463.
[2] ZACHARIASEN, M. H.: Physic. Rev. Bd. 39 (1932) S. 185. — WARREN, B. E.: J. Amer. ceram. Soc. Bd. 17 (1934) S. 244.
[3] SUN, K. H.: J. Amer. ceram. Soc. Bd. 30 (1947) S. 277.

erhält man Abb. 2. Hier stellen die einzelnen Spitzen der Kurven (peaks) die Abstände der verschiedenen Ionen dar. Diese Abstände selbst sind in Form von Strichen darüber gezeichnet. Die Abstände der dichtest benachbarten und der weniger nahe gelegenen Ionen sind in ihrer verschiedenen Größe kennbar.

Die Glastheorie von ZACHARIASEN und WARREN ist länger als 20 Jahre lang der rote Faden in dem schwer zu entwirrenden Knäuel der Glasprobleme gewesen. Sie ist besonders von J. M. STEVELS[1] gebraucht worden, um Eigenschaften der Gläser zu deuten. Fast immer ist in dieser Zeit von den beiden ersten Thesen von V. M. GOLDSCHMIDT ausgegangen worden, nämlich von dem kleinen Ionenradius und der damit verbundenen hohen Ladung. STEVELS sieht in dem Verhältnis der Brückensauerstoffe der Glasformer zu den schwebenden Sauerstoffen der Netzwerkwandler ein Maß der Netzbildung. Ist die Maßzahl der Brückensauerstoffe (Y) gleich 4, wie im Kieselglas, so

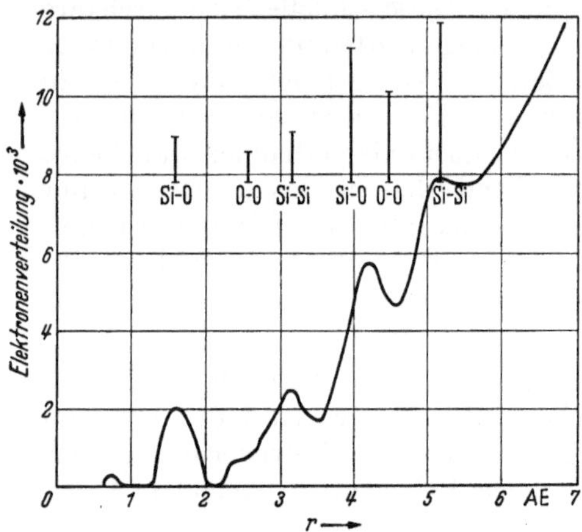

Abb. 2. Elektronenverteilung in Kieselglas als Funktion der Abstände von einem Zentralatom. (Nach WARREN)

liegen sehr stabile Gläser vor. Gläser mit Y = 3 bis 2 sind wenig widerstandsfähig. Bei Y = 2 ist das Netz sehr instabil und neigt zur Kristallisation. Phosphatketten bleiben noch stabil bis Y = 1,6. Bei den Silikatgläsern genügt schon eine sehr kleine Störung der Symmetrie, um es nicht zur Kristallisation kommen zu lassen. STEVELS hat das Verhältnis der in einem Glase wirklich vorhandenen Sauerstoffe zu dem höchst möglichen in eine einfache Formel gebracht, die die Berechnung der Dichte ermöglicht:

$$V = \frac{V_0}{1 - R \cdot \chi'}$$

worin V_0 und χ' Konstanten sind. V_0 ist das Volum von 1 Gramm-Atom Sauerstoffionen in dichtester Packung (8,24 cm³). $\chi' = \frac{V_0}{100} \cdot \chi$, worin χ die folgenden Werte hat: für Si 2,31, für P 1,64 und für B 2,91. Es stellt den reziproken Wert des elektrischen Feldes vor. R ist das Verhältnis der Anzahl der O^{2-}- und der Si^{4+}-Ionen, z. B. im Glase $Na_2O \cdot 2 SiO_2$ ist $R = 2,5$.

Diese Formel hat den Vorteil, daß die beiden Konstanten eine physikalische Bedeutung haben. Sie ist anwendbar auf SiO_2-, B_2O_3-, P_2O_5- und GeO_2-Gläser. Alle Kationen folgen dieser Formel mit Ausnahme der

[1] STEVELS, J. M.: Chem. Weekbl. Bd. 39 (1942) S. 15; Verres et Refr. Bd. 7 (1953) S. 91; J. Soc. Glass Technol. Bd. 30 (1946) S. 173.

kleinen, hoch geladenen Kationen Li^+, Be^{2+} und Mg^{2+}, weil diese eine Zusammenziehung der Leerräume im Glasnetzwerk verursachen. Dadurch entstehen Gläser, die dichter sind als die Formel erwarten läßt[1].

Eine andere Formel zur Dichteberechnung der Gläser wurde von M. L. HUGGINS gegeben: Das Glasvolumen V_0, welches 1 g-Atom Sauerstoff enthält, ist gleich der Summe verschiedener Termen, $V_0 = b_{Si} + \Sigma C_M N_M + \ldots$, worin b_{Si} vom Verhältnis der Atome Si und der Atome O abhängt und die folgenden Termen (je einer für jede Komponente) jeder einzelne das Produkt der Anzahl der Grammatome O (N_M) und einer Volumkonstante (C_M) darstellen. C_M ist für die betreffende Komponente kennzeichnend.

Wie später von beiden Verfassern ermittelt wurde, ist die STEVELSsche Formel brauchbarer für Gläser mit hohem Gehalt an Netzwerkformern, die HUGGINSsche wegen ihrer vielen Termen brauchbarer für Gläser mit vielen Komponenten. Man erhält letztere, wenn man die erste Formel zu einer Reihe entwickelt[1]. HUGGINS konnte auf dieselbe Weise Formeln für die verschiedensten Eigenschaften der Gläser entwickeln. Nötig ist hierfür aber die Kenntnis der spezifischen Wirkung der einzelnen chemischen Komponenten. Analog zu der von WATERMANN gegebenen Beziehung zwischen dem spezifischen Refraktionsvermögen

$$S = \frac{n_D^2 - 1}{n_D^2 + 2} \cdot \frac{1}{\varrho}$$

und der Dispersion $D = n_F - n_C$ bei gesättigten Kohlenwasserstoffgemischen zeigt STEVELS[2], daß für ein Natron-Kalkglas eine lineare Beziehung $S = \text{Konst} \cdot D + f(R)$ besteht. $f(R)$ ist eine Funktion von R, der Bindung zwischen mehreren O^{2-}-Ionen und Si^{4+}-Ionen. Durch die einfache Messung von S und D kann man mit Hilfe dieser Formel ohne Kenntnis der chemischen Zusammensetzung die Menge der verschieden gebundenen O^{2-}-Ionen bestimmen.

Mit Hilfe dieser Methode lassen sich überraschende Vergleiche zwischen den organischen Polymeren und den Gläsern ziehen. Während bei ersteren die spezifische Refraktion unabhängig vom Polymerisationsgrad ist, ist sie bei den Gläsern von der Stabilisierungstemperatur unabhängig[3].

In den bisher gemachten Ausführungen ist die 4-Koordination des Si als etwas Selbstverständliches hingenommen. Es gibt aber Gläser, die mehr als 4 Teile O auf 1 Teil Si enthalten, z. B.

$Pb_{3,01} \cdot Si \cdot O_{5,07} = 91,8\%$ PbO, $8,2\%$ SiO_2

$Pb_{3,57} \cdot Na_{0,522} \cdot Si \cdot O_{5,831} = 90,04\%$ PbO, $1,83\%$ Na_2O, $7,99\%$ SiO_2

$Fe_{0,942} \cdot Na_{1,634} \cdot Si \cdot O_{4,23} = 40,0$ $Fe_2O_3 \cdot 27,43\%$ Na_2O, $32,57\%$ SiO_2.

Demnach muß eine SiO_6-Koordination möglich sein.

---

[1] STEVELS, J. M.: J. Soc. Glass Technol. Bd. 30 (1946) S. 31; Recueil Trav chim. Bd. 60 (1941) S. 25; Bd. 62 (1943) S. 17. — HUGGINS, M. L.: J. Amer. ceram. Soc. Bd. 26 (1943) S. 4. — HUGGINS, M. L. u. K. H. SUN: J. Amer. ceram. Soc. Bd. 26 (1943) S. 4.

[2] STEVELS, J. M.: Verres et Refr. Bd. 7 (1953) S. 281.

[3] JACOBS, J. C. H., J. M. STEVELS u. H. I. WATERMAN: 17. Congres Internat. Chimie Industrielle. Brüssel 1954.

3. Ionenbindung und Atombindung (Kovalenz) im Glase

Die Bindung zwischen Atomen in Kristallen und Gläsern kann nach 4 Gesichtspunkten erfolgen:

1. *Metallische Bindung* mit beweglichen Elektronen (Elektronengas) zwischen den Kationen.

2. *Ionenbindung*, in denen durch Austausch der Ladung der Kationen und Anionen die Absättigung beider Ionen zu einer Edelgasstruktur (Oktett von 8 Elektronen je Ion) erfolgt (z. B. NaCl)

$$+ \qquad -$$
$$: \overset{..}{\underset{..}{Na}} : \quad : \overset{..}{\underset{..}{Cl}} :$$

3. *Atombindung* (Kovalenz). Die Absättigung wird erreicht durch 2 gemeinsame p-Elektronen (Dublett). Im Methanmodell ist so C von Edelgasstruktur und H von der gesättigten He-Struktur versehen:

$$H$$
$$H : \overset{..}{\underset{..}{C}} : H$$
$$H$$

Die beiden Elektronen haben entgegengesetzte Drehrichtung (Spin).

4. VAN DER WAALS-*Bindung*. Sie ist eine schwache Atombindung, z. B. zwischen den Schichten der Glimmer.

Eine kovalente Bindung zwischen 2 Molekülen ist oft gepaart mit einem Dipolmoment[1]. Seine Größe, gemessen in D (= Debye) ist ein Maß für die Polarität der Bindung. D hängt vom Unterschied der Elektronegativität der beiden Elemente ab. Dieser Unterschied kann durch direkte Messung des D-Momentes ermittelt werden. Nach PAULING kann sie auch berechnet werden: Er setzt Additivität der Bindungsenergien reiner Atomverbindungen voraus, also $D_{AB}^{\text{theor.}} = \dfrac{D_{AA} + D_{BB}}{2}$.

Die Abweichung von diesem theoretischen Wert muß stets positiv sein und ist auf Resonanzenergie infolge Ionenstruktur zurückzuführen (A^+B^- oder A^-B^+). Der Unterschied Δ_{AB} ist die sog. *Elektronegativität* (s. S. 6). Ein Molekül von unpolarisierbaren Ionen muß ein Dipolmoment von 6,07 D haben. Durch Messung oder Berechnung des wirklich vorhandenen D-Wertes erhält man den ungefähren Anteil der Ionenstruktur im Molekül, demnach auch den Anteil der kovalent gebundenen Anteile[2]. Je höher der Polarisationsgrad zwischen Ionen ist, desto höher ist der Anteil der kovalenten Bindung.

Kovalente Verbindungen haben andere Eigenschaften als Ionenkristalle. Sie sind höher schmelzend (C, SiC), härter und unlöslicher. Der Gehalt an Kovalenz beträgt bei der Si-O-Bindung 50%, Al-O 60% und B-O 44%. Eine Reihenfolge der Elektronegativität ist in Tabelle 2 enthalten.

A. SMEKAL[3] hat hierauf eine interessante Theorie über Bildung des glasigen Zustandes aufgebaut: *Reine Ionenverbindungen und reine Atomverbindungen sind ausgezeichnet kristallisiert. Verbindungen, die ein Ge-*

---

[1] GLASSTONE, S.: Textbook Physical Chemistry. 2. Aufl. London 1955, S. 108.

[2] PAULING, L.: The Nature Chemical Bond, Cornell Univ. Press 1945, S. 69.

[3] SMEKAL, A.: Glastechn. Ber. Bd. 22 (1949) S. 278; Nova. Acta Leopoldina (1942) S. 11.

misch von beiden darstellen, neigen zur Glasigkeit. Alle Gläser, gleich welcher Zusammensetzung stellen in der Tat Mischungen beider Bindungs-

Abb. 3. Elektronendichte im Quarzgitter, projiziert nach der Richtung der zweizähligen Achse
(nach BRILL, HERMANN und PETERS)

arten dar. Diese gemischte Bindungsart kann durch ein Diagramm der Verteilung der *Elektronendichte* sichtbar gemacht werden: In Abb. 3 ist sie am Quarz, der Muttersubstanz des Kieselglases, dargestellt worden. Man erkennt die Ionenbindungen an den konzentrischen Kreisen um

benachbarte Ionen und die kovalente Bindung an den Achterschleifen
um 2 benachbarte Ionen. Diese gemischte Bindungsart ermöglicht Assoziationen und Polymerisationen, die die Unterkühlung begünstigen und
die Kristallisation erschweren. Muscheliger Bruch ist nach SMEKAL
immer ein Zeichen gemischter Bindung (Quarz, Kieselglas). H. COLE[1]
hat ebenfalls den Kovalenzfaktor als Ursache des glasigen Zustandes angesehen. Er ordnet jedem Element einen Kovalenzfaktor $\Phi = K \cdot \dfrac{2V}{r^2}$
zu, worin K eine Vergleichskonstante, V das Ionisierungspotential und r
der Ionenradius ist. COLE verwirft auf Grund dieser Auffassung die Einteilung ZACHARIASENs in Glasbildner, Wandler und Zwischenelementen.
Die Kombination von Ionen und Dipolen ist von W. A. WEYL[2] in Form
der Solvatationstheorie beschrieben worden. Er dachte sich die Kationen
im Glase so von SiO_2-Dipolen umgeben, wie die Kationen in wässeriger Lösung von H_2O-Dipolen umgeben sind (s. S. 21). Nach dem
Aufkommen der ZACHARIASEN-WARRENschen Auffassungen wurde
diese Theorie aufgegeben, gewinnt aber nach der Übernahme des
Begriffes Kovalenz in die Erklärungen der Glasstruktur wieder an
Interesse.

4. Polarisation und Refraktion (siehe auch S. 232)

Durch Ordnung der Glasbausteine gemäß Radius und Ladung der
Ionen nach ZACHARIASEN und WARREN konnte man die meisten Eigenschaften der Gläser deuten. Aber dieses Verfahren hatte seine Grenzen,
wenn die Eigenschaften von Bleigläsern, vielen Farbgläsern usw. erklärt
werden sollten. Bereits V. M. GOLDSCHMIDT, der Vater unserer Auffassungen über den Aufbau der Kristalle und Gläser, hatte darauf hingewiesen, daß neben Größe und Ladung der Bausteine auch deren gegenseitige elektrische Beeinflussung, die *Polarisation* berücksichtigt werden
muß. Damit ist der Einfluß der starken elektrischen Felder kleiner, hoch
geladener Kationen auf ihre größeren Nachbarn gemeint. Diese bestehen
meist aus den viel größeren Anionen, aber auch aus Kationen, die wegen
ihrer Größe oder wegen des anormalen Baus ihrer äußeren Elektronenschale, also wegen ihrer Nichtedelgasstruktur, im starken elektrischen
Feld eingedrückt und verformt werden können. K. FAJANS und Mitarbeiter haben den tiefgreifenden Einfluß der Polarisation auf die Eigenschaften beleuchtet. Besonders W. A. WEYL, A. DIETZEL und N. J.
KREIDL haben Sonderfälle der Glasbildung und den Farbwechsel der
gefärbten Gläser so deuten können.

Die Wirkung der Polarisation beginnt bereits bei der Bildung der
(SiO_4)-Tetraeder. Jeder der 4 Sauerstoffe ist dem starken Feld des Si^{4+}-
Ions ausgesetzt, was unvermeidlich zur Verformung der äußeren Elektronenschale der großen O^{2-}-Anionen führt.

---

[1] COLE, H.: J. Soc. Glass Technol. Bd. 31 (1947) S. 114.
[2] WEYL, W. A.: Glastechn. Ber. Bd. 10 (1932) S. 541.

Polarisierbarkeit von Ionen[1]

Kationen		Anionen	
Pb^{2+}	$3,1 \cdot 10^{-24} cm^3$	Te^{2-}	$9,6 \cdot 10^{-24} cm^3$
Rb^+	$1,81 \cdot$ „	S^{2-}	$7,25 \cdot$ „
K^+	$0,85 \cdot$ „	J^-	$6,28 \cdot$ „
Na^+	$0,21 \cdot$ „	Br^-	$4,17 \cdot$ „
Mg^{2+}	$0,12 \cdot$ „	O^{2-}	$3,1 \cdot$ „
		Cl^-	$3,05 \cdot$ „
		F^-	$0,92 \cdot$ „

Noch mehr kommt das in der folgenden Tabelle der Polarisierbarkeit von Kristallen zum Ausdruck:

PbTe	$12,7 \cdot 10^{-24} cm^3$
PbSe	$10,3 \cdot$ „
KJ	$7,13 \cdot$ „
NaJ	$6,49 \cdot$ „
KBr	$5,02 \cdot$ „
RbCl	$4,86 \cdot$ „
NaBr	$4,38 \cdot$ „
KCl	$3,90 \cdot$ „
NaCl	$3,26 \cdot$ „
MgO	$3,2 \cdot$ „
NaF	$1,20 \cdot$ „

A. DIETZEL[2] ordnet die Anionen nach ihrer Polarisierbarkeit in eine Reihe:

$$F^-\left\langle \begin{matrix} (CO_3)^{2-} \\ (SO_4)^{2-} \end{matrix} \right\rangle \left\langle -O-P\equiv\left\langle -O-B=\right\langle \left\{ \begin{matrix} -O-Si\equiv \\ OH_2 \end{matrix} \right\} \right.$$

$$\left\langle \left\{ \begin{matrix} OH^- \\ Cl^- \end{matrix} \right. \quad \left\langle O^{2-} \right\langle S^{2-} \left\langle Se^{2-} \right\langle Te^{2-} \right.$$

Ein bereits in einem Anionenkomplex gebundenes O^{2-} (z. B. in $(SiO_4)^-$ $(BO_3)^-$) ist dabei so weitgehend deformiert zu denken, daß andere positive Felder an seinem Polarisationsgrad wenig mehr ändern. Die Verminderung der Polarisierbarkeit eines Anions durch die Verdichtung seiner Elektronenwolke infolge der Nachbarschaft starker positiver Felder wurde von V. M. GOLDSCHMIDT und auch von K. FAJANS erkannt und *Kontrapolarisation* genannt.

Nach W. A. WEYL[3] ist die Polarisation der Anionen die unvermeidliche Folge des Bedürfnisses der hochgeladenen Kationen nach Abschirmung (screening) von deren positiven Feldern. Reichen die negativen Felder der in der Koordinationsgruppe gebundenen Anionen nicht zur Abschirmung aus, so werden die freibleibenden Valenzen zur Polymerisation der Koordinationsgruppen (SiO_4, BO_3 usw.) gebraucht. Hierin ist eine der Hauptursachen der Bildung von Ketten und unregelmäßigen Netzen im Glase zu suchen. Die feste Bindung dieser Ketten prägt sich aus in dem niedrigen Dampfdruck des SiO_2. Ersetzt man O^{2-} durch das stärker polarisierbare S^{2-}-Ion, so entsteht das schlechter abgeschirmte SiS_2, das niedrigen Dampfdruck hat und leicht sublimiert. Ist dagegen

<hr>

[1] WEYL, W. A.: Glastechn. Ber. Bd. 23 (1950) S. 174.
[2] DIETZEL, A.: Glastechn. Ber. Bd. 22 (1948) S. 42.
[3] WEYL, W. A.: J. Soc. Glass Technol. Bd. 35 (1951) S. 421.

die Abschirmung der elektrischen Felder eines Ions vollkommen, z. B. durch Absättigung der 6 Valenzen des Schwefels durch F, so entsteht das Molekül SF_6, das chemisch inert und nicht polymerisierbar ist.

Hieraus folgt auch, daß die Koordinationszahl nicht schematisch aus dem Radius der Ionen berechnet werden kann. Das polarisierbare Anion darf nicht als starre Kugel aufgefaßt werden. Seine Polarisation im elektrischen Feld kann sogar durch den *Starkeffekt* nachgewiesen werden, d. h. durch die Aufspaltung der Spektrallinien im elektrischen Feld.

In Silikaten ist Si^{4+} nur deshalb von nur 4 O^{2-}-Ionen umgeben, weil die Kationen (Na^+, Ca^{2+} usw.) im Vergleich zu Si^{4+} verhältnismäßig schwache Potentialfelder haben.

Die Neigung zur Änderung der Koordinationszahl ist bei den Kationen des Edelgastypus, also solchen mit 8 Außenelektronen, gering, aber bei denjenigen Ionen, die ihre Ladung unter dem Einfluß der Anzahl und Polarisierbarkeit der umgebenden Anionen ändern können, groß (z. B. Fe, Cr, Mn).

W. A. WEYL ist mit Hilfe der Lehre von der Polarisation imstande gewesen, eine Reihe von bisher unerklärbaren Eigenschaften zu deuten: So wird der Schmelzpunkt von Cristobalit auf 1500° erniedrigt durch

5 Mol-% Rb_2O	Die Erklärung muß darin gesucht werden,
7 Mol-% K_2O	daß die gegenseitige hohe Polarisation,
10 Mol-% Na_2O	die auch bei den O^{2-}-Ionen verschieden ist,
16 Mol-% Li_2O	den Schmelzpunkt bestimmt.

Ein anderes Beispiel ist die von A. DIETZEL[1] gefundene Abweichung der spezifischen Volumina der Alkalisilikate von den vorher berechneten Werten:

	berechnetes s. g.	gefundenes s. g.	
$Li_2O \cdot 3\,SiO_2$	2,28	2,30	$(+\,0,02)$
$Na_2O \cdot 3\,SiO_2$	2,52	2,43	$(-\,0,09)$
$K_2O \cdot 3\,SiO_2$	2,94	2,44	$(-\,0,50)$

Die Berechnung erfolgte in der Weise, daß die Kationen in den Leerräumen des Gitters untergebracht wurden. Die Na^+- und K^+-Ionen verschwinden also nicht im Gitter, sondern sie vergrößern das Volumen des Glases. Die Li^--Ionen verursachen Kontraktion. Zur Erklärung muß man die Polarisation der nicht in den Tetraedern eingebauten, sondern „schwebenden" O^{2-}-Ionen heranziehen. Sie verursacht es, daß diese Kationen nicht in die Zwischenräume eintreten.

Die Polarisierbarkeit ist also keineswegs auf die Anionen beschränkt. Die großen Kationen vom Nichtedelgastypus, also Kationen, die nicht 8 Außenelektronen haben, sind besonders stark polarisierbar. Hierzu gehört Zn (18 Elektronen), Pb (2 Elektronen), Sn (8 Elektronen), B (3 Elektronen), Cd (18 Elektronen), aber auch große Ionen vom Edelgastypus wie Ba. Hierdurch erklärt sich auch die glasbildende Kraft des Pb.[2] Seine hohe Polarisation, d. h. die Eindrückung der Außenschale schafft ein so unregelmäßiges Feld, daß Ordnung zum regelmäßigen Raumgitter fast unmöglich wird. Das prägt sich bereits aus in der Struktur des PbO-

---

[1] DIETZEL, A.: Glastechn. Ber. Bd. 22 (1948) S. 4, 71, 81, 212.
[2] FAJANS, K. u. N. J. KREIDL: J. Amer. ceram. Soc. Bd. 31 (1948) S. 105.

Kristalls. Er hat eine tetragonale Elementarzelle, einem länglichen Würfel ähnlich. Das Pb^{2+}-Ion steht aber nicht in der Mitte, sondern zwischen der Mitte und der Endfläche. Im Glase ist daher starke gegenseitige Polarisation zwischen Pb^{2+}- und O^{2-}-Ionen zu erwarten. Pb^{4+} unterscheidet sich von Pb^{2+} dadurch, daß die beiden Außenelektronen fehlen. Die äußere Schale ist vollständig und enthält 18 Elektronen. Sie ist wenig asymmetrisch[1]. Auch Zn und Tl sind wegen ähnlicher Gründe stark glasbildend.

Die anderen, obengenannten polarisierbaren Ionen (Tl^+, Bi^{3+}) haben Borate von ungewöhnlich hohem $O:B$-Verhältnis und gute Glasbildung[2].

Auch die Verglasbarkeit der S. 2 aufgeführten anorganischen Salze ist so deutbar. Von allen Doppelkarbonaten der Alkalien mit *alkalischen Erdmetallen* ist nur $K_2Mg(CO_3)_2$ verglasbar. Es enthält das große, polarisierbare K^+ sowie das kleine hoch geladene polarisierende Mg^{2+}. Beide zusammen bringen den Effekt hervor, der durch die Polarisation der O^{2-}-Ionen allein nicht eintreten kann. Ähnliche Beweisführung läßt sich auf andere Salze anwenden. $KHSO_4$ glast wegen der polarisierenden Wirkung des H^+-Ions auf das dann deformierbare K^+-Ion usw. Je größer die Polarisierbarkeit der O^{2-}-Ionen ist, desto größer ist die Wahrscheinlichkeit, daß Protonen in ihre Elektronenwolke eindringen können und ins Gitter einwandern.

WEYL und TERHUNE[3] beweisen das an Alkaligläsern derselben molaren Zusammensetzung:

Lithiumsilikate sind an der Luft ziemlich stabil, *Natriumsilikate* weniger, *Kaliumsilikate* sind sehr hygroskopisch. *Cäsiumsilikat* kann beim Lagern in Luft von niedrigem Wassergehalt in einigen Monaten in eine homogene zähe Flüssigkeit von 14% Wasser verwandelt werden.

Die gegenseitige Polarisation benachbarter Ionen bis zu einer beträchtlichen Tiefe („Tiefenwirkung") wird von WEYL und MARBOE[4] eingeführt, um mechanische Eigenschaften (Festigkeit von Glas bzw. Fasern), Viskosität usw. zu erklären. Wenn das Volumen unter Kraftwirkungen unter einen kritischen Wert fällt, ändert sich die Eigenschaft des Stoffes. Die von der Tiefenwirkung nicht mehr erfaßbaren Verbände erfahren eine höhere Oberflächenenergie und damit höhere Viskosität und Festigkeit (*Glasfasern*). Die Verfasser drücken das auch so aus: Wenn ein kondensiertes System mechanischen Kräften ausgesetzt wird, die die chemischen Bindungskräfte benachbarter Atome erhöhen, entstehen bei benachbarten Atomlagen Dipolmomente, die die *Trennung* dieser benachbarten Atomlagen erleichtern. Das gilt für den *Bruch des Glases* wie auch für den *viskosen Fluß*. Die Viskosität eines geschmolzenen Silikats ist von der Abschirmung der Si^{4+}-Ionen abhängig, weil das Vorhandensein einiger nicht abgeschirmter Ionen nötig ist, um den viskosen Fluß zu ermöglichen. Man kann dann von „Fließeinheiten" sprechen, deren Ober-

---

[1] JONES, F. L. u. N. J. KREIDL: J. Soc. Glass Technol. Bd. 33 (1949) S. 248.
[2] STANWORTH, J. E.: J. Soc. Glass Technol. Bd. 32 (1948) S. 154, 366.
[3] WEYL, W. A. u. N. A. TERHUNE: Ceram. Age, Aug. 1953, S. 41.
[4] MARBOE, E. C. u. W. A. WEYL: J. Soc. Glass Technol. Bd. 39 (1955) S. 16, T.

flächenatome mit geringer Oberflächenenergie diesen Einheiten kapillaraktive Kräfte erteilen. Diese Einheiten sind nicht im Glase vorgeformt. Sie haben wenig Tiefenwirkung.

Die *Refraktion R* eines Ions ist seiner *Polarisierbarkeit* α proportional: $\alpha = \dfrac{3\,R}{4\,\pi\,N}$, wo N die LOHSCHMIDTsche Zahl ist. Beide sind von der Verformung der äußeren Elektronenwolke abhängig. Da die quantitative chemische Zusammensetzung die Packung beeinflußt, muß sie auch die optischen Eigenschaften beeinflussen[1]. Diese Beeinflussung ist bei kleinen Ionen vom Edelgastypus gering, z. B. bei Li^+, Na^+, Be^{2+}, Mg^{2+}, Al^{3+}, Si^{4+}. Ihre Molarrefraktion ist daher konstant und der des Gasions gleich. Kennt man diese Molarrefraktionen und die des betreffenden Oxyds, so kann man die Molarrefraktionen der in diesem Oxyd gebundenen O^{2-}-Ionen berechnen[2]. Nach KORDES kann man die Refraktionen der O^{2-}-Ionen einteilen nach:

1. *Struktur-O^{2-}-Ionen*, die beiderseits an Si, B, P gebunden sind (O^{Si}, O^B, O^P). Die Ionenrefraktion war von der Konzentration von SiO_2, B_2O_3 und P_2O_5 im Glase unabhängig.

2. *Anionische O^{2-}-Ionen*, die einseitig an Si, B oder P, aber außerdem an Kationen gebunden sind (Na^+, Ca^{2+} usw.), (also O^{SiM}, O^{BM}, O^{PM}).

3. *O^{2+}-Ionen*, nur an Metallkationen gebunden (O^M).

Für die Typen 2 und 3 variiert die Ionenrefraktion linear mit der Konzentration.

Molekular- und Ionenrefraktionen:

B_2O_3	10,45	O^B	3,45
SiO_2	7,447	O^{Si}	3,673
P_2O_5	18,65	P^P	3,70
PbO	15,50	O^{Pb}	7,37

Die Werte von O^{SiM} und O^M werden durch die Gleichungen erhalten:

$$K_{O^{SiM}} = P_1 \cdot K_1 + P_2\,K_2 \quad \text{und} \quad K_{O^M} = P_1 \cdot K_1 + P_2 \cdot K_O \,,$$

worin K_O die Ionenrefraktion von Sauerstoff im Oxyd MO ist.

P_1 ist die Molfraktion von SiO_2 oder B_2O_3 oder P_2O_5, P_2 die Molrefraktion des metallischen Oxyds. K_1 und K_2 sind Konstanten für den betreffenden Glastypus. Man kann so die partielle Refraktion der O^{2-}-Ionen berechnen.

Die großen Ionen vom Edelgastypus (Ba^{2+}, Sr^{2+} usw.) haben fast so hohe Molarrefraktion wie Sauerstoff. Daher ist sie nicht konstant und nicht gleich an die des Gasions. Wegen der gegenseitigen Polarisation der Elektronenschalen der Oxydkomponenten ist dann die spezifische Molarrefraktion des O^{2-}-Ions nicht ohne weiteres berechenbar, da die Elektronenschalen beider Ionenarten sich gegenseitig polarisieren. Noch stärker ist die Beeinflussung der Elektronenschalen der Metalle vom

---

[1] JONES, F. L. u. N. J. KREIDL: J. Soc. Glass Technol. Bd. 33 (1949) S. 239.

[2] KORDES, E.: Glastechn. Ber. Bd. 17 (1939) S. 65, 187; Z. anorg. allg. Chem. Bd. 241 (1939) S. 1, 418.

Nichtedelgastypus. Das sind hauptsächlich Zn^{2+} und Cd^{2+} mit 18 Außenelektronen, Tl^+ mit 1, Pb^{2+} mit 2 und Bi^{3+} mit nur 3 Außenelektronen. Berechnung der spezifischen Molarrefraktion ist dann nach JONES und KREIDL kaum mehr möglich. Sie ist bei allen diesen Oxyden besonders hoch. Bei höheren Temperaturen kann durch Beeinflussung der Elektronenschalen die Stellung zweier Glaswandler Veränderungen erleiden. So ist dann Li ein stärkerer Wandler als Na. Bei 20° ist das meist umgekehrt. *Additivitätsgesetze der Eigenschaften haben daher nur bedingten Wert.*

Der Brechungsindex kann in Annäherung errechnet werden durch Addition der Ionenrefraktionen bei Benutzung der LORENZ-LORENTZformel $\Sigma R = \dfrac{M}{d} \cdot \dfrac{n^2-1}{n^2+2}$, wo ΣR die Summe der Brechungsindizes der Atome in einem Molekül, M sein Molekulargewicht, d seine Dichte und n seinen Brechungsindex bedeuten. Die Abweichungen von den gemessenen Werten betrugen 1 bis 2% [1]. $\dfrac{n^2-1}{n^2+2}$ stellt den optischen „Raumerfüllungsgrad“ dar, so daß die Molrefraktion dem wirklichen Volumen der Moleküle in 1 Mol gleich ist[2]. Hier folgt eine Tabelle der *Ionen-Refraktionswerte* nach DIETZEL.

Li^+	0,2	B^{3+}	0,05	N^{5+}	0,02	F^-	2,5
Na^+	0,5	Al^{3+}	0,17	P^{5+}	0,07	Cl^-	9,0
K^+	2,2	Sc^{3+}	1,0	V^{5+}	0,5	Br^-	12,7
Rb^+	3,6	La^{3+}	3,3	Nb^{5+}	1,0	J^-	19,2
Cs^+	6,2			Ta^{5+}	2,7		
Be^{2+}	0,1	C^{4+}	0,03	S^{6+}	0,05	O^{2-} frei	7,0
Mg^{2+}	0,28	Si^{4+}	0.1	Cr^{6+}	0,4	O^{2-} in CaO	6,1
Ca^{2+}	1,33	Ti^{4+}	0,6			O^{2-} in MgO	4,2
Sr^{2+}	2,2	Zr^{4+}	1,3			O^{2-} in SiO_2	3,67
Ba^{2+}	4,3	Hf^{4+}	2,5			OH^-	5,1
Pb^{2+}	3,1	Th^{4+}	4,5			OH_2	3,76
						OH_3	3,04
						S^{2-}	18

Hieraus folgt, daß die Refraktion hauptsächlich durch die Anionen bestimmt wird, in den Gläsern also durch die Sauerstoffpackung. Die anwesenden Kationen, die diese Packung bestimmen, kommen in der Gesamtrefraktion kaum zum Ausdruck. Die Parallelität mit der Polarisierbarkeit ist deutlich.

Die Additivität ist aber nach STEVELS[3] auf solche Gläser beschränkt, die nur O-Brückenionen enthalten, die an 2 Si^4-Ionen gebunden sind. Die an es angrenzenden Leerräume sind von Metallionen besetzt. Daher besteht hier Additivität. Gläser mit Nichtbrücken-O^{2-}-Ionen haben aber offene Leerräume, und daher besteht hier keine Additivität für die Molarrefraktion.

---

[1] RANDALL, J. T. u. N. GEE: J. Soc. Glass. Technol. Bd. 15 (1931) S. 41.
[2] DIETZEL, A.: Naturwiss. Bd. 31 (1943) S. 110; S. GLASSTONE: Textbook of Physical Chemistry, 2. Aufl. S. 542.
[3] STEVELS, J. M.: J. Soc. Glass Technol. Bd. 30 (1946) S. 310.

5. Bestimmung der Koordinationszahl eines Ions

Ist der Anteil des betreffenden Ions an der Glaszusammensetzung genügend groß, so läßt sich die Koordinationszahl nach B. E. Warren aus der Ausdehnung des Peaks in der Atomverteilungskurve berechnen (s. S. 10). So ergab sich die Koordinationszahl 4 für Si^{4+}, 6 für Na^+, 6 für Ca^{2+}, 10 für K^+ und 3 bis 4 für B^{3+}.

Bei kleiner Konzentration des betreffenden Ions ist diese Methode nicht anwendbar. Hier hilft nach Weyl[1] die Indikatormethode aus (s. S. 21). Besonders empfindlich ist der Farbumschlag des purpurnen (NiO_4) zum gelben (NiO_6), mit dessen Hilfe der Einfluß von Temperatur Schmelzzeit und Zusammensetzung auf die Koordinationszahl dieses Ions untersucht werden kann. Diese Unterschiede in der Koordination und Farbe erstrecken sich selbst auf den Zustand der Aggregation, wie S. 273 zeigt. Das normal gekühlte Ni-haltige Glas war gelbgrau, während das abgeschreckte Glas deutlich purpurfarben war. Das erste hatte demnach die (NiO_6)-, das letztere die (NiO_4)-Koordination. Die geringe *chemische Widerstandsfähigkeit* abgeschreckter Gläser kann dieser niedrigen Koordinationszahl zugeschrieben werden.

6. Bestimmung der Störung des elektrischen Feldes eines Ions

Die Koordinationszahl ist auch abhängig von den Störungen des elektrischen Feldes durch die Symmetrie und die Stärke der benachbarten Felder. Mit steigender Temperatur nimmt die Symmetrie wegen der sich erweiternden Abstände der Ionen zu. Das gilt sowohl für Kristalle wie für Gläser. F. Weidert[2] verwandte kleine Mengen Neodym und Praseodym (s. S. 280) wegen ihrer scharfen Spektrallinien als Indikatoren, um Wechsel der Bindung anzuzeigen. Weyl hingegen wählte Ionen mit breiten Absorptionsbanden (Co, Ni), um die elektronischen Sprünge der Valenzelektronen zu erfassen, die die chemische Bindung herbeiführen. Das ist bei den scharfen Linienspektren der seltenen Erden nicht der Fall. Beide Methoden ergänzen einander. Nach Fedotieff und Lebedeff (s. S. 257) wird mit steigendem Atomgewicht des Alkalis und des Erdalkalis die spektrale Adsorption nach längeren Wellenbereichen verschoben. *Kaligläser* geben in der Tat schärfere Banden und daher leuchtendere Farben als *Natrium-* oder *Lithiumgläser.*

Diese schärfere Spektrallinie und auch leuchtendere Farbe der schweren R_2O- und RO-Oxyde erhellt deutlich aus Weiderts Neodymspektren mit verschiedenen Alkaligehalten und RO-Gehalten im Glas.

7. Solvatation

Die Ähnlichkeit glasiger und wässeriger Lösungen ist 1917 bereits A. Silverman[3] aufgefallen:

---

[1] Weyl, W. A.: Coloured Glasses, Sheffield 1951, S. 71.
[2] Weidert, F.: Z. wiss. Photogr. Bd. 21 (1921/22) S. 254.
[3] Silverman, A.: J. Ind. Eng. Chem. Bd. 9 (1917) S. 33; (Ref. in Glastechn. Ber. Bd. 2 (1924) S. 51.

Wässerige $AuCl_3$-Lösungen und farbloses Au-haltiges Glas scheiden beide beim Erhitzen kolloidales Au aus. Ähnliche Ausscheidungen erhält man bei Cu- und Se-Salzen, in wässeriger Lösung und in Glas eingeschmolzen.

Ein Cr-Borosilikatglas ließ in dünner Schicht grünes Licht, aber bei doppelter Dicke dunkelrot durch. Ebenso verhält sich eine wässerige Lösung von $CrCl_3$.

Glasige und wässerige Lösungen von FeO sind grün; von Fe_2O_3 bereitet sind sie gelb. Analog sind die Färbungen mit Cu-Salzen (bei einem Oxydans im Gemenge), ferner bei Co- und Mn-Salzen.

Die Ähnlichkeit trifft auch bei opaken Gläsern zu. Elektrolyte fällen Kolloide aus wässerigen Lösungen. Chloride oder Sulfate fällen die Kolloide aus Glaslösungen.

Die Farbe von Ionen in Gläsern und in wässerigen Lösungen sind weitgehend vergleichbar. Von Lösungen wissen wir seit Sv. ARRHENIUS, daß die Säuren, Basen und Salze in wässeriger Lösung in Ionen verfallen. Sie sind umgeben von Wassermolekülen, die wir als Dipole aufzufassen haben, also als Teilchen mit entgegengesetzten elektrischen Feldern. Die elektrisch geladenen Ionen versammeln in ihrem Kraftfeld so viele solcher Teilchen, als sie binden können. So entsteht ein Zustand der *Solvatation* der Ionen, der bestimmend ist für die Struktur ihrer äußeren Elektronenschale. Diese ist aber der Sitz der „Optik". Damit beeinflußt die Solvatation das Absorptionsspektrum, also die Farbe und die Fluoreszenz. Die Solvatation kann alle Grade annehmen von der chemischen Verbindung an bis zu einer Störung der äußeren Schale durch einen intermolekularen *Starkeffekt* (das ist Aufspaltung der Spektrallinien).

WEYL[1] hat diese Anschauungen dadurch auf das Glas übertragen, daß er die unterschiedliche Tönung und Tiefe der Farbe desselben Ions in verschiedenartigen Gläsern dem Unterschiede in *Solvatation* zuschrieb. Als solvatierendes Agens treten hier die Netzwerkbildner, also hauptsächlich SiO_4-, BO_3-, BO_4- und PO_4-Gruppen auf, vielleicht zum Teil in Form der Moleküle SiO_2, B_2O_3, P_2O_5. WEYL sieht allerdings Grenzen in der Vergleichung der Solvatation in wässerigen Lösungen und in Gläsern. Er unterscheidet einfache geometrische Anordnung der Solvatation von der Ausübung chemischer Kräfte. Erstere überwiegt in der wässerigen Lösung. Im viskosen Glase tritt dieser Einfluß naturgemäß zurück.

Ein Beispiel möge das erläutern: Zusatz von Alkali zu einer Fe^{3+} enthaltenden Lösung vertieft die Farbe durch Ferritbildung (FeO_4-Gruppen). In Gläsern bewirkt man dasselbe ebenfalls durch Alkaliüberschuß. Aber man erhält denselben Effekt auch durch Zusatz von TiO_2. Dieses etwas „saure" Oxyd begünstigt eine geometrische Ordnung von FeO_4-Gruppen durch Lockerung der Glasstruktur.

Durch diese Theorie der Solvatation konnte WEYL fast alle Erscheinungen, die bei Farbgläsern auftreten können, erklären. Durch den Einfluß der Theorie des ionischen Aufbaus (nach GOLDSCHMIDT, ZACHARIASEN und WARREN) ist sie in den Hintergrund getreten.

---

[1] WEYL, W. u. E. THÜMEN: Sprechsaal Bd. 66 (1933) S. 197; Coloured Glasses, Sheffield 1951 S. 57

Eine Abgrenzung der Existenz ionischer Netzwerkbildner und solvatierter Dipole der glasbildenden Oxyde ist noch nicht möglich.

Die Kristallchemie hat die Strukturlehre vom Glase seit 1930 überherrscht. Sie betrachtet die Glasstruktur eigentlich als einen „entarteten" Kristall. Die Auffassung des Glases als „unterkühlte" Flüssigkeit (TAMMANN) hingegen ist mit der Annahme von Molekülverbindungen im Glase verbunden. Ihre Gegenwart wird erhärtet durch das verwaschene *Röntgenspektrum*, das dem der Flüssigkeiten gleicht. Ferner deutet das *Ramanspektrum* (s. S. 56) und das *Infrarotspektrum* (s. S. 55) auf Anwesenheit von großen Komplexen. Für deren Dipolnatur spricht ferner das Auftreten der *Dichteänderungen* des Kieselglases bei $-84°$ und 1850, das der Dichteänderung des Dipols H_2O bei $4°$ entspricht (s. S. 60). Auch läßt das S. 13 abgebildete Diagramm der Verteilung der Elektronendichte Raum für diese Annahme. Denn die starken postiven Felder der Si—Si-Gruppen homöopolaren Charakters dürften kaum von den negativen Restvalenzen der (SiO_4)-Anionen genügend abgeschirmt werden. Es fällt zudem auf, daß die bekannten Strukturbilder der Silikate und Gläser nur mit den heteropolaren Raumgruppen rechnen und den homöopolaren Charakter der Si—Si-Bindungen nicht zur Darstellung bringen.

8. Die Verknüpfung der Koordinationsgruppen im Glas

Nach ZACHARIASEN-WARREN ist Glas ein Raumgebilde, das aus Waben unregelmäßiger Form besteht. Dieses Gebilde ist aber den Gesetzen unterworfen, die S. 9 beschrieben wurden. Eine bevorzugte Richtung

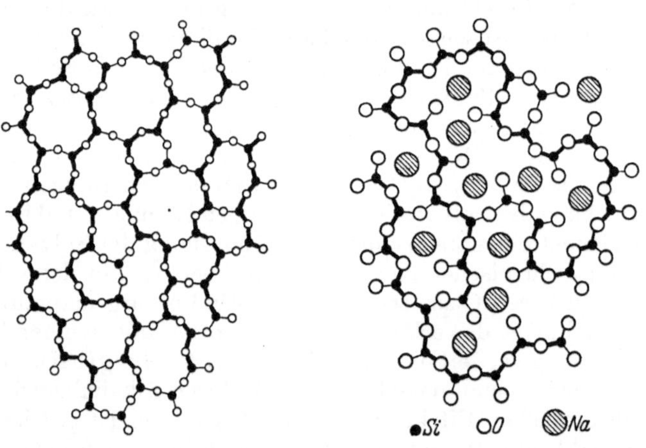

Abb. 4 a, b. Strukturen von Kieselglas und Natronsilikatglas nach WARREN und ZACHARIASEN, aber mit Ketten. (Nach SOSMAN)

ist in diesem Netzwerk nicht vorgesehen. Vor allem ist keine Andeutung daraus abzulesen, daß Glas sich zu langen Fäden ausziehen und plastisch verarbeiten läßt. Daher ist schon früh die Vermutung ausgesprochen worden, daß die Fadenstruktur in Form von *Ketten* schon in der Urstruktur des Glases vorhanden ist[1]. Abb. 4a, b zeigt diese Kettenstrukturen stark schematisiert. Die Ketten im Kieselglas werden nur in feinen Fäden so weitgehend parallelisiert sein. Die Kettenstruktur ist später auch in die neue Strukturlehre des Glases übernommen worden. Eine besonders starke Stütze erhielt diese Anschauung durch die Erfahrung von A. GRIFFITH[2], daß die Zugfestigkeit von Glasfäden mit abnehmendem Durchmesser immer größer wurde. Man konnte dies auf weitgehende Parallelisierung der feinsten Fäden durch den Ziehprozeß deuten. (Siehe Abschnitt *Glasfäden*, S. 336.) G. SLAYTER[3] hat die Kettenstrukturen sichtbar gemacht. Er hat dünne Glasfäden (von nur 100 A) mit Säure geätzt und stellte im Elektronenmikroskop bei der Vergrößerung 1 : 120000 fest, daß sinusartig verlaufende Kettenstrukturen frei gelegt worden waren. Gröbere Fasern, wie sie die Glastechnik herstellt, zeigten diese Ordnungen nicht.

Auch sehr dünne Glasfilme zeigen in der Durchsicht Ordnung der Strukturen[4]. Unter dem *Elektronenmikroskop* fand SHELYUBSKY[5] bei 10000 bis 25000facher Vergrößerung auf geätzten Glasflächen von Blei- und Borosilikatgläsern kleine Kettenstrukturen mit einem Winkel von 120° der Ketten. Sie nahmen nur wenig Flächenraum ein und unterteilten die geätzte Fläche in offene Räume. Dabei beobachtete er auch kleine gewundene Ketten von verschiedener Länge, die zuweilen einen beträchtlichen Raumanteil der geätzten Fläche bedeckten. Diese Säume liegen nicht immer in derselben Ebene. Der 120°-Winkel deutet auf den tetraedrischen Aufbau der SiO_2-Gläser. Scheidung der glasigen Masse wurde durch elektronenmikroskopische Untersuchung auch von F. OBERLIES[6] nachgewiesen. Die Ketten und Säume unterscheiden sich scharf von gelegentlich auftretenden Heterogenitäten, die meist von der Fabrikation des Glases herrühren. An nicht geätzten Flächen treten sie wenig oder kaum hervor.

Kettenstrukturen in Glas lassen sich in Fäden von $NaPO_3$-Glas sichtbar machen[7]. Sie zeigen Doppelbrechung und Röntgenspektra ähnlich denjenigen organischer Fasern mit orientierten Kettenmolekülen.

F. W. PRESTON[8] und Mitarbeiter haben Beweise zusammengetragen, die scheinbar gegen die Kettentheorie sprechen. Durch Messungen der Zugfestigkeitsmoduln und der Torsionsmoduln kann man rechnerisch die Festigkeit in der Längs- und Querrichtung berechnen. Hierbei stellte sich heraus, daß ein solcher Unterschied nicht besteht. Es war aber zu erwarten, daß die Festigkeit in der Ziehrichtung wesentlich größer war

---

[1] SOSMAN, R. B: Properties of Silica. New York, 1927, S. 33, 243.

[2] Siehe S. 24.

[3] SLAYTER, G.: Bull. Amer. ceram. Soc. Bd. 31 (1952) S. 276;

[4] PREBUS, A. F. u. J. W. MICHENER: Phys. Rev. Bd. 87 (1952) S. 201; Ind. Eng. Chem. Bd. 46 (1954) S. 147.

[5] SHELYUBSKY, V. J.: Steklo i Keram. Bd. 11 (1954) S. 19; Ref. Amer. Ceram. Abstr. (1955) S. 119 und Ref. Glastechn. Ber. (1955) S. 314.

[6] OBERLIES, F.: Naturwiss. Bd. 43 (1956) S. 224.

[7] GOLDSTEIN, M. u. T. H. DAVIES: J. Amer. chem. Soc. Bd. 38 (1955) S. 223.

[8] OTTO, W. H. u. F. W. PRESTON: J. Soc. Glass. Technol. Bd. 34 (1950) S. 63. — BRANNON, R. T.: J. Amer. ceram. Soc. Bd. 36 (1953) S. 230.

als in der Querrichtung. Diese Berechnung der Querfestigkeit muß allerdings angesichts der Kleinheit des Durchmessers im Verhältnis zur Fadenlänge als gewagt erscheinen. Ein weiteres interessantes Experiment betrifft einen Beweis *gleicher Zugfestigkeit* von Glasfäden, die bei *derselben* Temperatur gezogen worden waren[1]. Bisher wurden dünnere Fäden immer durch Ziehen bei einer höher liegenden Temperatur hergestellt. Dieser Versuch braucht aber nicht gegen die Kettentheorie zu sprechen. Er beweist wohl, daß jeder Temperatur ein bestimmter Ordnungsgrad entspricht und damit bei höherer Temperatur eine bessere Parallelisierung der Ketten und also auch höhere Zugfestigkeit ermöglicht wird.

Sehr feine Suspensionen gewisser Silikatpulver, auch von Glas, zeigen in wässeriger Suspension nach Tagen Scheidung in Form von Horizontalstreifung. Die einzelnen Teilchen enthielten Zellen von 700 A Größe und leerem Raum dazwischen von je 12 A. N. SCHISCHAKOW[2] sieht hierin Anzeichen von Mosaikstrukturen, so wie sie in den Kristallen vorkommt (s. S. 33).

Im *flüssigen* Glase stellen sich bereits die Strukturgleichgewichte ein[3]. Sie werden nur durch die chemische Zusammensetzung und die Temperatur bestimmt. Verschiedene Bedingungen der Herstellung beeinflussen die Struktur nicht.

Die Stärke der Bindungen im Glas läßt sich experimentell durch Messung der Festigkeiten oder rechnerisch aus den bekannten Bindungsstärken der atomaren Bausteine errechnen. Dabei stellt sich heraus, daß die Bruchfestigkeit nur etwa $^1/_{100}$, oft sogar noch kleiner als die berechnete Festigkeit ist. Das hat zur Aufstellung von 2 Theorien geführt, die den Mangel an Kohäsion der Bauelemente des Glases erklären sollen. Die erste Theorie nimmt an, daß Risse von weniger als $0,5\,\mu$, also unterhalb der mikroskopischen Sichtbarkeit vorhanden sind. Es sind dies die „flaws" von GRIFFITH[4] oder aber die Lockerstellen von SMEKAL[5], deren Maße allerdings bei kleineren Dimensionen gedacht werden müssen. Wird nun das Glas durch eine angelegte Kraft beansprucht, so bricht es an der schwächsten Stelle, eben den Fehlstellen. Die zweite Theorie nimmt nach MURGATROYD[6] im vollen Bewußtsein der im Glase vorhandenen Hohlräume der Gitterstruktur an, daß die Schwächung des Glases dadurch hervorgerufen wird, daß alle Variationen der Bindungsstärke im Glase vorliegen. Zwischen den starren, festen Ketten der glasformenden Tetraeder liegen „Taschen" mit weicherem Material. Die wahre Festigkeit stellt deshalb nur einen Mittelwert dar. Beim Fadenziehen werden die stärksten Bindungen von selbst in der Ziehrichtung zusammengefaßt. Die schwachen Bindungen brechen dabei und stellen sich senkrecht zur

---

[1] OTTO, W. H.: J. Amer. ceram. Soc. Bd. 38 (1955) S. 122

[2] SCHISCHAKOW, N.: Techn. Phys. USSR Bd. 5 (1938) S. 666. Amer. Ceram. Abstr. (1939) S. 240.

[3] DIETZEL, A. u. O. W. FLÖRKE: Glastechn. Ber. Bd. 28 (1955) S. 423.

[4] GRIFFITH, A. A.: Phil. Trans. Roy. Soc. Bd. 221 A (1920) S. 163.

[5] SMEKAL, A.: Nova Acta Leopoldina, 1938. Ergeb. Exakt. Naturw. Bd. 15 (1936) S. 106.

[6] MURGATROYD, J. B.: J. Soc. Glass Technol. Bd. 32 (1948) S. 373. — W. A. WEYL: Glass Science Bull. VI (1947) S. 19.

Ziehrichtung ein. Andererseits ermöglicht gerade die Anwesenheit schwacher Bindungen erst das Ausziehen zu Fäden und Blasen zu dünnwandigen Gefäßen.

Die großen örtlichen Unterschiede der Bindungsstärken sind die Ursachen vieler dem Glase eigenen Eigenschaften. Hierzu gehören die *thermischen Nachwirkungen*, die *elektrische Leitfähigkeit*, die *dielektrischen Verluste* und die *Dämpfung mechanischer Schwingungen* (*Schallwellen*), alle verursacht durch Wanderung oder Platzwechsel (Oszillation). Es scheint, daß vor allem die Alkaliionen hierbei wirksam sind. *Kieselglas*, das alkalifrei ist, hat eine besonders niedrige Dämpfung. Die „Sperrung" der Alkaliionen in an Pb^{2+} oder Ba^{2+}-reichen Gläsern ist die Ursache des besseren Klanges dieser Gläser.

9. Modellgläser

Die von V. M. GOLDSCHMIDT aufgestellten Gesetze über die Grenzen des Glaszustandes (s. S. 4) wurden von ihm selbst dadurch geprüft, daß er anorganische Verbindungen, deren kristallisierte Natur bekannt war, deren Zusammensetzung aber den oben erwähnten Forderungen genügten, auf ihre Neigung zur Glasbildung untersuchte[1]. Er wählte bewußt Stoffe mit kleinerem Atomradius als bei den gewöhnlichen Glasbildnern und erhielt so Modellgläser, die alle Eigenschaften der betreffenden Gläser hatten außer deren schwierige Schmelzbarkeit und Unlöslichkeit. Die Forderungen an das neue „Glas" waren folgende:

1. Das Mengenverhältnis der neuen Bausteine muß dasselbe bleiben, aber die Wertigkeit wird um dieselbe Größe vermindert.

2. Das Verhältnis der Radien der Bausteine zueinander muß unverändert bleiben.

3. Das Verhältnis der Polarisationseigenschaften der Bausteine muß unverändert bleiben.

4. Die Valenzen werden abgeschwächt, z. B. im Modell LiF gegenüber MgO im Verhältnis 2 : 1.

Das vielleicht wichtigste Modell ist das Paar BeF_2-SiO_2. Die Radien der Ionen sind bei BeF_2 0,34 und 1,33, bei SiO_2 0,39 und 1,39 A. F und O sind beide schwach polarisierbar. Die kristallographischen Eigenschaften von BeF_2 und Quarz sind sehr ähnlich.

BeF_2 bildet leicht eine glasige Masse an Stelle der Kristallbildung. Das Glas war im plastischen Zustande gut bearbeitbar, ließ sich durch geeignete Zusätze leicht trüben, z. B. durch CdF_2 als Modell von ThO_2. BeF_2 und GeO_2 haben im Glase die Tetraederstruktur (BeF_4), $(GeO)_4$[2].

Man kann *Modellgläser* noch auf eine ganz andere Weise herstellen: Ersetzt man in 2 benachbarten (SiO_4)-Gruppen die beiden Si^{4+}-Ionen durch ein Al^{3+}- und ein P^{5+}-Ion, so entstehen (AlO_4)- und (PO_4)-Gruppen an Stelle der beiden (SiO_4)-Gruppen. Al ist etwas weniger, P etwas mehr glasbildend als Si (s. Tabelle S. 6). Als Molekularformel geschrieben,

---

[1] GOLDSCHMIDT, V. M.: Skrift. d. Norske Videns Akad. Math.-Nat. Kl. 1926. Nr. 8, S. 50. — P. ROSBAUD: Glastechn. Ber. Bd. 5 (1927/28) S. 64 (Zusammenfassung).

[2] WARREN, B. E. u. C. F. HILL: Z. Kristallogr. Bd. 89 (1939) S. 481.

kommt dann an Stelle von $2\,SiO_2 = SiSiO_4$, direkt damit vergleichbar $AlPO_4$ und $AlAsO_4$. Von diesen beiden Verbindungen ist besonders $AlPO_4$ gut untersucht worden. Es erwies sich als ein echter Doppelgänger des SiO_2[1]. Genau wie SiO_2 hat es 3 Hauptkristallformen entsprechend dem Quarz, Tridymit und Cristobalit mit entsprechenden Transformationstemperaturen. Jede dieser 3 Kristallformen hat ebenso wie SiO_2 Modifikationen, die wie die entsprechenden Modifikationen der 3 SiO_2-Kristallformen enantiotrope Umwandlungen besitzen. Schließlich kommt noch hinzu, daß Kristallsysteme und Röntgenspektren sowie optische Konstanten sehr ähnlich sind. Nur die Temperaturen der Umwandlungen und der Glasbildung liegen 100 bis 200° tiefer, und die Angreifbarkeit der Oberflächen ist größer als bei den entsprechenden SiO_2-Modifikationen. Ein $AlPO_4$-Glas besteht aber nicht[2].

Beide Typen der Modellstrukturen sind schöne Beweise für die Richtigkeit der Kristallchemie.

Eine dritte, viel ältere Form von Modellgläsern verdanken wir G. TAMMANN[3], der an ihnen seine klassischen Untersuchungen über den glasigen Zustand gemacht hat. Es sind amorph erstarrende organische Stoffe, wie Phenolphtalein, Piperidin usw. Seine bei gewöhnlichen Temperaturen in Reagenzgläsern gemachten Versuche haben uns fast alles gegeben, was wir vor den Arbeiten V. M. GOLDSCHMIDTS über den glasigen Zustand wußten (s. S. 47).

10. Die Hohlräume in der Glasstruktur

Sie sind immer ein Gegenstand des Interesses gewesen, weil ihr Studium Schlüsse auf die Struktur zuließ. Besonders die Durchlässigkeit des Kieselglases für Helium gab hierfür Anregungen. STEVELS[4] setzt das Volumen der Zwischenräume im Sauerstoff-Netzwerk in Proportionalität zu $R^{3/2}$ (R ist das Verhältnis der Zahl der O^{2-}-Ionen zu der Zahl der glasbildenden Ionen). Da die Volumina aller O^{2-}-Ionen gleich sind, kann man das Volumen V eines Glasblocks, der 1 g-Atom O^{2-}-Ionen enthält, als Funktion von R berechnen. Die so berechneten Werte für V sind identisch mit den aus der oben angeführten Formel $V = \dfrac{V_0}{1 - R \cdot \chi}$ abgeleiteten (s. S. 10).

11. Diffusion und Kompressibilität

Die Gasdiffusion durch Glas nimmt mit dem Anteil der Netzwerkbildner zu und ist beim Kieselglas am größten. An ihr scheinen nur die 12% Strukturhohlräume, nicht die 5% Risse beteiligt zu sein[5]. Der mittlere

---

[1] TRÖMEL, G. u. B. WINKHAUS: Fortschr. Mineral., Kristallogr., Petrogr. Bd. 28 (1949) S. 82. — BECK, W.: J. Amer. ceram. Soc. Bd. 32 (1949) S. 147.
[2] DIETZEL, A. u. H. J. POEGEL: Naturwiss. Bd. 40 (1953) S. 604.
[3] Siehe S. 47.
[4] STEVELS, J. M.: J. Soc. Glass Technol. Bd. 30 (1946) S. 306.
[5] DIETZEL, A.: Glastechn. Ber. Bd. 22 (1948) S. 83.

Hohlraum beträgt 2,4 A. Das geht aus dem Durchmesser der diffundierenden Gasmoleküle hervor:

Da H_2 noch ohne Druck diffundiert, O_2 aber kaum noch mit Druck, schließt DIETZEL auf Hohlräume von 2,4 A.

He	1,9 A	Durchmesser
H_2	2,3 A	,,
O_2	2,9 A	,,
N_2	3,1 A	,,
CO_2	3,2 A	,,

Auf $1 SiO_2$ berechnet er 1 Netzwerk-Hohlraum (Pore). Im ZACHARIASEN-Modell gehört $1 SiO_2$ zu 2 bis 3 Ringen, im Mittel 2,8 Ringen. So kommt es, daß im Raumgitter tatsächlich $1 SiO_2$ auf 1 Pore kommt.

He und H_2 haben gleichen Molekül-Durchmesser. Doch wandert das schwerere He 45 mal so schnell durch das Glas wie H_2. Das ist ein Beweis für die Beeinflussung der Diffusion durch die elektrischen Felder[1]. Selbst unter 100 at Druck bleibt dieser Unterschied bestehen: Dann tritt He bereits nach einigen Stunden durch, H_2 erst nach 11 Tagen[2]. Gespanntes Glas hat geringere Diffusion als gut gekühltes. Das überrascht, weil letzteres dichter ist. Es besteht ein geradliniger Zusammenhang zwischen dem Diffusionskoeffizienten und der reziproken absoluten Temperatur. Diese Gerade hat bei 440° einen bleibenden Knick, der scheinbar mit der Betätigung eines Rotationsfreiheitsgrads von (SiO_4)-Gruppen zusammenhängt. Eine schwache Richtungsänderung bei 525° verschwindet bei Dauerversuchen. Oberhalb dieser Transformationstemperatur erhöht sich das Diffusionsvermögen nur um 10%.

Die Abb. 5. zeigt die Abhängigkeit der Durchlässigkeit R von der Celsiustemperatur und der Zusammensetzung:

Sie zeigt, wie sich He seinen Weg durch das Netzwerk sucht. Je mehr basische Ionen im Glase auftreten, um so seltener sind die offenen Stellen. Die Durchlässigkeit ist $R = A \cdot P \cdot e^{-E/KT}$, wo A eine Proportionalitätskonstante, P der Druck, E die Aktivierungsenergie zur Einleitung der Diffusion, $T = K°$ und K die BOLTZMANNsche Konstante ist. R wird von der Wärmevergangenheit des Glases beeinflußt. R war gegen $1/K$ nicht linear, aber $\log R$ gegen $1/K$ zeigt ausgesprochene Richtungsänderung beim Transformationspunkt des Bleiglases und Natron-Dolomitglases. Die Borosilikatgläser zeigen diese Erscheinung nicht oder nur wenig. Deutlich kommt aus dieser Figur der Einfluß der Zusammensetzung hervor. Je mehr und je basischere Oxyde eingeführt werden, desto kleiner wird R. Die Zwischenoxyde $(Al_2O_3, PbO$ usw.$)$ haben wenig Einfluß.

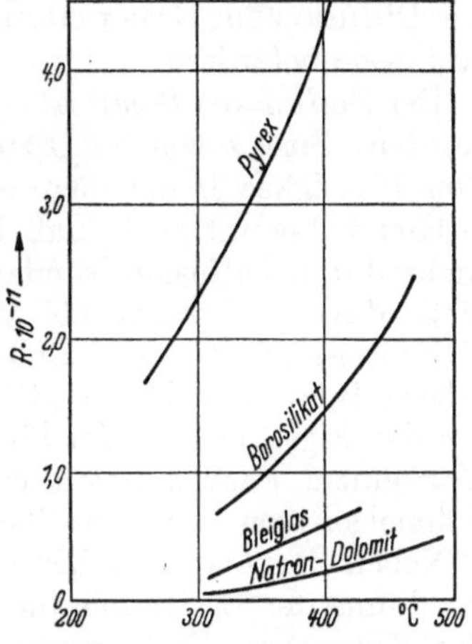

Abb. 5. Durchlässigkeit von Gläsern für Helium bei verschiedenen Temperaturen. (Nach TAYLOR)

---

[1] TAYLOR, N. W. u. W. RAST: J. chem. Phys. Bd. 6 (1938) S. 612. — SMITH P. L. u. N. W. TAYLOR: J. Amer. ceram. Soc. Bd. 23 (1940) S. 13.
[2] ELSEY, H. M.: J. Amer. chem. Soc. Bd. 48 (1926) 1600.

Die Diffusion von Gasen durch Glas haben wir uns nach W. A. Weyl[1] nicht länger als eine gleichmäßige physikalische Bewegung vorzustellen. Sie hängt von der Aktivierungsenergie ab, mit der die elektrischen Felder der Nachbarionen passiert werden. Wie bei einem echten chemischen Vorgang springt das Molekül von Ort zu Ort, so daß die Kinetik dieses Vorgangs mittels der Gesetze der Reaktionsgeschwindigkeit berechnet werden kann. Auch hier ist eine bestimmte Aktivierungsenergie nötig, um durch die elektrischen Felder der Nachbaratome zu schlüpfen. H_2 diffundiert durch das O^{2-}-Ionen-Netzwerk des Glases nur deshalb langsamer als He, weil letztere seine viel geringere Affinität zu den O^{2-}-Ionen hat. Beide Gase haben nämlich dieselbe Diffusionsgeschwindigkeit, wenn sie durch einen von O^{2-}-Ionen freien, festen Körper diffundieren.

Der chemische Charakter der Diffusion erhellt nach Weyl noch mehr aus der oben berichteten Tatsache, daß die Gase durch abgeschrecktes Glas langsamer diffundieren als durch gut gekühltes Glas. Der Erleichterung der Diffusion durch das weitmaschige Netzwerk des abgeschreckten Glases stand hier nämlich die Steigerung der chemischen Kräfte der Atome und Ionen gegenüber, die weniger „gesättigt" waren als die des dichteren „gekühlten" Glases. Sie verhindern durch ihre starken Felder die Diffusion der Gase weit mehr als die größeren Hohlräume des Gitterwerks sie befördern.

Der Einfluß der Polarisation kann noch an folgendem Beispiel erläutert werden: Zusatz von Na_2O zu Kieselglas verursacht raschen Abfall der Durchlässigkeit in exponentiellem Verhältnis von 0 bis 30 Mol-% Na_2O.

Hierzu kommt noch, daß H_2 bei Temperaturen oberhalb 500° nicht mehr durch Diffusion, sondern in echter chemischer Bindung eintritt. 10% davon erscheint als Wasser unter Verdunkelung des Glases[2]. E. Kordes[3] stellte fest, daß das *Molvolumen* und der *Brechungsindex* der Gläser B_2O_3-SiO_2, $MgSiO_3$-$CaSiO_3$, B_2O_3-As_2O_3 und B_2O_3-Sb_2O_3 additiv aus den Eigenschaften der Einzelkomponenten berechnet werden konnte. Von einem *Packungseffekt* war nichts zu merken. Dasselbe wurde bei Schmelzen von Piperidin-Phenolphtalein festgestellt.

Neben der *Diffusion* bietet die *Kompressibilität* eine Möglichkeit des Studiums der Leerräume im Gitter. Nach Bridgman[4] liegt der Faktor der Kompressibilität zwischen dem der Flüssigkeiten und der festen Körper. Die Gläser werden durch Drücke von 10^4 bis 10^5 at *bleibend* zusammengepreßt. Alle Gläser haben einen Schwellenwert, unterhalb dessen der Effekt noch nicht auftritt. Nur glasiges B_2O_3 läßt sich gleichmäßig von den niedrigsten Drücken an zusammenpressen. Der Vorgang scheint sich im atomaren Bereich abzuspielen, wobei aber die Abstände B-O und Si-O unverändert bleiben. Der Mechanismus des Zusammendrückens muß also wohl durch ein Zusammenklappen des Netzwerkes erfolgen. Dafür spricht, daß der ursprüngliche Zustand durch Erhitzen wieder hergestellt werden kann.

[1] Weyl, W. A.: Glass Science Bull. Bd. VI (1947) S. 17.
[2] Roberts, L. E. u. C. Bittner: J. Amer. chem. Soc. Bd. 63 (1941) S. 1513.
[3] Kordes, E.: Z. physik. Chem. Bd. 43 (1939) S. 173
[4] Bridgman, P. W. u. J. Simon: J. appl. Phys. Bd. 24 (1933) S. 405.

Im allgemeinen beobachtet man in binären Alkaliboraten und Silikaten abnehmende Zusammendrückbarkeit bei steigendem Alkaligehalt. Bei den Boraten ist dieser Effekt größer als bei den Silikaten. Bei kleinem K-Gehalt trat in Kalisilikaten ein Maximum der Stoffverdichtung auf. Bei Silikaten mit hohen Alkaligehalten war die Zusammendrückbarkeit K > Na > Li. Bei Boratgläsern mit niedrigen Alkaligehalten war diese Reihenfolge umgekehrt[1].

Die Kompressibilität des Pyrexglases ist unregelmäßig: Sie wächst mit zunehmendem Druck. Alle an SiO_2 reichen Gläser verhalten sich so. SiO_2-arme Gläser dagegen zeigen die erwartete Abnahme der Kompressibilität. Bei hohen Temperaturen verändert sich deren Kompressibilität wenig, während die der SiO_2-reichen Gläser dann entgegen der Erwartung eine Abnahme der Kompressibilität aufweisen. Daraus läßt sich also schließen, daß sich irgendwelche Zwischenräume zwischen den einzelnen Bauelementen anfüllen lassen.

Läßt man aber Glas unter Druck erstarren, so ist das Volumen sehr abhängig vom Druck[2]. Dabei erscheinen in der Druck-Temperaturkurve Knicke bei der Erstarrungstemperatur. Die angewandten Drücke lagen bei 1000 bis 2000 kg/cm^2. Die Kurven ähneln den anderen später zu beschreibenden Eigenschafts-Temperaturkurven der Gläser.

Das Volumen wird also unter Druck kleiner. Läßt man aber unter verringertem Druck erstarren, so nimmt das Volumen ganz wesentlich zu.

12. Theorien über Anwesenheit von Kristalliten und von Verbindungen im Glas

Das Röntgenogramm von Kieselglas zeigt einen gleichmäßigen zu einem Maximum aufsteigenden Verlauf. Dieses Maximum liegt an derselben Stelle, an der die Hauptintensität im Spektrum des Cristobalits auftritt[3]. Es lag daher nahe, daß die Entdecker WARREN und BISCOE die Anwesenheit sehr kleiner Cristobalitkristalle (von unter 8 A) annahmen. Da Kieselgel dasselbe Maximum zeigt, galt ihre Deutung auch hierfür. Die kleinen Cristobalite dachte man sich willkürlich angeordnet (random network). Dagegen fanden sie in verschiedenen Na_2O-SiO_2-Gläsern keinerlei Andeutung für die Anwesenheit von definierten Na-Silikaten, sondern von Koordinationsgruppen (SiO_4), wobei der Abstand von Si^{4+}- und O^{2-} 1,62 A war nebst (NaO_6)-Gruppen mit dem inneren Abstand 2,35 A. Auch in Bleigläsern[4] waren keine definierte Bleiverbindungen nachweisbar.

Dagegen stehen aber auch Messungen an sehr verschiedenartigen Gläsern, die in Röntgenspektren[5] oder im Verlauf der gegen die Temperatur aufgetragenen Brechungsindices Spuren der Anwesenheit von Kristal-

---

[1] WEIR, C. E. u. L. SHARTSIS: J. Amer. ceram. Soc. Bd. 38 (1955) S. 299.

[2] TAMMANN, G., G. BANDEL, E. JENCKEL: Z. anorg. allg. Chem. Bd. 184 (1929) S. 416; Bd. 192 (1930) S. 129.

[3] WARREN, B. E. u. J. BISCOE: J. Amer. ceram. Soc. Bd. 21 (1938) S. 49.

[4] BAIR, G. J.: J. Amer. ceram. Soc. Bd. 19 (1936) S. 347.

[5] RANDALL, J. T. u. H. P. ROOKSBY: J. Soc. Glass Technol. Bd. 14 (1930) 219, Bd. 17 (1933) S. 287. — WINTER, A.: C. R. Bd. 240 (1955) S. 2397.

liten zeigen. Wir neigen zu der Meinung, daß es sich hier um den ersten
Beginn von Entglasungen handeln kann. Zudem ist die Elementarzelle
des Cristobalits nur 7,0 A groß, was ziemlich übereinkommt mit der zur
Ausbildung des flachen Maximums im Kieselglasspektrum notwendigen
Größe von 7,7 A. Aber nur aus Einkristallen kann das Kieselglas nicht
bestehen, da deren Zusammenschluß sofort eintreten müßte. Die Kri-
stallittheorie wird daher hier nicht benutzt werden.

Weniger einfach liegen die Verhältnisse beim geschmolzenen Glase.
Hier fanden G. HEIDTKAMP und K. ENDELL[1] sowie E. PRESTON scharfe
Knicke in den Viskositäts-Temperaturkurven von Na_2O-SiO_2-Gläsern.
Ebenso fanden E. PRESTON und W. E. S. TURNER[1] scharfe Knicke in den
Kurven, welche die Verdampfungsverluste von Glasschmelzen bei steigenden Temperaturen darstellten (s. S. 111). Während die erstgenannten
Autoren hieraus nicht schließen wollten, daß bestimmte Verbindungen
im Glase vorlagen, meinten die Letztgenannten, diese wohl annehmen
zu müssen. Hier dürfte aber die Ansicht von W. A. WEYL[2] zutreffend
sein, daß zur Überwindung der chemischen Bindungskräfte beim Fließen
und beim Verdampfen eine bestimmte Energieschwelle erreicht werden
muß, was erst nach Erreichen einer geeigneten Temperatur erwartet werden kann. Es ist nicht nötig, hierzu die Anwesenheit von definierten
chemischen Verbindungen anzunehmen.

13. Die Deutung der Sprödigkeit des Glases aus der Struktur (nach Weyl)[3]

Die S. 24 bereits erwähnte Deutung der niedrigen Festigkeiten von
Kristallen und Gläsern durch Annahme von Lockerstellen im Gitterbau
mußte auf kleinste, selbst atomare Dimensionen derselben beschränkt
werden, weil es nicht gelang, die Kerbstellen von GRIFFITH sichtbar zu
machen. Die Fehlstellen SMEKALS lassen sich durch Verformung von
Metallen und vielen Kristallen, z. B. AgCl, heilen, bei Glas jedoch nicht.
Die Plastizität von Glas bei gewöhnlichen Temperaturen ist sehr gering,
aber immerhin vorhanden. So gelingt es, einen freihängenden, langen
Glasstab innerhalb Jahresfrist unter seiner eigenen Last um einige Milli-
meter sich durchbeugen zu lassen[4]. KLEMM und BERGER[5] konnten bei
120° binnen 5 Stunden den Eindruck einer Nadel in Glas feststellen.
Der während geologischer Perioden allseitig ausgeübte Druck verformt
an sich spröde Ionenkristalle in den Salzlagern als ob sie plastisch wären.
Dasselbe erfolgt ohne Anwendung hoher Drücke bei erhöhter Temperatur.

Die Plastizität von AgCl gegenüber der Sprödigkeit des NaCl wird von
WEYL auf die Polarisierbarkeit des zum Typus der Nichtedelgasionen

[1] HEIDTKAMP, G. u. K. ENDELL: J. Soc. Glass Technol. Bd. 21 (1937) S. 262.
— PRESTON, E. u. W. E. S. TURNER: J. Soc. Glass Technol. Bd. 20 (1936) S. 144,
Bd. 22 (1938) S. 78, S. 45; Glastechn. Ber. Bd. 10 (1932) S. 119.
[2] WEYL, W. A. u. E. C. MARBOE: J. Soc. Glass Technol. Bd. 39 (1955) S. 16.
Glass Science Bull. VI (1947) S. 19.
[3] WEYL, W. A.: Glastechn. Ber. Bd. 23 (1950) S. 174.
[4] SALMANG, H.: Sprechsaal, Bd. 65 (1932) S. 925.
[5] KLEMM, A. u. E. BERGER: Glastechn. Ber. Bd. 5 (1927/28) S. 405.

gehörenden Ag^+ zurückgeführt. Sie tritt schon beim Zerkleinern im Mörser im Vergleich mit der Sprödigkeit von NaCl in Erscheinung. Na^+ ist aber ein Ion vom Edelgastypus. Bei den größeren Ionen K^+ und Rb^+ tritt diese Sprödigkeit immer weniger in Erscheinung. Dasselbe gilt für die Anionen: Fluoride sind spröder als Jodide.

Nicht polarisierbare Ionen umgekehrten Vorzeichens bedingen durch ihre gegenseitige Anziehung die Kohäsion des Kristalls. Die polarisierbaren Ag^+-Ionen verformen sich gegenseitig mit der Folge plastischer Formänderungen bei kleinem Kraftaufwand. Die Änderung der Elektronenverteilung durch Einwirkung der Umgebung ist am größten bei Ionen mit unvollständigen äußeren Elektronenschalen (Hg^+, Tl^+), geringer für Ionen mit 18 Außenelektronen (Ag^+, Zn^{2+}) und am geringsten bei Ionen vom Edelgastypus.

Das *Gleiten der Kristalle*, das unerläßlich ist für die plastische Verformung, ist von der Polarisierbarkeit der Ionen abhängig. M. J. Buerger[1] stellte fest, daß Kristalle vom Typus NaF oder MgF_2 praktisch nur längs (110)-Ebenen, Kristalle vom Typus PbTe oder PbS nur längs (001)-Ebenen gleiten. Nur die Polarisierbarkeit ist hier entscheidend, nicht etwa die Ionengröße. Das Gleitvermögen folgt der Polarisierbarkeit. (Siehe die Zahlen der Polarisierbarkeit verschiedener Ionen und die Reihe nach Dietzel, S. 15.)

Zusammenfassend kann aus diesem Einfluß der Polarisation nach Weyl die Sprödigkeit des Glases auf 3 Ursachen zurückgeführt werden:

1. Die glasbildenden Ionen üben starke Kräfte aufeinander aus, so daß eine durch äußere Krafteinwirkung erzwungene Umordnung der Ionen bei niedriger Temperatur sehr langsam vor sich geht.

2. Die glasbildenden Ionen Si^{4+}, Ca^{2+}, Na^+, O^{2-} haben Edelgastypus.

Ihre Kraftfelder passen sich denen der Umgebung nicht leicht an. Der Mangel an polarisierenden Kräften führt zu starker Abstoßung, wenn Ionen gleicher Ladung, z. B. zwei Si^{4+}-Ionen aneinander vorbeigleiten müssen.

3. Gläser haben einen niedrigen Ordnungszustand. Infolgedessen können die Ionen unter Einwirkung einer äußeren Kraft schwerlich eine neue Gleichgewichtslage finden.

Der Einfluß der Temperatur beeinflußt alle drei hier genannten Ursachen im Sinne besserer Verformbarkeit. Der Einfluß des Drucks ist gegenstreitig. Er wirkt auf Verformung, aber der Elastizitätsmodul nimmt mit steigendem Druck bei Quarz und Gläsern ab, während er bei Metallen zunimmt. Die Zeit wirkt immer durch Erleichterung der Verformung.

Der Einfluß der chemischen Zusammensetzung der Gläser auf die Sprödigkeit ist wenig erforscht (s. S. 205). Nach Weyl kann aus den folgenden Zahlen der Einfluß auf die Sprödigkeit entnommen werden. Die Tabelle gibt die Temperaturen an, bei denen die angegebenen Viskositäten vorliegen, wenn Mg^{2+} oder Sr^{2+} durch andere zweiwertige Ionen ersetzt werden:

---

[1] Buerger, M. J.: Amer. Mineralogist, Bd. 15 (1930) S. 226.

Tabelle 3

Viskosität	Ersatz von Mg^2 durch					von Sr^2 durch	
	Mg^2	Zn^2	Co^2	Mn^2	Cu^2	Sr^2	Pb^2
$\log \eta = 9,0$	670	660	635	605	550	630	470
$\log \eta = 11,0$	607	597	567	545	490	580	427
$\log \eta = 13,0$	550	542	520	490	422	535	395
Anzahl der Außen- elektronen	8	18	15	13	17	8	18+2

Die Unterschiede sind vorhanden, aber nicht groß. Deshalb ist es wenig aussichtsreich, durch kleine Mengen von Zusätzen Einfluß auf die Sprödigkeit auszuüben. Das steht im Gegensatz zur Beeinflussung der Härte der Metalle durch kleine Zusätze.

Der Einfluß der Temperatur auf die *Reaktionsgeschwindigkeit* (sowohl physikalisch wie chemisch) kann so aufgefaßt werden, daß eine Fließeinheit von einer Potentialmulde in eine andere befördert wird und dabei eine Potentialschwelle von bestimmter Größe zu überwinden hat (Aktivierungsenergie).

D. Die Vorgänge bei der Zertrümmerung der Glasstruktur

1. Die Ursachen der geringen Bruchfestigkeit

Die bisher gebrachten Betrachtungen über den glasigen Zustand beruhten auf chemischer Grundlage, denn die stoffliche Natur der Glasbausteine wurde zur Deutung der Eigenschaften benutzt. Aber neben dieser stofflichen Methode besteht eine mechanisch-physikalische Methode, die eigentliche *Physik des Glaszustandes*. Sie bedient sich nicht der bereits erwähnten optischen Hilfsmittel (Lichtstrahlen, Röntgenstrahlen), sondern des Studiums der Zertrümmerung der Glasstruktur. Hierdurch ist ein wichtiger Beitrag zur Kenntnis des Glases geliefert worden.

Da die Zertrümmerung des Glasgefüges eine Lösung der chemischen Bindungskräfte darstellt, lag es nahe, die theoretisch zu erwartende Festigkeit zu berechnen. Sie liegt etwa 100 mal so hoch wie die gemessene Festigkeit. Um diese bei den Kristallen auch bekannte obwohl meist nicht so große Kluft zwischen theoretischer und vorhandener Festigkeit zu erklären, sind diese behandelten Theorien aufgestellt worden.

Die Risse (flaws) von GRIFFITH sind meist als Ursachen der geringen Festigkeitszahlen angeführt worden. Nach F. W. PRESTON kann man sie durch leichtes Anätzen mit HF sichtbar machen. Doch fällt es auf, daß ihre Anwesenheit sonst nicht festgestellt wurde. SMEKAL[1] konnte sie bei sorgfältigem Absuchen nicht mit den gebräuchlichen physikalischen Methoden festlegen.

Dagegen sind die kleineren Fehlstellen SMEKALS[2] trotz des Mangels an

---

[1] SMEKAL, A.: Persönl. Mitteilung.
[2] SMEKAL, A.: Glastechn. Ber. Bd. 15 (1937) S. 259.

direkter Sichtbarkeit als Tatsachen zu betrachten. Hierauf deutet die verhältnismäßig hohe Lichtstreuung des Kieselglases gegenüber Quarz. Diese These wird auch dadurch unterstützt, daß die Sedimentation feinst geriebener Teilchen von Quarz und von Kieselglas anweist, daß sie aus Blöckchen von 64 bis 70 A Kantenlänge bestehen, zwischen denen Klüfte bis zu 12 A bestehen können. Bekanntlich ist das Material der Metalle und Kristalle ebenfalls aus solchem Mosaik aufgebaut (s. S. 24).

Die „viskosen Taschen" von MURGATROYD dürften daneben ebenfalls zu Recht bestehen. Sie lassen sich auch aus der unten beschriebenen Kettenstruktur der Gläser ableiten. Diese Ketten stellen eine Massierung der polymerisierten „Glasformer" dar, die zwischen sich kationenreiche Substanz einschließen. DIETZEL[1] nimmt an, daß das Alkali im Glase in Schwärmen vorliegt. Es ist überraschend, daß diese These durch einen Modellversuch bestätigt werden konnte[2].

Erhitzen zwischen -70 und $+150°$ mußte die Kerbstellen ausweiten. Das vermindert die Festigkeit, was experimentell bestätigt wurde. Oberhalb $150°$ steigt die Festigkeit wieder, was SMEKAL auf „Ausheilen" der Kerbstellen infolge Diffusion beweglicher Gitterbestandteile aus den gespannten scharfen Ecken der Risse deutet. Das verursacht ihre Abrundung. Die Steigerung der Festigkeit bis zu höheren Temperaturen ist reversibel.

Sehr dünne Glasfasern haben Festigkeiten, die nach GRIFFITH[3] an die theoretisch erwarteten heranreichen. Sie müssen daher rissefrei sein. Er konnte selbst bei dickeren Glasfäden durch sehr sorgfältige Herstellung dieselben hohen Festigkeiten erzielen. Bei massiverem Glas kann man den Einfluß solcher Lockerstellen und der Oberflächenfehler durch Vorspannung mindern, z. B. durch Glasuren unter Druckspannung, Feuerpolitur und Brennhaut[4].

2. Die plastische Oberfläche

Die geringere Festigkeit der Oberfläche des Glases steht in krassem Gegensatz zur Sprödigkeit des Inneren. A. SMEKAL und E. RYSCHKEWITSCH[5] zeigten, daß die Oberfläche echte Plastizität besitzt. Ein leicht belasteter Diamant schneidet nämlich Späne von wenigen μ Dicke und fast 1 mm Länge aus der Oberfläche heraus, die sich wie abgedrehte Metallspäne zu Locken aufrollen (Abb. 6a, b). Wie diese sind sie an einer Seite glatt und an der anderen Seite ausgefranst. Kieselglas erwies sich als erheblich spröder als anderes Glas. Doch ließen sich auch bei ihm Späne abheben. Auch aus der Oberfläche von Kristallen, selbst von Korund, ließen sich Späne abdrehen.

Der vom Span befreite Untergrund zeigt oft eine regelmäßig periodische Zeichnung. Sie läßt an die S. 24 erwähnte Mosaikstruktur denken.

---

[1] DIETZEL, A.: Glastechn. Ber. Bd. 22 (1948/49) S. 41, 81, 212.
[2] DIETZEL, A. u. E. DEEG: Verh. MAX PLANCK Inst. Silikatforsch. 1957.
[3] GRIFFITH, A. A.: s. S. 332.
[4] WEYL, W. A.: Glass Ind. Bd. 27 (1946) S. 17.
[5] RYSCHKEWITSCH, E.: Glastechn. Ber. Bd 20 (1942) S. 168.

Demnach müßten einzelne Mosaikblöckchen aus dem Verband gerissen werden.

Bei sehr kleinen Flächendrücken (unter 500 kg/mm²) entsprechend 10 mg Schreibkraft ist das Glas noch vollkommen elastisch. Es kehrt nach Druckentlastung wieder in die ursprüngliche Lage zurück[1]. Bei etwas höherer Belastung wird es plastisch verformt. Das verdrängte Material bildet Wälle um die

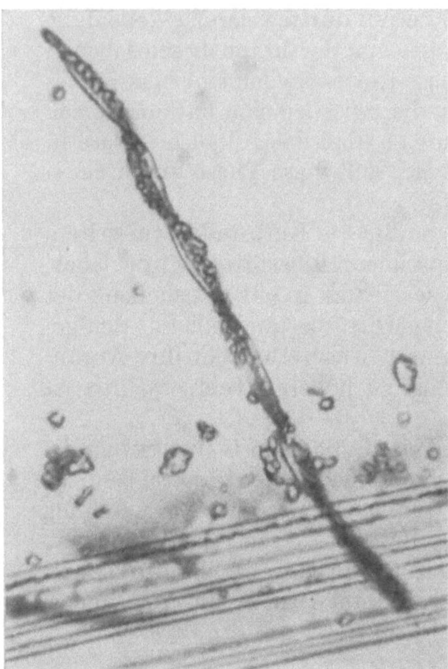 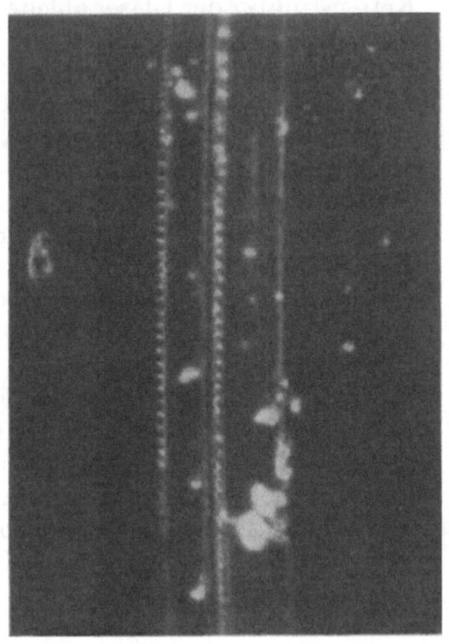

Abb. 6a. Spanlocke aus Glas, geschnitten mit Diamant (× 1350)

Abb. 6b. Ritzspur mit periodischer Struktur auf Glas, geritzt mit SiC-Kristall. (× 1000)

(Nach RYSCHKEWITSCH)

Ritzspur hin. Darum herum ist das Glas elastisch verspannt und federt nach Entlastung wieder zurück. Erst bei weiterer Steigerung des Schreibdrucks schneidet der Diamant Teile aus der plastischen Oberfläche heraus oder quetscht das Material seitlich fort (Locken). Dem entsprechen 500 bis 1000 mg Schreibkraft. Die Wände der Spuren werden dabei glatt gestrichen. Bei noch größeren Kräften treten Spannungen auf, die von der plastischen Schicht nicht mehr aufgenommen werden können. Bei 10 g Schreibkraft treten die ersten Sprünge auf. Bis zu 15 g Belastung sind es feine, seitlich der Kratzer abgelagerte Splitter[2]. Von 15 bis 38 g erscheinen gelockte Späne. Sie sind bei niedrigen Belastungen länger als bei hohen Belastungen, bei denen sie in kurze Stücke zerbrechen. Auch bei gelockten Spänen wurden zugleich Splitter beobachtet. Beide Vorgänge scheinen

[1] BRÜCHE, E. u. G. SCHIMMEL: Glastechn. Ber. Bd. 27 (1954) S. 239.
[2] CUSTERS, J. F. H.: Nature Bd. 164 (1949) S. 627.

verschiedene Ursache zu haben. Die Späne kommen aus der Mitte des Kratzers, die Splitter vom Rande. Zuweilen haften sie an der Glaslocke.

Aus der beim plastischen Fließen bewegten Stoffmenge und dem Arbeitsaufwand berechnete SMEKAL[1], daß unmittelbar an den spurenziehenden Rauhigkeiten der Ritzwerkzeuge elastische Spannungen auftreten, die mit der Stärke der chemischen Bindungskräfte übereinstimmen. Demnach scheinen festigkeitsmindernde Kerbstellen in Raumteilen bis $1\,\mu\,\varnothing$ nicht vorhanden zu sein, so daß der mechanische Versuch unmittelbar die Stärke der chemischen Bindungskräfte mißt. Demnach wäre der Einfluß der Fehlstellen erst bei größeren Tiefen vorhanden. Wenn die kritischen Widerstandswerte erreicht sind, werden die Raumelemente des festen Körpers beweglich und haben dabei eine abnorm gesteigerte Reaktionsfähigkeit. Es kommt dabei zu Wärme- und Lichtentwicklung.

Beim Glasritzen wird die Ritzenergie z. T. in thermische Energie umgesetzt. JEBSEN-MARWEDEL und VON STÖSSER[2] konnten auf einem neben der Ritzspur gelegten photographischen Film die Lichtspur feststellen. Die thermische Energie wird also sogar von Aussendung von Lichtenergie begleitet. Die Wärme wird an erster Stelle von der durch das Ritzen verdrängten Glasmasse aufgenommen, die sogar plastisch verformt wird. Bei geeigneter Form der Ritzspur kann sie nach KLEMM[3] als Faden (Locke) herausgepreßt werden. Diese Deutung der Locke setzt also voraus, daß sie einem sekundären Vorgang entspringt, während die am Anfang dieses Kapitels beschriebene Locke als ein Erzeugnis eines primären Vorgangs bei geringeren Flächendrücken ($^1/_2$ bis 1 g Schreibkraft) beschrieben ist.

Interessante Einblicke in die Härte und den Zusammenhang der Glasbausteine erhält man durch Messung der *Eindrucktiefe einer Diamantspitze* (KNOOP-Härte). Man kann so kleine Bereiche abtasten und die Einflüsse der Nachbarbereiche ausschalten. Diese „Härte" ist keineswegs von der Stabilität der Glasstruktur, dem Ausdehnungskoeffizienten usw. abhängig. So ist die KNOOP-Härte von Kieselglas und von Fensterglas dieselbe[4]. Hier folgen einige KNOOP-Zahlen von Gläsern: 380 (Na_2O-PbO-SiO_2-Glas), 470 (Na_2O-CaO-SiO_2-Glas), 510 bis 580 (B_2O_3-Al_2O_3-SiO_2-CaO-Glas) dasselbe Glas mit BeO bis 690. Synthetischer Rubin hatte 1850.

Diese Härte wurde von E. W. TAYLOR[5] mit viel kleinerer Last (z. B. 100 g) an den wichtigen optischen Gläsern (s. S. 250) bestimmt. Sie folgt dem PbO-Gehalt. Die Härten fielen mit steigendem Bleigehalt von 645 bis 420 kg/mm². Die Eindruckhärte der hier gebrauchten Diamantpyramiden wurde meist mit nur 50 g Belastung bestimmt. Diese *Diamant-Pyramidenhärte* (*DPH*) hat sich als ein ausgezeichnetes Mittel

---

[1] SMEKAL, A.: Powder Metall Bull. Bd. 4 (1949) S. 120 [Ref. in Glastechn. Ber. Bd. 24 (1951) S. 71].

[2] JEBSEN-MARWEDEL, H. u. K. VON STÖSSER: Glastech. Ber. Bd. 17 (1939) S. 1.

[3] KLEMM, W.: Glastechn. Ber. Bd. 27 (1954) S. 140.

[4] PAVLISH, A. E. u. J. MOCKRIN: J. Amer. ceram. Soc. Bd. 30 (1947) S. 54.

[5] TAYLOR, E. W.: J. Soc. Glass Technol. Bd. 34 (1950) S. 69.

erwiesen, um die Glasstruktur auf kleinstem Bereich abzutasten. Die DPH-Härte war praktisch dieselbe bei polierter, feuerpolierter gekühlter, feuerpolierter, abgeschreckter sowie frisch gebrochener Oberfläche. Aber der Einfluß der Zusammensetzung war groß[1].

Kieselglas ...	710 kg/mm²	Spiegelglas ...	540 kg/mm²
Pyrexglas	595 kg/mm²	Bleikristall ...	495 kg/mm²

Allerdings fand GRODZINSKI[2], daß die Mikrohärte von vorgespanntem Tafelglas unterhalb 150 g Belastung größer ist als von gekühltem Glas. Oberhalb 150 g Belastung hat das gehärtete Glas aber eine geringere Härte als das normale Glas.

Anzeichen von Anwesenheit von GRIFFITH-Rissen wurden nicht gefunden. Die verursachte Verformung ist durch plastischen Fluß verursacht, und das verdrängte Material formt Wälle um den Eindruck hin. Der „yield point" (d. i. der Beginn des plastischen Flusses) liegt hoch, z. B. bei 202 kg/mm² bei Spiegelglas, während die Bruchfestigkeit nur 7 bis 10 kg/mm² beträgt. Hieraus folgt, daß bei den üblichen Festigkeitsprüfungen das Glas bricht, ehe es fließt.

Die mittels Diamanteindruck festgestellte Bindungsstärke führt bei Einführung von Alkali zur Erniedrigung, später zu einer leichten Erhöhung und schließlich zu einer weiteren Erniedrigung der Bindefestigkeit. Die Bruchfestigkeiten ergeben aber bei Erhöhung des Alkaligehaltes höhere Werte. In Na_2O-K_2O-SiO_2-Gläsern ist bei konstantem Alkaligehalt eine Mischung beider Alkalien stärker als ein Alkali allein. Ersetzt man in einem Glase $Na_2O \cdot 4 SiO_2$ einen Teil der SiO_2 durch ein R^{2-+} oder ein R^{3+}-Oxyd, so wird die Bindungsstärke bis zu einer kritischen Zusammensetzung erhöht, um dann abzufallen. Dasselbe wurde von AINSWORTH bei der Bruchfestigkeit beobachtet. Das Maximum bei den Mikrohärteprüfungen von binären und ternären Na-Silikaten liegt bei der Zusammensetzung von etwa 33 Mol-% Wandlerkation. Bei dieser Zusammensetzung ist eine der 4 äußeren Bindungen der SiO_4-Tetraeder unterbrochen. Dies trifft nicht zu auf binäre K_2O-SiO_2-Gläser. Bei diesen liegt ein Maximum bei 18 Mol-% K_2O, weil das große K^+-Ion nicht in die kleinen Hohlräume des Silikatnetzwerks paßt. Der abnehmende Einfluß der *RO*-Oxyde auf die Bindungsstärke ist:

$$CaO-SrO-BaO-ZnO-MgO-PbO.$$

Die letzteren 3 Oxyde treten zum Teil schon ins Netzwerk ein, was ihre Stellung in dieser Reihenfolge erklärt. Die Reihenfolge *aller* Oxyde war:
$$Al_2O_3-CaO-B_2O_3-SrO-BaO-ZnO-MgO-PbO-SiO_2-Na_2O-K_2O.$$

Ersatz von Na_2O durch CaO erhöht die Bindungsstärke. Allgemein tritt dasselbe ein bei Ersatz von R^+ durch R^{2+} oder Ersatz von R^{2+} durch R^{3+}. Eine Ausnahme macht CaO, da es mehr Wirkung ausübt als B_2O_3.

AINSWORTH fand bei *Borosilikatgläsern* so ein Maximum der Mikrohärte, das vermuten läßt, daß in Gläsern mit hohem Na- und hohem

---

[1] AINSWORTH, L.: J. Soc. Glass Technol. Bd. 38 (1954) S. 479, 501, 536.
[2] GRODZINSKI, P.: Glastechn. Ber. Bd. 28 (1955) S. 58.

B-Gehalt alle B-Atome die (BO_4)-Koordination haben. In Na-Boratgläsern liegt das Maximum bei $1\,Na_2O \cdot 5\,B_2O_3$. In Gläsern, die wenig Na und viel Si enthalten und die nicht zweiphasig sind, liegt das Maximum bei gleichen Molprozenten von Na_2O und B_2O_3. Bei völlig in 2 Phasen zerfallenen Borosilikatgläsern besteht eine Phase aus Alkaliborat, die andere hauptsächlich aus SiO_2. Das Härtemaximum liegt bei dem Verhältnis $1\,Na_2O : 5\,B_2O_3$. Bei teilweiser Phasenscheidung liegt das Maximum zwischen den Zusammensetzungen $1 : 5$ und $1 : 1\,B_2O_3$. Die Phasenscheidung erfolgt erst in Form molekularer Aggregate von $Na_2O \cdot 5\,B_2O_3$, die in der SiO_2-reichen Phase dispergiert sind. Bei Wärmebehandlung agglomerieren diese Keime zu größeren Gruppen.

3. Der Bruch des Glases

Er erscheint in vielerlei Gestalt, je nachdem er durch Ritzen, durch Schlag oder durch einen Zug- oder Biegevorgang ausgelöst wurde.

Der *Ritzvorgang* wurde von F. RINNE[1] folgendermaßen beschrieben: Die mehr oder minder rauhe Glasschneidebahn weist in wechselnder Mannigfaltigkeit kleine, muschelige Absplitterungsbezirke auf, die meist in rhythmischer Folge zierlich wie Blättchen an einem Stengel sitzen. Zu deren Seiten gruppieren sich oft länglich gebogene, streckenweis geradlinige Sprungsysteme. Eine Vorstufe finden sie in entsprechend sich hinziehenden NEWTONschen Farbenstreifen.

Von der Seite her erkennt man auf der geschnittenen Platte kräftige, von der Preßstelle ausgegangene Doppelbrechung, das Symbol der Spannung. Tritt Durchbiegung ein, so sieht man unter Anwendung eines Gipsblättchens vom Rot 1. Ordnung die Zug- und Druckzone im Glas sowie die neutrale Faser. Beim Überschreiten der Elastizitätsgrenze tritt ein Sprung auf und damit eine Verminderung der Doppelbrechung, also auch der Spannung, ganz oder fast ganz bis auf den Nullwert ein.

Die zweite gewaltsame Operation ist das Brechen des Glases nach der Schnittspur, das mit starker Spannung an der Spur verbunden ist. Besonders heftig ist der Spannungseffekt beim Biegen der Glasscheiben zum Öffnen der Kerbe. Der Längsbruch zeigt meist sehr zierliche, hakenförmige Splittersysteme, die gegen die Richtung der Strichführung einfallen. Eine nähere Betrachtung der optischen Wirkung ermöglicht es, an Hand der rechtwinklig aufeinanderstehenden sog. Auslöschungsrichtungen die Lage der Hauptspannungen in der Glasplatte festzulegen und so ein Spannungsnetz (Tonogramm) zu konstruieren. Daraus läßt sich dann ein weiteres Kurvensystem, das der sog. Isoklinen ableiten, als Linien der Orte gleicher Spannungsrichtungen. Die Kurven gleicher Polarisationsfarben stellen die Linien gleicher Spannungsdifferenzen (Isodiatónen) vor. Der Sprung entsteht dort, wo eine der Hauptspannungen die Elastizitätsgrenze überschreitet. Bei der mechanischen Beanspruchung erfolgt eine minimale Atomverlagerung, in deren Gefolge sich eine bedeutsame Atomverformung

---

[1] RINNE, F.: Zentralbl. f. Mineralogie (1926) A, S. 206.

vollzieht. Da die äußere elektronische Hülle der Atome der Sitz der Optik ist, bekundet sich der mechanische Akt drastisch in den prächtigen Erscheinungen der Doppelbrechung.

Daß der Bruch direkt in die Bindungssysteme eingreift, ist durch den S. 175 beschriebenen Bruchversuch von H. JEBSEN-MARWEDEL bewiesen: Nach dem Bruch erscheint auf der frischen Bruchfläche nach Anhauchen eine durch Interferenzfarben sichtbar gemachte neue Lage von Silikagel.

Führt man einen starken Hammerschlag auf einen Punkt eines kompakten, gut gekühlten Glasbrockens aus, so kann man nach JEBSEN-MARWEDEL[1] einen *parabolischen Rotationskörper* aus dem Brocken herausschlagen, dessen Scheitelpunkt am Stoßpunkt liegt. Entlang der parabolisch gekrümmten Fläche sind also die Kräfte aufgetreten, die den Ionenverband getrennt hatten. Die Schlagarbeit ist viel kleiner als der zur Zertrümmerung notwendige Druck, weil die beim Schlag ausgelösten Oszillationen zur Überschreitung der Zugfestigkeit führen[2]. Diese ist nämlich nur $1/_{15}$ bis $1/_{30}$ der Druckfestigkeit. Dieser Schlagkörper zeigt rhythmische Rißbildung und ihre Ursache durch Wellensysteme.

Der Bruch spröden Glases erfolgt ohne plastische oder viskose Verformung. Deshalb passen die Bruchflächen mit lichtoptischer Genauigkeit zusammen, soweit sie unter dem Einfluß nur einer Hauptspannung gebildet wurden[3]. Der Bruchvorgang beginnt an einer Inhomogenität des Glases, das dadurch vorgespannt ist oder an einer Kerbstelle, die ebenfalls unter Spannung steht. Temperaturerhöhung oder Minderung der Versuchsgeschwindigkeit bewirken Minderung der technischen Zerreißfestigkeit bis 150°. Dann kehrt der Zeit- und Temperatureinfluß um. SMEKAL erklärt das durch molekulare Stoffwanderung (Selbstdiffusion) aus dem Kerbgrunde mit Ausrundung desselben, die der Fortpflanzung des Risses entgegen wirkt. Künstlich angekerbte Glasstäbe zeigen diese Erscheinung nicht. Sie verhalten sich oberhalb 150° so wie unterhalb.

Brüche gehen immer von Oberflächenschäden aus. Brüche, die von inneren Fehlstellen ausgehen, sind nie beobachtet worden. So setzt Sand, der von einigen cm Höhe auf Glas fällt, dessen Bruchfestigkeit auf die Hälfte herab[4]. Dagegen erhöht Glättung der Oberfläche durch Glattätzen oder Lackieren die Festigkeit bis auf das Zehnfache. Die wirksamen Anfangskerben haben eine Tiefe von etwa $1/_{10}$ mm. Chemische Vorgänge, vor allem Reaktion mit der Luftfeuchtigkeit und thermische Schwankungen erleichtern die Trennung der chemischen Bindungskräfte. Echte Ermüdungserscheinungen gibt es bei Gläsern nicht.

Man kann auf Glasplatten, die mit der Diamantscheibe geschnitten und dann geschliffen und poliert worden sind, durch Ätzen die Spuren der Schneiddiamanten wieder sichtbar machen[5]. Dieser Effekt kann

[1] JEBSEN-MARWEDEL, H.: Sprechsaal Bd. 60 (1927) S. 317.
[2] FÖPPL, A.: Sitz.-Ber. Bayr. Akad. Wiss. Math.-Phys. Klasse (1911) S. 505 [Ref. in Glastechn. Ber. Bd. 1 (1923) S. 111].
[3] SMEKAL, A.: Glastechn. Ber. Bd. 15 (1937) S. 259;
[4] SHAND, E. B.: J. Amer. ceram. Soc. Bd. 37 (1954) S. 52, 559.
[5] JONES, F. CH.: J. Amer. ceram. Soc. Bd. 29 (1946) S. 108.

durch die von PRESTON beim Glasschneiden entdeckten Vertikalsprünge erklärt werden. Die beiden Seiten des Risses müssen noch in optischem Kontakt stehen, um mit der Lupe unsichtbar zu bleiben. Eine andere Auffassung bedient sich der Annahme des plastischen Fließens des Glases beim Schleifen und Polieren. Diese feinen Risse beeinflussen sicher die Festigkeit und die chemische Korrosion.

Der Verlauf des Bruches ist mit gewöhnlichen licht-optischen Mitteln schwer zu erfassen. Aber erst nach Ablauf des Bruches sichtbar in den Bruchlinien von H. WALLNER[1] (s. Abb. 8).

Sie werden nur auf glatten oder feinrauhigen Bruchflächenteilen unter kontraststeigernder Beleuchtung sichtbar. Sie

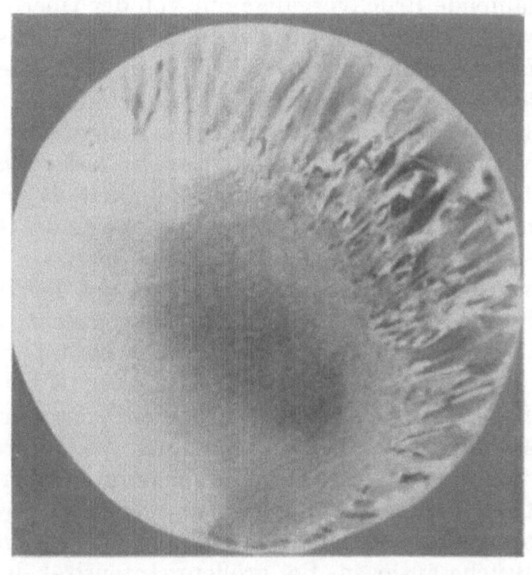

Abb. 7. Zerreißfläche eines Glasstabes mit Spiegel. (Nach SMEKAL)

Abb. 8. Spiegel der Zugbruchfläche eines Kieselglasstabes mit WALLNER-Linien. (Nach SMEKAL)

---

[1] WALLNER, H.: Z. Physik Bd. 114 (1939) S. 368.

sind Ultraschallspuren transversaler Stoßwellen mit den sehr hohen Frequenzen von 10^{10} Hz, die der Bruchvorgang an vorher präparierten winzigen Eigenspannungsstellen selbst zur Auslösung bringt. Daher können so verlaufende Bruchvorgänge nur von der Oberfläche ausgehen. Sie sind entweder atmosphärisch oder durch andere Medien beeinflußbar. Die *Wallnerlinien* bestehen aus zwei einander durchkreuzenden Systemen von Parallelkurven. Die Geometrie der *Wallnerlinien* ist nur durch das Verhältnis von Bruchgeschwindigkeit zur Ultraschallgeschwindigkeit bestimmt. Ist dieses Verhältnis kleiner als 0,2, so treten keine *Wallnerlinien* auf. Sehr geringe Bruchfortpflanzungs-Geschwindigkeiten sind durch dieses Verfahren nicht erfaßbar. Von F. W. PRESTON[1] und G. GEHLHOFF u. M. THOMAS[2] sind sie als hackle-and ribmarks, bzw. als Längs- und Querstreifen beschrieben worden. Erstere laufen auf der Bruchfläche in Richtung des fortschreitenden Bruchs. Letztere stehen zur ersteren senkrecht und unterbrechen sie, als ob sie einen Haltepunkt des Bruches bedeuteten.

Der Verlauf eines *Stoßes* ist so, daß bei geringer Intensität radiale Brüche entstehen, die durch einen Kreis genau begrenzt werden. Die Ursache liegt in einer Zugspannung, die dadurch entsteht, daß der Druckstoß das Material in der Umgebung verdrängt[3]. Ein Ring um das Zentrum herum bekommt einen größeren Durchmesser. Hierdurch treten tangentiale Zugspannungen auf, die senkrecht dazu, d. h. radial die Brüche auslösen. Bei größerer Intensität des primären Stoßes treten in dem Bereich zwischen der primären Transversalwelle und der Begrenzung der primären Brüche Sekundärbrüche auf, die ebenfalls radial gerichtet sind. Wahrscheinlich werden auch sie durch Zugspannungen ausgelöst, die durch Zusammenwirkung der elastischen Wellen mit lokalen Ursachen, meist Inhomogenitäten entstehen.

Beim *Zugversuch* tritt ein Bruch auf, der aus einem stark gefurchten Teil und einem scheinbar glatten „Spiegel" besteht. Bei hohen Festigkeiten ist der Spiegel klein, bei geringen Festigkeiten groß. Die Abb. 7 zeigt einen Bruch mit Spiegel und in Abb. 8 die auf der scheinbar glatten Fläche entwickelten *Wallnerlinien*[4].

Glasbruch durch *Biegung* von Stäben erfolgt in Gabelungsform[5] (Abb. 9). Diese Bruchform ist nur an Glas bekannt. Der Winkel der Gabel ist ungefähr 45°. Weiche Gläser zeigen diese Gabelung nicht.

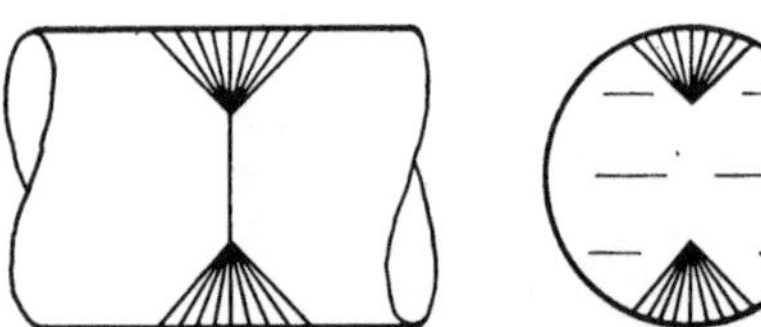

Abb. 9. Glasbruch durch Biegung. (Nach SMEKAL)

4. Die Bruchgeschwindigkeit

Die Geschwindigkeit des Bruches ist überraschend groß. Sie beträgt

---

[1] PRESTON, F. W.: J. Soc. Glass Technol. Bd. 10 (1926) S. 155.

[2] GEHLHOFF, G. u. M. THOMAS: Z. techn. Physik Bd. 7 (1926) S. 105.

[3] SCHARDIN, H.: Glastechn. Ber. Bd. 23 (1950) S. 325.

[4] KERKHOF, F.: Umschau Bd. 55 (1955) S. 656.

[5] PRESTON, F. W.: J. Amer. ceram. Soc. Bd. 18 (1935) S. 175.

nach SCHARDIN[1] bei gewöhnlichem Glas 1500 m/sek und bei Kieselglas 2200 m/sek. Der Bruch pflanzt sich nach langsamem Beginn stets schneller fort, bis er nach 1 bis 2 mm Weg seine Höchstgeschwindigkeit erreicht. Das ist, wie später gezeigt wird, rund $^1/_2$ der Transversalwellen-Geschwindigkeit und rund $^1/_3$ bis $^1/_4$ der Longitudinalwellen-Geschwindigkeit des Schalles im Glase. Man kann daher beim Glasbruch niemals mit quasistationären Verhältnissen rechnen. Die Ausbreitungsvorgänge der elastischen Spannungen haben die größere Bedeutung. Sie lassen sich kinematographisch festhalten.

Ein Geschoß erzeugt einen Bruch ebenfalls mit der Geschwindigkeit von 1500 m/sek, also doppelt so schnell wie ein Infanteriegeschoß in Luft, aber auch die dadurch entstehenden Sekundärbrüche hatten diese Geschwindigkeit, selbst wenn 2 Sekundärbrüche in ganz entgegengesetzte Richtungen liefen. Auch in einem mit Wasser gefüllten Gefäß war die Bruchgeschwindigkeit dieselbe. Auch bei schwächeren Kraftwirkungen als Beschuß ist die Geschwindigkeit gleich. Ein Bruch kann zuweilen stehenbleiben, läuft aber dann mit 1500 m/sek weiter. Dieses Stehenbleiben ist durch die elastischen Spannungsverhältnisse bedingt, aber die Bruchgeschwindigkeit hängt nicht von der Spannung ab. Thermisch bedingte Brüche verhalten sich ebenso. Die Bruchgeschwindigkeit in Abhängigkeit von der Dichte ergibt ungefähr eine Gerade[2]. Schwerste Bleigläser $(d = 5)$ haben 750 m/sek, schwere Bleigläser $(d = 3,5)$ haben 1200 m/sek, Fensterglas $(d = 2,6)$ 1500 m/sek und Kieselglas $(d = 2,1)$ 2155 m/sek Bruchgeschwindigkeit. Dasselbe Bild ergibt sich, wenn die Bruchgeschwindigkeit gegen das mittlere Molekulargewicht aufgetragen wird. Die Bruchgeschwindigkeit nimmt mit steigender Temperatur linear ab[3]. Der Temperaturkoeffizient beträgt $-0,15$ m/sek per K°. Für Tafelglas wurden von DIMMICK und McCORMICK die folgenden Werte gefunden:

Die Abnahme dieser Geschwindigkeit mit steigender Temperatur fällt mit der abnehmenden Sprödigkeit zusammen.

Auch die glattesten Bruchflächenteile bestehen aus facettenartig zusammengesetzten Sekundärbruchflächen. Gröbere Sekundärbruchflächen sind von Hyperbelästen begrenzt.

	Bruch- geschwindigkeit in m/sek
80° K	1510
300° K	1485
475° K	1455

Diese erlauben die Berechnung der Fortpflanzungsgeschwindigkeit des Primär- und Sekundärbruchs[4]. Danach entspricht die Geschwindigkeit des Sekundärbruchs der Silikatgläser praktisch dem Endwert derjenigen des Primärbruchs. Für atmosphärisch unbeeinflußte Bruchvorgänge aus dem Glasinneren besteht wahrscheinlich kein allmählicher Geschwindigkeitsanstieg. Der Endwert der Bruchfortpflanzungs-Geschwindigkeit

---

[1] SCHARDIN, H. u. W. STRUTH: Glastechn. Ber. Bd. 16 (1938) S. 219; Bd. 18 (1940) S. 233; Bd. 23 (1950) S. 1.

[2] SCHARDIN, H., MÜCKE, L. u. W. STRUTH: Glastechn. Ber. Bd. 27 (1954) S. 141.

[3] DIMMICK, H. M. u. J. M. McCORMICK: Glastechn. Ber. Bd. 23 (1950) S. 193; J. Amer. ceram. Soc. Bd. 34 (1951) S. 240.

[4] SMEKAL, A.: Glastechn. Ber. Bd. 23 (1950) S. 57.

scheint nur von der Glaszusammensetzung abzuhängen. Diese Stoffkonstante kann mit 2 bis 3% Genauigkeit bestimmt werden.

Bei Belichtung von $1/10^6$ Sekunden kann man longitudinale und transversale Wellen beim Bruch photographieren[1]. Erstere haben etwa
6000 m/sek, letztere 3500 m/sek Geschwindigkeit. Erstere wurden durch
den Stoß einer Stahlkugel, letztere durch das Ausbrechen eines Splitters
um die Einschlagstelle am Rande des Glases ausgelöst. Der Sprungverlauf selbst erfolgt viel langsamer, wie oben gezeigt wurde. SMEKAL[2]
maß diese beim Zerbrechen von Glas entstehenden Ultraschallwellen
zu 10^{10} Hz. Wahrscheinlich ist aber selbst 10^{11} möglich. Da diese elastischen Stoßwellen den Bruchvorgang stören, markiert sich die Schar der
Bruchlinien auf der Bruchfläche als ein Muster von Rillen, den oben
beschriebenen *Wallnerlinien*. Der Rillenabstand hat Werte bis zu $0{,}5\ \mu$
herab entsprechend den hohen hier angegebenen Frequenzen.

5. Elastische Eigenschaften. Innere Reibung und Dämpfung[3]
(s. S. 214) (S. 216)

Bei einem idealen Festkörper ist die auf ihn ausgeübte Kraft (stress)
der in ihm erzeugten Spannung (strain) proportional. Das heißt die
Kraft-Spannungskurve eines idealen Festkörpers ist eine Gerade. Aber
kein reeller Festkörper ist ideal elastisch. Selbst in den Bereichen, in
denen keine bleibende Verformung stattfindet, sind sowohl bei Metallen,
keramischen Körpern wie auch Gläsern elastische Nachwirkungen beobachtet worden. Also war die Spannung bei ihnen nicht proportional der
Kraft. Das Maß des Unterschieds zwischen idealer und wirklich vorhandener Spannung wurde von C. ZENER[4] *Anelastizität* genannt.

Ihr Studium ist wertvoll geworden für die Untersuchungen über thermische Diffusion, Atomdiffusion, Gefügeänderungen, viskoses Kriechen
usw. Voraussetzung zu ihrer Erfassung ist, daß nach Entfernung der
Last der ursprüngliche Zustand nicht völlig hergestellt wird, ihn aber
nach einiger Zeit doch wieder erreicht. Plastischer und viskoser Fluß
sowie „Kriechen" sind hiermit nicht gemeint. Außer mechanischen Messungen (Biegung, Torsion usw.) kann man zu ihrer Erfassung akustische
Mittel gebrauchen. Eine Schallwelle wird beim Durchgang durch einen
Festkörper in ein akustisches Spektrum verändert. Es dürfte beim Studium des Festkörpers denselben Platz einnehmen wie das Lichtspektrum
für die Untersuchung der Atome und Ionen.

Der Verlauf der Absorption der Vibrationen im Glas kann charakteristische Absorptionsbanden liefern gemäß der Art der Einflüsse, die die
Struktur beunruhigen, z. B. einem angelegten Wärmegefälle, der Diffusion von Ionen, elastoviskosen Effekten, viskosem Fließen, Anlaufen
von Opalglas, Entglasung usw. Die Höhe der Absorption des Schalls ist
ein Maß der elastischen Nachwirkung. Interessant ist die durch einen

---

[1] EDGERTON, H. E. u. F. E. BARSTOW: J. Amer. ceram. Soc. Bd. 24 (1941)
S. 131.

[2] SMEKAL, A.: Nova Acta Leopoldina, N. F. Bd. 11 (1942) [Ref. Glastechn.
Ber. Bd. 20 (1942) S. 294].

[3] FITZGERALD, J. V.: J. Amer. ceram. Soc. Bd. 34 (1951) S. 314, 339, 388.

[4] ZENER, C.: Elasticity and Anelasticity of Metals. Univ. of Chicago Press, 1948.

Temperaturstoß im Glaskörper erzeugte akustische Spitze, steile Bande hoher innerer Reibung rechts in der Figur. Links von dieser Bande sehen wir 3 Banden derselben Frequenz, aber verschiedener innerer Reibung, die durch induzierte Diffusion von Alkaliionen verursacht sind. Die beiden Banden für elastoviskosen und viskosen Effekt sind allen Gläsern eigen. Der viskose Fluß kann natürlich nicht mehr als elastische Nachwirkung betrachtet werden.

Bemerkenswert ist die hohe innere Reibung bei Anwesenheit beider Alkalien (s. S. 158).

Die eben beschriebene Na-Bande im akustischen Spektrum, d. h. die Höhe der inneren

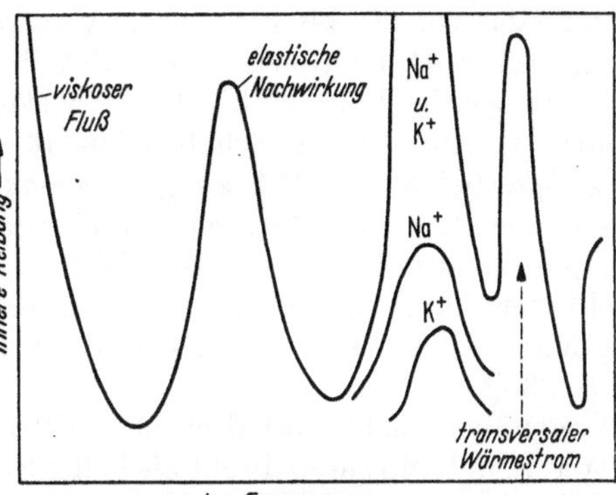

Abb. 10. Dämpfung von Schallwellen in Glas (Schallspektrum) infolge physikalischer oder chemischer Ursachen. (Nach Fitzgerald)

Reibung, wird durch die Zerstreuung der Spannungen durch die Na^+-Ionen verursacht. Die Aktivierungsenergie für diese Bande beträgt bei abgeschrecktem Glas etwa 16 kg-cal und bei gekühltem Glas bei 21 kg-cal und liegt also in der Nähe der Aktivierungsenergie für die Na-Diffusion, der Alkalilösung aus der Oberfläche oder der elektrischen Leitfähigkeit, die auch bei 21 kg-cal liegen. Diese Na-Bande (Dämpfung) im akustischen Spektrum wird also durch Abschrecken erhöht, durch gute Kühlung hingegen erniedrigt. Die Aktivierungsenergie für die Verschiebung ist also im gekühlten Glase größer und erreicht den oben angegebenen Wert von 21 kg-cal für die Diffusion usw. Die Aktivierungsenergie für den elastoviskosen Effekt beträgt 200 kg-cal. Wärmebehandlung setzt die innere Reibung ebenfalls infolge elastoviskoser Wirkungen herab. Die dem Glas auferlegten Vibrationen zeigen eine innere Reibung an, die bei gewissen Temperaturen ein Maximum aufweist, bei denen auch Maxima oder Minima anderer Eigenschaften auftreten. Taylor[1] fand in Na_2O-SiO_2-Stäben unerwartete elastische Nachwirkung mit Regenerierbarkeit bei etwa 480°. Dasselbe trat in K_2O-SiO_2-Gläsern auf. Die auf Na^+-Ionendiffusion zurückzuführenden Maxima traten zuweilen bei 50°, zuweilen auch unterhalb 0° auf. Mit diesen extremen Werten der inneren Reibung hängt auch das anormale Verhalten des Schermoduls von Flachglas zusammen[2]. Der bei etwa 480° auftretende Effekt ist viel größer als der bei Zimmertemperatur. Der Zeitbedarf beider Effekte ist verschieden. Der Effekt bei Zimmertemperatur hat viel Ähnlichkeit mit der Nullpunktsdepression der Thermometer[3]. Dietzel und Deeg[4] halten

---

[1] Taylor, N. W. u. P. S. Dear: J. Amer. ceram. Soc. Bd. 20 (1937) S. 296; J. Soc. Glass Technol. Bd. 21 (1937) S. 61 und S. 450.
[2] Fitzgerald, J. V.: J. Soc. Glass Technol. Bd. 36 (1952) S. 90.
[3] Kirby, P. L.: J. Soc. Glass Technol. Bd. 37 (1953) S. 7; Bd. 38 (1954) S. 383.
[4] Dietzel, A. u. E. Deeg: Glastechn. Ber. Bd. 27 (1954) S. 105.

diese thermische Nachwirkung für die Folge einer Art von *Mikro-Brown-scher Bewegung* der Netzwerkwandler innerhalb der Glasstruktur.

Ultraschallwellen von 0,25 bis $1 \cdot 10^6$ Hz verloren beim Durchgang durch Glas von 20° bis 435° durch Absorption wenig an Energie. Bis 820° wuchs diese Absorption so stark, daß dann nur $^1/_{500}$ der Energie durchgelassen wurde. Von 820 bis 1650° wurde die Absorption nicht mehr erhöht[1]. Hochfrequente Schallwellen ($6 \cdot 10^3$ bis $2 \cdot 10^7$ Hz) weisen im *Kieselglas* bei 30 bis 50° K ein großes Maximum der inneren Reibung auf. Da es ziemlich breit ist, scheint hier keine einheitliche Aktivierungsenergie zu bestehen. Im kristallisierten SiO_2 kommt dieses Maximum nicht vor. Die Ursache muß in einer Relaxation der Struktur gesucht werden, wie STEVELS sie für die dielektrische Aufnahmefähigkeit fand (s. S. 235)[2].

Gegenüber Licht verhalten sich Ultraschallwellen wie ein optisches Gitter. Man kann sie so direkt als helles Streifensystem sichtbar machen[3]. Hierdurch wurde ermittelt, daß der Torsionsmodul der Gläser mit zunehmender Dichte derselben fällt, während der Querkontraktionskoeffizient steigt. Die Schallgeschwindigkeit nimmt mit zunehmender Dichte ab.

Vakuum beeinflußt die *innere Dämpfung von Glasfasern*. Bei Vakuum von $> 1~\mu$ war die innere Dämpfung dem Fadendurchmesser umgekehrt proportional. Unterhalb $1~\mu$ Vakuum hatte der Durchmesser diesen Effekt nicht. Also ist die viskose Verzögerung der Luft an diesem Effekt schuld.

Wasserbehandlung erhöhte die Dämpfung, aber sie ging nach Vakuumbehandlung wieder auf den ursprünglichen Wert zurück. Torsionsspannungen und Ätzung mit HF hatten keinen Einfluß. Letzteres gilt nicht für abgeschrecktes Glas, weil dann die Spannungshaut beseitigt worden war. Man erhält dann ungefähr dieselbe Dämpfung wie für gekühltes Glas[4].

Die innere Reibung, wie sie durch das Dämpfungsvermögen eines Materials bestimmt wird, ist eine dimensionslose Größe, die den Verlust an Energie angibt, den mechanische Schwingungen in diesem Material erleiden. Man kann nach KIRBY die innere Reibung durch tg δ ausdrücken, wobei δ der Phasenwinkel ist, um den die Spannung im schwingenden Material hinter der angelegten Spannung zurückbleibt:

$$\text{tg}\,\delta = (\pi \cdot v \cdot t)^{-1} \cdot \ln 2,$$

wo v die Frequenz, und t die Zeit ist, die benötigt wird, um die Schwingungsenergie auf die Hälfte zu reduzieren. Zwei physikalische Vorgänge tragen zur inneren Reibung bei: eine Erschlaffung (Relaxation) der Alkalibindung im Glase und das visko-elastische Verhalten des Netzwerks. In allen Gläsern ist tg δ bei abgeschreckten Gläsern größer als bei

[1] STEIERMAN, B. L., J. C. C. WU u. J. M. McCORMICK: J. Amer. ceram. Soc. Bd. 38 (1955) S. 211.

[2] ANDERSON, O. L. u. H. E. BÖMMEL: J. Amer. ceram. Soc. Bd. 38 (1955) S. 125.

[3] THIELE, A.: Glastechn. Ber. Bd. 28 (1955) S. 384.

[4] BLUM, S. L.: J. Amer. ceram. Soc. Bd. 38 (1955) S. 205.

gekühlten. Das bei alkalihaltigen Gläsern beobachtete Maximum der Dämpfung tritt bei Kieselglas nicht auf, was den Schluß rechtfertigt, daß es in der Tat die Relaxation der Alkalibindung ist, die das Maximum verursacht.

Die *innere Reibung* ist in weichem Glas höher als in Pyrexglas, aber beide Gläser zeigen eine Spitze bei 320°. Die mechanische Dämpfung nimmt oberhalb 500° schnell zu. Weiches Glas hat ein Minimum bei $-60°$, Pyrexglas bei -25 bis $-50°$. Das Dekrement für Kieselglas ist von niedrigerer Ordnung und hat ein Maximum bei *646°*. Die Moduln von Kieselglas und Pyrexglas nehmen mit der Temperatur bis zum Erweichen zu, von weichem Glas ab. Eine schnellere Abnahme erfolgt bei weichem Glas oberhalb 535° und für Pyrexglas oberhalb 580°[1].

Die elastische Nachwirkung wird bei Mischgläsern um so größer, je größer das Verhältnis von Na_2O zu K_2O ist. Die Nachwirkung steigt bei Na-Gläsern mit steigendem Na-Gehalt von 0,1 bis 0,8% bei 7 bis 15% Na_2O. Zwischen der Nachwirkung und dem K_2O-Gehalt konnte keine Beziehung gefunden werden. Sie betrug 0,3 bis 0,4% bei 9 bis 19% K_2O. Die Mischgläser haben die größte Nachwirkung. Nach 10 Minuten Vorbelastung beträgt die Nachwirkung bei 20 Sekunden Versuchszeit für 5 bis 15% Na_2O und 7 bis 10% K_2O nicht weniger als 1 bis 3%[2].

6. Anelastizität

Aber man beobachtet die Erscheinungen der *Anelastizität* nicht nur durch die Dämpfung von dem Glase auferlegten Schwingungen, sondern auch bei gewöhnlicher mechanischer Beanspruchung. Unterwirft man Glasstreifen bei verschiedenen Temperaturen einer *Dauerbelastung*, so findet man einen beträchtlichen viskosen und nicht reversiblen Fluß (s. S. 30). Daneben besteht aber auch ein wenig Elastizität. Diese läßt sich wieder unterteilen in echte, sofort reversible *Elastizität* und eine zeitabhängige, *elastische Nachwirkung*. Diese elastische Nachwirkung wächst mit der Temperatur. Sie beträgt bei 200° etwa 3% der gesamten elastischen Spannungen, aber bei 444° nicht minder als 75%. (Der Transformationspunkt des Glases lag bei 534°.) Daher war oberhalb 444° eine Unterscheidung beider Arten elastischer Spannung kaum möglich[3].

Spannt man Glas durch *Torsion*[4], so lassen sich alle 3 Arten der Formänderung ebenfalls nachweisen: Elastische Spannung, reversible elastische Nachwirkung und viskoser nicht reversibler Fluß.

MURGATROYD[5] bestimmte durch Torsion die elastische Nachwirkung zu 0,12% der elastischen Spannungen beim Kieselglas und zu 0,55 bis 1,2% bei technischen Gläsern. Er stellt die wichtige *Hypothese* auf, daß sie ein Zeichen dafür sei, daß das Glas aus *einer echt elastischen Grundmasse mit Einschlüssen von mehr viskosem Verhalten* besteht (s. S. 24).

---

[1] MARX, J. W. u. J. M. SIVERTSEN: J. appl. Phys. Bd. 24 (1953) S. 81.

[2] BORCHARD, K. H.: Sprechsaal Bd. 67 (1934) S. 297.

[3] JONES, G. O.: J. Soc. Glass Technol. Bd. 28 (1944) S. 432.

[4] PEARSON, S.: J. Soc. Glass Technol. Bd. 36 (1952) S. 105.

[5] MURGATROYD, J. B.: J. Soc. Glass Technol. Bd. 31 (1947) S. 36; Bd. 32 (1948) S. 291.

Diese Theorie der pseudoviskosen „Taschen" im Glasgerüst scheint geeignet zu sein, die GRIFFITH-Theorie der submikroskopischen Glasrisse (flaws) zu ersetzen. Dieser Gehalt an pseudoviskoser Substanz wird dann auch als Ursache der elastischen Nachwirkung angesprochen. Das kommt mit der oben gegebenen Deutung gut überein, da in beiden Fällen die Alkalien Ursache der Nachwirkung sind. Inhärent verbunden mit dieser pseudoviskosen Substanz ist die Annahme schwacher Bindungen. Da *Glasfasern* einen eingefrorenen Zustand höherer Temperatur darstellen, enthalten sie demnach einen größeren Gehalt schwacher Bindungen. Daher ist ihre elastische Nachwirkung bei 20 μ Dicke 5 bis 6mal größer als bei kompaktem Glas. Die elastischen Eigenschaften von Glasfäden sind geringer als bei gewöhnlichem Glas. Die erhöhte Festigkeit wäre dann der Orientierung der schwachen Bindungen parallel zur Achse zuzuschreiben. Im gewöhnlichen Glase sind nach dieser Auffassung diese schwachen Bindungen die Ursache der geringen Festigkeit.

Eine dritte Form der Erfassung dieser elastisch-viskosen Beziehungen verdanken wir MIGEOTTE und VANDECAPELLE[1] durch deren Versuche, Glas bei erhöhter Temperatur unter starken Druck zu setzen und so das mechanische und optische Verhalten direkt zu studieren. Der Fließ-

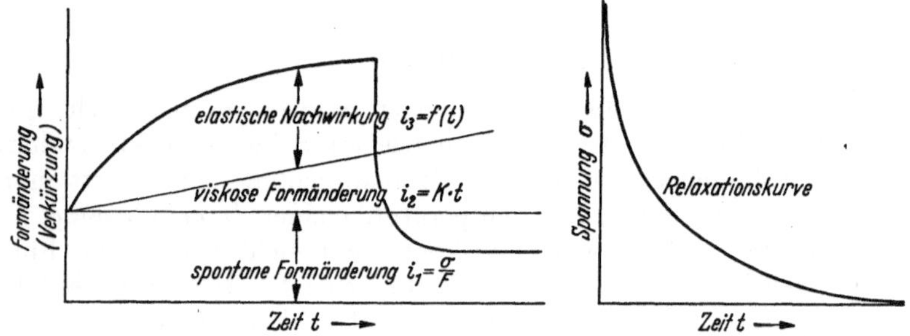

Abb. 11. Mechanische und optische Eigenschaften von Glas unter Belastung bei erhöhter Temperatur. (Nach MIGEOTTE und VANDECAPELLE)

vorgang konnte so quantitativ erfaßt werden durch die drei bereits erwähnten Fließarten.

Die Abhängigkeit des Elastizitätsmoduls E von der Temperatur wird in der folgenden Tabelle dargestellt:

Temperatur °C	20	370	455	500	525
in kg/mm²	7290	6850	6380	5980	5775

Die Neigung der Geraden, die die viskose Verformung darstellt, gestattet die Berechnung der Viskosität

$$\eta = \frac{L \cdot m \cdot g}{3\,S\,\dfrac{dl}{dt}}$$

---

[1] MIGEOTTE, P. G. u. H. P. C. VANDECAPELLE: Glastechn. Ber. Bd. 27 (1954) S. 405.

wo L die Länge in cm, $m\,g$ die Kraft in Dyn, C der Querschnitt in cm², $\dfrac{dl}{dt}$ die Geschwindigkeit der Längenänderung in cm/sek ist.

7. Andere Spannungen in der Glasoberfläche

Die in der Glasoberfläche vorhandenen Spannungslinien können durch Bedampfen mit *Natriumdampf* oder durch Ablösen eines aufgetrockneten Leimstreifens sichtbar gemacht werden. Das letztere Verfahren wird bekanntlich zur Herstellung des *Eisblumenglases* verwendet.

Die durch Bedampfung erzeugten feinen, nur mikroskopisch sichtbaren Linien sind offenbar mechanische Oberflächenverletzungen. Die Linien durchkreuzen einander nicht und haben seitliche Abzweigungen im rechten Winkel. Mit HF geätzte Flächen zeigen diese Erscheinung nicht[1].

Gleitet ein starker *elektrischer Funken* längs der Oberfläche eines Fensterglases, so hinterläßt er eine matte Spur. Sie erscheint unter dem Mikroskop als eine Anzahl haarähnlicher und paralleler Sprünge, welche die Bahn des Funkens durchziehen. Nach einiger Zeit bilden sich kleine sekundäre Sprünge, die mit den ersteren ein Netzwerk bilden. Dann beginnen sich Splitter unter Bildung NEWTONscher Farbenringe abzulösen. Das ganze erfolgt eine Stunde nach der Funkenentladung[2].

Der Kavitationseffekt in Flüssigkeiten, wie er z. B. hinter zu schnell bewegten Propellern entsteht, kann auch in Gläsern erzeugt werden, z. B. durch Explosion auf der Oberfläche eines organischen Glases. Die dann entstehenden Risse können nach mehreren Stunden völlig ausheilen[3].

E. Untersuchung des glasigen Zustandes an Hand der Änderung der Eigenschaften bei verschiedenen Temperaturen

Der hier folgende Abschnitt hätte bei einer kritischen Behandlung des glasigen Zustandes vor wenigen Jahrzehnten als wichtigster Abschnitt zu Anfang behandelt werden müssen. Er handelt über die Änderungen der physikalischen Eigenschaften des Glases zwischen den gewöhnlichen Temperaturen und denen der beginnenden Rotglut. Diesen Untersuchungen verdanken wir fast alle Einblicke in den glasigen Zustand, ehe Methoden bekannt wurden, die den Aufbau der Gläser aus den atomischen Bausteinen ermöglichten. Den Löwenanteil dieser Erkenntnisse verdanken wir GUSTAV TAMMANN. Merkwürdigerweise führte er seine Untersuchungen nur selten an silikatischen Gläsern durch. Er arbeitete meist mit organischen Stoffen, also Modellgläsern, wie sie S. 26 beschrieben sind.

Glas ist nur deshalb beständig, weil seine hohe Viskosität im Schmelz- und Erstarrungsbereich die einzelnen Ionen- und Ionengruppen hindert,

---

[1] ANDRADE, E. N. DA u. L. S. TSIEN: Proc. Roy. Soc. London A Bd. 159 (1937) S. 346. — LEVENGOOD, W. C. u. E. B. BUTLER: J. Amer. ceram. Soc. Bd. 36 (1953) S. 257.

[2] TERADA, T., M. HIRATA u. R. YAMAMOTO: Nature Bd. 129 (1932) S. 168.

[3] KIRBY, P. L.: J. Soc. Glass Technol. Bd. 39 (1955) S. 385, T.

sich zu regelmäßig gebauten Kristallgittern zusammenzuschließen. Geben
wir dem Glase aber genügend Zeit und Beweglichkeit (Temperatur!), so
kristallisiert es völlig aus. Hochviskose Schmelzen (z. B. Kalifeldspat)
haben hierfür Monate nötig. Inzwischen ist selbst glasige Borsäure, die
früher als unkristallisierbar galt, in kristallisierter Form erhalten worden[1].

Die Abgrenzung des kristallisierten vom labilen glasigen Zustande verdanken wir G. TAMMANN[2]. Diese Abgrenzung wird im Kapitel *Entglasung*

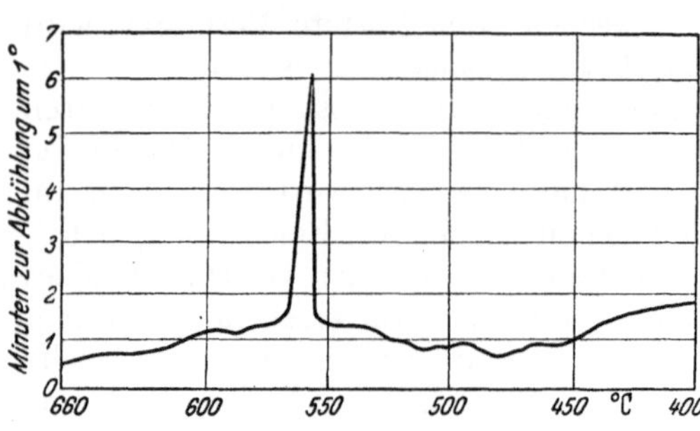

Abb. 12. Abkühlungskurve einer Spiegelglasscheibe.
(Nach QUASEBART)

behandelt werden. Der
spontane Übergang des
Glases in Kristall ist der
Schrecken jedes Glas-
schmelzers. Er verrät die
Tatsache, daß Glas einen
Energieüberschuß über
den Kristall gleicher Zu-
sammensetzung hat. In
einleuchtender Weise ist
das bereits 1916 von
K. QUASEBART[3] bewiesen
worden: Er kühlte eine

Spiegelglasscheibe unter Temperaturkontrolle ab und erhielt bei etwa
560° einen „Haltepunkt", so wie er bei der thermischen Analyse von
Metallegierungen bekannt ist. In der Abb. 12 ist dieser Effekt dargestellt.
Als Ordinate dient die Zeit, die erforderlich ist, um die Abkühlung für
je 1° zu bewirken. Er erhielt so bei 560° einen scharf begrenzten Haltepunkt, der anwies, daß hier Wärme frei wurde, ähnlich, wie das bei den

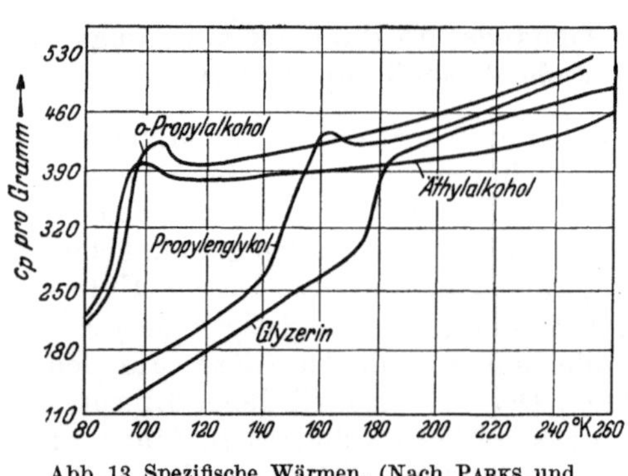

Abb. 13 Spezifische Wärmen. (Nach PARKS und
HÜFMAN)

Haltepunkten abkühlender
Schmelzen an Punkten der
Kristallisation oder Um-
wandlung auftritt. Diese thermischen Effekte sind später
mittels der viel empfind-
licheren thermischen Diffe-
rentialanalyse an allen möglichen Glasarten bestätigt
worden[4].

Diese thermischen Effekte
werden nun bei Gläsern nicht
auf deren Kristallisation,
sondern auf Überführung in
Gläser niedrigeren Energie-

inhalts zurückgeführt. Sie liegen übrigens mehrere hundert Grade unterhalb der Temperaturen, bei denen die Kristallisation auftritt. Sie treten

---

[1] COLE, S. S. u. N. W. TAYLOR: J. Amer. ceram. Soc. Bd. 18 (1935) S. 55.
[2] TAMMANN, G.: Aggregatzustände, Leipzig 1923, Glastechn. Ber. Bd. 3
(1925) S. 73. — TAMMANN, G.: Der Glaszustand, Leipzig 1932.
[3] QUASEBART, K.: Sprechsaal Bd. 49 (1916) S. 18.
[4] TOOL, A. Q.: J. Amer. ceram. Soc. Bd. 29 (1946) S. 253; Bd. 31 (1948) S. 177.

in einem Temperaturbereich auf, den man treffend „Transformationsintervall" genannt hat. Auch an Glaspulvern ist der Effekt einfach nachweisbar. Die ermittelten Temperaturen sind nicht sehr konstant, was auf

unregelmäßige Wärmeverteilung und Zusammenbacken der Körner zurückzuführen ist.

Die hier erwähnten Haltepunkte erscheinen selbstverständlich auch auf den Kurven der spezifischen Wärme, aufgetragen gegen die Temperatur (Abb. 13). Aber nicht nur der Wärmeinhalt, sondern alle mechanischen, optischen und elektrischen Eigenschaften zeigen bei denselben Tem

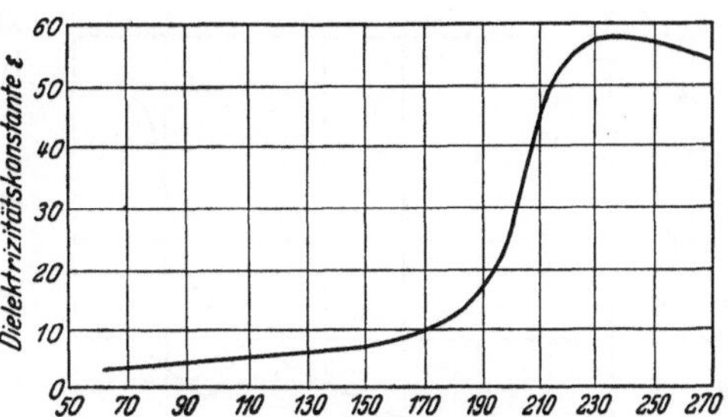

Abb. 14. Glycerin-Anomalie von ε beim Übergang vom glasigen in den flüssigen Zustand. (Nach FLEMING und DEWAR)

peraturen Änderung ihrer Temperaturgradienten, wie aus den folgenden Abbildungen ersichtlich ist (Abb. 14, 15, 16, 17).

Besonders auffallend war die Änderung der Festigkeit bei dieser Temperatur. Das bis dahin noch zähviskose oder plastische Glas wurde dann fest. Erreichte man umgekehrt

diese Temperatur beim Anwärmen, so trat man oberhalb dieser Temperatur in den Bereich des verformbaren Glases ein.

Bei organischen und anorganischen Gläsern liegt das Verhältnis der Einfriertemperatur T_E zur Schmelztemperatur T_S des entsprechenden Kristalls $\dfrac{T_E}{T_S} = 0{,}6$ bis 0,7. Dieses Verhältnis steigt offenbar mit steigendem Molekulargewicht an (für Se = 0,62, für Quarz = 0,66)[1].

Noch vielseitiger wurde das Bild, als man erkannte, daß die Schnelligkeit der Erhitzung oder Abkühlung die Größe der zu mes

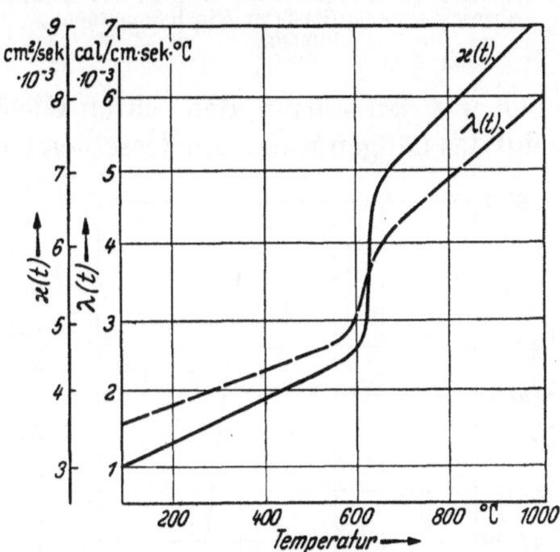

Abb. 15. Unstetigkeit der Wärmeleitfähigkeit und Temperaturleitfähigkeit am Transformationsintervall. (Nach DIETZEL)

senden Eigenschaft tiefgreifend beeinflußte. Dem Glasfachmann war das seit alters her bekannt, weil er seine Glasgegenstände „kühlen", d. h. sehr langsam abkühlen mußte, um Wärmespannungen fernzuhalten und die natürliche Sprödigkeit nicht unnötig zu erhöhen.

Dieser Einfluß der „Kühlung" war besonders kraß ausgeprägt bei der wichtigsten optischen Eigenschaft, der Lichtbrechung und bei den Eigenschaften, die vom Volumen abhängig sind, nämlich dem spezifischen

---

[1] JENCKEL, E.: Kolloid-Z. Bd. 130 (1953) S. 64.

Gewicht und dem Wärmeausdehnungskoeffizienten. Das sei hier in einer Reihe von Abbildungen erläutert:

Abb. 17 zeigt die bedeutende Änderung des Brechungsindex eines Glases in Abhängigkeit von der Temperatur. Von 0° ab bis zu 440° steigt der Brechungsindex des behandelten Glases von 1,5234 bis 1,5245, also um 1 Einheit auf der 3. Dezimale, um dann stark zu fallen.

Denselben, noch eindrucksvolleren Einfluß der Abkühlungsgeschwindigkeit auf die Wärmeausdehnung zeigt Abb. 16.

Ein gekühltes Borosilikatglas A hatte von 0 bis 550° regelmäßige Ausdehnung. Dann trat bis 630° steigende Ausdehnung auf, der dann steiler Anstieg der Längenzunahme folgte. Das Intervall von 550 bis 630° ist diesem Glase eigentümlich und heißt sein „Transformations-Intervall". Es begrenzt den plastischen oder viskosen Bereich nach

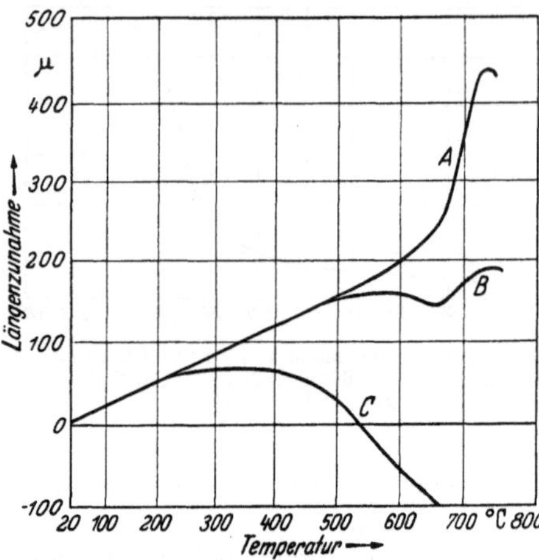

Abb. 16. Längenänderungen eines Borosilikatglases nach verschiedener Wärmebehandlung. A. Gekühlt. B. Schnell abgeschrecktes massives Glas. C. Schnell abgeschreckte 6μ-Glasfaser. (Nach Schönborn, Peychés)

oben wie den starren, den echten Glasbereich nach unten. Die Kurve B zeigt das Längenwachstum desselben Glases, wenn es schnell abgeschreckt war. Schon vor Erreichung des Transformationsintervalls beginnt in dieses Glas „Bewegung" zu kommen. Es zeigt Maxima und Minima, die weit unterhalb der Ausdehnung des gekühlten Glases liegen. Kurve C schließlich zeigt die Längenänderung desselben Glases, wenn es besonders schroff abgeschreckt worden war, nämlich als nur $6\,\mu$ dicke, mit großer Geschwindigkeit ausgezogene Glasfaser. Hier genügt schon eine Erwärmung auf 180°, um die Bausteine des Glases derart zu lockern, daß sie nicht nur keine Wärmeausdehnung mehr zeigen, sondern unter dem Einfluß ihrer eigenen Oberflächenspannung schnell kürzer werden.

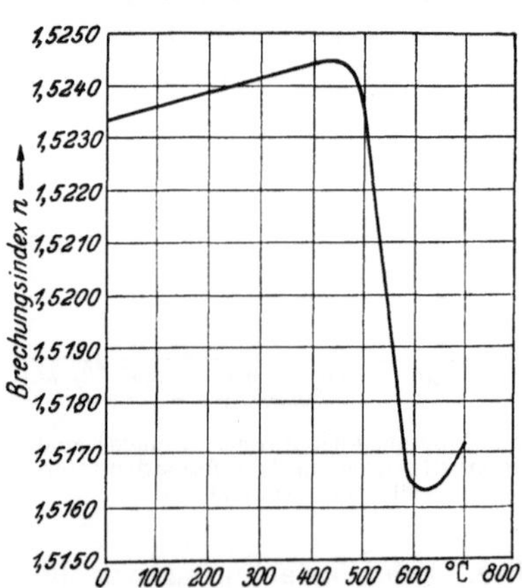

Abb. 17. Änderung des Brechungsindex mit der Temperatur. (Nach A. Winter)

Hieraus ist ersichtlich, daß selbst im erstarrten Zustand des Glases verschiedene Verknüpfungen der Bausteine vorkommen können.

Die folgenden Bilder zeigen ähnliche Erscheinungen, wenn man die Abhängigkeit des Volumens von der Wärmevorbehandlung untersucht:

In Abb. 18[1] wird gezeigt, wie das spezifische Gewicht eines schroff von verschiedenen Temperaturen abgeschreckten Glases fällt, wenn es von seiner Transformationstemperatur (etwa 475°) ab bis zu 1600° schroff

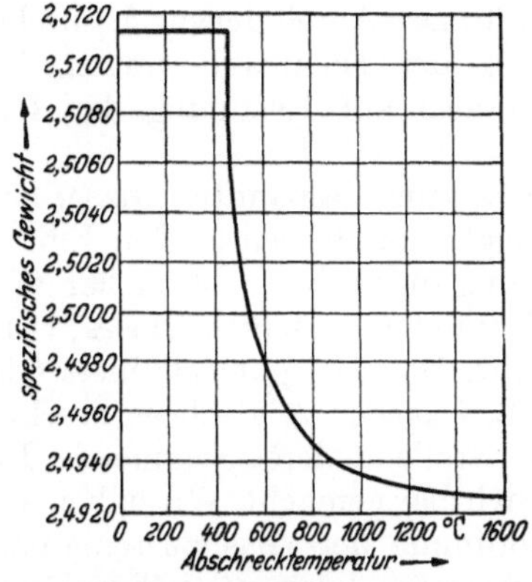

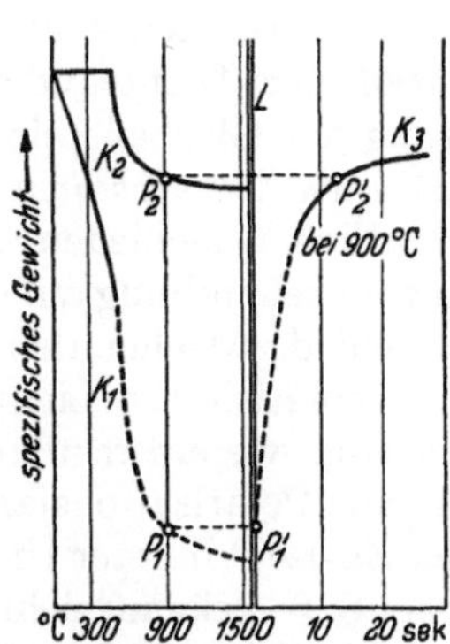

Abb. 18. Spezifisches Gewicht von Fensterglas in Abhängigkeit von der Abschrecktemperatur.

Abb. 19. Schematische Darstellung der vermutlichen Beziehungen zwischen Dichte, Abschrecktemperatur und -dauer.

abgeschreckt wird. Es fällt dabei von 2,5110 auf 2,4930, also um den Betrag von 0,0180. Berechnet man aber das spezifische Gewicht aus der Wärmeausdehnung, so kommt man zu noch viel niedrigeren Werten als bei der experimentellen Bestimmung. Die errechnete Dichte müßte also bei höheren Temperaturen noch weiter abnehmen (Abb. 19, linke Hälfte, gestrichelt). Die Dichtekurve des abgeschreckten Glases kennzeichnet also in etwa in kleinerem Maßstabe die wahre Dichte bei den entsprechenden Temperaturen.

In Abb. 19[1] teilt die doppelte Linie L 2 Diagrammfelder. Das linke ist identisch mit der vorhergehenden Abb. Das rechte gibt die Zeit der Abkühlung in Sekunden von 900° herab (an kleinen Kügelchen bestimmt).

K_1 ist die wahre Dichte, dilatometrisch bestimmt,
K_2 die Dichte des abgeschreckten Glases,
K_3 die Dichte eines von 900° ab mit verschiedenen Geschwindigkeiten abgeschreckten Glases.

Auch diese Bilder zeigen eindringlich die Existenz von sehr verschiedenen Glaszuständen bei hohen und bei gewöhnlichen Temperaturen.

Trägt man die Dichte nach verschiedener Wärmebehandlung eines Glases als Abszisse und den Brechungsindex n_D als Ordinate auf, so erhält man eine Gerade. Das besagt, daß sie sich in gleichem Grade bei der Wärmebehandlung ändern. Die Zunahme des Brechungsindex für eine gegebene Dichte ist aber kleiner als nach der LORENTZ-LORENZ-Formel (s. S. 19) zu erwarten ist. RITLAND[2] glaubt, daß die Polarisierbarkeit der Ionen bei zunehmender Dichte verringert wird und diese Abweichung von der Formel verursacht. Sie ist also für Glas nicht streng gültig.

[1] SALMANG, H. u. K. VON STÖSSER: Glastechn. Ber. Bd. 8 (1930) S. 463.
[2] RITLAND, H. N.: J. Amer. ceram. Soc. Bd. 38 (1955) S. 86.

Das technisch hergestellte, stärkst abgeschreckte Glas ist die *batavische (Bologneser) Glasträne*. Lunkerfreie Tränen hatten ein spezifisches Gewicht von 2,4439, nach mechanischer Entspannung (also nach Auslösung der Kühlspannungen durch Bruch des Schwänzchens) 2,4446, der getemperten und gekühlten Tränen 2,4620. Der Anteil der mechanischen Spannungen verursachte also nur 3,8% der Dichteänderungen. Der Löwenanteil der Dichteänderung kam also auf Rechnung der Umgruppierung der Glasbausteine.

Die *optischen Eigenschaften* der gekühlten und gespannten Gläser sind außerordentlich verschieden. Abb. 17 zeigte bereits den großen Einfluß derWärmevorbehandlung auf den Brechungsindex. Noch deutlicher wird der Unterschied zwischen den beiden Zuständen desselben Glases, wenn man sie im polarisierten Lichte vergleicht. Dann ist gut gekühltes Glas optisch isotrop wie ein regulärer Kristall. Dagegen zeigt abgeschrecktes Glas dann alle Polarisationsfarben der Kristalle niederer Symmetrie. Damit ist der Zustand innerer Unordnung sichtbar gemacht. Wir haben also neben der S. 9 gekennzeichneten Unordnung der Glasbausteine noch mit einer künstlich auferlegten Unordnung zu rechnen, die sich in räumlicher Verlagerung (niedrigeres spezifisches Gewicht) und Verlagerungen in den Elektronenhüllen (scheinbare niedrigere optische Symmetrie)äußert.

Die Ergebnisse der Untersuchungen der Eigenschaften in den verschiedenen Temperaturbereichen haben bis in die Mitte der dreißiger Jahre das Bild beherrscht, daß man sich über den glasigen Zustand gemacht hatte. G. TAMMANN hatte bei voller Würdigung der sprunghaften Übergänge aller Eigenschaften im Transformationsintervall im starren Glase nur *die unterkühlte Flüssigkeit* gesehen. Eine andere Auffassung, welche den glasigen Zustand als einen selbständigen Aggregatzustand, sozusagen als 4. Zustand der Materie auffaßte, wurde von E. BERGER[1] vertreten. Die hierdurch hervorgerufenen Diskussionen haben das Verdienst gehabt, eine Reihe interessanter Messungen verursacht und erst die nötige Klarheit in den Begriff „Glas" gebracht zu haben.

Man neigt dazu, die thermodynamische Stabilität des Glases trotz der hier wiedergegebenen thermischen Effekte wohl als weniger hoch als die der Kristalle anzusehen. Doch ist der energetische Unterschied beider Zustände nicht hoch, so daß eine große Stabilität des Glaszustandes möglich ist. Die Zustände, die das Glas einnehmen kann, seien hier nach A. WINTER[2] in 4 Gruppen eingeteilt (s. S. 154):

1. *Flüssiger Zustand* (10^3 bis 10^4 Poisen) bis zu den unteren Temperaturen des Kristallisationsbereichs (Liquidustemperaturen).

2. *Unterkühlter Zustand,* in dem die bis dahin niedrige Viskosität bis 10^8 Poisen zunimmt mit Änderung der physikalischen Eigenschaften bis 10^{10} Poisen.

3. *Transformationsintervall.* Diskontinuierliche Änderung der Eigenschaften (10^{13} Poisen).

---

[1] BERGER, E.: Glastechn. Ber. Bd. 5 (1927) S. 393; Bd. 8 (1930) S. 347.
[2] WINTER, A.: C. R. 2. Réunion de Chim. Phys. (2.—7. Juin, 1952, Paris); Cah. Phys. Mai—Juni (1955) Bd. 57 u. 58 S. 10 (s. E. JENCKEL, S. 49).

4. *Glas*. Weitgehende Angleichung der Eigenschaften an die des Kristalls: Die spezifische Wärme von Kieselglas und Cristobalit sind von 25 bis 150° K gleich, ebenso die Entropie und die elastischen Eigenschaften. Die Temperatur der Glasbildung in °K ist $^1/_2$ bis $^2/_3$ der Schmelztemperatur des Kristalls gleicher Zusammensetzung[1].

Die Struktur des Moleküls SiO_2 und des H_2O haben Ähnlichkeit. Das prägt sich u. a. in ihrem Ausdehnungsverhalten aus: beide haben Umkehrpunkte der Dichte, H_2O bei 4°, Kieselglas bei −84° und 1850°. Beide haben Dipolcharakter und großes Assoziationsvermögen. Daher erscheinen sie nicht als Gase, was ihr einfaches Molekül eigentlich erwarten läßt. Die Röntgenspektren sind sehr ähnlich.

Es braucht deshalb nicht angenommen werden, daß erst beim Abkühlen des Glases Assoziationen auftreten, z. B. bei der Transformation. Sie sind auch bei hoher Temperatur vorhanden, breiten sich aber bei Abkühlung nicht aus[1]. Trägt man den Logarithmus der Viskosität gegen die reziproke absolute Temperatur auf $\left(\log \eta = \dfrac{1}{K}\right)$, so erhält man Geraden. Erst bei hohen Temperaturen weicht diese Gerade von der ursprünglichen Richtung ab, was auf Beginn der Dissoziation deutet.

Ein Maß dieser Assoziation kann nach J. T. LITTLETON[2] durch eine Beziehung zwischen Viskosität und elektrischem Widerstand r erhalten werden: $\eta = a \cdot r^\beta$. Die Größe β ist von der chemischen Zusammensetzung des Glases abhängig, aber unabhängig von der Temperatur zwischen 20 und 140°.

	β	
Kieselglas	6,2	Ein geschmolzenes Soda-Kalkglas scheint ein mittleres
Natronsilikate	4,5—6,2	Molekulargewicht von 1000 und bei maximaler Assozia-
Soda-Kalkglas	4,0	tion von 3000 zu haben.

1. Das Transformationsintervall

Dieser wichtige Temperaturbereich, der später noch unter „Kühlung" besprochen werden wird, wurde anfänglich als Transformationspunkt an-

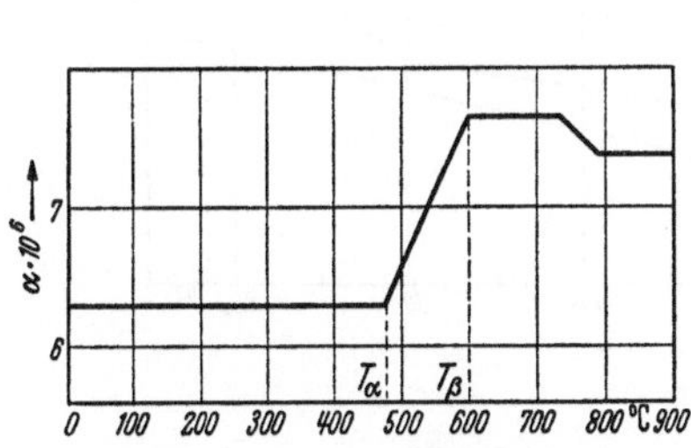

Abb. 20. Ausdehnungskoeffizient von Glas, das vor der Erstarrung stabilisiert wurde. (Nach A. WINTER)

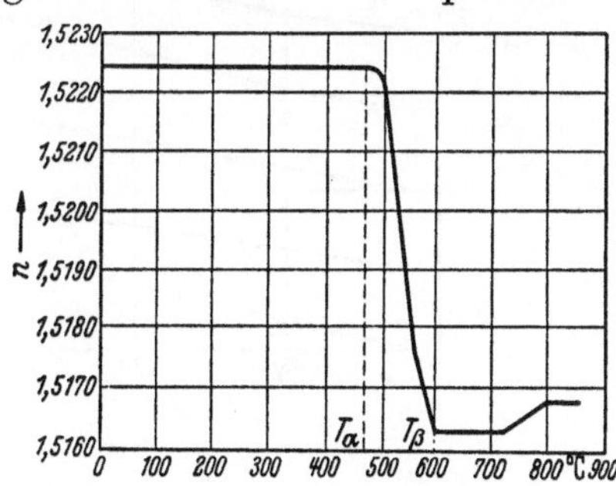

Abb. 21. Brechungsindex von Glas, das vor der Erstarrung stabilisiert wurde. (Nach A. WINTER)

[1] WATERTON, S. C.: J. Soc. Glass Technol. Bd. 16 (1932) S. 244.
[2] LITTLETON, J. T.: Ind. Eng. Chem. Bd. 25 (1933) S. 748. — E. PRESTON u. E. SEDDON: J. Soc. Glass Technol. Bd. 21 (1937) S. 123. — DOUGLAS, R. W., J. Soc. Glass Technol. Bd. 31 (1947) S. 50, 74.

gesehen. Je nach Glasart erstreckt er sich über 50 bis 100° und ist je nach Gehalt des Glases an Basen gelegen bei 400 bis 1100°. Er ist u. a. auch definiert durch die dann vorhandene Viskosität von 10^{13} bis 10^{14} Poisen. Viskosität und Brechung haben oberhalb wie auch unterhalb dieses Intervalls nur geringe Änderung ihrer Werte, dagegen eine sehr große Änderung im Intervall selbst (s. Abb. 17, 20, 21, 22).

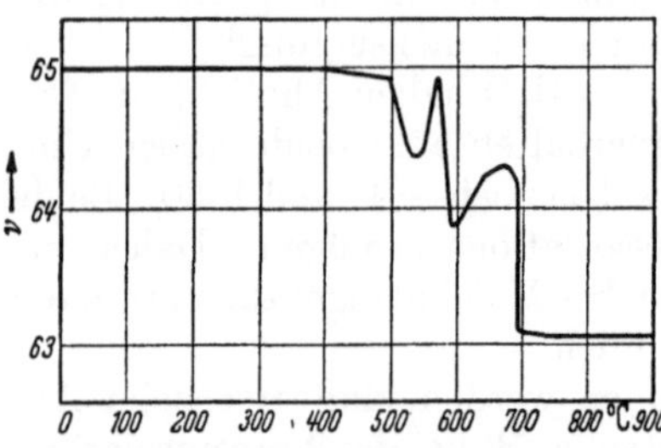

Abb. 22. Dispersion ν eines Glases, das vor der Erstarrung stabilisiert wurde. (Nach A. Winter)

A. Winter[1] schließt hieraus auf die Existenz von 2 Modifikationen des Glases, die eine oberhalb, die andere unterhalb des Transformationsintervalls beständig. Durch Abschrecken kleiner Glasstückchen nach völliger Stabilisierung bei verschiedenen Temperaturen in diesem Bereich konnte der Übergang der ersten Modifikation in die zweite β-Modifikation bei einer ganz gut definierten Temperatur gefunden werden. Hier war also wirklich ein Transformationspunkt nachgewiesen worden (s. S. 52).

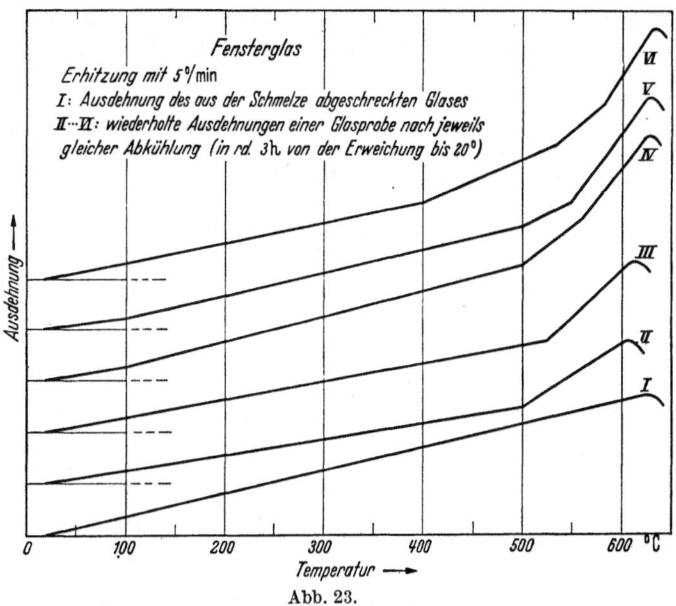

Abb. 23.

Auch die Lichttransmission ändert sich im Transformationsintervall sprunghaft[2]. Aber die Wärmevergangenheit beeinflußt sie nicht, ge-

---

[1] Winter, A.: J. Amer. ceram. Soc. Bd. 26 (1943) S. 189, 278.

[2] Badger, A. E., H. C. Johnson u. J. O. Kraehenbuehl: J. Amer. ceram. Soc. Bd. 25 (1942) S. 395.

spanntes Glas und gekühltes Glas haben dieselbe Lichtdurchlässigkeit[1].

· Durch langsames Erhitzen von Glas im Dilatometer läßt sich Erweichung im „spröden" Gebiet nachweisen[2]. Sie nimmt die Form von „Transformationspunkten" an. Man kann so mehrere dieser „Punkte" erzielen, zuweilen in derselben Kurve, die sich je nach Wärmebehandlung aufspalten oder verlagern. Ein abgeschrecktes Glas hatte keinen „Transformationspunkt" (s. Abb. 23).

2. Untersuchungen über die Glasstruktur mittels Ionendiffusion[3]

Durch logarithmische Darstellung der Diffusion radioaktiver Ionen in Glas gegen die reziproke Temperatur von 300 bis 1100° erhält man gebrochene Linienzüge. Diese Wendepunkte der Linienzüge $\log D = 1/T$ deuten Änderungen der Aktivierungsenergie der Diffusion an. Hieran sind Änderungen im Netzwerk durch die Temperatur aber auch Änderungen der Freiheitsgrade beteiligt. Der erste Freiheitsgrad ist thermodynamischer Art und entspricht zufällig gebrochenen Netzwerkbindungen und teilweise der Rotation der Ionen. Er ist noch bei $\log \eta = 8$ vorhanden und bei $\log \eta = 12$ verschwunden.

Der zweite Freiheitsgrad ist scheinbar dynamischer Art und betrifft Entspannung des Netzwerks durch Biegung der Tetraeder um einen Eckpunkt. Auch diese Freiheit verschwindet mit abnehmender Temperatur und ist verantwortlich für das Auftreten der Transformationspunkte und den Wandel in den Eigenschaften.

Erfolgt die Diffusion mit dem Na^+-Ion, so wächst die Aktivierungsentropie mit zunehmender Na-Konzentration, was einer Tendenz zu besserer Ordnung der Na-Gleichgewichte entspricht. Gleichzeitig sinkt die freie Aktivierungsenergie mit zunehmender Na-Konzentration, wodurch weniger Sperren gegen Na^+-Wanderung vorhanden bleiben. Diese beiden Faktoren tragen zur Tendenz nach Kristallisation bei. In gewöhnlichen Natron-Kalkgläsern „springen" Na^+-Ionen bei Zimmertemperatur mit einer Geschwindigkeit von etwa einmal für ein paar Minuten.

F. Untersuchungen über die Glasstruktur mittels optischer Methoden

Hier sei über Ergebnisse einiger Methoden berichtet außer der allerdings wichtigsten Methode der spektralen Zerlegung des sichtbaren Lichts, die S. 251 ausführlich behandelt werden soll.

1. Infrarotspektren

Während die Strahlen des ultravioletten und des sichtbaren Bereichs, also von 2000 bis 8000 A auf die Elektronenhülle der einzelnen Ionen an-

[1] KLEMM, A. u. E. BERGER: Glastechn. Ber. Bd. 14 (1936) S. 194.
[2] KOERNER, O., H. SALMANG u. W. LERCH: Sprechsaal Bd. 65 (1932) S. 925.
[3] JOHNSON, J. R., R. B. BRISTOW u. H. H. BLAU: J. Amer. ceram. Soc. Bd. 34 (1951) S. 165.

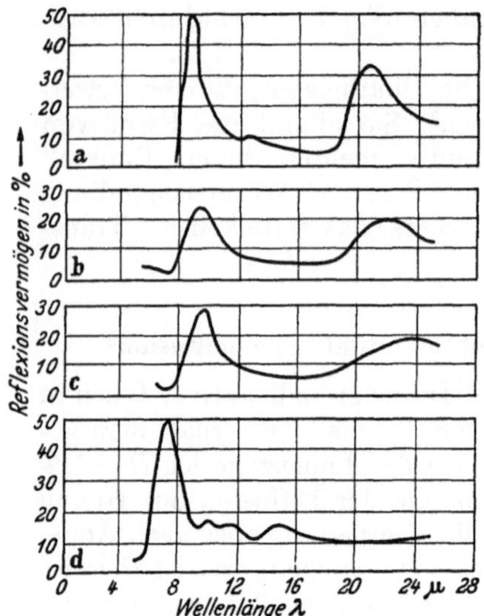

Abb. 24. Reflexionsspektrum von Gläsern
a = Quarzglas, b = Kaliumglas, c = Barium-
glas, d = Silikatfreies Borglas (Nach Matossi)

sprechen, ist dies bei den langwelligen Infrarotstrahlen nicht
mehr der Fall. Doch sprechen sie
an auf Gruppen von Atomen, deren
Größe im Bereich ihrer eigenen
Wellenlänge liegt (1 bis 10 μ).

Die Lage der Banden im reflektierten infraroten Licht für die
(SiO_4), (BO_4)-Gruppe usw. tritt
dann hervor[1]. Auch die Verschlei-
fung derselben durch die Ionen
außerhalb des Netzwerkes kommt
zum Ausdruck. Dabei kommt der
Unterschied zwischen Kristall und
Glas aber nicht zur Geltung, denn
Quarz und Kieselglas haben dasselbe Spektrum.

Für folgende Wellenlängen der
reflektierten Infrarotstrahlen wurden die folgenden Bindungen verantwortlich gemacht[2]:

Tabelle 4

Bindung	Hauptpeak μ	Nebenpeak μ
$\equiv$Si—O—Si$\equiv$	9—9,5 8,9 in Kieselglas	12,5—13,5
$\equiv$Si—O$^-$	10—11	—
$=$B—O—B$=$	7,8 in B_2O_3-Glas	14—14,5
$=$B—O—B$\equiv$	7—7,5	9,5
$=$B—O$^-$	10—12	—
$=$B—O—B—O$^-$	10—12	—
$=$B—O—Si$\equiv$	7—7,5	11
$\equiv$B—O—Si$\equiv$	9—9,5	—

2. Ramanspektren

Es handelt sich hier um die Lichtstrahlung, die beim Durchgang von
Licht durch durchsichtige Medien seitlich zerstreut wird. Es ist also dieselbe Erscheinung wie beim Tyndall-Effekt, der durch seitliche Zerstreuung von Licht in kolloidalen Suspensionen erhalten wird. Der
Ramaneffekt in Gläsern ist nach Smekal ein Anzeichen für das Bestehen
unregelmäßiger Netzwerkstrukturen mit gemischten chemischen Bin-
dungsarten[3]. Die Banden sind bei vorgespanntem Glas breiter als bei gut

---

[1] Matossi, F.: Glastechn. Ber. Bd. 16 (1938) S. 258. — Simon, J. u. H. O.
McMahon: J. Amer. ceram. Soc. Bd. 36 (1953) S. 161.

[2] Jellyman, P. E. u. J. P. Procter: J. Soc. Glass Technol. Bd. 39 (1955)
S. 173.

[3] Smekal, A.: Glastechn. Ber. Bd. 22 (1948/49) S. 177.

gekühltem, was den Schluß auf größere Unordnung der Bausteine im abgeschreckten Glase erlaubt[1].

3. Faradayeffekt

Man kann auch mit Hilfe des magneto-optischen Effektes, des sog. FARADAY-Effektes, Einsicht in die Glasstruktur erlangen. Er besteht in der Drehung der Schwingungsebene von polarisiertem Licht, wenn man den Lichtstrahl durch eine Substanz im Magnetfeld leitet. Er stellt somit einen eleganten Beweis für die elektromagnetische Natur des Lichts dar. Der Drehungswinkel ist $\vartheta = V \cdot L \cdot H$, wo L die vom Licht in der Substanz zurückgelegte Wegstrecke, H die magnetische Feldstärke und V die VERDETsche Konstante, einen Proportionalitätsfaktor darstellt, ausgedrückt in Bogenminuten/cm/GAUSS. Trägt man die VERDETsche Konstante gegen die reziproke Dispersion auf, so erhält man für die verschiedenen Stoffarten Werte in großer Streuung. Die Werte für alle Gläser hingegen liegen auf einer leicht geschwungenen Kurve, die fast keine Streuung zeigt. Die VERDETsche Konstante enthält als Komponente eine Stoffkonstante, die magnet-optische Anomalie γ, die für Gläser charakteristische Unterschiede aufweist, und zwar je nach Zusammensetzung von 0,516 bis 0,812. Man kann aus der Größe von γ folgern: Al^{3+} und B^{3+} sind Netzwerkformer, ebenso Ba^{2+}, wenn es in größerer Menge vorliegt. Auch La und Th scheinen mit vorwiegend kovalentem Charakter in SiO_2-armen Gläsern im Netzwerk vorzukommen.

G. Der Säurecharakter der Gläser

Auch der Unterschied zwischen sauren und basischen Oxyden in Schmelzen muß nach dem Verhältnis der Atomradien, besser der Feldstärke nach DIETZEL (s. S. 7) bewertet werden[2]. Die „sauren" Oxyde sind nichts anderes als kleine, hoch geladene Kationen, die sich mit möglichst wenig Anionen umgeben haben. Das Fe^{3-}-Ion ist deshalb wegen seiner höheren Ladung „saurer" als das Fe^{2+}-Ion. Die im Periodischen System eine Übergangsstellung einnehmenden Ionen Be^{2+} und Al^{3+} haben denn auch die kleinen Radien 0,34 und 0,57. Ihre Oxyde sind daher „saurer" als die der großen Ionen der ersten und zweiten Reihe. In Kristallen und Gläsern ist also nur die Bindungsstärke zwischen Kation und Anionen entscheidend für ihre Einteilung als Base oder Säure. Elektrochemische Untersuchungen an Gläsern mit eingeschmolzenen Farbindikatoren zeigen an, daß SiO_2 die schwächste „Säure" der gewöhnlichen Glasbildner ist, B_2O_3 ist stärker und P_2O_5 noch stärker[3]. Als stärkste „Base" ist dann K_2O bzw. Rb_2O anzusehen. Im Gebiete niedrigen Alkaligehalts ist die Reihenfolge umgekehrt: Li-Gläser sind am basischsten und K-Gläser am sauersten.

---

[1] PROD'HOMME, L.: C. R. Bd. 233 (1951) S. 303.
[2] WEYL, W. A.: Coloured Glasses, Sheffield 1951, S. 49.
[3] DIETZEL, A. u. W. STEGMAIER: Glastechn. Ber. Bd. 18 (1940) S. 353.

Diese Umkehr wird dadurch erklärt, daß bei niedrigem Alkaligehalt aus dem unbeweglichen Netzwerk eher durch das kleine Li^+-Ion ein elektromotorisch wirksames O^{2+}-Ion entrissen werden kann als durch das große K^+-Ion. Bei hohem Alkaligehalt liegen aber größere Moleküle vor, die bei K^+ größere Dissoziation haben als bei Na^+.

Ordnet man die Oxyde in basischen Schlacken, d. h. an SiO_2-armen Schmelzen gemäß ihrem chemischen Reaktionsvermögen gegenüber einem feuerfesten Material (Schamotte oder Sillimanit), so erhält man eine Reihenfolge, die „*Pyrochemische Reihe der Oxyde*", die mit der oben angegebenen gut übereinstimmt. Sie drückt die Reaktionsfähigkeit R aus

$$R = \frac{(R_2O - \text{Alkali}) + RO}{R_2O_3 + RO_2 + R_2O_5 - \text{Alkalisilikate}} \quad \text{(s. S. 228)}$$

Aber jetzt fallen die Alkalien vollständig heraus, weil sie noch träger reagieren als die stärksten Säuren. Sie sind also in der Schmelze nicht dissoziiert. Der Grund liegt in der festen Bindung mit SiO_2, die sich auch in der hohen Bildungswärme derselben äußert[1]:

$Na_2O \cdot SiO_2$ .... 97,85 WE	$MnO \cdot SiO_2$ .... 5,4 WE
$CaO \cdot SiO_2$ .... 19,3 WE	$ZnO \cdot SiO_2$ .... 2,5 WE
$FeO \cdot SiO_2$ .... 10,0 WE	

In basischen Schmelzen ist das Alkali also so fest gebunden, daß es wie eine Säure reagiert.

Die Zuordnung des Säurecharakters (*Azidität*) der Gläser zur Anwesenheit kleiner, hoch geladener zentraler Kationen setzt nach WEYL[2] voraus, daß diese ein besonders hohes Bedürfnis nach *Abschirmung* (*screening*) ihrer freien Valenzen haben. *Basizität* drückt die Beschickbarkeit von Anionen aus, die diese Abschirmung bewirken können. Beide Eigenschaften können nicht durch einen Faktor, z. B. das Si—O-Verhältnis ausgedrückt werden, weil sie auch von allen anwesenden Kationen und Anionen abhängig sind.

Alle Silikatgläser sind *sauer*, weil sie polymerisierte Koordinationsgruppen (SiO_4) enthalten, die *nur durch diese Polymerisation* die nötige Abschirmung der Si^{4+}-Ionen erhalten. Die Azidität nimmt ab, wenn mehr O^{2+}-Ionen eingeführt werden, deren Ladungen durch Kationen niedriger Potentialfelder (Na^+) ausgeglichen werden. Bei konstantem O : Si-Verhältnis kann die Basizität eines Glases durch Ersatz von Netzwerkwandlern durch solche mit schwächerem Potentialfeld erhöht werden (Ersatz von Na^+ durch K^+ oder Ca^{2+} durch Ba^{2+}). Das heißt die Basizität kann außer durch Vergrößerung des O : Si-Verhältnisses auch erhöht werden durch erhöhte Polarisierbarkeit der O^{2-}-Ionen.

Erhöht man dagegen die Azidität eines Glases, so neigen die Metalloxyde dazu, in niedrigere Oxydationsstufen überzugehen. Die Erklärung hierzu liegt in der niedrigeren Polarisierbarkeit der O^{2-}-Ionen in sauren Schmelzen. Veränderung des Verhältnisses von Si^{4+} zu den ein- und zweiwertigen Ionen Ca^{2+} und Na^+ ist die gewöhnliche Methode zur Än-

---

[1] SALMANG, H.: Keramik, 3. Aufl., Berlin/Göttingen/Heidelberg: Springer 1953, S. 229.

[2] WEYL, W. A.: J. Soc. Glass Technol. Bd. 35 (1951) S. 448.

derung der Azidität. Man kann dasselbe durch Einführung von Protonen (in Form von Wasser) erreichen. Wasser verhält sich also wie eine starke Säure und hat dieselbe Wirkung wie Temperaturerhöhung.

Ein Wechsel der Polarisierbarkeit der Anionen wirkt sich auf das Zentralkation aus sowohl in Schmelzen wie in wässerigen Lösungen. So wirkt nach WEYL z. B. Verminderung der Polarisierbarkeit der O^{2-}-Ionen folgendermaßen auf das Zentralkation:

a) Die geringe Abschirmung durch die O^{2-}-Ionen verursacht Abschirmung durch einen Polymerisationsprozeß: In der Glasschmelze bilden sich beim Erkalten große Aggregationen. Na-Silikatlösungen polymerisieren auf Säurezusatz durch Bindung von $(OH)^-$-Ionen an Si^{+4}. Aluminatlösungen bilden Niederschläge durch Bindung von Al^{3+} an $(OH)^-$-Ionen.

b) Erhöhung der Koordinationszahl des Zentralkations, z. B. von 4 auf 6 erfolgt zur besseren Abschirmung des Potentialfeldes mittels einer größeren Anzahl weniger polarisierbarer O^{2-}-Ionen. (SiO_4)-Gruppen werden zu (SiO_6)-Gruppen im Silikophosphat. (AlO_4)-Gruppen herrschen vor in Alumosilikaten mit K^+-, Na^+-, Ba^{2+}-Ionen. (AlO_6)-Gruppen treten auf, wenn das Silikat H^+ oder Li^+ enthält.

Die Polarisierbarkeit der O^{2-}-Ionen eines Glases vermindert bei Zusatz eines Oxydes, das ein Kation hoher Feldstärke besitzt (P_2O_5). Kationen mit niedrigen Potentialfeldern (K_2O, BaO) haben entgegengesetzte Wirkung. Sie liefern mehr polarisierbare O^{2-}-Ionen und machen das Glas „basisch". Dieses Bild wird verwickelter bei Zusatz von B^{3+} und Al^{3+}-Ionen wegen deren Neigung zur Änderung ihrer Koordination, wenn die Polarisierbarkeit der O^{2-}-Ionen sich ändert.

H. Kieselglas, Struktur (Eigenschaften s. S. 241)

A. SMEKAL (s. S. 12) faßt Kieselglas als Gemisch heteropolarer und kovalenter Bindungen auf. (SiO_4)-Tetraeder polymerisieren sich darin zu Ketten.

Die Struktur des Kieselglases ist infolge der heterogenen Struktur sehr offen. DIETZEL[1] hält die 17% Strukturhohlräume im Kieselglas zu 12% für Gefügehohlräume und zu 5% für Schrumpfrisse:

Tabelle 5

	Volumina von 1 g	% Hohlräume gegenüber Quarz
β-Quarz	0,378 cm³	—
γ-Tridymit	0,433 cm³	0,065 cm³ = 14%
β-Cristobalit	0,432 cm³	0,054 cm³ = 12%
Glas	0,455 cm³	0,077 cm³ = 17%

Kieselglas hat bei 250° ein Maximum des Ausdehnungskoeffizienten[2], was mit Hilfe der oben gemachten Annahme erklärt werden kann:
Die lockere Struktur der Hochtemperatur-Modifikationen der kristalli-

---

[1] DIETZEL, A.: Naturwiss. Bd. 31 (1943) S. 22.
[2] SONDER, W. u. P. HIDNERT: Sci. Pap. Bur. Stand. Bd. 21 (1926) S. 1.

sierten Kieselsäure verursacht bei ihnen ebenfalls eine besonders niedrige Wärmeausdehnung oberhalb ihrer enantiotropen Umwandlungspunkte[1]. Die Wärmeausdehnung von Kieselglas ist bei niedrigen Temperaturen negativ, was durch die transversalen Schwingungen der Sauerstoffatome erklärt wird. Die Frequenz dieser Schwingungen nimmt mit der zunehmenden Schwindung ab, und diese Abnahme äußert sich in negativer Wärmeausdehnung[2].

Verfolgt man den Verlauf der Dichte nach tieferen Temperaturen, so trifft man bei $-84°$ ein Maximum an, dem bei weiterer Abkühlung erneute Ausdehnung folgt (K. SCHEEL[3]). Bei Messungen des Volumens bei extrem hohen Temperaturen (am spezifischen Gewicht schroff abgeschreckter Proben bestimmt[4]), wird dagegen bei 1850° ein Punkt erreicht, oberhalb dessen das Volumen des Kieselglases wieder abnimmt, die Dichte wieder zunimmt.

Spezif. Gew. im Anlieferungszustand: s. g. = 2,20568
Spezif. Gew. von 1780° abgeschreckt: s. g. = 2,20448 also — 0,00120
Spezif. Gew. von 1930° abgeschreckt: s. g. = 2,20916 also + 0,00233

Das Kieselglas hat also Dichteumkehr bei $-84°$ und 1850°. Die letztere Dichteumkehr ist in der Technik bekannt wegen des sprunghaften Über-

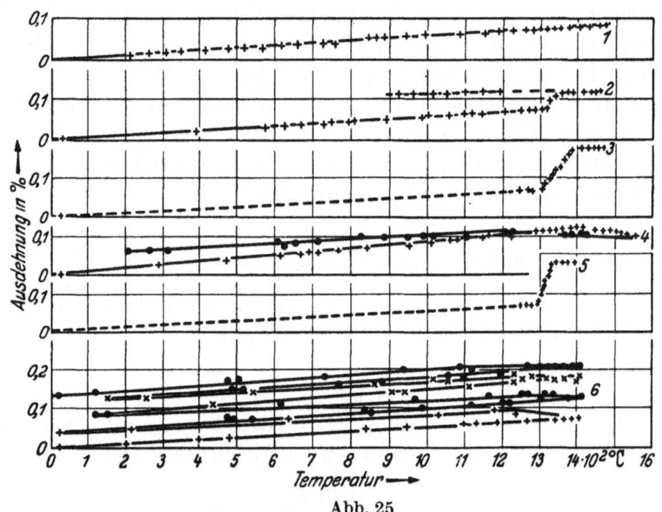

Abb. 25

1 Quarzglas (Heräus) Anlieferungszustand
2 Quarzgut (dick) Anlieferungszustand
3 Quarzgut (dünn) Anlieferungszustand   } gezogenes Material
4 Quarzgut Transformationspunkt verschwunden
5 Quarzgut Transformationspunkt wiedererzeugt
6 Quarzgut Anlieferungszustand ohne Transformationspunkt
   nichtgezogenes Material
Ausdehnungskoeffizient wächst mit der Zahl der Erhitzungen von $5{,}5 \cdot 10^{-7}$ bis $7{,}4 \cdot 10^{-7}$. Länge der Probe wächst mit der Zahl der Erhitzungen

[1] TRAVERS u. GOLOUBINOFF: Metallurgia Bd. 23 (1926) S. 27, 100. — SALMANG, H.: Keramik, 3. Aufl., Berlin/Göttingen/Heidelberg: Springer 1953, S. 153.
[2] SMITH, H. T.: J. Amer. ceram. Soc. Bd. 38 (1955) S. 140.
[3] SCHEEL, K.: Ber. dtsch. phys. Ges. Bd. 9 (1907) S. 712.
[4] SALMANG, H. u. K. VON STÖSSER: Glastechn. Ber. Bd. 8 (1930) S. 478. — SALMANG, H. u. F. GAREIS: Sprechsaal Bd. 68 (1935) S. 467.

gangs vom dünnflüssigen in den zähflüssigen Zustand bei höchsten Temperaturen. Im Kieselglas treten demnach bei 1850° und $-80°$ andere Konfigurationsstrukturen auf[1]).

Aus der Schmelze erzeugte Rohre von 3 mm Dicke haben regelmäßige Ausdehnung bis 1500°. Dagegen zeigen 0,5 bis 1 mm dicke Rohre bei etwa 1100° großen Transformationseffekt. Oberhalb 1400° abgeschreckte Rohre zeigen aber den Transformationseffekt wieder, wenn sie nochmals auf 1400° erhitzt und *langsam* abgekühlt werden. Das oben erwähnte dicke Rohr hatte also wegen seines größeren Wärmeinhalts keine Zeit gehabt, um den Transformationsvorgang sich abspielen zu lassen, es war abgeschreckt worden. Ein solches Rohr wird durch langsame Erhitzung um 0,17% länger. Man kann also beim Kieselglas von 2 Modifikationen sprechen, von denen die eine (α) oberhalb 1850°, die andere (β) unterhalb 1850° stabil ist.

Das Kieselglas gleicht also in seinen Kristallformen wie in seinen Volumänderungen dem Wasser, dem es auch in der Zusammensetzung nahesteht, was Schlüsse auf seine Dipolnatur erlaubt.

J. Borsäuregläser

Das B^{3+}-Ion mit nur 0,20 A Radius ist ein so guter Glasbildner, daß es erst COLE und TAYLOR (s. S. 48) 1935 gelungen ist, es zur Kristallisation zu bringen. Diese starke Neigung zur Glasbildung geht auch daraus hervor, daß es in allen Verhältnissen mit SiO_2 Gläser formt. Das besondere wissenschaftliche Interesse, das die Glasforschung dem Bor entgegenbringt, beruht auf der zuerst durch E. ZSCHIMMER gemachten Entdeckung der *Borsäureanomalie*[2]. Hiermit ist die Tatsache gemeint, daß alle physikalischen und chemischen Eigenschaften der borsäurehaltigen Gläser Minima oder Maxima aufweisen, wenn sie einen bestimmten Gehalt an B_2O_3, der meist bei 10 bis 15% liegt, erreicht haben. Nur die Oberflächenspannung und unter gewissen Umständen die elektrische Leitfähigkeit machen eine Ausnahme.

Das Rätsel wurde erst 1938 durch röntgenographische Untersuchungen von WARREN und BISCOE[3] gelöst.

Sie stellen sich ein nur aus Borsäure bestehendes Glas als unregelmäßiges Netzwerk (random network) vor, das aus BO_3-Elementen besteht, die selbst in einer Fläche liegen, aber nach jüngeren Forschungen[4] als Tetraeder mit 0,45 A Höhe vorliegen. Sie sind nach Art des Kieselglases zu Raumgebilden verbunden.

Die nur wenig hervortretenden Effekte in den Röntgenspektren des B_2O_3-Glases ließen vermuten, daß die Koordinationszahl von 3,1 mit

[1] BABCOCK, CL. L., S. W. BARBER u. K. FAJANS: Ind. Engng. Chem. Bd. 46 (1954) S. 161.

[2] ZSCHIMMER, E.: Z. Elektrochemie 1905, S. 631.

[3] WARREN, B. E. u. J. BISCOE: J. Amer. ceram. Soc. Bd. 21 (1938) S. 287.

[4] RICHTER, H., G. BREITLING u. F. HARRE: Z. Naturforsch. Bd. 9a (1954) S. 390.

einem Fehler von bis zu 30% behaftet ist[1]. Infrarotspektra von glasigem B_2O_3 erwiesen, daß es kein kontinuierliches Netzwerk von BO_3-Einheiten darstellt. Da es nicht wasserfrei erhalten werden kann, spielen H-Bindungen darin eine wichtige Rolle zwischen Komplexen der ungefähren Zusammensetzung $(B_9O_{14})^-$. Etwa $1/9$ der Boratome scheint tetraedrisch koordiniert zu sein[2].

Tritt nun Na^+-Ion in das Glas ein, so geht für jedes Na^+ eine (BO_3)-Gruppe in eine (BO_4)-Gruppe über. Das geht so durch, bis 16% Na_2O eingeführt worden ist. Eine weitere Erhöhung des Na-Gehaltes ergibt wie bei Silikatgläsern Trennstellen, obwohl weitere Erhöhung des Anteils an (BO_4)-Gruppen bis zu 33% Alkalioxyd erfolgt. Die Röntgenanalyse scheint hier also nur qualitative, aber keine quantitativen Ergebnisse zu liefern. Dies hängt mit den sehr flachen „peaks“ der Kurven zusammen[3]. Bei dem Wendepunkt erreicht der Ausdehnungskoeffizient ein Minimum für alle binären Boratgläser. Er liegt bei

$$17\% \ K_2O, \quad 17\% \ Na_2O, \quad 20\% \ Li_2O, \quad 28\% \ PbO.$$

In B_2O_3-Gläsern ist der Anteil an Atombindung groß, was sich in der hohen Verglasungsneigung äußert. Das heißt die innere Festigkeit der B—O-Bindung ist sehr groß. Die Festigkeit nach außen ist klein, wird aber durch Bildung von (BO_4)-Gruppen außerordentlich verstärkt. Gläser und Glasuren mit hohem Borgehalt gehören zu den härtesten, die wir kennen. Das ist der Einfluß der in der (BO_4)-Gruppe bestehenden 4 Bindungen für jedes Boratom gegenüber nur 3 Bindungen im reinen Borsäureglas.

Binäre Borsäuregläser. *B_2O_3 und SiO_2* bilden in allen Mischungsverhältnissen Gläser in homogener Lösung beider Bestandteile. Die Dichten und somit auch die Ausdehnungskoeffizienten sind allerdings nicht der Zusammensetzung direkt proportional. Die Werte liegen ein wenig tiefer, als bei linearer Folge zu erwarten war[4].

In diesen Gläsern ist jedes Si^{4+} durch 4 O^{2-} umgeben, jedes B^{3+} durch 3 O^{2-}-Ionen und jedes O^{2-} ist zwischen 2 Kationen gebunden. Tetraedrische Bindung tritt erst auf, wenn metallische Kationen eingeführt werden[5].

Die Glasbildung im System B_2O_3—SiO_2 ist nach DIETZEL[6] um so verwunderlicher, als ihre Raumgruppen nicht identisch sind. Der Winkel der —O—Si—O-Bindungen stimmt mit dem der —O—B—O-Bindungen überein. Der Mangel an Neigung zur Verbindungsbildung hängt mit dem zu geringen Unterschied der Feldstärken zusammen, der nach DIETZEL mindestens $\Delta z/a^2$ größer als 0,3 sein muß, um Verbindungen bilden zu

[1] BORGEN, O., K. GRJÖTHEIM u. J. KROGH-MOE: Kgl. Norske Vidensk. Selsk. Forh. Bd. 27 (1954) Nr. 17, S. 1 [Ref. in Glastechn. Ber. Bd. 28 (1955) S. 392].

[2] ANDERSON, S., R. L. BOHON u. D. D. KIMPTON: J. Amer. ceram. Soc. Bd. 38 (1955) S. 370.

[3] GREEN, R. L.: J. Amer. ceram. Soc. Bd. 25 (1942) S. 83.

[4] COUSEN, A. u. W. E. S. TURNER: Glastechn. Ber. Bd. 6 (1928) S. 393.

[5] BISCOE, J., C. S. ROBINSON JR. u. B. E. WARREN: J. Amer. ceram. Soc. Bd. 22 (1939) S. 180.

[6] DIETZEL, A.: Glastechn. Ber. Bd. 22 (1948) S. 83.

können. Zwischen P einerseits und B und Si andererseits sind kristalline Verbindungen bekannt (BPO_4, SiP_2O_7 usw.).

In polynären Systemen netzwerkbildender Oxyde ist es sehr schwer, echte Gläser zu erschmelzen[1]. Da HPO_3 bereits stört, ist es nötig,

$$z/a^2$$
$$B^{3+} \text{ in } (BO_3) = 1{,}63$$
$$Si^{4+} \text{ in } (SiO_4) = 1{,}57$$
$$P^{5+} \text{ in } (PO_4) = 2{,}1$$

unter Umständen von vorbereitetem Silikophosphat auszugehen. Bei hinreichend hohem SiO_2-Gehalt gelingt es, im System $Al_2O_3-SiO_2-B_2O_3$ Gläser herzustellen, falls weniger als 5% Al_2O_3 zugegen ist und bei 1500° geschmolzen wird. Im System $Al_2O_3-B_2O_3-P_2O_5$ können ebenfalls Gläser erschmolzen werden, wenn etwas RO zugefügt wird. R_2O reduziert ihre Entglasung[2].

Im Gegensatz zu dem System $SiO_2-B_2O_3$ ist im System der drei wichtigsten Glasbildner $SiO_2-B_2O_3-P_2O_5$ keineswegs alles glasig: Es besteht ein großes Beständigkeitsgebiet von BPO_4. Die in diesem System bisher dargestellten Gläser sind wenig beständig gegen Witterungseinflüsse und scheiden leicht BPO_4 aus. Die Liquidustemperaturen liegen tief[3].

In *binären Alkaliboratgläsern* ist oft unregelmäßige Änderung der physikalischen Eigenschaften beobachtet worden, doch scheint sie stark abhängig von den Abkühlungsbedingungen zu sein[4]. Die Dichte steigt mit steigender Alkalikonzentration etwa geradlinig an. Trägt man aber nach KORDES[5] das Molvolumen und die Molrefraktion gegen die Konzentration auf, so erhält man Knicke. Sie fallen nicht in befriedigender Weise mit den Konzentrationen der Borsäureanomalie zusammen. DIETZEL erklärt dies durch schwarmweises Auftreten der·Alkali- und der Borsäureionen. Dies scheint in Zusammenhang mit einer Beobachtung von E. RENCKER[6] zu stehen, daß es 2 Phasen der Borsäure gibt. Die eine ist oberhalb 280°, die andere unterhalb 207° beständig. Dazwischen liegen Gleichgewichte, die temperaturabhängig sind.

Dagegen scheint bei Temperaturen oberhalb 600° bei 30 Mol-% Alkali ein Maximum der Dichte zu bestehen. Hier liegt also echte Volumkontraktion vor, die bei Zimmertemperatur nicht mehr feststellbar ist.

Schmelzen aus Borsäure und einem der alkalischen Erdoxyde bilden bei niedriger Konzentration an RO 2 Flüssigkeiten. Innerhalb dieses Bereiches ist die *Oberflächenspannung* und ihr Temperaturkoeffizient dieselbe wie bei B_2O_3. Bei Schmelzen mit mehr RO steigt die Oberflächenspannung schnell, wie das auch bei Alkaliboraten stattfindet.

Die *Dichten* im geschmolzenen Zustande und bei Zimmertemperatur waren bei Ba> Sr> Ca. Die Einführung von RO verursacht bei niedrigen Konzentrationen von RO *Kontraktion* des Netzwerks entsprechend der Reihenfolge Ca> Sr> Ba; das ist die Reihenfolge der Ionenpotentiale.

[1] STANWORTH, J. E. u. W. E. S. TURNER: J. Soc. Glass Technol. Bd. 21 (1937) S. 368.

[2] STANWORTH, J. E.: J. Soc. Glass Technol. Bd. 30 (1946) S. 381.

[3] ENGLERT, W. J. u. F. A. HUMMEL: J. Soc. Glass Technol. Bd. 39 (1955) S. 113, 121.

[4] DOUGLAS, R. W. u. G. A. JONES: J. Soc. Glass Technol. Bd. 32 (1948) S. 309.

[5] KORDES, E.: Z. physik. Chem. Bd. 43 (1939) S. 119.

[6] RENCKER, E.: Chim. et Ind. Bd. 52 (1944) S. 109.

Solche Gläser können bezüglich ihrer Dichte nicht nach den Formeln von HUGGINS oder STEVELS berechnet werden.

Die *Viskositäts*-Isothermen von $BaO-B_2O_3$ hatten bei 850—950° Maxima bei 22 bis 23 Mol-% BaO.

Die *elektrische Leitfähigkeit* stieg mit der RO-Konzentration in der Reihe Ba> Sr> Ca. Das war überraschend, weil Ba das größte, Ca das kleinste Ion hat. Zudem ist Ba-Borat das viskoseste, Ca-Borat das dünnflüssigste der 3 Borate[1].

Die vorher erwähnte Borsäure-anomalie aller Eigenschaften verschwindet langsam oberhalb des Erweichungsbereiches, was auf Rückbildung von (BO_3)-Gruppen zurückzuführen ist.

Polynäre Borsäuregläser. Im Dreistoffsystem $Na_2O-B_2O_3-SiO_2$ sind an binären kristallisierten Boraten bekannt $Na_2O \cdot 4B_2O_3$, $Na_2O \cdot 3B_2O_3$, $Na_2O \cdot 2B_2O_3$ und $Na_2O \cdot B_2O_3$. Ferner besteht die sehr schwer kristallisierbare ternäre Verbindung $Na_2O \cdot B_2O_3 \cdot 2SiO_2$ ($F \cdot P \cdot 766°$). Alle ternären Mischungen sind im flüssigen Gebiet unbegrenzt mischbar[2].

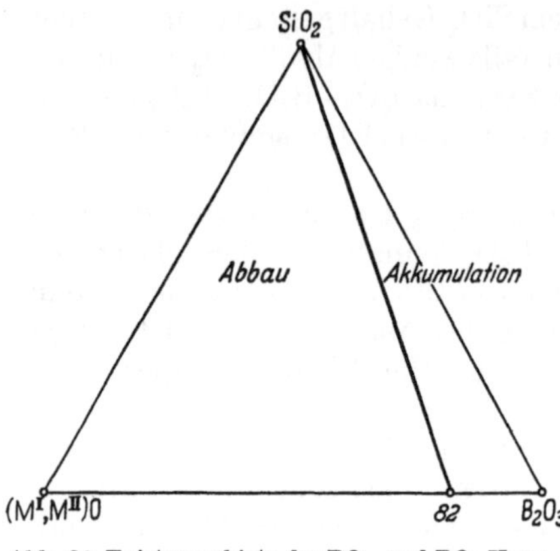

Abb. 26. Existenzgebiete der BO_3- und BO_4-Koordination. (Nach STEVELS)

Polynäre Gläser zeigen die Borsäureanomalie. Nach STEVELS[3] kann man die Konzentrationen, in denen sie auftritt, leicht graphisch ermitteln: In der Abb. 26 ist durch die Gerade $SiO_2—82$ das Stoffdreieck der Borosilikatgläser in zwei ungleiche Teile geteilt. Die Linie ist die Scheidung zwischen dem Gebiet der (BO_4)-Gruppenformung (Akkumulation) und dem viel größeren Gebiet des Abbaus derselben, in dem Aufbruch des Netzwerks erfolgt.

Die Maxima und Minima der Eigenschaften von ternären Natron-Borosilikatgläsern seien in der folgenden Tabelle zusammengefaßt[4]:

Tabelle 6

	% Borsäure in den Gläsern	
	in $(80-x)\%\,SiO_2$ $x\%\,B_2O_3,\ 20\%\,Na_2O$	in $(90-x)\%\,SiO_2$ $x\%\,B_2O_3,\ 10\%\,Na_2O$
Obere Kühltemperatur......	16—17 Maximum	10—12
Wärmeausdehnung	16—17 Minimum	20
Dichte....................	16—17 Maximum	10—12
Brechungsindex n	30 Maximum	10—12
Spezifische Brechung	18—19 Minimum	
Angriff durch Wasser	11—14 Minimum	
Viskosität 600°	15 Maximum	
Viskosität 700°	15 Maximum	

[1] SHARTSIS, L. u. H. F. SHERMER: J. Amer. ceram. Soc. Bd. 37 (1954) S. 544.
[2] MOREY, G. W.: J. Soc. Glass Technol. Bd. 35 (1951) S. 270.
[3] STEVELS, J. M.: Philips Techn. Tijdschr. Bd. 13 (1951) S. 275.
[4] COUSEN, A. u. W. E. S. TURNER: Glastechn. Ber. Bd. 6 (1928) S. 394.

Die vorher erwähnten Dichteschwankungen von borhaltigen Gläsern sind besonders stark ausgeprägt in den in der rechten Hälfte der Tabelle behandelten Gläsern vom *Pyrex*-Typus. Solche Gläser scheinen 2 Glasarten zu enthalten, eines das sehr hoch im SiO_2-Gehalt ist, ein anderes das den gewöhnlichen Borosilikatgläsern gleicht[1]. Tool erklärt auf diese Weise Unregelmäßigkeiten in Ausdehnung und Kühlung solcher Gläser. Diese Beobachtung stimmt überein mit der gleichartigen Beobachtung von Rencker an reinem B_2O_3-Glas. Das SiO_2-Glas erstarrt früher als das andere Glas und bildet ein Netzwerk mit kleinerem Ausdehnungskoeffizienten als das weichere Glas. Letzteres kommt unter Zug-, ersteres unter Druckspannungen. Kühlt man ein solches Glas bei tieferen Temperaturen, so kann die Behandlung zu bleibender Volumänderung führen. Hierzu kann eine Kontraktion treten, die durch Schwindung der Tieftemperatur-Komponente entsteht, wenn diese aus dem Zustand der Unterkühlung in den des Gleichgewichtes übergeht.

Durch Messung der dielektrischen Konstante, Dichte und Lichtbrechung systematisch aufgebauter Borosilikatgläser stellten Humphrys und Morgan[2] fest, daß die Struktur dieser Gläser vom Verhältnis $O : (B + Si)$ sowie der Konzentration der Na^+ abhing. Wenn $O : (B + Si)$ größer als 2,0 oder wenn das Verhältnis von O zu Na kleiner als 6 ist, sind einige O nur an 1 B oder an 1 Si-Atom gebunden. Die Anwesenheit einmal gebundenen O^{2-}-Ions im Glase verursacht niedrigere Dichte und höhere dielektrische Konstante sowie höhere Brechung. Wenn die Temperatur der Wärmebehandlung erniedrigt wird, nimmt die dielektrische Konstante ab und die Dichte wächst. In Gläsern mit viel einmal gebundenem Sauerstoff und höherer Konzentration von Na^+ ist die Wirkung der Wärmebehandlung größer.

In technischen Borosilikatgläsern wird zuweilen anormale Doppelbrechung beobachtet. Solche Gläser zeigen in Fadenform nach Kühlung eine Anisotropie, die scheinbar Druckspannungen in der Richtung der Achse entspricht. Diese Anomalie ist kein Ausfluß von Oberflächenkräften. Sie war auch in Teilen des gebrochenen Fadens vorhanden. Indenbom[3] schließt hieraus auf die erwähnte Zweiphasigkeit des Glases, nämlich auf ein hochschmelzendes Gerüst mit niedrig schmelzenden Einlagerungen, die die Doppelbrechung verursacht. Auch der Verlauf der Verflüssigung spricht für Zweiphasennatur. Die Kühlung muß dieserhalb in 2 Etappen erfolgen, eine oberhalb der Erweichungstemperatur, die andere im normalen Kühlbereich, was in der technischen Produktion schwer zu verwirklichen ist.

Durch Säurebehandlung von Borosilikatgläsern geeigneter Zusammensetzung (s. unten) werden poröse Gläser erhalten (s. *Vicorglas*, S. 243), die aus zwei entmischten Komponenten bestehen, einem Borat- und einem Silikatglas, die mikroheterogen miteinander verflochten sind. Adsorp-

---

[1] Tool, A. Q.: J. Amer. ceram. Soc. Bd. 31 (1948) S. 177.

[2] Humphrys, J. M. u. W. R. Morgan: J. Amer. ceram. Soc. Bd. 24 (1941) S. 123.

[3] Indenbom, V. L.: Doklady Akad. Nauk. S. S. S. R. Bd. 89 (1953) S. 509. (Ref. American Ceramic Abstracts (1955) S. 67 A).

tionsmessungen ergeben in Gläsern mit 60 bis 70% SiO_2 für die Borataggregate einen Durchmesser von 16 bis 20 A. Bei wachsendem Gehalt an Na_2O wächst der Anteil an größeren Aggregaten mit entsprechender Abnahme der inneren Porenoberfläche[1].

In solchen Gläsern von Typus $6\,SiO_2 \cdot x\,B_2O_3 \cdot y\,Na_2O$ war bei $y \leqq 1{,}5$ die Alkalilöslichkeit bei gekühlten Gläsern größer als bei abgeschreckten. Bei den technischen Gläsern ist das bekanntlich umgekehrt. Bei $6\,SiO_2 \cdot 2\,B_2O_3 \cdot 0{,}5\,Na_2O$ lag ein ausgesprochenes Maximum, das sich am stärksten nach Temperung bei 570° bemerkbar machte. Das ist die wirksamste Temperatur zur *Phasentrennung*. Sie ändert sich etwas mit der Zusammensetzung[2].

Die Phasentrennung bei dem Glase $10\,SiO_2 \cdot 2\,B_2O_3 \cdot 0{,}5\,Na_2O$ wurde bei Ersatz von SiO_2 durch BaO, ZnO und besonders Al_2O_3 verzögert. Größere Mengen BaO (etwa 0,4 Mol) kehren diese Wirkung um. Auch die abgeschreckten Gläser zeigen Ansätze zur Phasentrennung. Gezogene BaO-haltige Glasstäbe zeigen deutliche Doppelbrechung (s. oben), die auf orientierte Phasentrennung deutet.

K. Bindung anderer Glasbestandteile

1. Bindung des Alkalis im Glase

Baut man kleine Mengen Na_2O in ein Kieselglas ein, so beginnt sofort Neigung zur Kristallisation (s. unter Entglasung). Wahrscheinlich entstehen 2 Strukturelemente: 1. (SiO_4)-Gruppen mit einem oder mehreren Na^+-Ionen, die das Netzwerk trennen und 2. unveränderte dreidimensional vernetzte (SiO_4)-Gruppen. Wegen der begrenzten Möglichkeiten zur Koordination ist gleichmäßige Verteilung schwierig. Daher nimmt DIETZEL[3] an, daß das Alkali in Schwärmen vorliegt, deren Netzwerk locker ist. Daneben liegen Blöcke von alkaliarmem Kieselglas. Daher besteht im Gebiet niedrigen Alkali- und Erdalkaligehaltes Neigung zur Entmischung, selbst zur Kristallisation. Zu denselben Schlüssen kommt u. a. G. HARTLEIF[4] durch Auswertung von Röntgenaufnahmen. Hier verdient auch die Auffassung von J. B. MURGATROYD[5] genannt zu werden, der schwache Stellen im Glase nicht auf Vorkommen von submikroskopischen Rissen (GRIFFITH's flaws), sondern auf Taschen im Glase zurückführt, die mit einem weicheren Material gefüllt sind (s. S. 33).

Wären die Na^+-Ionen in einem binären Silikatglase nur in den Hohlräumen untergebracht, so hätte die Dichte einen Wert, der dem Gewichte von $x\,Na_2O + y\,SiO_2$ und dem Volumen $x\,O^{2-} + y\,SiO_2$ entspricht (oberer

[1] ZHDANOV, S. P.: Doklady Akad. Nauk. S. S. S. R. Bd. 92 (1953) S. 597 (Ref. Amer. ceram. Soc. Abstr. 1955, S. 104).

[2] TAMURA, Y.: Rep. Osaka Industr. Res. Inst. Nr. 299, S. 1 (Ref. Glastechn. Ber. 1955, S. 368).

[3] DIETZEL, A.: Glastechn. Ber. Bd. 22 (1948/49) S. 212.

[4] HARTLEIF, G.: Z. anorg. allg. Chem. Bd. 238 (1938) S. 353. — PRESTON, E.: J. Soc. Glass Technol. Bd. 26 (1942) S. 82. — DANIEL, H. O.: Glastechn. Ber. Bd. 22 (1948/49) S. 11.

[5] MURGATROYD, J. B.: J. Soc. Glass Technol. Bd. 28 (1944) S. 405, 406.

Grenzwert). Wären die Na$^+$-Ionen nicht in den Hohlräumen, so wäre das spezifische Gewicht aus dem Gewicht $x\,Na_2O + y\,SiO_2$ und dem Volumen von $x\,Na_2O + y\,SiO_2$ zu berechnen (unterer Grenzwert).

Nun findet man aus dem gemessenen s. g., daß 76% der Na$^+$-Ionen in die Hohlräume wandern, das größere K$^+$-Ion aber nur zu 26%. Das kleine Li$^+$-Ion ergibt dagegen den Wert von 110%, was bedeutet, daß es nicht nur die Hohlräume füllt, sondern auch noch die Struktur zusammenzieht (Kontraktion).

Die Aktivierungsenergie von Alkali-Silikatschmelzen fällt mit steigender Alkalikonzentration zu extrem niedrigen Werten ab. Bei der Zusammensetzung der Orthosilikatschmelze werden sie gleich null. Die Schmelze besteht dann weitgehend aus Alkaliionen und $(SiO_4)^-$-Ionen[1].

Na$^+$-Ionen werden in Strukturen gleicher Art weniger fest gebunden als K$^+$-Ionen. In sehr kleinen Zwischenräumen, die zu klein sind zur Aufnahme von K$^+$-Ionen, ist Na$^+$ sehr fest gebunden. Doch sind K$^+$-Ionen in Räumen, die sie genau füllen, ebenso fest gebunden[2].

2. Bindung des Aluminiums im Glase

Auf S. 25 wurde bereits ausgeführt, daß Al^{3+} die Stelle von Si^{4+} einnehmen kann, wenn man nur dafür sorgt, daß die Summe der elektrischen Ladungen gleich bleibt. Das heißt zugleich mußte an Stelle eines anderen Si^{4+} ein P^{5+} treten. So entstand der Berlinit, der dem Quarz und seinen Umwandlungsprodukten auf ein Haar gleicht.

Es bestehen aber auch Ähnlichkeiten zwischen B^{3+} und Al^{3+} in Gläsern. Beide bilden in Gegenwart von Alkalien und Erdalkalien die Tetraederstruktur. Aber eine der Borsäureanomalie entsprechende Erscheinung gibt es beim Aluminium nicht.

Als Netzwerkbildner tritt Al^{3+} nur auf in Gemeinschaft mit Ca^{2+}, z. B. im glasigen Ca-Aluminat[3]. Sowohl Al^{3+} wie B^{3+}-Ionen halten (OH)$^-$- und F$^-$-Ionen hartnäckig fest, sowohl in Kristallen (Topas) wie in Gläsern, deren Läuterung sie erschweren.

Obwohl Al^{3+} kein eigentlich glasbildendes Ion nach der Definition von V. M. GOLDSCHMIDT ist, ersetzt es oft Si. Sein Verhältnis O : Al ist 1,5, während mindestens 2 verlangt wird. Es kann deshalb keine ideale (AlO_4)-Gruppe bilden, aber auch keine (AlO_3)-Gruppe, wie das B^{3+} es kann. Deshalb ist das Al^{3+} zwischen die Ionen mit Vierer- und Sechser-Koordination einzureihen.

3. Die Bindung von Blei und Zink im Glase

Auf S. 6 wurde ausgeführt, daß beide Elemente zu denjenigen gehören, die sowohl netzwerkbildend als netzwerkwandelnd wirken können. Nach FAJANS und KREIDL[4] ist das auf den Bau der äußeren Elektronenhülle zurückzuführen, der vom Edelgastypus (8 Elektronen) abweicht.

---

[1] CALLOW, R. J.: Trans. Faraday Soc. Bd. 46 (1950) S. 663.
[2] MOORE, H. u. R. C. DE SILVA: J. Soc. Glass Technol. Bd. 36 (1952) S. 5.
[3] WEYL, W. A.: Coloured Glasses, Sheffield 1951, S. 32.
[4] FAJANS, K. u. N. J. KREIDL: Glass Science Bull. Bd. 5 (1947) S. 172.

Pb hat 2, Zn 18 Außenelektronen, die eine starke Polarisierbarkeit und
gegenseitige Durchdringung mit anderen polarisierbaren Ionen, z. B.
O^{2-}-Ionen zur Folge hat. Das ergibt so große Schwierigkeiten bei der
Ordnung zum Kristall, daß der ungeordnete glasige Zustand bestehen
kann. Daher bilden $PbSiO_4$ und $ZnSiO_4$ Gläser.

Doch können beide Elemente auch als Netzwerkwandler auftreten.
Blei neigt weniger hierzu als Zn. Zn stabilisiert S und Se in Gläsern und
wird deshalb solchen Gläsern zugesetzt. WEYL schließt aus der hohen
Bildungswärme von ZnS, daß Zn^{4+} den Mittelpunkt eines Tetraeders
formt, dessen Ecken von S^{2-}-Ionen gebildet sind.

Nach KREIDL[1] ersetzt Zn wahrscheinlich Si im Netzwerk, denn der
Ausdehnungskoeffizient ändert sich nach seiner Einführung nur wenig.
Ferner verursacht es Verbesserung der mechanischen Eigenschaften, was
metallische Kationen sonst nicht tun. Es hat die 4-Koordination auch in
Kristallen, z. B. im $2ZnO \cdot SiO_2$, das glasig erstarren kann.

4. Phosphatgläser

E. KORDES[2] unterscheidet normale und anormale Phosphatgläser. Zu
den *normalen* rechnet er diejenigen, welche CaO, BaO, CdO, PbO, zu
den *anormalen* diejenigen, welche ZnO, MgO und BeO enthalten.

Bei *normalen Phosphatgläsern* werden die Kationen wie bei binären
Silikatgläsern durch Sprengung einer O-Brücke in das Netzwerk eingebaut. Die physikalischen Eigenschaften (Brechung, Dichte, Molvolumen und Molrefraktion) geben in Abhängigkeit von der Zusammensetzung gleichmäßig verlaufende Kurven. Ähnlich verhalten sich Li
und Na, die aber Besonderheiten der Struktur aufweisen. Beim Austausch
der Kationen ändern sich die Eigenschaften entsprechend dem Ionenradius, der Ionenrefraktion und dem Atomgewicht.

Bei *anormalen Phosphatgläsern* ergeben die Kurven der Brechung, des
Molvolumens und der Dichte einen deutlichen Knick bei 50 Mol-% P_2O_5.
In den Metaphosphatgläsern, z. B. ZnP_2O_6 mit doppelt so viel O-Ionen
als Kationen ist wiederum eine dem SiO_2 ähnliche Struktur anzunehmen,
bei der $^2/_3$ der Tetraederzentren mit P^{5+} und $^1/_3$ mit Zn^{2+}-Ionen besetzt
sind. Im (ZnO_4)-Tetraeder können dann aber nur zwei O^{2-}-Ionen an Zn
gebunden sein. Die beiden anderen sind von zwei benachbarten P^{5+}-Ionen
mit je 2 Valenzen abgesättigt worden. Diese Struktur verrät sich auch
durch die große Härte, den geringen Ausdehnungskoeffizienten und das
Molvolumen dieser Gläser.

Gläser von P_2O_5 mit bis 50 Mol-% ZnO werden strukturell als Mischungen von reinem P_2O_5-Glas und ZnP_2O_6-Glas angesehen. Sie haben
die Koordinationszahl 4. Bei solchen mit mehr als 50 Mol-% ZnO werden
die überschüssigen Zn-Atome durch Sprengung der O-Brücken in das
Netzwerk eingebaut (KZ mehr als 4). Das ist der Grund des Auftretens
von Knicken in den Eigenschaftskurven.

---

[1] KREIDL, N. J.: Glass Ind. Bd. 24 (1943) S. 59.

[2] KORDES, E., W. VOGEL u. R. FETEROWSKY: Z. Elektrochem. Bd. 57 (1953)
S. 282.

Analoges gilt für Phosphatgläser mit MgO und BeO bis zu 50%. Steigt BeO über 50%, so wird in den Kurven nur ein leichtes Umschwenken zu höheren Werten der Lichtbrechung und der Dichte beobachtet. Infolge des kleinen, stark polarisierenden Be^{2+}-Ions sind die Berylliumphosphatgläser noch härter als die Zn- und Mg-Phosphatgläser.

Die *Dispersion* spricht besonders empfindlich auf Strukturänderungen an. Danach nehmen die Mg-Phosphatgläser eine Mittelstellung zwischen den normalen und anormalen Phosphatgläsern ein.

Von den O^{2-}-Ionen des P_2O_5 nimmt eines nicht an der Vernetzung teil, da diese nur aus (PO_4)-Gruppen besteht. Das 5. Ion ist an P^{5+} doppelt gebunden. Die (PO_4)-Tetraeder sind nur an 3 Ecken miteinander verknüpft[1]. Die freie Ecke eignet sich besonders zur Bindung anderer Kationen. Die so entstandene Bindung ist sehr stark und Entmischung schwierig. Der P—O-Abstand im Glase ist 1,55 A. Wegen der P^{5+}-Ionenladung ist das Ionenverhältnis im P_2O_5-Glase 1 : 2,5. Da also nicht alle O^{2-}-Ionen an 2 P^{5+}-Ionen gebunden sind, ist dieses Glas weich, sein Ausdehnungskoeffizient hoch und seine chemische Angreifbarkeit groß[2]. Es ist aber wie Kieselglas sehr UV-durchlässig und ein guter elektrischer Isolator.

Phosphatgläser haben die Eigenschaft, zugesetzte Oxyde in unveränderter Bindung zu lösen. Fe_2O_3-Zusatz färbt rosa, Fe farblos. Es absorbiert Licht nur im infraroten Teil des Spektrums. Die hohe UV-Durchlässigkeit der Phosphatgläser wird technisch benutzt, aber auch ihre Eigenschaft, die Wärmestrahlen zu absorbieren.

5. Glasige Sulfate, Nitrate und Karbonate

Die hoch symmetrische Gruppe $(SO_4)^{2-}$-Gruppe ist wegen ihrer starren Ordnung an sich nicht geeignet zur Glasbildung. Dies gelang aber Förland und Weyl[3] durch die Kombination des großen, schwach geladenen Kations K^+ mit dem starken Feld des kleinen Protons H^+. Sie störten hiermit die starre Ordnung der (SO_4)-Gruppe hinreichend, um $KHSO_4$ zur glasigen Erstarrung zu bringen, gewiß ein schöner Beweis für die Polarisation als Ursache des glasigen Zustandes. Man kann so noch bei 70° Fäden ziehen. Sulfatgläser haben in der (SO_4)-Gruppe eine noch stärker polarisierende Gruppe als die Phosphatgläser in der (PO_4)-Gruppe haben. Sie lösen daher Fe^{2+} und Fe^{3+} auf ohne Farbbildung. Co^{2+} färbt rosa und Ni^{2+} gelb.

Ein ebenso schöner Beweis für den Wert der Theorie der Polarisation liefert die Glasbildung im mittleren Teil des Systems $Ca(NO_3)_2$—KNO_3 durch A. P. Rostkowsky und A. G. Bergmann[4]. Nach Dietzel[5] ist es auch hier das schwache Feld des K^+-Ions, daß den Übergang der (CaO_6)-Koordination in die (CaO_4)-Koordination begünstigt. Hierbei geht Ionen-

---

[1] Dietzel, A.: Glastechn. Ber. Bd. 22 (1948/49) S. 223.

[2] Weyl, W. A.: Coloured Glasses, Sheffield 1951, S. 35.

[3] Förland, T. u. W. A. Weyl: J. Amer. ceram. Soc. Bd. 33 (1950) S. 186.

[4] Rostkowsky, A. P. u. A. G. Bergmann: J. Russ. Chem. Ges. Bd. 62 (1930). S. 2055.

[5] Dietzel, A.: Glastechn. Ber. Bd. 22 (1948/49) S. 86.

bindung in gemischte Bindung über, und die Ordnung zu einem Kristallgitter ist unmöglich geworden. Ersetzt man KNO_3 durch $NaNO_3$, so geht die Glasbildung stark zurück, weil das stärkere Na^+-Feld die (CaO_6)-Koordination erhält.

Analog dürfte die Entstehung des glasigen Feldes im System $MgCO_3$—K_2CO_3 zu erklären sein[1].

6. Fluor- und hydroxylhaltige Gläser[2]

Ersetzt man das Anion O^{2-} durch das gleich große F^-, so kommt man zu Gläsern, die für die optische Industrie große Bedeutung erhalten haben (s. S. 244 und S. 319). Durch Einführung des einwertigen F wird das Glas wegen Unterbrechung der Ketten weicher und chemisch angreifbarer. Um ein solches Glas beständig zu machen, muß man Kationen einführen, die ihre Koordinationszahl erhöhen können. Hierzu sind vor allem B und Al geeignet. In gleicher Weise wirkt hier Fe^{3+}, das von der Vierer- zu der Sechser-Koordination übergeht. Es wird daher farblos, da es kein sichtbares Licht mehr absorbiert. Durch Einführung von F wird aus denselben Gründen die Viskosität erniedrigt. Das ist die Ursache des Gebrauchs von Flußspat in der Metallurgie und in der Emailtechnik. Die niedrige Viskosität magmatischer Schmelzen erklärt sich durch ihren Gehalt an Wasser und Fluor.

Aus denselben Gründen befördern (OH) und F die Kristallisation. Sie wirken hier geradezu katalytisch. N. J. KREIDL und A. W. WEYL benutzten diese Kenntnis, um Ausscheidung von Kristallen in Phosphatgläsern zu erhalten. Dabei entstehen die bekannten (OH)- und F-haltigen Apatite.

Alle Gläser enthalten Wasser aus dem Schmelzvorgang oder durch Adsorption an den frischen Bruchflächen. Es bildet einen Bestandteil des Glases selbst in der Form, daß ein $(OH)^-$ die Stelle von einem O^{2-} einnimmt[3]. Es bricht damit die Konstitution des Netzwerks und erniedrigt die Viskosität der Schmelze. Dabei entsteht ein H^+-Glas, das wegen seiner geringen Aktivierungsenergie geeignet ist zur Benetzung mit Wasser und Säuren sowie anderen (OH) enthaltenden Gruppen.

II. Die Entglasung

1. Die allgemeinen Gesetze der Entglasung[4]

Alle Kristalle besitzen die Eigenschaft, bei ihrem Schmelzpunkt Wärme aus ihrer Umgebung aufzunehmen, bis sie geschmolzen sind. Erst dann kann die Temperatur weiter steigen. Die bei der Schmelztemperatur notwendige Wärme heißt Schmelzwärme. Sie kann recht beträchtlich sein, z. B. beim schmelzenden Eis 79,5 WE. Alle Gläser, sowohl silikatische,

---

[1] SKALIKS, W. u. W. EITEL: Z. anorg. Chem. Bd. 183 (1929) S. 275.

[2] DIETZEL, A.: Glastechn. Ber. Bd. 22 (1948/49) S. 86.

[3] WEYL, W. A.: Glass Science Bull. V (1947) S. 100.

[4] TAMMANN, G.: Kristallisieren und Schmelzen, Leipzig 1905, Aggregatzustände, Leipzig 1932; Glastechn. Ber. Bd. 3 (1925) S. 73.

wie organische (Plastika, Betol, Piperonal, Phenolphtalein usw., glasiges Se usw.) „schmelzen" ohne eine solche Wärmeaufnahme.

Deshalb hat TAMMANN die Gläser trotz ihrer Starre als unterkühlte Flüssigkeiten von sehr hoher Viskosität definiert. Diese Definition ist

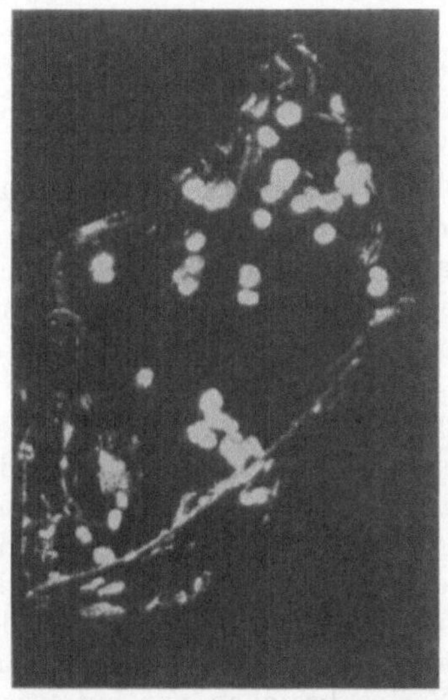

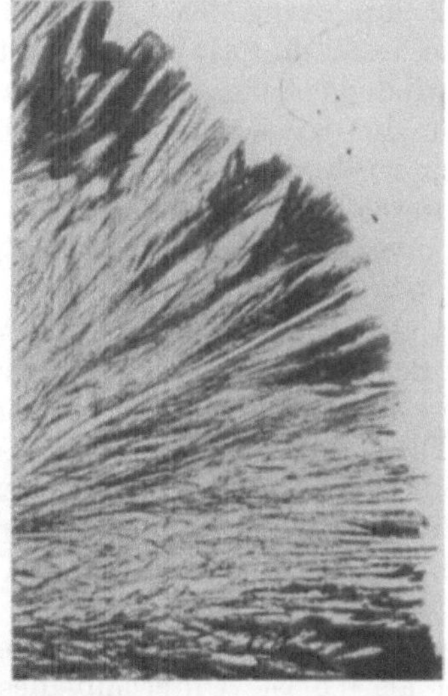

Abb. 27a. Sphärolithe in Flaschenglas   Abb. 27b. Sphärolithe in Flaschenglas
× 0,25   × 20
(Nach HOLLAND und PRESTON)

oft angefochten, aber bis heute nicht endgültig widerlegt worden. Einen schönen Beweis für diese These hat die Röntgenspektroskopie geliefert: Gläser haben ebenso wie Flüssigkeiten kein Linienspektrum, sondern breite, verwaschene Banden.

Erfolgt in einer Glasschmelze beim Abkühlen Kristallisation, so treten einzelne Keime von Kristallen auf, die vom Keim ausgehend, nach allen Seiten kugelförmig wachsen (Sphärolithe).

Die Unterkühlungsfähigkeit, also die Möglichkeit der Erhaltung des glasigen Zustandes hängt also ab von erstens der Zahl der Keime (KZ) und zweitens deren Kristallisationsgeschwindigkeit (KG).

Die *Keimzahl* in Abhängigkeit von der Unterkühlung ist in Abb. 28 dargestellt als eine rundliche Kurve, die erst nach einem

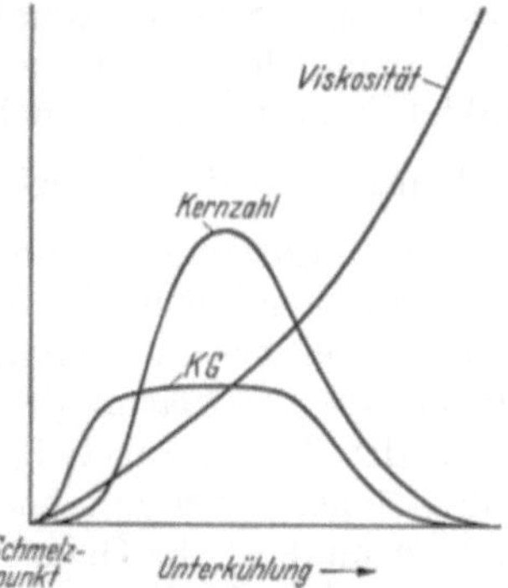

Abb. 28. Kernzahl und Kristallisationsgeschwindigkeit bei Unterkühlung. (Nach TAMMANN)

beträchtlichen Temperaturfall unterhalb des theoretischen „Schmelzpunktes" beginnt. Dann folgt sie einem parabelähnlichen Verlauf. Die Keime bilden sich also erst bei merklicher Unterkühlung, erreichen bei weiterem Fall der Temperatur ein Maximum ihrer Anzahl und können bei noch weiterem Fall derselben nicht mehr entstehen. Die dann sehr hohe Viskosität läßt dann die Bildung sichtbarer Keime nicht mehr zu. Dies hängt zusammen mit der wegen der hohen Viskosität zu kleinen *Kristallisations-Geschwindigkeit*. Diese beginnt natürlich dicht unterhalb des theoretischen Schmelzpunktes des Kristalls gleicher Zusammensetzung und wächst mit steigender Unterkühlung. Dicht unterhalb des Schmelzpunktes wirkt die entwickelte Kristallisationswärme der Kristallisationsgeschwindigkeit entgegen. Diese wächst, wenn bei etwas tieferer Temperatur die entwickelte Wärme abfließen kann.

Einmal gebildete Keime können also durch Steigerung der Temperatur bis unterhalb des Schmelzpunktes zum Wachsen gebracht werden. Die so gebildeten Sphärolithe können in Wannenöfen faustgroß werden. Die beim Abkühlen vom Glase nicht abgegebene Kristallisationswärme äußert sich aber doch durch die Verzögerung der Abkühlung, wie das durch den Versuch von QUASEBART S. 48 beschrieben wurde.

Eine Untersuchung der binären Silikate, Phosphate, Borate zeigt nach DIETZEL[1], daß homogene Kristalle und Gläser nur geformt werden, wenn die Feldintensität des fremden Kations im Vergleich zur Intensität von Si^{4+}, B^{3+} und P^{5+} genügend groß ist. Die Differenz der Feldstärken muß mindestens 0,3 betragen. Bei zu kleiner Differenz der Feldstärken tritt Entmischung auf. Ternäre Verbindungen können nur gebildet werden, wenn die Differenz der Feldstärken der betreffenden Kationen größer als 0,5 ist. Unterhalb dieses Wertes bestehen nur eutektische Systeme oder feste Lösungen. Das gilt nicht nur für die Silikate, sondern auch für Salze. Aus diesem Grunde konnte keine ternäre Verbindung im System $Li_2O—BaO—SiO_2$ erwartet werden, wohl im System $Li_2O—K_2O—SiO_2$. Mittels der Feldstärke z/a^2 kann nach DIETZEL der höchste Aziditätsgrad (y_{max}) bestimmt werden. Der Wert $y_{max} = \dfrac{0{,}36}{z/a^2}$ gibt an, wieviel Mol SiO_2 maximal an $1/n$ Mol eines Oxydes R_mO_n gebunden sein kann, dessen Kation die Feldstärke z/a^2 hat. Diese Verbindung bildet kongruente Schmelzen. Für Verbindungen mit inkongruenten Schmelzen ist die Formel $y_{max} = \dfrac{0{,}36}{z/a^2} + 0{,}5$.

Die Entglasung beginnt gerne an Oberflächen. Dies ist die Folge größerer chemischer Aktivität der an Kationen reichen Oberfläche gegenüber allseitiger Absättigung im Inneren. Die Oberflächenspannung zwingt die Oberfläche, den kleinsten Raum einzunehmen, was Annäherung der Atome zur Folge hat[2]. Verhindert man die Kontraktion der Oberfläche, so treten keine Kristalle auf. Die Kristallisation tritt sofort auf, wenn dann die Oberfläche wieder beweglich wird. Diese Oberfläche kann auch z. B. die Oberfläche einer Blase sein. Dort sind Kristallisationen häufig.

Die Instabilität des Glaszustandes äußert sich in einer auffallenden

---

[1] DIETZEL, A.: Z. Elektrochem. Bd. 48 (1942) S. 9; Glastechn. Ber. Bd. 22 (1948/49) S. 41, 81.
[2] TABATA, K.: J. Amer. ceram. Soc. Bd. 10 (1927) S. 6.

Weise durch die langsam verlaufende Kristallisation des Spiegelglases im Kühlkanal. Von den mechanisch transportierten Scherben fallen zuweilen Stücke ab, die jahrelang liegen bleiben müssen. Während dieser Zeit sind sie der an der betreffenden Stelle herrschenden Temperatur ausgesetzt. Selbst bis zu Temperaturen bis zu 200° hinab werden diese Stücke entglast. Das verwundert um so mehr, als das Spiegelglas eines der zähesten und härtesten technischen Gläser ist[1].

2. Entglasungsdiagramme[2]

Läßt man eine Schmelze abkühlen, so erreicht man bei hinreichend langsamem Temperaturverlust schließlich die Temperatur der ersten Kristallbildung. Führt man das für viele Schmelzen derselben qualitativen, aber verschiedener quantitativer Zusammensetzung aus, so kann man die Temperaturen der ersten Kristallbildung miteinander durch die sog. *Liquiduskurve* verbinden. Unterhalb der Liquiduskurve ist aber fast immer noch flüssige Schmelze vorhanden. Verbindet man die Temperaturen der völligen Erstarrung miteinander, so erhält man die *Soliduskurve*. Bei Drei- und Mehrstoffsystemen haben wir dann nicht Kurven, sondern Flächen. Gehen wir mit der Temperatur noch tiefer, so erleiden viele der gebildeten Kristalle, die bisher in ihrer Hochtemperatur-Modifikation vorlagen, Umwandlungen in die bei tieferer Temperatur stabilen Kristallformen. Hat die Schmelze schließlich gewöhnliche Temperatur erreicht, so liegen Kristallaggregate vor, die für jede chemische Zusammensetzung der Schmelze typische Entglasungsprodukte darstellen. Nicht immer konnten die einzelnen Kristallarten den für die gewöhnliche Temperatur stabilen Zustand erreichen. Die Kenntnis der ausgeschiedenen Kristalle ist für den Petrographen, den Geochemiker, den Metallurgen und den Glastechniker von großer Bedeutung. Letzterer muß ihre Entstehung vermeiden können und deshalb so viel wie möglich wissen über die Temperatur ihrer Entstehung und ihre Wachstumsgeschwindigkeit.

Die klassische Methode zur Untersuchung der Kristallisationsprodukte ist die der Abschreckung der Schmelzen von verschieden hohen Temperaturen aus. Man erhält so die isothermen Flächen der Liquidusbildung. Besonders die Forscher des *Geophysischen Laboratoriums der Carnegiestiftung* in *Washington* haben viel zu unserer Kenntnis über die chemischen Gleichgewichte der Silikate, Borate, Phosphate beigetragen. Die Auswertung dieser Messungen erfolgt nach den auch bei anderen chemischen Reaktionen geltenden Gesetzen der heterogenen Gleichgewichte. Sie sind sowohl in der Einleitung zu den zitierten *Phase diagrams* wie auch im Buche von W. EITEL in ausführlicher und verständlicher Weise behandelt worden. Die Linien der Isothermen verlaufen in einem solchen Phasendiagramm natürlich so, daß die höchsten Temperaturen dort angezeigt werden, wo reine *Verbindungen* ausgeschieden

---

[1] SALMANG, H.: Sprechsaal Bd. 65 (1932) S. 925.
[2] Phase Diagrams for Ceramists; J. Amer. ceram. Soc. 1947, November. — EITEL, W.: Silicate Melt Equilibria, Rutgers Univ. Press, 1951.

wurden. Bekanntlich schmilzt ein Gemisch zweier Verbindungen nicht
bei der mittleren Temperatur beider Schmelztemperaturen, sondern bei
einer meist viel tieferen, der sog. *eutektischen Temperatur*. So kommt es
dazu, daß zwischen den „Bergen“ der ausgeschiedenen reinen Verbindungen die „Talfurchen“ der eutektischen Täler liegen. Treffen dann drei

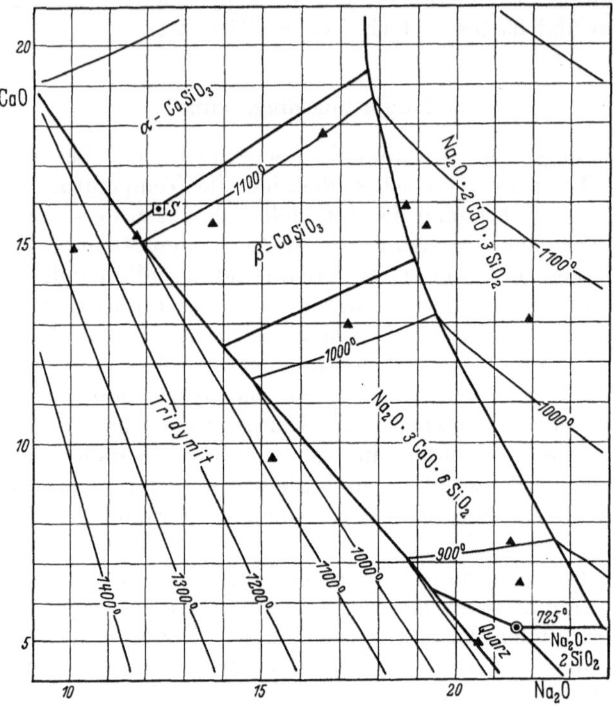

Abb. 29. Die glastechnisch wichtige Ecke des Phasendiagramms Na_2—CaO—SiO^2.
(Nach Morey und Bowen (Dietzel)

solcher eutektischer Täler zusammen, so haben wir dort einen besonders
tief liegenden *eutektischen Tripelpunkt*. Das sei an Hand der Abb. 29
hier erläutert:

Sie stellt die glastechnisch interessante Ecke des wichtigen Systems
Na_2O—CaO—SiO_2 dar, des Grundsystems fast aller Flach- und Hohl-
gläser[1]. Dieses Dreistoffsystem ist hier von Dietzel nicht wie üblich in
Form eines Gibbschen Dreiecks dargestellt worden, sondern umge-
zeichnet in ein rechteckiges Koordinatensystem. Außerdem ist auch nur
der glastechnisch interessante Teil herausgeschnitten worden, der der
Zusammensetzung 9 bis 24% Na_2O und 4 bis 20% CaO entspricht. Der
Rest gegen 100 ist SiO_2. In der Mitte sehen wir den „Berg“ $Na_2O \cdot 3CaO \cdot$
$6SiO_2$. Daß er in der Tat höher als seine nächste Umgebung liegt, erkennt man daran, daß die Linien der Isothermen, hier der 1000°-Linien
usw., scharfe Knicke machen, wenn sie sein Gebiet erreichen. Die Ver-

---

[1] Morey, G. W.: J. Amer. ceram. Soc. Bd. 13 (1930) S. 700. — Dietzel, A.:
Sprechsaal Bd. 60 (1927) Nr. 7 bis 12.

bindungslinien dieser Knickpunkte formt die eutektischen Täler. Am Treffpunkte dreier solcher Täler (binäre Eutektika) liegen Tiefpunkte, die ternären Eutektika, z. B. am rechten, unteren Rande des „Bergs“ $Na_2O \cdot 3CaO \cdot 6SiO_2$ liegt das tiefste dieser Eutektika bei nur 725°. Man sollte daher eigentlich annehmen, daß ein in seiner Zusammensetzung diesem Eutektikum entsprechendes Glas für die Glasherstellung besonders geeignet wäre. Leider ist das nicht der Fall, weil dieses Glas mit 5,2% CaO, 21,3% Na_2O und 73,5% SiO_2 sehr weich ist (Christbaumschmuck!). Die Gläser der Praxis liegen etwa in der Mitte der linken eutektischen Tallinie. Nach der Abb. 29 sollte man annehmen, daß als Kristall in diesen Gläsern nur die Verbindung $Na_2O \cdot 3CaO \cdot 6SiO_2$, der sog. *Devitrit* auftreten könnte. Er bildet auch einen Hauptteil der Kristalle, ist aber nicht ausschließlich in ihnen vertreten. Das wird verständlich, wenn man bedenkt, daß mit der Ausscheidung von Devitrit aus dem Glase dessen Zusammensetzung lokal radikal verändert wird. Das Restglas kann je nach Zusammensetzung vom ursprünglichen Glase und dem Anteil des Ausgeschiedenen im Stabilitätsfelde der benachbarten Kristalle liegen, die dann ausgeschieden werden, bis deren Restglas eine andere Zusammensetzung bekommen hat. Man findet deshalb in Sphärolithen

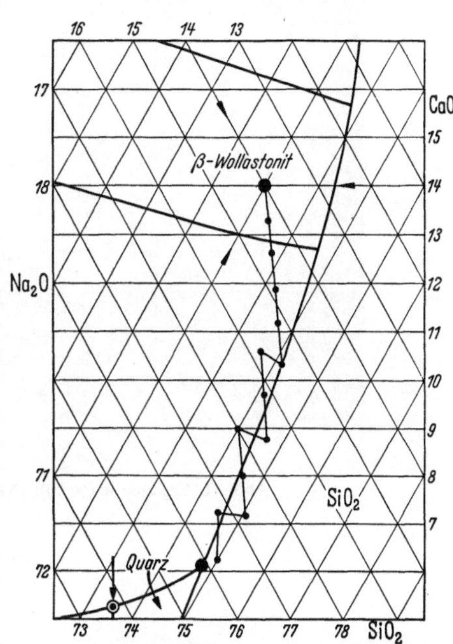

Abb. 30. Ausschnitt aus dem Zustandsdiagramm Na_2O—CaO—SiO_2 mit eingetragenem theoretischen Entmischungsverlauf des Glases an der Phasengrenze. (Nach JEBSEN-MARWEDEL)

mehrere der in Abb. 29 aufgeführten Kristallarten nebeneinander. Anschaulich ist diese fraktionierte Kristallisation von H. JEBSEN-MARWEDEL[1] in Abb. 30 wiedergegeben worden. Die Zickzacklinie gibt den Verlauf der Kristallisation an.

Die Abbildung zeigt den Verlauf der abwechselnden Ausscheidung von *Devitrit* und *Cristobalit*, also einer sog. *Paragenese*. Die leicht geschwungene Kurve, die in der Mitte der Abbildung von oben nach unten läuft, ist die sog. Glaslinie. Rechts von ihr ist das Stabilitätsfeld von *Cristobalit* (und *Tridymit*), links von ihr das Feld des *Devitrits*. Das Glas mit der Zusammensetzung 72% SiO_2, 14% CaO, 14% Na_2O verarmt durch Ausscheidung kalkreicher Kristalle, so daß die Restgläser immer mehr in die Zusammensetzung der Gläser bei der Glaslinie fallen. Hier beginnen wechselseitige Ausscheidungen von Devitrit und Cristobalit,

---

[1] JEBSEN-MARWEDEL, H.: Naturwiss. Bd. 17 (1929) S. 84.

bis schließlich die Nähe des tiefsten Eutektikums von 725° erreicht wird.
Die *Paragenese* ist aus Abb. 35 ersichtlich.

Der *Devitrit* schmilzt inkongruent (d. h. unter Zersetzung) bei 1045°

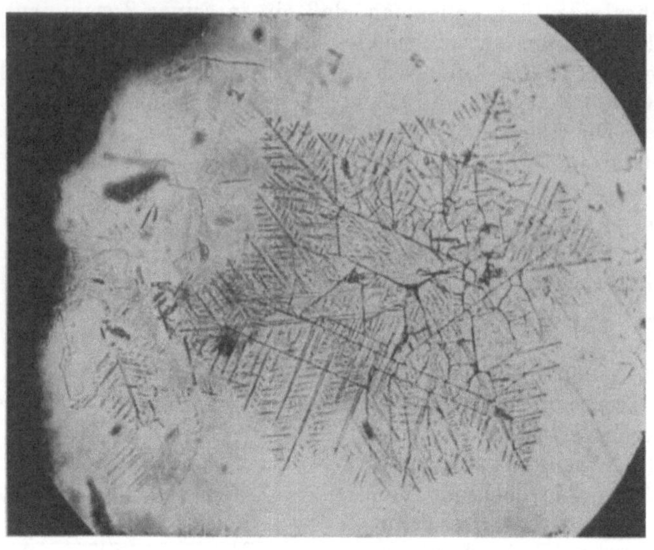

Abb. 31. Cristobalit ($\times$ 30). (Nach JEBSEN-MARWEDEL)

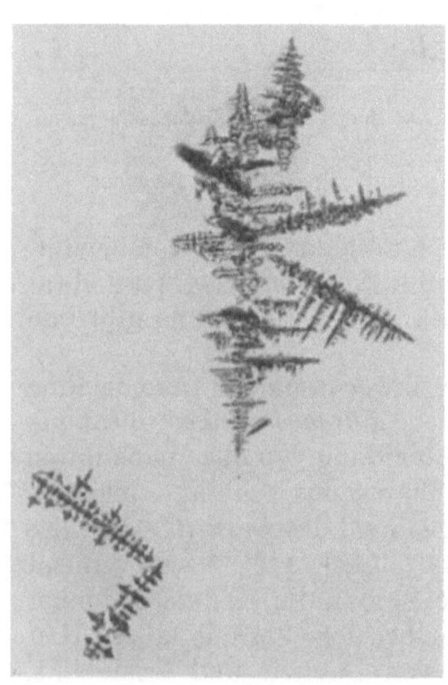

und hat ein ziemlich kleines Bestän-
digkeitsfeld (15 bis 21% Na_2O und
5 bis 15% CaO). Seiner chemischen
Zusammensetzung nach (61,05 %
SiO_2, 10,50% Na_2O, 28,45% CaO)
fällt er eigentlich in das Stabilitätsfeld des Wollastonits, der sich im
Zustande des Gleichgewichts allein

Abb. 32. Cristobalit-Dentriten. (Nach HOLLAND   Abb. 33. Tridymit. (Nach HOLLAND und
und PRESTON)   PRESTON)

ausscheidet. Devitritkristalle zersetzen sich denn auch bei 1045° in β-CaSiO$_3$ und Schmelze. Hält man aber das Gemenge wieder bei 950° 16 Stunden lang, so entsteht der Devitrit wieder. Im Gleichgewicht mit

Abb. 34. Devitrit ($\times$ 30). (Nach JEBSEN-MARWEDEL)

der Schmelze kann der Devitrit in Gläsern mit viel weniger CaO und etwas mehr Na$_2$O als der Zusammensetzung der reinen Verbindung entspricht, bis hinunter zur eutektischen Temperatur von 725° bestehen.

Ein Zusammenhang zwischen den im Glase auftretenden Phasen und den optischen Eigenschaften oder der Viskosität besteht nicht. Das spricht dafür, daß die ausgeschiedenen Verbindungen im Glase selbst nicht vorliegen. Sie sind in der Schmelze dissoziiert.

Die Kenntnis der ausscheidenden Kristallphasen

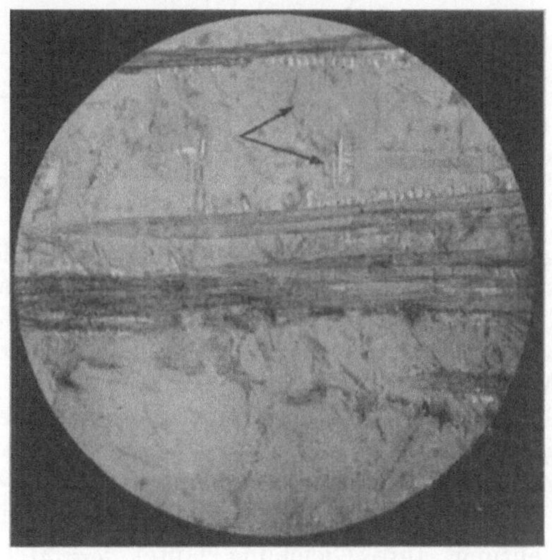

Abb. 35. Wollastonit mit aufgewachsenem Cristobalit ($\times$ 30). (Nach JEBSEN-MARWEDEL)

genügt aber nicht, um die Eignung einer bestimmten Zusammensetzung für die Glasfabrikation zu beurteilen. Das betreffende Glas muß eine maximale Kombination der folgenden Eigenschaften besitzen: Seine Viskosität muß die gerade gewünschte Verarbeitbarkeit zulassen; es muß kleine Keimzahl und kleine Kristallisationsgeschwindigkeit der gebildeten

Keime besitzen; schließlich muß es beständig gegen chemischen Angriff sein.

Die ausgeschiedenen Kristalle können sein: Cristobalit, Wollastonit, wenig Tridymit und Devitrit[1]. Oberhalb der Temperatur der „unteren Entglasungsgrenze" ist die Kristallisationsgeschwindigkeit KG groß. Die Viskosität beträgt dort etwa 10^5 Poisen.

Die KG-Maxima lassen sich auf Isothermen im Na_2O—CaO—SiO_2-System darstellen, so daß man für jede Zusammensetzung die KG abgreifen kann[2]. Ebenso kann man die „Isochronen", also die Linien

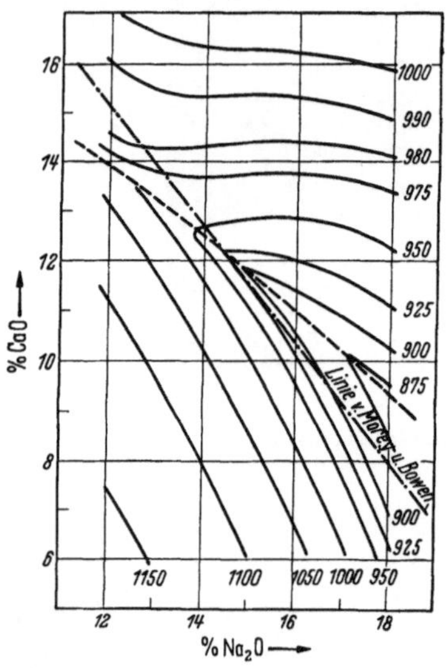

Abb. 36. Isothermen der Maxima der Kristallisationsgeschwindigkeit der Natronkalkgläser. (Nach DIETZEL)

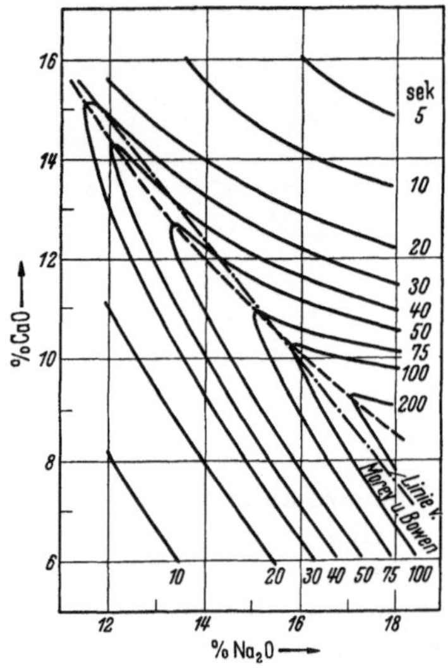

Abb. 37. Isochromen der Zeitminima zur Bildung von 10 μ-Kristallen in Natronkalkgläsern. (Nach DIETZEL)

gleicher Zeitminima für hier $10\,\mu$ Kristallänge so darstellen. Abb. 36 stellt die KG-Maxima in Form eines „Tales" auf der Glaslinie von MOREY und BOWEN[3] dar. Abb. 37 stellt die Isochronen in Form eines „Kamms" dar. Im Tal liegen die Zusammensetzungen, deren KG-Maximum im Verhältnis zur Umgebung am niedrigsten liegen. Ist $\%\,Na_2O = x$ und $\%\,CaO = y$, so ist die Linie ausdrückbar durch $y = 23{,}3 - 0{,}79\,x$. Auf dem „Kamm" der zweiten Abbildung liegen die Zusammensetzungen, die den am langsamsten kristallisierenden Gläsern entsprechen. Diese Linie größter Glasigkeit hat große praktische Bedeutung. Ihre Gleichung lautet $y = 27{,}7 - \sqrt{62\,x - x^2 - 422}$. Beide Linien schneiden sich unter einem spitzen Winkel. Die Projektion der Kammlinie liegt nahe der „Tallinie" im Isothermendiagramm von

---

[1] JEBSEN-MARWEDEL, H.: Die Glasschmelze mikroskopisch gesehen. Frankfurt 1951.

[2] DIETZEL, A.: Sprechsaal Bd. 62 (1929) S. 506ff.

[3] MOREY, G. W. u. N. L. BOWEN: J. Soc. Glass Technol. Bd. 9 (1925) S. 226; Ref. DIETZEL: Sprechsaal Bd. 60 (1927) S. 5. — ZSCHIMMER, E. u. A. DIETZEL: Glastechn. Ber. Bd. 6 (1928) S. 579.

Morey und Bowen (s. Abb. 29). Ein Mittel zwischen diesen 3 Kurven stellt die Gleichung vor: $y = 26 - x$. Das heißt der Na_2O-Gehalt und der CaO-Gehalt sollen zusammen etwa 26% betragen.

Dietzel empfiehlt für Wannen die oberste Entglasungstemperatur nicht zu unterschreiten, sich also streng an das Diagramm von Morey und Bowen zu halten. Ist die Unterschreitung dieser Temperatur nicht zu vermeiden, z. B. in Hafenöfen, so sollte man solche Zusammensetzungen wählen, die auf der „Kammlinie" liegen. Hierbei sind möglichst die im Isothermendiagramm angegebenen Temperaturen des KG-Maximums zu vermeiden.

In der Glasindustrie wird die Regelung der Verarbeitungsbedingungen und der Resistenz der Gläser durch Zusätze von MgO oder B_2O_3 und vor allem von Al_2O_3 durchgeführt. Besonders letzteres ist von Bedeutung. Ersetzt man 1 bis 3% SiO_2 durch Al_2O_3, so wird die KG von Gläsern mit etwa 14% Na_2O verringert. Oberhalb 16% ist die Steigerung bis auf 3% Al_2O_3 zwecklos. Bei Gläsern mit weniger als 14% Na_2O ist die Verminderung der KG gering und die Arbeitstemperatur steigt. In Schmelzen mit 14 bis 16% Na_2O wirkt 3 bis 4% Al_2O_3 günstig, weil die Gleichgewichtstemperatur herabgesetzt und die maximale KG vermindert wird. Al_2O_3-Gehalte von über 4% an Stelle von SiO_2 wirken schädlich auf die Glasigkeit der Schmelzen längs der Glaslinie[1]. Weitere Angaben über die Entglasung s. S. 88.

Hier sei auf die Phasendiagramme der folgenden Gläser kurz verwiesen:

$$K_2O-CaO-SiO_2, \quad K_2O-PbO-SiO_2, \quad B_2O_3-Na_2O-CaO-SiO_2,$$
$$Na_2O-CaO-Al_2O_3-SiO_2.[2]$$

3. Formen der Entglasung

Die schon oben erwähnte bevorzugte Entglasung an Oberflächen spielt sich nicht nur an den Grenzflächen gegen Luft, sondern auch an den Grenzflächen sich reibender Glasströmungen ab. Diese Glasströmungen sind sowohl im Hafen wie auch in den Wannen vorhanden. Beim Erkalten zeigt sich das in eindrucksvollen Kristallisationen, die H. Jebsen-Marwedel[3] veranlaßten, das Vorhandensein von Glasströmungen in Wannenöfen festzustellen.

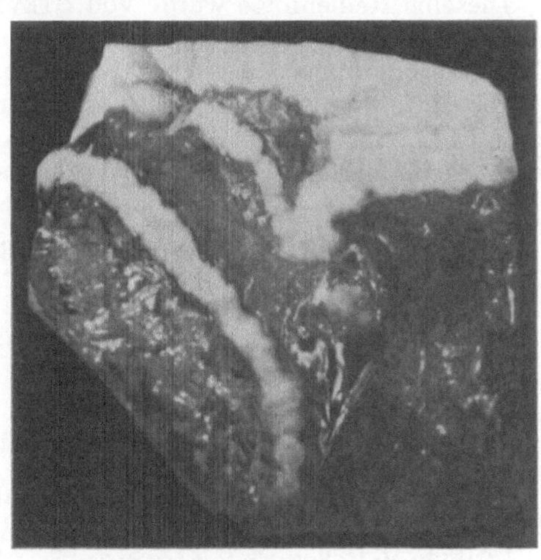

Abb. 38. Kristallisationen an der Grenze von Glasströmungen. (Nach Jebsen-Marwedel)

---

[1] Müllensiefen, W. u. E. Zschimmer: Glastechn. Ber. Bd. 9 (1931) S. 280.

[2] Phase Diagrams for Ceramists; J. Amer. ceram. Soc. 1947, Nov.

[3] Jebsen-Marwedel, H.: Sprechsaal Bd. 59 (1926) S. 787, 803; Bd. 62 (1929) S. 715. — Jebsen-Marwedel, H. u. A. Becker: Sprechsaal Bd. 63 (1930) S. 268.

Die Identifikation der einzelnen Kristallarten ist wegen ihrer oft vorkommenden innigen Verfilzung nicht einfach. Besonders oft kommen auf- und durcheinander verwachsene Devitrit-Cristobalitkombinationen vor, von denen Abb. 35 ein Vorbild gibt. Cristobalite in Sternform setzen sich zuweilen in Tridymit-Sechsecke um, wenn deren Gleichgewichtstemperatur unterhalb 1470° lange genug gehalten wird. Beschreibungen der Kristalltrachten und der Methoden ihrer Bestimmung seien hier nur zitiert[1].

4. Entglasung von Kieselglas

5% Zusätze fremder Oxyde rufen bei 1200° die folgenden Kristallisationen hervor[2]: Die Alkalien bilden Cristobalit, der sofort in Tridymit übergeht. Die Oxyde von Be, Mg, Ca, Ba und Zn bilden nur Cristobalit. Bemerkenswert war primäre Bildung von Quarz bei Anwesenheit von Li_2O, Na_2O, MgO, CaO und ZnO, dem dann erst Übergang in Cristobalit folgte.

DIETZEL[3] konnte die Ionen entsprechend ihrer Förderung der Entglasung in Beziehung zu ihrer *Feldstärke* bringen:

Ion	z/a^2	Ion	z/a^2
K	0,13	Fe^{2+}	0,43
Na	0,19	Zn	0,49
Li	0,23	Mg	0,45
Ba	0,24	Fe^{3+}	0,76
Pb	0,27	Al	0,84
Ca	0,33	Ti	1,04

Dieselbe Reihenfolge wurde von STEVELS und RIECK angegeben und auch bei Kristallisation, die von außen auf dem Kieselglas aufgebrachten Metallverbindungen ausgingen, bestätigt.

Die Entglasung nimmt mit steigender Temperatur zu und geht bei nur 0,1% Al_2O_3 bei 1500° durch ein Maximum[4]. Schon kleine Zusätze der Glasbildner B_2O_3 oder P_2O_5 verhindern diese Kristallisation.

5. Entglasung von Bleigläsern

Sie wird vermieden durch Befolgung der Bleiglasregel ZSCHIMMERS % K_2O = (76 − % PbO) · 0,27.[5] Die glasbildende Kraft des Bleis ist so groß, daß die ausgeschiedenen Kristalle unter den Arbeitsbedingungen der Glasindustrie nur aus Cristobalit und Tridymit bestehen. Auch diese entstehen fast nur an den Oberflächen, nicht aber am Rande der Blasen

[1] JEBSEN-MARWEDEL, H.: Glastechn. Fabrikationsfehler, Berlin: Springer 1936. — DIETZEL, A.: Glastechn. Ber. Bd. 9 (1931) S. 307.

[2] RIECK, G. D. u. J. M. STEVELS: J. Soc. Glass Technol. Bd. 35 (1951) S. 284. — RIECK, G. D.: Chem. Weekblad Bd. 48 (1952) S. 713. — FLÖRKE, O. W.: Fortschr. Mineralogie Bd. 32 (1953) S. 33. — TROSTEL, L. J.: J. Amer. ceram. Soc. Bd. 19 (1936) S. 271.

[3] DIETZEL, A.: Z. Elektrochem. Bd. 48 (1942) S. 9.

[4] MARTINEZ, C.: J. Rech. du C. N. R. S. (1950) S. 101 [Ref. Glastechn. Ber. Bd. 25 (1952) S. 252].

[5] HIRSCH, W.: Glastechn. Ber. Bd. 10 (1932) S. 625.

im Inneren. Überschreitet man den nach der ZSCHIMMERschen Bleiglasregel bestimmten Kaliwert von 11,6%, so sinkt die Gleichgewichtstemperatur und mit ihr die Temperatur des KG-Maximums fast proportional mit dem wachsenden Kaligehalt. Je tiefer man mit dem Kaligehalt unter den Normalwert der Bleiglasregel geht, um so stärker wird
die Entglasung. Der Gleichgewichtspunkt für den schweren englischen
Bleikristall liegt bei einer der Bleiglasregel entsprechenden Zusammensetzung bei 1105°. Oberhalb dieser Temperatur tritt Entglasung kaum auf.

6. Einfluß von Al auf die Entglasung

Kleine Mengen an Al_2O_3 verhindern die Entglasung (s. S. 84), bei
größeren Gehalten ist zudem Zufuhr von Alkali nötig, wobei der Gehalt
an RO-Oxyden zurückgenommen wird. Komplexe Gläser mit vielen
Oxyden neigen weniger zur Entglasung[1].

Das prägt sich nach K. H. SUN[2] darin aus, daß nur solche Gläser ohne
Si, B oder P mit Al^{3+} als Glasformer hergestellt werden können, die als
Kationen Li, K, Mg, Be, Ca, Zn, Sr, Ba, Cd und La enthalten. Der Gehalt
an Al_2O_3 beträgt 17 bis 37%. Das Al^{3+} ist überwiegend in der (AlO_4)-,
daneben in der (AlO_6)-Koordination vorhanden.

Al_2O_3 und CaO haben nur kristallisierte Verbindungen außer dem
Eutektikum 55% Al_2O_3, 45% CaO, das bei schneller Abkühlung glasig
bleibt[3].

7. Einfluß von Anionen

Gläser mit einem Gehalt von 0,59 bis 2,80% NaCl im erschmolzenen
Glase zeigten keine Beschleunigung der Kristallisation, solche mit 0,81
bis 1,26% Na_2SO_4 im Glase sogar eine geringe Abnahme. Letzteres mag
durch Aufnahme von Tonerde erklärt werden können[4]. Dieses Ergebnis
überrascht, weil die Oberflächenspannung durch diesen Gehalt erniedrigt
wird (s. S. 123).

III. Zusammensetzung und Eigenschaften

1. Allgemeines[5]

Die Darstellung der Zusammensetzung von Glassätzen kann nach
Molprozenten oder nach *Gewichtsprozenten* erfolgen. Erstere Darstellungs-
weise eignet sich zu Strukturuntersuchungen, z. B. bei Feststellung der
Bindung als Netzwerkformer oder Wandler. Sie wird in der Keramik
auch gebraucht, um Glasuren miteinander vergleichen zu können, nämlich in der sog. *Segerformel.*

---

[1] KITAIGORODSKI, J. J.: J. Soc. Glass Technol. [Ref. Glastechn. Ber. Bd. 7
(1923) S. 59].

[2] SUN, K. H.: Glass Industry Bd. 30 (1949) S. 199.

[3] LINDROTH, S. A.: Glastechn. Ber. Bd. 23 (1950) S. 241.

[4] SAK, A. P. u. S. J. JOFFE: Ref. Glastechn. Ber. Bd. 10 (1932) S. 656.

[5] ZSCHIMMER, E.: Sprechsaal Bd. 59 (1926) Nr. 16 bis 19; Glastechn. Ber.
Bd. 8 (1930) S. 385.

Im Betrieb und im Laboratorium der Glasindustrie wird die Zusammensetzung aber nur noch in Gewichtsprozenten dargestellt. Bei Ausarbeitung von Glassätzen kann man nun so verfahren, daß man einen neuen Bestandteil dem Ausgangsglase, das man als 100% rechnet, zufügt. Zuweilen setzt man auch den Sand gleich 100% und fügt diesem die übrigen Stoffe zu (*Addenten*). Meist aber baut man die neuen Gläser dadurch auf, daß man einen der Bestandteile, z. B. Sand, stufenweise durch einen neuen Bestandteil ersetzt (*Permutante*). Dieses letztere Verfahren hat den Vorteil, daß dann nur einer der im Glase vorhandenen oxydischen Bausteine eine Änderung erfährt. Die Anteile der anderen Bestandteile bleiben konstant, und es werden nicht alle Eigenschaften aller Bausteine zugleich geändert. Man kann so den Einfluß der neuen Komponente klar erfassen.

Die graphische Darstellung ist einfach bei 2- und 3-Stoffsystemen. Erstere werden anschaulich im rechtwinkligen Koordinatensystem gebracht, wobei übrigens noch eine 3. Komponente, z. B. die Temperatur, durch eine Reihe von Kurvenzügen eingezeichnet werden kann. 3-Stoffsysteme stellt man besser im GIBBSschen Dreieck dar, in dem die 3 Koordinaten einen Winkel von 60° bilden. Das 4-Stoffsystem erfordert schon den tetraedrischen Raumkörper, der bereits unübersichtlich ist. Viele Phasendiagramme von Mehrstoffsystemen konnten überhaupt nur dargestellt werden, wenn zwei oder mehrere Komponenten zusammengefaßt wurden, z. B. die Komponenten $Na_2O \cdot SiO_2$ und $CaO \cdot SiO_2$. Schwieriger wird die systematische Untersuchung eines 5-Stoffsystems[1]. BERGER konnte durch „Herausrechnen" einer Komponente, z. B. des SiO_2, daraus ein 4-Stoffsystem machen, das noch hantierbar war. Das 5-Stoffsystem entsteht aus ihm durch Projektion jedes ausgesuchten Raumpunktes auf eine oder zwei benachbart gedachte Ebenen. Man kann dann durch Interpolation zwischen zwei so ermittelten Eigenschaften diejenige des gesuchten Punktes finden, ohne sie experimentell bestimmt zu haben. Man muß natürlich das Risiko nehmen, eine in dem betreffenden Intervall liegende Unstetigkeit dieser Eigenschaft übersehen zu haben. Auf das reiche graphische Material BERGERS, das hier auch nicht im Auszug wiedergegeben werden kann, soll hier verwiesen werden.

Noch schwieriger ist die Feststellung des *spezifischen Wirkungsfaktors* eines bestimmten Oxyds auf eine bestimmte Eigenschaft. Hierfür ist es nötig, von einem bekannten Eigenschaftswert ausgehend, dessen Änderung für verschiedene Konzentrationen oder verschiedene Temperaturen zu ermitteln. Die so ermittelte Wirkung der einzelnen Glasoxyde auf die Eigenschaften der Gläser wird später an Hand der systematischen Untersuchungen von G. GEHLHOFF und M. THOMAS gezeigt.
Die Würdigung der Ergebnisse erfolgt in den Kapiteln der betreffenden Eigenschaften.

Hier folgen einige allgemeine Richtlinien für die Beeinflussung der *Schmelzbarkeit* der Gläser, die leicht auf andere Eigenschaften ausgedehnt

---

[1] BERGER, E.: Glastechn. Ber. Bd. 5 (1927) S. 569.

werden können: KREIDL und WEYL[1] stellen 5 Gesichtspunkte auf für die Erzielung leichterer Schmelzbarkeit von Gläsern:

1. Einführung von BO_3-Dreiecken an Stelle von SiO_4-Tetraedern,
2. Erhöhung des Sauerstoffverhältnisses ($SiO_2 \rightarrow P_2O_5$, $SiO_2 \rightarrow Na_2SiO_3$).
3. Teilweiser Ersatz von Glasformern durch solche von größerem Radius oder niedrigerer Valenz bei gleich großem Sauerstoffverhältnis ($Si \rightarrow Ti, Al$).
4. Ersatz eines Netzwerkwandlers durch einen anderen höheren Potential ($Na \rightarrow Li$) oder durch mehrere Wandler ($Na - Na + K + Li$).
5. Ersatz von O durch einwertige Ionen ($SiO_2 \rightarrow BeF_2$), Zufügung von F, Cl zu Silikatgläsern.

Ersetzt man $1 Na_2O$ durch $2 CaO$, so wird die Schmelzbarkeit erhöht, weil Na durch das zweiwertige Ca ersetzt wird, und weil das Sauerstoffverhältnis durch die Einführung der doppelten O-Menge vergrößert wird. Die 4 Halogene haben dem Sauerstoff vergleichbare Ionenradien, aber niedrigere Valenz. Der Erweichungseffekt folgt aus der Schwäche der F-Bindungen und dem erhöhten O + F-Verhältnis.

Wenn diese Grundsätze zu weit getrieben werden, kommt es zur *Entglasung* oder *Entmischung* oder *Verflüchtigung* oder zum *chemischen Angriff*. Eine Verminderung der Entglasungsgefahren kann durch Senkung der Liquidustemperaturen erreicht werden, oft durch Einführung von MgO, Al_2O_3 oder B_2O_3 in ein wenig komplexes System. Al^{3+} und B^{3+} vermindern zudem die Kristallisationsgeschwindigkeit. Entmischung ist nur in Zweikomponentsystemen zu erwarten und kann durch Zusatz kleiner Mengen Na_2O oder Al_2O_3 verhütet werden.

In *binären* R_2O-SiO_2-*Gläsern* bezeichnet die Zusammensetzung $R_2O \cdot SiO_2$ die Grenze der möglichen Glasbildung[2]. Das bedeutet, daß Alkali nicht in das Netzwerk eintritt. Wohl ist ein Teil davon an einzelne O^{2-} der SiO_4-Tetraeder ionisch oder kovalent gebunden.

In *ternären Gläsern* mit RO-Oxyden können ansehnliche Mengen RO in binäre Gläser des R_2O-SiO_2-Typus eingebaut werden. Ein Teil der RO-Oxyde scheint als ,,Former" vorzuliegen. Ein anderer Teil scheint ionisch oder kovalent gebunden zu sein wie Alkali auch. In ternären Gläsern mit R_2O_3-Oxyden scheinen letztere als ,,Former" aufzutreten.

2. Natron-Kalk-Silikatgläser

Die Lage des Glasgebietes in diesem Dreistoffsystem wurde S. 78 bereits ausführlich behandelt. Die technischen Gläser sind allerdings wegen leichterer Verarbeitungsbedingungen oder zur Erzielung veränderter Eigenschaften meist durch Zusätze (Al_2O_3, MgO, B_2O_3, ZnO usw.) verändert worden. Vieles hierüber ist bei der Beschreibung der verschiedenen Eigenschaften behandelt worden.

Doch lassen sich die gewünschten Eigenschaften, z. B. die leichtere Verarbeitung auch durch die Wahl geeigneter Zusammensetzung des Muttersystems erreichen. G. KEPPELER[3] beschreibt dies für die sog. Wirt-

---

[1] KREIDL, N. J. u. W. A. WEYL: Glass Ind. Bd. 23 (1942) S. 335.
[2] MOORE, H. u. M. CAREY: J. Soc. Glass Technol. Bd. 35 (1951) S. 43.
[3] KEPPELER, G.: Glastechn. Ber. Bd. 11 (1933) S. 49.

schaftsgläser, also zur Herstellung der gewöhnlichen Hohlgläser. Man benutzt hierfür bei niedriger Temperatur erweichende und langsam erstarrende Gläser von hohem Alkaligehalt (14,7 bis 15,8%), niedrigem Kalkgehalt (5,2 bis 8,5%) und hohem Kieselsäuregehalt (74,6 bis 78%). Das Alkali ist nur Na_2O. K_2O wird nur dort gebraucht, wo häufiges Erhitzen bei der Veredelung notwendig ist. Gläser mit beiden Alkalien werden zur Herstellung des „Halbkristalls" gebraucht, des Ersatzes für den Bleikristall. Die chemische Widerstandsfähigkeit ist gering (hydrolytische Klasse IV). Konservengläser werden deshalb durch Zusatz von Al_2O_3 haltbarer gemacht.

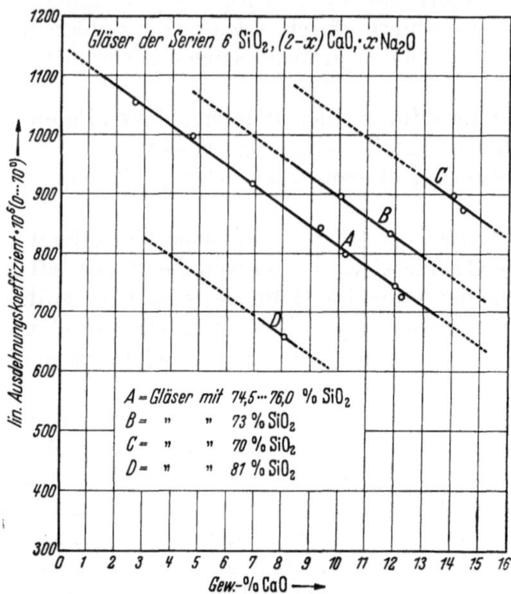

Abb. 39. Beziehung zwischen Wärmeausdehnung und chemischer Zusammensetzung von Natron-Kalk-Silikatgläsern. (Nach GOODING und TURNER)

Der *Ausdehnungs-Koeffizient* (s. S. 197) wird bei gleichbleibendem SiO_2-Gehalt durch den Alkaligehalt bestimmt[1]. Bei hohem Gehalt ist er größer, bei niedrigem Gehalt kleiner.

Der *Transformationspunkt* und der *Erweichungspunkt* sinken linear mit steigendem Na-Gehalt[2]. Im Dreiecksystem schneiden sich die Linien gleicher Transformationstemperatur und gleichen Ausdehnungskoeffizienten netzartig (s. S. 170). Der AK von 25° bis zu einer Temperatur T_x (unterhalb des Transformationspunktes) ist $Ak_{25 \text{ bis } T_x}$ = a% SiO_2 + b% Na_2O + c% CaO,

$$\text{wobei } a = 0{,}00036\,t - 0{,}00000036\,t^2$$
$$b = 0{,}00245\,t + 0{,}0000046\,t^2$$
$$c = 0{,}00116\,t + 0{,}0000010\,t^2 \text{ ist. } t = T_x - 25.$$

Der Bereich der Entspannungstemperatur liegt zwischen den aus den beiden Bildern ersichtlichen Temperaturen. Die Dauer muß aber noch ermittelt werden.

3. Natron-Kalk-Silikatgläser mit Tonerde

Setzt man Al_2O_3 zu, so erzielt man zuerst Herabsetzung der Einschmelztemperatur. Die Tiefsttemperaturen liegen bei um so höheren

[1] SEDDON, E., W. E. S. TURNER u. F. WINKS: J. Soc. Glass Technol. Bd. 18 (1934) S. 5.
[2] SCHMID, B. C., A. N. FINN u. J. C. YOUNG: Glass Ind. Bd. 15 (1934) S. 48, 65.

Al_2O_3-Gehalten, je mehr Kalk im Glase enthalten ist. Die den Schmelzpunkt erniedrigende Wirkung der Tonerde wird besonders bei alkalireichen Gläsern durch Erhöhung der Viskosität verdeckt. Die *Entglasung* wird durch Einführung der Tonerde weitgehend zurückgedrängt. Die sog. *Thüringer Gläser* mit etwa 3% Al_2O_3 entglasen besonders schwer. Die *Auslaugbarkeit* wird durch Einführung von Al_2O_3 stark vermindert[1]. Besonders stark ist die Verminderung bei alkalireichen Gläsern. Auch die *thermische Widerstandsfähigkeit*, die *Härte* und die *Festigkeit* wird durch Al_2O_3 günstig beeinflußt. Dagegen ist bei Ersatz von SiO_2 durch Al_2O_3 deren Einfluß auf die Wärmedehnung gering. Ersetzt sie aber Alkali, so gelingt es, die Wärmeausdehnung bis unter $3\alpha = 200 \cdot 10^{-7}$ herabzusetzen.

Führt man *Al_2O_3 an Stelle von CaO* ein, so sind die Wirkungen anders. Ersatz von CaO im Tridymitgebiet durch bis zu 2% Al_2O_3 kann bis zu Senkungen des Schmelzpunktes bis um 80° führen[2]. Bei weiteren Zusätzen steigt die Schmelztemperatur wieder an, geht durch ein Maximum und fällt wieder bis 11% Al_2O_3. Bis zu diesem Bereich ist Devitrit die erste Kristallphase. Hier wird $CaO \cdot SiO_2$ primäre Kristallphase, und die Schmelztemperatur steigt weiter an. Die *Zugfestigkeit* steigt bis zu etwa 3% Al_2O_3 und fällt bis zu 5 bis 6% Al_2O_3 unter den ursprünglichen Wert[3]. Die Kühl- und Erweichungstemperaturen werden erhöht.

4. Gläser mit zwei Alkalien

In Gläsern mit 2 Alkalien der Zusammensetzung 75% SiO_2, 10% CaO und 15% R_2O haben Paare der 4 Alkalien folgenden Einfluß[4]: Die *spezifischen Gewichte* der binären Alkali-Kalk-Silikat-Gläser haben eigenartigen Verlauf. 3 Gläser haben ein Maximum, das Rb-Glas linearen Verlauf.

Transformationstemperatur:
In der (Li—Na)-Reihe lag ein Maximum bei 11% Li_2O,
in der (Li—K) -Reihe war linearer Anstieg von 0—15% K_2O,
in der (Na—K)-Reihe war linearer Anstieg von 0—15% K_2O,
in der (Rb—K)-Reihe war linearer Anstieg von 0—15% Rb_2O.

Die allgemeine Lage war so, daß die Transformationstemperatur von 15% Li_2O bei 435° bis zu 15% Rb_2O bei 715° anstieg. Die oberen Kühltemperaturen liegen denn auch noch um 40 bis 80° höher.

Ausdehnungskoeffizienten
(Na—Li) Knickpunkt bei 3% Li_2O der AK steigt mit Li-Gehalt
(K—Li) Knickpunkt bei 2% Li_2O der AK steigt mit Li-Gehalt
(K—Na) Knickpunkt bei 6% Na_2O dann konstant.
(K—Rb) kein Knickpunkt.   AK fällt mit steigendem Rb_2O-Gehalt.

---

[1] KEPPELER, G. u. R. SCHOLLE: Glastechn. Ber. Bd. 11 (1933) S. 357, 392. — PARMELEE, C. W., A. E. BADGER, Glass Ind. Bd. 15 (1934) S. 235.

[2] MOREY, G. W.: J. Amer. ceram. Soc. Bd. 13 (1930) S. 718.

[3] WATKINS, D. B.: Glass Ind. Bd. 31 (1950) S. 19.

[4] WATERTON, C. S. u. W. E. S. TURNER: J. Soc. Glass Technol. Bd. 18 (1934) S. 268.

5. Magnesiahaltige Gläser

Ersetzt man in Gläsern mit 74% SiO_2, 12 bis 18% Na_2O, 14 bis 8% CaO den Kalk durch steigende Mengen MgO, so treten folgende Veränderungen ein[1]: Die Liquidustemperatur und die Kristallisationsgeschwindigkeit sinken dabei um 10° bzw. um 10% für je 1% MgO. Es treten dann auf Devitrit und Cristobalit bzw. Tridymit. Im Unterkühlungsgebiet treten sehr langsam kristallisierend Diopsid $CaO \cdot MgO \cdot 2SiO_2$ und Akermanit $2CaO \cdot MgO \cdot 2SiO_2$ auf. Ersetzt man bei dem Glase mit 16% Na_2O den Kalk noch weiter durch MgO, so entstehen beim Entglasen oberhalb 8% MgO 2 neue Na-Mg-Silikate unbekannter Konstitution. Die *Dichten, Brechungsindices* und *Abbezahlen* dieses Systems wurden von K. H. SUN, R. M. WELCH und M. L. HUGGINS[2] in Form von Dreiecksdiagrammen dargestellt.

6. Gläser mit Kalk, Magnesia und Tonerde[3]

Führt man in diese Gläser Al_2O_3 ein, so tritt Devitrit als Entglasungsprodukt zurück. Einige Gläser konnten überhaupt nicht entglast werden. Alle dolomitischen Gläser hatten niedrigere Liquidustemperatur als gleiche Kalkgläser. Wenn Tridymit die erste Phase bildet, erniedrigt Na_2O, Al_2O_3 und $CaO \cdot MgO$, an Stelle von SiO_2 eingeführt, die Liquidustemperatur; aber Al_2O_3 hat die schwächste Wirkung. Im Devitritfeld bewirkt Senkung des $CaO \cdot MgO$-Gehaltes auch Senkung der Liquidustemperatur.

Der Einfluß von systematisch zugesetzten Beimengungen zu Gläsern ist in den Laboratorien der *Osram-Gesellschaft* (G. GEHLHOFF u. M.THOMAS) und bei der *Libbey-Owens-Glass Co.*, *Toledo*, besonders umfassend untersucht worden. Die Ergebnisse sind in den Kapiteln über die einzelnen Eigenschaften in Form von Diagrammen (OSRAM) und hier in einer Tabelle (OWENS-ILLINOIS) beigefügt. In beiden Fällen ist die Methode des Ersatzes (Permutanten) gewählt worden. OSRAM geht von einem Grundglase 82% SiO_2 und 18% Na_2O, OWENS von einem technischen Natron-Dolomit-Silikaglas aus. Das sehr umfangreiche Zahlenmaterial ist, als den Umfang dieses Buches weit überschreitend, nicht gegeben worden. Aber die Tendenz der Änderungen der Eigenschaften ist durch Symbole sichtbar gemacht.

7. Wirkung anderer Oxyde auf Natron-Kalk-Kieselsäuregläser
(s. S. 67, 81)

Zusätze von bis zu 1,5% B_2O_3 senken die Einschmelztemperatur und verringern den Ausdehnungs-Koeffizienten ein wenig[4].

---

[1] DIETZEL, A.: Glastechn. Ber. Bd. 19 (1941) S. 43. — MOREY, G. W.: J. Amer. ceram. Soc. Bd. 13 (1930) S. 714.

[2] SUN, K. H., R. M. WELCH u. M. L. HUGGINS: J. Amer. ceram. Soc. Bd. 29 (1946) S. 59, 159.

[3] SILVERMAN, W. B.: J. Amer. ceram. Soc. Bd. 23 (1940) S. 274. — SWIFT, H. R.: J. Amer. ceram. Soc. Bd. 30 (1947) S. 170.

[4] DIMBLEBY, V., M. PARKIN. W. E. S. TURNER u. F. WINKS: J. Soc. Glass Technol. Bd. 18 (1934) S. 13.

Ersetzt man in einem Fensterglase SiO_2 durch ZnO in Stufen von 2%[1], so steigt der Erweichungspunkt bei 2% ZnO, fällt dann und steigt erneut zu einem flachen Maximum bei 14 bis 18%, um dann wieder zu fallen. Der Ausdehnungskoeffizient steigt zwischen 0 und 16% von $81,10^{-7}$ auf $93,10^{-7}$ und bei 20% ZnO bis auf $96,10^{-7}$. Die Dichte steigt gleichmäßig von 2,5 bis 2,9 bei 20% ZnO. Die Resistenz wächst bis 10% ZnO wenig, fällt von 12 bis 16% stark, um dann weiter zu steigen. Durch Ersatz von kleinen Mengen Alkali $+ SiO_2$ durch ZnO kann man starke Erhöhung der Haltbarkeit erzielen, ohne die Viskosität zu verändern[2]. Man kann aber auch ein Glas leichter schmelzbar machen, indem man SiO_2 durch ZnO ersetzt bei gleichzeitiger Erhöhung des Alkaligehalts. Seine Resistenz bleibt dann unverändert.

Ersetzt man in einem dolomitischen Glas $CaO \cdot MgO$ durch BaO nach Gewichtsprozenten[3], so treten folgende Veränderungen ein: Die chemische Widerstandsfähigkeit wird erniedrigt, erst langsam, dann schnell. Ebenso fällt die Temperatur der Erweichung. Die Wärmeausdehnung wird größer. Die Dichte wächst linear mit dem BaO-Gehalt. Der Elastizitätsmodul, der Brechungsindex und die Einschmelzdauer werden leicht erniedrigt. Die Verarbeitungseigenschaften werden verbessert.

Gläser mit 4 bis 6% SrO haben ungefähr dieselbe Dichte wie die entsprechenden Kalkgläser. Bei steigendem RO-Gehalt werden die SrO-Gläser aber dichter. Ersatz von SiO_2 durch SrO steigert die Dichte erheblich mehr als beim Ersatz von SiO_2 durch CaO. Ersatz von SiO_2 durch Na_2O steigert die Dichte von SrO-Gläsern mehr als die entsprechender CaO-Gläser. Dieselbe Wirkung hat der Ersatz von SiO_2 durch Al_2O_3 in SrO-Gläsern gegenüber der Wirkung derselben Änderung in CaO-Gläsern.

Ersatz von SiO_2 durch Al_2O_3 erhöht die Resistenz von SrO-Gläsern, ebenfalls Ersatz von SiO_2 durch SrO. SrO-Gläser mit 0,2% Al_2O_3 sind aber viel weniger resistent als die CaO-Gläser mit 0,2% Al_2O_3.

Die Kenntnis des Einflusses kleiner Zusätze auf die Eigenschaften dieser Glasarten ist von überragender Bedeutung für die Fabrikation der mechanisch zu verarbeitenden Gläser mit Speisern und nach Ziehverfahren[4]. Für jedes Verfahren lassen sich so durch liebevolle Einstellung der Zusammensetzung und des Ofens die besten Arbeitsbedingungen ermitteln. Viele Erfahrungen sind in den hier zitierten Aufsätzen niedergelegt worden.

Hier folgen noch Angaben über Wirkung von MnO und ZrO_2 in solchen Gläsern[5]: 0 bis 5% MnO erhöht die Kühltemperatur um 15 bis 25°. Die

---

[1] KHAN, A. R. u. H. E. SIMPSON: Glass Ind. Bd. 31 (1950) S. 407.

[2] ENSS, J.: Glastechn. Ber. Bd. 14 (1936) S. 279. — FETTEROLF, L. D. u. C. W. PARMELEE: J. Amer. ceram. Soc. Bd. 12 (1929) S. 193.

[3] WESSELS, V. E.: J. Amer. ceram. Soc. Bd. 20 (1937) S. 79.

[4] MÜHLIG, J. M.: Glastechn. Ber. Bd. 12 (1934) S. 45. — GEHLHOFF, G. u. M. THOMAS: Z. techn. Physik Bd. 7 (1926) S. 266. — KAMITA, K., H. YAMAMATO, M. MATSUO u. H. YAGAI: J. Soc. Glass Technol. Bd. 20 (1936) S. 170.

[5] CHILDS, A. A. u. V. DIMBLEBY u. W. E. S. TURNER: J. Soc. Glass Technol. Bd. 15 (1931) S. 172. — FANDERLIK, M. u. Z. SCHAEFER: [Ref. in Amer. Ceram. Abstr. (1945) S. 106].

Tabelle 7. *Einfluß der Veränderung der Zusammensetzung von Alkali—Dolomit—Silikagläsern*[1].

Grundglas	Veränderung	Dichte	Liquidus-temperatur	AK	Temperatur oberer Kühlbereich	Viskosität	Löslichkeit in Säure	Löslichkeit in Wasser
$14\,Na_2O,\ 12\,MgO\cdot CaO,\ 74\,SiO_2$	statt 1—5 Na_2O : BaO	+	++	−	+	+	−	−
	statt 1—5 Na_2O : ZnO	+	++	−	+	+	−	−−
	statt 1—5 $CaO\cdot MgO$: BaO	+	++	○	−		+	+
	statt 1—5 $CaO\cdot MgO$: ZnO	+	++	○	−		○	−
	statt 1—5 SiO_2 : BaO	+	−	+	○	−	+	+
	statt 1—5 SiO_2 : ZnO	+	○	+	○	−	○	−
$16{-}14\,Na_2O,\ 10{-}12\,CaO\cdot MgO$ $74\,SiO_2$	statt 1—5 Na_2O : Fe_2O_3	+	++	−−	++	+	−	−−
	statt 1—5 $CaO\cdot MgO$: Fe_2O_3	+	○	○	−	○	+	−
	statt 1—5 SiO_2 : Fe_2O_3	+	−+	+	−	−	−	−
$16{-}14\,Na_2O,\ 10{-}12\,CaO\cdot MgO$ $74\,SiO_2$	statt CaO : MgO		−+			+	−	+−
$16{,}5{-}14\,Na_2O,\ 10{-}12\,CaO\cdot MgO$ $73{,}3\,SiO_2$	statt SiO_2 : F		++			−−	+−	−
$13{,}6\,R_2O,\ 10{,}2\,CaO\cdot MgO$ $73{,}4\,SiO_2$	statt SiO_2 : P_2O_5	−	+	○	−	○	○	−
	statt $CaO\cdot MgO$: P_2O_5	−−	+	○	○	+	○	○
$14{-}17\,Na_2O,\ 0{-}4\,Al_2O_3$ $4{-}16\,SrO,\ 66{-}78\,SiO_2$	statt SiO_2 : SrO	++	−	+	+	−	−−	−−
	statt Al_2O_3 : SrO		+				−	−
	statt Na_2O : SrO							
$16{-}14\,Na_2O,\ 10{-}12\,CaO\cdot MgO$ $74\,SiO_2$	statt Na_2O : B_2O_3		++	−−	++	+	−	−
	statt $MgO\cdot CaO$: B_2O_3		+	−	+	−	−	○
	statt SiO_2 : B_2O_3		−	−	+	−	○	○
$18{-}14\,Na_2O,\ 10{-}16\,CaO\cdot MgO$ $74{-}70\,SiO_2$	statt Na_2O : K_2O		○	−	+	+	−	+
	statt Na_2O : Li_2O		○	+	−	−	−	+

Erklärung der Zeichen: Zunahme +, Abnahme —, unverändert ○

[1] Owens-Illinois: Glass Co., Toledo, Ohio, J. Amer. ceram. Soc. Bd. 25 (1942) S. 61, 401; Bd. 27 (1944) S. 221, 369; Bd. 31 (1948) S. 1, 8; Bd. 33 (1950) S. 181.

Wärmeausdehnung wird hierbei entsprechend der Abnahme des Na_2O erniedrigt. In demselben Maße trat Verbesserung der Resistenz auf.

Ersetzt man in einem Spiegelglase CaO durch ZrO_2 bis zu 4%, so ist Einschmelzen unterhalb 1450° möglich. Die Viskosität ist bei 1450° höher. Die Erweichungs- und die Transformationstemperatur sind höher. Der Ausdehnungskoeffizient sinkt stark $(2,3 \cdot 10^{-6})$. Die chemische Resistenz wird verbessert bis zur 1. hydrolytischen Klasse. Die Dichte steigt von 2,438 auf 2,483.

8. Boratgläser (s. S. 61)

Alle Boratgläser zeigen die S. 61 beschriebene Borsäureanomalie (außer in der Oberflächenspannung)[1]. Daher sind die Faktoren zur Berechnung der physikalischen und chemischen Konstanten von Gläsern mit B_2O_3 nur für einen begrenzten Bereich brauchbar. Die Maximal- bzw. Minimalwerte der Eigenschaften liegen aber nicht bei denselben Borgehalten. Das liegt daran, daß verschiedene Alkaligehalte Einfluß auf den Übergang der (BO_3) in die (BO_4)-Koordination haben. So liegt z. B. das Maximum der Kühltemperatur im System Na_2O-B_2O_3 bei 480° bei 78% B_2O_3, im System $Na_2O \cdot SiO_2$-B_2O_3 bei 40% B_2O_3 bei 520°. Die Kühltemperatur im System $NaBO_2$-SiO_2 liegt dagegen auf einer Geraden, die von 20% SiO_2 und 440° nach 80% SiO_2 und 625° verläuft[2]. Wahrscheinlich liegt der Umkehrpunkt hier außerhalb der Versuchsgrenzen. TURNER[3] fand bei Borosilikatgläsern, daß die beste Haltbarkeit bei 11 bis 12,5% B_2O_3 lag. Die Erklärung ist in dem Diagramm von STEVELS über die Scheidung der Aufbauzone von der Abbauzone der (BO_4)-Koordination (S. 64) gegeben.

Ersetzt man stufenweise SiO_2 in einem K_2O-Na_2O-CaO-SiO_2-Glase durch B_2O_3, so wird die Liquidustemperatur von 1110° bis auf 875° bei 5,44% B_2O_3 gesenkt. Bei Zusatz von mehr B_2O_3 steigt sie erst bis auf 890°, um bei 22,54% B_2O_3 auf 830° zu fallen. Die Kristallisationsgeschwindigkeit folgt den Liquidustemperaturen. Im Glase mit 5% B_2O_3 scheidet sich an Stelle des Tridymits der Devitrit aus[4].

B_2O_3 in kleinen Mengen hindert die Korrosion, 8 bis 9% befördern sie. Die Entglasung wird stark vermindert, der Ausdehnungskoeffizient herabgesetzt, die Viskosität bei niedrigen Temperaturen erhöht und bei hohen Temperaturen erniedrigt. Zug- und Druckfestigkeit werden kaum beeinflußt. Der Elastizitätsmodul steigt bis 15% B_2O_3 an und sinkt dann wieder. In gleicher Weise wird die Löslichkeit verringert und die Ritzhärte erhöht. Nach Überschreitung des Optimums verläuft sie ebenfalls in umgekehrtem Sinne[5].

Laboratoriumglas sollte nicht aus Sulfat eingeschmolzen werden, da Reste von SO_4 im Glase mit Kalkwasser oder Bariumhydrat unlösliche Sulfate auf der Oberfläche formen können[6].

[1] TURNER, W. E. S.: J. Amer. ceram. Soc. Bd. 7 (1924) S. 313.
[2] GOODING, E. J. u. W. E. S. TURNER: J. Amer. ceram. Soc. Bd. 17 (1934) S. 32.
[3] TURNER, W. E. S.: J. Amer. ceram. Soc. Bd. 7 (1924) S. 313.
[4] WALKER, G. E.: J. Soc. Glass Technol. Bd. 29 (1945) S. 38.
[5] PARMELEE, C. W. u. A. E. BADGER: Glass Ind. Bd. 15 (1934) S. 235.
[6] BUNGE, C.: Z. analyt. Chem. Bd. 52 (1912) S. 15.

Durch Einführung von bis zu 5% Al_2O_3 in Na_2O-B_2O_3-SiO_2-Gläser wird deren elektrische Leitfähigkeit erhöht und der Verlauf der Viskosität gleichmäßiger, wobei aber die Werte bei hohen Temperaturen gleich sind[1].

9. Bleigläser

Die S. 80 genannte ZSCHIMMERsche Bleiglasregel gibt eine praktische Richtschnur für die Regelung des Kaligehaltes in Bleigläsern, deren Gültigkeit oft bestätigt wurde. Als Entglasungsprodukte treten nur die SiO_2-Modifikationen auf.

Ersatz von K durch Na ist ohne weiteres nicht möglich, weil dann die Fleckenempfindlichkeit zunimmt. Durch Zusätze kann die Haltbarkeit aber verbessert werden, z. B. durch etwa 2% CaO und etwas SrO.[2] Halb-Bleikristallgläser mit nur 8% PbO lassen sich herstellen, wenn an Stelle von SiO_2 Dolomit eingeführt wird[3].

10. Gläser von ungewöhnlicher Zusammensetzung

Gläser im System B_2O_3-Al_2O_3-Li_2O sind interessant, weil sie im Gebiete $Li_2O \cdot 4\,B_2O_3$ mit Zusätzen von Al_2O_3 eine wesentliche Abnahme des Ausdehnungskoeffizienten bis zum Transformationsbereich aufweisen. Oberhalb desselben nimmt die Ausdehnung zu. Die Gläser dieses Systems lassen sich in Anlehnung an die Anschauungen von STEVELS in 2 Gruppen einteilen, die des Aufbaus und des Abbaus der (BO_4)-Koordination. Im Abbaugebiet rufen Li^+-Ionen die Kontraktion hervor, wobei Neigung zu Entglasung auftritt[4]. Im Aufbaugebiet bilden sich schwerer entglasbare Gläser. Die elektrische Leitfähigkeit folgt dem RASCH-HINRICHSENschen Gesetz. Der Temperaturkoeffizient der elektrischen Leitfähigkeit ist im Aufbaugebiet immer höher als im Abbaugebiet.

Die Phosphatgläser haben höheren Brechungsindex und dieselbe optische Dispersion wie Silikatgläser, sind aber sehr durchlässig für ultraviolettes Licht und absorbieren Infrarot. Die elektrische Leitfähigkeit ist gering. Sie sind beständig gegen HF, aber empfindlich gegen Witterungseinflüsse. Die unten genannten Verfasser[5] haben die chemische Beständigkeit durch Bindung des 5. Sauerstoffions von P^{5+} verbessert, das in die (PO_4)-Kombination nicht einbezogen ist. Hierfür ist Kombination von Al^{3+} mit P^{5+} (in der Rolle von Si^{4+}) geeignet. Gläser des Typus $x\,ZnO \cdot Al_2O_3 \cdot 4\,P_2O_5$ ($x = 1{,}5$ bis 3), evtl. auch mit MgO, BeO und Na_2O geben gute chemische Resistenz.

---

[1] YAMAMOTO, J.: J. ceram. Ass. Japan Bd. 62 (1954) S. 125 [Ref. J. Soc. Glass Technol. Abstracts. Bd. 39 (1955) S. 31].

[2] PARTRIDGE, J. H.: J. Soc. Glass Technol. Bd. 25 (1941) S. 150.

[3] WHITE, J. F. u. W. B. SILVERMAN: J. Amer. ceram. Soc. Bd. 27 (1944) S. 81.

[4] CAP, M.: Ref. in Glastechn. Ber. Bd. 27 (1954) S. 418.

[5] TAKAHASHI, K., K. IIDA, Y. WATANABE u. M. OGUCHI: J. ceram. Ass. Japan Bd. 61 (1953) S. 621 [Ref. J. Soc. Glass Technol. Abstracts Bd. 39 (1955) S. 31].

BeO verleiht dem Glase ähnliche Eigenschaften wie Al_2O_3.[1] Die Haltbarkeit sinkt in der Reihenfolge Al_2O_3, BeO, CaO und MgO. Bezüglich der Dichte liegen die Be-Gläser zwischen den Ca- und den Mg-Gläsern. Die Ritzhärte wird stark erhöht; sie liegt genau bei der von Al-Gläsern. Bei gleichem molekularem Zusatz zum Glase steigt der Brechungsindex in der Reihenfolge: Al_2O_3, MgO, BeO, CaO. Austausch von Na_2O durch BeO verändert den Brechungsindex wenig. BeO-haltige Gläser vom Typus der Natron-Kalkgläser haben trotz 0,03 bis 0,05% FeO dieselbe hohe UV-Durchlässigkeit wie UV-Handelsgläser. In Gläsern erniedrigt BeO den Ausdehnungskoeffizient sowohl, wenn es zugefügt wird als auch wenn es Na_2O ersetzt. Sein Wert liegt zwischen denen von Al_2O_3 und MgO. Die obere Entspannungstemperatur wird stark erhöht, mehr als bei Verwendung von CaO und MgO. BeO-Gläser haben den Charakter der „kurzen" Gläser.

Ersetzt man die Bestandteile eines Kalk-Natronglases durch ZrO_2, so nimmt die Brechung linear dem ZrO_2-Gehalte zu. Das Brechungsinkrement für ZrO_2 beträgt 2,170. In Kristallglas ersetzt betreffs Brechung 6,2% ZrO_2 die Menge von 21,5% PbO.[2]

Thalliumglas[3] von der Zusammensetzung 39,9% SiO_2, 25,8% PbO und 34,3% Tl_2O_3 hat hohen Brechungsindex, hohes spezifisches Gewicht und große mechanische Härte. Es eignet sich daher zur Herstellung optischen Glases oder von Edelsteinen. Die Gläser schmelzen bei 1400° sehr gut und läutern gut. Die Härte hat bei 26% Tl_2O_3 ihren Höchstwert. Die hydrolytische Resistenz verschlechtert sich mit hohen Tl-Gehalten.

Auch *Silberoxyd*[4] kann als Glasbildner auftreten. Ag ist ein Element vom Nichtedelgastypus. Ag_2O kann sogar bis zu 60% im Glase vorkommen neben B_2O_3, SiO_2 und Al_2O_3. Es gelingt leicht, auf solchen Gläsern Silberspiegel zu erzeugen, z. B. durch H_2O-Dampf. UV-Licht und Wärme beschleunigen diesen Vorgang (s. S. 231).

Viele Angaben über sehr merkwürdige *Telluritgläser* wurden von STANWORTH[5] veröffentlicht. Wie auf S. 1 u. 3 zu ersehen ist, ist Te selbst stark glasbildend. Seine Elektronegativität von 2,1 wird nur vom Phosphor erreicht. Gläser mit Te, PbO und einer 3. Komponente haben den hohen Brechungsindex von 2, maximal bis zu 2,25, wenn BaO eingeführt wurde. Die Erweichungstemperatur liegt bei 250 bis 400°. Der Ausdehnungskoeffizient ist groß: 10 bis $20,10^{-6}$. Im Infrarot bis $5\,\mu$ sind solche Gläser bis 70% durchlässig, können aber völlig schwarz sein, also undurchlässig im sichtbaren Gebiet. Dann enthalten sie 68 bis 81% TeO_2 neben ⎿PbO, BaO oder CuO. Die Dielektrizitätskonstante liegt sehr hoch bei ε m 25 bis 30. Die dielektrischen Verluste sind sehr klein. Diese Gläser werden in Goldtiegeln erschmolzen.

[1] BECKER, C. A.: Sprechsaal Bd. 67 (1934) S. 137.

[2] BESBORODOV, M. A. u. A. J. ZELENSKI: Doklady Akad. Nauk. S. S. S. R. Bd. 96 (1954) S. 137.

[3] PRIDAL, O.: Ref. in Glastechn. Ber. Bd. 22 (1942) S. 66.

[4] RINDONE, G. E.: J. Soc. Glass Technol. Bd. 37 (1953) S. 124.

[5] STANWORTH, J. E.: J. Soc. Glass Technol. Bd. 36 (1952) S. 217; Bd. 38 (1954) S. 421; Nature Bd. 169 (1952) S. 581.

11. Sehr leicht schmelzbare Gläser

Sie können auf der Basis der keramischen Fluxe hergestellt werden, z. B. aus PbO, ZnO und B_2O_3 oder Gläsern solcher Art mit etwasSiO$_2$.[1] Enthalten solche Gläser CdO neben SiO_2 und B_2O_3 neben CaF_2 und Al_2O_3, so können sie als *Absorber für langsame Neutronen*[2] gebraucht werden.

Germaniumgläser[3] sind leichter zu erschmelzen als gleichhomologe Siliziumgläser. Die Farben sind dieselben, der Brechungsindex liegt höher. Das geschmolzene GeO_2 hat ähnliche Eigenschaften wie das Kieselglas.

IV. Das Schmelzen des Glases

1. Der Schmelzvorgang

Im eingelegten Gemenge vollzieht sich der Temperaturanstieg sehr langsam, weil die in ihm eingeschlossene Luft isolierend wirkt. Der Wärmestau ist sehr groß, und das Innere des Haufens bleibt lange kalt. JEBSEN-MARWEDEL[4] stellt sich die Einleitung des Schmelzvorganges so vor, daß die wasserlösliche Soda alles Wasser, das durch den Sand eingebracht wird, an sich zieht und die Sandkörner mit einer Sodalösung umhüllt. Ob dieser Vorgang allerdings die Schmelzgeschwindigkeit befördert, wird von anderen Untersuchern[5] bezweifelt. Ein großer Teil der Soda bildet sofort Schmelze, wobei sicher die kleinsten Anteile des Sandes zuerst verschwinden. McSwiney[6] schlägt aus diesem Grunde vor, eine Gemenge aus grobem und feinem Sand zu gebrauchen. Dem stehen aber andere Meinungen gegenüber, die eine möglichst gleichmäßige Korngröße aller Gemengebestandteile bevorzugen[7]. Die Entmischung ist um so geringer, je kleiner die Korngröße ist. Dem steht aber die Gefahr größerer Verstaubung entgegen. Die von KEPPELER empfohlene Brikettierung des Gemenges verringert die Verstaubung, erleichtert das Einlegen und kann u. U. die Schmelzleistung erhöhen[8] (Über Einfluß der Scherben s. S. 96). Die Reihenfolge des Einlegens der Partien des Gemenges und der Scherben ist von Einfluß auf die Läuterbarkeit und die Steinchenbildung. Oft lassen sich diese Fehler schon durch eine andere Reihenfolge des Einlegens beseitigen. Ist das Gemenge gesintert, so tre-

---

[1] DALE, A. E. u. J. E. STANWORTH: J. Soc. Glass Technol. Bd. 33 (1949) S. 167.

[2] MELNICK, L. M., H. W. SAFFORD, K. H. SUN u. A. SILVERMAN: J. Amer. ceram. Soc. Bd. 34 (1951) S. 82.

[3] DENNIS, L. M. u. A. W. LAUBENGAYER: J. Amer. chem. Soc. Bd. 47 (1925) S. 1945.

[4] JEBSEN-MARWEDEL, H.: Sprechsaal Bd. 63 (1930) S. 812.

[5] STANWORTH, J. E. u. W. E. S. TURNER: J. Soc. Glass Technol. Bd. 21 (1937) S. 285.

[6] McSWINEY, D. J.: Glass Ind. Bd. 6 (1925) Nr. 10.

[7] POTTS, J. C., G. BROCKOVER u. O. G. BURCH: J. Amer. ceram. Soc. Bd. 27 (1944) S. 225. — LYNN, G.: Glass Ind. Bd. 13 (1932) S. 1.

[8] HOFFMEISTER, F.: Glastechn. Ber. Bd. 12 (1934) S. 1.

ten die Unterschiede in der Korngröße erst deutlich hervor. Dann erfolgt die Zersetzung der letzten Reste Soda nur langsam. Bei 1200° und 20 Minuten war noch 2% Soda unzersetzt. Die SO_3-Abspaltung verläuft

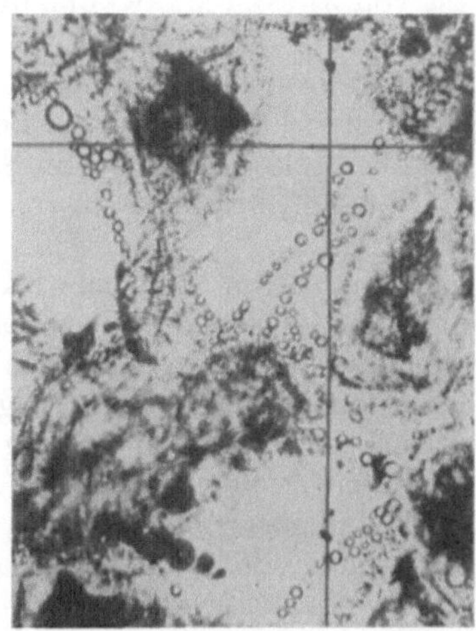

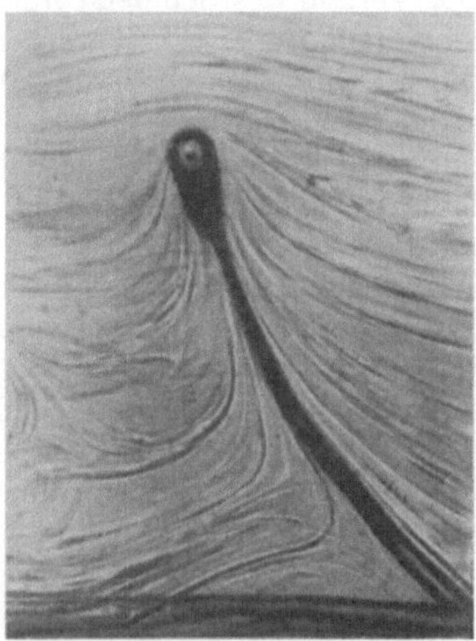

Abb. 40 a u. b. Blasenbildung an der Reaktionsgrenze von Silikaten mit Karbonaten, das Mischwerkzeug der Glasschmelzen (× 200). (Nach JEBSEN-MARWEDEL)

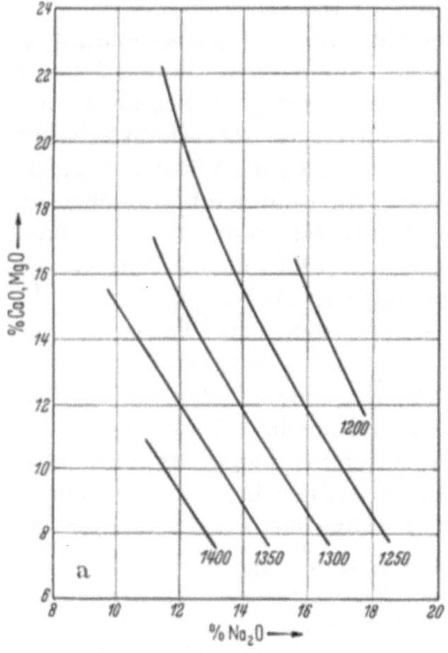

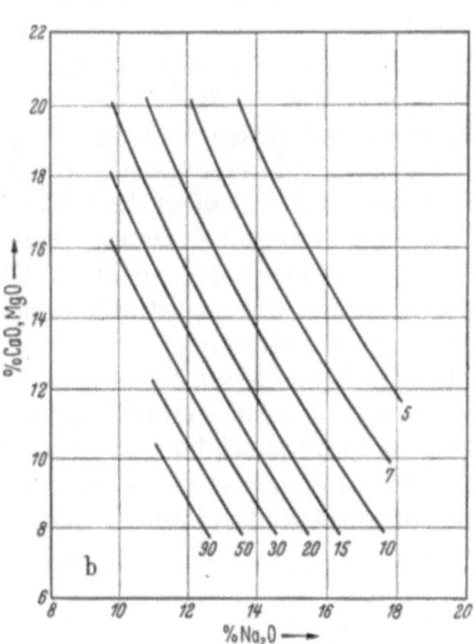

Abb. 41a. Erforderliche Temperatur, um Glas in 1 Stunde frei von Gemenge zu erschmelzen. (Nach POTTS)

Abb. 41b. Erforderliche Zeit, um Glas bei 1427° gemengefrei zu erhalten. (Nach POTTS) im Verhältnis zur Sodazersetzung verhältnismäßig langsam. Bei größerem Sulfatgehalt verläuft sie wegen der Vergrößerung der Reaktionsoberfläche rascher. Während CO_2 weitgehend ausgetrieben wird, bleibt etwa 1% Sulfat im Glase zurück. Das ist unabhängig von der zugesetzten Sulfatmenge.

Der Verlauf des Schmelzvorganges ist von JEBSEN-MARWEDEL durch anschauliche Bilder erfaßt worden (Abb. 40 a, b).

Die Einschmelzgeschwindigkeit von Natron-Dolomit-Gläsern geht aus der Abb. 41 a, b hervor.[1] Man sieht, daß die Schmelztemperatur zur Beseitigung der Gemengteile innerhalb 1 Stunde direkt abhängig vom SiO_2-Gehalt ist. Basische Gläser sind schon bei 1200°, saure Gläser erst bei 1400° gemengefrei.

Die Geschwindigkeit des Einschmelzens von Natron-Kalkglas wird um je 50° Temperatursteigerung verdoppelt[2]. Die Geschwindigkeit bei einer beliebigen Temperatur war der Oberfläche der Sandkörner, also auch der Korngröße proportional. Die heftigen Reaktionen der Einschmelzung erfordern etwa 10% der gesamten Schmelzzeit. Der Rest ist zur Lösung des Quarzes nötig. In Laboratoriumsexperimenten erfolgte die Lösung des übriggebliebenen Quarzes mit einer Geschwindigkeit von 0,003 mm des Korns je Minute. Abgeschreckter Kristallquarz, der zu Stengeln zerfallen war, löste sich nur wenig schneller auf als Glasschmelzsand.

Ersatz von Soda durch Borax (bis· 3% des Sandes) verursacht schnelleres Schmelzen und Läutern[3]. Gemenge, die statt eines Alkalis deren zwei enthalten, schmelzen schneller ein als erstere. Die Läuterung hingegen wird dadurch nicht beschleunigt. Kali-Kalk-Gläser erfordern für Schmelzung und Läuterung 1500°. Hier folgen einige Mitteilungen über Wirkung anderer Gemengebestandteile[4]:

SiO_2 erhöht die Schaumbildung. Der Einfluß auf Bläschenbildung ist wechselnd. Al_2O_3-Zusatz hat wenig Einfluß, Mengen von über 2,3% wirken verzögernd. CaO an Stelle von SiO_2 ändert wenig am Schmelzen und Läutern. MgO an Stelle von CaO verkürzt die Läuterzeit, erhöht Schaumbildung und erniedrigt bei niedrigen Temperaturen die Viskosität. Na_2O-Zusatz wirkt immer günstig. Fluor verkürzt die Läuterzeit, vermehrt den Schaum und erniedrigt die Viskosität. Sulfate verbessern die Läuterung. BaO vermindert bei Temperaturen unterhalb 1450° die Läuterzeit.

Die Homogenisierung einer Glasschmelze in Abhängigkeit von der Schmelzzeit läßt sich durch Dichtemessungen selbst in Platintiegeln erfassen[5]. Die Streuung der Dichtewerte nahm während der ersten 16 Stunden der Schmelzzeit bei 1400° schnell ab. Die Abnahme der Streuung betrug so viel als 9° Temperaturunterschied ausmachen. Dann erfolgte bis zur 24. Stunde ein langsamerer Ausgleich der Streuung entsprechend 6° Temperaturunterschied. Für diese Streuung der Dichtheit war vor allem ein leichterer Anteil verantwortlich, der an der Oberfläche der Schmelze war.

[1] POTTS, J. C.: J. Soc. Glass Technol. Bd. 23 (1939) S. 136.

[2] PRESTON, E. u. W. E. S. TURNER: J. Soc. Glass Technol. Bd. 24 (1940) S. 124.

[3] ZSCHAKKE, F. H.: Glashütte Bd. 59 (1929) S. 846.

[4] ENRIGHT, D. P., P. A. MARSHALL u. J. P. POOLE: J. Amer. ceram. Soc. Bd. 32 (1949) S. 351.

[5] TIEDE, R. L. u. F. V. TOOLEY: J. Amer. ceram. Soc. Bd. 27 (1944) S. 42; Bd. 28 (1945) S. 42.

In solchen Tiegelschmelzen wurde eine große Verminderung der Dichtestreuung im Bereich von 1232 bis 1288° festgestellt, eine geringe Verminderung bis 1325° und eine leichte Erhöhung oberhalb 1325°. Bei 1454° war die Homogenität der unteren Hälfte besser als die der oberen Hälfte. Dieser Unterschied war bei tieferen Temperaturen weniger merklich. Die Streuung in der unteren Hälfte lag in der Nähe derjenigen, die man bei guten Natron-Kalkgläsern gewöhnt ist. Es scheint, daß die Entmischung bei hohen Temperaturen schneller stattfindet als bei tiefen.

Der Gewichtsverlust des Glases durch Verdampfung war bei allen Temperaturen kleiner als 0,01% während 4 Schmelzstunden. Diese Ergebnisse scheinen den hohen Wert der Konvektionsströme in Wannenöfen für die Homogenisierung des Glases zu betonen.

Obwohl das Glasgemisch beim Einschmelzen inhomogen ist, ist doch die Viskosität entscheidend für die Glasbildung[1]. Die Zeit Z des Verschwindens des Gemenges ist: $Z = k \dfrac{\eta}{T - T_{\text{Liqu}}} + C$, worin T_{Liqu} die Liquidustemperatur des erzeugten, homogenen Glases ist und η die Viskosität bei der Schmelztemperatur ist. K ist eine Konstante, die von der Korngröße des Quarzes abhängt, C eine von den Versuchsbedingungen abhängige Konstante.

2. Der Sand

Schwere Bleigläser sollten Quarzsand mit nur 0,04% Fe_2O_3 enthalten, was sehr schwierig zu verwirklichen ist, denn die meisten Sande enthalten mehr Eisen. Ihre Form wechselt mit der Korngröße und ist weitgehend abhängig von der Art der Bildung der Sandlager. Von verschiedenen Verfassern sind folgende schwere Mineralien in Glasschmelzsand gefunden worden: Magnetit, Limonit, Ilmenit, Sillimanit, Disthen, Rutil, Granat, Chromit. In acht russischen Glassanden wurde gefunden[2]

$$0,00 \text{ bis } 0,06\% \ Cr_2O_3 \qquad 0,00 \text{ bis } 0,17\% \ V_2O_5 \qquad 0,00 \text{ bis } 0,04\% \ ZrO_2$$

In einem 0,247% Fe_2O_3 enthaltenden amerikanischen Sande wurde folgende Verteilung des Eisens festgestellt[3]:

Tabelle 8

	% des Fe_2O_3	% von der Zusammensetzung
Fe_2O_3 als Bindemittel	25,0	0,06
als Flecke auf Quarz	45,0	0,11
als Flecke in Quarz	15,0	0,04
als teilweise zers. Magnetit	8,0	0,02
als Limonit	3,0	0,007
	100,0	0,247

Es werden 2 Verfahren angewandt, um Quarzsand zu reinigen: 1. *„Attrition"*, d. i. mechanisches Zerreiben des Dickschlamms, bis die Körner blank sind, 2. *„Flotation"*, besonders bei hohem Eisengehalt und Anwesenheit schwerer Mineralien. Zuweilen werden beide Verfahren kombiniert.

---

[1] PRESTON, E.: J. Soc. Glass Technol. Bd. 25 (1941) S. 221.
[2] FIOLETOWA, A.: Sprechsaal Bd. 68 (1935) S. 355.
[3] HÜNLICH, H. W.: Sprechsaal Bd. 87 (1954) S. 6.

3. Scherben

Der große Scherbenanfall der Glashütten zwingt zu deren wirtschaftlichen Verwendung. Dazu kommt, daß sie ein sehr erwünschtes, ja notwendiges Rohmaterial darstellen. Sie verbrauchen nämlich keine Wärme mehr zur Durchführung von Reaktionen wie die übrigen Rohstoffe, und sie lockern das Gemenge auf, wodurch die Schmelzung beschleunigt wird.

Schmilzt man Scherbenmehl in Platintiegeln mehrere Male um, so behält das Glas seine Zusammensetzung und seine Eigenschaften. Wird es aber wiederholt bei 1400° in offenen Häfen umgeschmolzen, so ergibt sich bis zu 1,8% Alkaliabnahme auf 100 Glas. Das geschmolzene Glas zeigt deutlich korrosive Eigenschaften auf das Hafenmaterial. Durch ihre veränderte Oberfläche schleppt es Schlieren in das Glas ein[1]. Die Sintertemperaturen von Glaspulver sind[2]:

Tabelle 9

	$200-500\ \mu$	$> 10\ \mu$
Bleiglas	473°	440—460°
Sodaglas	506°	515°
Borosilikatglas	530°	545°

Gepreßtes, feines Glaspulver erleidet zwischen 90 und 200° Schrumpfung durch Trocknung, von 200 bis 400° Ausdehnung und oberhalb 400° eine Schrumpfung, die mit den oben angegebenen Temperaturen zusammenfällt.

A. Die Reaktionen im Gemenge

1. Karbonatzerfall

Die Dissoziationsdrucke der Alkalikarbonate sind[3]:

Tabelle 10

	Li_2CO_3	Na_2CO_3	K_2CO_3
Grad	mm Hg	mm Hg	mm Hg
750	0,0	—	—
800	3,1	—	—
850	8,1	—	—
900	17,4	—	0,0
950	32,7	0,0	1,2
1000	56,2	1,5	2,1
1050	89,1	3,0	4,6
1100	134,4	5,5	7,4
1150	—	8,5	9,2
1200	—	14,0	10,3
1250	—	21,5	11,7
1300	—	29	15,1
1350	—	44	19,6
1400	—	66	35,6
1450	—	77	—

---

[1] TURNER, W. E. S. u. Mitarb.: Glastechn. Ber. Bd. 7 (1928) S. 511, 582.
[2] ARIZUMI, T. u. J. TSURUMI: Ref. in Glastechn. Ber. Bd. 27 (1954) S. 130.
[3] HOWARTH, J. T. u. W. E. S. TURNER: J. Soc. Glass Technol. Bd. 14 (1930) S. 394, 402; Bd. 15 (1931) S. 360; Bd. 18 (1934) S. 182.

Erhitzt man Soda in strömender Luft oder Wasserdampf, so tritt die Zersetzung früher ein. In letzterem Fall entsteht sogar etwas NaOH, bei 800° selbst 2,5%.

Der Zerfall des $CaCO_3$ ist von der Gasatmosphäre sehr abhängig. In Luft beginnt er bereits bei 500°, in CO_2-Atmosphäre bei 0,02 mm Korn bei 902°, bei gemischtem Korn von $< 0,6$ mm bei 886 bis 915°. Ist das Korn etwa 0,1 mm groß, so ist Reproduzierbarkeit nicht mehr möglich, und nach wochenlanger Erhitzung werden noch Körner mit unzersetztem Kern gefunden. In Luft ist also die Zersetzung leicht, wenn das Reaktionsprodukt CO_2 sofort entfernt wird. In strömender Luft zersetzen sich Körner von Kalkstein oder Kalkspat von 3 mm Größe fast so schnell wie feines Pulver. In Gegenwart von CO_2 spielen aber Sorte und Korngröße eine große Rolle.[1]

In Luft gilt für die Zersetzung α: $\log \alpha = k\left(\dfrac{1}{T} \cdot 10^4\right) + C$, wo T die absolute Temperatur und $K = -\dfrac{8}{9}$ ist.

Na_2CO_3 und $CaCO_3$ bilden zusammen das Doppelkarbonat $Na_2Ca(CO_3)_2$, das in technischen Glasschmelzen eine wichtige Rolle spielt. Abb. 42 stellt das Zustandsdiagramm dar.

Die Liquiduskurve beginnt beim Schmelzpunkt des Na_2CO_3 bei 870°, steigt zu einem flachen Maximum und fällt zu dem bei 785° liegenden Eutektikum, um dann steil anzusteigen in den Bereich sehr kalkreicher Mischungen. Das Doppelkarbonat selbst tritt in der Schmelzkurve nicht auf, da es inkongruent schmilzt. Im Gemenge bildet es sich leicht wie auch das Eutektikum und kann direkt mit Quarz in Reaktion treten. Die Räume unter der Liquiduskurve und oberhalb der Soliduslinie enthalten die Gebiete

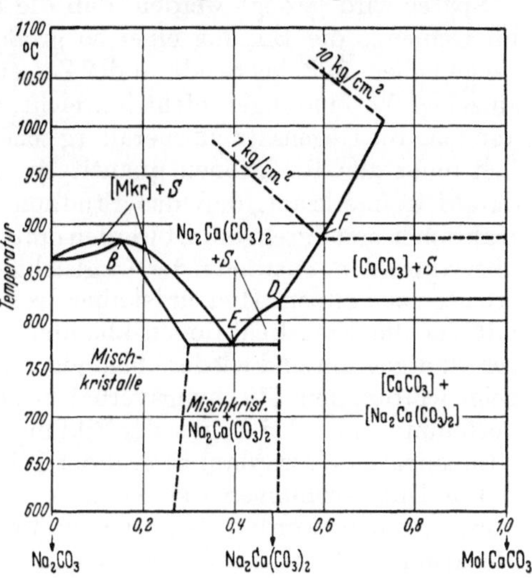

Abb. 42. Schmelzdiagramm Na_2CO—Ca_3CO_3. (Nach KRÖGER und FINGAS)

von Schmelze + Kristallen, die Räume darunter die Gebiete der kristallisierten Verbindungen und Mischkristalle.

2. Reaktionen mit SiO_2[2]

Alle chemischen Reaktionen im Gemenge beginnen bereits bei Temperaturen, die unterhalb der Schmelzpunkte der Verbindungen und der

[1] TURNER, W. E. S. u. Mitarb.: J. Soc. Glass Technol. Bd. 14 (1930) S. 409; Bd. 16 (1932) S. 80.

[2] KRÖGER, C. u. Mitarb.: Glastechn. Ber. Bd. 22 (1948) S. 86, 248, 331; Bd. 25 (1952) S. 307; Bd. 26 (1953) S. 346; Bd. 27 (1954) S. 199; Bd. 28 (1955) S. 51, 89, 300.

Eutektika liegen. Es handelt sich bei ihnen also um *Reaktionen im festen Zustande*. Für ihre Geschwindigkeit gilt die Regel TAMMANNs, daß die Reaktionsgeschwindigkeit (der Umsatz je Zeiteinheit z) der Schichtdicke y des Reaktionsproduktes umgekehrt proportional ist $\dfrac{dy}{dz} = k \cdot \dfrac{1}{y}$.

Setzt man an Stelle der Schichtdicke y den Umsatz x, so erhält man nach JANDER

$$\left(1 - \sqrt[3]{\frac{100 - x}{100}}\,\right)^2 = k \cdot z \,.$$

Diese Formel erklärt hinreichend die experimentell gefundenen Daten über die Silikatbildung der binären Systeme.

Diese Formeln sind von KRÖGER und ZIEGLER[1] umgeformt worden zu

$$y^2 = k \cdot \ln z \quad \text{bzw.} \quad \left(1 = \sqrt[3]{\frac{100 - x}{100}}\,\right)^2 = k \cdot \ln z \,.$$

In dieser Form genügten sie allen experimentellen Befunden über den Zeitablauf der Reaktionen.

Später wird gezeigt werden, daß die einander folgenden Reaktionen im Gemenge die Bildung einer so großen Zahl von Verbindungen zur Folge haben, daß das Studium der Zersetzungsdrucke und die Erfassung einzelner Verbindungen nicht hinreicht, um die Glaswerdung deuten zu können. Im Gegensatz zu metallurgischen Reaktionen laufen hier nämlich nicht alle Reaktionen quantitativ ab. C. KRÖGER (s. oben) macht darauf aufmerksam, daß das Studium der Gleichgewichte aller Teilreaktionen erst durchgeführt werden muß, um einen Überblick über die sich überlappenden Zustände der Ungleichgewichte aller dieser Reaktionen erhalten zu können. Hierfür ist aber die Kenntnis der Geschwindigkeiten, mit der die Einzelreaktionen ablaufen, unumgänglich nötig. Diese Geschwindigkeiten sind wieder abhängig vom CO_2-Druck (wie hier bereits gezeigt wurde), dem Mischungsverhältnis, der Korngröße, der Temperaturverteilung im Reaktionsgut, der Bildung von Schmelzen, der Wirkung der Atmosphäre (Wasserdampf) und der Wirkung von Beimengungen.

Die Untersuchungen der Systeme ist nach vielen Gesichtspunkten vorgenommen worden: NIGGLI[2] bestimmte chemisch die Natur des Reaktionsproduktes und der Gasphase. TAMMANN[3] arbeitete thermochemisch nach einer verblüffend einfachen Methode: Er bestimmte den Temperaturverlauf bei der Erhitzung und fand so „Haltepunkte", die Schlüsse auf die ihnen zugrunde liegenden Reaktionen erlaubten. TURNER[4] verfolgte hauptsächlich die Reaktionsdrücke, und KRÖGER[1] unterteilte alle Reaktionen zwecks Erfassung der Teilreaktionen und der Geschwindigkeiten.

Schließlich sei hier die Methode der Radioaktivität genannt[5], bei der

[1] KRÖGER, C. u. G. ZIEGLER: Glastechn. Ber. Bd. 27 (1954) S. 199.
[2] NIGGLI, P.: Z. anorgan. Chem. (1914) S. 229; (1916) S. 241.
[3] TAMMANN, G. u. G. OELSEN: Z. anorgan. Chem. Bd. 193 (1930) S. 245.
[4] TURNER, W. E. S. u. Mitarb.: J. Soc. Glass Technol. s. o. u. Bd. 17 (1933) S. 25.
[5] LINDROTH, S.: J. Amer. ceram. Soc. Bd. 32 (1949) S. 198.

im GEIGER-MÜLLER-Zählrohr die Entwicklung von Emanation verfolgt wird, um die chemischen Reaktionen kennbar zu machen. Sie bestätigte die Ergebnisse der vorher genannten Untersuchungen.

Mischungen von Na_2CO_3 *mit Quarz* beginnen in Luft schon von 390° ab zu reagieren[1]. Die Zersetzung war vollständig bei 650° in 35 Stunden, bei 700° in 15 Stunden, bei 800° in 90 Minuten, bei 820° in 40 Minuten, während bei der Schmelzung (825°) die Reaktion fast stürmisch war. Doch war selbst bei 1200° noch CO_2 in der Schmelze nachweisbar. Später wird gezeigt werden, daß selbst fertig geschmolzene Industriegläser noch Gase enthalten, die aus den Rohstoffen stammen (s. S. 133). Bis zu 700° sind die Reaktionsprodukte noch Pulver. Der Beginn der Schmelzung war abhängig von der Zusammensetzung. Bei $Na_2CO_3+SiO_2$ lag er bei 700°, bei $Na_2CO_3 + 4\,SiO_2$ etwas oberhalb 750°. Die Reaktion findet sichtbar an den Quarzkörnern statt. Die Soda verschwindet schließlich unter Zurücklassung eines durchsichtigen, körnigen Produktes von den Umrissen des Quarzkorns. Wenn das Korn nicht völlig verschwindet, trägt es einen Pelz des Reaktionsprodukts. Bei Anwesenheit von genügend Soda ist das Orthosilikat Endprodukt.

Im Gegensatz zur Reaktion zwischen Soda und Sand ist die zwischen *Kalk und Sand* sehr träge. Von 700° ab beschleunigt der Quarz die Zersetzung merklicher. Aber seine Wirkung scheint weniger auf chemischer Reaktion als auf Auflockerung des Gemisches zurückzuführen sein, denn MASKILL und TURNER fanden bei Ersatz des Kalksteins durch Goldstaub dieselbe Wirkung. Die chemische Reaktion tritt nur an bestimmten Punkten der Quarzkörner auf, wie mikroskopisch nachweisbar ist. Das Reaktionsprodukt, wahrscheinlich Wollastonit, reicherte sich bis zu 1450° an. In einer $1\,CaO : 1\,SiO_2$-Mischung war es bei 610° erst nach 5 Wochen nachweisbar. Bei 700° war in 170 Minuten erst 0,3% des Quarzes umgesetzt, bei 800° in 60 Minuten 4 bis 5%, bei 1100° in 60 Minuten 19,4% und bei 1400° 60,1%.

Alkalikarbonate[2] reagieren *mit Quarz* in der abnehmenden Reihenfolge K_2O, Na_2O, Li_2O, wenn sie in molekularen Äquivalenten zugegen sind, aber in der Reihenfolge Li_2O, Na_2O, K_2O nach gleichen Gewichtsprozenten geordnet[2].

Bleioxyd reagiert *mit Quarz* langsamer als die Alkalien, wenn es in äquivalenten Mengen vorliegt, aber schneller als B_2O_3, BaO, MnO, CaO oder MgO. Ersetzt man in Gemengen von Bleigläsern kleine Mengen PbO durch Alkalikarbonate, so wächst die Reaktionsgeschwindigkeit beträchtlich. Gemäß der abnehmenden Reaktionsgeschwindigkeit kann man die Oxyde folgenderweise ordnen: K_2O, Na_2O, Li_2O, PbO, B_2O_3, BaO, CaO, ZnO, MgO, TiO_2, Al_2O_3 und ZrO_2.

In K_2O-SiO_2-Gemischen tritt bei 900° die Reaktion energischer auf als in Na_2O-SiO_2-Gemischen. $Li_2O-B_2O_3$-Gemische reagieren nur halb so schnell wie Na_2O-SiO_2-Gemische.

Fluoride reagieren mit SiO_2 stärker als andere Bestandteile. Nitrate

---

[1] MASKILL, W. u. W. E. S. TURNER: J. Soc. Glass Technol. Bd. 16 (1932) S. 94.
[2] ABD-EL-MONEIM ABU-EL-AZM u. H. MOORE: J. Soc. Glass Technol. Bd. 37 (1953) S. 129, 155, 182, 190.

und Karbonate reagieren stärker als Chloride und Sulfate. Gebundenes Wasser im Gemenge erhöht die Reaktionsgeschwindigkeit. Verbindungen, die bei niedriger Temperatur in die Oxyde zerfallen, reagieren heftiger als die Oxyde selbst.

Auf eine interessante Weise hat DANIL'CHENKO[1] den Gehalt einer Glasschmelze an ungelöstem Quarz bestimmt und hieraus Schlüsse auf den Schmelzverlauf gezogen. Er gebrauchte hierzu die Säure H_2SiF_6, die alle Bestandteile außer Quarz löst. Der Anteil der nicht reagierenden Soda ist der Gesamtmenge des Sandes proportional und dem nicht in Reaktion eingetretenen Sand umgekehrt proportional. Na_2SiO_3 bildet sich sehr schnell. Na_2SiO_4 und $Na_2Si_2O_7$ sind sekundäre Produkte und bilden sich langsamer. Bei Steigerung der Temperatur von 1050 auf 1150° nimmt die Lösung von Sand in Na_2SiO_3 stark zu, da eine flüssige Phase anwesend ist. Bei weiterer Temperatursteigerung wird wenig Sand mehr gelöst, da die Viskosität nur langsam abnimmt. Die Lösungsgeschwindigkeit war dem Durchmesser der Sandkörner direkt proportional, außer für Körner unter 100 μ, die sich schneller in Monosilikat lösten. Bei 1250° ist die Silikatbildung 4mal so groß wie die der Glasbildung, bei 1350° 3mal so groß, bei 1450° 2,5mal so groß. Die Geschwindigkeit der Glasbildung nimmt von 1250 bis 1350° um das Vierfache und von 1350 bis 1450° nur um das Zweieinhalbfache zu.

3. Ternäre Silikatschmelzen

Verfolgen wir den Einschmelzvorgang eines Gemisches von Soda, Kalk und Quarz[2], so stellen wir zuerst die Bildung des Doppelkarbonats $Na_2Ca(CO_3)_2$ fest. Dieses bildet sofort mit Soda Mischkristalle, die einen eutektischen Schmelzpunkt von 785° haben. Das ist die erste Schmelzerscheinung im Soda-Kalksteingemisch. Zugleich beginnt die Dissoziation des $CaCO_3$.

Die zweite Reaktionsphase betrifft die Reaktion dieses Eutektikums bzw. des Doppelkarbonats mit Quarz. Na_2O und CaO wandern in das Quarzkorn ein, ersteres schneller als CaO. Deshalb wird zuerst etwas $Na_2O \cdot 2\,SiO_2$ entstehen. Oberhalb 795° wird an der Kontaktzone Disilikat—Quarz das zugehörige Eutektikum, dessen Zusammensetzung etwa dem Trisilikat entspricht, einschmelzen. Infolge der Zuwanderung von Na_2O und CaO wird sich in der Reaktionszone etwa die Verbindung $Na_2O \cdot 3\,CaO \cdot 6\,SiO_2$ (Devitrit) bilden. Dieses reagiert mit dem vorliegenden Disilikat:

$$Na_2O \cdot 2\,CaO \cdot 3\,SiO_2 + Na_2O \cdot 2\,SiO_2 = Na_2O \cdot 2\,CaO \cdot 3\,SiO_2 + \text{Schmelze.}$$

Weiter zuwanderndes Na_2O bildet $2\,Na_2O \cdot CaO \cdot 3\,SiO_2$ neben $Na_2O \cdot 2\,SiO_2$. Die beiden letzteren Silikate können bei höheren Temperaturen (oberhalb 827°) nochmals $Na_2O \cdot 2\,CaO \cdot 3\,SiO_2$ und eine Restschmelze bilden.

Die eutektischen Erstschmelzen entstehen und vergehen wieder in dem Maße, wie Na_2O und CaO zuwandern. Dieser Vorgang setzt sich wie eine

---

[1] DANIL'CHENKO, E. P.: Doklady Akad. Nauk. S. S. S. R. Bd. 86 (1952) S. 1175 (Ref. in Amer. ceram. Abstr. 1955, S. 48).

[2] KRÖGER, C. u. F. MARWAN: Glastechn. Ber. Bd. 28 (1955) S. 51.

Welle ins Innere des Korns, allerdings mit abnehmender Geschwindigkeit fort. Die ternären Silikate zeigen unvollkommene Röntgenspektren. Versetzt man Soda und Kalk mit steigenden Mengen Quarz, so steigt die Reaktionsgeschwindigkeit mit der zugeführten Silikatmenge. In der technisch wichtigen Zusammensetzung $Na_2CO_3 + CaCO_3 + 6\,SiO_2$ war in 100 Minuten bei 600° 9,5% und bei 800° 95% zersetzt. Bei 900° war die Zersetzung[1] in 10 Minuten vollständig. Die Sinterung war bei 750° noch schwach, aber bei 775° merklich. Die Mischung mit $4\,SiO_2$ ergab früher ein klareres Glas als die mit $6\,SiO_2$. Die Erfassung der Gleichgewichte der zahlreichen, bisher hier noch nicht behandelten Zwischenreaktionen wurde von C. KRÖGER und Mitarbeitern hauptsächlich durch sog. p-t-Diagramme vorgenommen, also der Feststellung der CO_2-Teildrücke und der Temperaturen beim Erhitzen. Dabei wurden bisher folgende Gleichgewichtsreaktionen gefunden. (Die zugehörigen 4 Wärmetönungen werden S. 113 gebracht.)

$$5\,[Na_2Ca(CO_3)_2] + 12\,SiO_2 \rightleftharpoons Na_2O \cdot 3\,CaO \cdot 6\,SiO_2$$
$$+ 2\,[2\,Na_2O \cdot CaO \cdot 3\,SiO_2] + 10\,CO_2.$$

$$Na_2Ca(CO_3)_2 + Na_2O \cdot 3\,CaO \cdot 6\,SiO_2 \rightleftharpoons 2\,[Na_2O \cdot 2\,CaO \cdot 3\,SiO_2] + 2\,CO_2.$$

$$3\,Na_2Ca(CO_3)_2 + 6\,SiO_2 \rightleftharpoons Na_2O \cdot 2\,CaO \cdot 3\,SiO_2 + 2\,Na_2O \cdot CaO \cdot 3\,SiO_2 + 6\,CO_2.$$

$$5\,[Na_2O \cdot 2\,CaO \cdot 3\,SiO_2] + 6\,SiO_2 \rightleftharpoons 2\,Na_2O \cdot CaO \cdot 3\,SiO_2 + 3\,[Na_2O \cdot 3\,CaO \cdot 6\,SiO_2].$$

Diese Reaktionen spielen sich bei verhältnismäßig niedrigen Temperaturen (500 bis 650°) ab. Daher ist nur die 2. Reaktion dieser Folge von Schmelze begleitet.

Die beiden folgenden Reaktionen folgen bei etwas erhöhter Temperatur und Bildung von Schmelze:

$$7\,[Na_2Ca(CO_3)_2] + 12\,[Na_2Si_2O_5] + Na_2O \cdot 3\,CaO \cdot 6\,SiO_2$$
$$= 10\,[2\,Na_2O \cdot CaO \cdot 3\,SiO_2] + 14\,CO_2.$$

$$3\,[Na_2Si_2O_5] + 5\,[CaCO_3] = 2\,[Na_2Ca(CO_3)_2] + Na_2O \cdot 3\,CaO \cdot 6\,SiO_2 + 6\,CO_2.$$

Die Reihe der Zwischenreaktionen ist hiermit noch keineswegs erschöpft. Die Reaktionen des Natriumdisilikats mit Quarz und Kalk verlaufen mit größerer Geschwindigkeit als die mit Soda und ergeben auch die höchsten Umsätze, besonders die Mischungen, die auf 1 Mol Kalk 2 Mole Disilikat, $1/_2$ Mol Trisilikat oder 1 Mol Hexasilikat enthalten.

Die Abb. 43 und 44 zeigen die *Reaktionsgeschwindigkeiten* im System $Na_2O-CaO-SiO_2-CO_2$ in Abhängigkeit vom Verhältnis $CaCO_3 : Na_2CO_3$ mit $SiO_2 : CaCO_3$.[2] In der ersten Abbildung sind sie in Abhängigkeit vom Kalk-Sodaverhältnis für 3 Temperaturen wiedergegeben. Der Einfluß des Ersatzes von Na_2CO_3 gegen $CaCO_3$ prägt sich in dem Verlauf der Kurven gut aus.

In der zweiten Abbildung sind für diese Temperaturen die Reaktionsgeschwindigkeiten für feste Verhältnisse Soda-Kalk (z. B. 1 : 1 oder 1 : 2 usw.) als Kurven wiedergegeben.

---

[1] HOWARTH, J. T., R. F. R. SYKES u. W. E. S. TURNER: J. Soc. Glass Technol. Bd. 18 (1934) S. 290.

[2] KRÖGER, C. u. G. ZIEGLER: Glastechn. Ber. Bd. 27 (1954) S. 211.

Aus diesen beiden Bildern ist klar ersichtlich, daß die Reaktionsgeschwindigkeit der Gemenge bei Temperaturen bis 850° beim Soda-Kalkverhältnis 1 : 2 durch ein Maximum geht. Ferner ist der Einfluß

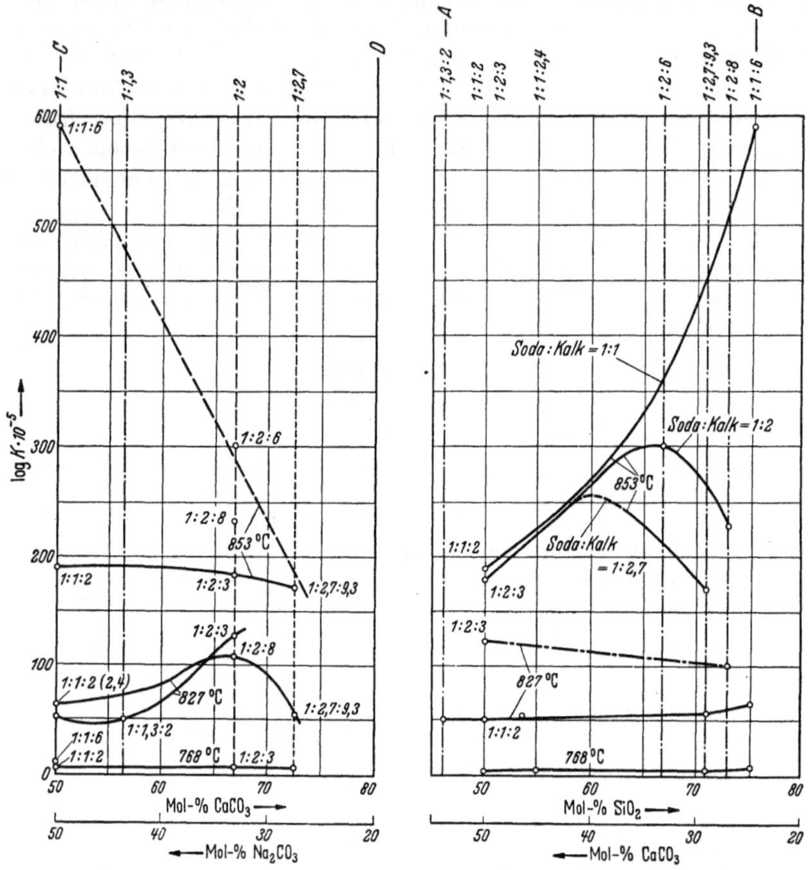

Abb. 43. Abhängigkeit der Reaktionsgeschwindigkeitskonstanten vom Kalk-Soda-Verhältnis. (Nach KRÖGER und ZIEGLER)

Abb. 44. Abhängigkeit der Reaktionsgeschwindigkeitskonstanten vom SiO₂-Gehalt der Gemenge. (Nach KRÖGER und ZIEGLER)

der SiO_2 bei niederen Temperaturen gering. Um den Sodaschmelzpunkt herum (860°) wird dagegen die Reaktionsgeschwindigkeit äquimolarer Soda-Kalkgemische stark mit steigendem SiO_2-Gehalt erhöht. Mit zunehmendem Kalkgehalt wird jedoch ein immer tiefer liegendes Maximum durchlaufen, so daß schließlich die Gemische 1 : 1 : 2, 1 : 2 : 3 und 1 : 2,7 : 9,6 etwa gleiche Reaktionsgeschwindigkeiten aufweisen.

Besonders verwickelt erscheinen die Reaktionen im Gemengesatz der *Sulfatgläser*, die TAMMANN und OELSEN[1] nach der dynamischen Methode erforschten. Die Erhitzungskurve zeigten 7 thermische Effekte, davon 6 verzögernd und eine mit exothermer Reaktion. Die CO_2-Abgabe setzt bei

[1] TAMMANN, G. u. G. OELSEN: Z. anorg. Chem. Bd. 193 (1930) S. 245.

620° ein. Das Gemenge von $CaCO_3$ mit Na_2SO_4 schmilzt eutektisch bei 790°. Durch Zusatz von C wird die CO_2-Abgabe wesentlich beschleunigt, ein Teil des Sulfats zu Sulfid reduziert, das sich mit $CaCO_3$ zu CaS umsetzt. Das dabei entstehende Na_2CO_3 bildet wiederum mit $CaCO_3$ das Doppelkarbonat (s. S. 97). Bei 790° ist auf den Erhitzungskurven die Schmelzreaktion des $CaCO_3$–Na_2SO_4-Eutektikums haltepunktartig ausgebildet, und die ganze Masse wird merklich flüssiger. Auch setzt die eutektische Schmelzreaktion im System Na_2S–Na_2SO_4 schon bei 740° ein. Bei Temperaturen oberhalb 950° wird eine Reaktion von Sulfat und Sulfid bemerkbar, wobei SO_2 abgegeben wird, und freies Alkali die Schmelzreaktionen noch weiter erleichtert. Sulfite von Na und Ca bilden sich oberhalb 550° schon nicht mehr, da sie in Sulfat und Sulfid zerfallen müßten. Oberhalb 850° zerfällt ein Gemenge von CaS und $CaSO_4$ unter SO_2-Abgabe unter Bildung von freiem CaO. In Gegenwart von SiO_2 wird diese Reaktion noch beschleunigt. Unzersetztes Sulfat wird sich selbst bei den Temperaturen der Glas-

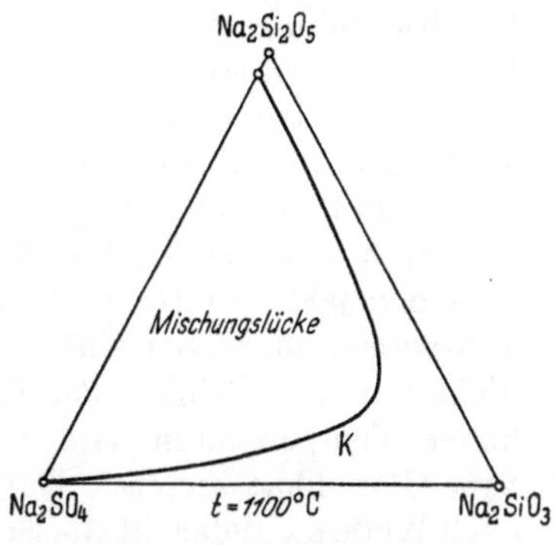

Abb. 45. Das Gallediagramm nach TAMMANN

läuterung (1400° und höher) mit SiO_2 umsetzen und das „Arbeiten" der Schmelze bedingen.

Die *Gallebildung* wird durch das Zustandsdiagramm Abb. 45 dargestellt. Sie enthält neben $CaSO_4$ erhebliche Mengen SiO_2. Durch weiteren Zusatz von SiO_2 kann ihre Entmischung bewirkt werden. Der Punkt K ist als ein solcher kritischer Mischpunkt anzusehen.

KRÖGER und VOGEL[1] geben eine quantitative Behandlung der Sulfatschmelze: Die *Hauptreaktionen sind*:

a) $Na_2SO_4 + 2C = Na_2S + 2CO_2$
b) $Na_2S + 3Na_2SO_4 + 4CaO + \sim 24SiO_2 = Glas + 4SO_2$.

Die Reduktion des Sulfats ist bereits bei 580° merklich. Die Reaktionsgeschwindigkeit ist bis zu 50 Mol-% der Zeit proportional. Oberhalb 50 Mol-% liegt diese Proportionalität nicht mehr vor, so daß sich Gleichgewichtsdrucke einstellen können. Die Reaktionen der Reduktion des Sulfats lassen sich in der Gleichung zusammenfassen:

$$7Na_2SO_4 + 13C = 4Na_2CO_3 + 3Na_2S_2 + 7CO_2 + CO + COS\,.$$

Na_2SO_3 als Zwischenkörper bildet sich nicht, da es schon bei 530° zerfällt: $4Na_2SO_3 = 3Na_2SO_4 + Na_2S$. Diese Temperatur wird bei Anwesenheit von Feststoffen noch erniedrigt. Unter den Teilreaktionen der Reduktion gibt es u. a. eine Reaktion: $Na_2S + CO_2 = Na_2CO_3 + COS$ und die wichtige Reaktion

$$6Na_2CO_3 + 7Na_2S_2 + 4C = 13Na_2S + 8CO_2 + COS + CO\,.$$

Bei 770° erreicht dieses Gleichgewicht Atmosphärendruck. Anwesenheit

[1] KRÖGER, C. u. E. VOGEL: Glastechn. Ber. Bd. 28 (1955) S. 426, 468.

von Quarz verlangsamt die Sulfatreduktion. Erst bei 655° steigert sich die Reaktionsgeschwindigkeit. Die Ursache liegt in der Bildung von Sulfosilikat $Na_2S \cdot 2\,SiO_2$. Auf Grund phasentheoretischer Überlegungen kommen KRÖGER und VOGEL zur Annahme eines Sextupelpunktes mit den Phasen Na_2SO_4, C, Na_2CO_3, Na_2S, Na_2S_2 und der Gasphase. Seine Koordinaten sind: $t = 630°$ und $p = 110$ Torr. Diese Temperatur gilt also auch als obere Grenze des Stoffpaares Na_2SO_4—C. Oberhalb 630° erfolgt die Reduktion des unzersetzten Sulfats derart, daß sich Karbonat und Disulfid bilden. Die Geschwindigkeiten werden dann durch zu wenig Kohle, ferner besonders durch Quarz und Kalk erniedrigt. Die Ursache liegt in der bereits erwähnten Bildung des Sulfosilikats. Dieses hemmt auch die Überführung des nach Gleichung a) gebildeten Na_2S in Karbonat und Disulfid. Dagegen erweisen sich Quarz und Kalk auf die Reaktion b) fördernd. Der Kalkzusatz fördert diese Reaktion aber erst zwischen 900 und 1000°. In der Praxis arbeitet man mit den höheren Temperaturen, wobei aber den erhaltenen höheren Reaktionsgeschwindigkeiten die absinkenden Reaktionsdrucke entgegenwirken. Bei den hohen Temperaturen wird z. T. Na_2SO_4 durch Quarz oder Kalksilikat zum Glassilikat zersetzt. Durch Tempern bei etwa 900° ließe sich aber nach KRÖGER vielleicht die Sulfatschmelze (nach Gleichung b) abkürzen.

Die Bildung der Na-Silikate erfolgt nach PLUMAT[1] durch

$$Na_2SO_4 + 2\,C = Na_2S + CO_2$$

und ferner

$$Na_2S + 3{,}2\,SiO_2 = Na_2S \cdot 2\,SiO_2 + 1{,}2\,SiO_2 \;.$$

Diese Reaktionen beginnen durch Schmelzbildung bei 685°. Ein stärkerer Umsatz findet erst durch Bildung des Eutektikums bei 720 bis 740° statt, wobei $Na_2Si_2O_5$ neben SO_2 entsteht. Nebenher läuft eine mit erhöhtem (doppeltem) Kohleverbrauch verbundene Reaktion des Sulfosilikats, bei der sogar elementarer Schwefel entsteht:

$$3\,(Na_2S \cdot 2\,SiO_2) + 6{,}8\,SiO_2 + Na_2SO_4 = 4\,Na_2Si_2O_5 + 4{,}8\,SiO_2 + 2\,S_2 \;.$$

In dem quantitativen Ablauf dieser beiden Reaktionen liegt die Schwierigkeit der Sulfatschmelze. Wegen der bei noch höheren Temperatur auftretenden Eutektika und Schmelzbildungen ist diese Temperaturerhöhung nicht zweckmäßig. Bei zu weitgehender Entschwefelung kann dann erneute Gallebildung durch SO_2 aus den Feuergasen auftreten. Als Nebenreaktionen treten zudem noch Umsetzungen des Sulfosilikats mit CO_2, COS und H_2O zu $Na_2O \cdot 2\,SiO_2$ auf.

Schließlich ist die Reaktion mit $CaCO_3$ zu erwähnen: $Na_2S + CaCO_3$ $= CaS + Na_2CO_3$. Sie beginnt bei 670° und hat bei 780° große Geschwindigkeit. Das gebildete CaS führt mit Na_2SO_4 zur Bildung von Natron-Kalksilikaten. Die Schmelzpunkte der neuen festen Phasen liegen höher als bei den entsprechenden Reaktionen ohne Kalk. Durch die dadurch bedingte geringe Schmelzbildung bei 700° liegt schlechtere Benetzung vor. Daraus ergibt sich geringere Reaktion mit Sulfat. Ist dieses bei seinem Schmelzpunkt (884°) noch nicht zersetzt, so schmilzt es und

---

[1] PLUMAT, E.: Silicates Industr. Bd. 14 (1949) S. 125.

treibt als Galle auf dem Schmelzspiegel. Die Zersetzung wäre nach KRÖGER erleichtert, wenn es möglich wäre, im Beginn das Verhältnis Natron : Kalk : Quarz als $1:1:2$ zu wählen und nicht als $1:1:6$, wie es üblich ist. Dann müßten die restlichen $4\,SiO_2$ erst nach der Entschwefelung zugesetzt werden. Die Umsetzung $Na_2S + CaCO_3 = CaS + Na_2CO_3$ (s. S. 104) führt zur Bildung des auch bei der Karbonatschmelze auftretenden Doppelkarbonats $Na_2Ca(CO_3)_2$. Eine direkte Reaktion zwischen $CaCO_3$ und Na_2SO_4 ist nicht möglich. Erst muß das Karbonat dissoziieren.

Sieht man von all diesen Nebenreaktionen ab, so ist die Sulfatschmelze durch die eingangs gegebenen beiden Grundgleichungen a) und b) hinreichend definiert.

4. Kali-Kalk-Gläser

P. NIGGLI[1] untersuchte den Schmelzvorgang solcher Gläser systematisch an Hand des CO_2-Verlustes und der Untersuchung des Reaktionsproduktes. Je höher die Temperatur ansteigt, desto mehr K_2SiO_3 bildet sich aus dem vorhandenen Karbonat und dem primär gebildeten $K_2O \cdot 2\,SiO_2$.

In einer K_2CO_3 und $CaCO_3$ enthaltenden Masse bildet SiO_2 aus $CaCO_3$ $2\,CaO \cdot SiO_2$-Kristalle und CO_2, daneben $CaO \cdot SiO_2$ und $K_2O \cdot 2\,SiO_2$, ferner das Doppelsalz $K_2Ca(CO_3)_2$. Bei sehr kalkreichen Schmelzen kann sich ein reversibles Gleichgewicht einstellen, wenn noch $CaCO_3$ vorhanden ist. Alkalireiche Schmelzen enthalten als Bodenkörper $2\,CaO \cdot SiO_2$.

Im Dreistoffsystem $K_2O-CaO-SiO_2$ sind bei $900°$ 2 Bodenkörper vorhanden: $2\,CaO \cdot SiO_2$ (+ Schmelze) und $K_2O \cdot 2\,SiO_2 + 2\,CaO \cdot SiO_2$. Von der K_2O-Ecke aus erstrecken sich nach den beiden anderen Stoffecken Bereiche homogener Schmelzen, die je nach Lage reich an CaO oder SiO_2 sind. An der CaO-Ecke liegen nebst $CaCO_3$ noch durch Festreaktionen entstandenes $2\,CaO \cdot SiO_2$. An der SiO_2-Ecke ist keine Schmelze, sondern nur Kristalle vorhanden. Der CO_2-Druck ist überall als konstant angenommen.

5. Bleigläser

Im System $PbO-SiO_2$ ist die Glasbildung überherrschend. Es tritt unterhalb und oberhalb 600 und $900°$ Kristallisation und SiO_2-Schaumbildung auf. Dazwischen liegt der Glasbereich, in dem sich Quarz schnell auflöst.

Pb_3O_4 geht beim Erhitzen schnell in PbO über mit 2% Verlust und wenig Pb-Verdampfung. Das zwischen den Quarzkörnern liegende PbO verschwindet und wird, vielleicht durch die Dampfphase zum Quarz hinbefördert. Auf dessen Oberfläche bilden sich Bereiche von PbO-reichem Glase, das langsam ins Korn eindringt[2]. Dabei findet Lösung statt, aber keinerlei Mischkristallbildung. Das auf dem Quarz sich bildende Ober-

---

[1] NIGGLI, P.: Z. anorg. Chem. Bd. 84 (1914) S. 229; Bd. 88 (1918) S. 241.

[2] PRESTON, E. u. W. E. S. TURNER: J. Soc. Glass Technol. Bd. 25 (1941) S. 136, 231, 241.

flächenglas sieht wegen seiner verhältnismäßig hohen Oberflächenspannung tropfenförmig aus. Im schmelzenden Gemenge treten im Röntgendiagramm die Linien von $2\,PbO \cdot SiO_2$ auf, das aber nicht mikroskopisch erkennbar ist.

In 34% PbO enthaltenden Alkali-Bleigläsern mit verschiedenem Gehalt an K_2O, Na_2O und Gemengen beider Oxyde erfolgte das Einschmelzen schneller mit wechselndem Alkaligehalt. Mit steigendem K_2O-Gehalt fiel die Entglasungstemperatur von 1125° bei 10% K_2O bis 695° bei 20% K_2O. Als erste Entglasungsphase trat SiO_2 auf. Ähnlich verhalten sich Na_2O-PbO-SiO_2-Gläser. Doch tritt dann von 16 bis 18% Na_2O eine neue Kristallphase auf. Gläser mit beiden Alkalien verhielten sich ähnlich, doch trat bei mehr als 8% Na_2O große chemische Unbeständigkeit hervor.

In einem Glase aus 48% SiO_2, 45,5% PbO und 6,5% K_2O begann das Einschmelzen erst oberhalb 300°[1] durch Reaktion zwischen K_2CO_3 und $SiO_2 \cdot Pb_3O_4$ zersetzte sich erst von 500° ab bis zu 600°. Die K_2CO_3-SiO_2-Reaktion wird erst um 500° beschleunigter und ist bei 800° energisch. Die Schmelze ist dann sehr heterogen und ist erst bei 1200° homogen.

Auf Schmelzen mit etwa 30% PbO bildet sich ein Schaum, der vornehmlich aus Cristobalit besteht. Er entsteht nicht durch Temperatureinwirkung allein, sondern auch durch Einwirkung von Gasen, hauptsächlich von SO_2. SO_2 verursacht bei 1200° Abscheidung von Cristobalit aus dem Glase[2]. Bei Gegenwart von O_2 entstehen zugleich Sulfate von K, Na und Pb, die mit dem Cristobalit verfilzt sind. Der S entstammt dem Heizöl. Mit Paraffinöl geheizte Öfen zeigten den Effekt kaum. Durch Zusatz von etwas Borax wird die Schaumbildung verhütet.

6. Boratgläser

Im Gemenge eines K_2O-B_2O_3-SiO_2-Glases beginnt die Reaktion unterhalb 500°[3], also unterhalb des Schmelzpunktes der Bestandteile. CO_2 kann bei 500° völlig ausgetrieben werden. Die Unlöslichkeit in Wasser steigt zwischen 700 und 900° steil an. Unterhalb 700° ist K_2O noch löslich, oberhalb dieser Temperatur ist es fest gebunden. Die Unlöslichkeit von B_2O_3 beginnt von 500° ab und ist bei 700° noch unbedeutend. Zwischen 700 und 800° scheint die stärkere Bindung des K_2O die Bindung von B_2O_3 ebenfalls zu befördern, denn innerhalb dieser 100° stieg der Anteil von gebundenem B_2O_3 von 1,6 auf 8,4%. Obwohl die Glasbildung schon bei 700° beginnt, bilden sich die ternären Gläser erst oberhalb 700°, aber unterhalb 800°.

Vergleicht man das Einschmelzen von Borsäure und Borax in Gemengen gleicher Zusammensetzung[4], so stellt man fest, daß in Gläsern aus Soda und Borsäure die Bildung unlöslicher Borate etwas später und

---

[1] Besborodov, M. A. u. A. A. Appen: J. Soc. Glass Technol. Bd. 17 (1933) S. 305.

[2] Partridge, J. H.: J. Soc. Glass Technol. Bd. 16 (1932) S. 121.

[3] Besborodov, M. A. u. L. M. Silberfarb: J. Soc. Glass Technol. Bd. 14 (1930) S. 39.

[4] Zschakke, F. H. u. J. Vartanian: Glastechn. Ber. Bd. 13 (1935) S. 155.

langsamer als die Bildung schwer löslicher Alkalisilikate stattfindet; der Endpunkt der Einschmelzung ist aber derselbe. Bei Verwendung von Borax in denselben Gläsern erfolgt die Bildung unlöslicher Borsäureverbindungen und unlöslicher Alkalisilikate gleichzeitig. Die Endpunkte der Hauptreaktionen fallen aber zusammen. Bis zu 1050° ist die Reaktionsgeschwindigkeit in der Boraxreihe größer als in der Borsäurereihe. Von 1050° ab verzögert sich die Endreaktion bei der Boraxreihe gegenüber der Borsäurereihe, um einander bei höherer Temperatur wieder zu nähern. Die Zersetzung der Karbonate erfolgt in den Borsäure enthaltenden Gemengen viel schneller und ist bei tieferen Temperaturen beendet als in Sand-Sodagemengen.

7. Wirkung kleiner Beimengungen

Kleine Schmelzbeimengungen können nicht nur den Schmelzvorgang, sondern selbst die Eigenschaften des Glases beeinflussen.[1] Das gilt für alle chemischen und mechanischen Eigenschaften. Beschleunigend wirken wasserhaltiges $MgCl_2$ oder $ZnCl_2$, Ammonsalze und $NaTiO_2$. Wasser wirkt nicht eigentlich als Beschleuniger des Schmelzvorganges, sondern als Mineralisator. Es wirkt also nicht als Schöpfer einer Schicht von $NaOH$ um die Sandkörner[2]. Einige Reaktionen solcher Zusätze seien hier kurz genannt:

KNO_3, $NaNO_3$: Beginn des Zerfalls bei 400°, Ende 780°. Von 400 bis 700° Nitritbildung, das bei 800° zerfällt. Nitrate verschnellen die Schmelzung.

As_2O_3: geht von 220° ab im Natron-Kalk-Kieselsäure-Gemenge schnell in As_2O_5 über. Bei 700° ist ein Gleichgewicht erreicht, das bis 1200° bleibt. Dann nehmen beide Anteile durch Verdampfung schnell ab. Die üblichen kleinen Zusätze zwecks Entfärbung beeinflussen Schmelze und Läuterung nicht.

Sb_2O_3: geht von 400° ab in Sb_2O_5 über, das bei 900° allein anwesend ist und von 1150° ab zu verdampfen beginnt.

CeO_2: Von 800° ab starke O_2-Abgabe, die bei 1100° beendet ist.

Pb_3O_4: Von 20° ab sehr langsamer, von 400° ab schneller Zerfall. Bei 650° ist es zersetzt.

Bindet man 1% des Na_2O an verschiedene Anionen, so kann erhebliche Beschleunigung des Schmelzvorganges eintreten: In einem Gemenge, das ohne diese Zusätze bei 700° 16% der im Gemenge vorhandenen CO_2 verlor, verflüchtigten bei Gegenwart von *Phosphat* 32%, von *Arseniat* 39%, von *Fluorid* 47% und von *Silikofluorid* 96%. Diese CO_2-Abgaben wurden durch Zusatz von Wasserdampf noch wesentlich erhöht[3].

B_2O_3: In technischen Soda-Kalk-Gläsern mit Gehalten an Al_2O_3, MgO,

---

[1] KÜHL, C., H. RUDOW u. W. WEYL: Glastechn. Ber. Bd. 16 (1938) S. 37.
[2] DIETZEL, A.: Glastechn. Ber. Bd. 21 (1943) S. 198.
[3] KRAKAU, K. A., J. A. JOFFE u. A. A. SHAKINA: [Ref. in Glastechn. Ber. Bd. 15 (1937) S. 187].

BaO oder F wirkt kleine Beigabe von B_2O_3 (bis 2,5%) sich folgendermaßen aus[1] (s. S. 86):

Die Schmelzgeschwindigkeit wird erhöht, am meisten beim ternären Glas und nur wenig bei Gläsern, die auch MgO und K_2O enthalten. Der beschleunigende Effekt tritt zuweilen schon bei 0,5, zuweilen bei 1% B_2O_3 auf. Die Läuterzeit, gemessen am Blasengehalt von 100 ccm Glas, ist bei 2,5% B_2O_3 am kürzesten. Die durch Zusatz von B_2O_3 schneller schmelzenden Gläser läutern langsamer als diejenigen, deren Schmelzzeit durch den Zusatz nicht verkürzt wurde. Die verschnellte Schmelzung erfolgt nicht nur bei 1400°, sondern auch bei höherer Temperatur, z. B. 1500°. Das Maximum der Beschleunigung lag bei allen Gläsern bei 1450°. Die Läuterzeit selbst nimmt von 1400 bis 1500° gleichmäßig ab. B_2O_3 vergrößert noch die Beschleunigung der Einschmelzung durch BaO und F.

Die Verkürzung der Schmelzzeit durch Zusatz von *Ammonsalzen* wird im allgemeinen bejaht[2], aber auch bestritten[3].

Tabelle 11. *Schmelzzeit in Minuten nach* A. J. MOTSCHALOFF *und* CHOMJENKO

	$\%(NH_4)_2SO_4$					
	0 %	1	2	3	5	10
ohne Scherben.......	81,5	75,2	63,7	57,8	51,1	68,7
mit 40% Scherben ...	65,8	63,0	57,0	55,1	44,2	—

Ammonsulfat scheint auch die Läuterung günstig zu beeinflussen. Ein kleiner Teil des Sulfats scheint ins Glas einzugehen, während das Ammoniak völlig verflüchtigt wird. TURNER und Mitarbeiter geben zudem noch die folgenden Wirkungen an: niedrigere Verarbeitungstemperatur, glattere Oberfläche der Erzeugnisse, längerer Verarbeitungsbereich, Möglichkeit der Verringerung des Sodagehaltes, also bessere Resistenz und schließlich geringere Sprödigkeit des Glases.

Zusatz von nur 0,1 bis 0,2% Fe_2O_3 übt einen überraschend großen Einfluß auf die Schmelzleistung aus. Das hat sowohl chemische Ursachen als auch physikalische (größere Absorption von Wärmestrahlung). Die günstige Wirkung ist bei 1200° größer als bei höherer Temperatur.

8. Sulfate, Chloride

Auf S. 102 ist bereits über den Einschmelzvorgang von Sulfatgläsern berichtet worden. Die Geschwindigkeit des Schmelzens wird durch 1 bis 5% Na_2SO_4 zum Gemenge eines Soda-Kalkglases nicht beeinflußt[4]. Bei 1200 bis 1400° wird die Geschwindigkeit durch Zusatz von 1 bis 3% sogar vermindert. Bei 5% war die Geschwindigkeit etwa dieselbe wie beim

---

[1] ALLISON, R. S. u. W. E. S. TURNER: J. Soc. Glass Technol. Bd. 38 (1954) S. 297.

[2] TURNER, W. E. S. u. Mitarb.: J. Soc. Glass Technol. Bd. 12 (1928) S. 134; Bd. 15 (1931) S. 153. — MOTSCHALOV, A. J. u. CHOMJENKO: Ref. in Glastechn. Ber. Bd. 11 (1933) S. 28. — KITAIGORODSKY, J. J.: Ref. in Glastechn. Ber. Bd. 9 (1931) S. 559.

[3] GEHLHOFF, G., M. THOMAS u. KALSING: Glastechn. Ber. Bd. 8 (1930) S. 10/11.

[4] STANWORTH, J. E. u. W. E. S. TURNER: J. Soc. Glass Technol. Bd. 21 (1937) S. 359; Bd. 17 (1933) S. 22.

ursprünglichen Glase, eher etwas mehr. Die Gisben steigen bei Zusatz von Na_2SO_4 schneller auf. Seine Zersetzung ist bei 1400° praktisch beendet.

Hoher S-Gehalt im Brennstoff kann zur Bildung von Sulfaten des Natriums oder Bleis führen.

Reines $BaSO_4$ entsprechend einem Gehalt von 1,2% BaO kann in Glas ohne Reduktion eingeschmolzen werden[1]. Da es das Glas dünnflüssiger macht, wirkt es sogar als Schaumverhüter.

Die *Sulfatgehalte* von Glas können bis zu 1,7% betragen (s. S. 136). Ein Soda-Kalk-Glas löste bei 1400° 2,34% NaCl entsprechend 1,42% Cl.[2] Bei etwa 800° sintert ein Gemenge für Alkali-Kalk-Glas bei Zusatz von NaCl viel stärker[3].

9. Einfluß von Wasser und Kohlensäure

Der Feuchtigkeitsgehalt des Gemenges wirkt sich in der Hauptsache auf dessen Homogenisierung, besser gesagt, auf Verhütung seiner Entmischung aus. Er stammt meistens aus dem Sand, der bei 5% Feuchtigkeit seine beste Wirkung hat. Dieses Wasser wirkt auch der Verstaubung entgegen[4]. Da es die Soda sofort löst (s. S. 92), leitet es den Schmelzvorgang ein. Der Einfluß verschiedener Mengen Wasser auf die Schmelzzeit ist sehr verschieden[5]:

Die günstigsten Zeiten lagen bei einem Glase bei 1%, bei anderen Gläsern bei 4% Wasser.

Manche Gläser haben bei etwa 10% Wasser im Gemenge starke Erhöhung der Viskosität. Ein solches Glas erstarrt schnell. Doch waren bei Gläsern aus 1% bzw. 10% Wasser enthaltenden Gemengen meistens Unterschiede kaum nachweisbar.

Die Meinungen über den beschleunigenden Einfluß von Wasser beim Einschmelzen normaler Gemenge sind nicht einheitlich (s. S. 92). Ein Gemenge aus Sand, Soda und entwässertem Borax[6] schmilzt langsamer als ein solches mit kristallisiertem Borax. Das Wasser desselben wirkt also beschleunigend. Überraschenderweise erhöhte aber Wasser bei 700 bis 1400° die Einschmelzgeschwindigkeit von Soda-Kalk-Silikaglas nicht[7].
Auch die Läuterung wurde nicht verbessert. Bei 1400° wurde durch Zusatz von 4,5% Wasser der Gasgehalt der Schmelze vermindert, bei Zusatz von 8% aber erhöht.

Man kann deshalb die oft beobachtete günstige Wirkung des Wassers im Gemenge auf dessen bessere Homogenisierung zurückführen.

---

[1] McSwiney, D. J.: Glass Ind. Bd. 9 (1928) S. 97.

[2] Marshall Bateson, H. u. W. E. S. Turner: J. Soc. Glass Technol. Bd. 23 (1939) S. 265.

[3] Löffler, J.: Glastechn. Ber. Bd. 24 (1951) S. 287.

[4] Eckert, F., S. del Mundo u. F. H. Zschakke: Sprechsaal Bd. 65 (1932) S. 840.

[5] Turner, W. E. S.: Glastechn. Ber. Bd. 5 (1927/28) S. 57.

[6] Zschakke, F. H.: Glastechn. Ber. Bd. 16 (1938) S. 13.

[7] Stanworth, J. E. u. W. E. S. Turner: J. Soc. Glass Technol. Bd. 21 (1937) S. 285.

CO_2-haltige und CO_2-freie Ofenatmosphäre ergeben dasselbe Glas sowohl bei Soda- wie bei Sulfatschmelze.[1]

10. Verflüchtigung

Das Volumen der während der Schmelzung ausgetriebenen Gase ist etwa 100 mal so groß wie das des erzeugten Glases.

Die Verflüchtigung reiner fester Stoffe im Luftstrom ist, berechnet auf 1 cm² Oberfläche und in 24 Stunden[2]:

PbO	bei 1250°	völlig flüchtig	Cr_2O_3	bei 1250°	0,0003
B_2O_3	„ 1250°	0,0861 g		„ 1350°	0,0007
	„ 1350°	0,1470 g	CaF_2	„ 1250°	0,0063
ZnO	„ 1250°	Spuren		„ 1400°	0,0236
	„ 1350°	0,0041			

Diese Verflüchtigung der reinen Stoffe ist wegen der festen Bindung im Glase während des Schmelzvorganges meist viel niedriger, beim Fluorid aber höher.

Der Dampfdruck von BaO, SrO und CaO ist bei Ofentemperaturen so klein, daß man mit der Verflüchtigung dieser Oxyde nicht zu rechnen braucht[3].

Durchsichtige Scheiben von *Kieselglas* haben bei 1400° in 24 Stunden noch keinen Verdampfungsverlust. In H_2O-Atmosphäre war der Verdampfungsverlust bei 1300° kaum wahrnehmbar, wohl aber bei 1400° und 20 Stunden und bei 1500° und 4 Stunden[4]. Die Oberfläche wurde dann leicht körnig und glänzend.

4 g-Scheiben von 7 cm² verloren in Wasserdampf

Temperatur	1500°	1400°	1300°
Zeit	4 Std.	20 Std.	20 Std.
Gewicht g	— 0,0019	— 0,0009	+ 0,0001
		— 0,0011	

Und doch ist merkwürdigerweise die Verflüchtigung von SiO_2 aus dem schmelzenden Gemenge größer als die Verflüchtigung von Alkali. Entgegen der Annahme ist festgestellt, daß der Alkaligehalt des Glases größer ist als der des Gemenges. Wäre Alkali besonders flüchtig, so müßten die Regeneratorsteine schmelzen. Aber sie bekommen lediglich eine Kruste. Dagegen ist der SiO_2-Gehalt des Glases niedriger als im Gemenge. Das gilt besonders von scharfkantigem Sand (— 1,13%), während bei runden Körnern nur (— 0,63%) SiO_2-Verlust im Glase vorkam[5]. Hieraus folgt, daß nicht Alkali bei der Glasschmelze am meisten verdampft sondern SiO_2. Hier handelt es sich wahrscheinlich weniger um echte Verdampfung, die in Gegenwart von H_2 und H_2O keineswegs ausgeschlossen werden sollte[6], sondern in der Hauptsache um *Verstaubung*.

---

[1] BESBORODOV, M. A. u. A. A. SOKOLOVA u. G. A. SHINKE: Ref. in Glastechn. Ber. Bd. 14 (1936) S. 30.

[2] BADGER, A. E. u. W. C. PITTMAN: Ceram. Ind. Bd. 28 (1937) S. 218.

[3] PRESTON, E.: J. Soc. Glass Technol. Bd. 17 (1933) S. 118.

[4] PRESTON, E. u. W. E. S. TURNER: J. Soc. Glass Technol. Bd. 18 (1934) S. 222.

[5] SCHOLES, S. R.: J. Amer. ceram. Soc. Bd. 11 (1928) S. 79.

[6] ZSCHAKKE, F. H.: Sprechsaal Bd. 63 (1930) S. 19.

Die *Verluste an Alkali* rühren meist aus Abbrand von noch nicht silikatisch gebundenem Alkali her, weniger aus Abbrand der Schmelze. Dies ist auch die Ursache der großen Streuungen im Alkaligehalte des Glases direkt nach dem Einschmelzen. Sie verlieren sich zum größten Teil während der Homogenisierung[1].

Doch tritt unstreitig während der Schmelze auch etwas Verdampfung von Alkali auf. Hierbei ist der Verdampfungsverlust eines 16% Na_2O enthaltenden Natron-Kalkglases der Oberfläche der Schmelze proportional[2]. Das von Gasen weitgehend befreite Glas verlor in 20 Stunden

$$\text{bei } 1100° \dots\dots 0,1 \text{ mg/cm}^2 \qquad \text{bei } 1300° \dots\dots 0,69 \text{ mg/cm}^2$$
$$\text{„ } 1200° \dots\dots 0,31 \text{ „} \qquad\qquad \text{„ } 1400° \dots\dots 1,7 \text{ „}$$

Das Verflüchtigte bestand allein aus Na_2O.

Trägt man die Verdampfungsverluste verschieden zusammengesetzter Na_2O-SiO_2-Gläser gegen den Na_2O-Gehalt graphisch auf, so erhält man 2 sich schneidende Geraden[3]. Dasselbe Ergebnis erhält man nach PRESTON und TURNER beim Auftragen der Verdampfungsverluste der Silikatschmelzen von K_2O, Li_2O und PbO gegen die entsprechenden Konzentrationen der basischen Oxyde. Es lag natürlich nahe, die Zusammensetzung an dem Schnittpunkt der beiden Geraden als chemische Verbindungen im Glase anzunehmen. Nach G. W. MOREY[4] und nach W. A. WEYL ist es nicht nötig, für die Deutung der Knicke den Bestand chemischer Verbindungen vorauszusetzen. Es handelt sich hier um die durch zureichende Wärmezufuhr erreichte Aktivierungsenergie zur Überführung der betreffenden Atome in Dampfform. Damit ist der sprunghafte Einsatz der Verdampfung hinreichend gerechtfertigt.

In Alkali oder Blei-Kieselsäureschmelzen läßt sich die Verdampfungsgeschwindigkeit durch die Formel $\log \dfrac{A - 2x}{A} = k \cdot t$ ausdrücken. Hier ist A die Menge anfänglich anwesenden Alkalis und x der Verlust nach t Stunden. Das Verhältnis $\log k : 1/T°$ ist eine Gerade.

Hier folgen noch einige Angaben über die Verdampfung von K_2O und PbO aus Schmelzen:

Ein Glas mit 20% K_2O gab in 20 Stunden ab bei 1400° 0,27 mg/Std./cm²
„ „ „ 50% K_2O „ „ 20 „ „ „ 1100° 0,56 „
„ „ „ 50% K_2O „ „ 20 „ „ „ 1400° 5,88 „

Der Dampfdruck der Gläser mit 50% K_2O beträgt 0,90 mm Hg bei 1100° und 3,10 mm Hg bei 1300°. Gläser mit 43,5% K_2O hatten 0,50 mm Hg bei 1100° und 1,82 mm Hg bei 1300°. Die Verdampfungswärme wurde zu − 37000 cal/g-mol berechnet.

Ein Bleiglas mit 30% PbO gab beim Erhitzen von 900 bis 1400° in Zeiten bis zu 200 Stunden bei weitem am meisten PbO-Dämpfe ab, während Alkali erst von 1200° ab merklich verdampfte[5]. Bei 1400° gab die

---

[1] RIES, R. u. A. DIETZEL: Sprechsaal Bd. 66 (1933) S. 753.

[2] HOWES, H. W., H. LAITHWAITE, E. PRESTON u. W. E. S. TURNER: J. Soc. Glass Technol. Bd. 19 (1935) S. 104.

[3] PRESTON, E. u. W. E. S. TURNER: J. Soc. Glass Technol. Bd. 16 (1932) S. 219, 331; Bd. 18 (1934) S. 143.

[4] MOREY, G. W.: J. Amer. ceram. Soc. Bd. 18 (1935) S. 170, 173.

[5] PRESTON, E. u. W. E. S. TURNER: J. Soc. Glass Technol. Bd. 16 (1932) S. 219.

oberste 3 mm-Schicht binnen 40 Stunden ihr ganzes PbO ab. Bei nicht beunruhigter Oberfläche eines Glashafens von 75 cm Durchmesser würden in der ersten Stunde bei 1300° 45 g, bei 1400° 110 g PbO abgegeben werden. Die vorhin gegebene Formel für die Verdampfung gilt bis zur Zeit der halb verdampften Menge. Das von der Oberfläche Verdampfte hängt ab von der Badtiefe, der Oberfläche und der Diffusion im Glase. Unter der Annahme, daß ein bestimmter Konzentrationsgradient nach der Tiefe je nach Durchmesser eine Gerade ist, gilt $\log\left(\dfrac{A-2\,x}{A}\right) = -\dfrac{2\,K\,t}{h}$, wo h die Badtiefe ist

Die Beziehung zwischen Verflüchtigung und Temperatur ist dieselbe wie die zwischen Dampfdruck und Temperatur. Die Verflüchtigungswärme von PbO wurde berechnet zu -60000 cal. Schmelzen mit 54 bis 100% PbO hatten folgende Verdampfungsverluste:

900° .... 0,10 bis 11,6 mg/cm²/Std.	1100° .... 1,1 bis 250 mg/cm²/Std.
1000° .... 0,20 bis 80 mg/cm²/Std.	1200° .... 2,0 bis 254 mg/cm²/Std.

Der *Borsäureabbrand* ist am größten beim Baryt- und am kleinsten bei Zinkgläsern[1]. Die kleinste Verflüchtigung findet man bei Gläsern mittlerer Viskosität. Borax ist bei 800° in stehender Atmosphäre fast gar nicht flüchtig. Im Gasstrom tritt eine meßbare, kleine Verflüchtigung ein.

Die Verflüchtigung von Borsäure ist fast ausschließlich auf Bildung von flüchtigem $B(OH)_3$ zurückzuführen. Sie steigt mit steigendem Gehalt des borhaltigen Rohstoffs an gebundenem Wasser und kann deshalb durch Verwendung wasserfreier Borate weitgehend vermindert werden[2].

Die *Sulfatverluste* von Natron-Kalkgläsern mit verschieden hohem Sulfatgehalt entsprechen dem ursprünglichen Gehalt an SO_3. Nach 100 Stunden Erhitzung bei 1350, 1400 und 1450° waren die Sulfatgehalte vermindert auf $^2/_3$ bzw. $^1/_2$ bzw. $^1/_3$ der ursprünglichen Werte. Anwesenheit von SO_3 verursachte doppelt so hohe Alkaliverluste durch Verdampfung wie sulfatfreies Glas[3].

Fluorverluste beim Einschmelzen von Glas finden statt in Form von HF und SiF_4, letzteres besonders bei hohen F-Gehalten. Man hat den Anteil von SiF_4 an der Verflüchtigung früher überschätzt[4]. Ebenfalls entweichen Fluoride von Na, Al und Ca entsprechend den Dampfdrücken. Einführung von Al scheint die Fluorverluste zu beschränken, ohne die Opazität notwendigerweise zu erhöhen.

Die so erwünschte *Verflüchtigung von Eisen* während der Schmelze tritt nur in kleinem Umfang auf. Durch Zusatz der folgenden flüchtigen Stoffe wurden entfernt: 11,3% des vorhandenen Eisens durch NaCl, 15,0% durch Se, 17,5% durch B_2O_3 in Form von Borax oder 28,8% durch

---

[1] KITAIGORODSKI, J. J. u. M. S. FEDOROVA: Ref. in Glastechn. Ber. Bd. 11 (1933) S. 71. — KOLTHOFF, J. M.: Nature Bd. 119 (1927) S. 425.

[2] KALSING, H.: Sprechsaal Bd. 88 (1955) S. 26.

[3] PRESTON, E., W. E. S. TURNER u. H. LAITHWAITE: J. Soc. Glass Technol. Bd. 20 (1936) S. 127.

[4] BLAN, H. H., A. SILVERMANN u. V. HICKS: J. Amer. ceram. Soc. Bd. 19 (1936) S. 63.

$(NH_4)_2SO_4$. Der günstige Effekt des letzteren wird aber vermindert, weil es selbst das Glas braun färbt[1].

Während des Schmelzens nimmt das Glas aus der feuerfesten Wandung *Ton in Lösung* auf[2]:

in einer großen Wanne		*im Hafen*	
bei einem Sodagemenge	0,2%	bei Borosilikatgemenge	0,7%
bei einem Sulfatgemenge	0,3%	bei einem schweren Barytkrongemenge	5,0%

Die aufgelöste Steinmenge läßt sich aus dem Titangehalt errechnen (s. S. 142).

B. Thermochemie

Der theoretische Wärmebedarf zum Glasschmelzen besteht aus der Summe der Wärmeeinheiten, die nötig sind, um die Glasrohstoffe auf Temperatur zu bringen, vermehrt um die Reaktionswärmen, welche zur Durchführung der Gemengereaktionen notwendig sind. Die sehr verwickelten Reaktionen, über die auf den vorhergehenden Seiten berichtet wurde, machen diese Berechnung sehr schwierig. Das liegt daran, daß viele Reaktionen nicht zum völligen Gleichgewicht durchgeführt werden können. Experimentell begründete Wärmetönungen sind nur in ungenügender Anzahl bekannt. Aber C. KRÖGER[3] hat auf Grund von Messungen der Gleichgewichts-Bedingungen ein rechnerisches Verfahren ausgearbeitet, das die notwendigen Wärmemengen zu ermitteln gestattet. Die Übereinstimmung mit experimentell gefundenen Werten ist überraschend gut.

Die von C. KRÖGER und K. W. ILLNER bestimmten und auf S. 101 angeführten Gleichgewichtsreaktionen sind jede einzelne bis zum Gleichgewicht durchgeführt worden. Dabei wurden die Gleichgewichtsdrucke für die entwickelte CO_2 festgestellt. *Trägt man die Logarithmen dieser Drucke (at) gegen $1/T$ auf, so erhält man Geraden, deren Steigungstangens (multipliziert mit 4,573) die Wärmetönung bei Reaktionstemperatur H_{Rt} ergibt.* Für die 4 Gleichungen auf S. 101 ist das in der folgenden Tabelle als Beispiel zur Darstellung gebracht:

Tabelle 12

Temperatur	tg	H_{Rt} kcal/kmol CO_2	je Formelumsatz	
			tg	kcal
500—600°	6,57	30 500	65,7	300 500
575—650°	4,97	22 800	69,59	318 200
450—600°	6,36	29 600	38,16	174 500
530—630°	5,62	25 650	11,24	51 400

KRÖGER hat auf diese Weise die Wärmetönungen aller bisher bekannten Zwischenreaktionen des Gemenges Soda-Kalk-Kieselsäure berechnet. Dabei ergab sich die überraschende Tatsache, daß der Aufbau

---

[1] HALLE, R. u. W. E. S. TURNER: J. Soc. Glass Technol. Bd. 24 (1940) S. 41.
[2] GOULD, C. E. u. W. M. HAMPTON: Glass Ind. Bd. 11 (1930) S. 249.
[3] KRÖGER, C.: Glastechn. Ber. Bd. 26 (1953) S. 171, 202.

des *Devitrits* und des *Na-Disilikates* aus den ternären Metasilikaten und SiO_2 ein endothermer Vorgang ist, also unter Wärmebindung verläuft. (H hat daher ein positives Vorzeichen.) Überhaupt alle im festen Zustand mit dem Endziel Devitrit verlaufenen Reaktionen waren endotherm.

Mit Hilfe des *Wärmeinhalts der Rohstoffe*, der *Reaktionswärmen* und des *Wärmeinhalts des Reaktionsproduktes* kann man auf zwei Weisen den theoretischen Wärmebedarf der Glasschmelzung errechnen:

Verfahren A. Dieser Wärmebedarf ist gleich der Summe von:

1. Wärmeinhalt der Rohstoffe bis zu ihrer Reaktionstemperatur (H_{Ri}),
2. Wärmetönungen der Reaktionen bei Reaktionstemperatur,
3. Wärmeinhalt des Glases von Reaktionstemperatur bis zum Verlassen des Ofens.

Verfahren B.

1. Wärmetönungen der physikalischen Gemengevorgänge (Umwandlungs-, Schmelz-, Lösungs-Mischungswärmen und der Wärmetönung der chemischen Reaktionen bei Raumtemperatur (H_{25}),
2. Wärmeinhalt der Reaktionsprodukte von Raumtemperatur bis Höchsttemperatur der Schmelze.

Im folgenden (s. S. 116) hat C. KRÖGER nur das Verfahren B benutzt, weil die Wärmetönungen H_{25} besser bekannt sind. Ferner ist die Berechnung des Wärmeinhalts der Gläser erleichtert, weil die spezifischen Werte für die spezifische Wärme (Inkremente) der glasbildenden Oxyde gut bekannt sind, und (mit Ausnahme von Bleigläsern) gute Übereinstimmung mit den experimentell gefundenen Werten liefern.

Von allen Glaseigenschaften läßt sich die spezifische Wärme am besten additiv aus der Zusammensetzung berechnen. Hierzu sind die experimentell zu ermittelnden spezifischen Wärmen der einzelnen Glasoxyde notwendig.

Ist i die Wärmekapazität der Einheit der Masse eines Körpers zwischen T_1 und T_2, so ist die *mittlere spezifische Wärme* $c_m = \dfrac{i}{T_2 - T_1}$. Die *wahre spezifische Wärme c* bei einer bestimmten Temperatur ist definiert als $c = \dfrac{di}{dT}$. Integriert man, so wird $i = \int c \cdot dT$. Setzt man das bestimmte Integral $i = \int_{T_1}^{T_2} c \cdot dT$, so folgt $c_m \dfrac{\int_{T_1}^{T_2} c \cdot dT}{T_2 - T_1}$. Die wahre spezifische Wärme ist von allgemeinem Interesse, da sie Änderungen in der Zusammensetzung anzeigen kann. Die mittlere spezifische Wärme benutzt man zu technischen Berechnungen.[1]

Die spezifischen Wärmen der Gläser ergeben sich aus den spezifischen Wärmen (c_1, c_2 usw.) der %-glasbildenden Oxyde x_1, x_2 usw.):

$$c_p \ (16 \text{ bis } 100° \text{ C}) = x_1 c_1 + x_2 c_2 + x_3 c_3 + \cdots$$

Aus der so ermittelten spezifischen Wärme für Kammertemperatur erhält man nach SHARP und GINTHER[1] die mittleren spezifischen Wärmen für den Temperaturbereich $0 - t°$ C:

---

[1] SHARP, D. E. u. L. B. GINTHER: J. Amer. ceram. Soc. Bd. 34 (1951) S. 260.

$$c_p \ (0 \text{ bis } t^\circ) = \frac{at + c_0}{0,00146\,t + 1}.$$

Diese Formel gilt bis zu 1300° mit einer Genauigkeit von etwa 1%. Die Inkremente und die Koeffizienten a und c_0 können aus der folgenden Tabelle ersehen werden:

Tabelle 13

	Oxydinkremente nach		Koeffizienten	
	WINKELMAN und SCHOTT	SHARP und GINTHER	a	c_0
SiO_2	0,1913	0,1887	0,000468	0,1657
Al_2O_3	0,2074	0,1963	0,000453	0,1765
B_2O_3	0,2272	0,2329	0,000635	0,198
Na_2O	0,2674	0,2736	0,000829	0,2229
K_2O	0,1860	0,2059	0,000335	0,2019
Li_2O	0,5497	—	—	—
CaO	0,1903	0,1871	0,000410	0,1709
MgO	0,2439	0,2346	0,000514	0,2142
ZnO	0,1248	—	—	—
BaO	0,0673	—	—	—
P_2O_5	0,1902	—	—	—

Die *mittleren spezifischen Wärmen* der technischen Gebrauchsgläser liegen innerhalb $\pm$ 2% bei einander. Die Werte sind:

Mittlere spezifische Wärme von 18 bis 300°: 0,22
                          18 bis 1000°: 0,28
                          18 bis 1400°: 0,29

Die spezifischen Wärmen der Bleigläser liegen niedriger, z. B. für 18 bis 1000° bei 0,25[1].

Entsprechend liegen die Wärmeinhalte der Gebrauchsgläser auch beieinander z. B.

von 25 bis 300°: 6200 cal/100 g
,, 25 ,, 1000°: 27000 ,,
,, 25 ,, 1300°: 37300 ,,

Die Wärmeinhalte (Enthalpien) der partiellen Glasanteile der Oxyde (sowie vieler Gläser) sind von SCHWIETE und ZIEGLER[2] für alle Temperaturen angegeben werden.

Eine eingehende Zusammenstellung aller *thermisch-physikalischen Daten der Rohstoffe, Zwischenprodukte und Gläser* ist von C. KRÖGER[3] zusammengestellt worden.

Hier folgen einige Ergebnisse KRÖGERs über den theoretischen Wärmebedarf verschiedener Gläser unter Berücksichtigung aller Reaktionen des Gemenges und auf dieselbe Endtemperatur von 1500° berechnet:

---

[1] SCHWIETE, H. E. u. H. Wagner: Glastechn. Ber. Bd. 10 (1932) S. 26. — ANDERSON, S.: J. Amer. ceram. Soc. Bd. 29 (1946) S. 368. — HARTMANN, H. u. H. BRAND, Glastechn. Ber. Bd. 26 (1953) S. 29; Bd. 27 (1954) S. 12.

[2] SCHWIETE, H. E. u. G. ZIEGLER: Glastechn. Ber. Bd. 28 (1955) S. 137, S. 145 bis 146, Tabellen 18 u. 19.

[3] KRÖGER, C.: Glastechn. Ber. Bd. 26 (1953) S. 206.

Speiser-Wirtschaftsglas .... 62400 kcal pro 100 kg
Tafelglas (Fourcault) .... 71661 kcal pro 100 kg
Geräteglas .... 53650 kcal pro 100 kg
Bleikristallglas .... (53800) kcal pro 100 kg

Diese Gläser weisen also große Unterschiede in ihrem Wärmebedarf auf. Er würde sich noch vergrößern, wenn nicht auf die dieselbe Schmelztemperatur von 1500° umgerechnet worden wäre, sondern wenn die eigentlichen Schmelztemperaturen eingesetzt worden wären, die bei Geräteglas und Bleiglas z. B. viel tiefer liegen.

C. Oberflächenspannung

1. Allgemeine Erscheinungen

Eine frei fallende Flüssigkeit sucht sich zur Kugel zusammenzuballen. Die dadurch gebildeten Tropfen sind bei Wasser groß, bei anderen Flüssigkeiten klein. Der Wassertropfen umgibt sich beim Fall mit einer „gedachten" Spannungsmembran, die auf das Innere einen Druck p ausübt, $p = \dfrac{2 \cdot \sigma}{r}$, wo σ die Oberflächenspannung und r der Radius der Kugel ist. Typische Werte für σ sind: für Hg 500, Wasser 73, Glycerin 64 Benzol 29 dyn/cm. Geschmolzene Gläser haben Werte von etwa 200 bis 300 dyn/cm.

Die Wirkung der Oberflächenspannung bei der Erzeugung und Verarbeitung des Glases ist von großer Bedeutung, mindestens von derselben Bedeutung wie die Viskosität. Wie hier gezeigt werden wird, ist die Oberflächenspannung von Glasarten von geringer Abweichung der chemischen Zusammensetzung verschieden. Diese Unterschiede bestimmen die *Mischbarkeit* während der Einschmelzung des Glases nach H. JEBSEN-MARWEDEL[1] in geradezu entscheidender Weise.

Aber die Oberflächenspannung spielt auch in anderen Stadien der Glasbereitung eine wichtige Rolle. Die Anreicherung gewisser Kationen an der Oberfläche ist eine der wichtigsten Ursachen der *Oberflächen-Entglasung*[2], die früher und energischer einsetzt als die spontane Kristallisation im Inneren.

Sie ist ferner eines der wichtisten *Läuterungsmittel*. Bekanntlich stößt das unter starkem Druck stehende Wasser die in ihm vorhandenen Gasblasen schnell aus. Erniedrigt man aber durch Zusatz von ein wenig Seifenlösung seine Oberflächenspannung auf die Hälfte, so reicht die Spannkraft der Oberfläche nicht aus, um die etwa in ihm enthaltenen Gase auszutreiben. Hierauf beruht der „Seifenblaseneffekt". Das ist die Ursache, daß Gläser mit hoher Oberflächenspannung besser läutern als solche mit niedriger Oberflächenspannung, z. B. Borsäuregläser.

Schließlich ist die Oberflächenspannung bestimmend für die *Korrosion des feuerfesten Materials*, ferner für die *Spinnfähigkeit* der Gläser, denn

---

[1] JEBSEN-MARWEDEL, H.: Verres et Refract. Bd. II (1948) S. 81; J. Soc. Glass Technol. Bd. 32 (1948) S. 62.

[2] TABATA, K.: Ref. in Glastechn. Ber. Bd. 6 (1928) S. 145.

Spinnen bedeutet fortwährende Überwindung der Oberflächenspannung. Auch ist sie verantwortlich für etwa vorkommende Formveränderungen bei der Verarbeitung, z. B. unerwünschte Abrundung der Ecken und Kanten gepreßter Stücke.

2. Oberflächenspannung und Glasschmelze

In Abb. 40a war gezeigt worden, wie die Reaktionen zwischen den Quarzkörnern und den basischen Schmelzmitteln unter Gasentwicklung ablaufen. Der Schmelzspiegel zeigt unmittelbar nach dem Verschwinden des Quarzes Wabenstruktur als Zustand seiner Inhomogenität. Im Laufe der Schmelzung bewegt sich der neugebildete Glasstrom vorwärts, wobei die Waben ausgezogen, aber nicht zerrissen werden. Das wird in Abb. 40b anschaulich bewiesen, denn die aufsteigende Blase zieht die Schlierensysteme weit aus, ohne sie zu durchbrechen[1]. Jede Schliere weicht in Zusammensetzung von den benachbarten Schlieren ab und daher auch in Oberflächenspannung. Nach H. JEBSEN-MARWEDEL gilt für die Schlieren von verschiedener Oberflächenspannung dasselbe Gesetz wie für Flüssigkeiten verschiedener Oberflächenspannung: Niedriger gespannte Flüssigkeiten breiten sich auf denen mit höherer Spannung der Oberfläche zu dünnen Lagen aus, wie z. B. Öl auf Wasser. Flüssigkeiten mit höherer Oberflächenspannung hingegen bilden auf und in denen mit

niedrigerer Oberflächenspannung rundliche Tropfen, die sich von der Umgebung abschließen. Niedriger gespannte Flüssigkeiten haben also mehr Aussicht, sich mit der Umgebung zu mischen als höher gespannte, die dazu neigen, als unlösliche Klumpen zurückzubleiben. Das Schema in Abb. 46 zeigt diese Zustände: *a* ist der Typus

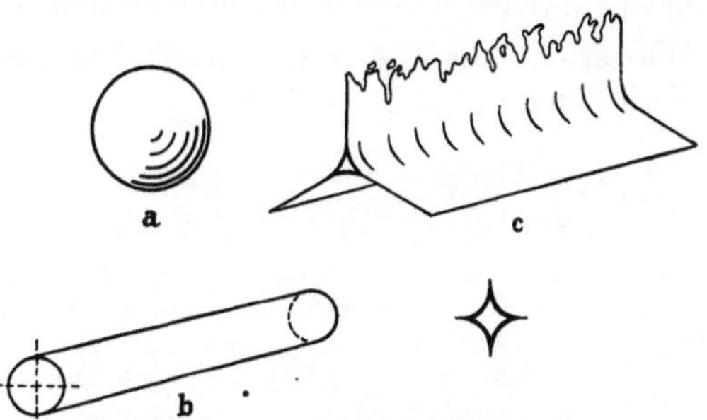

Abb. 46. Schematische Darstellung der Gestaltänderung von Schlieren unter dem Einfluß der Grenzflächenspannung gegenüber dem Mutterglas. a) Kugel-Schliere, b) Strang-Schliere, c) Blatt-Schliere. (Nach JEBSEN-MARWEDEL)

der Kugelschliere hoher Oberflächenspannung im Glase mit niedriger Spannung, *b* ist eine Strangschliere, die aus dieser Kugel entsteht, wenn sie durch den Bewegungsvorgang ausgezogen wird. *c* ist eine Schliere niedriger Oberflächenspannung, die sich nach allen Seiten über das Glas ihrer Umgebung auszubreiten sucht. Sie hat also eine geringere Lebensdauer als die hartnäckige Schliere *a* oder *b*. JEBSEN-MARWEDEL hat ferner gezeigt, daß die Oberflächenspannung eine so starke Kraft ist, daß sie selbst dem Unterschied in den spezifischen Gewichten der benachbarten Gläser, d. h. also selbst der Schwerkraft entgegenwirkt. Alle diese Eigenschaften zweier Gläser mit verschiedener Oberflächenspannung lassen sich an Hand der folgenden Abbildungen beschreiben:

---

[1] JEBSEN-MARWEDEL, H.: Naturwiss. Bd. 19 (1931) S. 1036.

Abb. 47 zeigt Bilder von Schmelzkuchen, die aus den gleichen Teilen zweier Gläser bestehen. Das obere dunkle Glas ist in allen 8 Bildern dasselbe. Das helle Glas hat ursprünglich eine niedrigere Oberflächen-

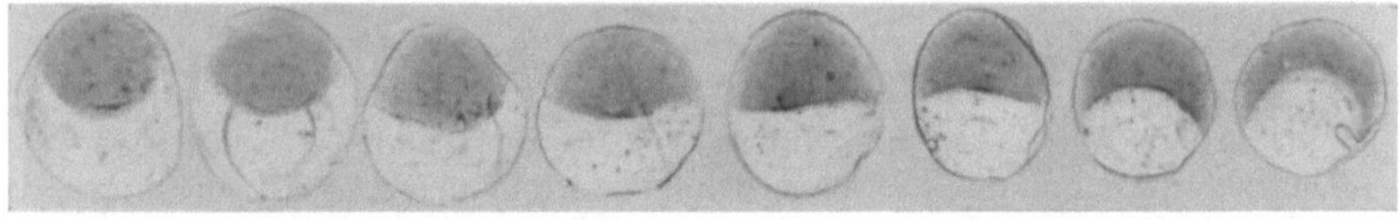

Abb. 47. Grenzfläche zweier Gläser verschiedener Oberflächenspannung. (Nach JEBSEN-MARWEDEL)

spannung als das dunkle. Deshalb sucht es im es ersten Bilde das dunkle zu umhüllen, während das dunkle Glas sich zur Kugel zusammenzieht. Dann wird dem hellen Glas zwecks Erhöhung der Oberflächenspannung mehr und mehr Al_2O_3 zugesetzt, wodurch seine Oberflächenspannung schnell steigt. Abb. 47, Bild 5 mit 12,5% Al_2O_3 verrät, daß hier die Oberflächenspannung beider Gläser gleich ist, denn keines derselben umhüllt das andere. Bei höheren Gehalten an Al_2O_3 wird schließlich die Oberflächenspannung des weißen Glases so groß, daß es sich völlig zur Kugel geballt hat.

Abb. 48 zeigt den Verlauf des Mischvorgangs folgendermaßen. Im oberen Bild ist ein Wassertropfen auf die Oberfläche von Essigsäure gelegt worden.

Wasser   hat s. g. = 1, Oberflächenspannung 73 dyn/cm
Essigsäure ,,   s. g. = 1,049   ,,   27,8 dyn/cm

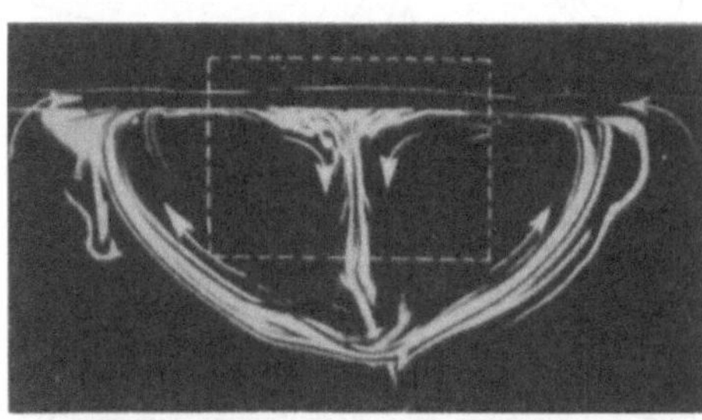

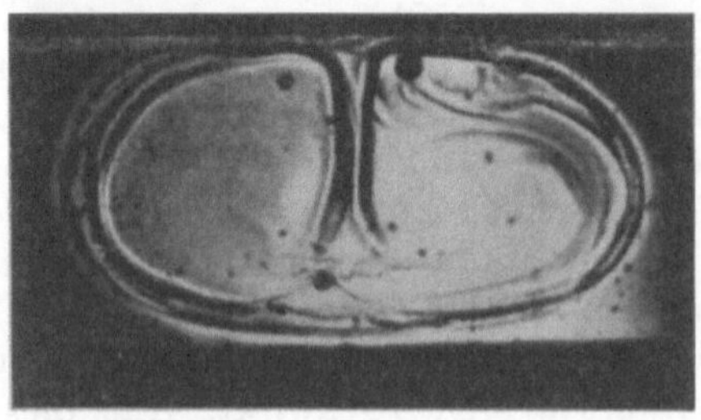

Man sieht, wie das leichtere Wasser in der Mitte nach unten fällt der Schwerkraft entgegen, während die schwerere Essigsäure nach oben strömt, ebenfalls entgegen der Schwerkraft und sich oben über dem Wassertropfen ausbreitet. Das treibende Moment ist hier die niedrigere Oberflächenspannung der Essigsäure, die den Tropfen umhüllt, langsam löst, um ihn schließlich ganz aufzulösen. JEBSEN-MARWEDEL nennt dies ein *dinaktives Flüssigkeitspaar*.

Im unteren Bild wird die Übertragung auf die Glasschmelze gezeigt: In der Mitte oben ist etwas Schlakkenglas (d.h. mit abgeschmolzenem feuerfestem Stein-

Abb. 48. Schlierenwirbel an 2 dynaktiven Flüssigkeitspaaren. Oben Wassertropfen auf Essigsäure. Unten Glasschleim (Lösung von feuerfestem Material auf dem Grundglas. (Nach JEBSEN-MARWEDEL)

material gesättigtes Glas in einer Umgebung eines Glases von niedrigerer Oberflächenspannung. Man erkennt, daß der Misch- und Auflösungsvorgang genau dem von Wasser und Essigsäure gleicht.

Die Oberflächenspannung ist also die treibende Kraft bei der Homogenisierung der Glasschmelze. Die Glassträhnen niedriger Oberflächenspannung umhüllen und durchdringen diejenigen höherer Gespanntheit, wozu bereits Unterschiede von 3 dyn/cm, also von nur 1% ausreichen. Aber sie kann auch hinderlich wirken, wenn sie die Tropfen der Schlakkengläser zu Kugeln zusammenballt, ihre Mischung mit dem Glas der Umgebung verhindert und Schuld an der Anwesenheit der Schlieren im verarbeiteten Glase trägt. Die mischende Kraft der Oberflächenspannung scheint selbst intensiver zu wirken als die der thermischen Bewegung der Schmelze[1].

3. Oberflächenspannung und Konstitution des Glases

Die Oberflächen von Glasschmelzen sind ebenso ungesättigt wie die der Gläser und Kristalle bei gewöhnlicher Temperatur. Die SiO_4-Tetraeder liegen in unvollständiger Koordination vor, also z. T. mit fehlenden O^{2-}-Ecken. Das ist die Ursache einer natürlichen Entmischung der Schmelze.

Man kann die Oberflächenspannung σ additiv aus den entsprechenden Spannungen der Oxyde berechnen: $\sigma = p_1 F_1 + p_2 F_2 + p_3 F_3 + \cdots$, wo p die „reduzierten" Mol-% und F ihre Wirkungsfaktoren (Inkremente) sind[2]. Werden die F_σ-Werte in Abhängigkeit von den r/z-Werten der betreffenden Kationen aufgetragen, so entsteht nach DIETZEL Abb. 49. Hier sind 3 Linienzüge für starke, mittlere und schwache Kationen abgebildet. PbO und V_2O_5 mit den negativen Faktoren $-3,4$ und -10 fallen aus dem Rahmen. Mg kann als MgO_6 als Kation und MgO_4 als Anion auftreten (im Schnittpunkt der Geraden). PbO und V_2O_5 werden wegen der leichten Deformierbarkeit der Ionen aus der Struktur heraus an die Oberfläche gedrückt. Dasselbe erfolgt mit den Alkalien wegen ihrer sehr geringen spezifischen Oberflächenspannung.

Die Anreicherung der Oberfläche mit Alkalien wird mit steigender Alkalikonzentration geringer, weil dann mehr SiO_4 an die Oberfläche gerät.

Aber selbst beim Pyrexglas wandern sie zur Oberfläche, wenn man es erhitzt.

In der Abb. 49 ist der absteigende Ast für die einwertigen Kationen in 2 Teile gespalten. Damit ist zum Ausdruck gebracht, daß auch die Alkalien sich an der Oberfläche anreichern. Die Berechnung des Faktors aus der Durchschnittszusammensetzung (Inneres und Oberfläche) ergibt deshalb zu niedrige Werte, weshalb beide Äste nötig erschienen, um beide Arten von Kationen zu berücksichtigen. Das gilt nur für die deformierbaren Kationen Na^+ und K^+, nicht aber für Li^+, das deshalb am Anfang der Spaltung steht.

---

[1] JEBSEN-MARWEDEL, H.: Glastechn. Ber. Bd. 15 (1937) S. 163; Bd. 22 (1948) S. 4; Kolloid-Z. Bd. 60 (1932) S. 37; Bd. 111 (1948) S. 46; Bd. 137 (1954) S. 118; Z. angew. Chem. Bd. 50 (1937) S. 400.

[2] DIETZEL, A.: Kolloid-Z. Bd. 100 (1942) S. 368.

Bor kommt in der Schmelze nur in Dreier-Koordination vor (im starren Glase auch in der Vierer-Koordination. Selbst kleine Zusätze von Bor verbessern deshalb den Glanz der Oberfläche[1]. Deshalb besteht bei den Bedingungen der Schmelze keine Borsäureanomalie für die Oberflächenspannung. Die Oberflächenspannung sinkt, wenn an Stelle von O^{2-}-Ionen andere Anionen wie S^{2-}, F^-, $(SO_4)^{2-}$ oder $(OH)^-$ eintreten. Diese wirken dann wie Netzmittel und reichern sich an der Oberfläche an.

Bei 1300° und bei verschiedenen Glasreihen wurde Absinken der Oberflächenspannung mit zunehmendem Ionenradius gefunden, also in der Reihenfolge $Si^{4+} \rightarrow Na^+ \rightarrow K^+$. Bei den zweiwertigen Ionen nahm sie ab in der Reihenfolge $Mg^{2+} \rightarrow Ca^{2+} \rightarrow Sr^{2+} \rightarrow Ba^{2+} \rightarrow$ und Zn^{2+} nebst Cd^{2+}. Bei der Eisengruppe hingegen wurde Absinken der Oberflächenspannung mit

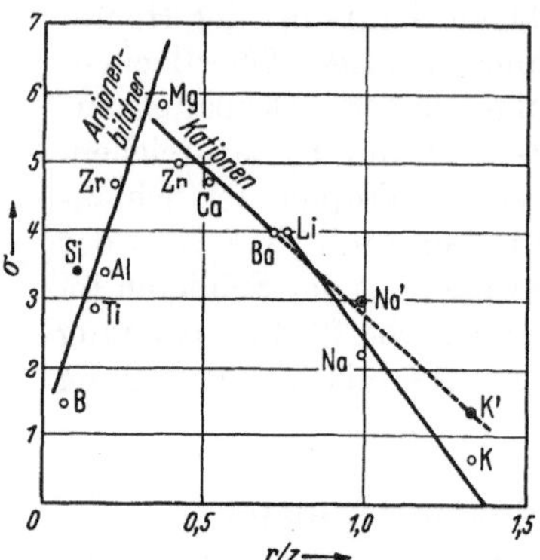

Abb. 49. Wirkungsfaktoren σ verschiedener Oxyde in Gläsern auf deren Oberflächenspannung in Abhängigkeit vom r/z-Wert der betreffenden Kationen. (Nach DIETZEL)

abnehmendem Ionenradius gefunden: $Fe^{2+} \rightarrow Co^{2+} \rightarrow Ni^{2+}$. In einem sehr bleireichen Glase wurde die Oberflächenspannung durch geringe Mengen WO_3 oder MoO_3 von 225 auf 175 dyn/cm herabgesetzt[2].

Der *Temperatur-Koeffizient* der Oberflächenspannung ist klein[3]. Er liegt häufig bei $-0,04$ bis $-0,07$ dyn/cm/° C. Die Oberflächenspannung nimmt also mit steigender Temperatur langsam ab. Aber asymmetrische Ionen, wie z. B. Pb-Ionen, die wegen ihrer Nichtedelgasstruktur polarisierbar sind, verhalten sich anders. Im Inneren der Kristalle beeinflussen sie Festigkeit und Viskosität usw. wenig, wohl aber an Oberflächen, sowohl gegen Luft wie gegen Metalle. Hier werden sie orientiert und beeinflussen Oberflächenspannung, Hygroskopizität, Reibung, Adhäsion und elektrische Eigenschaften[4]. Das ist auch die Ursache, daß Bleigläser einen *positiven Temperaturkoeffizienten* der Oberflächenspannung haben. Er bedeutet, daß bei niedrigerer Temperatur weniger Energie benötigt wird, um Moleküle aus dem Inneren zur Oberfläche zu bringen als bei höheren Temperaturen. Das heißt, daß bei niedrigeren Temperaturen gewisse Gruppen in die Oberflächen in geordneter Weise eintreten und deren freie Energie nicht so stark erhöhen, als dieselben Gruppen im Zustande der Unordnung bewirken würden. Mit steigender Temperatur wird diese Ordnung aber durch die thermische Bewegung gestört werden. Daher kommt es, daß geschmolzenes PbO einen positiven Temperaturkoeffizienten der Oberflächenspannung hat. Dasselbe gilt für reine B_2O_3-Schmelzen, deren (BO_3)-Dreiecke (bzw. flache Tetraeder) sehr asymmetrisch gelagert sind[4]. In den Zwischengliedern der $PbO-B_2O_3$-

[1] WEYL, W.: Glass Science Bull. Bd. V (1947) S. 61.
[2] APPEN, A. A. u. K. A. SCHISCHOW: Silikat-Techn. Bd. 4 (1953) S. 104.
[3] KEPPELER, G. u. A. ALBRECHT: Glastechn. Ber. Bd. 18 (1940) S. 236, 275.
[4] WEYL, W. A.: J. Soc. Glass Technol. Bd. 32 (1948) S. 247.

Reihe ist dagegen dieser Koeffizient negativ. Das prägt sich in den folgenden Daten aus den Systemen $PbO-B_2O_3$ und $PbO-SiO_2$ aus[1]:

Im System $PbO-B_2O_3$ bleibt die Oberflächenspannung bei 900° von 0 bis 40% PbO konstant 79 dyn/cm, steigt dann bis zu einem Maximum von 163 für 80% PbO, um dann wieder auf 132 dyn/cm für 100% PbO zu fallen.

Im System $PbO-SiO_2$ hingegen steigt bei 1000° die Oberflächenspannung von 0 bis 35% SiO_2 stetig an. Sie beträgt bei 3% SiO_2 142 dyn/cm, bei 15% SiO_2 195, bei 24% SiO_2 219, bei 30% SiO_2 231 dyn/cm, um dann weniger stark anzusteigen. Die Wirkung der Borsäure geht aus diesen vergleichenden Zahlen klar hervor.

Die Erhöhung der Oberflächenspannung in alkalireichen Boratschmelzen[2] folgt der Reihe $Li^+ > Na^+ > K^+$. Aber bis zu 15 Mol-% Alkali war die Reihenfolge umgekehrt, und der Temperaturkoeffizient hatte ungefähr denselben Wert wie der von B_2O_3. Dies scheint mit einer gewissen Entmischung in der Oberfläche zusammenzuhängen.

Die Oberflächenspannung basischer Silikatschmelzen verläuft linear mit der Zusammensetzung bei Schmelzen aus $CaO-SiO_2$, $MnO-SiO_2$, $FeO-SiO_2$ und $MgO-SiO_2$. SiO_2 erniedrigt sie, ist aber nicht ausgesprochen oberflächenaktiv. Schlacken mit hoher Feldstärke haben einen positiven Temperaturkoeffizienten der Oberflächenspannung (s. S. 120). Diese Anomalität tritt in sauren Schlacken stärker hervor als in basischen. So erhöht sich z. B. die Oberflächenspannung von eutektischem Mangansilikat von 447 dyn/cm bei 1315° bis auf 460 dyn/cm bei 1600°. Bei der Abkühlung gemessen, ergeben sich höhere Werte der Oberflächenspannung als beim Anheizen[3].

Auch bei anderen Schmelzen wurde diese Änderung bei steigender Erhitzungsdauer gefunden, so z. B. bei optischen Gläsern[4].

Der Verlauf der Oberflächenspannung eines *Fensterglases* im Erweichungsbereich wurde gemessen zu[5]:

595°	...... 10600 dyn/cm		686°	...... 300 dyn/cm
606°	...... 1070 ,,		708°	...... 274 ,,
614°	...... 420 ,,		730°	...... 268 ,,
620°	...... 354 ,,		758°	...... 262 ,,
635°	...... 338 ,,			

Hier folgen noch einige Angaben über die Beeinflussung der Oberflächenspannung durch Änderung der Zusammensetzung des Glases: Bei Natron-Kalk-Silikagläsern wird sie durch Zusatz von 2 bis 8% Al_2O_3 um 3,4 dyn/cm für jedes Prozent Al_2O_3 erhöht[6]. Dabei hatten

---

[1] SHARTSIS, L., S. SPINNER u. A. W. SMOCK, J. Amer. ceram. Soc. Bd. 31 (1948) S. 23.

[2] SHARTSIS, L. u. W. Capps: J. Amer. ceram. Soc. Bd. 35 (1952) S. 169.

[3] KING, T. B.: J. Soc. Glass Technol. Bd. 35 (1951) S. 241.

[4] SHARTSIS, L. u. A. W. SMOCK: J. Amer. ceram. Soc. Bd. 30 (1947) S. 130.

[5] OCHOTIN, M. W.: Ref. in Glastechn. Ber. Bd. 27 (1954) S. 469.

[6] PARMELEE, C. W. u. C. G. HARMAN: J. Amer. ceram. Soc. Bd. 20 (1397) S. 224.

alle untersuchten Gläser denselben Temperaturkoeffizienten, nämlich
−0,017 dyn/cm per °C.

PARMELEE und Mitarbeiter[1] maßen die Änderung der Oberflächen-
spannung eines Grundglases $1{,}4\,Na_2O \cdot 0{,}9\,CaO \cdot 6{,}0\,SiO_2$ ($= 17{,}4\%\ Na_2O$,
$10{,}1\%\ CaO$, $72{,}5\%\ SiO_2$) nach der Blasendruckmethode bei 1200° und
fanden als Wert 304 dyn/cm.

Die folgenden Werte der Oberflächenspannung wurden erreicht durch
Zusätze:

302 dyn/cm durch Zusatz von				0,015 Mol	Li_2O	oder 0,30 Mol TiO_2
304	,,	,,	,,	,, 0,03 ,,	SiO_2	
306	,,	,,	,,	,, 0,030 ,,	CaF_2	
307	,,	,,	,,	,, 0,030 ,,	CaO	oder von 0,015 Mol Mn_2O_3
						oder von 0,030 Mol BaO
308	,,	,,	,,	,, 0,030 ,,	NiO	
312	,,	,,	,,	,, 0,030 ,,	CoO	oder 0,015 Mol Fe_2O_3
314	,,	,,	,,	,, 0,030 ,,	ZnO	oder 0,015 Mol Al_2O_3
316	,,	,,	,,	,, 0,030 ,,	MgO	
318	,,	,,	,,	,, 0,030 ,,	CeO_2	
320	,,	,,	,,	,, 0,030 ,,	ZrO_2	
300	,,	,,	,,	,, 0,015 ,,	Na_2O	
296	,,	,,	,,	,, 0,015 ,,	B_2O_3	
294	,,	,,	,,	,, 0,015 ,,	K_2O	
272	,,	,,	,,	,, 0,030 ,,	PbO	
235	,,	,,	,,	,, 0,015 ,,	V_2O_5 .	

Die Stellung der Kationen im Periodischen System schien hier ohne
Einfluß zu sein mit Ausnahme der Reihe $Li > Na > K$. Dieselben
Messungen bei 1350° zeigten sehr wenig niedrigere Werte mit Ausnahme
der Gläser mit PbO und V_2O_5, die sehr wenig größer waren, nämlich nur
1 bis 6 Einheiten. Sechs untersuchte Gläser des Handels hatten Oberflächenspannungen von 300 bis 318 dyn/cm. Ein Bleiglas hatte 247,
ein Borglas 244 dyn/cm bei 925°.

An einem Grundglas der Zusammensetzung:

74,4%	SiO_2	0,2%	MgO
0,2%	Al_2O_3	17,0%	Na_2O
7,9%	CaO	0,3%	SO_3

maß C. L. BABCOCK[2] die folgenden Oberflächenspannungen nach der
Methode des eintauchenden Zylinders bei 1400°:

1100° .... 309 dyn/cm		1245° .... 307 dyn/cm	
1230° .... 308 ,,		1400° .... 303 ,,	

Bei Ersatz eines der Oxyde durch ein anderes in der Menge von
0,1 Mol wurde die Oberflächenspannung um die folgenden Beträge
erhöht:

---

[1] BADGER, A. E., C. W. PARMELEE u. A. E. WILLIAMS: J. Amer. ceram. Soc.
Bd. 20 (1937) S. 325. — LECRENIER, A. u. P. GILARD: Bull. Soc. Chim. Belge
Bd. 34 (1925) S. 27.

[2] BABCOCK, C. L.: J. Amer. ceram. Soc. Bd. 23 (1940) S. 12.

Al_2O_3	an Stelle von Na_2O	um 64,3 dyn/cm
Al_2O_3	„ „ „ SiO_2	„ 42,0 „
MgO	„ „ „ Na_2O	„ 38,7 „
CaO·MgO	„ „ „ Na_2O	„ 37,4 „
CaO	„ „ „ Na_2O	„ 36,1 „
Al_2O_3	„ „ „ CaO	„ 28,2 „
Al_2O_3	„ „ „ CaO·MgO	„ 26,9 „
Al_2O_3	„ „ „ MgO	„ 25,6 „
SiO_2	„ „ „ Na_2O	„ 22,3 „
MgO	„ „ „ SiO_2	„ 16,4 „
CaO·MgO	„ „ „ SiO_2	„ 15,1 „
CaO	„ „ „ SiO_2	„ 13,8 „
MgO	„ „ „ CaO	„ 2,6 „
MgO	„ „ „ CaO·MgO	„ 1,3 „
CaO·MgO	„ „ „ CaO	„ 1,3 „

Da die Oberflächenspannung innerhalb der Fehlergrenzen von etwa 4 dyn/cm eine additive Eigenschaft ist (s. S. 119), kann man die Wirkungsfaktoren jeden Oxydes (Inkremente) aus den gefundenen Werten ausrechnen: Hier folgen Zahlen für Glas bei 1200 und 1400° von K. C. LYON[1] und für ein basisches Email bei 900° und ein Glas von A. DIETZEL[2].

Tabelle 14

	nach LYON		nach DIETZEL	
	bei 1200°	bei 1400°	Email bei 900°	Glasschmelze
SiO_2	3,25	3,24	3,40	3,4
Fe_2O_3	4,5	4,4	4,5	—
Al_2O_3	5,98	5,85	6,2	3,4
B_2O_3	0,23	—0,23	0,8	1,5
CaO	4,92	4,92	4,8	4,7
MgO	5,77	5,49	6,6	5,8
BaO	3,7	3,8	3,7	4,0
Na_2O	1,27	1,12	1,5	2,2
K_2O	0,00	—0,75	0,1	0,7
Li_2O..........	—	—	4,6	4,0
PbO	—	—	1,2	—3,4
ZnO	—	—	4,7	5,0
TiO_2	—	—	3,0	2,9
V_2O_5..........	—	—	—6,1	—10
ZrO_2..........	—	—	4,1	4,7
CaF_2	—	—	3,7	—
CoO	—	—	4,5	—
NiO	—	—	4,5	—
MnO	—	—	4,5	—
CrO_3..........	—	—	—5,9	—
SO_4	—	—	—	—40

Anionen erniedrigen die Oberflächenspannung stark. Die an Sauerstoff reichen Oxyde V_2O_5, CrO_3 und SO_4 stehen in der vorstehenden Tabelle mit negativem Vorzeichen des Wirkungsfaktors. Besonders wirksam ist SO_4. Das wirkt sich in der Oberflächenspannung sulfatfreier und sulfat-

[1] LYON, K. C.: J. Amer. ceram. Soc. Bd. 27 (1944) S. 186.
[2] DIETZEL, A.: Sprechsaal Bd. 75 (1942) S. 83. Mitt. dtsch. Ker. Ges. (1949) S. 12, 15; Ref. in Glastechn. Ber. Bd. 28 (1955) S. 166; Kolloid-Z. Bd. 100 (1942) S. 373.

haltiger Gläser mit einem Unterschied von nicht weniger als 65 dyn/cm, das ist nicht weniger als 23% der Oberflächenspannung aus. Bei einem Sulfatgehalt des Glases von 1% SO_3 erhält man 264 gegen 311 dyn/cm, also 17,8% weniger[1].

Wahrscheinlich ist dieser Einfluß des Sulfats auch bei der starken Beeinflussung der Oberflächenspannung durch die Ofenatmosphäre wirksam. Diese ist allerdings in der Hauptsache durch die *Gase* bedingt. Ein Schmelzkuchen hatte in oxydierender Atmosphäre 36 mm Durchmesser und 3,5 mm Höhe. Lediglich durch Reduktion zog er sich zu einem rundlichen Tropfen von nur 27 mm Durchmesser und 6,5 mm Höhe zusammen. Entsprechend wuchs der Kontaktwinkel von etwa 20° auf etwa 80°. Dieser Vorgang war reversibel[2]. Hier folgen einige Oberflächenspannungen von Gläsern in verschiedenen Atmosphären nach JEBSEN-MARWEDEL:

Tabelle 15

	oxydierend	reduzierend
Tafelglas	308 dyn/cm	395 dyn/cm
Bleiglas	194 ,,	260 ,,

Die verschiedenen *Ofengase* wirken folgendermaßen: SO_2 erzeugt die niedrigste Spannung (Sulfatbildung!), CO_2 verhält sich wie Luft. NH_3, H_2 und H_2O liefern höhere Werte als in Luft[3]. Dem entspricht in etwa die *Benetzungsfähigkeit* der geschmolzenen Silikat- und Boratgläser. In Atmosphären von N_2, H_2, CO_2 und H_2O benetzen sie nicht, wohl aber sehr intensiv in Gegenwart kleiner Mengen von O_2[4].

4. Die Oberflächenspannung bei der Verarbeitung

Bei der *Glasverarbeitung* in jeder Form wirkt sich die Oberflächenspannung z. B. durch Abrundung der Kanten gepreßter Gegenstände aus. Sie läßt sich durch Erhitzung der Mitte eines hängenden Glasfadens sichtbar machen. Dort erweicht das Glas, zieht sich zur Kugel zusammen und verkürzt den Faden. Ist er zu schwer, dann reißt er ab[5]. $2\,\pi\,r\cdot a = \pi\cdot r^2\cdot l\cdot s$, wo a die Oberflächenspannung, l die Länge und s das spezifische Gewicht ist. Hieraus folgt $a = \dfrac{r\cdot l\cdot s}{2}$.

Das *Spinnen von Glasfäden* ist von der Oberflächenspannung und der Viskosität abhängig[6]. Die Spinnfähigkeit viskoser Flüssigkeiten in Abhängigkeit von der Fadenlänge und der Viskosität wurde von TAMMANN und TAMPKE durch eine Parabel wiedergegeben: $l^2 = 2\,p\,(\eta - \eta_0)$, wo η_0 die Viskosität bedeutet, bei der die Fadenlänge Null wird. $2\,p$ ist die

---

[1] DIETZEL, A. u. E. WEGNER: Ver. Max Planck-Inst. Silikatforschg Würzburg Bd. 13 (1953) S. 121.

[2] JEBSEN-MARWEDEL, H.: Glastechn. Ber. Bd. 28 (1955) S. 161.

[3] VICKERS, A. E.: J. Soc. chem. Ind. Bd. 57 (1938) S. 14.

[4] SLAWANSKI, W. T.: Ref. in Glastechn. Ber. Bd. 27 (1954) S. 419.

[5] TAMMANN, G. u. R. TAMPKE: Z. anorg. Chem. Bd. 162 (1927) S. 1. — TAMMANN, G. u. H. RABE: Z. anorg. Chem. Bd. 162 (1927) S. 17.

[6] EITEL, W. u. F. OBERLIES: Glastechn. Ber. Bd. 15 (1937) S. 228.

Parabelkonstante. Die Abhängigkeit von der Ziehgeschwindigkeit ist dann $l^2 = 2\,p \cdot v$. Die Abhängigkeit des Fadenziehens von der Zeit z wird ausgedrückt durch $l = \dfrac{1}{z}\,\sqrt{2}\,p + c$. Die Abhängigkeit der Länge von der Temperatur folgt aus $\log l = -a\,t + b$. p, a, b und c sind Konstanten. Diese 3 Hauptfaktoren sind bei der Bildung von Glasfäden zu kombinieren (s. S. 330).

Erhitzt man eine Stelle eines dünnen Glasfadens und mißt seine Längenänderung, so beobachtet man mit steigender Temperatur zunächst Dehnung des Fadens von A bis B, dann Verkürzung durch Schrumpfung an der erhitzten Stelle bis C. Schließlich verlängert der Faden sich wieder bei weiterer Temperatursteigerung bis D, wenn die Last größer geworden ist, als die Oberflächenspannung des Fadens tragen kann. Dicht unterhalb des Maximums B wird die Oberflächenspannung des Fadens gleich seiner Zugfestigkeit. Bei der Temperatur des Punktes C wird die Oberflächenspannung gleich der Last, die an der erhitzten Stelle des Fadens angreift. Da nach TAMMANN nur die halbe Oberflächenspannung die Schrumpfung bewirkt, so gilt $2 \times$ Oberflächenspannung $= \dfrac{\text{Gewicht des Fadens}}{\text{Umfang}}$.

Die beste Spinnbarkeit ist dann vorhanden, wenn ein dünner und unendlich langer Faden gezogen werden kann. Dieses Maximum liegt bei verschiedenen Flüssigkeiten bei verschiedenen Viskositäten. Wichtiger ist die Oberflächenspannung, die Molekülform (mehr oder weniger stabförmig) und die innere Kohäsion des Werkstoffes[1].

Die Beziehung der *Schrumpfung* zu der an dem Faden hängenden Last ergab nach SAWAI und NISHIDA[2] oberhalb 625° eine kontinuierliche Kurve mit 2 Knickpunkten. Bei 600° erschien ein weites Intervall ohne Längenänderung, das sich bei tiefen Temperaturen noch erweiterte. Für die Fließgrenze des Glases sind folgende Werte typisch:

Tabelle 16

°C	Fließgrenze in mg/mm² bei einer Fadendicke von		
	0,07 mm	0,17 mm	0,27 mm
550	4048,5	6878,0	6897,0
575	341,8	2542,5	2600,0
600	—	146,8	287,3

Die Verfasser finden den Schrumpfungswert von dünneren Fäden bei niedrigen Temperaturen viel kleiner als bei dicken Fäden. Sie bringen dies in Zusammenhang mit den Vorstellungen von GRIFFITH und ROSENHAIN über die *Kettenstruktur* im Glasgefüge (s. S. 23 u. 336). In diesen schnell ausgezogenen Fäden seien die Ketten weitgehend parallel geordnet, so daß die Schrumpfung erschwert wird.

Die Oberflächenspannung nimmt mit steigender Temperatur langsam ab, während die Schrumpfungskraft stark zunimmt. Wie die Tabelle

---

[1] ERBING, H.: Kolloid-Z. Bd. 77 (1936) S. 213.

[2] SAWAI, J. u. M. NISHIDA: Z. anorg. Chem. Bd. 193 (1930) S. 133; Bd. 204 (1932) S. 60.

zeigt, nimmt die Fließgrenze von sehr hohen Werten bei tiefen Temperaturen ab und erreicht beim Maximum der Schrumpfungskraft den Wert Null.

D. Entfärbung

1. Allgemeines zur Entfärbung (s. a. S. 268)

Die geringst zulässigen Mengen von färbenden Fremdoxyden, die in oxydierender Atmosphäre nach keine Färbung hervorrufen, sind[1]:

TiO_2 .... 0,5% und vielleicht mehr	MnO_2 .... 0,1%
Cr_2O_3 .... 0,001%	CoO 0,0005%
V_2O_5 .... 0,1%	CuO 0,01%
NiO 0,0005%	

Das übliche färbende Oxyd der Gläser, das Eisen, scheint in noch kleineren Mengen schon Farbträger zu sein. Die Entfärbung des Glases kann nach G. JAECKEL[2] in chemische und physikalische Entfärbung eingeteilt werden. Die *chemische Entfärbung* besteht in der Überführung des färbenden Oxyds in eine farblose oder weniger farbkräftige Form durch eine chemische Umsetzung. Die *physikalische Entfärbung* besteht in der Zufügung einer Farbe, die die Komplementärfarbe der färbenden Farbe darstellt. Meist wird hierfür das Selen benutzt. Beide zusammen ergeben dann im günstigsten Falle ein Grau. Dies geschieht auf Kosten der Lichtdurchlässigkeit, während die chemische Entfärbung die Lichtdurchlässigkeit wenig beeinflußt. Bei der physikalischen Entfärbung muß man also einen Farbstoff aussuchen, der im Gebiet der Durchlässigkeit des ursprünglichen Farbstoffs durch vermehrte Absorption dessen Licht wegnimmt. Das ist der Grund der Verringerung der Lichtdurchlässigkeit solcher Entfärbungsmittel. Aber auch die chemische Entfärbung ist nur schwierig völlig durchzuführen, so daß der alte Satz noch Geltung hat: Die beste Entfärbung ist die Verwendung eisenärmster Rohstoffe und Vermeidung von Verunreinigung während der Schmelze.

Der Farbträger ist allgemein das Eisen, das selbst in hundertstel Prozenten je nach dem Grad der Reduktion blaugrün bis gelbgrün, bei Gegenwart von Schwefel sogar schwarzbraun färbt. Zweiwertiges Fe färbt viel stärker als dreiwertiges. Daher versucht man bei chemischer Entfärbung so viel Eisen wie möglich in die dreiwertige Form überzuführen. In den Gläsern liegen beide Oxydationsstufen nebeneinander vor. Gläser mit 1% Eisenoxyden sind noch blau, wenn 0,3% als FeO und 0,7% als Fe_2O_3 vorliegen. Gläser mit 3% Eisenoxyden sind noch tief blau bei 2,3% FeO und 0,7% Fe_2O_3 und grün bei 0,7% FeO und 2,3% Fe_2O_3. Die weit durchgeführte Oxydation führt also nicht zur Bildung einer farblosen Eisenverbindung, sondern nur zu einer Aufhellung. Auf S. 266 wird allerdings von einer farblosen Form des Eisens die Rede sein, doch tritt diese nie allein auf.

---

[1] PRESTON, E. u. W. E. S. TURNER: J. Soc. Glass Technol. Bd. 25 (1941) S. 5.
[2] JAECKEL, G.: Glastechn. Ber. Bd. 8 (1930) S. 257.

J. LÖFFLER[1] teilt die Reaktionen der chemischen Entfärbung in 4 Gruppen ein:

1. Mn^{3+}, Ce^{4+}, $(AsO_3)^-$.   Reaktion: Ionenumladung z. B. $Ce^{4+} + Fe^{2+} = Ce^{3+} + Fe^{3+}$.

2. SO_3, N_2O_5, MnO_2, CeO_2, Pb_3O_4, BaO_2.   ,,   Übersättigung des Glases mit O_2, so daß Dissoziation von Fe_2O_3 verzögert wird.

3. As_2O_5, Ce_2O_3, MnO.   ,,   Komplexe Bindung des Fe, wodurch Dissoziation von Fe_2O_3 verzögert wird.

4. La_2O_3.   ,,   Überführung des gefärbten Fe-As-Komplexes in eine farblose Verbindung.

Bei der Lanthan-Entfärbung wird die Lichtdurchlässigkeit bedeutend erhöht. Leider sind diese Gläser sehr lichtempfindlich. Auch bei den mit As entfärbten und geläuterten Gläsern ist die Lichtempfindlichkeit ein Nachteil. Mn und As kommen in drei dieser Gruppen vor. Ihre Anwendung ist daher sehr an die Versuchsbedingungen gebunden.

In einem Glase, das ohne Entfärbungsmittel erschmolzen wurde, ist nach JEBSEN-MARWEDEL und BECKER[2] der vom Eisengehalt herrührende Farbstich eine Funktion des Sauerstoffdrucks in der Schmelze. Er wird durch die Sauerstoffabgabe der Oxyde (Fe_2O_3, SO_3, As_2O_5 usw.) geregelt. Der Farbstich ist bei Sodaschmelze bläulich, bei Sulfatschmelze grau-grünlich. Bei steigendem Scherbenzusatz wechselt der Farbstich von grün nach bläulich. Der Einfluß der Temperatur äußert sich wie folgt: bei 1250° grün, bei 1500° blau, bei Reduktion Übergang von grün nach tiefbraun (Sulfidfärbung). Bei Reduktion und Arsenikzusatz bei 1400° tritt die Braunfärbung

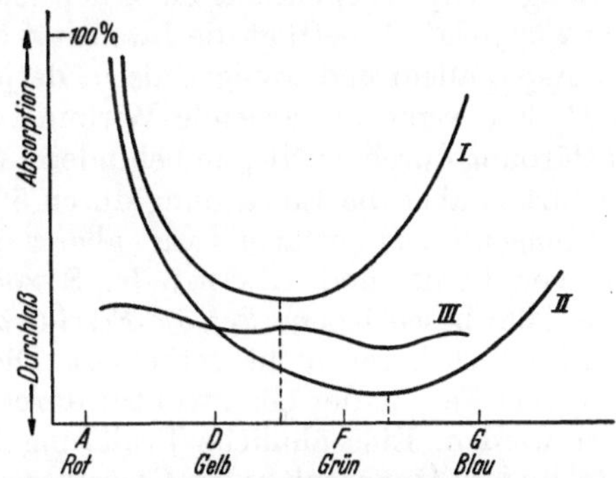

Abb. 50. Verschiedene Lichtdurchlässigkeit von Gläsern mit wechselndem Fe_2O_3 FeO-Verhältnis (Nach ZSIGMONDY). Glas I hat wenig FeO, Hauptdurchlaß im Gelb-Grün-Gebiet Glas II hat viel FeO, Hauptdurchlaß im Grün-Blau-Gebiet Glas III ist entfärbt und zeigt Einfluß der Entfärbung auf Durchlaß und Absorption

wegen des durch As_2O_3 verursachten höheren Sauerstoffdruckes der Schmelze erst später auf. Die Durchlässigkeit entfärbten und nicht entfärbten Glases geht anschaulich aus Abb. 50 hervor.

2. Die Durchführung der Entfärbung

Wird die Entfärbung mit *Arsenik* durchgeführt, so liegt bei oxydierender Atmosphäre 90 bis 95% des zugesetzten As_2O_3 im Glase als As_2O_5 vor[3], bei neutral erschmolzenem 73 bis 79% und bei reduzierend erschmol-

[1] LÖFFLER, J.: Glastechn. Ber. Bd. 10 (1932) S. 204.
[2] JEBSEN-MARWEDEL, H. u. A. BECKER: Sprechsaal Bd. 63 (1930) S. 874.
[3] SALAQUARDA, F.: Sprechsaal Bd. 65 (1932) S. 514.

zenem 61 bis 66% als As_2O_5. In oxydierend erschmolzenen Gläsern wird kein As_2O_3 zu As reduziert, wohl in solchen, die neutral oder reduzierend erschmolzen wurden.

Auf eingeführtes As_2O_3 berechnet, betrugen die As-Verluste bei oxydierender Atmosphäre 13 bis 19%, bei neutraler Atmosphäre 27 bis 35% und bei reduzierender Atmosphäre 47 bis 56%. Nur die oxydierend erschmolzenen Gläser läutern gut, die anderen läutern schlecht. Vermutlich wird bei jeder Glasschmelze As_2O_3 teilweise reduziert, aber nachher wieder oxydiert. Vermutlich besteht die Verfärbung von arsenhaltigem Glas auf Abscheidung von elementarem As: $5\,As_2O_3 = 3\,As_2O_5 + 4\,As$. Vom As_2O_3, das in das Gemenge eingeführt worden war, lagen in 12 mittelschweren und schweren *Flint-* und *Bariongläsern* 73 bis 93% als As_2O_5 vor[1].

Vom Sb_2O_3 in einem sog. *Fernrohrflint* (20% Sb_2O_3 und 0,3 bis 0,5% As_2O_5) war bis auf Reste nach alles im Glase als Sb_2O_3 gebunden.

0,5% As_2O_3 (gerechnet auf 100 Sand) entfärbt etwas besser als 2,5% $NaNO_3$. Höhere Gehalte an Salpeter sind ganz zwecklos[2]. Auch Erhöhung des As_2O_3-Gehaltes oberhalb 0,5% sind zwecklos. Gleichzeitige Anwendung von Salpeter und Arsenik bewirkt hingegen eine wirksamere Entfärbung als die Verwendung eines der beiden Mittel. Bei 0,5% As_2O_3 und und 2,5% $NaNO_3$ beträgt die Intensität der Farbe nur $1/4$ derjenigen mit 2% As_2O_3 allein und weniger als $1/3$ derjenigen mit 2,0% $NaNO_3$ allein. Sb_2O_3 hat wenig entfärbende Wirkung. Zuweilen scheint es selbst die Entfärbung durch $NaNO_3$ zu behindern. Mengen von mehr als 2% Sb_2O_3 verstärken aber die Entfärbung durch 5% $NaNO_3$.

Mangandioxyd entfärbt zwar, aber verstärkt auch die *Ferrifarbe* und das von CSAKI und DIETZEL (s. S. 265) entdeckte und von MOORE (s. S. 266) beschriebene *Ferroso-Ferri-Grau*. Deshalb wird die Transmission im Sichtbaren nicht verbessert. Dies kann durch den Ersatz von farblosem Fe^{3+} in der Glasstruktur durch Mn^{3+} unter Energieabgabe erklärt werden. Eine ähnliche Erklärung kann für die Graufärbung von B_2O_3 und Al_2O_3 enthaltenden Gläsern gegeben werden. Nur geht in letzteren die Reduktion des Fe_2O_3 weiter.

Ceriumoxyd (CeO_2) oxydiert am stärksten (unterhalb 1400°!), da CeO_2 oberhalb 1400° unstabil wird.

Die physikalische Entfärbung beschränkt sich fast ausschließlich auf Einführung des blaßroten *Selens* zur Abdeckung der grünen Eisenfarbe. Es wird weniger als Element als in Form von Seleniten gebraucht[3]. Hierzu benutzt man Na_2SeO_3, seltener die entsprechenden Ba- oder Zn-Salze (s. S. 302). Reine Selenite und Selenate dissoziieren unter Bildung von SeO_2, das in neutraler Atmosphäre weiter zu Se zerfällt. Am schwersten dissoziiert $BaSeO_3$, dann folgt Na_2SeO_3 und dann $ZnSeO_3$. Ist Soda zugegen, wie das im Glasgemenge immer der Fall ist, so liegt in *neutraler* Atmosphäre Selenit und Selenid nebeneinander vor, gleichgültig, in welcher Form Selen in das Gemenge eingeführt wurde. Der O_2-Druck im

---

[1] HEINRICHS, H. u. F. SALAQUARDA: Glastechn. Ber. Bd. 4 (1926) S. 130.

[2] MOORE, H. u. S. N. PRASAD: J. Soc. Glass Technol. Bd. 34 (1950) S. 193.

[3] HIRSCH, W. u. A. DIETZEL: Sprechsaal Bd. 68 (1935) S. 243.

Ofen ist allein entscheidend für den Stand des Gleichgewichtes $2Na_2SeO_3 \rightleftharpoons 2Na_2Se + 3O_2$. Schon sehr kleine O_2-Konzentrationen können das Gleichgewicht merklich verschieben. Dieses erklärt die Instabilität der Selenfärbung (s. S. 304). In oxydierender Atmosphäre verschiebt sich nach DIETZEL das Gleichgewicht völlig nach der Seite des Selenits, das sogar weiter zu Selenat oxydiert werden kann[1].

Im Gemenge reagiert Selenit und Selenid miteinander unter Bildung von Polyseleniden uud dann weiter unter Bildung von elementarem Se:

$$(n-1)\, Na_2SeO_3 + (2n+1)\, Na_2Se \rightleftharpoons 3Na_2Se_n + 3(n-1)\, Na_2O$$

und

$$2Na_2Se_n + Na_2SeO_3 \rightleftharpoons (2n+1)\, Se + 3Na_2O.$$

In mäßig oxydierten Schmelzen liegt Se hauptsächlich als Selenit vor, bei starker Oxydation auch als Selenat. Vermutlich wird das Se in normalen technischen Gläsern, die in neutraler oder schwach oxydierender Atmosphäre geschmolzen werden, bei hoher Temperatur als Selendampf vom Glase gelöst. Nur dieses Selen gibt die gewünschte rötliche Färbung, die die grünliche Eisenfarbe verdeckt.

Zusatz von etwas Kobalt bei der Selenentfärbung wird oft zur Erzeugung eines farbloseren Stichs angewandt. Sie ergibt auch etwas höheren Glanz als beim Gebrauch von Braunstein[2]. Aber diese Selengläser sind sehr empfindlich gegen Solarisation (s. S. 287). Schuld hieran ist hauptsächlich As_2O_3 bzw. Sb_2O_3. Letztere können nicht entbehrt werden, falls mit KNO_3 geläutert wird. Die Wertung der Entfärbung erfolgt am besten bei 558 mμ, der empfindlichsten Welle für das Auge.

Nach DAY und SILVERMAN[3] gibt es eine direkte Reaktion zwischen FeO und Selenit, wodurch diese Entfärbung sowohl chemisch wie physikalisch erfolgen soll: $4FeO + Na_2SeO_3 = 2Fe_2O_3 + Se + Na_2O$.

Änderungen der Zusammensetzung des Gemenges haben ihre Auswirkung auf den Selenverbrauch. 2% BaO an Stelle von 2% CaO erforderte 30% mehr an Se zur Entfärbung. 30% mehr Scherbenzusatz erforderte 25% mehr Se. Zusatz von 4 Borax auf 100 Sand verminderte den Se-Zusatz um 25%[4]. Wahrscheinlich ist das auf früheres Schmelzen des Gemenges und Binden des Se an Glas zu danken. Bei höherer Schmelztemperatur wäre es verflüchtigt.

E. Läuterung

1. Allgemeines

Die Läuterung dient zur Homogenisierung der aus unzähligen Schlieren bestehenden Erstschmelze, aus dem Austreiben der Gasbläschen, die sie durchsetzten sowie aus Entfernung eines Teiles der noch in der Schmelze chemisch gelösten Gase. Hierzu muß die Viskosität durch Erhitzen auf

---

[1] HIRSCH, W. u. A. DIETZEL: s. Fußnote 3 auf S. 128.
[2] SIMMINGSKÖLD, B. u. B. R. JÖNSSON: Glastek. Tid. Bd. 9 (1954) S. 131.
[3] DAY JR., F. u. A. SILVERMAN: J. Amer. ceram. Soc. Bd. 24 (1941) S. 297.
[4] BOWMAKER, E. J. C.: J. Soc. Glass Technol. Bd. 19 (1935) S. 40.

viel höhere Temperaturen, als zum Einschmelzen notwendig waren, erniedrigt werden. Die aus dem schmelzenden Gemenge austretenden Gase sind zu groß an Volumen, um solche kleine Bläschen (Gisben) zu bilden. Die Gisben stammen aus unzersetztem Gemenge, aus wenig eingeschlossener Luft und aus Poren des feuerfesten Materials. Unmittelbar nach Verschwinden des Sandes enthält die Schmelze noch 10 Vol-% Gase. Enthält das Glas stark reduzierende Bestandteile, z. B. Kohle in Gelbgläsern, so kann durch dessen Reaktion weit unterhalb der Ofentemperatur wieder Gasbildung auftreten[1]. Rauhe Oberflächen, z. B. von Korundtiegeln können dabei Gasbildungen durch Störung labiler Gleichgewichte auslocken[2].

Die Gasabgabe von Glasschmelzen zu hemmen oder zu beendigen, ist eine der schwierigsten Aufgaben des Glasschmelzers. Die Entfernung der kleinsten, in der Schmelze schwebenden Gasbläschen, der Gisben, führt man durch, indem man einen Gasstrom durch die Schmelze leitet. Man erzeugt diesen Strom durch Zugabe gasabgebender Stoffe zum Gemenge (Arsenik, Nitrate oder Natriumsulfat usw.) oder durch Rühren (Polen, Bülwern) mit einem Holz oder einer Kartoffel. Letztere liefern den Gasstrom durch ihre Zersetzung.

Doch entspricht die Gasmenge, die in einer Schmelze sichtbar ist, nie mehr als 0,016% SO_3, während die gelöste Menge 1% SO_3 betragen kann[3].

Man stellte sich das „Reinfegen" des Glases so vor, daß die großen Blasen aus dem zugesetzten Läutermittel die kleinen Bläschen der Schmelze in sich aufnehmen. Dieser Vorgang findet in kleinem Umfang in der Tat statt. Wichtiger ist die starke Bewegung der Glasmasse durch den Gasstrom, der die kleinen Bläschen nach oben bringt, wo sie platzen. Doch ist in allen Fällen mit der Diffusion durch das Glas hin zu rechnen. Der Diffusionskoeffizient des Gases ist klein (nur einige cm² je 24 Stunden). Die Aufstieggeschwindigkeit V der Bläschen folgt nach JEBSEN-MARWEDEL[4] dem STOKESschen Gesetz $V = \dfrac{2}{q} \cdot r^2 \cdot g \cdot \dfrac{d_1 - d}{\mu}$, wo r der Radius des Teilchens, g die Erdbeschleunigung, $d_1 - d$ die Differenz der spezifischen Gewichte von Teilchen und Glas und μ die Viskosität ist.

Die Anwendung dieses Gesetzes ist erlaubt, weil die Strömung (außerhalb der Läuterung) rein laminar und nicht turbulent ist.

Daher läutern die dünn viskosen Bleigläser besser als die hoch viskosen Gläser. In einer Tafelglaswanne steigen die Bläschen von 1 mm mit einer Geschwindigkeit von 0,6 bis 6 mm je Minute auf. Bei sehr kleinen Bläschen sind die Zeiten dementsprechend viel zu lang. Da der Glasstrom in einer Wanne den Läuterbereich mit 1 bis 5 m Geschwindigkeit je Stunde durchfließt, steht für die Läuterung nur eine Zeit von $^1/_2$ bis 2 Stunden zur Verfügung. Die Geschwindigkeit des Glasstroms nimmt mit der Tiefe ab. Da aber dann die Zeit zum Aufsteigen stärker

[1] MURGATROYD, J. B.: J. Soc. Glass Technol. Bd. 23 (1939) S. 5.
[2] LÖFFLER, J.: Glastechn. Ber. Bd. 23 (1950) S. 11.
[3] JEBSEN-MARWEDEL, H.: Sprechsaal Bd. 75 (1942) S. 120.
[4] JEBSEN-MARWEDEL, H.: Glastechn. Ber. Bd. 10 (1932) S. 257.

wächst, nimmt die Läuterfähigkeit mit der Tiefe ab. Die Läuterfähigkeit eines Soda-Kalkglases ist in diesem Sinne in Abb. 51 als Raumdiagramm dargestellt.

Ein aufsteigendes Bläschen wächst bereits durch die Druckverminderung der über ihm stehenden, immer dünner werdenden Glasschicht und

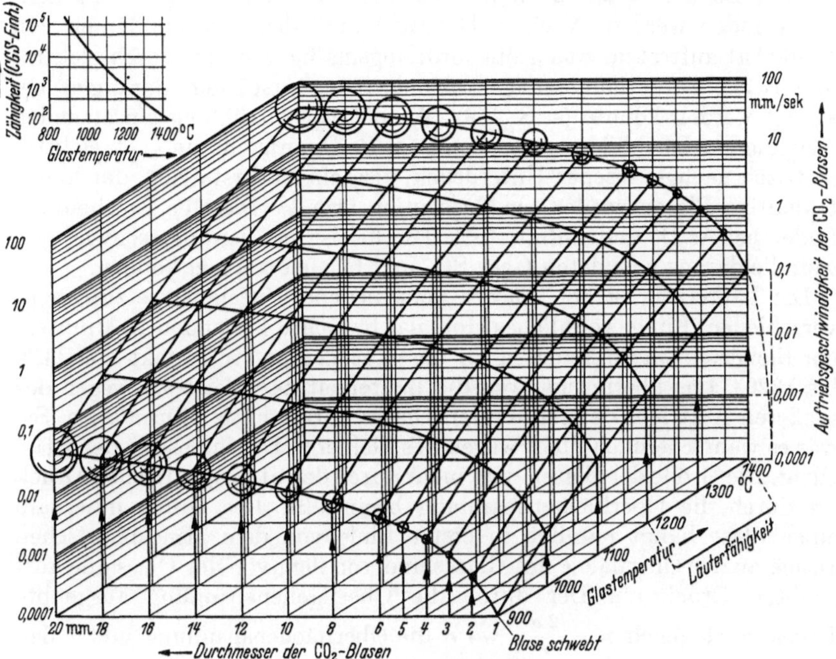

Abb. 51. Raumdiagramm zum Vergleich der Auftriebsgeschwindigkeit verschieden großer Blasen in geschmolzenem Natronsilikatglas (nach JEBSEN-MARWEDEL); oben links Angaben der Zähigkeit der Schmelze

damit wächst auch seine Geschwindigkeit zur Oberfläche hin. Es wächst ferner durch Aufnahme neuer Gasmengen aus dem Glase, die an der durch es entstandenen Oberfläche leichter entbunden werden können[1].

Das Platzen der Blasen im Läuterraum ist dann erleichtert, wenn die obersten Glasschichten erhöhte Temperatur haben. Erfolgt aber der Aufstieg im Bereich der Arbeitswanne, so kann durch kältere Temperatur der obersten Schichten sowohl der Aufstieg wie das Platzen verzögert werden.

Die *Homogenisierung* der aus unzähligen Glassträhnen bestehenden Schmelze dachte man sich nach Entdeckung der *Glasströmungen* (s. S. 138) hauptsächlich durch diese bewerkstelligt. JEBSEN-MARWEDEL neigt dazu, die mischende Wirkung der Bläschen neben der der Oberflächenspannung als wichtiger zu betrachten. Wie Abb. 40b zeigt, durchbricht eine aufsteigende Blase nicht einfach die schleierartig übereinander liegenden Glaslagen verschiedener Zusammensetzung und Viskosität. Sie treibt sie in Form von Beuteln vor sich her, bis sie sie durchbricht. Damit

---

[1] JEBSEN-MARWEDEL, H.: Glastechn. Ber. Bd. 10 (1932) S. 257.

werden die aufsteigenden Blasen zum wichtigsten Mischungsmittel der Glasschmelzen. Es handelt sich hier um eine „Difformation" im Sinne Wo. Ostwalds[1], d. h. um Diffusion und Deformation hetererogener Lagen zugleich.

Zum Auftreten von Gasblasen in Glas muß das Glasgefüge aufgerissen werden. Dazu muß aber die molekulare Zerreißfestigkeit von 1000 kg/mm² überwunden werden. Nach A. Dietzel[2] muß demnach ein Druck von 100000 at auftreten, was größenordnungsmäßig von ihm durch elektromotorische Potentialmessungen an mit CeO_2 versetztem Boraxglas bestätigt werden konnte (s. S. 259). Mit der bei Abkühlung einsetzenden Neigung zur Rückbildung von CeO_2 aus Ce_2O_3 entsteht ein auch elektrometrisch nachgewiesener Unterdruck, also ein Sauerstoffsog, der kleine O_2-haltige Blasen wieder zur Resorption bringt[3]. Dieselbe Erscheinung findet bei As_2O_3 und Sulfat statt. Hierbei ist es allerdings schwieriger, weil die daraus gebildeten Gase SO_2 und O_2 sich trennen können.

Die Läuterzeit ist bei Gläsern verschiedener Zusammensetzung sehr verschieden. Ein gewöhnliches Hohlglas brauchte 4 Stunden 40 Minuten, ein Bleiglas etwa 16 Stunden für dasselbe Temperaturtrajekt von 1130 bis 1320°. Das überrascht, weil die Läuterzeit des Bleiglases wegen des größeren Auftriebs des schwereren Glases kürzer hätte sein müssen. Sie war es wahrscheinlich nicht wegen des kleineren Durchmessers der Bläschen[4]. Die Größe der Blasen wird mehr durch den atmosphärischen Druck als durch die Oberflächenspannung beeinflußt. Der Druck innerhalb einer Blase hängt nämlich in erster Linie von dem atmosphärischen Druck an der Oberfläche des Glases und von dem von der Glassäule ausgeübten Druck ab. Der durch die Oberflächenspannung ausgeübte Druck p ist gleich $p = \dfrac{2\,\sigma}{r}$, wo σ die Oberflächenspannung und r den Radius bezeichnet. Bei einer Oberflächenspannung von 300 dyn/cm findet man in einer Blase von 1/1000 mm einen Druck von 6 at. Aber bei den Blasen von 0,1 mm oder mehr kann man den Einfluß der Oberflächenspannung vernachlässigen. Nur für die kleinsten Bläschen spielt er eine Rolle. Wohl steht es fest, daß Borgläser wegen ihrer niedrigen Oberflächenspannung schwer läutern (Seifenblaseneffekt). Behilflich am Aufsteigen ist die höhere Temperatur der Oberfläche mit ihrer niedrigeren Viskosität und die Strömung des Glases[5].

Durch Ultraschall können in einem im Hochfrequenzfeld geschmolzenen Glase alle Gasblasen ausgetrieben werden[6].

Den Läuterungsgrad kann man durch Auszählen der im Glas vorhandenen Bläschen feststellen. Man kann so den Einfluß aller bei der Läuterung auftretenden Faktoren bestimmen[7].

---

[1] Ostwald, Wo.: Kolloid-Z. Bd. 55 (1931) S. 257.

[2] Dietzel, A.: Glashütte Bd. 75 (1948) S. 125.

[3] Csaki, P. u. A. Dietzel: Glastechn. Ber. Bd. 18 (1940) S. 33.

[4] Thouvenin, A.: Ceram. Verr. Emaill. Bd. 2 (1934) S. 155.

[5] Lyon, K. C.: Ceram. Ind. Bd. 28 (1937) S. 138. — Krüger, F.: Glastechn. Ber. Bd. 16 (1938) S. 233.

[6] Eden, C.: Glastechn. Ber. Bd. 25 (1952) S. 83.

[7] Gehlhoff, G., H. Kalsing u. M. Thomas: Glastechn. Ber. Bd. 8 (1930) S. 1.

Die Schmelzleistung eines Glases läßt sich nach Ermittlung der Läuterzeit F bei 3 Temperaturen zwischen 1400 und 1500° durch eine Formel ausdrücken: Schmelzleistung in qm/Tons/Tag $= 0{,}585 \cdot F + 29{,}25$. Die in dieser Formel gebrauchten Konstanten sind für jedes Glas anders.

2. Der Gasgehalt der Gläser

Da die Läuterung vom Austreiben der Gasbläschen und der Vermeidung der Bildung neuer Gasbläschen abhängt, war es wichtig, zu wissen, ob das Glas Gase enthält oder nicht. Entscheidend war hier ein Versuch WASHBURNS[1]. Er setzte geschmolzenes Glas unter Vakuum und stellte fest, daß es sich auf das sechsfache seines Volumens ausdehnte. In einem Vakuumapparat konnten aus 4 Gläsern wechselnde, aber große Gasmengen ausgetrieben werden. Es wurde hauptsächlich CO_2 und O_2 nebst Wasser gefunden. SALMANG und BECKER[2] haben die Vakuumentgasung von Gläsern sowie die chemische Untersuchung der extrahierten Gase quantitativ durchgeführt. Jeder Temperatur entspricht eine gewisse Gasabgabe. Weitere Gasabgabe ist nur durch Steigerung der Temperatur zu erreichen. Jeder Temperatur entspricht also ein bestimmtes Gleichgewicht zwischen Glas und Gasgehalt. Die dabei abgegebenen Gasmengen hatten das Vielfache des Glasvolumens. Besonders groß war der Gasgehalt von Sulfatglas. Er betrug bis zum fünffachen des Glasvolumens. Diese Gase enthielten hauptsächlich SO_2 und O_2. Es gelang nicht, diese Gase einzeln wieder in die bereits entgasten Schmelzen einzuführen, um sie zu binden. Wohl gelang das, wenn sie zusammen mit der entgasten Schmelze bei Luftdruck zusammengebracht wurden. Damit ist bewiesen, daß sie nicht physikalisch gelöst, sondern chemisch gebunden waren.

Alle Gläser geben Wasserdampf ab, teilweise in großen Mengen, im Mittel etwa 2,5 mg auf 10 g Glas. Dieses Wasser entstammt den Rohstoffen, den Ofengasen und auch dem beim Rühren mit Holz entweichenden Wasserdampf. Es ist schon lange bekannt, daß diese kleinen Wasserdampfmengen die physikalischen Eigenschaften, besonders die Viskosität entscheidend beeinflussen. So sind z. B. die Unterschiede in der Zusammensetzung der *Aa-Lava* und der *Pahoehoe-Lava* auf *Hawai* gering[3]. Aber erstere ist fladenartig, kristallisiert und mit chemisch gebundenen Gasen, wobei Wasserdampf mitgerechnet ist, erfüllt. Die *Pahoehoe-Lava* ist strickförmig, weitgehend frei von gebundenen Gasen und sehr glasig.

---

[1] WASHBURN, E. W., F. F. FOOTITT u. E. N. BUNTING: Univ. Illinois Bull. Bd. 18 (1920) Nr. 118.

[2] SALMANG, H. u. A. BECKER: Glastechn. Ber. Bd. 5 (1927) S. 520; Bd. 6 (1928/29) S. 625; Bd. 7 (1929/30) S. 241. — DALTON, R. H.: J. Amer. ceram. Soc. Bd. 16 (1933) S. 425; J. Amer. chem. Soc. Bd. 57 (1935) S. 2150. — SHADDUCK, H. A. u. VAN ZEE: J. Amer. ceram. Soc. Bd. 25 (1942) S. 69.

[3] EITEL, W.: Physik. Chemie d. Silikate, 2. Aufl. 1941, S. 99.

Tabelle 17. *Gasabgabe von 10 g Glas*

	Gesamtgas cm³ ohne Wasser	CO_2 cm³ ($+SO_2$)	O_2 cm³	H_2O in cm³ Dampf 0° 760 mm
Na-Ca-Glas (Karbonatglas) ..	0,15—1,5	0—07	0,07—0,38	2,5—6,6
Na-Ca-Glas (Sulfatglas)......	12,4—27,6	8,8—19,2	3,4—8,4	3,5—10,4
Glas A	10—15	6—8,5	3,7—6,2	1,0—2,1
Glas B	4—5,2	0,2—1,6	2,2—4,0	4—5
Glas C	0,9—1,2	0,1—0,2	0,7—1,9	1,4—3,1
Glas D..........	0,3—0,8	0,1—0,2	0,2—0,5	0,8—1,4
Glas E	1,4—1,6	0,2—0,3	1,1—1,4	2,1—2,2

Tabelle 18

	Zusammensetzung der optischen Gläser A bis E — in %				
	A	B	C	D	E
SiO_2.............	31,46	49,80	34,1	45,07	gleich
B_2O_3.............	12,30	6,0	—	—	Glas D
Al_2O_3	6,02	—	—	—	$+3\%$
BaO	49,63	20,26	—	—	CeO_2
As_2O_3............	0,57	0,40	0,45	0,30	—
ZnO.............	—	11,40	—	—	—
PbO	—	3,13	61,95	46,28	—
K_2O	—	4,97	2,5	6,91	—
Na_2O	—	3,92	1,5	1,43	—

Vom Gasgemisch, das aus dem Sulfatglas extrahiert worden war, machte SO_2 etwa 90% aus; ferner war dort das Verhältnis $SO_2 : O_2$ ungefähr 2 : 1, wie es der Zerfallsgleichung $2 SO_3 = 2 SO_2 + O_2$ entspricht. Da das Sulfatglas (s. S. 136) bis zu 1,7% Na_2SO_4 enthalten kann, ist der hohe Gasgehalt wohl erklärbar.

Überraschend war der hohe O_2-Gehalt der optischen Gläser A und B. Er ließ Schlüsse auf die feste Bindung des Sauerstoffs an Ba zu, das ja zur Bildung eines ziemlich stabilen Superoxyds BaO_2 imstande ist. Ferner fiel der hohe Gasgehalt des Glases A auf. Dieses Glas hatte eine niedrige Oberflächenspannung dank seines hohen Borgehaltes und schäumte stark. Sein extrem hoher CO_2-Gehalt erklärt sich durch seine sehr basische Natur, da es etwa 50% BaO enthielt. Überhaupt war der O_2-Gehalt dieser recht basischen Gläser auffallend höher als bei den sauren Natron-Kalkgläsern, was durch Anwesenheit höherer Oxydationsstufen der anwesenden Glasoxyde zu deuten wäre. Das gilt sogar für die Bleioxyde, die ja in Form von Pb_3O_4 in das Gemenge eingeführt werden. Obwohl es zerfällt, ist doch mit der Anwesenheit von Resten des ursprünglichen Oxydes zu rechnen.

Sättigt man eine entgaste Schmelze bei Luftdruck mit einem Gas, das mit einem der in der Schmelze vorhandenen Oxyde eine Verbindung eingehen kann, so tritt Gas in das Glas ein. Es gelingt so, $SO_2 + O_2$ in entgaste Kalk-Natrongläser, O_2 in entgaste eisenhaltige Gläser und S aus eingeleitetem H_2S in saure Natron-Kalkgläser einzuführen.

Hieraus folgt, daß die beim Läutern des Glases und beim Wiedereinschmelzen erkalteten Glases auftretenden Bläschen durch eine nachträgliche Zersetzung von Verbindungen entstanden sind, die beim Einschmelzen unverändert blieben und als Glasbildner in Glas eingegangen sind. Sie bilden mit dem Glase bei jeder Temperatur Gleichgewichte, die gestört werden, wenn die betreffende Gleichgewichtstemperatur noch einmal überschritten werden sollte. Dann erfolgt neue Gasentbindung, die nicht eher aufhört bis sich das neue Gleichgewicht eingestellt hat. Um diese Störung des mühsam erreichten Gleichgewichtes zu verhüten, hat ZSCHIMMER[1] den „Temperaturstoß" in Vorschlag gebracht. Dieser besteht darin, daß man im Beginn der Läuterperiode schnell auf eine hohe Temperatur geht und dann den Rest der Läuterung bei einer niedrigeren Temperatur zu Ende führt.

Neben den durch chemische Umsetzungen aus Gemengeresten entstandenen Gasen sind noch geringe Mengen von Luft, die zwischen den Gemengekörnern saß, vorhanden. Nach DIETZEL[2] handelt es sich um etwa $0,2\,l$ Luft gegen etwa $60\,l\ CO_2$ für jedes kg Gemenge, die zum größten Teil entweichen.

Gefährlicher sind die Luftmengen, die durch Abschmelzen des feuerfesten Materials aus dessen Poren entbunden und ins Glas aufgenommen werden. Besonders bei großen Wannenöfen verderben sie das mit Mühe geläuterte Glas von neuem.

Durch Reduktion der im Glas enthaltenen Sulfate können ebenfalls noch Gase entstehen, ebenso durch Entgasung von Sulfidgläsern, die dann H_2S entwickeln können.

Eine gefährliche Gasentwicklung kann dadurch entstehen, daß Eisen in die Schmelze fällt. Das technische Eisen enthält nämlich nicht unbedeutende Mengen von Karbiden, Nitriden, Hydriden, Phosphiden und Sulfiden, die in der Silikatschmelze so lange Gase abgeben, bis nur ein wenig Reineisen übrig bleibt. Reineisen, das man in die Schmelze einbringt, gast überhaupt nicht. Die Gefahren von Eisen in der Schmelze beschränken sich keineswegs auf die Gasentwicklung. Ebenso schlimm ist die Verschmutzung des Glases durch Eisenschlieren, die nicht eher verschwinden, bis die Legierungen des Eisens zersetzt sind.

Der Gehalt der Gläser an Wasser beträgt 0,02 bis 0,08 Gew.-%. Es scheint, daß dieses Wasser nicht ausschließlich aus dem Gemenge stammt (s. S. 133). Es steht fest, daß es aus der Ofenatmosphäre wohl ins Glas eintreten kann. Ansehnliche Wassergehalte lassen sich durch Durchleiten von Wasserdampf in die Schmelze einführen. Dieser Wasserdampf ist bei hohen Temperaturen eine stärkere Säure als die Kieselsäure und tritt ins Glas ein, wo er ein H^+-Glas bildet (s. S. 185). Nach Sv. ARRHENIUS ist Wasserdampf bei 300° eine ebenso starke Säure wie Kieselsäure und bei 1000° etwa 80mal so stark[3]. Im Glase gebundene $(OH)^-$- und $(CO_3)^{2-}$-Gruppen verursachen *Infrarotabsorption* im 1 bis 5 μ-Bereich. Die Wasserbande liegt bei 2,95 μ.[4] (s. S. 287).

---

[1] ZSCHIMMER, E., ZIMPELMANN u. RIEDEL: Sprechsaal Bd. 59 (1926) S. 411.

[2] DIETZEL, A.: Glashütte, Bd. 75 (1948) S. 125.

[3] BOEKE, H. E. u. W. EITEL: Grundlagen d. physik. chem. Petrographie, 2. Aufl., S. 329.

[4] SCHOLZE, H. u. A. DIETZEL: Glastechn. Ber. Bd. 28 (1955) S. 375.

3. Die chemischen Läutermittel

Nach R. Schmidt[1] werden zur chemischen Läuterung gebraucht:
Sulfate, besonders Na_2SO_4, daneben zuweilen $BaSO_4$ und selbst Schwefel.
Halogenide und zwar *Chloride*, die fast restlos verdampfen und *Fluoride*,
die als F_2 oder SiF_4 abziehen,
Nitrate, die O_2 und Stickoxyde bilden,
As_2O_3 und seltener Sb_2O_3, beide zusammen mit *Salpeter*, die O_2 bilden,
Chlorate, *Perchlorate*, die O_2 abgeben,
Ammoniaksalze, die vollständig verdampfen,
CeO_2, das O_2 abgibt.

Das wichtigste Läutermittel für Natron-Kalkgläser ist Na_2SO_4. Es hat
den Vorteil, daß es sich erst bei den hohen Temperaturen der Läuterung
zersetzt, so daß die Verflüchtigung stark zurückgedrängt wird. Außerdem verkürzt es die Schmelzzeit. Nach gleich langer Schmelzdauer ist
eine Sulfatschmelze schon rein, wenn die Sodaschmelze noch von Gasbläschen durchsetzt ist. In einem Sulfatglase steigt während der Schmelze
und Läuterung das spezifische Gewicht von 2,25 auf 2,50 an durch Aufsteigen der Gase. Ein großer Teil des Sulfats bleibt im Glase, nach
Gelstharp[2] nicht weniger als 1,7%. Der SO_4-Gehalt ist von Temperatur und Ofenatmosphäre abhängig und ein direkter Maßstab für die
Blasenneubildung (Spätgisben)[3]. Durch kräftige Reduktion kann sein
Gehalt schon bei 1350° auf null gebracht werden. In oxydierender Atmosphäre ist das erst bei 1500° zu erreichen. Die stärkere Wirkung der
reduzierenden Atmosphäre beruht auf der Bildung der Zwischenstufe
des braunen Sulfids.

Die Abnahme von SO_3 hängt nicht allein von der Höchsttemperatur,
sondern auch von der Erhitzungsgeschwindigkeit ab. Ist diese groß, so
kommt es nach Jebsen-Marwedel und Becker zu „Siedeverzug", der
zur Entbindung von mehr SO_3 führt, als bei normaler Erhitzung der Fall
ist. Für die Blasenbildung sind die beiden Reaktionen von Bedeutung:
$2 SO_3 = 2 SO_2 + O_2$ und $Na_2S + 3 SO_2 = Na_2O + 4 SO_2$.

Der SO_3-Gehalt eines im Hafen im technischen Ofen eingeschmolzenen
Spiegelglases betrug im Mittel bei Beginn der Läuterung 0,7%, nach
3 Stunden 0,47% und am Ende der Läuterung 0,54%[4]. Das beweist, daß
am Ende der Läuterung wieder SO_2 und O_2 durch Resorption ins Glas
aufgenommen worden war. Die Gehalte sind niedriger als der von Gelstharp angegebene Höchstgehalt von 1,7%, weil zum „Gallebrennen"
Kohle zugegeben worden, die das Sulfat zersetzt. Da der SO_3-Gehalt des
Glases seine Auslaugbarkeit nicht beeinflußt, kann geschlossen werden,
daß es im Glase weniger fest an Na und fester an Ca gebunden vorliegt.

Bekanntlich schwimmt ein großer Teil des Sulfats auf der Glasoberfläche und bildet die gefürchtete *Glasgalle*. Sie stellt ein Gemisch von
Na_2SO_4, $CaSO_4$, $CaCO_3$, $NaCl$, Al_2O_3 und SiO_2 dar. Tammann[5] hat das

---

[1] Schmidt, R.: Rohstoffe zur Glaserzeugung, Leipzig 1943, S. 427.
[2] Gelstharp, F.: Trans. Amer. ceram. Soc. Bd. 14 (1912) S. 665.
[3] Jebsen-Marwedel, H. u. A. Becker: Glastechn. Ber. Bd. 8 (1930) S. 525.
[4] Salmang, H. u. A. Merten: Glastechn. Ber. Bd. 9 (1931) S. 149.
[5] Tammann, G. u. G. Oelsen: Z. anorg. Chem. Bd. 193 (1930) S. 245.

S. 103 abgebildete Zustandsdiagramm des Systems Na_2SO_4-$CaSO_4$-SiO_2 bearbeitet. Es enthält das Feld der Mischungen, die in der Glasgalle vorkommen[1]. Diese Galle schwimmt auf dem Glase und muß beseitigt werden, hierzu dient das Galleschöpfen mit dem Löffel oder das Abbrennen mit Kohle. Bei der Reduktion ist bleibende Braunfärbung zu vermeiden. Man kann sie auch durch Einrühren von Nitrat beseitigen. Der durch die Reduktion verursachte braune Stich muß u. U. mit Kobalt überdeckt werden.

Durch Verteilung von Sulfat oder Chloriden in der Bleiglasschmelze können Trübungen entstehen, die durch Zusatz von B_2O_3 oder erhöhte Temperatur zum Verschwinden gebracht werden können. Bei Chlorid hilft man sich auch durch Zusatz von As_2O_3.

Arsenik ist schon von KUNCKEL in seinem berühmten Buch Ars Vitraria empfohlen worden. Er empfiehlt 1,3% As_2O_3 des Gemenges eines borhaltigen Natron-Pottasche-Kieselsäureglases zu nehmen[2].

Die läuternde Wirkung beruht auf der Abspaltung von O_2-Blasen aus den bei Einschmelzung des Gemenges gebildeten Arsenaten. Diese Blasen fegen das Glas rein. 70 bis 90% des As bleibt als Arsenat im Glase zurück. Solche Gläser bilden beim Verblasen vor der Lampe oft den *Arsenspiegel*. Auch geben sie ihr Arsen an Wasser ab. Das ist der Grund, daß die Glasindustrie Na_2SO_4 zum Läutern benutzt. Bei Al_2O_3-reichen Gläsern tritt beim Läutern oft ein lästiger Schaum auf als Folge der erhöhten Viskosität. Dieser Schaum ist bei Sulfat schwieriger zu entfernen als bei Arsenik. ZSCHIMMER empfiehlt bei solchen Gläsern schnelle Erhitzung und Anwendung des oben beschriebenen Temperaturstoßes.

As_2O_3 greift entgegen anderen Behauptungen das feuerfeste Material nicht an[3]. Das folgt übrigens auch aus seiner Stellung in der *pyrochemischen Reihe der Oxyde* als R_2O_3-Oxyd (s. S. 58).

Sb_2O_3 ist ein ebenso vorzügliches Läuterungsmittel wie As_2O_3. Es wirkt in derselben Weise wie dieses[4].

Die durch die oben beschriebenen Entgasungsversuche an Gläsern gefundenen Gleichgewichtszustände zwischen Silikaten und Schmelzresten (Karbonaten, Peroxyden usw.) fanden eine interessante Bestätigung durch Arbeiten von WEYL bei erhöhten Drücken[5]. Es gelang ihm, bei Drücken bis zu 1000 at nicht weniger als 8% CO_2, also 20% Na_2CO_3 im Glase zu lösen. Man hat es in solchen Gläsern nicht mit einer Molekülordnung zu tun. Das tensimetrisch gemessene Gas, das bei steigenden Temperaturen entweicht, hat einen Temperaturgradienten, der in seinem Verlauf einen Diffusionsvorgang entspricht. CO_2 bzw. Karbonate befinden sich mit silikatischen Schmelzen in echten chemischen Gleichgewichten.

Auch andere, von SALMANG und BECKER (s. S. 134) durch Entgasung

---

[1] PEDDLE, C. J.: Glass, Bd. 2 (1924) S. 924; Ref. in Glastechn. Ber. Bd. 5 (1927) S. 277.

[2] ZSCHIMMER, E.: Glastechn. Ber. Bd. 4 (1926) S. 281.

[3] TURNER, W. E. S.: J. Amer. ceram. Soc. Bd. 9 (1926) S. 412.

[4] ZSCHIMMER, E. u. L. ERNYEI: Sprechsaal Bd. 65 (1932) S. 177.

[5] WEYL, W.: Glastechn. Ber. Bd. 9 (1931) S. 641. — MÖTTIG, H. u. W. WEYL: Glastechn. Ber. Bd. 11 (1933) S. 67.

nachgewiesene Perverbindungen des Sauerstoffes wurden von WEYL so gefunden. So wurden unter O_2-Drücken bis zu 350° in geschmolzenen Bleigläsern Alkaliplumbate gebildet. Ebenso gelang es, so in Bariumgläsern die Anwesenheit von BaO_2 zu beweisen. Nach Behandlung mit 300 at Sauerstoff waren 8% BaO_2 im Glase. Ein 0,1% MnO enthaltendes Glas zeigte bei steigendem O_2-Druck eine immer tiefer werdende violette Farbe durch Bildung von Manganiglas.

4. Die Zusammensetzung des Glases in den Blasen

J. ENSS[1] u. a. haben durch ein geradezu künstlerisches Präparierverfahren die Zusammensetzung des Gases in den Blasen ermittelt. Durch Bedecken der Blase mit Glycerin, Ausmessen und Anstechen derselben gelang es, mit verschiedenen Absorptionsflüssigkeiten den Inhalt der Blasen zu identifizieren und Rückschlüsse auf ihre Entstehung zu ziehen.

Über die Zusammensetzung der Gase in den Blasen ist von APPEN[2] und Mitarbeitern das Folgende mitgeteilt worden: In Abwesenheit von Läutermitteln während des Einschmelzens enthalten die Blasen 80 bis 100% CO_2, falls Karbonatschmelzen vorliegen. Sie sind sehr klein. Wird As_2O_3 oder Sb_2O_3 eingeführt, so enthalten sie 30 bis 40% O_2 und 70 bis 60% CO_2. Auch diese Blasen sind sehr klein. Wird zugleich Nitrat zugegeben, so ist 80 bis 90% O_2, 5 bis 10% CO_2 und 5 bis 10% N_2 zugegen. Die Blasen sind dann groß (0,5 bis 2 mm). Wenn Sulfate oder Chloride zur Läuterung zugesetzt wurden, sind die Blasen frei von daraus entstandenen Gasen, aber ihre Oberfläche zeigt hartes Material, das aus SO_2 und O_2 entstanden ist. Wasserdampf ist in den Blasen kaum vorhanden. H_2 und CO wurden nicht gefunden.

Die Läutermittel ändern den Inhalt der Blasen also vollständig. Zuweilen wurde N_2 in den Blasen gefunden, wahrscheinlich aus den Poren des feuerfesten Materials stammend. Manche Blasen mit 100% CO_2 aus karbonatfreiem Gemenge dürften aus Ruß entstanden sein. Die Blasen im Fertigfabrikat unterscheiden sich von denen der Schmelze.

Bekanntlich adsorbieren Gläser Gase aus ihrer Umgebung. Dieser Vorgang der *Absorption bei Erweichungstemperatur* spielt sich nach NAKANISHI[3] bei Natron-Kalk- und Natron-Bleigläsern so ab, daß dann mehr O_2 als N_2 oder CO_2 aufgenommen wird. Unterhalb der Erweichungstemperatur gibt solches Glas wieder Gase ab. 3 Tage lang gekühlte Gläser geben etwa $^3/_4$ der Gasmenge ab. K-Gläser absorbieren mehr Gas als Na-Gläser.

F. Glasströmungen

Die S. 79 wiedergegebene Abb. 38 einer Entglasung, die nach dem Erkalten einer Wanne herausgeschlagen war, war für H. JEBSEN-

---

[1] ENSS, J.: Sprechsaal Bd. 66 (1933) S. 663. — W. und S. KRUSZEWSKI: J. Soc. Glass Technol. Bd. 38 (1954) S. 65.

[2] APPEN, A. A. u. L. B. POLYAKOVA: Ref. in J. Amer. ceram. Soc. Bd. 1939, S. 123.

[3] NAKANISHI, K.: J. Soc. chem. Ind. Japan Bd. 36 (1933) S. 768, 330 B, 426 B.

MARWEDEL[1] die Veranlassung zur Erkennung der Glasströmungen. Man sieht auf der Abbildung, wie die Kristallisationen entlang gebogener Flächen senkrecht ins Innere der großen Glasmasse ziehen. Diese Entglasungen erklärten sich zwanglos durch die Reibung der aneinander vorbeigleitenden Glasströme. Die antreibende Kraft zu dieser Bewegung des Glases ist keineswegs die Entnahme von fertig geschmolzenem Glas an den Entnahmestellen, sondern die durch Temperaturdifferenzen bedingten Unterschiede in den spezifischen Gewichten. An den kalten Wänden kühlt das geschmolzene Glas ab und sinkt unter das heiße Glas der Ofenmitte zu Boden[2]. Dort steigt es wieder auf und erscheint an der Oberfläche in Form eines oder mehrerer Quellpunkte[3]. Die Bewegung, die einzelne Teile des Glases von der Wand aus ausführen, gleichen somit einer Walze, die von der Seite aus nach unten sinkt, in der Mitte hochsteigt, um dann nach Abkühlung an der kalten Wand von neuem zu sinken. Das Spiel wiederholt sich, bis dieser Glasanteil in die Nähe der Entnahmestellen gelangt ist. So entstehen 2 Walzen, die symmetrisch zur Ofenachse liegen. Daneben scheint auch eine Rückströmung zur Einlegestelle zu bestehen. Die Kristallisationen treten im erkaltenden Glase an den Flächen auf, an denen die Walzen aneinander vorbeiströmen. Die Strömung ist so stark, daß sie eiserne Nägel, die zufällig in die Schmelze geraten sind, weg- und emporträgt, der Schwerkraft entgegen. GEHLHOFF, SCHNEEKLOTH und THOMAS haben Geschwindigkeiten von 3 m/Std. bis zu 9 m/Std. gemessen.

Diese Strömungen sind also rein thermisch bedingt. Sie werden neben der Zerreißung der Glasfilme (s. S. 131) als eine der Hauptursachen der Durchmischung der Glasschmelze angesehen. Das Verhältnis des auf diese Weise transportierten Glases zu dem des an den Entnahmestellen verbrauchten Glases ist etwa 10 : 1.

Daneben besteht auch eine Oberflächenströmung, die durch treibende Schamottekügelchen sichtbar gemacht werden kann. Sowohl ihre Wege wie ihre Zeiten schwanken stark. Je nachdem, wo sie in die Wanne eingelegt worden waren, betrugen ihre Laufzeiten bis zur Entnahmestelle bei *Fourcaultwannen* 8 Minuten bis zu 24 Stunden, ein andermal 67 Minuten bis zu 29 Stunden[4]. Die Glasströmung war von der Zahl der Ziehmaschinen völlig unabhängig. Es bestand auch kein Verband zwischen Temperatur und Strömungsgeschwindigkeit.

Die Glasströmungen sind aber nicht nur ein Faktor der Homogenisierung. Sie sind auch verantwortlich für den Verschleiß der feuerfesten Steine, Fehler in der Glasmasse und hohen Kalorienverbrauch[5].

Man kann die Strömungen durch Zusatz kleiner Mengen von Chemikalien sichtbar machen. Durch einen Zusatz von 0,3% Ceriumhydrat

---

[1] JEBSEN-MARWEDEL, H.: Sprechsaal Bd. 59 (1926) S. 787, 803; Glastechn. Ber. Bd. 4 (1926/27) S. 787, 803; Bd. 5 (1927/28) S. 202.

[2] KÖNIG, W.: Glastechn. Ber. Bd. 5 (1927) S. 467.

[3] GEHLHOFF, G., W. SCHNEEKLOTH u. M. THOMAS: Glastechn. Ber. Bd. 9 (1931) S. 22.

[4] STUMM, O.: Glastechn. Ber. Bd. 51 (1927) S. 252.

[5] PEYCHÈS, J.: Silicates Industr. Bd. 16 (1951) S. 50.

kann man den gefärbten Anteil leicht durch die Fluoreszenz oder durch die Minderung der UV-Durchlässigkeit kennbar machen[1].

0,01% CoO erzeugt prächtig blau gezeichnete Schlierenbilder[2]. Mit Hilfe kleiner Mengen $BaCO_3$ kann das Glas bis zu den Entnahmemaschinen verfolgt werden. Der dort festgestellte Höchstgehalt betrug nur 20% des zugesetzten Ba. Das spricht für eine sehr gute Mischung durch die Glasströmungen[3] und die aufsteigenden Gasblasen.

Auch die *Glasströmungen in Häfen* werden von thermischen Gesetzen regiert. Auf- und absteigende Strömungen reiben an den Wandungen und schwächen sie durch Auflösung von Substanz. Es gibt Glasflüsse, welche den Stein vorzugsweise auf der Höhe des Flüssigkeitsspiegels angreifen (Rillenbildung) oder aber die Seitenflächen gleichmäßig weglösen. Durch Modellversuche an Stäben aus Kochsalz oder Gips, die in Wasser getaucht wurden, konnte COAD-PRIOR[4] nachweisen, daß die Art der Anfressung von dem Unterschied im spezifischen Gewicht von Gefäß und Schmelze abhängt. Ist das spezifische Gewicht des Gefäßes höher als das der Schmelze, so strömt das entstandene Reaktionsprodukt nach unten und schützt den Boden vor chemischer und mechanischer Korrosion. Ist aber die Schmelze dichter als das Gefäß (schwere Bleigläser), so steigt das Reaktionsprodukt nach oben und bildet eine beschützende Schicht. Nicht immer aber ist diese einfache Erklärung hinreichend[5].

Die Strömungsvorgänge an abkühlenden Häfen wurden von STRUWE[6] mit viskoser Melasse nachgeahmt, die bei 42° 200 und bei 25° 6000 Poisen Viskosität hatte. Das entspricht den Verhältnissen bei der Abkühlung von Glas. Die entstehenden Schlieren wurden durch Methylenblau sichtbar gemacht.

Dabei wurde gefunden, daß die Schlieren dadurch entstehen, daß die schnell abkühlende Oberflächenschicht längs den Wänden zu Boden sinkt. Das Bodenglas hingegen steigt in der Mitte empor. Diese Strömung und die Schlierenbildung konnte durch Beheizung der Wände und Abkühlung des Bodens verhindert werden, was in der Praxis nicht möglich ist.

1. Feuerfestes Material

Das *Schamottematerial*[7] für Wannen und Häfen sollte so zusammengesetzt sein, daß Bindeton und Schamottekorn so fest aneinander gebunden sind, daß das Korn nicht in der Schmelze losläßt. Das ist durch innigste Knetung, Entlüftung und hinreichend hohen Vorbrand zu erreichen. Zudem soll die chemische Korrosion der Schmelze nicht dazu

---

[1] BISCHOP JR., F. L.: J. Amer. ceram. Soc. Bd. 28 (1945) S. 308.

[2] LENZ, V. W.: J. Amer. ceram. Soc. Bd. 29 (1946) S. 8.

[3] BOWMAKER, E. J. C. u. J. D. CAUWOOD: J. Soc. Glass Technol. Bd. 15 (1931) S. 128.

[4] COAD-PRIOR, J.: J. Soc. Glass Technol. Bd. 2 (1918) S. 285. — ROSENHAIN, W.: J. Soc. Glass Technol. Bd. 3 (1919) S. 93.

[5] BARTSCH, O.: Ber. dtsch. keram. Ges. Bd. 15 (1934) S. 310.

[6] STRUWE, K. W.: Ref. in Glastechn. Ber. Bd. 11 (1933) S. 295.

[7] SALMANG, H.: Keramik, 3. Aufl. Berlin/Göttingen/Heidelberg: Springer 1954, S. 186.

führen, daß der Bindeton eher herausgelöst wird wie das Korn. Daher müssen sie ungefähr dieselbe chemische Zusammensetzung haben, also nicht z. B. sauren Ton und basisches Korn. Ein hoch vorgebranntes Korn scheint sich fester einzubinden als ein leicht gebranntes, denn es schwindet nicht nach.

Wannenblöcke, die ja Temperaturen bis zu 1500° ausgesetzt sind, sollten auch bei ebenso hohen Temperaturen vorgebrannt werden, um Nachschwindung zu verhüten. Sie werden nie aus sauren, sondern aus mehr basischem Material aufgebaut. Plastische Einbindung hat nicht durch sehr tonarme Bindungen ersetzt werden können, da bei letzteren die Abgabe von Körnern an die Schmelze schwer vermeidbar ist.

Die besten Ergebnisse sind mit Blöcken aus elektrisch geschmolzenem Material (Mullit, zirkonhaltigem Mullit und Tonerde) erhalten worden.

2. Die Ursachen der Inhomogenität[1]

Die Schwierigkeiten bei der Glasschmelze sind die Ursachen vieler Mängel und Fehler. Glas ist in Wahrheit ein Kompromiß. Das *Tafelglas* muß wegen der notwendigen Billigkeit mit einer kleineren Lichtdurchlässigkeit geliefert werden, als erwünscht ist. Das *optische Glas* enthält etwas Färbung und Bläschen, weil die Erzielung bestimmter optischer Eigenschaften zur Verwendung bestimmter Rohstoffe zwingt. Das *Laboratoriumsglas* enthält oft Schlieren und mangelhafte Oberfläche, weil die hohen Schmelztemperaturen keine hinreichende Homogenisierung erlauben.

Jeder auftretende Fehler muß sorgfältig registriert werden, um Eingreifen in den Schmelzvorgang mit den richtigen Mitteln zu ermöglichen. Anders wird das Übel nur noch verschlimmert.

Unzweckmäßige Wahl der Rohstoffe kann dazu führen, daß nicht genug Gasentwicklung (15 bis 20%) vorhanden ist. Das würde zu Schichtenbildung führen. Deshalb darf die Viskosität nicht hoch sein, was durch die geeignete Auswahl der Rohstoffe erfolgt. Zuweilen genügt hierzu Ersatz von etwas SiO_2 durch CaO. Oft sind grobe Sandkörner und lehmige Verunreinigungen die Veranlassung zu „Schwänzen". Sauerstoffarme Bleiglassätze können reduziert und dadurch streifig werden.

Ungenügende Durchmischung des Gemenges gibt besonders bei schwer schmelzbaren Gläsern Anlaß zu Streifen, weil Anhäufungen von leicht und schwer schmelzenden Bestandteilen sich nicht mehr mischen wollen. Scherben können hier helfen. Sie sollen der Zusammensetzung des Glassatzes entsprechen und fein gemahlen sein. Hygroskopische Gemengebestandteile führen zu Klumpenbildung und Schlierenbildung.

Falsche Feuerführung, zu hohe und zu tiefe Temperaturen ergeben Schlieren. Jede Glasart verlangt ihre besondere Schmelztemperatur und

---

[1] PEBBLE, C. J.: Glass, Bd. 2 (1924/25) S. 612, 696; Ref. von E. BERGER: in Glastechn. Ber. Bd. 5 (1927/28) S. 36—39. — SPRINGER, L.: Glastechn. Fabrikationsfehler, Sprechsaal Bd. 60 (1927) S. 498. — HUNDSHAGEN, F.: Glastechn. Ber. Bd. 8 (1930,) Bd. 9 (1931). — DIETZEL, A.: Steinchen und Knoten im Glas, Sprechsaal Bd. 66 (1933) S. 837. — JEBSEN-MARWEDEL, H.: Glastechn. Fabrikationsfehler, 2. Aufl. in Vorb., Berlin/Göttingen/Heidelberg: Springer.

Temperaturverlauf. Beim Erschmelzen verschiedener Glasarten in demselben Hafenofen kann durch zeitlich verschiedenes Einlegen ein Ausgleich geschaffen werden. Die erste Einlage soll nicht zu tief niedergeschmolzen werden, die späteren Einlagen sollen klein sein, um übermäßige Abkühlung zu vermeiden. Bei Wannenbetrieb kann übermäßige Abkühlung Anlaß zu Schlierenbildung sein.

Zufällig hinein geratene Fremdkörper, z. B. Gewölbetropfen, Tonsteinchen geben Schlieren oder sogar Steine.

Anfressung des feuerfesten Materials findet immer, aber bei verschiedenen Gläsern und Baustoffen ungleichmäßig statt. Eine Schmelze von 1000 kg wird etwa 10 bis 25 kg Schamotte auflösen (s. S. 113).

Plötzliches Auftreten von Schlieren kann den Übergang zur Kristallisation anzeigen.

Während des Ausarbeitens sind die Temperaturen zu niedrig, um Zerteilung der Schlieren zu ermöglichen. Deshalb muß möglichst schnell kalt geschürt werden, um Neubildung von Schlieren zu verhüten.

Optische Gläser werden zur Verteilung der Schlieren gerührt. Das Rühren erfolgt nur in Hafenmitte. Schwierig ist die Beseitigung der Schlieren bei stark verdampfenden Gläsern wie Fluorkron.

3. Die Homogenität

Die Kontrolle auf die Homogenität kann nach J. Löffler[1] bereits durch Anätzen erfolgen. Die an Al_2O_3 reichen Schlieren lösen sich dann langsamer als der Rest und bleiben als Relief sichtbar. Sie können zudem mit einem der im folgenden beschriebenen Mittel noch deutlicher sichtbar gemacht werden.

Flachgläser verschiedener Fertigung lassen sich nach Anätzen mit verdünnter Flußsäure — Schwefelsäure voneinander unterscheiden. Bei unbehandelt gebliebener Oberfläche erscheinen so die Spuren der verschiedenen Fabrikationsmethoden. Auch kann man so behandelte und unbehandelte Flächen unterscheiden. Die unter der Politur liegende Struktur des Feinschliffs kommt bei dieser Ätzung zum Vorschein. Die Beobachtung der Schlieren gestattet auch bei nachbehandelter Oberfläche gewalztes von gezogenem Glas zu unterscheiden[2].

Die *chemische Analyse* von gezogenen Glasproben zur Kontrolle der Homogenität ist ein zeitraubendes Werk (1 bis 2 Tage). Besser ist eine Kontrolle des *spezifischen Gewichtes*, die sich durch Schwimmproben in Flüssigkeiten verschiedenen spezifischen Gewichtes an sehr kleinen Blöckchen schnell und sicher durchführen läßt[3]. Eine Schwankung des spezifischen Gewichtes von 0,0006 während 3 Tage kann als ausgezeichnetes, von 0,0009 als gutes Ergebnis gewertet werden. 0,0012 ist noch normal.

Messungen des *Brechungsindex* in Einbettungsflüssigkeiten[4] werden

---

[1] Löffler, J.: Glastechn. Ber. Bd. 27 (1954) S. 381.
[2] Zschacke, F.: Glastechn. Ber. Bd. 12 (1934) S. 227.
[3] Ghering, L. G.: J. Amer. ceram. Soc. Bd. 27 (1944) S. 373.
[4] Bastick, R. E. u. C. E. Gould: J. Soc. Glass Technol. Bd. 33 (1949) S. 51, 59.

zuweilen noch höher bewertet. Besser sind die beiden zuletzt genannten Kontrollmittel zusammen.

Die *Sichtbarmachung der Schlieren* ist besonders von H. SCHARDIN[1] zu

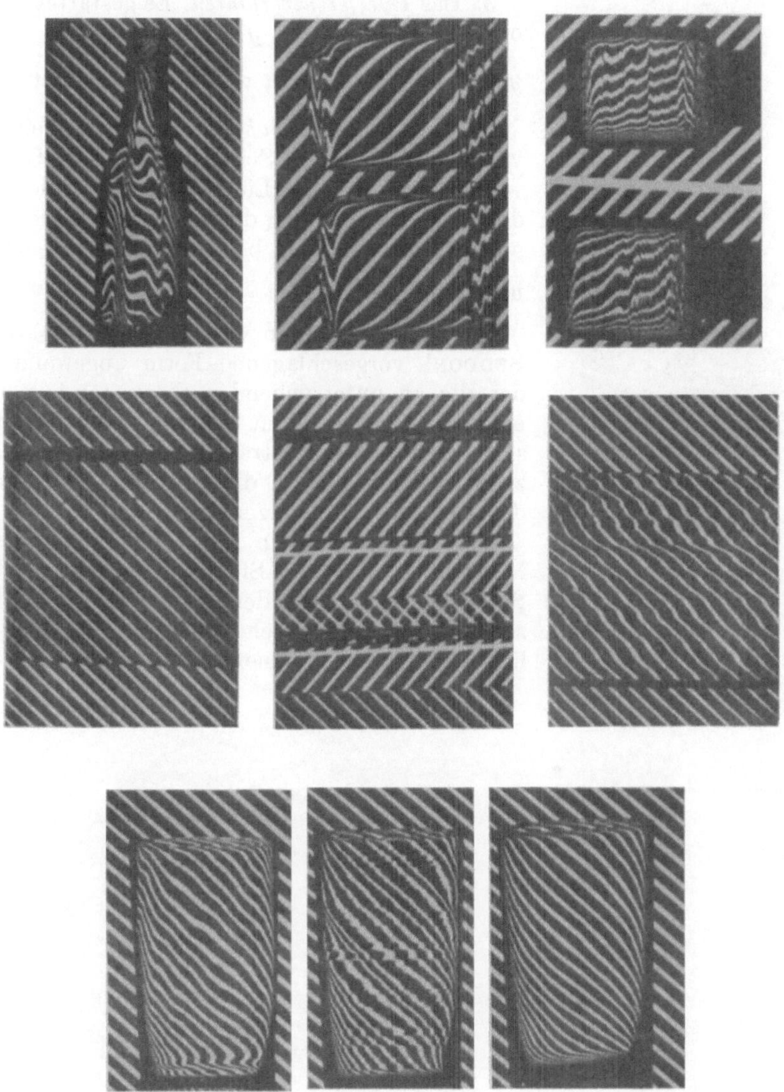

Abb. 52. Schlieren, durch Linienraster sichtbar gemacht. (Nach SEDDON)

einer hochentwickelten Technik ausgebildet worden. Man teilt diese Verfahren folgendermaßen ein:

  1. Sichtbarmachung der Schlieren vor einem Linienraster.

---

[1] SCHARDIN, H.: Glastechn. Ber. Bd. 27 (1954) S. 1, 70.

Abb. 53. (a): Interferenzbild, (b): kombiniertes Interferenz-Schlierenbild, (c): Schlierenbild, (d): Schattenbild. Alle 4 Bilder machen die Ziehstreifen einer Glasplatte sichtbar. (Nach Schardin)

2. Verfahren nach Toepler, das die Ablenkung e eines Strahls durch die Schliere direkt sichtbar macht: $e = \dfrac{\delta y}{\delta x}$.

3. Das *Interferenzverfahren*. Es gestattet die optische Wegdifferenz y direkt abzulesen:

$$y = \frac{{}^{n}\text{Glas} - {}^{n}\text{Luft}}{{}^{n}\text{Luft}} \cdot D, \text{ wo } D \text{ die Dicke ist.}$$

4. Das *Schattenverfahren*. Die Helligkeitsverteilung auf einem Schirm hinter dem Glas wird ausgemessen. Die Lichtablenkung ist gleich der Winkelabweichung der deformierten Lichtwellenfläche an einem bestimmten Punkte der ursprünglichen Lage $e' = \dfrac{\delta^2 y}{\delta^2 x}$.

Das Rasterverfahren wird meist in der von Seddon[1] vorgeschlagenen Form angewandt, der die zu untersuchenden Gegenstände vor einem schräg gestellten Sieb von weißen und schwarzen Linien betrachtete. Wie Abb. 52 zeigt, kommen dann die Schlieren als sehr deutlich sichtbare Verzerrungen heraus.

H. Schardin hat in Abb. 53 verschiedene Möglichkeiten der Sichtbarmachung von Schlieren nebeneinander gestellt. Abb. 53d zeigt die Schlieren nach Toepler recht deutlich so, wie sie in einem gerichteten Licht-

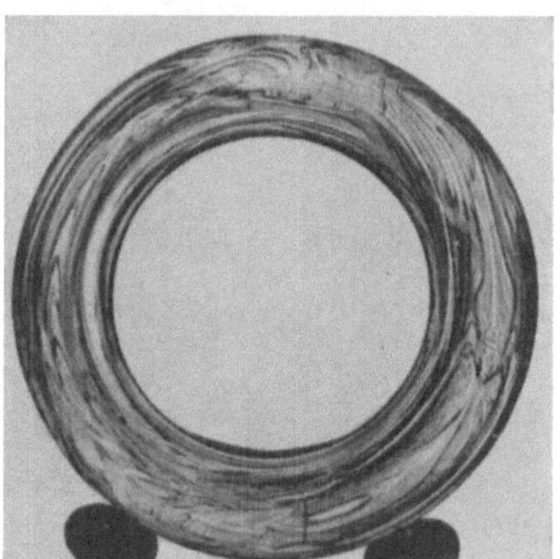

Abb. 54. Querschnitt durch Flaschenglas (Stoßstellen und Umschlagsfalten). (Nach Eitel)

[1] Seddon, E.: J. Soc. Glass Technol. Bd. 21 (1937) S. 281.

strahl erscheinen. In Abb. 53a erscheinen dieselben Ziehstreifen als Interferenzbild in den Abb. 53c und 53b mit darin gebrachten optischen Effekten. Noch schöner kommen letztere heraus, wenn man auch farbige Effekte hineinlegt. Das kann schon dadurch erreicht werden, daß das Licht eine Ringblende mit farbigen Ringen passiert. Jeder von einer Schliere abgelenkte Strahl kommt dann farbig heraus. Auch kann man den Strahl durch ein Geradsichtprisma senden. Ein optisch homogenes Objekt wird dann in einer bestimmten Farbe abgebildet. Aber Unebenheiten erscheinen in einer anderen Farbe.

Schlierenbilder von fertig gemachtem Glas zeigen, daß das vollständig geläuterte homogene Glas durch die Formgebung *von neuem mit Schlieren* erfüllt wird. Die erkaltete, aber noch hochplastische Glasmasse bildet durch den Vorgang der Verformung überall dort neue Schlieren, wo der strömende, plastische Glasfluß unterbrochen, zerteilt oder mit einem anderen verbunden wird. Das zeigt W. Eitel[1] hier in der Abb. 54, wo mehrere Stoßstellen, Falten- und Schlauchsysteme sichtbar sind, die bei der Verformung auf der Owens-Maschine entstanden waren.

G. Die Einstrahlung von Wärme ins Glas

Die Intensität der *Infrarotstrahlung* ist bei 0,8 μ noch sehr gering, nimmt bis 8 μ sehr rasch zu, dann langsamer, erreicht bei etwa 10 μ ein Maximum und klingt dann wieder nach längeren Wellen ab[2]. Im Gebiet starker Absorption im Infrarotgebiet ändern sich Absorption, Reflektion und Brechung stark, wenn die Temperatur zwischen 20° und Ofentemperatur geändert wird. Die Abb. 55 zeigt diese Änderungen am Kieselglas. Die technischen Gläser zeigen ungefähr dieselben Eigenschaften[3].

Die Abhängigkeit der *Strahlungsleitfähigkeit* von der Temperatur ist aus der Abb. 56 ersichtlich[4]:

Die Abhängigkeit der Absorption von der Wellenlänge im infraroten Bereich geht aus der Abb. 57a, b hervor[5]. Das gewählte Fensterglas und das Chromoxydglas zeigen für alle Wellenlängen der Wärmestrahlen ein Minimum der Absorption bei 900 bis 1000° bzw. 800°. Der hier zur Darstellung gebrauchte Absorptionskoeffizient k entstammt der Formel des Lambert-Beerschen Strahlungsgesetzes $I = I_0 \cdot e^{-kd}$, wo I_0 die Intensität des ins Glas eindringenden, I die des austretenden Lichtes, d die Dicke und k der Absorptionskoeffizient ist. Da aber das Beersche Gesetz nicht streng anwendbar ist, besteht keine lineare Beziehung zwischen Eisengehalt, Cobaltgehalt usw. und dem Temperaturgradienten im geschmolzenen Glase[6].

Die *reine Wärmeleitfähigkeit* von Glas ist klein. Sie ist auf der Abb. 56 von Genzel unten rechts durch einen Strich angegeben worden. Sie spielt

---

[1] Eitel, W.: Glastechn. Ber. Bd. 10 (1932) S. 469.
[2] Czerny, M.: Umschau (1956) S. 521.
[3] Neuroth, N.: Glastechn. Ber. Bd. 28 (1955) S. 411.
[4] Genzel, L.: Glastechn. Ber. Bd. 26 (1953) S. 71.
[5] Neuroth, N.: Glastechn. Ber. Bd. 26 (1953) S. 66.
[6] Halle, R. u. W. E. S. Turner: J. Soc. Glass Technol. Bd. 29 (1945) S. 170.

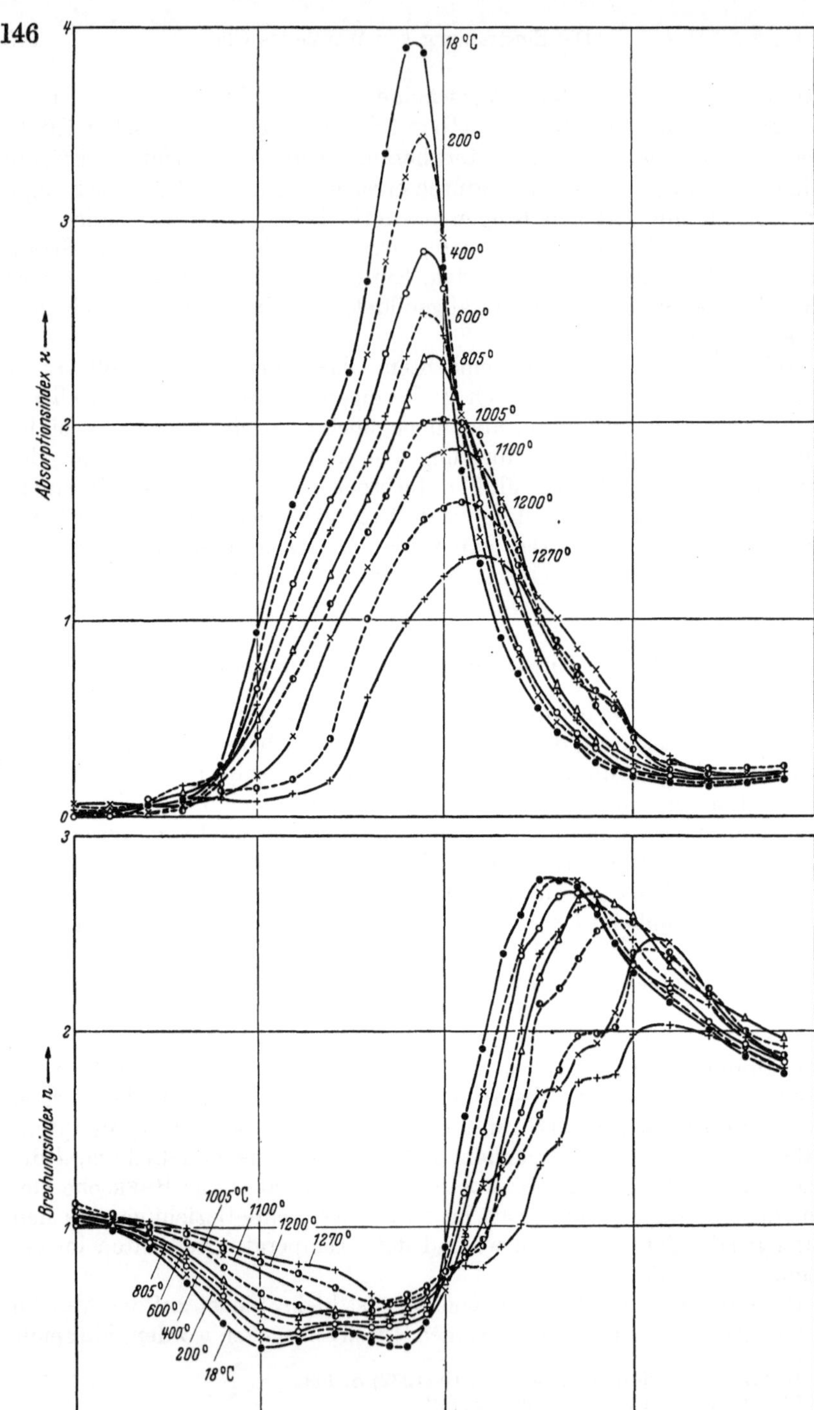

Abb. 55. Absorptionsindex und Brechungsindex von glasigem SiO_2 in Abhängigkeit von der Wellenlänge bei Temperaturen zwischen 18 und 1270°. (Nach Neuroth)

gegen die große Wärmeübertragung durch die Strahlung im Glasofen keine Rolle und beträgt nur 2,4 kcal/m·h·C° bei 1300° gegen z. B. 90 derselben Einheiten an dicken Glasschichten, die der Strahlung und Konvektion ausgesetzt waren.

Die *reine Wärmeleitung* ist für farblose und farbige Gläser praktisch identisch.

Bei Glas zwischen 500 bis 1500° steigt sie mit steigender Temperatur. Die Gegenwart von CaO im Glase erhöht sie. Ersatz von SiO_2 durch Na_2O und CaO vermindert, am meisten bei Einführung von Na_2O, weniger bei Einführung von CaO. Ersatz von Na_2O durch CaO erhöht die Wärmeleitfähigkeit[1].

In der Abb. 58 ist der Verlauf der Wärmeleitfähigkeit

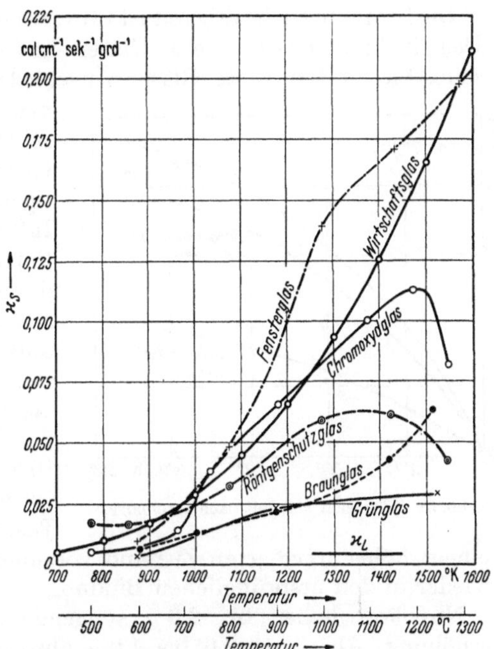

Abb. 56. Verlauf der Strahlungsleitfähigkeit einiger Gläser mit der Temperatur. z_L = mittlerer Wert der echten Wärmeleitfähigkeit, wie er bei niedrigen Temperaturen bekannt ist (zum Vergleich). (Nach GENTZEL)

von 3 Gläsern mit steigender Temperatur abgebildet[2].

Glas ist bei hohen Temperaturen für Strahlung sehr durchsichtig. Deshalb ist der Emissionskoeffizient sehr klein.

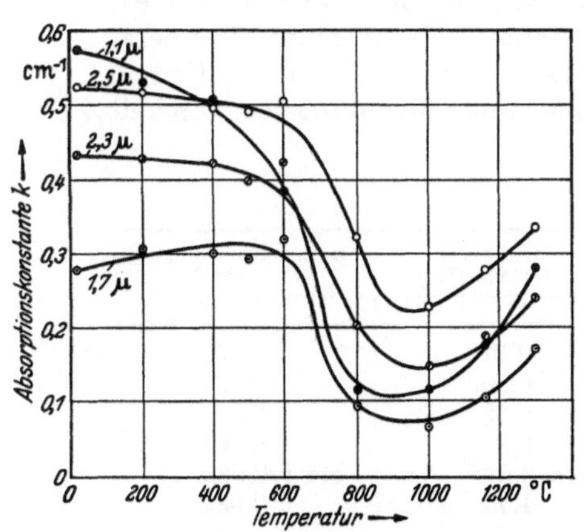

Abb. 57 a. Die Absorption von Fensterglas bei verschiedenen Wellenlängen in Abhängigkeit von der Temperatur. (Nach NEUROTH)

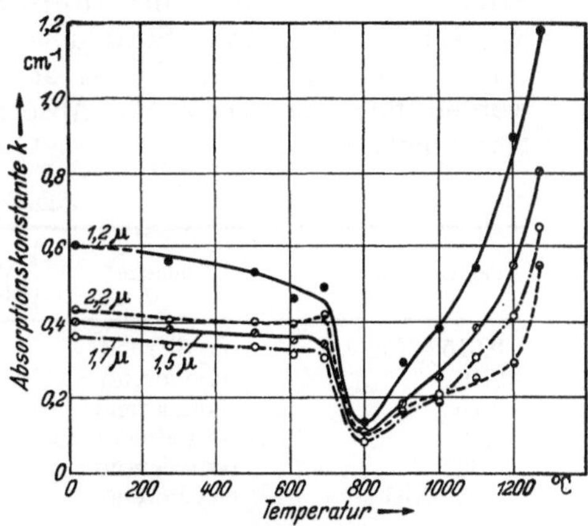

Abb. 57 b. Die Absorption von Chromoxydglas bei verschiedenen Wellenlängen in Abhängigkeit von der Temperatur. (Nach NEUROTH)

---

[1] GUTOP, V. G.: Ref. in Bull. Amer. ceram. Soc. Abstr. (1943) S. 115.
[2] GEHLHOFF, G.: Vortrag, Berlin 1928, S. 21.

Die Strahlungsleitfähigkeit ist für verschiedene Gläser sehr verschieden. Das gilt besonders für weiße Gläser einerseits und farbige Gläser anderseits. Sie ist für weiße Gläser verschiedener Zusammensetzung wenig verschieden. Groß werden die Unterschiede aber schon bei geringen Gehalten an Eisen. Die eisenhaltigen Gläser absorbieren im ganzen Infrarot mit einem hohen Absorptionsmaximum bei 1,1 μ dank ihrem Gehalt an FeO. Mit zunehmender Oxydation nimmt die Intensität der Absorption ab, aber sie verschwindet nicht. Besonders die Absorption von 2,6 bis 4 μ wird von FeO verursacht. Sie nimmt bis 1000° stetig ab, um oberhalb 1000° wieder zuzunehmen. Bei hohen Temperaturen scheint das Fe in einem höher oxydierten Zustand vorzuliegen, der aber bei Abkühlung wieder in den ursprünglichen Bindungszustand übergeht[1].

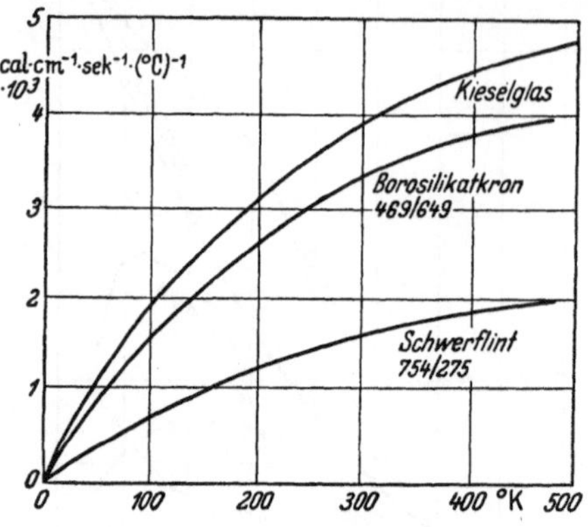

Abb. 58. Wärmeleitfähigkeit nach GEHLHOFF

Ni-Gläser haben bis 2,6 μ steigende Absorption bei Temperaturerhöhung. Aber von 2,6 bis 4,0 μ absorbiert dieses Glas weniger als bei 20°.

Die Absorption bei 2,2 bis 2,8 μ wird dem $(OH)^-$ im Glase, die breite Absorption bei 3,5 μ dem $(CO_3)^{2-}$-Ion zugeschrieben. Die $(OH)^-$-Bande wird bei Temperaturerhöhung intensiver, während die Intensität der $(CO_3)^{2-}$-Bande dann abnimmt.

CZERNY und GENZEL[2] gaben zur Berechnung von Absorption und Strahlung die Formel an: $16 \cdot n^2 \cdot \sigma \cdot \vartheta^3/3\alpha$, wo n = Brechungsindex, σ = STEFAN-BOLTZMANN-Strahlungskonstante, ϑ = absolute Temperatur, α = Absorptionskoeffizient des Glases. Mit Hilfe dieser Formel wurden folgende Werte für Absorption und Strahlungsleitfähigkeit berechnet[1]:

Tabelle 19

Färben des Oxyd	Schmelze	Mittlerer Absorptionskoeffizient bei 2 μ, 1200° per cm	Strahlungsleitfähigkeit bei 1200° in cal/cm · °C · sek
0,015% Fe_2O_3	oxydierend	0,17	0,32
0,16 ,,	oxydierend	0,30	0,18
0,16 ,,	reduzierend	0,52	0,10
0,16 ,,	stark reduzierend	0,8	0,067
0,86 ,,	reduzierend	etwa 2,5	etwa 0,022
2,0% NiO	oxydierend	1,7	0,032

Dieser Unterschied in der Strahlungsleitfähigkeit äußert sich darin, daß unter sonst gleichen Umständen beim Anheizen die weißen Gläser

[1] GROVE, F. J. u. P. E. JELLYMAN: J. Soc. Glass Technol. Bd. 39 (1955) S. 5, T.
[2] CZERNY, M. u. L. GENZEL: Glastechn. Ber. Bd. 25 (1952) S. 387.

an der Oberfläche weniger heiß werden wie farbige Gläser, aber die aufgenommene Wärme leichter und schneller ins Innere durchleiten. Das wurde von HALLE und TURNER in einem Laboratoriums-Tanköfchen, das in zwei nebeneinander liegenden Abteilungen sowohl weißes wie dunkles Glas enthielt, festgestellt[1]:

Tabelle 20

Glas	Temperaturdifferenz Mitte zu Seite		Temperatur Mitte Glasfläche	Wärme-transmission ins Glas
	nicht isoliert	isoliert		
Farblos	65°	57°	1400°	60%
Bernsteingelb	127°	132°	1435°	49%
Dunkelgrün	175°	195°	1462°	37%

Aus dieser Tabelle ersieht man, daß die Oberflächentemperaturen beim weißen Glase 1400°, unter gleichen Umständen beim gelben 1435° und beim grünen 1462° betrug. Dementsprechend war beim weißen Glase viel mehr Wärme ins Innere abgeleitet worden als bei den Farbgläsern, nämlich 60% gegen 49% beim gelben und nur 37% beim grünen Glas. Dem entsprechen denn auch die Temperaturdifferenzen zwischen Mitte und Seite der Oberfläche.

Bei vier weißen Gläsern, die unter denselben Umständen in einem solchen Öfchen erschmolzen wurden[2], waren diese Unterschiede viel geringer:

Tabelle 21

	Temperatur-gradient in 10 cm Tiefe	Wärme-transmission
Bleikristallglas	4° per cm	59%
Flaschenglas	4° per cm	60%
Pyrexglas	2° per cm	63%
Aluminium-Borosilikatglas ...	4° per cm	59%

Bei den Gläsern verschiedener Farbe ist dementsprechend auch der Temperaturgradient sehr verschieden[3]:

Tabelle 22

Ofen	farblos		Kohlegelb		Fe-Mn-Grün	
	2,5—5 cm	7,5—10 cm	2,5—5 cm	7,5—10 cm	2,5—5 cm	7,5—10 cm
isoliert	25°/cm	20°/cm	40°/cm	35°/cm	95°/cm	95°/cm
nicht isoliert ..	30°/cm	15°/cm	55°/cm	45°/cm	80°/cm	90°/cm
gekühlt	35°/cm	20°/cm	60°/cm	55°/cm	95°/cm	100°/cm

---

[1] HALLE, R. u. W. E. S. TURNER: J. Soc. Glass Technol. Bd. 29 (1945) S. 5, 170.

[2] ALLISON, R. S., R. HALLE u. W. E. S. TURNER: J. Soc. Glass Technol. Bd. 30 (1946) S. 343.

[3] HALLE, R., E. PRESTON u. W. E. S. TURNER: J. Soc. Glass Technol. Bd. 23 (1939) S. 71.

Das heißt, die farbigen Gläser werden nach unten schneller kälter als das weiße.

In den folgenden Tabellen ist die Zusammensetzung der färbenden Bestandteile in Beziehung zum Temperaturgradienten gebracht worden[1].

Tabelle 23

	% Farboxyde			Temperaturgradient im geschmolzenen Glas °/cm
	Fe als Fe_2O_3	MnO	CoO	
farblos	0,07	—	—	4
Co-blau	0,13	0,026	0,11	14,4
Kohle-Schwefelgelb	0,19	0,021	—	18,0
Fe-Mn-dunkelgrün .	1,8	2,0	—	34,0

Wachsender Co-Gehalt in einem Natron-Kalkglase beeinflußt diesen Gradienten wie folgt:

Tabelle 24

% CoO	Temperaturgradient °/cm	% CoO	Temperaturgradient °/cm
—	2,8	0,066	9,6
0,0022	3,2	0,11	13,3
0,0037	4,0	0,2	20,8
0,0088	4,0	0,33	26,5
0,022	4,8	0,44	30,2

Den Einfluß wachsender Anteile von FeO zeigt die folgende Tabelle von HOLSCHER an Schmelzen im Laboratoriumsofen:

Tabelle 25

Fensterglas plus	Gradient °/cm	Fensterglas plus	Gradient °/cm
$^1/_4\%$ Fe_2O_3 oxydierend	1,73	$^1/_4\%$ Fe_2O_3 reduzierend	8,32
$^1/_2\%$ Fe_2O_3 ,,	3,45	$^1/_2\%$ Fe_2O_3 ,,	12,53
1% Fe_2O_3 ,,	6,90	1% Fe_2O_3 ,,	20

Die an Fe_2O_3 höheren Anteile oxydierend geschmolzenen Glases enthalten mehr FeO als an Fe armes Glas. Kleine Mengen von FeO können also die Temperaturverteilung in einer Schmelze grundlegend verändern.

Einen Gradienten entfärbter Gläser zeigt die folgende Tabelle HOLSCHERS:

Tabelle 26

Flintglas	Farbstoff %	Gradient °/cm
farblos	—	1,73
farblos	Se, Co, As	1,78

Chromgläser bis 0,25% Cr_2O_3 haben fast denselben Gradienten wie gleiche Mengen FeO. Mn erhöht den Gradienten nicht so sehr wie andere Oxyde mit gleicher Färbkraft. Sehr kleine Mengen Co oder Se vermehren

---

[1] ALLISON, R. S., R. HALLE u. W. E. S. TURNER: J. Soc. Glass Technol. Bd. 30 (1946) S. 356.

den Gradient. Entfärbung von Flintglas erhöht den Gradient direkt in der Oberfläche, aber weniger in der Tiefe. Ähnliche Farben können sehr verschiedene Gradienten haben. Es besteht ein Zusammenhang zwischen Gradient und Gasverbrauch: Je größer der Gradient, um so kleiner ist der Gasverbrauch.

Bei Braunglas war nach NEUROTH (s. S. 147) der allgemeine Verlauf derselbe wie beim Chromglas, aber die Abhängigkeit von der Wellenlänge war viel größer. Das Minimum lag bei 700°. Die Durchlässigkeit der Gläser wurde durch vorhergehende Wärmebehandlung verändert.

Erhöhung des Totaleisengehaltes oder des Anteils an FeO verursacht Verminderung der Wärmeverluste durch den Boden des Wannenofens:

Tabelle 27

	0,29% total Fe_2O_3 mit 24% FeO	2,96% total Fe_2O_3 mit 26,4% FeO	1,04% total Fe_2O_3 mit 13,2% FeO	1,00% total Fe_2O_3 mit 52,5% FeO
Glasseite des Steins ...	1260°	820°	1120°	873°
Luftseite des Steins ...	490°	265°	418°	282°

Die Korrosion der Schamottesteine ist bekanntlich an der Schmelzlinie größer als bei höherem Fe_2O_3- und besonders bei höherem FeO-Gehalt. Das ist nicht nur chemisch begründet, sondern auch die Folge der größeren Absorption der Strahlung und dementsprechend der höheren Temperatur der Oberflächenschicht.

Die in Laboratoriumsöfen gemessenen Gradienten sind meist zu groß im Vergleich zu den im Industrieofen gemessenen Gradienten.

In technischen *Wannenöfen* wurden niedrigere Temperaturgradienten nach der Tiefe zu gemessen[1]:

weißes Glas	1,68°/cm	helles Fe-Mn-grün	3,98°/cm
hellgromgrün	1,91 „	Chromsmaragdgrün	4,37 „
bernsteinfarben	3,74 „	dunkel Fe-Mn-grün	5,36 „

Der Temperaturgradient ist nicht nur von der Zusammensetzung, sondern auch von der Temperatur abhängig[2]. In einem farblosen Glase stieg er z. B. von 4°/cm bei 1200° auf 8,8°/cm bei 850°. Umgekehrt nahm der Gradient bei einem dunkelgrünen Flaschenglase für denselben Temperaturbereich von 37 auf 20°/cm ab. Im heißen Glase verläuft die Ausstrahlung und die Absorption strahlender Wärmeenergie so wie in einem halbdurchlässigen Medium. Absolut durchlässige Gläser absorbieren auch keine Strahlungsenergie.

Bei der *Abkühlung der Schmelze* kehren sich die Temperaturen an der Oberfläche und im Inneren um, TURNER und Mitarbeiter[3] fanden in abkühlenden Schmelzen die folgende Temperaturverteilung:

---

[1] HOLSCHER, H. H., R. R. ROUGH u. J. H. PLUMMER: J. Amer. ceram. Soc. Bd. 26 (1943) S. 398.

[2] RODNIKOWA, W. W.: Ref. in Glastechn. Ber. Bd. 26 (1953) S. 73.

[3] HALLE, R., E. PRESTON u. W. E. S. TURNER: J. Soc. Glass Technol. Bd. 23 (1939) S. 171.

Tabelle 28

Temperatur	farblos	Co-blau	Fe-Mn-grün	Bernsteinfarben		
				Kohlegelb	hell Fe-Mn	dunkel Fe-Mn
2 cm unter der Oberfläche						
1000°	1150	1200	1280	1230	1225	—
900°	1040	1100	1180	1090	1115	1370
800°	920	970	1080	970	985	1220
700°	815	850	960	860	870	1020
600°	705	740	825	750	755	870
500°	595	630	690	630	630	725
Zu gleicher Zeit waren die Oberflächentemperaturen tiefer:						
1000°	980	950	965	975	825	
900°	865	800	860	865	760	
800°	760	700	750	745	680	
700°	655	620	640	645	600	
600°	555	525	570	550	515	
500°	460	430	475	460	435	

Die farbigen Gläser waren also während der Abkühlung innen heißer als das farblose Glas. Aber die Oberfläche strahlte auch viel mehr Wärme ab als beim farblosen Glase, so daß sie viel kälter war. Das Temperaturgefälle war also beim farbigen Glas sehr viel größer als beim farblosen Glas. Am größten ist dieser Gegensatz beim dunkelgelben Fe-Mn-Glas. Es ist in seiner Mitte am heißesten, aber an seiner Oberfläche am kältesten.

Der Wärmefluß nimmt bei *tiefsten Temperaturen* sehr stark ab: Er betrug in Stäben von 10 cm, 1 mm Durchmesser[1]:

°K	Watt
80 bis 20	$2{,}1 \cdot 10^{-4}$
60 bis 20	$1{,}2 \cdot 10^{-4}$
20 bis 4	$2{,}9 \cdot 10^{-5}$
4 bis 1	$2{,}1 \cdot 10^{-6}$
1 bis 0	$1{,}3 \cdot 10^{-7}$

H. Viskosität

Die *Viskosität* (innere Reibung, Zähigkeit) eines Stoffes hängt von seiner Zähigkeitskonstante η ab, deren Einheit die Poise ist. 10 Poisen = 1 Dynsek/cm². η ist eine Stoffkonstante und beträgt bei Luft $1{,}7 \cdot 10^{-5}$, bei Wasser (20°) $1{,}0 \cdot 10^{-3}$, bei Glycerin $8{,}5 \cdot 10^{-1}$ und bei Pech 10^{7}. Auf S. 52 sind die 4 Hauptzustände des Glases für den Temperaturbereich von 1400° bis zu Zimmertemperatur hinab mit den zugehörenden Viskositäten beschrieben worden.

Der Verlauf der Viskosität gleicht einer flachen S-Schleife, deren steilster Teil im Transformationsbereich liegt[2] (Abb. 59).

Im flüssigen Zustand und im Zustand unterhalb 550° sind die Änderungen gering. A. WINTER definiert $\eta = A \cdot T \cdot e^{\frac{H}{R \cdot T}}$, wo A ein temperaturabhängiger Parameter, H die Aktivierungsenergie, R die Gas-

[1] BERMAN, R., E. L. FOSTER u. H. M. ROSENBERG: Brit. J. Appl. Phys. Bd. 6 (1955) S. 201.

[2] WINTER, A: Verres et Refractaires (1953) No. 4, S. 217.

konstante und T die absolute Temperatur ist. H hängt von der Potential
sperre zwischen den betreffenden Ionen bei gegebener Temperatur ab.

Erweichung und Fließen erfolgen schneller bei hoher Temperatur, was
beweist, daß beide Vorgänge Aktivierungsenergie benötigen. Moleküle
oder Strömungseinheiten, die die
nötige Energiezufuhr gehabt haben,
werden den Sprung in neue Stel-
lungen durchführen können[1]. Dabei werden Bindungskräfte durch-
brochen, die im Falle von Si^{4+}-
und O^{2-}-Ionen eine hohe Aktivierungsenergie und Temperatur erfordern. MARBOE und WEYL[2] (s.
S. 17) denken sich das viskose
Fließen durch abstoßende Kräfte
verursacht, die gewisse durch ,,Tie-

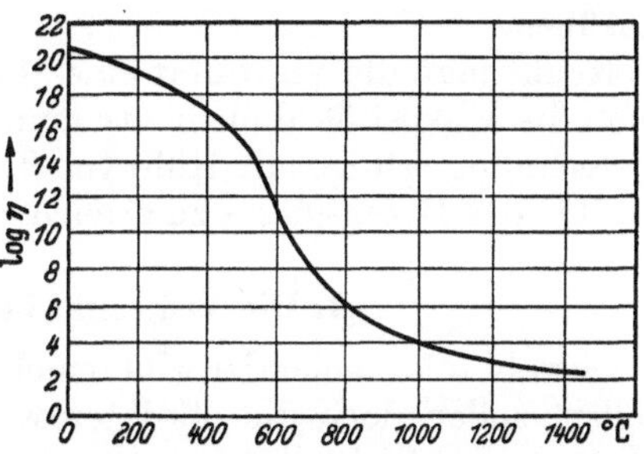
Abb. 59. Verlauf der Viskosität nach A. WINTER

fenwirkung'' zusammengehaltene Fließeinheiten gegeneinander ausüben.

Gläser haben wegen ihres unregelmäßigen Gitters große örtliche Unterschiede der Bindungsstärken. Das ermöglicht erst das Ausziehen zu
Fäden und Blasen zu dünnwandigen Gefäßen.

Trägt man $\log \eta$ gegen $1/T$ auf, so erhält man 2 Linien, die sich bei
einer Temperatur schneiden, die als der wahre Transformationspunkt
angesehen werden kann. Die Viskosität ist dort $2,4 \cdot 10^{14}$ cgs-Einheiten[3].

TAMMANN fand ungefähr dasselbe, als er $\log \eta$ gegen T auftrug. Er erhielt ein System gleichseitiger Hyperbeln, die gegen die Koordinations-
achsen verschoben erschienen. Der Scheitelpunkt der Hyperbeln lag im
Transformationspunkt. Er wurde für eine Viskosität von $\eta = 10^{13}$ Poisen
angegeben[4].

Es liegen mehrere Untersuchungen über den Einfluß der Wärmebehandlung auf die Eigenschaften, besonders die Viskosität vor. TURNER
und GEHLHOFF und THOMAS[5] konnten an mehrfach umgeschmolzenem
Glas keine Änderung der Viskosität feststellen. Dem steht aber die Erfahrung der Praxis gegenüber. Hiernach darf das geschmolzene Glas im
Ofen nicht ,,alt'' werden. Bei zu hohen Temperaturen erschmolzene Gläser sind schlecht verarbeitbar. Nach PEYCHÈS[6] wird die Aggregation des
geschmolzenen Glases bei zu langem Aufenthalt im Ofen wieder rückgängig gemacht. Wahrscheinlich spielt hier auch eine Änderung der Zusammensetzung eine Rolle.

Auch die Gasatmosphäre hat Einfluß auf die Viskosität[7]. Bei 980 bis
1150° ist er merklich, wird aber mit höherer Temperatur geringer. Am
stärksten erniedrigend wirken $SO_2 + H_2O$, dann H_2O allein. Gegenüber

[1] WEYL, W.: Glass Science Bull. VI (1947) S. 19; Research Bd. 1 (1947) S. 50.
[2] MARBOE, E. C. u. W. A. WEYL: J. Soc. Glass Technol. Bd. 39 (1955) S. 16, T.
[3] MORIYA, T.: J. Soc. Glass Technol. Bd. 25 (1941) S. 81 (Ref.).
[4] TAMMANN, G. u. W. HESSE: Z. anorg. allg. Chem. Bd. 156 (1926) S. 245.
[5] TURNER, W. E. S.: Glastechn. Ber. Bd. 7 (1928) S. 511, 582. — GEHL-
HOFF, G. u. M. THOMAS: Glastechn. Ber. Bd. 8 (1930) S. 77.
[6] PEYCHÈS, I.: Glass Ind. Bd. 32 (1951) S. 17, 77, 123.
[7] VICKERS, A. E. J.: J. Soc. chem. Ind. Bd. 57 (1938) S. 14.

Luft z. B. setzt SO_2 bei 1000° die Viskosität von 1550 Poisen auf 980 Poisen herab, H_2O von 1550 auf 1160 Poisen. Da der Verlauf der Geraden $\log \eta = \dfrac{1}{T}$ bei dieser Behandlung weiter geradlinig bleibt, wird geschlossen, daß die Gase keinen Einfluß auf den Assoziationsgrad des Glases ausüben.

Kennt man die Viskosität eines Bezugsglases durch Messung, so kann man die Viskosität ähnlich zusammengesetzter Gläser berechnen[1]. Diese Berechnung erfolgt mit Hilfe von Temperaturkorrektionen, um die Viskosität des Bezugsglases zu erreichen.

1. Die Viskosität bei der Verarbeitung

Obwohl hier keinerlei Untersuchungsmethoden beschrieben werden sollen, sollen doch die oft interessanten Prinzipien der Methoden zur Messung der Viskosität genannt werden:

WASHBURN[2] maß den Widerstand, den die viskose Schmelze der Rotation eines in ihr drehenden Zylinders entgegensetzte. Er erhielt auf diese Weise Kurven gleicher Viskosität im Dreistoffsystem, die sog. Isokomen. K. ENDELL und W. MÜLLENSIEFEN[3] arbeiteten ein Ziehverfahren aus, bei dem der Widerstand gegen einen aus der Schmelze zu ziehenden Zylinder gemessen wurde. TURNER und Mitarbeiter[4] zogen einen Platindraht aus der Schmelze und berechneten aus der an ihm haftenden Glasmenge dessen Viskosität.

Die *Erweichungstemperatur* von Gläsern wird nach LITTLETON[5] durch Messung der Verlängerung eines 0,65 bis 1 mm dicken Glasfadens von 23 cm Länge bestimmt. Die *Viskosität* in diesem Bereich errechnet sich nach LILLIE[6] zu $\eta = \dfrac{80 \cdot M \cdot L}{\pi \cdot d^2 \cdot k_v}$, wo M die Last in Dynen, L die Länge des Fadens, d sein Durchmesser, k_v die Geschwindigkeit der Verlängerung ist. Immer war $\log \eta = A\left(\dfrac{1}{T}\right) + B$ eine Gerade, und eine Diskontinuität in den Eigenschaften einer viskosen Flüssigkeit und der stabilen Phase wurden nicht wahrgenommen.

Das Intervall der Verarbeitbarkeit wurde von LILLIE[7] folgendermaßen gekennzeichnet: (s. S. 52)

Temperatur des Entspannungspunktes (annealing) bei $\log \eta = 13{,}4$
Temperatur des Erweichungspunktes (softening) bei $\log \eta = 7{,}6$
Temperatur des Fließpunktes   (flow point) bei $\log \eta = 5{,}0$

Alle Gläser haben sowohl bei Läuterung, bei der Verarbeitung wie bei der Kühlung gleiche Viskosität[8]. Im Verarbeitungsbereich beträgt sie

[1] Boow, I. u. W. E. S. TURNER: J. Soc. Glass Technol. Bd. 26 (1942) S. 215.

[2] WASHBURN, E. W.: Rec. Trav. Chim. Pays-Bas. Bd. 42 (1923) S. 686.

[3] MÜLLENSIEFEN, W. u. K. ENDELL: Glastechn. Ber. Bd. 11 (1933) S. 161.

[4] STOTT, V. H., D. TURNER u. H. A. SLOMAN: Proc. Roy. Soc. A, Bd. 112 (1926) S. 499.

[5] LITTLETON JR.: J. Amer. ceram. Soc. Bd. 10 (1927) S. 259.

[6] LILLIE, H. R.: J. Amer. ceram. Soc. Bd. 14 (1931) S. 502.

[7] LILLIE, H. R.: J. Amer. ceram. Soc. Bd. 35 (1952) S. 149.

[8] CHATELIER, H. LE: Kieselsäure und Silikate, Leipzig 1920. — MÜLLENSIEFEN, W. u. K. ENDELL: Glastechn. Ber. Bd. 11 (1933) S. 161.

etwa 1000 Poisen. Für jede Verarbeitungsart bestehen aber sehr enge Grenzen, die nach Zeit und Viskosität geregelt sind. Der tüchtige Glasmacher sieht das von selbst. Alle Beziehungen zwischen Temperatur, Viskosität und Verarbeitbarkeit sind aber außerdem experimentell erfaßt worden[1]. Das geschah für Hand-, Speiser- und Preßarbeit. Selbstverständlich ist die Kenntnis des Verlaufs dieser Eigenschaften auch Vorbedingung für alle mechanischen Ziehverfahren. Kleine Änderungen der chemischen Zusammensetzung sind ausschlaggebend für Zieh-, Preß- und Speiserverfahren. Hierbei kommt nicht allein der Verlauf der Viskosität in Frage, sondern auch die Wärmeleitfähigkeit, die spezifische Wärme und damit die Temperaturleitfähigkeit bei 1200 bis 500°[2]. Der Temperaturbereich der Verarbeitung wurde bei 6 weißen und farbigen Gläsern als gleich groß festgestellt[3]. Dabei konnte dieser Bereich je nach Abkühlungsgeschwindigkeit verschieden hoch liegen. Er wurde definiert als der Temperaturverlust vom Beginn der Abkühlung bis zur Erstarrung der äußeren Lagen. Gläser mit hoher Viskosität erstarren schneller

als weniger viskose Gläser, wobei aber der Verlauf der Viskosität ähnlich ist. Die Abkühlgeschwindigkeit und damit die Erstarrungsgeschwindigkeit zweier Gläser gleicher Viskosität ist von ihrer chemischen Zusammensetzung abhängig. Farbige Gläser erstarren viel schneller an der Außenlage und viel langsamer im Inneren als weiße Gläser (s. S. 152). Sie müssen deshalb schneller verarbeitet werden, und die Gefahr der Rißbildungen der Oberfläche und der Deformation im Beginn der Kühlung ist groß. Das gilt aber nicht für farbige Gläser, deren Infrarotabsorption dieselbe wie bei weißen Gläsern ist, z. B. bei Gläsern mit Kobalt.

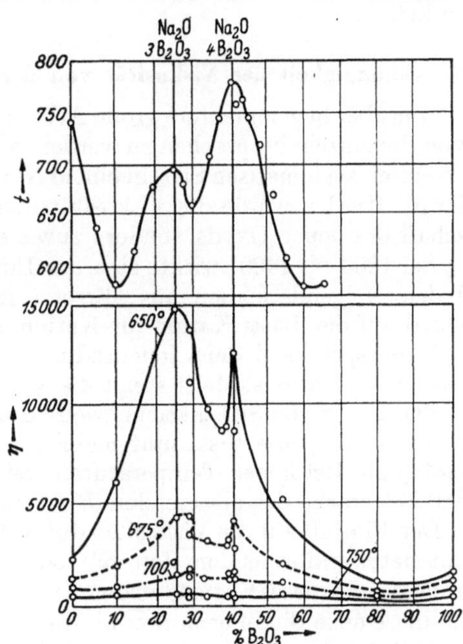

Abb. 60. Viskosität von Alkaliboraten nach VOLAROWITCH und TOLSTOI

2. Viskosität binärer Gläser

Viskositätsmessungen an Schmelzen im System Na_2O—SiO_2 ergaben stetigen Verlauf bei steigendem Na_2O-Gehalt ohne jede Andeutung von Verbindungsbildung[4]. Auch

---

[1] BOOW, J. u. W. E. S. TURNER: J. Soc. Glass Technol. Bd. 27 (1943) S. 94, 207; Bd. 29 (1945) S. 199, 233.

[2] GILL, H. S. Y.: J. Soc. Glass Technol. Bd. 38 (1954) S. 17.

[3] KITAIGORODSKI, J. J. u. N. W. SOLOMIN: J. Soc. Glass Technol. Bd. 18 (1934) S. 323.

[4] HEIDTKAMP, G. u. K. ENDELL, Glastechn. Ber. Bd. 14 (1936) S. 89. — LILLIE, H. R.: J. Amer. ceram. Soc. Bd. 22 (1939) S. 367.

die *Dichten* verlaufen linear mit der Zusammensetzung und auch mit der Temperatur. Aber die Dichten liegen bei 1000° nahe beieinander: 2,270 bis 2,245 für Gläser von 20 Gew.-% bis 60 Gew.-% Na_2O. Merkwürdigerweise streben die Dichtewerte bei 1400° stark auseinander: 2,22 für 20% Na_2O bis 2,14 für 60% Na_2O.

Ganz anders verlaufen die Kurven der *Viskosität von Alkaliboraten*[1]. Abb. 60 zeigt den Verlauf in zweierlei Weise aufgetragen, einmal in Abhängigkeit der Zusammensetzung und der Schmelztemperatur und ein andermal in Abhängigkeit der Zusammensetzung und der Viskosität bei derselben Temperatur. Es ergeben sich interessante Maxima bei den Zusammensetzungen $Na_2O \cdot 3\,B_2O_3$ und $Na_2O \cdot 4\,B_2O_3$. Doch ist es nicht nötig, hier gleich an das Vorhandensein chemischer Verbindungen im geschmolzenen Glase zu denken, da man diese Unstetigkeiten besser durch beginnende Kristallisation deuten kann. *Viskosität* und *elektrische Leitfähigkeit* von Boratschmelzen sind voneinander unabhängig. Log η gegen log R gibt eine Gerade, deren Verlauf mit steigendem Alkaligehalt absinkt[2].

3. Abhängigkeit der Viskosität von der chemischen Zusammensetzung

Hierüber liegen mehrere große Arbeiten von verschiedenem Programm vor, die einzeln besprochen zu werden verdienen. DINGWALL und MOORE[3] ersetzten systematisch SiO_2 in einem Natron-Kalkglase durch ein anderes Oxyd. Hierbei wurde die Viskosität nicht immer durch dieselbe Eigenschaft des neuen Oxyds, sondern zuweilen durch eine andere beeinflußt:

Bei 1200 bis 1400° wirkte sich der Einfluß von Oxyden verschiedener Valenz folgendermaßen aus: Ersetzt man SiO_2 durch ein einwertiges Oxyd auf der Basis Kation für Kation, so verändert sich die Viskosität z. T. entsprechend dem Ionenradius und z. T. entsprechend der Feldstärke des Kations. Meist steigt die Viskosität mit dem Ionenradius.

Bei Ersatz von SiO_2 kationenweise durch ein Oxyd eines zweiwertigen Kations hängt die Viskosität mehr von der Feldstärke als vom Ionenradius ab. Bei hohen Temperaturen steigt die Viskosität bei Steigerung der Feldstärke des ersetzenden R^{2+}-Ions.

Der Einfluß auf die Viskosität durch Ersatz von SiO_2 durch ein Oxyd mit netzwerkformendem Ion R^{3+} oder R^{4+} ist abhängig von der Bindungsstärke dieses Kations zu dem O^{2-}-Ion, mit dem es eine Brücke formt. Ist diese neue Bindung stärker als die $\equiv$Si—O-Bindung, so steigt die Viskosität, ist die neue Bindung schwächer, so sinkt sie.

Bei niedrigen Temperaturen ($\eta = 10^{11} - 10^{13}$ Poisen) hängt der Effekt der einwertigen und zweiwertigen Kationen hauptsächlich vom Ionenradius ab. Er bestimmt die Zahl der O^{2-}-Ionen, mit denen die Kationen in die Glasstruktur eingereiht werden. Diese Kationen können in 3 Gruppen eingeteilt werden:

---

[1] VOLAROVICH, M. P. u. D. M. TOLSTOI: J. Soc. Glass Technol. Bd. 18 (1934) S. 201, 209.

[2] SHARTSIS, L., W. CAPPS u. S. SPINNER: J. Amer. ceram. Soc. Bd. 36 (1953) S. 319.

[3] DINGWALL, A. G. F. u. H. MOORE: J. Soc. Glass Technol. Bd. 37 (1953) S. 316.

Radius 0,3 bis 0,6 A: 4-Koordination (tetraederisch)
     0,6 bis 1,0 A: 6-Koordination (oktaedrisch)
     1,0 bis 1,6 A: 8-Koordination (kubisch oder höher).

In jeder dieser Gruppen ergibt das kleinere Kation höhere Viskosität als die größeren Kationen derselben Gruppe. Bei denjenigen Temperaturen, die einer Viskosität von 10^{12} Poisen entsprechen, erscheint in den graphischen Darstellungen dieser Temperaturen gegen die Ionenradien ein scharfer Knick.

Die Punkte dieser Kurven, die die Lage der Ionen Na^+ und Cd^{2+} darstellen, liegen zwischen den Gruppen 0,6 bis 1,0 A und 1,0 bis 1,6 A. Ihre Radien sind 0,95 und 0,97 A. Sie liegen daher nicht weit von 1,0 A, wo der Knick auftritt, wenn der Radius des O^{2-}-Ions als 1,40 A eingesetzt wird. Daraus darf gefolgert werden, daß ein Teil der Na^+- und der Cd^{2+}-Ionen als 6-Koordination, vielleicht sogar als 8-Koordination vorliegt.

Die Viskosität von Natron-Kalkgläsern zeigten nach MOORE bei niedrigen Temperaturen bei Ersatz von 1 Si^{4+} durch ein Eisenion:

Ferro-Eisen:	*blau*	Die Viskosität fällt in demselben Grade wie bei anderen R^{2+}-Ionen.
Ferri-Eisen	*gelb bis braun*	Die Viskosität erlaubt keine Schlüsse auf die Art der Bindung des Eisens.
Ferro-Ferri, (etwa Fe_3O_4)	*grau (kolloidal)* *verteilt)*	Bei niedriger Temperatur ist die Viskosität niedriger als bei Ferro-Eisen.
Farbloses Eisen.		Die Viskositätswerte liegen höher als bei Fe^{2+}. Extrapolierte Werte zeigen, daß der Anteil an der Viskosität bei niedrigen Temperaturen ähnlich dem des ersetzten Si^{4+} ist, also als (FeO_4) vorliegt.

Die folgenden 6 Abbildungen geben in graphischer Form die Versuche wieder, die GEHLHOFF und THOMAS[1] im Laufe ihrer umfassenden Arbeiten über den Einfluß der chemischen Zusammensetzung auf die Eigenschaften der Gläser gemacht haben. Abb. 61a zeigt, welchen Einfluß der Ersatz von SiO_2 durch Na_2O oder K_2O auf die Viskosität hat. Die Viskosität ist nicht selbst dargestellt, sondern die Temperaturen, bei denen die Viskosität bestimmte Werte hat, z. B. 10^3 oder 10^4 Poisen, die Temperatur der beginnenden Erweichung (Erstarrung) und die Temperatur der Umwandlungen im Transformationsbereich. Der Ersatz von SiO_2 durch eines der Alkalien bringt immer eine starke Minderung der Viskosität hervor. Ersatz der beiden Alkalien untereinander (Abb. 61b) zeigt Abnahme der Viskosität bei steigendem Natrongehalt und fallendem Kaligehalt. Das gilt aber nur für die hohen Temperaturen. Bei niedrigen Temperaturen besteht ein Minimum der Viskosität bei etwa gleichen Teilen Natron und Kali.

Abb. 61c zeigt den Einfluß des Ersatzes von SiO_2 durch MgO und CaO. Bei hohen Temperaturen erhöht MgO die Viskosität wesentlich. CaO vermindert sie zuerst bis zu einem Minimum, um sie dann bei steigendem

---

[1] GEHLHOFF, G. u. M. THOMAS: Z. techn. Physik Bd. 7 (1926) S. 267.

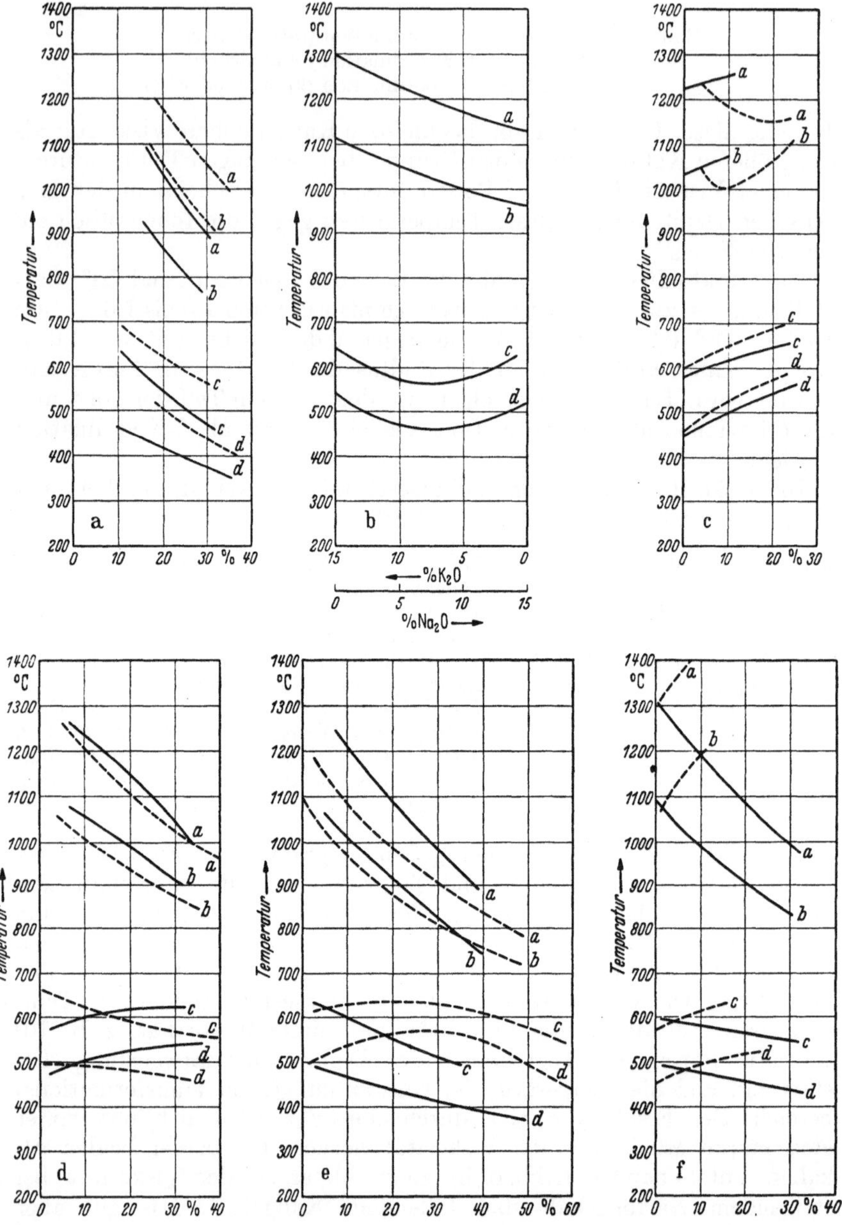

Abb. 61. Temperaturen gleicher Viskosität in Abhängigkeit von der Zusammensetzung (Grundglas 82 SiO_2, 18 Na_2O)

a) bedeutet Viskosität bei 10^3 Poisen
b) bedeutet Viskosität bei 10^4 Poisen $\}$ (Verarbeitungsbereich)
c) bedeutet Viskosität bei $10^{13,4}$ Poisen (Erweichungstemperatur)
d) bedeutet Viskosität bei $10^{13,4}$ Poisen (Entspannungstemperatur)
(Nach GEHLHOFF und THOMAS)

a) Temperaturen gleicher Viskosität bei Ersatz von SiO_2 durch Na_2O (—) und durch K_2O (————)
b) Temperaturen gleicher Viskosität bei Ersatz von Na_2O durch K_2O (Grundglas 85 SiO_2, 15 Na_2O)
c) Temperaturen gleicher Viskosität bei Ersatz von SiO_2 durch MgO (—) und durch CaO (————)
d) Temperaturen gleicher Viskosität bei Ersatz von SiO_2 durch ZnO (—) und durch BaO (————)
e) Temperaturen gleicher Viskosität bei Ersatz von SiO_2 durch PbO (—) und durch B_2O_3 (————)
f) Temperaturen gleicher Viskosität bei Ersatz von SiO_2 durch Fe_2O_3 (—) und durch Al_2O_3 (————)

CaO-Gehalt wieder zu erhöhen. Bei den niedrigeren Temperaturen wirkt Ersatz von SiO_2 durch CaO und durch MgO viskositätserhöhend. Man möge hierbei bedenken, daß das Grundglas die Zusammensetzung 82% SiO_2 und 18% Na_2O hatte, so daß durch Zusatz von RO ein stabileres ternäres Glas entstand.

Führt man RO in Gestalt von ZnO oder BaO ein, so tritt bei hohen Temperaturen starke Senkung der Viskosität ein, bei niedrigen, Steigerung durch ZnO und Senkung durch BaO. Wie Abb. 61e zeigt, senkt Einführung von PbO in ein solches Grundglas an Stelle von SiO_2 die Viskosität überall.

Setzt man kleine Mengen (bis 2,5%) B_2O_3 (in Form von Borax) Gläsern mit Natron-Kalk-Charakter zu, so fällt die Viskosität von $\log \eta = 2$ bis $\log \eta = 7,6$ parallel dem B_2O_3-Gehalt, was Verarbeitung bei niedrigeren Temperaturen erlaubt. Die Viskositätstemperaturkurven sind für jede Glasart parallel, so daß die Verarbeitungsbedingungen je nach Borgehalt geschätzt werden können[1]. Auch der Erweichungspunkt nach LITTLETON wird je nach B_2O_3-Gehalt erniedrigt. Im und nahe dem Kühlbereich erhöht aber B_2O_3 die Viskosität aller Gläser bis zu einem Maximum von 25% B_2O_3, um sie dann zu senken. Die Wirkung auf die Viskosität wird bei 602 bis 625° null je nach Glasart (s. S. 89). Dementsprechend steigen die Kühltemperaturen[2].

In einem Glase mit 17,4% Na_2O und 10,1% CaO wirkt Ersatz von SiO_2 durch Al_2O_3 folgendermaßen auf die Erweichungstemperatur[3]:

% Al_2O_3	Erweichungstemperatur C°	% Al_2O_3	Erweichungstemperatur C°
0	580	6	604
1	586	7	605
2	591	8	608
3	589	9	610
4	593	10	616
5	601		

Mischt man fein gepulverte, niedrig schmelzende Gläser mit geringen Mengen von Oxyden, preßt sie und erhitzt zum Erweichen, so erhält man[4] die folgenden Ergebnisse für die Erweichung:

$Li_2O > Na_2O > K_2O$ verringern die Viskosität. $BaO < SrO < CaO < MgO$ erhöhen den Endpunkt der Erweichung beträchtlich. 2 bis 4% Fe_2O_3 erniedrigen Anfangs- und Endpunkt, aber $> 4\%$ Fe_2O_3 erhöht die Erweichungstemperatur. PbO und ZnO verringern die Viskosität. MoO_3 erniedrigt den Anfangspunkt um 15 bis 30°, aber erhöht den Endpunkt beträchtlich. Sand und Feldspat erhöhen die Viskosität. Fe_2O_3 und B_2O_3 beeinflussen den Erweichungsvorgang stärker, wenn sie dem Glase schon während der Schmelzung beigegeben werden.

---

[1] ALLISON, R. S. u. W. E. S. TURNER: J. Soc. Glass Technol. Bd. 38 (1954) S. 297.

[2] WEYL, W. A. u. Mitarb.: J. Soc. Glass Technol. Bd. 36 (1952) S. 196.

[3] PARMELEE, C. W. u. A. E. BADGER, Glass Ind. Bd. 17 (1936) S. 85.

[4] ASAROW, K. P.: Ref. Glastechn. Ber. Bd. 27 (1954) S. 324/325.

V. Die Kühlung

1. Die Wandlung der Eigenschaften

Ein Glas, das bei der Abkühlung sich selbst überlassen wird, kühlt an seiner Oberfläche schneller ab als im Inneren. Das später erstarrende Innere kann sich wegen seines innigen Verbandes mit der bereits erstarrten Oberfläche nicht so weitgehend zusammenziehen, wie es seinem Wärmeausdehnungskoeffizienten entspricht. Es ist also sozusagen an dem starren Panzer der Oberflächenhaut aufgehängt. Die Folge ist, daß die Oberfläche unter Druckspannungen, das Innere unter Zugspannungen steht. Diese starken mechanischen Spannungen erhöhen die Sprödigkeit von schnell abgekühltem Glas bedeutend und machen es für den Gebrauch in Haus und Technik ungeeignet.

Die Atomverbände im Glase sind durch diese mechanischen Verzerrungen weitgehend mit verzerrt worden. Das äußert sich in dem Verlust der optischen Homogenität, die jedes sehr langsam abgekühlte Glas kennzeichnet. Ein langsam gekühltes Glas ist optisch „leer“, d. h. es verhält sich einem Lichtstrahl gegenüber wie ein regulärer Kristall, z. B. Kochsalz. Das Licht hat in einem solchen Kristall in den Richtungen der 3 Hauptachsen dieselbe Geschwindigkeit. Betrachtet man den Kristall zwischen gekreuzten Nikols, so herrscht Dunkelheit. In nicht regulären Kristallen ist das anders, in verschiedenen Richtungen hat das Licht verschiedene Geschwindigkeiten und zwischen gekreuzten Nikols erfolgt Aufhellung. Die Ursache dieses Verhaltens ist die Zerlegung des im ersten Nikol geradlinig polarisierten Lichtstrahls im doppelbrechenden Kristall in 2 Strahlen, den ordentlichen (c) und den außerordentlichen Strahl (a), die nicht nur verschiedene Geschwindigkeiten, sondern auch verschiedene Schwingungsrichtungen des Lichtes haben. Beide Schwingungsrichtungen stehen aufeinander senkrecht. Beide Strahlen haben daher nach dem Verlassen des Kristalls einen Gangunterschied, dessen Größe von der Doppelbrechung des Kristalls und seiner Dicke abhängt. Im zweiten Nikol werden beide Komponenten in eine Ebene gebracht und interferieren infolge des Gangunterschieds miteinander. Bei schwacher Doppelbrechung tritt nur Aufhellung des Gesichtsfeldes auf, bei starker Doppelbrechung und ursprünglich weißem Licht werden einzelne Farben ganz ausgelöscht. Die durchgelassenen Farben ergeben dann bestimmte Mischfarben, sog. Interferenzfarben. Aus dieser Farbe kann man auf die Größe des Gangunterschieds schließen. Die Doppelbrechung ist am stärksten, wenn die Hauptschwingungsrichtungen des Objekts mit denen des Nikols einen Winkel von 45° bilden. Durch Einschiebung eines anderen Kristalls von genau bekannter Dicke und Doppelbrechung (Gips oder Glimmer) kann man die Doppelbrechung um einen bestimmten Betrag erhöhen oder erniedrigen. Man kann damit auf die Lage der Schwingungsrichtung des ordentlichen bzw. des außerordentlichen Strahles schließen. Bei Senkrechtstellung der Schwingungsrichtungen und Berücksichtigung der Dicke des Kristalls kann man so sowohl den Gangunterschied wie die Größe der Doppelbrechung bestimmen.

Dasselbe ist der Fall mit zu schnell gekühltem Glase: Zwischen gekreuzten Nikols hellt es auf und zeigt Spektralfarben[1]. Es verhält sich so, „als ob“ es aus dem Zustande der regulären Atomordnung in den Zustand einer irregulären Atomordnung übergegangen wäre. Wir haben also im schlecht gekühlten Glase sowohl mit mechanischen wie mit optischen Spannungen zu rechnen.

Genau wie bei doppelbrechenden Kristallen, also Kristallen niederer Symmetrie als dem regulären System entspricht, kann man diese optischen Spannungen am gespannten Glase messen. Das gelingt z. B. durch ihre Kompensation mittels eines Keiles von Quarz unter dem Polarisationsmikroskop, z. B. mit dem BEREK-Kompensator. Man kann so nicht nur die Größe der Spannungen, sondern auch ihren Charakter als Druck- oder Zugspannungen erkennen. Ein spannungsfreier Glaswürfel nimmt auch den Charakter eines optisch einachsigen doppelbrechenden Kristalls an, wenn man ihn unter Druck oder Zug setzt. Hört die mechanische Beanspruchung auf, so wird er wieder isotrop. Die Doppelbrechung die durch 1 kg Belastung eines Würfels von 1 cm Kantenlänge erzeugt wird, beträgt $3,1 \cdot 10^{-7}$ cm.[2]

Bei Druck gleicht der Würfel einem optisch negativen einachsigen Kristall. In der Druckrichtung besteht deshalb keine Doppelbrechung, wohl aber in der Richtung senkrecht zu ihr. Die Schwingungsrichtung des schnelleren Strahls (a) liegt dann in der Druckrichtung, die c-Richtung senkrecht dazu. Bei Anwendung von Zugspannungen ist es umgekehrt.

Wie bereits angeführt, treten Druck und Zug bei schlecht gekühlten Gläsern immer auf. Es ist für schlecht gekühltes Glas kennzeichnend, daß die Doppelbrechung von Ort zu Ort verschieden ist. Das unterscheidet ihn vom gleichmäßig gespannten Glaswürfel oder vom doppelbrechenden Kristall, die überall dieselbe Doppelbrechung haben.

Die Doppelbrechung ist der Größe des angelegten Drucks oder Zugs in rohen Zügen proportional. Doch hält dieser Vergleich einer genauen Nachprüfung nicht Stand.

Im bestgekühlten Glase sind optische Spannungen nicht mehr erkennbar. Aber die besten Kenner des Werkstoffes Glas sind sich darüber einig, daß das endgültige physiko-chemische Gleichgewicht durch keinerlei Feinkühlung wirklich erreicht wird[3]. Spannungen im Glase lassen sich weder durch Röntgenstrahlen[4] noch durch infrarote Strahlen nachweisen[5].

Neben der *Doppelbrechung* stehen noch andere Eigenschaften zur Verfügung, um den Grad der Stabilisation des betreffenden Glases zu beurteilen: die *Dichte*, die *Brechung* und die *Dispersion* (s. S. 50). Sie können sich noch ändern, wenn Änderungen der Doppelbrechung schon

---

[1] SPÄTE, F.: Glastechn. Ber. Bd. 4 (1926) S. 121.

[2] DIETZEL, A. u. F. NITSCHMANN: Glastechn. Ber. Bd. 20 (1942) S. 1.

[3] BERGER, E.: Z. Instrumentenkde Bd. 51 (1931) S. 130. – PRESTON, F. W.: J. Amer. ceram. Soc. Bd. 28 (1945) S. 295. — GHERING, L. G. u. T. D. GREEN: J. Amer. ceram. Soc. Bd. 28 (1945) S. 288.

[4] WARREN, B. E.: J. Amer. ceram. Soc. Bd. 24 (1941) S. 256.

[5] COX, S. F. u. K. M. LAING: J. Amer. ceram. Soc. Bd. 37 (1954) S. 558.

schwierig feststellbar sind. Tool und Mitarbeiter[1] fanden nach monatelanger Kühlung optischer Gläser noch folgende Änderungen: Der Brechungsindex der D-Linie des Natriums stieg linear um etwa $37 \cdot 10^{-6}/^\circ$ C und die Dichte linear um $28 \cdot 10^{-5}/^\circ$ C an. Die Messungen erfolgten nach Erlangung der Zimmertemperatur. Der lineare Anstieg zeigt, daß das Ende der Feinkühlung, also die Erreichung des Gleichgewichtszustandes noch lange nicht zu erwarten war.

Für den Gebrauch optischer Gläser in Instrumenten ist diese Änderung ohne Bedeutung.

Im Laufe von 7 Jahren hatte sich der optische Gangunterschied von 24 optischen Glasplatten von ursprünglich 22,8 mμ optischer Spannung nur um $\pm$ 0,30 mμ oder $\pm$ 1,3% verändert.

Während der Kühlung steigt naturgemäß die *Dichte*, weil die Panzerhaut des zu schnell gekühlten Glases und das Innere sich nähern. Die Dichte eines optischen Borosilikatglases wuchs um 1%, wenn das Glas nach Erlangung seines inneren Gleichgewichtes bei einer hohen Temperatur (550 bis 650°) auf die niedrigste Temperatur abgeschreckt wurde, bei der noch Dichteänderungen wahrnehmbar waren.

Der *Brechungsindex*[2] eines feingekühlten Glases ist das Ergebnis zweier entgegenwirkender Kräfte: Die wachsende Dichte trachtet ihn zu erhöhen, aber die abnehmende spezifische Brechung trachtet ihn zu erniedrigen. Letzteres ist die Folge des dichteren und weniger labilen elektronischen Systems. Das Resultat ist ein kleinerer Zuwachs der Brechung, als aus dem Dichtezuwachs zu erwarten war.

Durch gleichzeitige Messungen des Brechungsindex und der Doppelbrechung in Abhängigkeit von der Temperatur gewinnt man einen Einblick in die Struktur besonders im Transformationsbereich[3]. Unterhalb des Transformationsbereiches sind die optischen Eigenschaften lediglich Funktionen der Temperatur und stellen sich bei Änderungen der Temperatur spontan ein. Der Brechungsindex steigt mit einem für die Glaszusammensetzung charakteristischen Winkel linear mit der Temperatur an. Die Doppelbrechung ändert sich proportional dem Temperaturgradienten im Glaskörper.

In Abb. 62 wird nach A. Winter[4] der Einfluß der Zeitdauer der Kühlung auf den Brechungsindex eines Borosilikat-Kronglases gezeigt. Die 3 Diagramme sind bei konstant gehaltenen Temperaturen aufgenommen worden, oben rechts bei 560°, oben links bei 550° und unten bei 500°. In allen 3 Fällen waren 2 Glasproben genommen worden, die durch sehr langsame Kühlung und durch schnelle Kühlung die sehr unterschiedlichen Brechungsindizes von $n = 1,5225$ und $n = 1,5164$ erlangt hatten. Durch Nachkühlung bei 560° erlangten beide Glasstücke in 22 Minuten denselben Brechungsindex von 1,51834, bei 550° in $2^2/_3$ Tagen von $n = 1,51916$ und bei 500° in 20 Tagen von $n = 1,52222$. Durch diese

[1] Tool, A. Q., L. W. Tilton u. J. R. Saunders: J. Res. Nat. Bur. Stand. Bd. 38 (1947) S. 519.
[2] Kreidl, N. J. u. R. A. Weidel: J. Amer. ceram. Soc. Bd. 35 (1952) S. 198.
[3] Naudin, F.: Verres et Réfract. Bd. 6 (1952) S. 144.
[4] Winter, A.: C. R. 2e Réunion de Chim. Phys. (2—7 Juin) 1952.

Versuche ist bewiesen, daß jeder Temperatur des Kühlbereichs ein bestimmtes Gleichgewicht der Aggregation und damit auch jeder Temperatur eine nur ihr eigene Eigenschaftszahl zugehört. Die Kurve der

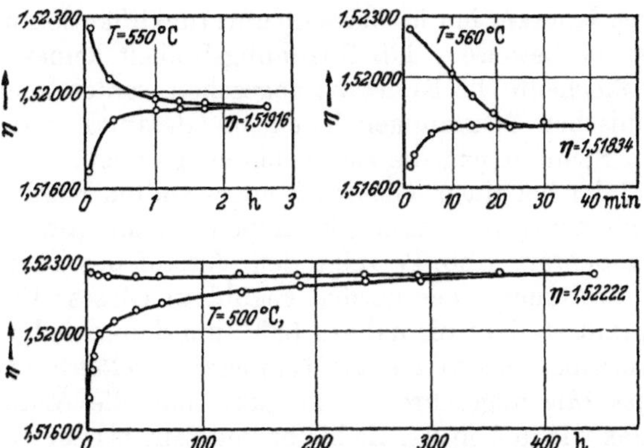

Abb. 62. Verlauf des Brechungsindex n eines Borosilikatkomplexes bei konstanter Temperatur, abhängig von der Zeit. (Nach A. WINTER)

Gleichgewichtswerte für die Brechung in Abhängigkeit von der Temperatur stellt eine Gerade dar[1]. Ist das Glas bei seiner Gebrauchstemperatur nicht im Gleichgewichtszustande, so sucht es diesen spontan zu erreichen. Die physikochemischen Ungleichgewichte sind die Ursachen der Spannungen sowie anderer Eigenschaften des Glases.

A. WINTER erklärt diese Transformationen im Glase durch Annahme zweier verschiedener Formen des Glases, deren eine ihren Existenzbereich oberhalb, die andere unterhalb des Transformationsbereiches hat. Ihre Umwandlung erfordert Zeit. Dasselbe ist für das Kieselglas von SALMANG und Mitarbeitern (s. S. 59) für die Transformation beim Überschreiten der Temperatur von 1850° nachgewiesen worden.

Für ein gut gekühltes optisches Glas verlangt A. WINTER[2]: Entfernung der mechanischen Spannungen entsprechend den Ideen von ADAMS und WILLIAMSON (s. S. 165), ferner physikochemische Homogenität. Beide Vorgänge können *weitgehend voneinander unabhängig sein*. Man kann das dadurch beweisen, daß man das Glas von einer Temperatur dicht *unterhalb* des Transformationspunktes abkühlt 1. ohne und 2. mit Spannungen, ferner dadurch, daß man es von einer Temperatur *oberhalb* des Transformationspunktes herunterkühlt 3. ohne und 4. mit Spannungen. Glas 1. ist nach A. WINTER vollständig im Zustande der Tieftemperaturmodifikation und für optische Zwecke am besten geeignet. Glas 2. und Glas 4. sind durch schnelle Abkühlung von Temperaturen dicht unterhalb oder oberhalb des Transformationspunktes bis auf Zimmertemperatur leicht herzustellen. Beide Glassorten sind gespannt, entsprechen aber den beiden Modifikationen der hohen oder tieferen Temperatur.

Glas 3. konnte von A. WINTER durch Abschrecken der Hochtemperatur-

---

[1] STOJAROFF [s. Ref. E. BERGER in Glastechn. Ber. Bd. 8 (1930) S. 345].
[2] WINTER, A.: J. Amer. ceram. Soc. Bd. 26 (1943) S. 281.

modifikation in einem Bleibad auf eine 50° unterhalb der Transformationstemperatur gelegenen Temperatur erhalten werden, bei der diese Modifikation noch stabil war. Das so erhaltene Glas 3. war doch fast spannungsfrei und hatte die Eigenschaften des Glases hoher Temperatur. Beim Lagern
wandelt es sich langsam in die Tieftemperaturmodifikation um.

Diese Versuche beweisen, daß Spannungsfreiheit keineswegs als Beweis für physikochemische Konstanz angesehen werden kann.

Die mechanischen Spannungen in einem Glasstück sind keineswegs
den optischen Spannungen, die sie begleiten, parallel.

Der Einfluß der bei einem Glasstück angewandten Kühlung geht aus
Abb. 20 bezüglich des Ausdehnungskoeffizienten, aus Abb. 21[1] bezüglich
der Brechung hervor: Abb. 17 zeigt den Verlauf des Brechungsindex
während der Erhitzung eines normal gekühlten Glases: Er wächst bis
nahezu 450°, fällt steil ab bis nahezu 620°, um dann wieder zu steigen.
Wird aber dasselbe Glas von einer Temperatur *völligen physikochemischen Gleichgewichts* abgeschreckt, so mißt man die Änderungen des
Brechungsindex wie in Abb. 21. Er bleibt konstant bis zur Erweichungstemperatur, um dann erst zu fallen. Auch der *Ausdehnungskoeffizient*
(Abb. 20) und die *Dispersion* (Abb. 22) von vorher in ihr physikochemi-
sches Gleichgewicht überführten Gläsern bleiben bis zu ihrer Erweichung
unverändert, während sie an gewöhnlichem, nicht feingekühltem Glas
den Verlauf haben, wie es die Abb. 16 Kurve *A* zeigt. Es gibt also bestimmt
verschiedene Grade der Aggregationen der Atome im Glas, und jeder
Grad hat andere Eigenschaftszahlen. Nach A. WINTER läßt sich die
Änderung der Brechung bei Änderung des physikochemischen Gleichgewichtes errechnen durch $n = n_T + (n_0 - n_T)$, e^{-Bt}, wo n_0 der Brechungsindex bei der Zeit $t = 0$, n_T beim Gleichgewicht bei der Temperatur $T°$ ist. B ist die Parameterfunktion von T, die aber bezüglich
der Zeit konstant ist.

Jedes Glas, das normale Kühlung hinter sich hat, befindet sich noch
nicht im physikochemischen Gleichgewicht. Aber es sucht dieses unter
allen Umständen zu erreichen. Eine normal gekühlte Glasplatte ist leicht
gespannt und verwirft sich bereits nach 3 Monaten Lagerung[2]. Noch
mehr ist das der Fall, wenn sie mehreremal bis auf 100° erhitzt wurde.

Eine Platte von 120 mm $\varnothing$ und 30 mm Dicke aus Borosilikatkron[3]
wurde von 600° schnell abgekühlt. Die Brechung wurde an verschiedenen
Stellen gemessen und ergab verschiedene Werte. Nach mehreren Monaten
war die Änderung der Brechung am Größten an Stellen mit anfänglich
niedrigem und am kleinsten an Stellen mit anfänglich hohem Brechungsindex. Die Halbzeit der Änderung beträgt etwa 5 Jahre. Der Endwert
ist bis auf eine Einheit der 5. Dezimale nach 50 Jahren erreicht.

Zylindrische Hohlgläser mit normaler Kühlung besitzen nach
A. RUSS[4] die folgenden Randspannungen parallel zur Achse und in Abhängigkeit vom Außendurchmesser und der Wandstärke:

[1] WINTER, A.: J. Amer. ceram. Soc. Bd. 26 (1943) S. 277.
[2] WINTER, A.: J. Amer. ceram. Soc. Bd. 26 (1943) S. 28.
[3] WINTER, A.: C. R. Bd. 201 (1935) S. 281.
[4] RUSS, A.: Glastechn. Ber. Bd. 9 (1931) S. 529.

Tabelle 29

Außen-durchmesser	Wandstärke mm	Spannung an der Außenfläche $m\mu/cm$	Spannung an der Innenfläche $m\mu/cm$
30	0,8	+ 28	− 19
85	2,0	+ 22	− 2
85	2,4	+ 14	0
85	3,2	+ 28	+ 9
245	1,7	+ 16	− 3
245	1,9	+ 28	+ 6
245	3,8	+ 78	+ 62
245	4,3	+ 95	+ 75

Die Spannungen wurden mit dem *Berek-Komparator* gemessen. Sie hängen von der Abkühlungsgeschwindigkeit bei der Formgebung ab, die sehr stark beeinflußt werden kann. So entstehen z. B. bei der Ölhärtung von 600° bis auf 150° herab Spannungen bis zu mehreren 1000 $m\mu/cm$.

Die Relaxation der inneren Spannungen bei konstanter Temperatur wird von DOUGLAS und ISARD[1] auf viskosen Fluß zurückgeführt, wobei die Relaxation linear mit der Viskosität verläuft. In dem besonderen Fall, in dem die Geschwindigkeit des Anwachsens der Viskosität gleich dem Schermodul ist, folgt die Entspannung der Gleichung von ADAMS und WILLIAMSON (s. S. 163[2]).

Man kann auch bei guter Kühlung mechanische Spannungen optisch sichtbar machen: 1 mm dicke Glasfäden, die unter Zug gekühlt wurden, zeigten entsprechend dem Zug optische Doppelbrechung. Sie haben also longitudinale Spannungen, deren Verhältnis zur angelegten Kraft einem Modul ähnlich dem YOUNG-Modul entsprechen. Das Verhältnis der eingefrorenen lateralen Spannungen zu den longitudinalen Spannungen entspricht dem POISSON-Modul[3].

2. Formeln für die Glaskühlung

Das Problem des Zusammenhangs von mechanischen und optischen Spannungen in Abhängigkeit von Temperatur und Zeit sowie die praktische Bedeutung der Glaskühlung haben Physiker und Glastechnologen seit fast hundert Jahren veranlaßt, nach einer Formel zu suchen, die die Glaskühlung beherrschbar macht.

Hier seien zunächst 2 Formeln genannt, die die Grundlage aller weiteren Arbeit lieferten:

Nach MAXWELL gilt $\sigma = \sigma_0 \cdot e^{-t/T}$, wo t die Zeit, σ die Spannung zur Zeit t, σ_0 die Anfangsspannung und T eine Konstante, die sog. Relaxationszeit ist.

Nach ADAMS und WILLIAMSON[4] gilt $\dfrac{d\sigma}{dt} = - A \cdot \sigma^2$, wo A eine positive Konstante darstellt. Beide Formeln haben für Näherungsfälle ihre

---

[1] DOUGLAS, R. W. u. J. O. ISARD: J. Soc. Glass Technol. Bd. 39 (1955) S. 61.
[2] RITLAND, H. N.: J. Soc. Glass Technol. Bd. 39 (1955) S. 99.
[3] STIRLING, J. F.: J. Soc. Glass Technol. Bd. 35 (1955) S. 134.
[4] ADAMS, L. H. u. E. D. WILLIAMSON: J. Franklin Inst. Bd. 190 (1920) S. 597, 835.

Brauchbarkeit bewiesen, sind aber bei Nachprüfung an Glas, das bei hohen Temperaturen unter Druck gesetzt war[1], nicht bestätigt worden.

Die 2 Abb. S. 46 von MIGEOTTE und VANDECAPELLE zeigten die Verteilung der Formveränderung auf die spontan erfolgte Veränderung, die durch Überwindung der Viskosität und die durch elastische Nachwirkung erfolgte. Abb. 63 zeigt die Entspannung (Relaxation) in Abhängigkeit von der Zeit, und sie zeigt hier in der Kurve A die experimentell gefundenen Werte der Entspannung.

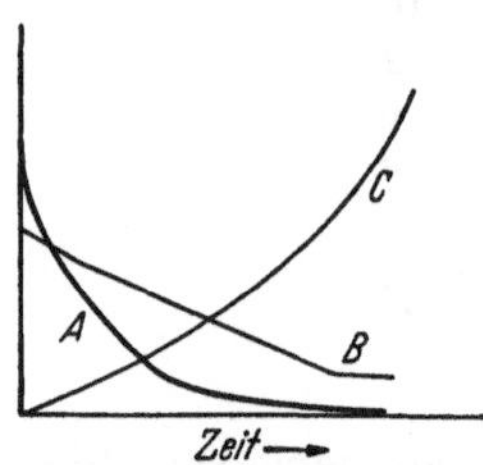

Abb. 63. Relaxation nach MIGEOTTE und VANDECAPELLE

In dieser Abbildung ist dann die gemessene Spannung σ die Ordinate. Falls die Entspannung nach dem MAXWELLschen Gesetz verlaufen sollte, $(\sigma = \sigma_0 \cdot e^{-t/T})$, müßte die Kurve B eine Gerade sein, das ist sie aber nicht oder doch nur teilweise. Als Ordinate ist dann $\log \sigma$ aufgetragen. (t ist die Zeit, T die Relaxationszeit.) Wenn aber die Formel von ADAMS und WILLIAMSON gälte, müßte C eine Gerade sein. Das ist sie aber nicht. Hier ist dann als Ordinate $1/\sigma$ gebraucht worden.

Durch willkürliche Änderung der Exponenten in beiden Formeln ließe sich Übereinstimmung mit der experimentell erhaltenen Kurve erhalten, doch wäre hieran keine physikalische Bedeutung geknüpft. Eigentlich müßte das Verschwinden der mechanischen Spannungen dem MAXWELLschen Gesetz folgen. Aber bei Gläsern ist diese Geschwindigkeit nicht der Doppelbrechung selbst, sondern ihrem Quadrat proportional. Doppelbrechung ist kein genaues Maß von Spannungen und der Widerspruch zwischen beiden Formeln ist daher nur scheinbar[2].

Es sind viele Versuche gemacht worden, diese Formeln so umzuwandeln, daß sie praktischen Anforderungen entsprechen[3]. In der Tat haben sie bestimmten Anforderungen der Kühlpraxis genügt, versagten aber für andere Kühlbedingungen und andere Formstücke. Hier seien nur 3 Formeln angeführt, die Anwendung gefunden haben:
nach MCMASTER[4]:

$$\frac{1}{n_e - n} - \frac{1}{n_e - n_0} = A \cdot t \text{ und } \log A = \frac{K}{T} + C$$

(n = Brechungsindex, n_0 = Index zu Beginn, n_e = Index im Gleichgewicht, A = Konstante bei gegebener Temperatur, K und C Konstanten)
nach P. W. COLLYER[5]:

$$\frac{dn}{dt} = Q\,(n_e - n) \cdot e^{\frac{n}{P}} \, , \quad Q = M \cdot K_0 \cdot e^{\frac{T}{g}} \, ,$$

[1] MIGEOTTE, P. G. u. H. P. C. VANDECAPELLE: Glastechn. Ber. Bd. 27 (1954) S. 405.

[2] WEYL, W. A. u. A. G. PINCUS: J. appl. Physic. Bd. 14 (1943) S. 37.

[3] DARAGAN, B.: Verr. et Réfract. Bd. 5 (1951) S. 135; Bd. 6 (1952) S. 10. — — LILLIE, H. R.: Glass Ind. Bd. 31 (1950) S. 355. — TOOL, A. Q.: J. Amer. ceram. Soc. Bd. 29 (1946) S. 240. — RITLAND, H. N.: J. Amer. ceram. Soc. Bd. 37 (1954) S. 370.

[4] MCMASTER, H. A.: J. Amer. ceram. Soc. Bd. 28 (1945) S. 1.

[5] COLLYER, P. W.: J. Amer. ceram. Soc. Bd. 30 (1947) S. 338.

wo T die Temperatur, p, M, K_0 und g Konstanten sind),

nach A. WINTER[1]:

$$n = n_T + (n_i - n_T) \cdot e^{-Dt} \quad \text{beim Anheizen (α-Modifikation)},$$

$$n = n_T + (n_S - n_T) \cdot e^{-Bt} \quad \text{beim Abkühlen (β-Modifikation)},$$

n_T ist Grenzwert der Berechnung, B und D sind jeder Modifikation eigene Parameter.

3. Die Durchführung der Kühlung

H. R. LILLIE[2] hat eine praktische Einteilung des Erweichungs- und Kühlbereiches gegeben: 1. *Fließpunkt*, 2. *Erweichungspunkt*, 3. *Kühlpunkt* und 4. *Spannungspunkt*. Der Kühlpunkt liegt bei $10^{13.00}$ Poisen und der Spannungspunkt, bei dem der Zustand der Starre eintritt, liegt bei $10^{14.50}$ Poisen, alles gedacht bei einer Kühlgeschwindigkeit von 4° je Minute. Der kritische Bereich zwischen der Transformations- und der Erweichungstemperatur ist bei verschiedenen Gläsern sehr verschieden und kann 0 bis 115° betragen (s. S. 50).

Bei Handelsglas können ziemlich große Unterschiede in den physikalischen Eigenschaften, so wie sie durch die technische Kühlung erzeugt werden, geduldet werden. Die dabei geduldete Spannung kann selbst bis zu 1 kg/mm² betragen[3]. Die Doppelbrechung, die durch die gewöhnliche Schnellkühlung im Fensterglas zurückbleibt, ändert sich nicht nach 11 Jahre langem Lagern der Scheiben.

Bei optischen Gläsern müssen diese Unterschiede so klein wie eben möglich sein. Doppelbrechung darf nicht auftreten, d. h. höchstens 10 mμ per cm Gangunterschied an verschiedenen Stellen ist zulässig.

Die Wärmevergangenheit hat großen Einfluß sowohl auf die Spannungsdoppelbrechung wie auf den Brechungsexponenten selbst. Nach F. ECKERT[4] ist es besonders die letzte Wärmebehandlung, die die Restspannungen bewirkt.

Die Erlangung des Gleichgewichts erfolgt bei hohen Temperaturen, z. B. 50° oberhalb des Transformationsintervalls schnell. Bei niedrigen Temperaturen, z. B. 50° unterhalb desselben so langsam, daß die Änderung der optischen Eigenschaften kaum wahrzunehmen ist. Dazwischen liegt der praktische Kühlbereich, in dem die Erlangung der Gleichgewichte genau verfolgt werden kann. Die untere Grenze dieses Bereiches ist die Temperatur, bei der die Erstarrung eintritt. Bei Temperaturen unterhalb des Kühlbereichs ist die Kühlgeschwindigkeit ohne Bedeutung, wenn nicht die vorher angewandte Kühlung so schnell erfolgt ist, daß ein extrem hoher Wert für die Erstarrungstemperatur erhalten wurde. Das wird begreiflich, wenn man bedenkt, daß die wegen der beschleunigten Kühlung vorhandenen Spannungen bei der normalen Erstarrungstemperatur nicht beseitigt werden könnten. Irgendeine Eigenschaft, z. B. der Brechungsindex, kann durch verschiedenartige Wärme-

---

[1] WINTER, A.: J. Amer. ceram. Soc. Bd. 26 (1943) S. 193.

[2] LILLIE, H. R.: J. Amer. ceram. Soc. Bd. 35 (1952) S. 149.

[3] LILLIE, H. R. u. H. N. RITLAND: J. Amer. ceram. Soc. Bd. 37 (1954) S. 466.

[4] ECKERT, F.: Z. techn. Physik Bd. 7 (1926) S. 282.

behandlung denselben Endwert bei 20° erreichen. Schwieriger ist es, in einem großen Glasstück diesen Endwert an allen Stellen zu erreichen. Es ist nicht schwierig, alle Stellen desselben Glasstücks homogen auf dieselbe Kühltemperatur zu bringen. Die Schwierigkeit liegt in der Erhaltung der Homogenität bis auf 20°. Deshalb sind lange Kühlzeiten dann unentbehrlich.

Man unterscheidet 2 Arten der Kühlung: 1. Kühlung in mehreren Stufen nach A. WINTER[1], wobei die Kühlgeschwindigkeit bei den letzten Stufen klein gehalten werden kann. A. WINTER wollte vor allem den Zustand der ausgeglichenen Gleichgewichte schnell erreichen. Denselben Weg schlug B. DARAGAN[2] später vor, meinte aber, noch kürzere Kühlzeiten erreichen zu können.

N. M. BRANDT[3] gleicht die Unterschiede durch eine kurze Wärmebehandlung bei einer hinreichend hohen Temperatur aus. Dann wird eine längere Zeit bei einer niedrigeren Temperatur erwärmt, wobei Temperatur und Zeit nach der Dicke des Stückes geregelt werden. Bei Stücken von 5 cm Dicke und mehr müßte eigentlich eine dritte Wärmebehandlung nachgeschaltet werden.

Die zweite Art der Kühlung arbeitet ganz anders, nämlich mit langsam aber stetig fallender Temperatur innerhalb des ganzen Transformationsbereiches. Das ist die klassische Kühlmethode[4], die auch die Grundlage der vorher gegebenen Formeln lieferte. Bei ihr ist es nicht zu vermeiden, daß der Kern dicker Stücke in Temperatur und Eigenschaftswerten etwas zurückbleibt. Das ist aber, außer beim optischen Glase, nicht schlimm, wenn die Kühlgeschwindigkeit bis zum Erreichen einer hinreichend niedrigen Temperatur konstant bleibt. Vor allem hat sie beim Durchlaufen des Kühlbereichs von etwa 90° konstant zu bleiben. Die sehr kleinen Änderungen der Temperaturleitfähigkeit in diesem Trajekt beeinflussen die Temperatur und die Eigenschaften innerhalb desselben Stückes nicht.

Die apparativ einfache Ausführungsform dieser Methode und der kleine Bedarf an Kontrolle haben dieser traditionellen Methode auch jetzt noch den Vorrang gesichert. Die unter 1. genannte Methode erfordert viel Überwachung.

Die Kühlung gemäß der Formel von ADAMS und WILLIAMSON, die theoretisch nicht völlig befriedigt und sogar durch Versuche (s. MIGEOTTE und VANDECAPELLE) widerlegt ist, reicht für technische Zwecke wohl aus. DIETZEL und NITSCHMANN[5] haben für verschiedene Temperaturen die Halbwertseiten (t_h) ermittelt, nach der eine Anfangsspannung entsprechend einer Doppelbrechung von 100 mμ auf die Hälfte abgesunken ist. $\vartheta = - k \cdot \log t_h + C$, wobei ϑ die Versuchstemperatur, k eine Konstante, die ein Maß für die „Länge" des Glases darstellt und

---

[1] WINTER, A.: J. Amer. ceram. Soc. Bd. 16 (1943) S. 189, 277.

[2] DARAGAN, B.: Verr. et Réfract. Bd. 4 (1950) S. 73; Bd. 7 (1953) S. 157.

[3] BRANDT, N. M.: J. Amer. ceram. Soc. Bd. 34 (1951) S. 332.

[4] ADAMS, L. H. u. E. D. WILLIAMSON: J. Franklin Inst. Bd. 190 (1920) S. 597. — MC CAULEY, G. V.: Bull. Amer. ceram. Soc. Bd. 14 (1935) S. 300. — LILLIE, H. R.: Glass Ind. Bd. 31 (1950) S. 355. — THOMAS, M.: Glastechn. Ber. Bd. 4 (1926) S. 325.

[5] DIETZEL, A. u. F. NITSCHMANN: Glastechn. Ber. Bd. 20 (1942) S. 1.

C ebenfalls eine Konstante und zugleich die Temperatur ist, bei der die Halbwertzeit 1 Sekunde beträgt. In Übereinstimmung mit HAMPTON[1] ist ϑ, bei dem $\log t_h = 2{,}92$ ist, der Transformationspunkt.

Bei *Flachgläsern* steigt mit steigender Entspannungstemperatur (= oberer Kühlpunkt) die Endtemperatur der Kühlung (= unterer Kühlpunkt) stark an. Dann aber sinkt sie schließlich auf einen Grenzwert ab[2]. Dieser ist für solche Gläser wichtig, die direkt von Ofentemperatur ab gekühlt werden. Man kann nach Vorschlag von GEHLHOFF und THOMAS[3] eine beste Entspannungstemperatur finden, bei der der Abstand zum unteren Kühlpunkt am kleinsten ist. Dadurch kann man das Kühlen erst bei dieser Temperatur beginnen.

Hält man die Temperatur unnötig lange auf dem Entspannungspunkt, so sinkt dadurch der untere Kühlpunkt ab. Diese unerwünschte Erscheinung wird von DIETZEL und NITSCHMANN so erklärt, daß die Vernetzung größer wird und damit auch die Viskosität. Dieses zähere Glas muß dann bis zu einer tieferen Temperatur vorsichtig gekühlt werden.

Für die Kühlgeschwindigkeit gibt es ein Optimum. Eine zu langsame Kühlung wirkt wie zu langes Halten auf der Entspannungstemperatur und verlängert deshalb die Kühlzeit. Eine zu schnelle Kühlung bedingt einen tiefer liegenden unteren Kühlpunkt.

Je dicker das Glas ist, desto tiefer muß der untere Kühlpunkt liegen, was längere Zeit für die Kühlung bedingt. Um diese Zeiten abzukürzen, darf die Entspannungstemperatur nicht unter einen von der Glasstärke anscheinend unabhängigen unteren Grenzwert gesenkt werden. Sonst würde die Gesamtkühlzeit schnell größer werden und Schnellkühlung unmöglich sein.

ADAMS und WILLIAMSON empfehlen, das Glas nicht schneller als $600°/a^2$ per Stunde abzukühlen (a ist die halbe Dicke in cm). Ein 5 cm-Würfel von optischem Glas war schon spannungsfrei nach einer längeren Verweilzeit 30 bis 40° oberhalb der unteren Kühlgrenze und weiterer Abkühlung von 0,5 bis 1° je Sekunde[4].

Die Restspannungen, die im technisch gekühlten Fensterglas verbleiben, kann man bei Temperaturen unterhalb der Kühltemperatur z. T. wegnehmen, z. B. 5 bis 10% derselben bei 180 bis 200° innerhalb 30 Tagen. Damit war ein Gleichgewichtszustand erreicht worden, der durch weitere Kühlung nicht mehr verändert wurde[5].

Borosilikatgläser erfordern im Kühlbereich oft viel Zeit zur Stabilisierung, was bei Natron-Kalkgläsern nicht der Fall ist. Die viskosen Eigenschaften beider Gläser sind aber dieselben. Die Verzögerung in der Einstellung des Gleichgewichts ist wahrscheinlich auf den Wandel der Koordination BO_3 zu BO_4 zurückzuführen[6].

[1] HAMPTON, W.: Trans. opt. Soc. Bd. 26 (1924/25) S. 14; Bd. 27 (1925/26) S. 161; Ref. von FLÜGGE in Glastechn. Ber. Bd. 7 (1929) S. 102.

[2] DIETZEL, A. u. F. NITSCHMANN: Glastechn. Ber. Bd. 20 (1942) S. 1.

[3] GEHLHOFF, G. u. M. THOMAS: Z. techn. Phys. Bd. 6 (1925) S. 333.

[4] TILTON, L. W., F. W. ROSBERRY u. F. T. BADGER: J. Res. nat. Bur. Standards Bd. 49 (1952) S. 21.

[5] GHERING, L. G. u. F. W. PRESTON: J. Amer. ceram. Soc. Bd. 33 (1950) S. 321.

[6] DALE, A. E. u. J. E. STANWORTH: J. Soc. Glass Technol. Bd. 29 (1945) S. 414.

Die Bestimmung der wichtigen Temperaturen der Erweichung wird meist nicht optisch, sondern mit Hilfe des Dilatometers vorgenommen. Man kann auch die Temperatur bestimmen, bei der ein hängender Glasfaden beginnt, sich zu verlängern[1]. Diese Methode hat den Vorteil, daß sie auf eine gewisse Viskosität schließen läßt. Diese Erweichungstemperatur ist von der thermischen Vorbehandlung abhängig. Ein gut gekühltes Borosilikatglas wurde erhitzt, abgeschreckt und seine Erweichungstemperatur durch Eindrücken einer Nadel bestimmt. Sie lag bei 534°. Nach Wärmevorbehandlung bei 275° betrug sie 524°, nach Behandlung bei 400° betrug sie 497° und blieb bei weiterer Behandlung praktisch konstant[2]. Dasselbe wurde bei anderen optischen Gläsern beobachtet.

Das Temperaturintervall zwischen Erweichung und Erstarrung liegt bei den Gläsern verschieden[3]:

Tabelle 30

	Erstarrung °C	Erweichung °C
Pyrex	440	580
Flaschenglas........	400—490	500—580
Boratglas	370	480
Kristallglas........	350	435
Thermometerglas...	390—450	520—540

Aus dieser Tabelle ist ohne weiteres ersichtlich, daß der Einfluß der chemischen Zusammensetzung groß ist. Besonders gilt das für den Einfluß der Alkalien. Die Abb. 61 b zeigt den großen Einfluß des Verhältnisses $K_2O : Na_2O$ auf die Entspannungstemperatur[4] eines Modellglases von Gehlhoff und Thomas.

Die Abb. 64 u. 65 zeigen für das System der Natron-Kalkgläser den Zusammenhang zwischen dem Ausdehnungskoeffizienten einerseits und

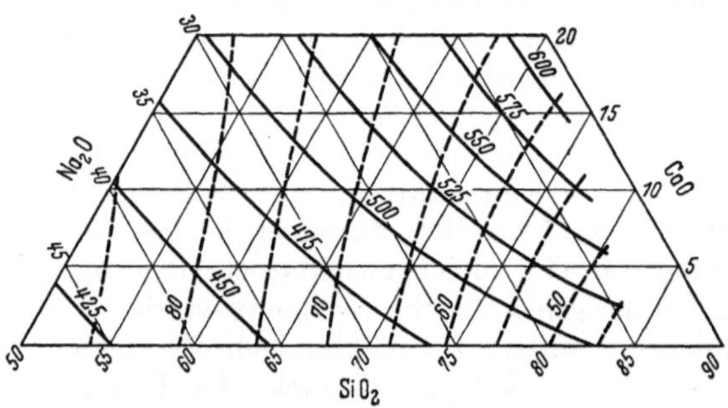

Abb. 64. Linien gleichen Transformationspunktes und gleichen Ausdehnungskoeffizienten 25° bis T_g $(a \cdot 10^7)$ (Nach Schmid, Finn und Young)

den Temperaturen der Transformation bzw. der Erweichung andererseits[5].

[1] Littleton, J. T.: J. Soc. Glass Technol. Bd. 24 (1940) S. 176.
[2] Herberth, J.: C. R. Bd. 229 (1949) S. 814.
[3] Damour, E. u. A. Thuret: C. R. Bd. 185 (1927) S. 939.
[4] Gehlhoff, G. u. M. Thomas: Z. techn. Physik Bd. 7 (1926) S. 122.
[5] Schmid, B. C., A. N. Finn u. J. C. Young: Glass Ind. Bd. 15 (1934) S. 48, 55.

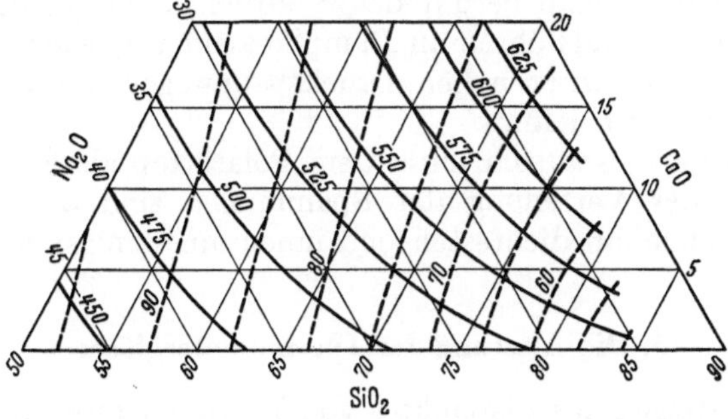

Abb. 65. Linien gleicher Erweichungstemperatur und gleichen Ausdehnungskoeffizienten 25° bis EP ($a \cdot 10^7$). (Nach SCHMID, FINN und YOUNG)

Für ein bestimmtes *Kronglas* werden folgende Kühlzeiten angegeben[1]:

Bei isothermer Stabilisierung . . . . 150 Std.,
bei Stabilisierung von 10 zu 10° bis auf niedr. Temperaturen: 118 „
bei Stabilisierung von 5 zu 5° bis auf niedr. Temperaturen: 92 „
Bei exponentieller Erniedrigung der Temperatur analog dem
    Verlauf der Viskosität. Geschätzt auf . . . . 30 „

Als Maß der Stabilisierung wurde die maximale Dichte des durch Abschrecken von der betreffenden Temperatur erhaltenen Glases angesehen.

4. Gehärtetes Glas

Die Umkehrung der Glaskühlung ist die absichtliche Erhöhung der Spannungen durch schroffe Abkühlung mit Preßluft[2]. Das oberhalb seines Erstarrungspunktes erhitzte Spiegelglas wird durch einen konzentrierten Luftstrom auf seine Oberfläche so plötzlich abgekühlt, daß sie unter bedeutenden Druckspannungen sofort erstarrt; sie sind so hoch, daß die Festigkeit gegen Schlag und Stoß auf ein Vielfaches gesteigert wird. Die eigentliche Härte ist dieselbe wie beim gekühlten Glase, gleichgültig, ob man sie durch Kugelrücksprung oder mit dem ROCKWELL-Prüfer oder Pendelhammer bestimmt. Auch die gemessene Elastizität ist dieselbe wie beim gewöhnlichen Glas (Elastizitätszahl 750000). Beim Bruch zerfällt es nicht in scharfkantige, längliche Splitter, sondern in stumpfkantige Prismen.

Die hohe Stoßfestigkeit ist begleitet von einer erhöhten Federung, die 6- bis 8mal so groß ist wie bei Spiegelglas. Die statische Biegefestigkeit beträgt beim Spiegelglas nur etwa $^1/_5$ derjenigen des gehärteten Glases (etwa 2400 kg/cm²). Eine frei aufliegende Platte von solchem gehärteten Glase kann die Last von 1 bis 2 Personen tragen. Sie biegt durch, aber bricht nicht. Die Sprödigkeit des gewöhnlichen Glases ist also einem hohen Formänderungsvermögen gewichen.

---

[1] LE BRIS, CH.: Silicates Industriels, Bd. 20 (1955) S. 114, 259, 313.
[2] REIS, L. VON: Glastechn. Ber. Bd. 11 (1933) S. 174.

Auf ähnlichem Prinzip beruht das SCHOTTsche Verbundglas, das in Form von Wasserstandsröhren an Dampfkesseln verwendet wird. Seine Außenschicht steht unter hohen Druckspannungen, so daß es hohen Innendruck vertragen kann.

Diese Gläser erweisen sich unter dem Polariskop als hoch gespannt. Entsprechend der Verteilung der Spannungen sind die Interferenzstreifen am Rande am dichtesten und innen am wenigsten dicht.

5. Die Alterung der Thermometergläser

Um das Ansteigen des Eispunktes von Thermometern, die sog. säkulare Alterung, und damit die Änderung der Angaben zu vermeiden, ist es nötig, die Thermometer vor dem Anbringen der Skala zu altern. Das ist besonders notwendig für Eichthermometer und lange und hochgradige Stockthermometer. Sie werden zunächst in einem elektrischen Ofen bis nahe zum Erweichungspunkt erhitzt und dann langsam abgekühlt (Vorkühlung). Darauf erfolgt eine besondere Nachkühlung[1]. Diese Behandlung ist erst dann beendet, wenn der Eispunkt nach Erwärmen auf die höchst notwendige Temperatur unverändert bleibt. Doch wurden bei der Kontrolle von 7560 solcher Thermometergläser im Mittel nach 300 Tagen Lagerung bei höheren Temperaturen die folgenden Abweichungen gefunden[2]:

Tabelle 31

°C	Eispunktänderung °C	% Dichtezunahme $\times 10^4$
35	0,09	1,5
104	0,10	16,4
176	0,20	31,6
264	0,34	53,8
316	0,76	119
350	1,72	265
374	2,96	458
400	4,38	684

Tabelle 32

Ohne Vorbehandlung .	+ 0,05°C
Gekühlt	0,00°C
Künstlich gealtert ...	− 0,01°C

Aus diesen Angaben geht hervor, daß die Änderungen bei hohen Temperaturen verhältnismäßig viel größer sind als die bei niedrigen. Diese Erhöhungen des Eispunktes werden von 315° ab plötzlich sehr groß.

Die Alterung bei 54,5° innerhalb 168 Tagen ergab bei Messungen bei 37°[3]:

Die Änderungen in der Ablesung eines Thermometers, z. B. am Eispunkt folgen dem Exponentialgesetz $y = a\,(1 - e^{-mt})$, wo y die beobachtete Änderung in der Zeit t, m eine Geschwindigkeitskonstante und a der Totalbetrag der Änderung in unendlicher Zeit ist[4]. a erhält man durch Extrapolation der bei verschiedenen Zeiten abgelesenen Werte. Die Größe von m bzw. $1/m$ (das ist die Relaxationszeit) wird ermittelt

---

[1] ECKARDT, B.: Glas u. Apparat, Bd. 4 (1923) S. 21.

[2] LIBERATORE, L. C. u. H. J. WHITCOMB: J. Amer. ceram. Soc. Bd. 35 (1952) S. 67.

[3] LIBERATORE, L. C. u. R. E. WILSON: J. Amer. ceram. Soc. Bd. 35 (1952) S. 203.

[4] TAYLOR, N. W. u. B. NOYES: J. Amer. ceram. Soc. Bd. 27 (1944) S. 57.

durch graphische Auftragung der Änderung, also $\log(a-y)$ gegen die Zeit.

Die Nullpunktsänderung der Thermometer nach monatelanger Lagerung bei 330° erfolgt nicht immer allmählich, sondern zuweilen in Sprüngen.

Thermometergläser werden aus reinem Kali-Kalkglas hergestellt, weil sich herausgestellt hat, daß Gläser mit 2 Alkalien besonders große Änderungen des Eispunktes besitzen. Nach WEYL[1] liegt das daran, daß die Verteilung der Alkalien im Glase bei höheren Temperaturen nicht dieselbe ist wie bei niedrigen.

6. Der Einfluß der Kühlung auf den Alkaligehalt

Während der Kühlung wird die Oberfläche des Glases tiefgreifend verändert. Es war immer bekannt, daß beim Kühlen im Zug der Abgase einer Feuerung ein weißer Rauch, der Hüttenrauch auf dem Glase ansetzte. G. KEPPELER[2] stellte fest, daß damit eine bedeutende Vergütung der Oberfläche verbunden war, denn sie gab an Wasser viel weniger Alkali ab als eine nicht gekühlte oder als eine nur in Luft gekühlte Fläche. Der Unterschied in der Auslaugung kann bis zu 70% ausmachen.

Der weiße Hüttenrauch erwies sich als eine Ansammlung von winzigen Kügelchen von Na_2SO_4, und die Anwesenheit von SO_2 in den Kühlgasen war zu seiner Bildung unerläßlich. KEPPELER und HECKTER[3] konnten zeigen, daß Alkali aus dem Inneren des Glases zur Oberfläche wandert. Dies ist eine direkte Folge der niedrigen spezifischen Oberflächenspannung der Alkalien im Vergleich zu den anderen Glasbestandteilen (s. S. 120). Die Oberflächen streben dabei einem durch die Temperatur bedingten Gleichgewichtszustande zu. Die Geschwindigkeit, mit der sich die Alkalianreicherung in der Glasoberfläche bei höherer Temperatur vollzieht, kann so groß werden, daß sie die neutralisierende Wirkung der Kühlgase aufhebt und die chemische Oberflächenvergütung unwirksam macht.

Die Tiefenwirkung der Kühlofengase auf die Erzeugung der Sulfatlage auf der Oberfläche von Tafelglas ist nach JEBSEN-MARWEDEL[4] und DINGER überraschend groß, denn dickes Glas hat mehr von diesem Hüttenrauch als dünnes Glas:

Tabelle 33

Dicke mm	SO_3-Gehalt des Beschlages in mg/m² Fläche	Entspricht einer Lage von mμ	Vergütung %
2	11,2	28	31,5
3	16,65	41	46,1
4	24,45	61	68,3
4,5	27,8	69	77,5

T. VON TAKÁTS[5] hat die Reaktionsfähigkeit der Silikate gegenüber

---

[1] WEYL, W. A.: Coloured Glasses, Sheffield 1951, S. 414.

[2] KEPPELER, G.: Glastechn. Ber. Bd. 5 (1927/28) S. 97, Bd. 8 (1930) S. 398; Sprechsaal Bd. 61 (1928) S. 300.

[3] KEPPELER, G. u. H. HECKTER: Glastechn. Ber. Bd. 10 (1932) S. 37.

[4] JEBSEN-MARWEDEL, H. u. K. DINGER: Glastechn. Ber. Bd. 22 (1948) S. 57, 62.

[5] TAKÁTS, T. VON: Glastechn. Ber. Bd. 14 (1936) S. 103.

SO_2 + Luft bei 300 bis 550° untersucht. Die Zahlen geben den %-Umsatz zu Sulfat wieder:

Tabelle 34

	300°	400°	550°
$Na_2O \cdot SiO_2$	3,5	10,5	37,5
$Na_2O \cdot 2\,SiO_2$	8,9	22,7	60,9
$Na_2O \cdot 3\,SiO_2$	5,5	5,0	5,2
$Na_2O \cdot 4\,SiO_2$	2,9	3,6	2,9
$Li_2O \cdot SiO_2$	—	—	19,9
$K_2O \cdot SiO_2$	4,0	8,5	39,2
$PbO \cdot SiO_2$	0,5	1,6	10,9
$PbO \cdot 2\,SiO_2$	1,1	0,7	2,0
$PbO \cdot K_2O \cdot 4\,SiO_2$ ..	1,1	3,6	30,2
$PbO \cdot 3\,B_2O_3 \cdot SiO_2$ ..	0,8	0,7	15,2

Die Reaktionen beginnen also schon bei niedrigen Temperaturen weit unterhalb der Erweichung. Sie sind Ungleichgewichte. Das Disilikat ist besonders reaktionsfähig; es hat aber auch den niedrigsten Schmelzpunkt.

Man kann die Oberfläche durch verschiedene chemische Behandlungsmethoden vergüten. Die verschiedenen Mittel zur Vergütung sind in der folgenden Tabelle aufgeführt.

Tabelle 35

Einwirkung von		Zeit in Minuten	Wirksamkeitsfaktoren Wirkung der Gase 1 Min. 400° gleich 1 gesetzt
Wasser	kalt	240	0,0042
	heiß	80	0,0125
HCl	kalt	240	0,0042
	heiß	20	0,05
Begasung mit $SO_2 + O_2$ bei	400°	1	1
	450°	0,42	2,4
	500°	0,2	5,0
	550°	0,17	5,9
	600°	0,13	7,7

Die Vergütung der Oberfläche ist also durch Behandlung mit kaltem Wasser oder kalter Salzsäure dieselbe und von geringer Bedeutung. Heißes Wasser vergütet schon besser, mehr aber noch heiße Salzsäure. Die nasse Behandlung ist aber von ganz untergeordneter Bedeutung gegenüber der Begasung. Sie nimmt bei Steigerung der Temperatur schnell zu. Die von KEPPELER empfohlene Begasung im Kühlkanal ist also die beste Oberflächenvergütung.

VI. Eigenschaften

A. Die Oberfläche des Glases

Den Unterschied in der Struktur der Oberfläche und des Inneren des Glases zeigte H. JEBSEN-MARWEDEL[1] durch folgenden einfachen Ver-

---

[1] JEBSEN-MARWEDEL, H.: Sprechsaal Bd. 60 (1927) S. 317; Bd. 84 (1951) S.196.

such: Eine frische Bruchfläche wurde angehaucht, und es bildete sich sofort eine Schutzschicht von SiO_2-Gel mit Interferenzfarben. Nach dreimaliger Wiederholung trat Beschlag auf. Dasselbe erfolgt auch bei Kieselglas, und daher ist die als träge angesehene Kieselsäure als der reaktionsfähigste Teil der Glasstruktur anzusehen. Dieser Versuch geht auf einen entsprechenden Versuch von G. TAMMANN über die Reaktionsfähigkeit der frischen Spaltflächen von Glimmern zurück. JEBSEN-MARWEDEL wendet die Deutung TAMMANNS, daß die nichtrostenden Stähle nur deshalb nicht rosten, weil sie sich mit einer schützenden Rostschicht bedecken, auf das Glas an: Glas schützt sich durch eine Kieselgelschicht. Dieser Hinweis auf das „Phänomen der huschenden Interferenzfarben" vermittelt einen Eindruck von der Intensität, mit welcher sich der Vorgang der Absättigung der Oberfläche des Glases durch Wasser, Chemikalien oder Gase abspielt. Die Oberflächenhaut riegelt deren weiteres Eindringen in das Innere ab. Sie verleiht dem Glas eine reaktionsträge Oberfläche.

Die Lebensdauer einer frisch geschaffenen Glasbruchfläche ist äußerst kurz. Durch den Bruch entstehen die freien Bindungen durch Aufreißen der SiO_4-Tetraeder und ihrer seitlichen Verbindungen. Die Absättigung dieser freien, in den Raum ragenden Bindungen kann selbst das Vakuum kaum verhindern[1]. Wenn diese Absättigung verhindert werden kann, werden diese freien Valenzen zur Ausheilung des Risses gebraucht. Auf solchen frischen Bruchflächen adhäriert Glasstaub sehr fest. Der Analytiker macht hiervon unwissentlich Gebrauch, wenn er die Oberfläche seines Glasgefäßes mit einem Glasstab reibt, um Kristallisation einer übersättigten Lösung zu erzwingen. Die freien Valenzen oder elektrischen Felder der neu geschaffenen Glasoberfläche ziehen andere Moleküle an, und eine übersättigte Lösung hat hier Gelegenheit zur Keimbildung und Beseitigung der Übersättigung.

Die Elektroneutralität im Inneren eines Glases besteht also an seiner Oberfläche nicht. Die Ionen der Oberfläche sind nur einseitig gesättigt. Dadurch wird die Koordination gestört, die Kernabstände verändert und daher die Polarisation und die Bindung gegenüber dem Inneren erhöht[2].

Das äußert sich z. B. in der Entglasung der Oberfläche, die derjenigen des Inneren vorauseilt. Man kann diese Entglasung schneller herbeiführen, wenn man die Oberfläche durch Kratzen verletzt. Die dadurch freigelegten Bindungskräfte äußern sich durch Kristallisation. Frisch geblasene Flaschen oder frisch aus der Kapsel genommenes Porzellan haben eine empfindlichere Oberfläche als lange an der Luft gelagerte Gegenstände. Deren Oberflächen-Fehlstellen sind durch Gase abgesättigt. (Siehe die Versuche von HEDVALL S. 176.)

Daher kommt es, daß das *Schleifen* und *Polieren* wenig zu tun hat mit der Härte der Schleif- und Poliermittel, sondern mehr mit Zusätzen, p_H-Kontrolle, den chemischen und physikalischen Eigenschaften der Flüssigkeit. Durch diese Behandlung werden die chemischen Bindungskräfte der Oberfläche verändert auch ohne daß neue Verbindungen ent-

---

[1] WEYL, W. A.: Glass Science Bull. Bd. 5 (1947) S. 38.
[2] WEYL, W. A.: J. Amer. ceram. Soc. Bd. 32 (1949) S. 367.

stehen. So schleift man Glas besser mit Wasser als mit Benzol, weil das
Wasser die freien Bindungen chemisch angreift. Aber die polaren organi-
schen Flüssigkeiten, z. B. Azeton schleifen nach WEYL noch besser als
Wasser. Eine ähnliche Wirkung hat feuchte Luft auf die Festigkeit von
Glas unter Belastung. Diese wird dadurch verschlechtert. HEDVALLS[1]
Versuche über Beeinflussung der Eigenschaften keramischer Stoffe beim
Brennen durch Gase sind auch zu verstehen durch verschiedenartige Ab-
sättigung von Oberflächen-Fehlstellen.

Die Oberflächenstruktur von Kristallen und Gläsern läßt sich durch
Reflexionsspektra im Infrarot erfassen[2]. Auslaugung der Oberfläche verändert dieses Spektrum stark (s. S. 36).

Reflektionsspektra von Borsäureglas verrieten Anwesenheit von BO^4-
Gruppen neben den bisher allein angenommenen BO_3-Gruppen.

Unter *Sorption* wird die Gesamtheit der Oberflächenreaktionen zusammengefaßt[3]. *Absorption* erfolgt innerhalb und *Adsorption* auf der
Oberfläche. Reinigung der Oberfläche mittels Chromschwefelsäure vergrößert deren spezifische Oberfläche um 40%.

Bei *Entgasung von Glas* mit steigender Temperatur tritt allgemein bei
200 bis 300° ein Maximum der Gasabgabe auf, dem ein Minimum bei
350 bis 450° folgt, um dann steil anzusteigen.

Eine glatte, völlig wasserfreie Kieselglasoberfläche adsorbiert Wasser
bei Zimmertemperatur zuerst monomolekular, dann adsorptiv mit steigender Dicke, die vom Dampfdruck und der Temperatur abhängt. Die
Entfernung der monomolekularen Schicht ist nur bei Temperaturen oberhalb 200° und niedrigen Drucken möglich. Die auf Glasoberflächen be-
obachteten dicken Wasserfilme sind nicht vom Alkaligehalt abhängig.
Die Dicke derselben auf Kieselglas und auf Platin ist dieselbe. Das Wasser dringt schließlich ins Innere (Volumadsorption)[4].

Die *Adsorptionswärme* der monomolekularen Wasserschicht beträgt
9000 bis 11 000 cal je Mol, also nahezu die Kondensationswärme des
Wasserdampfes[5]. Die Adsorptionswärme der folgenden Wasserschichten
ist viel kleiner.

Man kann die Adsorptionskraft einer Glasoberfläche dadurch messen,
daß man Lauryltrimethylaminbromid in Spuren auf die Oberfläche
bringt. Die Adsorptionskraft des Glases läßt sich dann aus der Größe
des Kontaktwinkels eines darauf gebrachten Wassertropfens beurteilen[6].

Vorbehandlung von Glas mit Gasen beeinflußt seine Benetzbarkeit[7].
Bei 200° mit N_2 behandeltes Glas ist unbenetzbar, wohl aber, wenn es
vorher im Vakuum bei 800° entgast wurde. Die Benetzbarkeit wächst
mit steigender Temperatur der Vorbehandlung. Mit Sauerstoff vorbe-
handeltes Glas hat immer die beste Benetzung.

Auf feuerpoliertem und mechanisch poliertem Glas breitet sich Wasser

[1] HEDVALL, J. A.: Glas-Hochvacuumtechnik Bd. 1 (1952) S. 50.
[2] ANDERSON, S.: J. Amer. ceram. Soc. Bd. 33 (1950) S. 45.
[3] BOETTCHER, A.: Glastechn. Ber. Bd. 25 (1952) S. 347.
[4] LANGMUR, J.: J. Amer. chem. Soc. Bd. 38 (1916) S. 2283; Bd. 40 (1918) S. 1387.
[5] LENKER, J.: J. chem. Soc. London (1926) S. 1785.
[6] KELLOG, H. H.: Glass Science Bull. Bd. II (1945) S. 58.
[7] HEDVALL, J. A.: Glastechn. Ber. Bd. 20 (1942) S. 34.

schwer aus, leicht dagegen auf geschliffenem oder mit HF poliertem Glas. Polierte, glatte Gläser werden beim Reiben mit Seide oder Wolle elektropositiv, rauhe Flächen elektronegativ aufgeladen[1] (s. S. 240).

Ein auf frisch geblasenem Glas, also Glas mit noch nicht veränderter Oberfläche aufgebrachter Wassertropfen hinterläßt eine Haut, deren Rand immer deutlicher wird und einen Wulst bildet[2]. Aus diesem gehen einzelne Tröpfchen mit flachen Rändern hervor, die sich sammeln und nach der abschüssigen Seite ablaufen. Sie hinterlassen keine sichtbaren Spuren auf dem Glas. Dieselben Tröpfchen bilden sich bei der Ausbreitung von Öl am Rande der Benetzungsgebiete und sind bei Wasserbenetzung wahrscheinlich durch eine Schicht von Moleküldicke verbunden. Diese Haut wird sehr stark festgehalten, dringt vielleicht sogar in die Glasmasse ein. Die Benetzbarkeit äußert sich in der Geschwindigkeit, mit welcher sich eine befeuchtete Fläche von Feuchtigkeit befreit. Langsam sich zurückziehendes Wasser deutet auf gute Netzkraft mit verbleibender Molekülhaut und umgekehrt. Die beiden extremen Formen der Benetzung (stark oder gar keine) liegen um so eher vor, je orientierter die Moleküle der Oberfläche sind. Sie enthält hydrophile und hydrophobe Bereiche nebeneinander. Bei Metallen überwiegen die hydrophoben, bei Glas die hydrophilen. Wassertropfen auf Glas werden durch hydrophile Gruppen gehalten und durch hydrophobe an ihrer Ausbreitung gehindert. Die Benetzbarkeit wird durch adsorbierte Gase herabgesetzt. Eine extrem gereinigte Glasplatte wird durch Hg benetzt. Dazu ist aber Kondensation von etwas Hg-Dampf auf dem Glase nötig[3]. Glas hat in trokkener Luft keine *Adhäsion*[4]. In feuchter Luft erfolgt bei 20° ein charakteristischer Anstieg der Adhäsion, die bis 88% relativer Feuchtigkeit wächst. Dann steigt sie nicht mehr an, auch nicht bei flüssigem Wasser. Der Wasserfilm hat dann 1000 A (= 0,1 mm) Dicke. In gesättigten Dämpfen von Benzol und Alkohol erfolgt keine Adhäsion, wahrscheinlich, weil die Filme zu dünn sind. Aufrauhen der Oberfläche wirkt der Adhäsion entgegen und wird erst durch Zutritt von flüssigem Wasser wieder hergestellt.

Mikroskopische Betrachtung angehauchter Glasflächen zeigt charakteristische Bilder der Beschläge von Wasser. Unsichtbare Spuren chemischer Beschädigung der Oberfläche werden dann sichtbar. Die Hauchbilder werden innerhalb eines Tages feiner von Struktur und verraten dann Fehler unter der Oberfläche, die sofort nach dem Anhauchen nicht sichtbar waren. Die Oberfläche scheint sich demnach infolge der Korrosion zu öffnen[5].

Polierte, mit Alkohol gereinigte Flächen kann man nach LORD RALEIGH *in Kontakt bringen*, wenn man etwas reinstes Benzol zwischen sie bringt und kreisförmige Bewegungen macht, bis der Kontakt hergestellt ist. Kratzt man vorher eine der Flächen mit einem Schneiddiamanten, so entsteht dadurch ein Wall, der den Kontakt verhindert. Kratzer,

---

[1] Anon. (Ref. Glastechn. Ber. Bd. 5 (1927) S. 223).

[2] DEVAUX, H.: C. R. Bd. 210 (1940) S. 27.

[3] HAASE, G.: Glastechn. Ber. Bd. 22 (1949) S. 262.

[4] McFORLANE, J. S.: u. D. TABOR: Proc. Roy. Soc. (London) Bd. 202 (1950) S. 224.

[5] LEVENGOOD, W. C.: J. Amer. ceram. Soc. Bd. 38 (1955) S. 178.

durch einen Schreibdiamanten erzeugt, verhindern den Kontakt nicht. Zwei in optischem Kontakt stehende viereckige Plättchen von 4 bzw. 5 mm Seitenlänge erforderten 190 g Belastung, um ein wenig voneinander los zu lassen, was an den Interferenzstreifen erkennbar war. Bei Minderung der Last auf 120 g trat wieder Kontakt ein. Die zwischen 190 und 120 g liegende Ablösung erfordert 71,2 Erg, die Kontaktarbeit 37,2 Erg. Trennung zweier in Kontakt stehender Flächen durch Belastung erfordert 46 kg/cm² gleich $(4,5 \times 10^7 \text{ dyn/cm}^2)$[1].

Durch Messung der Reflektion von Glasflächen im optischen Kontakt fand Lord Raleigh folgende Abstände der Kontaktflächen: Kieselglas 24,7 A, Kronglas 9,6 A und Sextantglas 30,0 A. Diese Abstände wurden nicht verändert durch Druck bis 100 kg/cm² und Erhitzung bis unterhalb der Erweichungstemperatur.

H. Elsner von Gronow[2] benutzte das Verfahren von Zocher und Coper, um auf einer geriebenen Glasoberfläche Methylenblauspiegel zu erzeugen, um an verschieden zusammengesetzten Gläsern die Temperatur zu bestimmen, bei der die durch Reiben erzeugte Anisotropie verschwindet.

Die Gläser werden nach Reiben einem Temperaturgefälle ausgesetzt, rasch abgekühlt und mit dem Methylenblauspiegel überzogen. Mittels eines Nikols kann dann festgestellt werden, bis zu welcher Stelle der Spiegel noch orientiert ausgebildet ist:

Borkron $392 \pm 12°$
Barytkron $453 \pm 6°$
Schwerflint $400 \pm 6°$

Diese Temperaturen liegen etwa 12° tiefer als die Temperaturen, die für das Auftreten der ersten erzwungenen Sprünge charakteristisch sind.

Adsorbierte polarisierbare Ionen der Oberflächenschicht vermindern die *Benetzbarkeit* für Wasser vorübergehend[3]. So wird die Steighöhe von Wasser in Glaskapillaren mit polarisierbaren Ionen vom Nichtedelgastypus an der Oberfläche bis um 40% gemindert im Vergleich zu Natron-Kalkglas. Die antikapillare Wirkung von Hg^{2+} hielt 144 Stunden an.

Tabelle 36

Adsorbierte Kationen	Kapillarhöhe		% Abnahme der Kapillarhöhe
	unbehandelt	nach 120 Std.	
Ba^{2+}	62	56	9,2
Tl^+	63	57	10,2
Fe^{3+}	60	53	12,5
CO^{2+}	64	55	13,1
Zn^{2+}	61	53	13,8
Cu^{2+}	64	55	14,4
Cd^{2+}	60	50	15,7
Cr^{3+}	63	53	10,1
Mn^{2+}	62	50	18,0
Ni^{2+}	62	48	21,8
Hg^{2+}	60	40	32,8
Pb^{2+}	61	37	40,8

[1] Raleigh, Lord: Proc. Roy. Soc. Bd. 156 A (1936) S. 326.
[2] Elsner von Gronow, H.: Z. anorg. Chem. Bd. 201 (1931) S. 34.
[3] Sonders, L. R., D. P. Enright u. W. A. Weyl: J. appl. Phys. Bd. 20 (1949) S. 1011, Bd. 21 (1950) S. 338.

Die Erklärung der Erscheinung liegt darin, daß die Coulombkräfte der hoch polarisierbaren Ionen symmetrisch sind, so lange sie von anderen Ionen symmetrisch umgeben sind. Nach dem Trocknungsvorgang befinden sie sich aber in einem asymmetrischen Feld. Es tritt dann eine Ladungsverschiebung mit starker Bindung zum Festkörper aber geringer Kraftwirkung in den Raum ein.

Die Behandlung von Glas mit Zinnverbindungen vor dem *Verspiegeln* erklärt sich durch den Übergang des polarisierbaren Sn in die Oberfläche des Glases. Es zeigt nach außen die Eigenschaften des zentralen Metallatoms und vermag als Brücke zu dienen zwischen dem Glase und den Metallen Cu, Ag, Au usw.

Die Wirkung von Sn bei der Verspiegelung ist mit der von Seife auf einer fettigen Oberfläche vergleichbar. Die Seife hat sowohl mit dem Glas wie dem Fett Eigenschaften gemeinsam und überbrückt den Raum zwischen beiden. Ebenso wirken Sn-Salze: Sie beschleunigen die Absetzung von Ag nicht nur auf Glas, sondern auch auf anderen Stoffen[1].

In diesem Sinne ist auch die äußerst sorgfältige Reinigung des Glases vor der Verspiegelung erst verständlich. Alle Teile der Oberfläche müssen hydrophil sein (s. S. 342).

Die Resistenz von Oberflächen von Natron-Kalkgläsern wird durch Abwesenheit stark polarisierbarer Ionen verursacht. Soll aber Adhäsion oder Löslichkeit vorhanden sein, so werden polarisierbare Ionen, besonders solche mit unvollkommener äußerer Schale zugefügt. Auch sehr große Ionen vom Edelgastypus wie z. B. Cs-Ionen im Glase ermöglichen die Adhäsion an die Oberfläche. Hierzu gehört außer der Verspiegelung auch die Emaillierung durch Gegenwart der Ionen von Co, Ni, Mn.

Frisch gezogenes Tafelglas hat wahrscheinlich eine einige Moleküle dicke Oberflächenschicht. Diese Schicht hat einen hohen Brechungsindex[2]. Aber dem wird durch Wasserabsorption schnell gegengewirkt. Die so gebildete wasserhaltige Schicht ist die Ursache der hohen Lichtdurchlässigkeit des Tafelglases.

Die *Auslaugbarkeit* einer Glasoberfläche wird herabgesetzt durch Feuerpolitur, intensive Elektronenbestrahlung und beeinflußt durch die Art der Politur. Die „Polierschicht" verhindert die Auslaugung. Sie ist 10^{-6} cm dick, kann aber bei manchen Gläsern 10mal so dick sein[3].

Führt man eine *Flamme über eine Glasplatte* und haucht sie dann an, so scheinen nur an den nicht erhitzten Stellen Wassertröpfchen zu kondensieren. Sieht man aber genauer hin, so entdeckt man an den erhitzten Stellen einen homogenen Wasserfilm. Die Flamme hatte nämlich die Glasoberfläche in den ursprünglichen Zustand versetzt, in dem sie den Ofen verließ. Die Flamme enthält elektrisch geladene Teilchen, die das Glas reinigen und aufladen[4].

Schon kurzzeitige *Berührung (1 Minute) von Eisen* mit feuchtem Glas

---

[1] WEYL, W. A.: Glass Ind. Bd. 26 (1945) S. 557.
[2] BISHOP JR., F. L.: J. Amer. ceram. Soc. Bd. 27 (1944) S. 145.
[3] SCHRÖDER, H.: Glastechn. Ber. Bd. 22 (1949) S. 424.
[4] WEYL, W. A.: Glass Science Bull. Bd. V (1947) S. 105.

(s. S. 230) führt zum Übergang von Fe^{3+}-Ionen in das Glas[1], das *Eisen-flecke* zeigt. Sie erzeugen ein negatives elektrisches Potential auf seiner Oberfläche, das positiv geladene Teilchen der Umgebung (Fett usw.) an-zieht. In der Glasoberfläche bildet sich etwas farbloses Ferrihydrosilikat. Diese Anfärbung kann durch Reagenzien verhindert werden, die 1. die Korrosion verhüten, 2. die aktiven Zentren des Silikagels blockieren oder 3. anionische Eisenkomplexe bilden. WEYL empfiehlt hierzu besonders die Aluminate, von denen schon sehr geringe Zusätze hinreichen.

Die Wirkung von Ionen vom Nichtedelmetalltypus zeigt sich in charakteristischer Weise durch ihre Wirkung auf übersättigte Lösungen. Aus einer an CO_2 *übersättigten Lösung* wird an einer gewöhnlichen Glas-fläche kein Gas ausgetrieben. Enthält das Glas aber PbO oder CuO, so bilden sich auf der Oberfläche Gasblasen[2]. Dasselbe wird erreicht, wenn die Natron-Kalkglasfläche vorher mit Bleiazetat behandelt wird.

Man kann *unsichtbare Zeichen* auf Glas anbringen, die durch bloßes Anhauchen sichtbar gemacht werden können. Hierzu genügt es, $AgNO_3$ auf Glas aufzustempeln. Es erfolgt dabei Austausch von Ag^+ gegen Na^+-Ionen, was die gewünschte Wirkung zur Folge hat.

Die *Schmierung von Glasteilen* zur Verhinderung der Reibung kann nicht mit den unpolaren Kohlenwasserstoffen erfolgen, die zur Minderung der Reibung an Metallen gebraucht werden. Man muß polare Stoffe zur Schmierung anwenden[3], nämlich höhere Alkohole oder Fettsäuren. Hier folgen einige von RAMSAUER experimentell bestimmte Reibungszahlen:

Tabelle 37

	Messing—Messing	Glas—Glas
Pentan	0,125	0,77
Benzol	0,13	0,80
n-Dekanol.....	0,065	0,005
n-Undekanol ..	0,050	0,005
Valeriansäure .	0,41	0,045
Nonylsäure ...	0,095	0,025

Man kann Glasflächen *wasserabstoßend* machen durch Behandlung mit or-ganischen Silikonchloriden[4] oder mittels Lösungen von 1% Silanen in Benzin[5].

Silikone können trocken oder naß aufgetragen wer-den. Die trockene Auftra-gung erfolgt durch Einwirkung von Chlorsilan. Dann tritt durch die Luftfeuchtigkeit Hydrolyse ein unter HCl-Abspaltung. Das polyme-risierte Silikon muß dann noch thermisch gehärtet werden. Die Naß-behandlung erfolgt durch eine 0,2 bis 1% Lösung von Silikonöl in C_2HCl_3, oder eine 1% wässerige Emulsion wird angewandt und an-schließend aufgebrannt (bis 300 bis 400°)[6].

Wegen der hydrophoben Eigenschaften dieser Überzüge laufen Flüssig-keiten aus so behandelten Gefäßen praktisch vollkommen aus. Der Bruch solcher Flaschen ist zudem geringer. Etiketten lassen sich auf silikoni-sierten Flächen nicht aufkleben. Die Alkaliabgabe des Glases wird unter-

---

[1] MARBOE, E. C. u. W. A. WEYL: Glass Science Bull. Bd. V (1947) S. 1.
[2] MARBOE, E. C. u. W. A. WEYL: J. Soc. Glass Technol. Bd. 32 (1948) S. 281.
[3] RAMSAUER, R.: Glastechn. Ber. Bd. 22 (1949) S. 205.
[4] WEYL, W. A.: Bull. Inst. Verre (1946) Nr. 3, S. 1.
[5] SPITTE, L. A. u. D. O. RICHARDS: J. appl. Phys. Bd. 18 (1947) S. 904.
[6] ARNBERGER, B.: Glastekn. T. Bd. 10 (1955) S. 7 (Ref. Glastechn. Ber. (1955) S. 251).

drückt. Die Silikonüberzüge sind im schwach sauren und neutralen Gebiet beständig. Bei 120° im Autoklaven wird aber der Silikonschutz bei $p_H > 7$ beseitigt.

Die *Haftung von Glas an Metallen* (Pt, Pb usw.) kann durch Wahl der Zusammensetzung sowohl verhindert wie befördert werden. Zusatz kleiner Mengen von Jodiden zum Gemenge verhindern die Haftung des erschmolzenen Glases an Metallen, z. B. an Platintiegeln[1]. Die Ursache liegt in der Polarisierbarkeit des großen I^--Ions, das asymmetrische kapillar-aktive Gruppen in der Oberfläche bildet. S^{2-} an Stelle von O^{2-} kann aber die Adhäsion von Glas an Stahl erhöhen.

Die *Förderung der Adhäsion* hingegen wird durch Netzwerkbildner mit Restvalenzen und durch Sauerstoffbindung zwischen Glas und Metall begünstigt. Ersetzt man O durch andere Anionen, z. B. F, I, S oder Se, so wird diese Adhäsion beseitigt. Die Adhäsion von Glas ist abhängig von Polarität, Abstand und Größe sowie der Polarisierbarkeit der Ionen. Letztere äußert sich in der Verbesserung der Adhäsion durch Pb, Sn, Bi usw. Adhäsionskräfte können stärker sein als die hohen Kohäsionskräfte des Glasinneren (*Eisblumenglas*).

Wenn *Metalle in Nichtmetallen*, auch *in Gläsern*, in Lösung gehen, so nehmen sie die Natur von Dämpfen an. Sie verlieren ihre metallischen Strukturen, die nur durch das Röntgenlicht noch nachweisbar sind. Sie verlieren ferner ihre elektrische Leitfähigkeit, Reflexion und erlangen hohe Lichtdrucklässigkeit (Rubingläser, Pyrosole). Um die Metalle in Lösung zu halten, sind nach WEYL hochpolarisierbare Ionen (metallophile) nötig.

Die *Hafttemperatur von Metallen an Glas* liegt bei Fe, W, Ni und Monelmetall hoch (bis 600°), bei Mo, Cr, Cu am niedrigsten (330°). Steigender C-Gehalt (0,05 bis 3%) setzt die Haftung von z. B. 435 auf 370° herab. Bei *Dauertropfversuchen von Glas auf Metall*[2], das auf hoher Temperatur gehalten wird, tritt durch das Aufprallen der Tropfen Aufrauhung der Oberfläche und Kleben ein. Auch hierbei widersteht W und Ni am längsten. Die Zeiten bei Braunglas sind 10 bis 25mal länger als bei Klarglas.

Adhäsion von Glas an Korund findet nicht oder kaum statt[3]. Reine Natron-Kalkgläser benetzen Pb oder Au nicht. Aber kleine Mengen von Metallen vom Nichtedelgastypus verändern das, und das Glas benetzt. *Düsen aus Korund* lassen deshalb das Glas viel schneller durchströmen als Düsen aus gebranntem Ton[4].

Glas strömt aus ...	1000°	1050°	1100°
Pt oder Al_2O_3......	0,04	0,09	0,16
Gebrannter Ton....	0,02	0,04	0,08

---

[1] WEYL, W. A.: Glass Ind. Bd. 23 (1942) S. 135; Bd. 26 (1945) S. 557; Glass Science Bull. VI. (1947) S. 65.

[2] DARTWELL, R. C., H. W. FAIRBANKS u. W. A. KOEHLER: J. Amer. ceram. Soc. Bd. 34 (1951) S. 357.

[3] WEYL, W. A.: Glass Science Bull. Bd. V (1947) S. 65.

[4] Dort Referat über SAWAI, J. u. M. MINE: J. Soc. chem. Ind. Japan Bd. 43 (1940) S. 351.

1. Der chemische Angriff auf die Glasoberfläche

Im vorhergehenden Abschnitt haben wir gesehen, daß die Oberfläche des Glases sehr verschieden vom Inneren ist. In keiner Hinsicht prägt sich das stärker aus als im Unterschied des Alkaligehaltes. Die Oberfläche ist nämlich stark an Alkali angereichert. Diese Anreicherung wird hauptsächlich durch die Wirkung der Oberflächenspannung verursacht. Sie ist (s. S. 120) nach DIETZEL bei den Alkalioxyden sehr klein. Die im Vergleich viel höhere Oberflächenspannung der anderen Oxyde führt dazu, daß diese ins Innere des Glases hineingezogen werden, während die Alkalien zur Oberfläche wandern. Dieser Vorgang geht trotz der Schwierigkeiten der Diffusion mit einer großen Geschwindigkeit vor sich. Bei etwa 700° ist keine Ionenwanderung, sondern Na_2O-Wanderung vorhanden[1]. Hat das Glas keine Zeit gehabt, seine Struktur durch eine sorgfältige Kühlung zu schließen und seine Dichte auf ein Maximum zu bringen, so liegen die Alkaliionen der Oberfläche weitgehend bloß und sind dem chemischen Angriff besonders leicht zugänglich. Daher sind schlecht gekühlte Gläser immer weniger resistent gegen chemischen Angriff als gut gekühlte. Das gilt für alle Glassorten gleichgültig welcher Zusammensetzung.

Zieht man einen Glasfaden aus einer Schmelze, so geht vor allem die Oberflächenschicht in die Haut des Fadens über, was Irrtümer in der Bewertung der Auslaugung nach sich ziehen kann. Feuerpolierte Fäden, die aus im Gasofen erschmolzenem Glas gezogen wurden, haben eine niedrigere Lösungsalkalität als aus im elektrischen Ofen erschmolzenes Glas[2]. Dieser Unterschied ist nicht auf einen chemischen Einfluß der Feuergase, sondern auf höheren Alkaliabbrand während des Einschmelzens zurückzuführen. Nach dem Einschmelzen ist das Alkali noch ungleichmäßig verteilt, homogenisiert sich aber bei höherer Temperatur. Die von DIETZEL erwiesene Ansammlung in Form von Schwärmen wird hierdurch nicht berührt. Verbrennungsgas (z. B. CO_2) tritt in die Glassubstanz ein. Die Alkalität vermindert stark beim Abstehen im Ofen. So finden DIETZEL und RIES im frisch geschmolzenen Glas eine Lösungsalkalität von 500, die nach 300 Stunden auf etwa 100 absinkt. Die Ursache liegt in der besseren Verteilung und daher besseren Einbindung des Alkalis. Im Gasofen geschmolzenes Gas verändert seine Zusammensetzung nicht nur an der Oberfläche, sondern bis zum Boden des Tiegels. Wird dasselbe Glas nochmals im elektrischen Ofen geschmolzen, so nimmt es höhere Alkalitätswerte an. SO_2 hat keinen Einfluß auf die Alkalität, wohl aber CO_2.

Die erwünschte Verarmung der Oberfläche an Alkali kann nach KEPPELER (s. S. 173) durch Überleiten der Ofengase durch den Kühlkanal erfolgen. Der auf dem Glase erscheinende weiße „Hüttenrauch“ ist der Beweis guter Kühlung.

H. S. WILLIAMS und W. A. WEYL[3] entfernten dieses Alkali durch Er-

---

[1] DOUGLAS, R. W. u. J. O. ISARD: J. Soc. Glass Technol. Bd. 33 (1949) S. 289.

[2] TIELSCH, A. u. E. ZSCHIMMER: Sprechsaal Bd. 66 (1933) S. 285 ff. — RIES, R. u. A. DIETZEL: Sprechsaal Bd. 66 (1933) S. 753.

[3] WILLIAMS, H. S. u. W. A. WEYL: Glass Ind. Bd. 26 (1945) S. 275 ff.

hitzen der Gläser mit einer darauf eingetrockneten Kaolin- oder Tonlage. Der H^+-Ton wandert bei 400° durch Basenaustausch ins Glas und Na^+ wandert in den Ton ein. Diese Verarmung an Alkali erfolgt schnell und geht bis in beträchtliche Tiefen des Glases. Oberhalb 400 bis 500° wird das so erhaltene H^+-Glas unstabil und gibt Wasser ab. Als Ergebnis beider Reaktionen wird die Oberfläche alkaliärmer.

Die Oberfläche des Glases unterscheidet sich aber nicht nur durch ihre chemische Zusammensetzung vom Glasinneren. Sie beginnt auch sofort nach dem Verlassen des Kühlofens mit dem Wasserdampf der Luft zu reagieren. In vielen Betrieben der Glasindustrie wird zudem durch die Art der Kühlung und durch Waschen des Glases mit Wasser oder Säure die Oberfläche verändert. JEBSEN-MARWEDEL[1] hält eine mindestens 6 Stunden lange Auslaugung von Flachglas für nötig, um an die eigentliche Glassubstanz heranzukommen.

Der Angriff von Wasser, von Säure und besonders von Lauge auf das Glas ist ganz verschiedenartig. Während Wasser und Säure hauptsächlich die basischen Bestandteile lösen, trägt *Lauge* die ganze Glassubstanz ab. Diese Abtragung der Glassubstanz ist nach GEFFCKEN und BERGER[2] unabhängig von der Zeit und vom Rühren. Sie hängt von der Temperatur ab gemäße der Formel $v = A \cdot e^{-\frac{Q}{RT}}$, worin A eine Konstante, Q die Aktivierungsenergie und R die Gaskonstante darstellt. Q ist bei Silikatgläsern 18,5 kcal. Die Sprengung der Si-O-Si-Bindungen bestimmt die Geschwindigkeit. Ihr voraus geht die absorptive Anlagerung von $(OH)^-$-Ionen. Anwesenheit anderer Ionen kann verzögernd wirken Manche dieser hemmenden Stoffe gibt das Glas selbst ab. Daher ist bei kleinen Flüssigkeitsmengen der Angriff nicht mehr der Zeit proportional.

Kontakt mit *Wasser* verursacht Abwanderung von Na^+ aus dem Glase und Einwanderung von H^+ ins Glas entsprechend dem Gesetze der Diffusion. Aber doch darf hier nicht von Ionenaustausch gesprochen werden, wie er an der Oberfläche von Ton und Plastika eintritt[3]. Bei letzteren bleibt der Kationenträger nämlich in seiner Substanz unverändert, während beim Glase chemische Veränderungen in der Glassubstanz selbst auftreten, wobei aber die Elektroneutralität des Glases gewahrt bleibt. Der Korrosionsvorgang infolge der Einwirkung von Wasser beginnt durch Anlagerung von $(OH)^-$-Gruppen an $(SiO_4)^-$-Gruppen der Oberfläche. Dem folgt Anlagerung von $(ONa)^-$-Gruppen nach Auslaugung von Alkali sowie zusätzliche Anlagerung von Wassermolekülen. Diese Hydrolyse leitet zu stabilen Gebilden, weil die Abschirmung (screening) und Neutralisierung der Ladung des Si^{4+}-Ions innerhalb eines kleinen Volumenelements durch Bildung von Komplexen erfolgt, z. B. $Si^{4+}O_6^{2-}H_{8-x}^+Na_x^+$. Diese Komplexe können nach WEYL als hydratisierte Na-Salze der Orthokieselsäure aufgefaßt werden. Sie sind

---

[1] JEBSEN-MARWEDEL, H.: Sprechsaal Bd. 67 (1934) S. 2.

[2] GEFFCKEN, W. u. E. BERGER: Glastechn. Ber. Bd. 16 (1938) S. 296; Angew. Chem. Bd. 51 (1938) S. 429.

[3] WEYL, W. A.: J. Soc. Glass Technol. Bd. 35 (1951) S. 462. — DOUGLAS, R.W. u. J. O. ISARD: J. Soc. Glass Technol. Bd. 33 (1949) S. 289.

wasserlöslich, diffundierbar und hemmen weiteren Angriff nicht. Dasselbe erfolgt beim Säureangriff. Wie bereits ausgeführt, führt der alkalische Angriff nicht zur Bildung eines solchen Films. Mit SO_2 gesättigtes Wasser verhält sich ebenso wie Wasser allein.

Der Verlauf dieser Reaktion wird durch gelöste Silikate, Aluminate, Zinksalze usw. stark gehemmt. Diese Hemmung entsteht schon im Laufe der Auslaugung durch Anlagerung frisch gelöster Kieselsäure an (SiO_4)-Gruppen der Glasoberfläche. Anlaß hierzu ist der Drang nach Abschirmung der hoch geladenen Si^{4+}-Ionen durch Erhöhung der Koordinationszahl dieses Ions. Hierzu sind die Wassermoleküle am wenigsten geeignet. Besser geeignet sind schon die $(OH)^-$-Ionen in Form des obengenannten Komplexes. Noch besser geeignet sind aber diejenigen $(OH)^-$-Gruppen, die an Kationen mit schwächeren Potentialfeldern als denjenigen der Si^{4+}-Ionen gebunden sind. Das ist der Grund, daß Zusatz von Aluminat eines der besten Mittel ist[1], um die alkalische Korrosion zu hemmen. Schon 10^{-4} Äquivalente per L von Al^{3+} verhindert den Angriff von Alkalien auf Laboratoriumsglas. Die Polymerisation der Silikatgruppen der Oberfläche mit Aluminatgruppen führt zu einer Filmbildung, die weitere Korrosion verhindert. Die Abschirmung der Si^{4+}-Ionen wird durch eine Reaktion der Polymerisation vollendet, worin Si^{4+}- und Al^{3+}-Ionen $(OH)^-$-Ionen binden und eine sechsfache Koordination annehmen. Diese Polymerisationsschicht verhindert Diffusion von später gebildeten Restprodukten von niedrigerem Molekulargewicht.

Abb. 66 zeigt den Einfluß kleiner Zusätze von Al^{3+}-Ionen auf die Korrosion[2]. G ist der Gewichtsverlust, F die sichtbare Fläche und Z die Zeit. Die „Vergiftung" erfolgt gemäß der HOFMEISTERschen ($Al >$ $Ba > Sr > Ca > Mg > NH_4 >$ $K > Na > Si$) lyotropen Ionenreihe. Daher hemmen B^{3+},- Ca^{2+}- und Al^{3+}-Ionen am meisten.

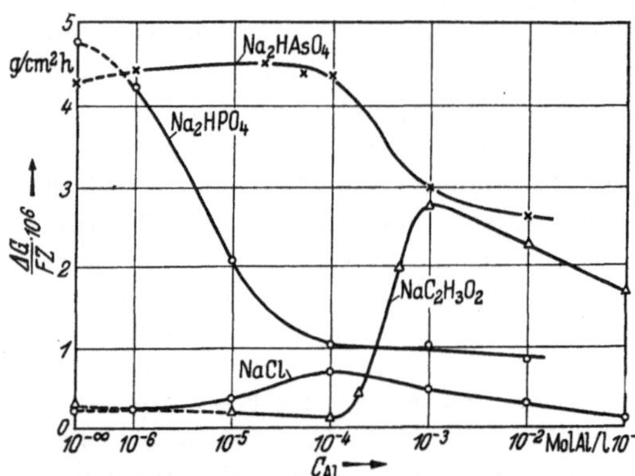

Abb. 66. Einfluß des Aluminiumgehalts einiger Elektrolyte auf die Angreifbarkeit. (Nach SCHRÖDER)

WEYL beweist diese Thesen durch Hinweis auf die Versuche von DIMBLEBY und TURNER[3] über den Angriff von kochendem Wasser auf Natron-Kalkgläser: Die geringste Korrosion wurde erzielt durch Zusatz derjenigen Kationen zum Glassatz, deren Potentialfeld schwächer als das der Si^{4+}-Ionen ist, aber doch stark genug, um $(OH)^-$-Ionen anzuziehen an Stelle der neutralen Wassermoleküle. Große zweiwertige Ionen wie Ba^{2+} sind wenig nützlich zur Hemmung der

[1] KREIDL, N. J. u. W. A. WEYL: Glass Ind. Bd. 23 (1942) S. 426.
[2] SCHRÖDER, H.: Glastechn. Ber. Bd. 26 (1953) S. 93.
[3] DIMBLEBY, V. u. W. E. S. TURNER: J. Soc. Glass Technol. Bd. 10 (1926) S. 304.

Korrosion. Kleinere wie Ca^{2+} und noch besser Mg^{2+} sind wirkungsvoller. Diese Ionen neigen zur Polymerisation in wässeriger Lösung, was aus der Unlöslichkeit ihrer Hydroxyde gegenüber der Löslichkeit von $Ba(OH)_2$ hervorgeht. DIMBLEBY und TURNER fanden, daß Zn, Ti und besonders Zr im Glase die Korrosion zurückdrängen. Aber gerade deren Ionen neigen stark zur Bildung von Polymerisaten.

Die Anwesenheit von P^{5+}-Ionen verursacht den gegenteiligen Effekt. Die dabei gebildeten Polymerisationsprodukte von SiO_4 und PO_4 schwächen die Abschirmung der Si^{4+}-Ionen wegen der starken kontrapolarisierenden Wirkung des P^{5+}-Ions. Außerdem reagiert es mehr noch wie Si^{4+} mit denjenigen Kationen, die zum Schutz der Glasoberfläche mitwirken könnten[1].

Die Korrosion der Glasoberfläche durch Wasser beginnt damit, daß Wasser in Form von H^+-Protonen ins Glas eindringt. Bei hohen Temperaturen geschieht das schnell[2]. Unter Druck wird Wasser in großen Mengen aufgenommen, bei 185° tritt sogar starke Quellung auf. Bei 210° tritt Lösung zu einer klaren Flüssigkeit ein. MOREY[3] erhielt im System $H_2O-K_2SiO_3-SiO_2$ Gläser von 8 bis 25% Wasser. Man kann den Silikataufschluß mittels Wasser im *Autoklaven* sogar als Ausgang zur chemischen Analyse und zur Bestimmung der chemischen Resistenz benutzen.

Der Eintritt von Wasser ins Glas fördert seine Neigung zur Kristallisation. In der Nähe des kritischen Punktes des Wassers bei 373° und 212 at konnte MOREY viele Gläser zur Entglasung bringen.

Die Gegenwart von Säuren und Alkalien in verdünnter Form hat wenig Einfluß auf die Glaszersetzung. Sie können sie wohl beschleunigen. Gegenwart von Laugen beschleunigt, weil durch die Zersetzung immer Alkalilauge frei und Kieselsäure lösbar wird (s. S. 183). Daher sind SiO_2- und B_2O_3-reiche Gläser beständiger gegen Säuren als gegen Wasser und wieder beständiger gegen Wasser als gegen Alkalien.

Andererseits werden SiO_2-arme Gläser von Säuren schneller angegriffen. Sogenannte basische Gläser werden für analytische Zwecke hinreichend durch HCl zersetzt.

Die *Beständigkeit gegen Korrosion* wird erhöht durch Erhöhung des Gehaltes an SiO_2. Wenn das nicht möglich ist, erhöht man den Gehalt an RO, wobei BaO am ungünstigsten wirkt. PbO wirkt günstiger als Alkali, aber ungünstiger als CaO und MgO. ZnO, B_2O_3 und Al_2O_3, selbst in kleinsten Mengen, wirken günstig. Diese Unterschiede in der Zusammensetzung wirken sich beim Säureangriff weniger deutlich aus als beim Wasserangriff[4]. Die Korrosionsfähigkeit der verschiedenen alkalischen Lösungsmittel ist keineswegs ihrer Alkalität proportional. So ist z. B. der Angriff von NaOH-Lösungen bei verschiedenartigen Gläsern

---

[1] BROWN, J. B. u. A. S. WATTS: J. Amer. ceram. Soc. Bd. 20 (1937) S. 245.

[2] SCHOTT, O.: Z. Instrumentenkunde Bd. 9 (1889) S. 86.

[3] MOREY, G. W.: J. Amer. chem. Soc. Bd. 39 (1917) S. 1143; Sprechsaal Bd. 59 (1926) S. 216.

[4] TABATA, K., T. YOKOHAMA u. T. KUSANA: Ref. in J. Soc. Glass Technol. Bd. 22 (1938) Abstr. 320.

nur dann stärker als bei Wasserglaslösungen derselben Alkalität, wenn diese unter 0,5 n Na_2O liegt. Oberhalb 0,5 n Na_2O greift die Silikatlösung viel stärker an. Bei sehr großem SiO_2-Gehalt der Lösung fällt der Angriff wieder ab. Dasselbe ist der Fall bei Kalilauge und Kaliwasserglas. Auch die Lage der entscheidenden Alkali-Silika-Verhältnisse ist dieselbe.

Der Angriff von Elektrolytlösungen auf die Oberfläche von Alkali-Kalkgläsern erweist sich als eine Überlagerung von Auslaugungs- und Abätzungsvorgängen. Von der erzeugten, ausgelaugten Schicht wird nämlich sofort ein Teil abgeätzt. Die Geschwindigkeit der Schichtbildung ergibt sich als Differenz der Geschwindigkeiten des auslaugenden (partiellen) und des abätzenden (totalen) Angriffs. $v_s = v_p - v_t$.

Die Abhängigkeit der Angreifbarkeit vom p_H einiger Elektrolyte geht aus Abb. 67 hervor[1]. Hier bedeutet Δ den Gewichtsverlust, F die makroskopische Oberfläche und Z die Zeit. Die Bedingungen für maximale und minimale Schichtdicken gehen hieraus deutlich hervor.

Erst wird das Alkali ausgelaugt, wie P. TIETZE[2] durch Untersuchung des Gelösten feststellte. Dann erst kann das SiO_2 gelöst werden, wobei die frisch gebildete Alkalilauge mitwirkt.

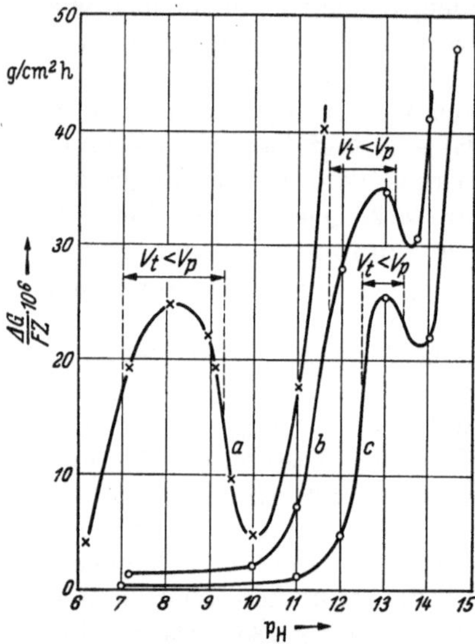

Abb. 67. p_H-Abhängigkeit der Angreifbarkeit in a) 0,3 m-Na_2HAsO_2, b) 1 m-NaCl, c) NaOH. (Nach SCHRÖDER)

Laugt man Alkalisilikate verschiedener Zusammensetzung aus, so stellt man nach DIETZEL[3] fest, daß die ausgelaugte Menge nicht gleichmäßig mit der steigenden Konzentration an Alkali im Glase ansteigt. So lange das Na^+ von SiO_2 umhüllt ist, ist die Auslaugung gering, weil nach Auslaugung dieses Na^+ erst die Haut von SiO_4-Gruppen entfernt werden muß, um an das benachbarte Na^+-Ion zu kommen. Bei Erhöhung der Na-Konzentration wird aber einmal der Fall eintreten, daß die Na^+-Bezirke sich berühren. Dann wird die Auslaugung plötzlich größer. Diese Konzentration liegt bei 20 bis 25 Mol-% K_2O, bei 35% Na_2O und bei 50% Li_2O (letzteres rechnerisch ermittelt), entsprechend dem Ionenradius. Dabei ist es gleichgültig, ob man gleichmäßige Verteilung oder Schwarmbildung der Alkaliionen annimmt. Diese Wendepunkte in den Auslaugekurven[4] sind nicht identisch mit den Wendepunkten in den Viskositätskurven.

Die Einwirkung von kochendem Wasser auf Glas ist viel intensiver

---

[1] SCHRÖDER, H.: Glastechn. Ber. Bd. 26 (1953) S. 91.
[2] TIETZE, P.: Sprechsaal Bd. 60 (1927) S. 813.
[3] DIETZEL, A.: Glastechn. Ber. Bd. 22 (1949) S. 219.
[4] SHEYBANY, H. A.: Diss. T. H. München 1946.

als bei einigen Graden unterhalb des Siedepunktes. 6 Stunden Einwirkung beim Kochen entspricht der Einwirkung von kaltem Wasser während 6 Monaten[1].

Die Oberfläche von Alkaliboratgläsern wird nicht gleichmäßig, sondern wabenartig durch Wasser ausgelaugt. Die Waben beginnen an beschädigten Stellen. Man erhält sie auch an geschliffenen, nicht aber an polierten Silikatgläsern beim Ätzen mit HF. Die graphische Darstellung der Lösungsgeschwindigkeit als Funktion des Gehaltes an den verschiedenen Alkalien führt bei großen Rührgeschwindigkeiten zu knickfreien Kurven. Die Reihenfolge der Lösungsgeschwindigkeit ist

$$Li < Na < K < Rb < Cs\ [2].$$

Die Stärke des *Säureangriffs* auf Glas hängt von ihrer Stärke, d. h. ihrem Dissoziationsgrad und ihrer Konzentration ab. Bei steigendem Alkaligehalt im Glase verhalten sich Na-Gläser günstiger als K-Gläser. Beim Übergang von K- zu Na-Gläsern ändert sich die Säurefestigkeit linear. Führt man bei konstantem Alkaligehalt zwei- und dreiwertige Oxyde an Stelle von SiO_2 ein, so wird das Glas zunächst verbessert. Dann aber wird es schnell sehr stark verschlechtert. Die ersten Anteile eingeführten Oxydes haben die günstigste Wirkung. Die Reihenfolge der einzelnen Oxyde hinsichtlich ihrer verbessernden oder verschlechternden Wirkung ist bei den einzelnen Prozentgehalten verschieden[3]. Die Lage des Optimums der Verbesserung verschiebt sich von den Gläsern mit der stärksten Base nach denen mit der schwächeren Base bzw. zu amphoteren Oxyden. Bei Tonerdegläsern liegt ein Optimum der Widerstandsfähigkeit bei 15% Al_2O_3. Es besteht keine Beziehung zwischen dem Angriff von heißem Wasser und heißer Säure. Das liegt daran, daß heißes Wasser vor allem die Alkalien herauslöst. Dagegen besteht Ähnlichkeit zwischen dem Angriff von kaltem Wasser und kalter Säure.

Die *Verwitterung* ist als Kaltwasserangriff anzusehen und verhält sich wie ein schwacher Säureangriff, aber nicht wie ein alkalischer Angriff. Dem entspricht, daß kein Zusammenhang zwischen Verwitterung und Heiß-Wasserangriff besteht. Dagegen besteht ein Zusammenhang zwischen Verwitterung und Kalt-Wasserangriff. Eine Heiß-Säureprobe kann als schnell ausführbare orientierende Verwitterungsprobe angesehen werden.

0,0002n- bis 0,6n-HCl, die 7 Tage lang bei 70° einwirkten, lösten bei steigender Konzentration aus Borosilikatglas auch mehr Alkali aus[4]. Bei Sodakalkglas war aber die Auslaugung konstant. Das Gelöste an SiO_2 wuchs bei beiden mit der HCl-Konzentration, am meisten beim Borosilikatglas. 6,0n-HCl löste bei beiden Gläsern gleichviel. 6,0n-HCl baute das Borosilikatglas aber gleichmäßig ab, d. h. die Zusammensetzung von Glas und Gelöstem war dieselbe.

Abgeschreckte Gläser lösen sich viel schneller in Wasser als gekühlte. Feuerpolierte Glasoberflächen sorbieren keine oder wenig *Phosphat-*

---

[1] PALMER, L. A.: J. Amer. ceram. Soc. Bd. 6 (1923) No. 4.

[2] MÜLLER, R. L. u. Mitarb.: Russisch. Ref. in Glastechn. Ber. Bd. 16 (1938) S. 26.

[3] WEBERBAUER, A.: Glastechn. Ber. Bd. 10 (1932) S. 361.

[4] RAGOON, F. C. u. F. R. BACON: Bull. Amer. ceram. Soc. Bd. 33 (1954) S. 267.

ionen. Nach Entfernung der Oberflächenlage sorbieren sie stark und der Unterschied zwischen Pyrexglas und weichem Glas ist dann gering. Wenn den ätzenden Alkalien ZnO zugefügt wird, ist die Sorption von Phosphaten noch größer[1].

Phosphatlösungen, die Glas angreifen, werden nach Aufbewahrung in Glas während einiger Monate inaktiv. Dasselbe erfolgt, wenn sie einige Stunden mit Glas erwärmt werden infolge der Aufnahme der Bestandteile des Glases, die das Phosphat absättigen. Auch Zusatz kleiner Mengen von Wasserglas wirkt in derselben Weise[2].

Krustenbildung auf der Oberfläche hat keinen Einfluß auf die Geschwindigkeit der Korrosion. Deshalb ist der Anblick einer korrodierten Scheibe kein Maßstab für die Korrosion[3]. Phosphate z. B. beflecken die Oberfläche wenig, aber korrodieren schwer. Na-Salze sind gefährlicher als K-Salze. NaOH ist am wenigsten korrodierend. Alle Lösungen haben ein Maximum der Konzentration bzw. Korrosion. Diese sinkt sogar etwas bei höherer Konzentration. Erhöhung der Temperatur verstärkt die Korrosion sehr.

Die ausgelaugte Oberfläche des Glases ist zur selektiven Adsorption von Ionen aus der Lösung imstande. Deren Zusammensetzung braucht deshalb nicht mit den aus dem Glase ausgetretenen Glasbestandteilen identisch zu sein.

Durch geeignete Erhitzung des ausgelaugten Glases kann die Durchlässigkeit des ausgelaugten Films herabgesetzt und die Beständigkeit gegen chemische Einflüsse verbessert werden.

Setzt man weiches Na-Borosilikatglas 1 Stunde bei 350 bis 500°-Dämpfen von Metallchloriden aus, so wird die Resistenz der Oberfläche gegen 10% Citronensäure teils verbessert, teils verschlechtert. Die Wirkung steigt mit steigender Temperatur. Verbessert wird die Oberfläche durch die Chloride von V, Al, Co, Ni, Mn und Si, verschlechtert durch die Chloride von Bi, Zn, Sn und Fe[4].

Bei 500 bis 580° nimmt *Pyrexglas* Wasserstoff in großen Mengen auf unter Bindung zu Wasser. Ein Gleichgewicht wird nicht erreicht. Es findet auch keine Diffusion statt, aber das Glas dunkelt bis unterhalb der Oberfläche[5].

2. Der Widerstand der technischen Gläser gegen chemischen Angriff

Obwohl die technischen Gläser im allgemeinen beständiger gegen chemische Einflüsse sind als andere Werkstoffe, war es nötig, sie entsprechend ihrer Beständigkeit in 5 Gruppen einzuteilen. Die hier folgende Einteilung gilt vor allem für den weitaus größten Anteil der Glaserzeugung, nämlich den von Hohlglas und Flachglas[6].

[1] HENSLEY, J. W.: J. Amer. ceram. Soc. Bd. 34 (1951) S. 188.

[2] BROWN, J. B. u. A. S. WATTS: J. Amer. ceram. Soc. Bd. 20 (1937) S 245.

[3] TARNOPOL, M. S. u. A. E. JUNGE: J. Amer. ceram. Soc. Bd. 29 (1946) S. 36.

[4] BADGER, A. E. u. R. R. ROUGH: Glass Ind. Bd. 22 (1941) S. 109.

[5] ROBERTS, L. E. u. C. BITTNER: J. Amer. chem. Soc. Bd. 63 (1941) S. 1513.

[6] SPÄTE, F. u. R. SCHMIDT: Fachausschußberichte Nr. 3 u. 26 der DGG. Frankfurt, 1926, 1933.

Tabelle 38

Hydrolytische Klasse	Bezeichnung nach F. Mylius	Verwitterungsalkalität mg ads. Jodeosin auf 1 m² Bruchfläche	Auslaugung 3 Std. 80° $\frac{mg}{1000}$ Na₂O je 100 cm²	Auslaugung 3 Std. 100° $\frac{mg}{1000}$ Na₂O je 100 cm²	Griess-Schnellmethode 2 g Griess 0,49—0,30 mm 1 Std. 100° $\frac{mg}{1000}$ Na₂O	Standard-Griess-Methode der DGG mg Rückstand
I	wasserbeständiges Glas	0—5	0—15	0—50	0—60	0—10
II	resistentes Glas	5—10	15—45	50—150	60—120	10—15
III	hartes Apparateglas	10—20	45—150	150—400	120—500	15—25
IV	weiches Apparateglas	20—40	150—600	400—1600	500—1200	25—50
V	mangelhaftes Glas	über 40	über 600	über 1600	über 1200	über 50

Die hier zuerst genannte Methode von Mylius[1] beruht auf der Überführung des an sich farblosen Jodeosins durch Aufnahme von Alkali aus der frischen Glasoberfläche in sein tief rot gefärbtes Alkalisalz. Durch kolorimetrischen Vergleich der Färbung mit der bekannter alkalischer Jodeosinlösungen findet man schnell die Alkaliabgabe des Glasgrießes. Diese älteste, so einfache Methode hat ihren Wert bis heute erhalten. Man kann natürlich so auch die natürliche Verwitterung erfassen. Es genügt dann, den genau definierten Grieß einige Zeit lang vor der Untersuchung der Luft auszusetzen.

Neben dieser Methode der kolorimetrischen Bestimmung des von der Glasoberfläche abgegebenen Alkalis bestehen die in der Tabelle angegebenen und andere Methoden, die das Alkali oder das Ausgelaugte nach den üblichen Methoden erfassen. Man kann auch nach dem Autoklavenverfahren arbeiten (s. Morey S. 185). Die Ermittlung der Korrosionsbeständigkeit von Glas im Autoklaven erfordert besonders reines destilliertes Wasser. Es muß frei von Cu sein, weniger wichtig ist Abwesenheit von Pb, Fe, Wasserglas und Soda. Es ist wichtiger, die Temperatur konstant zu halten als die Zeit[2]. Ganz anders arbeiten die Methoden, die das fertige, nicht zerkleinerte Erzeugnis benutzen, z. B. Hohlgefäße oder Flachglas (nach Keppeler[3]), das als Wände eines Troges zusammengesetzt und ausgelaugt wird. Diese letzteren Methoden unterscheiden sich von den Grießmethoden grundsätzlich dadurch, daß sie den Angriff auf die Oberfläche zu messen gestatten, während die Grießmethoden den Angriff auf die Bruchfläche, also das Glasinnere messen.

---

[1] Mylius, F.: Glastechn. Ber. Bd. 1 (1923) S. 33.
[2] Herman, A.: J. Amer. ceram. Soc. Bd. 24 (1941) S. 323.
[3] Keppeler, G.: s. Fachausschußbericht der DGG., Nr. 26, Abschnitt II, 1a, S. 2.

3. Einfluß der Zusammensetzung auf den chemischen Angriff

Die folgende Abb. 68 zeigt Ergebnisse systematischer Auslauge-versuche an Gläsern von J. ENSS[1]. Sie sind nach dem Grundsatz des *Osram-Laboratoriums* durchgeführt, d. h. an einem Grundglase 82 Gew.-%

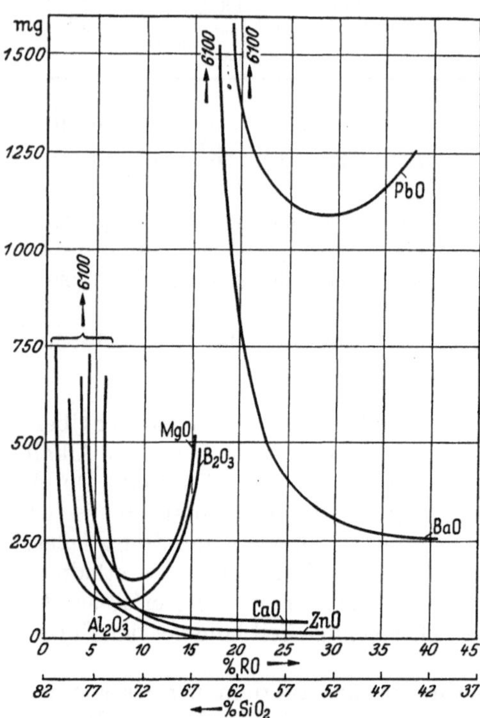

Abb. 68. Übersichtsbild der Dreistoffsysteme. Angreif-barkeit des Glases: 82% (SiO₂ + RO [R₂O₃]), 18% Na₂O; RO [R₂O₃] — ZnO, MgO, CaO, BaO, B₂O₃, Al₂O₃, PbO. (Die Kurven geben das Gesamtgelöste an). (Nach ENSS)

SiO₂, 18% Na₂O, in dem einer dieser Bestandteile durch steigende Mengen anderer Oxyde ersetzt wurde. Diese Messungen wurden an Glasgrieß bei 100° durchgeführt, und sowohl das Gesamtgelöste wie seine Bestandteile wurden analysiert.

Die einzelnen Glasreihen von der Zusammensetzung 18 Gew.-% Na₂O, 82% (SiO₂ + RO) zeigten eine merkwürdig feste Bindung des zugefügten RO-Oxydes innerhalb des Glasgerüstes, denn es ging nur wenig davon in das Gelöste über, selbst wenn SiO₂ und Na₂O sehr löslich waren. 2 Versuchsreihen mit R₂O₃-Oxyden wurden zugefügt. Diejenige mit Al₂O₃ zeigte sehr geringe Löslichkeit von Al₂O₃, diejenige mit B₂O₃ aber eine Löslichkeit, die der von Na₂O nicht nach-stand. Die Abb. 68 zeigt eine Zusammenstellung der Resultate aller Versuche mit

diesen Dreistoffgläsern hinsichtlich des Gesamtgelösten.

Durch Einführung von CaO, ZnO und Al₂O₃ an Stelle von SiO₂ wird demnach von etwa 5% ab die Auslaugbarkeit außerordentlich stark herabgesetzt. Doch kann ZnO unter Umständen auch die Korrosion begünstigen[2]. Daß bei geringeren Gehalten hohe Löslichkeitszahlen vorliegen, braucht nicht zu verwundern, da wir es dann noch mit Gläsern vom Typus des Natronwasserglases zu tun haben. Interessant ist das Minimum der Löslichkeit der Gläser mit MgO und B₂O₃ bei 7 bis 8% zugefügtem Oxyd und die an sich sehr hohe Löslichkeit der Gläser mit PbO und MgO. Erstere haben bei 30% PbO ein Minimum der Auslaugung.

Diese Auslaugversuche wurden auch an einzelnen Reihen von Vier-

---

[1] ENSS, J.: Glastechn. Ber. Bd. 5 (1927/28) S. 449, 515.
[2] BESBORODOW: Ker. Rdsch. Bd. 35 (1927) S. 743.

stoffsystemen durchgeführt: In Gläsern der Zusammensetzung 69% SiO_2, 10% CaO, 21% (K_2O + Na_2O) erwies sich, daß Gläser mit viel Na_2O schlechter sind als solche mit K_2O.

In K—Na—Ca-Gläsern, in denen die Gesamtalkalien 18% ausmachen, wurde eine Minimumauslaugung festgestellt. Sie ist gelegen bei einem Verhältnis von 2,6 K_2O : 1,0 Na_2O (in Gewichtsprozenten gerechnet).

Auffallend niedrig war die Auslaugung in dem für die Industrie des optischen Glases wichtigen System 50% SiO_2, 10% Na_2O, 40% (PbO + BaO), nämlich nur 20 mg Gesamtgelöstes für 40% PbO und nur 70 mg für 40% BaO.

Aber dieses günstige Bild wird radikal verändert, wenn in demselben Glassystem weitere 10% Na_2O an Stelle von SiO_2 eingeführt werden. Dann wird bei hohen Bleigehalten das ganze Natron SiO_2 und PbO schnell löslich, während bei hohen BaO-Gehalten die Löslichkeit stark zurückläuft. Bei allen Gläsern blieb BaO fast unlöslich. Im System 67% SiO_2, 18% Na_2O, 15% (CaO + MgO) tritt der ungünstige Einfluß des MgO deutlich hervor. Die entsprechenden technischen Gläser enthalten allerdings weniger Natron und mehr SiO_2 und verhalten sich günstiger. Tauscht man in Vierstoffgläsern mit 15% (ZnO + Al_2O_3) diese Oxyde aus, so liegt das Gesamtgelöste niedrig (bei 49 mg) für 15% ZnO, bei 15% Al_2O_3 beträgt es nur 25 mg.

Zur Bewertung der hier angegebenen Ergebnisse sei darauf hingewiesen, daß sie bei Änderung der Grundgläser ebenfalls Änderungen unterworfen sind. So fand PEDDLE[1] z. B. bei einigen K-Na-Gläsern Minima der Auslaugbarkeit, die bei anderen Grundgläsern nur wenig in Erscheinung traten[2].

Neben diesen systematischen Darstellungen der Löslichkeit der Gläser in Wasser ist von vielen Forschern die entsprechende Bearbeitung der technisch wichtigen Systeme Natron—Kalk—Kieselsäure z. T. mit Gehalten an Kali und Tonerde vorgenommen worden[3]. Hier sei in Abb. 69 das Ergebnis der Bearbeitung des Grundsystems Natron—Kalk—Kieselsäure von KEPPELER und IPPACH gebracht. Die technisch brauchbaren Gläser liegen in dem eingezeichneten Raum. Die Zahlen II, III, IV und V geben an, zu welchen hydrolytischen Klassen sie gehören.

Hieraus folgt die überraschende Tatsache, daß es im reinen System Na_2O—CaO—SiO_2 keine echt „wasserbeständigen" Gläser im Sinne von MYLIUS gibt, denn die eingezeichneten 5 „Isolyten" entsprechen den Auslaugewerten 30, 40, 50, 60 und 100, d. h. sie sind im Rahmen der von KEPPELER benutzten Auslaugemethode bereits zu hoch.

Es hat nicht an Versuchen gefehlt, die technisch wichtigen Gläser durch eine Formel zu erfassen. Am besten bekannt ist die Formel von TSCHEUCHNER:

$$z = 3\left(\frac{x^2}{y} + y\right),$$

---

[1] PEDDLE, J. C.: J. Soc. Glass Technol. Bd. 5 (1921) S. 72, 195, 264.

[2] KEPPELER, G.: Glastechn. Ber. Bd. 6 (1928) S. 82; Keram. Rdsch. Bd. 38 (1930), S. 663; Bd. 42 (1934) Nr. 6ff.

[3] ZSCHIMMER, E. u. W. MÖLLER: Sprechsaal Bd. 62 (1929) S. 38ff.

worin z die Mole SiO_2, x die Mole Na_2O und y die Mole CaO bedeutet. Der Wert dieser und ähnlicher Formeln beruht in einer oft wertvollen Annäherung, aber vor zu scharfer Auslegung wird gewarnt.

Bei einem *Vergleich von Natron- und Kaligläsern*, die nur noch CaO und SiO_2 enthalten, stellt sich bei Berechnung in Gewichtsprozenten heraus, daß im kalkreichen, alkaliarmen Teil des Dreistoffsystems die Natrongläser besser sind als die Kaligläser. Doch schon im Bereich der „resistenten" Gläser schneiden sich die Flächen, welche KEPPELER zur Darstellung der Auslaugung als Raummodell gewählt hatte. Bei zunehmendem Alkaligehalt bleiben, gewichtsprozentisch gesehen, die Kaligläser besser. Nach Mol-% gerechnet, sind hingegen die Natrongläser besser.

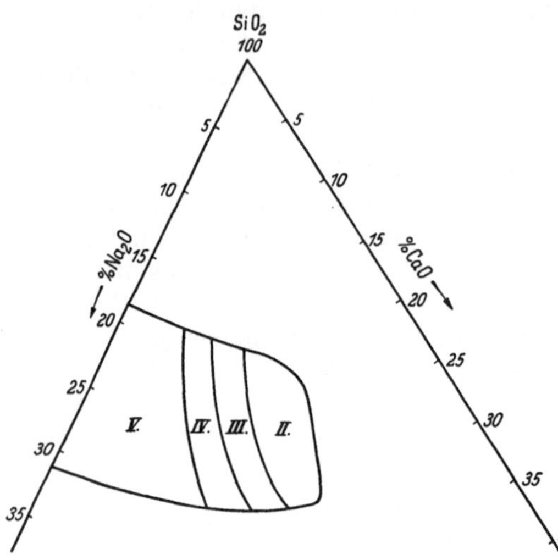

Abb. 69. Der Grad der Wasserbeständigkeit der Gläser im Nao₂O—CaO—SiO₂-System. (Nach KEPPELER und JPPACH)

Will man beste Wasserbeständigkeit haben, so muß man als 4. Komponente Al_2O_3 einführen. Man kommt so zu den Typen des *Thüringer Glases* und der *Flaschengläser*. Die bekannten Thüringer Gläser erhalten ihre Tonerde aus dem *Martinsrodaer Sand*, der etwa 3% Al_2O_3 enthält. Es sind gerade die ersten Prozentsätze an Al_2O_3 (oder Fe_2O_3), die die Auslaugbarkeit herabsetzen.

Die *Flaschengläser*[1] enthalten außer Na_2O, CaO und SiO_2 noch 1 bis 9% Al_2O_3 und 1 bis 2% Fe_2O_3 oder Mn_2O_3, wodurch ihre Haltbarkeit bedeutend verbessert wird. So ist z. B. bei 2 Gläsern ähnlicher Zusammensetzung beim Glase mit 0,90% Al_2O_3 das Gesamtlösliche 24 mg/100 cm² und beim Glase mit 8,17% Al_2O_3 nur 14 mg/cm². Dadurch rücken die Flaschengläser in die hydrolytische Klasse I, während die entsprechenden Natron-Kalkgläser in die hydrolytische Klasse II gehören. Man erhält diese Verbesserung sowohl durch Ersatz von SiO_2 als auch von CaO durch Al_2O_3.

Die Verbesserung der Oberfläche durch die Glaskühlung (Bildung von Na_2SO_4) erstreckt sich aber nur auf die Außenflächen, nicht aber auf die Innenflächen der Flaschen, da die Kühlgase nicht ins Innere eindringen.

CANTOR[2] hat die Zusammensetzung und die Auslaugwerte der üblichen Flaschengläser in ein Vierstoffsystem eingeordnet, das sich zur Wieder-

---

[1] KEPPELER, G. u. R. MAENICKE: Sprechsaal Bd. 64 (1931) S. 7ff.
[2] CANTOR, T.: Sprechsaal Bd. 60 (1927) S. 891ff.

gabe in diesem Buch nicht eignet, aber die Ermittlung brauchbarer Gläser erleichtert.

Chemisch wenig dauerhafte Flaschengläser geben auch Gelöstes an alkoholreiche Wassermischungen ab[1].

Die äußere Fläche von Hohlgefäßen erleidet durch Korrosion feuchter Luft während 30 Tagen Veränderungen, die durch einen aufgelegten Plastikfilm (Replik) als eine Schar von vielen feinen Streifen sichtbar gemacht werden können. Sie sind die Spuren der Verarbeitung im Speiser und in der Form. Die innere Oberfläche der außen korrodierten Hohlgefäße zeigt diese Streifung nicht[2].

4. Die Verwitterung

Verwitterungskristalle auf Glas bestehen unterhalb 40° hauptsächlich aus Gaylussit $Na_2Ca(CO_3)_2 \cdot 5H_2O$. Zwischen 40 und 100° ist Pirssonit $Na_2Ca(CO_3)_2 \cdot 2H_2O$ beständig[3]. Die Grenztemperaturen von 40 bis 100° hängen von der Zusammensetzung des Glases und der Atmosphäre ab.

Läßt man Glasgrieß in gesättigter Atmosphäre stehen, so nimmt der Grieß aus normalem Hohlglas etwa 0,65%, aus schlechtem Glas bis 1,7% auf. Diese Methode eignet sich sogar zur Feststellung der Geschwindigkeit der Korrosion[4]. 1 cm³ Glaspulver nimmt nach Hubbard[5] in 4 Stunden zu um:

Ba-Kron	2,2 mg	Fensterglas	32,0 mg
Pb-Borat, 51,7% Pb	4,9 ,,	Flaschenglas	35,0 ,,
Bleiglas, 45% Pb	5,6 ,,	blaues Glas	26,0 ,,

Weyl[6] deutet diese Zahlen folgendermaßen: Die schweren, leicht polarisierbaren Ionen Ba und Pb können ihre asymmetrischen Kräfte nach innen konzentrieren, so daß sie äußerlich neutral erscheinen. Die alkalireichen letzten 3 Gläser sind nach außen nicht „neutral". Behandelt man ein Pulver von weichem Natron-Kalkglas 24 Stunden mit 0,5 Mol-Lösungen von R^{2+}-Ionen, trocknet sie und läßt sie 14 Tage lang in gesättigter Luft stehen, so nehmen sie an Gewicht folgendermaßen zu[7]:

bei Pb²	—1,0% (negativ!)	Mg²	8,1%
Zn²	1,8%	Ca²	8,1%
Ba²	2,5%	ohne Vorbehandlung	8,4%
Sr²	6,0%		

Die vorhin gegebene Erklärung von Weyl wird hierdurch erhärtet.

Die Verwitterung von Glaswaren schafft Probleme, die bereits in den Glashütten vorbeugende Maßnahmen erfordern[8]. Feuchtes Verpackungs-

---

[1] Bacon, F. R. u. O. G. Burch: J. Amer. ceram. Soc. Bd. 23 (1940) S. 147.

[2] Simpson, H. E.: J. Amer. ceram. Soc. Bd. 38 (1955) S. 81.

[3] Dietzel, A.: Sprechsaal Bd. 65 (1932) S. 825.

[4] Matson, F. R.: J. Amer. ceram. Soc. Bd. 32 (1949) S. 121.

[5] Hubbard, D.: J. Res. Nat. Bur. Stand. Bd. 36 (1946) S. 365.

[6] Weyl, W. A.: J. Soc. Glass Technol. Bd. 32 (1948) S. 252.

[7] Roman, M. K., E. C. Marboe u. W. A. Weyl: J. Soc. Glass Technol. Bd. 32 1948) S. 260.

[8] Gehlhoff, G.: Glastechn. Ber. Bd. 5 (1927) S. 193. Sprechsaal Bd. 60 (1927) S. 336.

material führt zur Korrosion. Aber selbst Abkühlung feuchter, warmer Luft ruft Kondensation von Wasserdampf in den geschlossenen Verpakkungskisten und rasch schwere Korrosion hervor. Die Oberfläche wird dann stellenweise ausgelaugt und fleckig. Ähnliches passiert bei gewöhnlichem Geräteglas, das in feuchten Räumen jahrelang steht. Es nimmt Wasser auf bis ins Innere und entglast auf der Oberfläche. Wenig Wasser, das sich auf der Oberfläche niederschlägt, ist gefährlicher als sehr viel Wasser, das abfließt. Es bildet konzentrierte NaOH-Lösungen, die selbst Glas von der zweiten hydrolytischen Klasse angreifen. Höhere Temperatur des Lagerraumes bringt keine Verbesserung, Trockenhaltung ist zu teuer.

Lagert man *Glasflaschen*[1] unter verschiedenen Bedingungen von 20 bis 50° Temperatur und 15 bis 80% relativer Feuchtigkeit bis zu 13 Monaten lang, so kann man feststellen, daß die Verwitterung am meisten

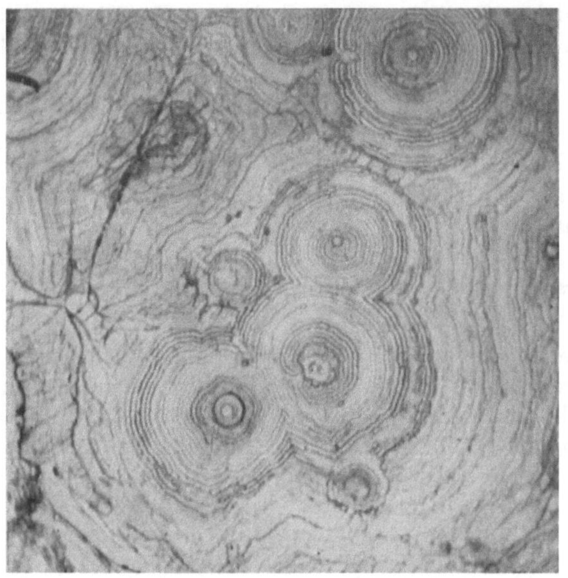

Abb. 70. Verwitterung sehr alter Glasscheiben (mit LIESEGANGschen Ringen). (Nach GEILMANN und TÖLG)

von der Feuchtigkeit abhängt. Die schwersten Folgen der Lagerung bei hoher Luftfeuchtigkeit können durch geeignete chemische Zusammensetzung abgewehrt werden. Die Photos der verwitterten Glasoberflächen zeigen kristallisierte Bildungen, die zuweilen in Schuppenform vorliegen. Unter anderem wurde Calzit darin angetroffen. Diese geschichteten irisierenden Schichten auf Glas sind schon von BREWSTER vor 100 Jahren gefunden worden[2]. Die einzelnen Lamellen sind nicht glatt, sondern rauh.

---

[1] OWENS, J. G. u. E. C. EMANUEL: J. Amer. ceram. Soc. Bd. 25 (1942) S. 359.
[2] RAMAN, C. V. u. V. S. RAJAGOPULAN: Proc. Ind. Acad. Sci. A Bd. 9 (1939) S. 371; Ref. Glastechn. Ber. Bd. 18 (1940) S. 227.

Ihre Brechungsindizes sind von denen des Glases wenig verschieden. Man hat auch angenommen, daß zwischen den Lagen Lufthäutchen bestehen, da Alkohol in sie eindringen und wieder entfernt werden kann. Dieser Annahme steht ihre hohe Festigkeit entgegen. RAMAN und RAJAGOPULAN unterscheiden 6 Klassen von Oberflächenstrukturen je nach Porosität und Farbeffekten. Letztere verschwinden beim Eintauchen in Flüssigkeiten nicht. Ihre Gesamtintensität nimmt zwar ab, aber die Farben werden lebhafter. Die Verwitterungserscheinungen alter Gläser kommen in Lackabdrücken noch schöner heraus als bei direkter Beobachtung. Die Abb. 70 zeigt LIESEGANGsche Ringe im Silikagel der Oberfläche[1].

Flaschen sind nach längerer Lagerung außen leicht sauer und innen alkalisch, besonders wenn sie verkorkt waren[2]. Im Lauf der Lagerung von Flachglas steigt die elektrische Leitfähigkeit der durch Auslaugung der Oberfläche erhaltenen Lösung nicht oder nur wenig an, wenn das Glas in Papier verpackt war. Ohne Papier war der Angriff der Atmosphäre viel stärker und bei Holzmehl am stärksten[3].

5. Bleigläser

Der geringen Auslaugbarkeit der Bleigläser steht leider ihre Fleckenempfindlichkeit diametral gegenüber[4]. Bei ungefähr 50 Vol.-% $PbO \cdot SiO_2$ und 50 Vol.-% Alkalisilikat ergeben sich Gläser, die beiden Ansprüchen genügen. Beim Abweichen nach der Bleiseite steigt die Fleckenempfindlichkeit, beim Abweichen nach der Alkaliseite die Auslaugbarkeit. Der molekulare Ersatz von K durch Na beeinflußt die Fleckenempfindlichkeit wenig. Über den Einfluß auf die Auslaugung bestehen entgegengesetzte Angaben[5]. Die Erhöhung des relativen Alkaligehaltes läßt sowohl die Fleckenempfindlichkeit wie die Auslaugung stark anwachsen. Dagegen wird durch Erhöhung des relativen SiO_2-Gehaltes die Fleckenempfindlichkeit wenig vermindert, die Auslaugung dagegen mehr. Ersatz von SiO_2 durch Al_2O_3 beeinflußt die Fleckenempfindlichkeit nicht, aber verbessert die Auslaugung. B_2O_3 verschlechtert beide. Die günstigste Zusammensetzung von Bleigläsern läßt sich nach ZSCHIMMER und D. JAPHE[6] durch die Formel ausdrücken: % $R_2O = (76 - \% PbO) \cdot 0{,}27$.

Die Messung der Fleckenempfindlichkeit erfolgt zweckmäßig durch Behandlung mit Säuren, z. B. mit 0,5% Essigsäure bei 100°[7] oder durch Messung der Filmdicke nach Lagerung des Glases in Säure[8]. Durch Ersatz von etwas PbO durch TiO_2 kann man die Fleckenempfindlichkeit

[1] GEILMANN, W. u. G. TÖLG: Glastechn. Ber. Bd. 28 (1955) S. 299. — RAW, F.: J. Soc. Glass Technol. Bd. 39 (1955) S. 128.

[2] DIMBLEBY, V., H. S. Y. GILL u. W. E. S. TURNER: J. Soc. Glass Technol. Bd. 19 (1935) S. 231.

[3] BISHOP, F. L. u. F. W. MOWREY: Bull Amer. ceram. Soc. Bd. 31 (1952) S. 13.

[4] KARMANS, H.: Sprechsaal Bd. 59 (1926) S. 725ff.

[5] KNAPP, O.: Glastechn. Ber. Bd. 6 (1928) S. 447.

[6] ZSCHIMMER, E. u. D. JAPHE: Sprechsaal Bd. 57 (1924) S. 365.

[7] HEINRICHS, H. u. W. TEPOHL: Glastechn. Ber. Bd. 3 (1925/26) S. 213.

[8] APOSHIAN, M. M. u. N. J. KREIDL: J. Amer. ceram. Bd. 34 (1951) S. 103.

verbessern. 1 TiO_2 verbessert ungefähr ebenso viel wie $^1/_2 Ta_2O_5$, $^1/_2 Nb_2O_5$ oder $^1/_2 ZrO_2$. Gemeinschaftliche Einführung einiger dieser Oxyde kann noch mehr Erfolg haben.

B. Die Dichte

Über die Dichte in Abhängigkeit von der Struktur ist bereits S. 10 und S. 28 ausführlich berichtet worden. Hier seien noch einige praktische Gesichtspunkte für die Beurteilung der Dichte bei verschiedener Vorbehandlung und bei verschiedenen Temperaturen behandelt.

Die 3 Abb. 71 zeigen die Veränderung der Dichte, wenn in einem Glase 82% SiO_2, 18% Na_2O Ersatz von SiO_2 durch ein anderes Oxyd erfolgt[1]. In allen Fällen steigt die Dichte außer bei Einführung von B_2O_3.

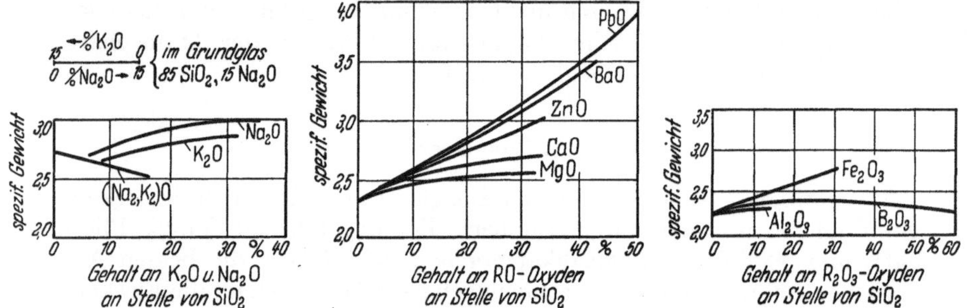

Abb. 71. Dichte in Abhängigkeit von der chemischen Zusammensetzung (Grundglas 82 SiO_2, 18 Na_2O). (Nach GEHLHOFF und THOMAS)

In *Gläsern* Na_2O—SiO_2 fällt die Dichte von 2,560 für Gläser von 50% SiO_2 bis auf 2,262 bei 92% SiO_2. Aber der Verlauf ist nicht geradlinig, sondern die Dichte folgt in einer leicht geschwungenen Kurve, die z. B. bei 75% SiO_2 bei 2,415 liegt, während sie bei linearem Verlauf bei 2,38 hätte liegen müssen. Die Gläser mittleren SiO_2-Gehaltes sind also etwas dichter, als zu erwarten war[2].

Die Änderung der *Dichte abgeschreckter Glasproben* Δ (s. g.) ist vom SiO_2-Gehalt abhängig.

Bei 65% SiO_2 ist Δ (s. g.) = 0,02
„ 76% SiO_2 „ Δ (s. g.) = 0,006
„ 100% SiO_2 „ Δ (s. g.) = 0

Die Änderung in der Dichte von 75 bis 100% ist also gering. Kieselglas hat keine sprunghafte Änderung in der Dichte mehr im Bereich von 500 bis 700°, die an SiO_2 ärmeren Gläser wohl[3]. Der entsprechende Bereich liegt bei Kieselglas viel höher, nämlich bei 1100° und bei 1850° (s. S. 60).

Der Temperaturkoeffizient der Dichte erleidet im *Transformationsbereich* eine bleibende Steigerung[4]. Sie ist bei Natron-Kalkgläsern von 25 bis 500° meistens schwach fallend, nur wenige Gläser ausgenommen.

[1] GEHLHOFF, G. u. M. THOMAS: Z. techn. Physik Bd. 7 (1926) S. 105.
[2] WINKS, F. u. W. E. S. TURNER: J. Soc. Glass Technol. Bd. 15 (1931) S. 185.
[3] FROST, D. u. F. KLAUER: Glastechn. Ber. Bd. 25 (1952) S. 206.
[4] HÄNLEIN, W.: Glastechn. Ber. Bd. 10 (1932) S. 129.

Dann wird die Minderung stärker. Zuweilen ist angegeben, daß diese Minderung bei 1200° fast beendet ist.

SAWAI und INONE[1] geben für 3 Gläser die folgenden Zahlen:

25°	500°	800°	1200°
2,48 bis 2,50	2,47 bis 2,48	2,42 bis 2,40	2,36 bis 2,325

Also liegt auch hier bei 500 bis 600° ein scharfer Knick in den Dichtetemperaturkurven.

In einem geschmolzenen Glase der Zusammensetzung 67% SiO_2, 10 CaO, 15 Na_2O, 5 B_2O_3 und 3 Al_2O_3 wurden mittels eines Aräometers aus Platin die folgenden Dichten gefunden:

°C	Dichte g/cc	°C	Dichte g/cc
927	2,370	1149	2,337
982	2,361	1204	2,330
1038	2,352	1260	2,323
1093	2,345	1316	2,316

Die Dichte desselben Glases von 20 bis 550° war 2,520 bis 2,488. Die beiden Kurven Dichte—Temperatur würden zusammen eine leicht S-förmig gekrümmte Schleife bilden[2]. (Abb. 72)

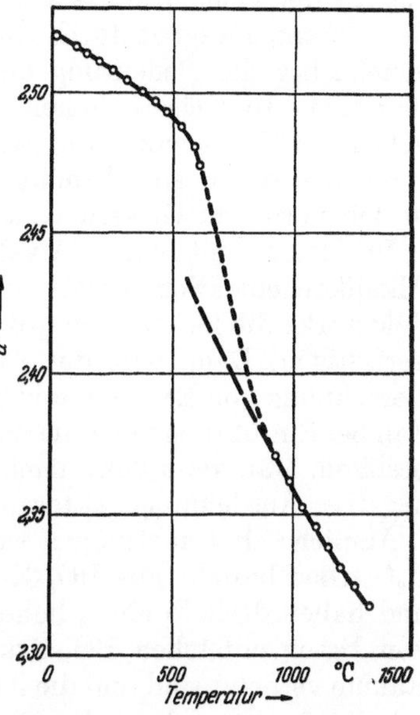

Abb. 72. Dichte bei verschiedenen Temperaturen (Borosilikatglas). (Nach A. WINTER)

C. Die Wärmeausdehnung

Nach A. DIETZEL[3] besteht ein klarer Zusammenhang zwischen der *Feldstärke* der Kationen und dem Ausdehnungsfaktor der entsprechenden Oxyde:

Tabelle 39

Element	Wertigkeit	Abstand Kation—Anion	Feldstärke z/a^2	Ausdehnungsfaktor des Oxyds in Gew.-%	in Mol.-%
K	1	2,71 A	0,135	11,70	16
Na	1	2,30	0,18	12,96	13
Ba	2	2,81	0,26	5,20	12
Pb	2	2,74	0,27	3,18	11
Ca	2	2,42	0,34	4,89	4,5
Mg	2	2,10	0,45	1,35	0,9
Zn	2	2,10	0,45	0,21	0,3
Zr	4	2,27	0,77	0,69	1,3
Al	3	1,86	0,86	0,52	0,8
Si	4	1,60	1,56	0,15	0,15

[1] SAWAI, J. u. S. INONE: Japan. Ref. in J. Amer. ceram. Soc. Bd. 24 (1941) S. 11 und in J. Soc. Glass Technol. Bd. 24 (1940) S. 178 Ref.

[2] JOHNSON, A. G., S. R. SCHOLES u. H. E. SIMPSON: J. Amer. ceram. Soc. Bd. 33 (1950) S. 144.

[3] DIETZEL, A.: Glastechn. Ber. Bd. 19 (1941) S. 319.

Aus dieser Tabelle ist ersichtlich, wie der innere Zusammenhang der Glasstruktur den Ausdehnungskoeffizienten beeinflußt. Bei Abwesenheit von Netzwerkwandlern, also Kationen von ein- oder zweiwertigen Kationen ist der Leerraum im Netzwerk am größten und der Ausdehnungskoeffizient am kleinsten. Der von DIETZEL geschaffene Begriff der Feldstärke ist also auch ein Maß für letzteren. Ändert man den Vernetzungsgrad durch Änderung des Alkaligehaltes, so ändert sich gleichzeitig die Bedeutung des Zusammenhalts der Koordination der Kationen. In Gläsern hohen Vernetzungsgrades bedingen neu hineingebrachte Kationenkoordinationen (RO_n) eine Auflockerung der Strukturen und damit eine Erhöhung des Ausdehnungskoeffizienten. Das ist in den normalen Gläsern vom Typus des Trisilikats der Fall.

In Gläsern mit hohem Alkaligehalt ist das Netzwerk durch die hohe Alkalikonzentration bereits so sehr gelockert, daß Kationen mit hoher Feldstärke die lockeren SiO_4-Ketten sogar verknüpfen und die Struktur verfestigen. Dann wird der Ausdehnungskoeffizient niedriger, als der Berechnung von ENGLISH und TURNER entspricht. Das ist besonders der Fall bei Einführung von CaO und TiO_2, deren Kationen hohe Feldstärken besitzen. Man kann dann nach DIETZEL bei alkalireichen Gläsern sogar negative Ausdehnungsfaktoren erhalten wie bei B_2O_3.

Ähnliche Betrachtungen wendet DIETZEL auf Borsäuregläser an. B_2O_3-Glas besteht aus BO_3-Koordinationen. Sie schwingen als Ganzes und haben deshalb einen hohen Ausdehnungskoeffizienten. Bei Zutritt von Basen entstehen BO_4-Gruppen, die ähnlich wie SiO_4-Gruppen im Raume vernetzt sind und die Ausdehnung erniedrigen. Bei hohem Basengehalt scheinen sich wieder BO_3-Gruppen zu bilden, die die Ausdehnung erhöhen.

Die Neigung zur BO_4-Bildung kann im Glase aus Mangel an O^{2-}-Ionen nicht zur Ausbildung kommen. Das erfolgt erst beim Zutritt von Basen. Bei sehr hohem Basengehalt und abnehmender B^{3+}-Koordination entfällt aber diese Vorbedingung zur Ausweitung, und die dichter gepackte BO_3-Gruppe wird vorwiegend gebildet.

Al_2O_3 ändert den Ausdehnungskoeffizienten von Kieselglas nicht. Es hat also im binären System denselben Ausdehnungskoeffizient wie SiO_2.[1] TiO_2 erniedrigt den Ausdehnungskoeffizienten von Kieselglas sogar wegen der hohen Ladung von Ti^{4+}.[2]

SiO_2 %	100	94,7	93,8	91,6	90,3	89,6
TiO_2 %	—	5,3	6,2	8,4	9,7	10,4
AK	5	2,1	1,75	0,1	0,7	$0,6 \cdot 10^{-7}$

Die Abstandsvergrößerung von Si—O beim Erhitzen von Kieselglas bewirkt Steigerung der Festigkeit und Verringerung des Ausdehnungskoeffizienten. Hier wird dasselbe durch das starke äußere positive Feld des Ti^{4+}-Ions bewirkt.

WEYL[3] deutet die von DIETZEL und SHEYBANY gefundene[4] geringe

[1] HÄNLEIN, W.: Glastechn. Ber. Bd. 18 (1940) S. 308.
[2] BONNET-THIRON, J.: Corning Glass Works, Franz. Pat. 864663.
[3] WEYL, W. A.: J. Soc. Glass Technol. Bd. 35 (1951) S. 433.
[4] DIETZEL, A.: Naturwiss. Bd. 31 (1943) S. 110.

Erhöhung des Ausdehnungskoeffizienten durch Zusatz von Li_2O und die hohe durch Zusatz von K_2O folgendermaßen: Thermische Ausdehnung vergrößert die Kernabstände und vermindert so den Grad der Abschirmung (screening) des Si^{4+}-Ions. Ein O^{2-}-Ion wird polarisierbarer, wenn der Grad der Kontrapolarisation eines benachbarten Feldes abnimmt. Das besagt, daß das Alkaliion auf größerem Abstand gehalten wird. Das ist aber bei dem leichter polarisierbaren großen K^+ leichter als bei Na^+ und Li^+, so daß die Elektronen der O^{2-}-Ionen das Si^{4+}-Ion wirksam abschirmen können. Hierdurch wird das Volumen größer.

Beim Kieselglas hingegen wären sehr hohe Energien zur Vergrößerung der Abstände Si—O nötig, und die sind nicht vorhanden.

Der Ausdehnungskoeffizient von 25 bis 150° von sehr sauren Gläsern mit mehr als 67 Mol-% SiO_2 (zum Vergleich diene, daß Spiegelglas von 74% SiO_2 58,6 Mol-% SiO_2 hat) erleidet wenig Veränderung, wenn ein Kation vom Edelgastypus durch ein Ion vom Nichtedelgastypus gleicher Größe und Ladung ersetzt wird.

In solchen Gläsern wächst der Ausdehnungskoeffizient, wenn ein Kation vom Edelgastypus mit hoher Feldstärke durch ein Kation dieses Typus mit niedriger Feldstärke, aber gleicher Ladung ersetzt wird.

Die Volumdifferenz zwischen den Zuständen des Glases bei hoher und niedriger Temperatur nimmt ab, wenn

1. ein Edelgaskation durch ein Nichtedelgaskation gleicher Größe und Ladung ersetzt wird,

2. ein Edelgaskation durch ein anderes Edelgaskation ersetzt wird, das größer und deshalb leichter polarisierbar ist bei gleich großer Ladung,

3. die Basizität des Glases zunimmt, also wenn der SiO_2-Gehalt abnimmt[1].

Wie mehrfache Erhitzung von Glasstäben sich auf die Wärmeausdehnung auswirkt, ist S. 54 ausführlich beschrieben worden. Dasselbe fanden E. Seddon und W. E. S. Turner[2] bei Erhitzung von 7 gekühlten Gläsern mit 6 verschiedenen Erhitzungsgeschwindigkeiten, wenn auch in geringerer Streuung der Ausdehnungswerte. Auch hier traten unerklärliche Übergangspunkte im starren Bereich auf. Diese Punkte traten bei langsamerem Erhitzen sogar mehr hervor als bei schnellem. Auch Kieselglas und an SiO_2 reiche Gläser haben solche Knicke, die je nach Gehalt bei 280 bis 500° liegen[3].

Die Abb. 73 zeigt Wärmeausdehnungskurven von gekühltem und gespanntem B_2O_3-Glas. Die kennzeichnenden Unterschiede dieser verschieden abgekühlten Gläser kehren bei den Borosilikatgläsern (s. Abb.16) zurück, wenngleich in minderem Maße. Der geradlinige Verlauf der Ausdehnung bis zum Transformationsintervall weicht einem kurvenförmigen Verlauf. Er ist das besonders bei den Boraten der Fall[4]. Für 4 willkürlich

---

[1] Karkhanavala, M. D. u. F. A. Hummel: J. Amer. ceram. Soc. Bd. 35 (1952) S. 215.

[2] Seddon, E. u. W. E. S. Turner: J. Soc. Glass Technol. Bd. 17 (1933) S. 324.

[3] Schönborn, H.: Glastechn. Ber. Bd. 23 (1950) S. 183.

[4] Gooding, E. J. u. W. E. S. Turner: J. Soc. Glass Technol. Bd. 18 (1934) S. 47.

gewählte Intervalle zwischen Zimmertemperatur und Transformation ist
der Unterschied in der Ausdehnung bei Gläsern mit 70% B_2O_3 am größten
und nimmt stetig ab bis zum reinen B_2O_3-Glase. Aber bei 85% B_2O_3 hat
die Ausdehnung ein Minimum. Ähnliche Verhältnisse, wenn auch mit geringeren Unterschiede der Ausdehnung bei den verschiedenen Temperaturen haben Borosilikatgläser.

Die Wärmeausdehnung von 0 bis 100° von abgeschreckten Natron-
Kalkgläsern und Alumosilikatgläsern ist dieselbe, wenn man von oberhalb oder von unterhalb des Transformationsintervalls abschreckt. Bei
Bleigläsern und Borosilikatgläsern
ist die Ausdehnung geringer, wenn
die Abschrecktemperatur unterhalb

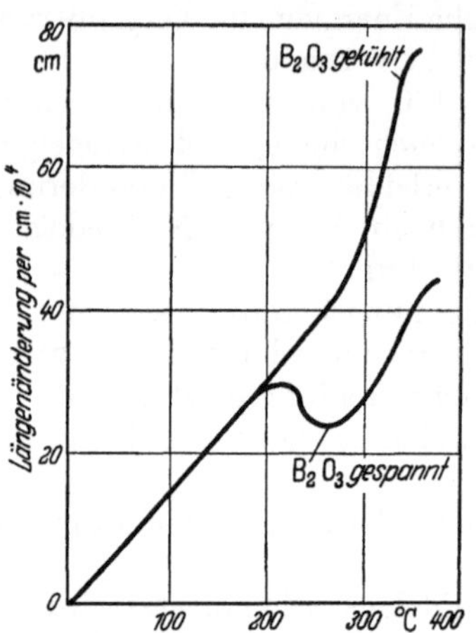

Abb. 73. Wärmeausdehnung von Borsäureglas.
(Nach Gooding und Turner)

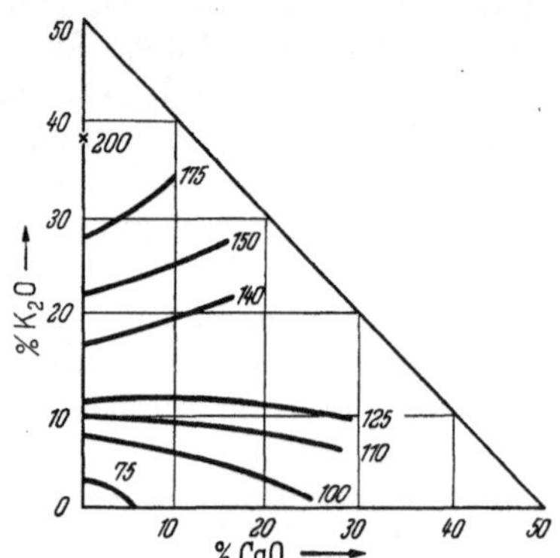

Abb. 74. Wärmeausdehnung von Kali-Kalkglä-
sern. (Nach Hänlein)

des Transformationspunktes lag. Liegt sie oberhalb desselben, so ist sie
um 12 bis 15% größer[1].

Die Abhängigkeit der Wärmeausdehnung von *Natronkalkgläsern* von
der Zusammensetzung ist in Abb. 39 auf S. 84 behandelt worden. Variiert man in einem gemischten Alkali-Kalkglas K_2O und CaO bei
konstantem Na_2O-Gehalt (der Rest ist SiO_2), so erhält man die Kurven
gleicher Wärmeausdehnung der Abb. 74[2]. Man ersieht hieraus, daß der
Ausdehnungskoeffizient mit steigendem Gehalt an K_2O und fallendem
Gehalt an CaO ansteigt, während er bei niedrigeren Gehalten an K_2O
stark sinkt. Am niedrigsten ist er dann auch bei kleinen CaO-Gehalten.

Aus der chemischen Zusammensetzung der Gläser lassen sich die *Ausdehnungsfaktoren* der einzelnen glasbildenden Oxyde errechnen. Hier folgen die meist gebrauchten Faktoren von English und Turner[3]: für den
Bereich von 25 bis 90°:

Tabelle 40

SiO_2	$0,15 \cdot 10^{-7}$	BaO	4,2
Na_2O	12,96	PbO	3,18
K_2O	11,7	ZnO	2,1

---

[1] Jong, J. de: Chem. Weekbl. Bd. 46 (1950) S. 337.
[2] Hänlein, W.: Z. techn. Physik Bd. 14 (1933) S. 418.
[3] English, S. u. W. E. S. Turner: J. Amer. ceram. Soc. Bd. 12 (1929) S. 760.

CaO .... 4,89 ZrO_2 0,69
MgO .... 1,35 B_5O_3 .... —1,98 (für 0—12%)
Al_2O_3 0,42

Die hier ausgesprochene Additivität der Ausdehnungsfaktoren ist aber begrenzt. Sie wurde von anderen Autoren oft anders angegeben. Sie ist nur für Gläser mit mehr als 67 Mol-% streng additiv, also nicht für die technischen Gläser[1]. Änderungen in der Zusammensetzung lassen also eingreifende Änderungen in der Glasstruktur vermuten. Die folgende Tabelle enthält Vergleiche zwischen gemessenen Werten und berechneten Werten nach Blau[2]. Seine eigenen Werte wurden aus dem Anteil am Volumen ermittelt, das 1 g-Atom Sauerstoff enthält.

Tabelle 41

Vergleich von 4 Methoden der Berechnung von Ausdehnungswerten (in 10^{-8}-Einheiten)

% SiO_2	gemessen	Winkelmann[3] und Schott	Blau	English und Turner	Gilard[4] und Dubrul
51,15	1765	1765	1785	2058	1716
55,42	1657	1637	1656	1882	1633
60,28	1550	1485	1505	1682	1524
63,48	1419	1369	1441	1551	1443
67,11	1345	1275	1338	1402	1344
70,27	1227	1179	1220	1272	1250
74,65	1060	1044	1066	1092	1108
79,93	907	882	901	875	921
100,00	40	267	40	50	40

Der Einfluß des Anteils der Kationen ist hier nicht berücksichtigt. Er kann Ursache beträchtlicher Abweichungen von den normalen Ausdehnungsfaktoren sein. Interessante Werte für die spezifische Wärmeausdehnung gibt Appen[5] dadurch, daß er die Ausdehnung nicht auf Gewichts-, sondern auf Volumprozente bezieht, was den wirklichen Verhältnissen näher kommt. Hier folgen diese Ausdehnungswerte für 20 bis 400°:

Tabelle 42

SiO_2 .... 5—38		CdO 115		TiO_2 ..... 30— —15	
Li_2O 270		PbO ...... 130—190		ZrO_2 .... —60	
Na_2O 395		$MnO, MnO_{1,5}$ ... 105		SnO_2 .... —45	
K_2O 465		$FeO, FeO_{1,5}$ 55		P_2O_5 140	
BeO 45		CoO 50		$^1/_3 U_3O_8$ 20	
MgO 60		NiO 50		CaF_2 180	
CaO 130		CuO 30		Na_2SiF_6 340	
SrO 160		Al_2O_3 .... —30		Na_3AlF_6 480	
BaO 200		B_2O_3 ...... 0— —50		CdS 200	
ZnO 50		Sb_2O_3 75			

---

[1] Karkhanavala, M. D. u. F. A. Hummel: J. Amer. ceram. Soc. Bd. 35 (1952) S. 215.

[2] Blau, H. H.: J. Soc. Glass Technol. Bd. 35 (1951) S. 304.

[3] Winkelmann u. O. Schott: Ann. Physik u. Chem. Bd. 51 (1894) S. 735.

[4] Gilard, P. u. L. Dubrul: Verres et Silicates Ind., Bd. 5 (1934) S. 122.

[5] Appen, A. A.: Steklo, Keram. Bd. 10 (1953) S. 7 [Ref. Sprechsaal, Bd. 88 (1955) S. 195], ähnlich: Takahashi, K.: J. Ceram. Assoc. Japan Bd. 63 (1955) S. 142 [Ref. Amer. Ceram. Abstr. (1955) S. 200].

Nach SUN und SILVERMAN[1] können die Schwankungen bei B_2O_3 von $-6,6$ bis $5,4$, bei MgO von 0 bis $15,9 \cdot 10^{-8}$ betragen. Die extremen Abweichungen sind z. T. auf Kristallgehalt und auf Glasspannungen mit zurückzuführen. Der Einfluß der Wärmevorbehandlung auf die Wärmeausdehnung kann z. B. bei *Pyrexglas* Änderungen bis zu 10% verursachen[2]:

Tabelle 43

Unbehandelt	$341 \cdot 10^{-8}$	bei 550° vorbehandelt ...	$320 \cdot 10^{-8}$
bei 750° vorbehandelt ...	$345 \cdot 10^{-8}$	bei 450° vorbehandelt ...	$307 \cdot 10^{-8}$

In allen Fällen konnte die ursprüngliche Ausdehnungszahl $341 \cdot 10^{-8}$ durch eine Wärmebehandlung bei 650° wieder hergestellt werden.

Trotz des großen spezifischen Ausdehnungswertes von Li_2O in Gläsern sind die betreffenden Werte von Lithiumalumosilikatglas besonders niedrig[3].

Tabelle 44

	$\alpha \cdot 10^{-7}$ (30—500°)		$\alpha \cdot 10^{-7}$ (30—500°)
$Li_2O \cdot Al_2O_3 \cdot 2\,SiO_2$	76,0	$Li_2O \cdot Al_2O_3 \cdot 8\,SiO_2$	43,6
$Li_2O \cdot Al_2O_3 \cdot 4\,SiO_2$	66,6	$Li_2O \cdot Al_2O_3 \cdot 10\,SiO_2$	39,3
$Li_2O \cdot Al_2O_3 \cdot 6\,SiO_2$	52,5		

1. Überfangen von Glas. Schmelzfarben, Verschmelzen

Überfang wird angewandt, um einem Glas eine etwa $^1/_{10}$ mm dicke Oberflächenlage eines stark gefärbten Glases aufzuschmelzen. Nicht nur Farbgläser aller Art, auch Rubin- und Trübgläser werden so zum Über-

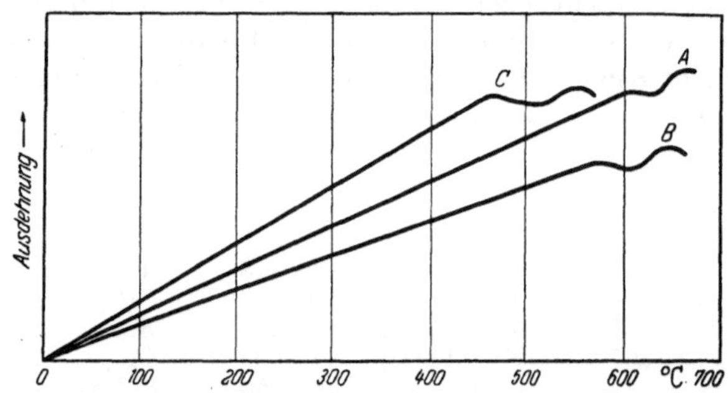

Abb. 75. Gutes (B) und schlechtes (C) Überfangglas. (Nach BESBORODOW)

fang benutzt. Die Abstimmung der Ausdehnungskoeffizienten der beiden Gläser ist hierbei von ausschlaggebender Bedeutung. Das geht aus der Abb. 75 von BESBORODOW[4] hervor:

Das „gute" Überfangglas B hat eine kleinere Ausdehnung als das

[1] SUN, K. H. u. A. SILVERMAN: Glass Ind. Bd. 22 (1941) S. 114.
[2] SAUNDERS, J. B. u. A. Q. TOOL: Bur. Stand. J. Res. Bd. 11 (1933), S. 799.
[3] BRACKBILL, C. E. u. H. A. McKINTRY u. F. A. HUMMEL: J. Amer. ceram. Soc. Bd. 34 (1951) S. 107.
[4] BESBORODOW, M. A.: Sprechsaal Bd. 63 (1930) S. 102.

Grundglas A. Kühlt das fertig geblasene oder gezogene überfangene Glas im Kühlofen ab, so zieht sich während der Abkühlung das Glas B weniger zusammen als das Glas A. Nach der Erstarrung befindet sich B also in Druckspannung. Das schließt ein, daß B wie ein Panzer um A herum sitzt. Es haftet fester und verstärkt zudem die Festigkeit des ganzen Glaskörpers. Das gilt für den meist gebräuchlichen Fall, daß das überfangende Glas auf der Außenseite des Glaskörpers sitzt. Befindet es sich aber auf seiner Innenseite, z. B. innerhalb eines Rohres oder einer Kugel, so muß seine Wärmedehnung größer sein wie die des tragenden Glases. Dieses steht dann unter Druckspannungen. Dieses Erzeugen von Druckspannungen ist auf jeden Fall nötig, weil alle Silikate eine 10 bis 20 mal so große Druckfestigkeit wie Zugfestigkeit haben. Überwiegt letztere an der Oberfläche, so kommt es zur Rißbildung (Haarrisse) und zum Bruch.

Nächst der Abstimmung der Wärmeausdehnung ist diejenige der Elastizität von Bedeutung. Besonders die Überfangschicht muß elastisch sein. Hierzu genügt ein breites Transformations- und Erweichungsintervall, wie es bei bleireichen Gläsern üblich ist. Im übrigen steigt die Zusammenschmelzbarkeit der Gläser mit der Erhöhung des Elastizitätsmoduls und der Verminderung des *Poisson*-Koeffizienten. Dieser stellt das Verhältnis der Verlängerung eines Stabes unter Zug zu der gleichzeitig auftretenden Verringerung des Querschnittes desselben dar.

Die Wahl der beiden Glassorten erfolgt meist mittels zweier interessanter Methoden, derjenigen der *zusammengeschmolzenen Fäden* und der der *Sprengringe*. Bei ersterer schmilzt man Fäden beider Glassorten aneinander und läßt sie abkühlen. Sie stellen dann ein „Bimetall" dar, denn man kann an der Durchbiegung erkennen, welches Glas den höheren Ausdehnungskoeffizienten hat. Der Sprengring wird nach dem Erkalten gesprengt, und dann ergibt sich, ob er „drückt" oder ob er „sperrt", d. h. ob sein Durchmesser größer oder kleiner geworden ist[1]. Man kann dann durch Beistellen der chemischen Zusammensetzung die Wärmeausdehnung beeinflussen, bis der Sprengring paßt.

Dieselben Grundsätze gelten für das Aufschmelzen von Glas auf keramische Scherben (*Glasuren*) und auch für das Aufschmelzen von *Schmelzfarben* auf Glas. In beiden Fällen ist gute, rissefreie Haftung nur dann gewährleistet, wenn der Ausdehnungskoeffizient der Glasur oder der Schmelzfarbe kleiner ist als der des Trägers. Wie beim Überfangglas ist natürlich darauf zu achten, daß die Druckspannungen nicht so hoch werden, daß die Glasur oder die Schmelzfarbe „abspringt".

Auch die zum *Verschmelzen mit Metallen* benötigten Gläser müssen bezüglich ihrer Wärmeausdehnung an das Metall angepaßt werden. Die Ausdehnungskoeffizienten müssen innerhalb 10% beieinander liegen. Da die Wärmeausdehnung der einzuschmelzenden Metalle sehr unterschiedlich ist (von etwa $30 \cdot 10^{-7}$ bei Wo bis etwa $110 \cdot 10^{-7}$ bei Fe), ist für jedes Metall eine andere Glasart notwendig. Der Verlauf der Wärmedehnung muß aber auch dem zuweilen sprunghaften Verlauf der Ausdehnung des Metalls für die Temperaturbereiche bis zur Erweichung des Glases an-

---

[1] GEHLHOFF, G. u. M. THOMAS: Sprechsaal Bd. 59 (1926) S. 697.

gepaßt werden. Das gelingt aber nur in beschränktem Maße, denn die Spannungen in einem auf Metall aufgeschmolzenen Glase ändern während des Erhitzens oft ihr Vorzeichen. Dabei hat sich herausgestellt, daß aufgeschmolzene Gläser hohe Zugspannungen vertragen können[1].

2. Fehler beim Verarbeiten vor der Lampe[2]

Schwärzung bzw. Trübung können entstehen durch As, Sb, Pb und Mn. Hofbildung und Rauhwerden entstehen durch Alkaliverdampfung. Borhaltige Gläser können durch Verdampfung der Borsäure schäumen. Gasblasen im Glase können sich bilden durch Austreiben von Gasen, die wegen unzureichender Läutertemperatur nicht aus dem Glase austreten konnten.

Hier seien nur einige Fehler bei der *Verarbeitung des Glases vor der Lampe* erwähnt, die durch Stofftransport gedeutet werden müssen:

Das Verbrennungsprodukt des an Wasserstoff reichen Koksofengases verursacht leicht Bildung eines *bläulichen Randes im Innenraum* der erblasenen oder wieder zu verarbeitenden Hohlgläser. Dieser bläuliche Rand besteht aus zahllosen feinen Fältchen, die auf folgende Weise entstehen: Das heiße, mit Wasserdampf erfüllte Verbrennungsgas nimmt an der Außenfläche des Glaskelches Na-Dampf auf und schlägt ihn innen auf dem Glase nieder. Die Risse entstehen bei der Abkühlung infolge des Unterschiedes in der Wärmeausdehnung innen und außen. Der Fehler hat also nichts mit dem Schwefelgehalt des Gases zu tun. Er kann durch Anwendung einer weniger heißen Flamme vermieden werden[3].

Bei der Verarbeitung eines *Bleiglases* vor der Lampe verleiht das in den ersten Sekunden ausgeschiedene Blei dem Glase Halbleitereigenschaften. Im weiteren Verlauf lagert sich das Blei zu kleinen Partikelchen zusammen, und die Leitfähigkeit sinkt wieder (15 Sekunden). Später bilden sich Bleikristalle und die Bleiverdampfung beginnt. Dadurch sinkt die Leitfähigkeit unter die des ungeglühten Glases. Nach 80 Sekunden stellt sich ein Gleichgewicht zwischen Bleiaustritt aus der Glassubstanz und der Bleiverdampfung ein[4].

Das Absprengen von Glas erscheint erst von einer „unteren Heizzeit" an möglich. Dann erst steigt die Güte der Absprengung bis zu einem Maximum der Heizzeit, die auch die günstigste Sprengzeit ist. Dann sinkt sie wieder bis die „obere Heizzeit" erreicht ist. Im Gebiet zwischen dem höchsten Gütegrad und der oberen Heizzeit steigt die Anzahl der durch „Einläufe" unbrauchbar gewordenen Sprengrisse an. Von der „oberen Heizzeit" an sind alle Sprengrisse unbrauchbar.

Der Sprengriß zeigt bei günstigster Heizzeit ein bestimmtes, leicht kennbares Bruchbild. Mit zunehmendem beheiztem Winkel nimmt die günstigste Heizzeit ab, während der Gütegrad des Sprengrisses ansteigt.

---

[1] REDSTON, G. D. u. J. E. STANWORTH: J. Soc. Glass Technol. Bd. 29 (1945) S. 48.

[2] THOMAS, M.: Glastechn. Ber. Bd. 14 (1936) S. 341.

[3] LEHMANN, H.: Sprechsaal Bd. 67 (1934) S. 343.

[4] SCHELYUBSKI, W. I.: Dokl. Akad. Nauk. SSSR. Bd. 96 (1954) S. 745 (Ref. in Glastechn. Ber. Bd. 28 (1955) S. 277).

Mit zunehmender Wandstärke des Glases steigt die günstigste Heizzeit und mit ihr die Spanne zwischen unterer und oberer Heizzeit. Der Gütegrad bleibt unverändert. Mit größer werdendem Radius nimmt die günstigste Heizzeit geringfügig ab. Gläser mit demselben Ausdehnungskoeffizienten haben keinen wesentlichen Unterschied in den Sprengkurven[1].

Beim Absprengen von Glas geht die Sprungbildung von der äußeren Oberfläche aus. Nur bei schlecht gekühlten Gläsern geht sie von der Innenfläche aus. Dann springt aber das Glas bereits beim Anwärmen und nicht erst beim Abschrecken[2].

D. Festigkeit

1. Sprödigkeit, Schlagfestigkeit, Druckfestigkeit

Als Sprödigkeit bezeichnet man die Eigenschaft eines Körpers, bei einer geringen Überschreitung der Elastizitätsgrenze zu zerbrechen. Bis zum Bruch ist jede Formveränderung elastisch und folgt also dem HOOKEschen Gesetz, d. h. die Dehnung ist der angelegten Kraft proportional. Doch gilt diese Regel nur für kurzfristige Beanspruchungen. Bei langfristiger Beanspruchung ist „Ermüdung“, d. h. echte Plastizität vorhanden (s. S. 42).

Man kann die *Sprödigkeit* mittels der Rücksprunghöhe kleiner Kugeln bestimmen[3]. Sie nimmt bei Erhöhung der Temperatur nur wenig ab bis zur Temperatur der Transformation, dann aber sehr schnell.

Beim *Schlag* wird an der Schlagstelle eine Druckspannung und an der gegenüberliegenden Glasfläche eine Zugspannung erzeugt. Die Festigkeit ist also an der Schlagseite größer. Ist der Glaskörper so groß, daß die Schlagenergie die gegenüberliegende Fläche nicht mehr erreicht, so wirkt sie nur auf die Innenfläche. Sind hier Zugspannungen vorhanden, so wird der Glaskörper schnell brechen. Deshalb „brechen“ gekühlte Gläser schwieriger als „gespannte“. Aber ölgehärtete Gläser haben so hohe Druckspannungen, daß sie nur mit großer Mühe zu zertrümmern sind (s. S. 171).

Neigung zu Zerbrechen hat nichts mit mangelhafter Kühlung zu tun. Spannungsfreies Glas kann zum Zerbrechen neigen wegen zu großer Wärmeausdehnung, zu hoher spezifischer Wärme und zu kleiner Zugfestigkeit, Elastizität und thermischer Leitfähigkeit[4]. An polierten Würfeln maß B. MOORE[5] folgende Schlagfestigkeiten (f) mittels der Formel: $f = \sqrt{2EWh/v}$, wo E Youngs Modul, v sein Volumen, W das Gewicht und h die Fallhöhe des Gewichtes ist.

Durchsichtiges Kieselglas	830 kg/cm²
Durchscheinendes Kieselglas	812 „
Rekristallisiertes Al_2O_3	3120 „

---

[1] HOLLER, F.: Glastechn. Ber. Bd. 16 (1938) S. 85.
[2] TRIER, W.: Glastechn. Ber. Bd. 27 (1954) S. 166.
[3] TAMMANN, G. u. R. KLEIN: Z. anorg. allg. Chem. Bd. 192 (1930) S. 61.
[4] RENN, H. V. E.: Glass Bd. 3 (1926) S. 132ff.
[5] MOORE, B.: J. Soc. chem. Ind. Bd. 59 (1940) S. 119.

Die Schlagfestigkeit eines Bleiglases in Abhängigkeit vom Abstehen im Hafen fällt bis zum 15. Tage verhältnismäßig stark, nämlich von 2,4 bis 1,9 kg/mm² und bleibt dann bis zum 56. Tage konstant. Am 1. Tage, also nach der Gemengeschmelze ist das Glas ebenso wenig schlagfest wie nach der letzten Probenahme. Am 2. Tage geht die Schlagfestigkeit in die Höhe, um dann wie eben beschrieben, abzufallen. Für diese Änderungen kann man die chemischen Veränderungen des Glases während des Abstehens nicht verantwortlich machen. Wohl ist eine Zunahme der *Sprödigkeit infolge von Entglasungserscheinungen* bewiesen. Das ist besonders eingehend an Opalgläsern studiert worden (s. S. 327). Bei ihnen wird die Kristallisationsgeschwindigkeit während des Abstehens immer kleiner sowohl bei Bleiglas, wie bei Kalk-Magnesiaglas und Boratglas. Dagegen ist das Aufkommen von *Schlieren* während des Abstehens für die Schlagfestigkeit schädlich. Diese Schlierenbildung ist bei verschiedenen Gläsern nicht einheitlich.

Wird Glas *mehrfach umgeschmolzen*, so nimmt die Schlagfestigkeit stark ab, bei Kalk-Magnesiaglas z. B. um 27,5%. Beim ersten Umschmelzen des ersten Gemenges nimmt sie allerdings zu. Dann bilden sich bei weiterem Umschmelzen Schlieren und Knoten, wodurch nach Russ die Schlagfestigkeit abnimmt. Bei den an sich sehr unhomogenen Borsäuregläsern ist die Streuung der Werte für die Schlagfestigkeit sehr groß. Es ist hier nicht nötig, die sog. Wärmevergangenheit zur Erklärung heranzuziehen. Die *Schlieren* sind nachteiliger als die Gisben, deren Einfluß nicht klar ist. *Scherben* vermindern die Menge des neu entstandenen Glases. Bis zu 30 bis 40% Scherben machen das Glas weniger spröde als reines Gemengeglas. Die Ausscheidung von *Kristallen* kann sich verschieden auswirken. Oben wurde bereits ausgeführt, daß große Fluoridkristalle die Sprödigkeit erhöhen. Dasselbe bewirken Tridymitkristalle, während ausgeschiedene Deviritkristalle das Glas schlagfester machen. Zur Erklärung kann man anführen, daß Tridymit meist einen kleineren, Devitrit meist einen größeren Ausdehnungskoeffizienten als Glas hat. Bei der *Verformung* des Glases entstehen sog. *thermische Schlieren*, die nach Russ die Schlagfestigkeit herabsetzen.

Sie entstehen an den Stellen eines Glaskörpers, an denen bei der Verarbeitung heißere und kältere Schichten miteinander verschmolzen sind (s. S. 144). Es ist übrigens noch nicht bewiesen, daß es rein thermische Schlieren gibt. Alkalidiffusion ist dort möglich. Haben die beiden Glasströme etwas verschiedene Transformationsbedingungen, so entstehen an ihrer Grenzfläche Spannungen infolge der verschiedenen Wärmedehnungen oberhalb und unterhalb der Temperatur der Erstarrung. Die Abb. 76 gibt nach Russ[1] die thermischen Spannungen in einem aus 2 Lagen bestehenden Glase derselben Zusammensetzung aber ursprünglich verschiedener Temperatur an.

Bei gegossenen, gezogenen und geblasenen Gläsern lassen sich diese Zonenstrukturen infolge der thermischen Schlieren durch die optischen Spannungen nachweisen (s. S. 144). Die Schlagfestigkeit solcher ther-

---

[1] Russ, A.: Glastechn. Ber. Bd. 9 (1931) S. 495, 533.

misch gespannter Gläser ist meist geringer als die der zonenlosen Gläser,
gleichgültig ob das Glas gut gekühlt ist oder nicht.

Zwischen Schlagfestigkeit und *thermischer Widerstandsfähigkeit*
herrscht Parallelität, wenn eine Änderung der Schlagfestigkeit durch
allgemeine Inhomogenität bedingt
ist. Nicht parallel dagegen verlaufen
Schlagfestigkeit und thermische
Widerstandsfähigkeit bei Glas mit
regelmäßig verteilter Spannung.

Eine gegen Fensterglas *geschleu-
derte Kugel* erzeugt auf ihm einen
scharf zentrischen Einschlag. Davon
gehen Strahlen nach allen Seiten
mit ganz gleichmäßiger Länge aus.
Diese Erscheinung ist die gleiche bei
gekühltem, nicht gekühltem und bei
abgeschrecktem Glas. Gut gekühltes
Glas hat obendrein rund um die
Einschlagstelle viele konzentrische
Ringe[1]. Die Risse scheinen nicht
durch die elastische Welle, die von
der Bruchstelle ausgeht, verursacht

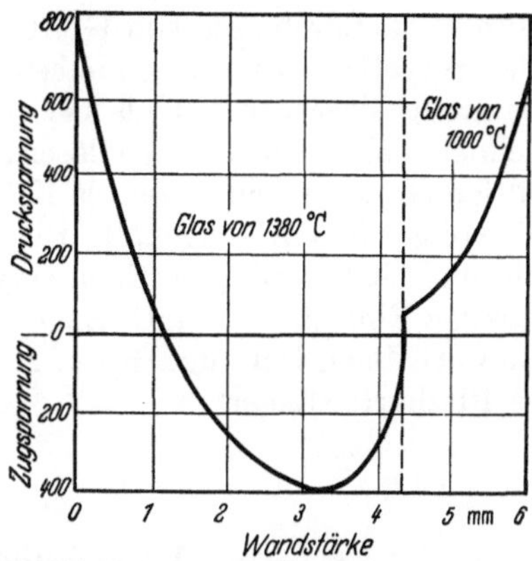

Abb. 76. Thermische Spannungen an der Grenze eines Glases zweier Temperaturen. (Nach
Russ)

zu sein, sondern durch die verhältnismäßig langsam wachsenden Spannungen, die durch die vom Stoß verursachten Stoffzerstörungen entstehen.

GEHLHOFF und THOMAS[2] maßen die *Schlagfestigkeit* in Abhängigkeit
von der chemischen Zusammensetzung. Die Schlagfestigkeit steigt linear
mit der Plattendicke. Mit steigendem Gehalt an Na_2O steigt sie leicht an,
während steigender Gehalt an K_2O wenig Einfluß ausübt. In Gläsern
mit beiden Alkalien sinkt die Schlagfestigkeit mit steigendem Natrium-
gehalt. Gehalt an Blei beeinflußt sie wenig, während Gehalt an MgO ein
Maximum aufweist. Al_2O_3 und B_2O_3 haben ebenfalls Maxima in ihrer
Schlagfestigkeit, während Fe_2O_3 sie wenig beeinflußt.

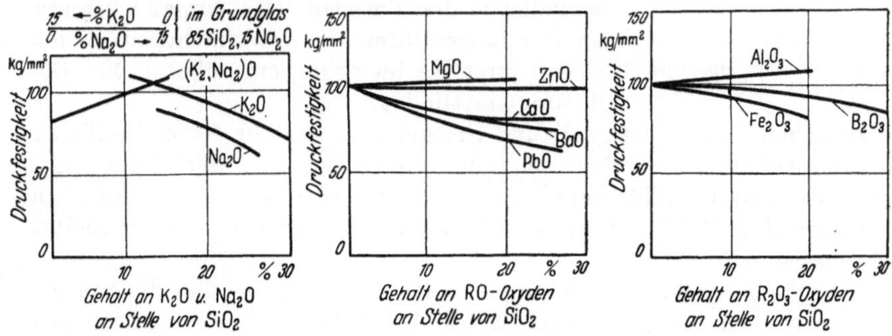

Abb. 77. Druckfestigkeit in Abhängigkeit von der chemischen Zusammensetzung (Grundglas 82 SiO_2,
18 Na_2O). (Nach GEHLHOFF und THOMAS)

---

[1] BARSTONE, F. E. u. H. E. EDGERTON: J. Amer. ceram. Soc. Bd. 22 (1939) S. 302.
[2] GEHLHOFF, G. u. M. THOMAS: Z. techn. Physik Bd. 7 (1926) S. 116.

Dieselben Verfasser untersuchten auch die *Druckfestigkeit*. Hierbei muß allerdings berücksichtigt werden, daß es wahrscheinlich keine echte Druckfestigkeit, sondern eine getarnte Zugfestigkeit ist, die man mißt. Der auf eine Stelle ausgeübte Druck trifft Orte schwacher Zugfestigkeit, die sofort nachgeben. Die wahre Druckfestigkeit ist wohl noch nicht bekannt. Die Ergebnisse von GEHLHOFF und THOMAS sind in der Abb. 77 wiedergegeben: Die so gemessenen Druckfestigkeiten waren bei entspannten Gläsern höher als bei gespannten und, auf gleiche Dicke berechnet, bei 1 mm dicken Gläsern höher als bei 2,5 mm dicken. Na_2O-haltige Gläser waren fester als K_2O-haltige. Die Festigkeiten fielen aber mit steigendem Alkaligehalt. Die Kurven zeigen den Einfluß der Einführung der 2- und 3-wertigen Oxyde. Bemerkenswert ist auch hier der günstige Einfluß von MgO, ZnO und Al_2O_3 und der ungünstige Einfluß von CaO, BaO, PbO und B_2O_3. Letzteres fällt besonders auf, weil B_2O_3 die Ritzhärte steigert.

2. Zugfestigkeit[1] (s. S. 39)

Die Zerreißfestigkeit kann in großen Grenzen schwanken, z. B. bei Stäben von Thüringer Glas zwischen 3,5 und 36 kg/mm^2. Die Ursachen können nicht in der chemischen Zusammensetzung, sondern nur in der Struktur des Glases und seiner Oberfläche gesucht werden.

Die Zerreißfläche zeigt den glatten, senkrecht zur Zugrichtung gelegenen „Spiegel" und die Furchungsfläche (s. S. 39). Sie gleicht dem Mantel eines schiefen Kegelstumpfes. Während die beiden Spiegel eines zerrissenen Stabes genau aufeinander passen, bleibt zwischen den beiden Furchungsflächen eine keilförmige, besser gesagt halbmondförmige Öffnung frei. Der Zerreißvorgang zerfällt in 2 Teile. Der erste verläuft langsamer mit Spiegelbildung, der zweite schneller in den Furchen. Der Vorgang beginnt an Inhomogenitäten der Oberfläche, an denen wegen ihrer Kerbwirkung eine übermäßige Belastung stattfindet.

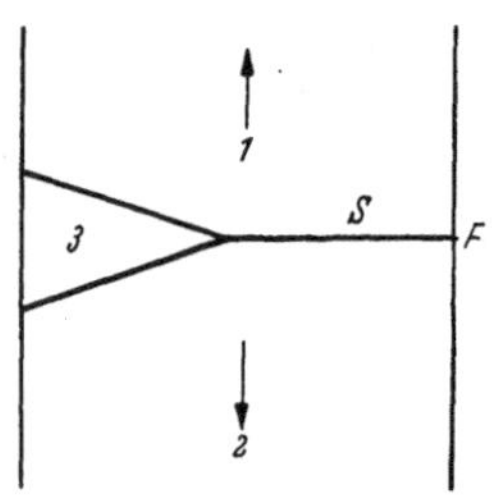
Abb. 78. Zerreißen eines Glasstabes. (Nach SMEKAL)

Zwischen Zerreißfestigkeit und Spiegelgröße besteht ein einheitlicher Zusammenhang, der aber von der Temperatur und der Belastungsgeschwindigkeit unabhängig ist. Die Art der Oberfläche beeinflußt ihn weitgehend, z. B. je nachdem sie alt oder neu, feuerpoliert oder bearbeitet worden ist.

Mit zunehmender Geschwindigkeit der Belastung werden die Spiegel kleiner sowohl bei gewöhnlichen wie bei höheren Temperaturen. Bei — 190° sind die Spiegel unabhängig von der Geschwindigkeit der Belastung. Der Zerreißvorgang spielt sich dann sehr schnell ab und die

---

[1] MÜLLER, K. H. H.: Z. Physik Bd. 69 (1931) S. 431. — SMEKAL, A.: Glastechn. Ber. Bd. 13 (1935) S. 141, 222.

Spiegel sind sehr klein. Bei etwa 140° hat der Spiegel die maximale Größe[1].

Es ist das Verdienst von DE FRÉMINVILLE[2] und F. W. PRESTON[3] erkannt zu haben, daß der Bruch der Gläser immer durch Zugspannung erfolgt, sogar beim reinen Druckversuch, weil auch dann die Festigkeit örtlich durch Überschreitung der Zugfestigkeit überwunden wird. Das Studium der Zerreißfestigkeit ist deshalb primär. Es sollte nur an entspanntem Glas vorgenommen werden. Glasfäden sind meist gespannt.

Man sollte eigentlich erwarten, daß der Spiegel die ganze Zerreißfläche bildet, aber er endet innerhalb der Zerreißfläche an einer inhomogenen Stelle, der Stelle eines Fehlers. Die Kerbwirkung der Oberflächenfehler feuerpolierter Flächen kann durch Glattätzen vermindert werden, durch Mattätzen wird sie verstärkt. Schleift man erst vor und poliert dann nach, so erhält man wegen der Ritzfurchen des Schleifens Spiegel wie bei Oberflächenfehlern. Die Schwankungen der Spiegelgrößen sind die Hauptursache der Streuung der Festigkeitswerte. Wie schon erwähnt, ist bei Veränderung der Temperatur zwischen − 190 und 500° die Spiegelgröße bei 140° maximal, also die Festigkeit minimal. Bei kleineren Belastungsgeschwindigkeiten treten ebenfalls größere Spiegel auf. Der Prozentanteil des Spiegels an der Zerreißfläche steht nach SMEKAL ungefähr im linear umgekehrten Verhältnis zur Zerreißfestigkeit z. B. feuerpolierte Rundstäbe haben viel weniger Streuung als kantig geschliffene und polierte Stäbe.

Man muß also kleinste Spiegel erzeugen, um höchste Festigkeiten zu erlangen. Das könnte erreicht werden durch Beseitigung der Glasfehler im Inneren, Glättung der Oberfläche durch Feuerpolitur oder Ätzung und durch künstliche Vorspannung.

Tabelle 45
Relative Spiegelgröße Zerreißfestigkeit

s/q (%)	kg/mm²	s/q (%)	kg/mm²
5	10,3	60	6,3
20	8,5	80	5,3
40	6,7	99	3,1

Bei dem einfachen Zugversuch erhält man niedrige Werte für die Zugfestigkeit. Deshalb maß LITTLETON[4] sie mittels eines Biegeversuchs. Beim Biegen eines Stabes wird nämlich die obere Faser auf Zug, die untere auf Druck beansprucht. Man kann durch örtliche Erwärmung diesen Unterschied noch vergrößern. Er erhielt so Werte für die Zugfestigkeit von Borosilikatglas von 15 kg/mm², für Bleiglas von 12 kg/mm², also doppelt so hoch wie beim einfachen Zugversuch. Drückt man sehr kleine Kugeln in Glas ein, so übt man nach Ansicht von POWELL und PRESTON[5] Zugkräfte aus. Sie stehen dann den bekannten hohen Zugfestigkeiten feiner Glasfasern nicht nach.

---

[1] EICHLER, M.: Z. Physik Bd. 98 (1956) S. 280.

[2] FRÉMINVILLE, CH. DE: Rev. de Métallurgie (1914) S. 980.

[3] PRESTON, F. W.: J. Soc. Glass Technol. Bd. 10 (1926) S. 234; Bd. 11 (1927) S. 3.

[4] LITTLETON, J. T.: Phys. Rev. Bd. 22 (1923) S. 520; Ref. Glastechn. Ber. Bd. 2 (1923) S. 56.

[5] POWELL, H. E. u. F. W. PRESTON: J. Amer. ceram. Soc. Bd. 28 (1945) S. 145.

Tabelle 46

Kugel-durchmesser mm	Festigkeit kg/mm²	Kugel-durchmesser mm	Festigkeit kg/mm²
0,5	170	6,30	50
0,75	150	12,5	40
0,97	130	25,0	30
1,54	100	31,3	30
3,15	70		

Der Unterschied in Festigkeit bei geätzten und nicht geätzten Flächen schwankte nur 10% innerhalb der Werte.

Die Zerreißfestigkeit von Glasstäben ist stark abhängig von der Kraft, die beim Ziehen dieser Stäbe ausgeübt wurde. Die größten Festigkeiten werden bei den Stäben erhalten, die durch einen hohen Kraftaufwand ausgezogen wurden. Man kann so die Festigkeiten um 50% steigern[1]. Das gilt ebenfalls für Kieselglas[2].

Die Zugfestigkeit von *Fensterglasstreifen* ist sehr von der Dicke abhängig[3].

Tabelle 47

	Seiten geschliffen und poliert	Seiten feuerpoliert
0,4 cm dick	6,45 kg/mm²	13 kg/mm²
1,2 cm „	5,35 „	9,35 „

Die Streuung war groß, der Höchstwert bei feuerpolierten, 0,4 cm dicken Streifen war 17 kg/mm². Die Abhängigkeit der Festigkeit von der Dicke kann u. a. durch die Formel $F = A - B \cdot \log d$ dargestellt werden[4]. Die Zugfestigkeit von Glasstreifen bleibt bei den Temperaturen bis 30 bis 40° unterhalb der Transformationstemperatur unverändert. Dann fällt die Festigkeit natürlich stark. Die Form des Bruches ist bei allen Temperaturen dieselbe. Die Streuung ist so groß, daß 100 Versuche nötig sind, um einen guten Mittelwert zu finden[5]. Diese Ergebnisse unterscheiden sich also sehr von denen für Metalle.

Die Abb. 79 zeigt die Abhängigkeit der Zerreißfestigkeit von der *chemischen Zusammensetzung* nach Versuchen von GEHLHOFF und THOMAS[6]: Diese Festigkeit sinkt bei Ersatz von K_2O durch Na_2O linear, steigt bei Ersatz von SiO_2 durch diese Alkalien, am meisten bei K_2O. CaO und nicht zu hohe Mengen von BaO, ferner PbO steigern sie, der Einfluß von MgO und ZnO ist gering. B_2O_3 zeigt auch hier ein Maximum. Al_2O_3 ergibt Verbesserung und Fe_2O_3 eine Verminderung der Zugfestigkeit.

Trockenes Glas ist um 20% fester als nasses. Im Vakuum erhitztes Glas ist bei 10 Sekunden dauerndem Versuch sogar 2 bis $2^1/_2$ mal so fest

[1] TOOLEY, F. V. u. G. F. STOCKDALE: J. Amer. ceram. Soc. Bd. 35 (1952) S. 83.

[2] SMEKAL, A.: Z. Physik Bd. 114 (1939) S. 448.

[3] HOLLAND, A. J. u. W. E. S. TURNER: J. Soc. Glass Technol. Bd. 20 (1936) S. 72.

[4] SMEKAL, A.: J. Soc. Glass Technol. Bd. 20 (1936) S. 451.

[5] JONES, G. O. u. W. E. S. TURNER: J. Soc. Glass Technol. Bd. 26 (1942) S. 35.

[6] GEHLHOFF, G. u. M. THOMAS: Z. techn. Physik Bd. 7 (1926) S. 116.

als nasses Glas[1]. Die Verminderung der Festigkeit erfolgt hauptsächlich durch Wasser, aber auch Gase, besonders CO_2 scheinen Einfluß zu haben. Diese Ermüdungserscheinungen treten nicht auf, wenn das Glas unter

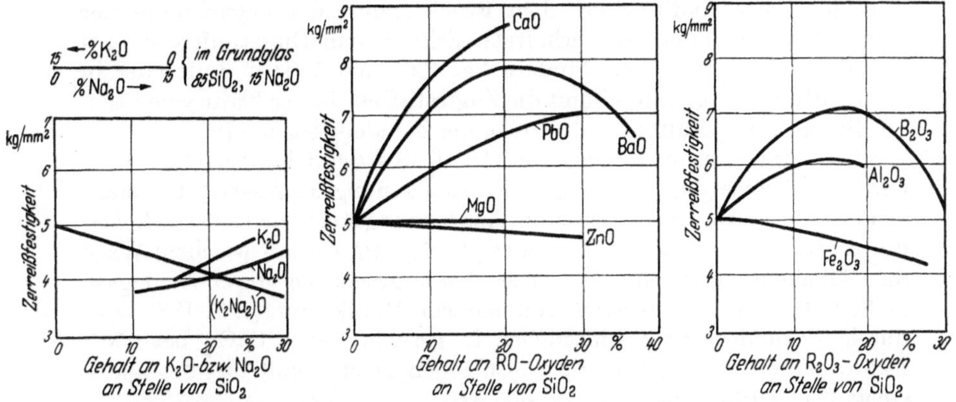

Abb. 79. Zerreißfestigkeit in Abhängigkeit von der chemischen Zusammensetzung (Grundglas 82 SiO_2, 18 Na_2O). (Nach GEHLHOFF und THOMAS)

Vakuum beansprucht wird. Die Zerreißfestigkeit von Stäben in Alkohol ist größer (die relative Spiegelgröße kleiner) als in Wasser[2].

Scheinbar verursacht Wasser auf der Oberfläche Gelbildung. Der Angriff setzt sich innerhalb der Kerbstellen fort, was Beurteilung der Festigkeit erschwert. Bei sehr kurzer Versuchsdauer nähert sich die Festigkeit derjenigen im hohen Vakuum. Für Versuchsdauern von 0,01 Sekunden bis zu mehreren Tagen folgt die Bruchfestigkeit S der Gleichung

$$S = \frac{C_1}{\log C_2 \cdot t} + C_3,$$ wo t die Zeit und C_1, C_2 und C_3 Konstanten sind.

Bei jahrelanger Beanspruchung ist die chemische Zusammensetzung von größter Bedeutung. Es besteht Grund zur Annahme, daß Chemikalien die Kerbstellen ausätzen, so daß das Glas fester wird. So wird nach PRESTON chemisches *Laboratoriumsglas*, das jahrelang gebraucht worden ist, äußerst langlebig sein. Bei nicht resistenten Gläsern ist das wegen des Abbaus der Glassubstanz nicht möglich. Bei *Kieselglas* hingegen sollte man auf unendlich lange Lebensdauer rechnen können.

Glas kann dauernd geschwächt bleiben, wenn es zuweilen Spannungen unterworfen war, die nicht zum Bruch führten. Solche Spannungen müssen größer sein als die Minimumspannungen, die nach sehr langen Zeiträumen zum Bruch führen[3]. Die Schwächung beginnt beim Anlegen der Last und wächst an Geschwindigkeit, wenn man sich dem Augenblick des Bruches nähert. Bei niedrigeren Spannungen, die lange ausgeübt werden, erfolgt die Schwächung erst kurz vor dem Bruch. Spannungen, die dem Glas gefährlich werden können, verursachen langsame Ausbreitung schwacher Stellen. Sie bilden einen Teil des Bruchvorgangs.

---

[1] BAKER, T. C. u. F. W. PRESTON: J. appl. Physics Bd. 17 (1946) S. 179.
[2] SCHUMANN, G.: Z. Physik Bd. 98 (1935) S. 605.
[3] SHAND, E. B.: J. Amer. ceram. Soc. Bd. 37 (1954) S. 559.

Erteilt man Glas eine Vorspannung vor dem Zerreißen, so wird bei mehr als 70% Vorspannung die Zugfestigkeit vermindert. Bei weniger als 70% nimmt die Minderung ab und bei 30% und weniger wird die Zugfestigkeit nicht mehr beeinflußt[1]. Der Logarithmus der mittleren Zeit der Vorbehandlung vor dem Bruch stand zum Logarithmus der Zugfestigkeit in linearem Verhältnis. Erhitzt man Glasstreifen mit geschliffenen und polierten Rändern bei 400° und 580° in Luft oder in SO_2-Luftmischungen, so nimmt die Zugfestigkeit, in der Kälte gemessen, zu. Bei dem SO_2-Luftgemisch betrug die Zunahme sogar 17%.

Durch künstlichen Entzug von Alkali aus der Glasoberfläche wird deren natürliche Zugspannung in Druckspannung umgesetzt, da alkaliarmes Glas auch einen kleineren Ausdehnungskoeffizient besitzt. Dadurch steigt die Festigkeit, wobei es gleichgültig ist, auf welchem Wege der Alkalientzug erfolgt ist[2]. Dies kann geschehen durch Kühlgase (s. S. 173), durch Auftragen von nassem Metakaolin (s. S. 183) oder durch 1 Stunde langes Eintauchen in geschmolzenes $CuCl_2$ bei 650°. Dann werden Alkaliionen durch Cu-Ionen ersetzt und die Festigkeit steigt bis zu 165% an.

3. Biegefestigkeit (s. S. 40)

Legt man einen Glasstab mit den Enden auf eine Unterlage auf und belastet seine Mitte, so wird die oben liegende Faser auf Druck, die untere Faser auf Zug beansprucht. GRAF[3] zeigte, daß Ritzen auf der Zugseite die Festigkeit erheblich verminderte, aber daß Ritzen der Druckseite wenig oder keinen Einfluß hat.

Die Abhängigkeit der Biegefestigkeit von *Fensterglasstreifen* von der Vorbehandlung ist von HOLLAND und TURNER[4] eingehend bearbeitet worden: (Diese Streifen hatten 10 cm Länge, 7,6 cm freie Lagerung, 0,6 bis 1,5 cm Breite und 0,25 bis 0,31 cm Dicke.) Der Bruchmodul war abhängig von 1. der Stellung der Schneiddiamanten (Druck oder Zug), 2. der optischen Spannung bzw. Kühlung, 3. der Zeit nach erneuter Kühlung (stabiler Zustand war erst nach 3 Tagen erreicht), 4. der Breite der Proben und 5. des Zustandes der Kanten. Die Biegefestigkeit stieg mit der optischen Spannung um etwa 20%. Der Zustand der Kanten war besonders wichtig. Mit dem Diamanten unter Zug geschnittene Streifen und 3 Tage nachgekühlt hatten 6,13 kg/mm² für 0,6 cm Breite und 4,86 kg/mm² für 1,5 cm Breite. Wurde der Streifen unter Druck geschnitten, so stieg die Festigkeit auf 9,03 kg/mm². Wurden die Kanten durch Schmelzen abgerundet, so stieg die Festigkeit bei Streifen von 0,8 bis 1,1 cm auf 9,0 kg/mm² und für 0,72 bis 0,93 cm Breite auf 10,2 kg/mm². Geschliffenes und poliertes Glas hatte nur 5,72 kg/mm²,

---

[1] HOLLAND, A. J. u. W. E. S. TURNER: J. Soc. Glass Technol. Bd. 24 (1940) S. 46.

[2] WEYL, W. A.: Glass Ind. Bd. 26 (1945) S. 369.

[3] GRAF, O.: Glastechn. Ber. Bd. 3 (1925) S. 155.

[4] HOLLAND, A. J. u. W. E. S. TURNER: Glastechn. Ber. Bd. 15 (1937) S. 270; J. Soc. Glass Technol. Bd. 18 (1934) S. 225; Bd. 20 (1936) S. 279.

aber dann noch einmal feuerpoliert die hohe Festigkeit von 9,4 bis 11,23 kg/mm². Es ist also wichtig, ob das Glas mit dem Diamanten in Druck- oder in Zugstellung geschnitten wird. Feuerpolitur gibt die höchsten Festigkeiten. Bei diesen Messungen war die Streuung groß, aber bei den geschliffenen und polierten Proben am kleinsten.

Der Bruch war gerade oder V-förmig oder halb V-förmig, je nach Breite und Kantenbeschaffenheit. Gerader Bruch trat auf bei 0,9 cm breiten Streifen mit nicht feuerpolierten Kanten, Feuerpolitur ergab immer V-Bruch oder Halb-V-Bruch. Bei diesen Biegeversuchen war es ferner wichtig, ob der Schneiddiamant neu (spitz) oder alt (stumpf) war. Ersterer ergab Streifen von 5,7 kg/mm², letzerer von 6,73 kg/mm². Wichtig ist auch die Wahl einer Kittlage, die auf die Glasstreifen aufgekittet wird. Bei Anwendung von Canadabalsam: 5,80, Schellack: 8,77 und Paraffinwachs: 9,38 kg/mm². Die Festigkeit wurde vermindert, wenn die Kanten mit Schmirgel geglättet und dann mit Bimsstein auf Holz oder mit Rouge auf Filz poliert wurden. Wurden die Kanten aber mit dem Schleifstein abgerieben und dann poliert, so war die Festigkeit 10,56 kg/mm², was sonst nur bei feuerpolierten Streifen gemessen wurde. Wurden nur die Seiten poliert, so verursachten schon 0,025 mm tiefe Risse (flaws) eine Festigkeit von nur 5 kg/mm². Wurden die Kanten zusätzlich mit poliert, so trat diese niedrige Festigkeit nur auf, wenn die Risse 0,060 mm tief waren.

Ein Diamantstrich von 0,005 mm reduzierte die Festigkeit von 8,77 auf 5,05 kg/mm², einer von nur 0,0007 mm, der erst nach Ätzung sichtbar wurde, nur von 8,77 auf 8,55 kg/mm². Ein Strich mit einer mit weniger als 100 g gelasteten Grammophonnadel von 0,0007 mm war erst nach Ätzung sichtbar und minderte die Festigkeit nicht. 0,001 mm scheint die Mindestbreite eines Kratzers zu sein, der die Biegefestigkeit vermindern kann.

Biegefestigkeit von Streifen verschiedener Breite geben verschiedene Werte, schmalere Streifen haben dann die höchste Biegefestigkeit. Wird die Belastungsgeschwindigkeit je qcm aber gleich gehalten, so sind die Festigkeiten dieselben[1].

Flachglasscheiben haben sehr heterogene Festigkeit. Stücke derselben Scheibe zeigen große Unterschiede (bis zu ± 20%)[2]. Hier folgen Zahlen über den Einfluß der Größe der Scheibenfläche nach GRAF:

Breite cm	40	20	10	5
Länge cm	75	30	15	7,5
Mittlere Biegefestigkeit kg/mm²	2,16	3,66	4,04	4,85
Verhältniszahl	1	1,7	1,9	2,2

Bei einem Seitenverhältnis 1 : 4 besteht nur die halbe Biegefestigkeit wie bei 1 : 1. Die Durchbiegungsfähigkeit ist den Auflageweiten der jeweils kürzesten Seite proportional. Bei Versuchen mit Scheiben großer Formate ist noch mit ± 55% Schwankungen um den Mittelwert zu rechnen[3]. Dauerversuche ergaben, daß die Biegefestigkeit bei lang-

---

[1] SMEKAL, A.: Glastechn. Ber. Bd. 15 (1937) S. 259, S. 282.
[2] GRAF, O.: Glastechn. Ber. Bd. 13 (1935) S. 232; Bd. 7 (1929) S. 143.
[3] JEBSEN-MARWEDEL, H. u. K. DINGER: Glastechn. Ber. Bd. 21 (1943) S. 198.

dauernder Vorbelastung kleiner, etwa halb so groß wird als bei kurz-
zeitigen Bruchversuchen. Fast der ganze Festigkeitsabfall erfolgt innerhalb weniger Minuten nach Belastungsbeginn[1]. Die reziproke Bruchlast
ist dem Logarithmus der Versuchsdauer proportional[2]. Alte Scheiben
brechen früher als neue.

Wie bei anderen Festigkeiten ist auch die Biegefestigkeit von feuchtem
Glas geringer als von trockenem. Aber sie wird durch Benetzen mit
Petroleum oder Alkohol erhöht[3]. Bei tieferen Temperaturen ist sie größer
als bei gewöhnlichen, z. B. 12,6 kg/mm^2 bei $-40°$ gegenüber nur
10,1 kg/mm^2 bei 17,5°. Dieser Abstand bleibt auch, wenn die Festigkeit
durch Feuerpolitur der Kanten wesentlich erhöht wird.

Die folgende Abb. 80 zeigt den Einfluß der *chemischen Zusammensetzung* auf die Biegefestigkeit von Glasstäben. Sie weist die folgende
Reihenfolge der Oxyde an: CaO, BaO, PbO, ZnO, MgO, B$_2$O$_3$, Fe$_2$O$_3$,

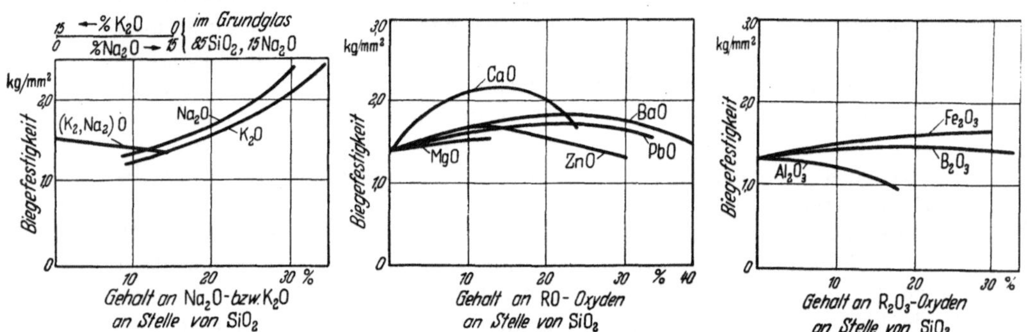

Abb. 80. Biegefestigkeit in Abhängigkeit von der chemischen Zusammensetzung (Grundglas 82 SiO$_2$,
18 Na$_2$O). (Nach GEHLHOFF und THOMAS)

SiO$_2$, Al$_2$O$_3$. Die Alkalien sind nicht gut einzuordnen. Bei der Beurteilung dieser Reihe ist damit zu rechnen, daß sie den Erfolg des Ersatzes
von SiO$_2$ durch andere Oxyde nach GEHLHOFF und THOMAS[4] in einem
Grundglas von 82% SiO$_2$, 18% Na$_2$O darstellt.

Bei einem Vergleich der Versuchsergebnisse von GEHLHOFF und
THOMAS über die verschiedenen Festigkeiten fällt es auf, daß Zerreiß-
und Biegefestigkeiten einander proportional sind. Das ist aber nicht der
Fall bei Zerreiß- und Druckfestigkeit, wie dies von WINKELMANN und
SCHOTT vermutet wurde.

Die *Berechnung der Festigkeitsdaten* durch Annahme der Additivität
der Oxydkomponenten gibt keine überzeugenden Ergebnisse. Es muß
daher gemessen werden.

4. Die elastischen Eigenschaften

In ihrem Zusammenhang mit der Glasstruktur sind sie S. 42 behandelt worden. Eine Scheidung ihres Einflusses auf die Struktur und

[1] GRAF, O.: Glastechn. Ber. Bd. 13 (1935) S. 232; Bd. 7 (1929) S. 143.
[2] GLATHART, J. L. u. F. W. PRESTON: J. appl. Phys. Bd. 17 (1946) S. 189.
[3] CANAC, F. u. H. DE CHANVILLE: Verres et Réfract. Bd. 2 (1948) S. 158.
[4] GEHLHOFF, G. u. M. THOMAS: Z. techn. Physik Bd. 7 (1926) S. 112.

ihrer technischen Bedeutung ist kaum möglich. Ideal elastische Stoffe gehorchen dem HOOKEschen Gesetz. Das heißt ihre Dehnung e ist gleich dem Produkt der angelegten Kraft σ und der Dehnungsgröße α, die eine Stoffkonstante darstellt. Ihr reziproker Wert E heißt Elastizitätsmodul. Sehr dehnbare, also im täglichen Sprachgebrauch sehr elastische Stoffe haben einen kleinen Elastizitätsmodul. Das gibt oft Anlaß zu Mißverständnissen. Das HOOKEsche Gesetz gilt für Glas bis zum Bruch. Besonders Kieselglas ist oft als der elastischste Körper, als der typisch feste Stoff bezeichnet worden. Theoretisch müßte es auf seine doppelte Länge gereckt werden können. Dem steht aber seine kleine Zugfestigkeit im Wege[1].

Wird der Stab aber lange Zeit unterhalb der Bruchfestigkeit belastet, so schreitet die Dehnung nach einem logarithmischen Zeitgesetz weiter fort. Bei nicht zu kleiner Belastung kann dann doch schließlich Bruch eintreten. Diese *elastische Nachwirkung* ist von der Größe der Deformation und den Dimensionen des Materials unabhängig. Sie ist für verschiedene Belastungsarten (Druck, Zug, Biegung, Torsion) gleich. Mit steigender Temperatur wird sie kleiner. Erschütterung, vermutlich auch Erwärmung vergrößert sie[2]. Der E-Modul von Glasstäben wurde nach der Biegungsmethode zu 6270 bis 7198 kg/mm² festgestellt[3]. Der Temperaturkoeffizient bis 200° ist $\left(1 - \dfrac{E_t}{E_{20}}\right) \cdot 100$. Die Werte für $t = 100°$ liegen zwischen 0,91 und 5,2, für $t = 200°$ zwischen 1,76 und 12. Sowohl der Elastizitätsmodul wie der Temperaturkoeffizient sind etwas von der Spannung abhängig. An 13 *Jenaer* technischen Gläsern wurden nach der Methode der Bestimmung mittels longitudinaler Schwingungen etwa dieselben Werte erhalten, nämlich 5500 bis 9200 kg/mm². Auch hier wurde eine Abhängigkeit von den Spannungen gefunden. Die Temperaturkoeffizienten sind bei manchen Gläsern positiv, bei manchen negativ[4]. Der E-Modul von Glas nimmt von 20° bis etwa 250° stetig ab, fällt dann plötzlich bis 300° und nimmt dann weiter ab in demselben Tempo wie von 20 bis 250°[5]. Bei 250° liegt die Temperatur des Übergangs zu größerer Ausdehnung des Glases. Die dabei vorübergehend eintretende Störung des Aufbaus des Glases äußert sich also auch in den Festigkeitseigenschaften.

Der E-Modul eines CORNING-Lampenglases wird durch thermische Vorbehandlung um insgesamt 7% beeinflußt. Die niedrigeren Werte liegen bei niedrigeren Temperaturen der Wärmebehandlung[6]. Die Bestimmung des E-Moduls von Gläsern mittels der Schwingungsmethode ergab gute Übereinstimmung mit YOUNGS Modul $E_Y = \varrho \cdot V^2$, wo ϱ die Dichte und V die Geschwindigkeit einer durch das Glas gesandten Druckwelle ist[7]. E_Y und E stehen in der Beziehung $E_Y = 981 \cdot 10^5 \cdot E$.

---

[1] PRESTON, F. W.: J. appl. Physics Bd. 13 (1942) S. 623.

[2] BORCHARD, K. H.: Sprechsaal Bd. 67 (1934) S. 297.

[3] SCHULZE, A. K. G.: Z. Physik Bd. 69 (1931) S. 456.

[4] FRANKE, K.: Glastechn. Ber. Bd. 19 (1941) S. 113.

[5] BADGER, A. E. u. W. B. SILVERMAN: J. Amer. ceram. Soc. Bd. 18 (1935) S. 276.

[6] STONG, G. E.: J. Amer. ceram. Soc. Bd. 20 (1937) S. 16.

[7] SPINNER, S.: J. Amer. ceram. Soc. Bd. 37 (1954) S. 229.

In den optischen Flintgläsern variierte die Schallgeschwindigkeit mit dem Brechungsindex: kleine Schallgeschwindigkeit entsprach einer kleineren Lichtgeschwindigkeit, also einem höheren Brechungsindex. In Na—Ca—B—Si-Gläsern änderte sich der Brechungsindex, die Dichte, die Schallgeschwindigkeit und der Elastizitätsmodul in derselben Weise mit der chemischen Zusammensetzung. Ein Maximum bestand bei der Zusammensetzung $Na_2O \cdot CaO \cdot 2B_2O_3 \cdot 3SiO_2$. Für die meisten Gläser liegt der YOUNG-Modul bei 5,7 bis $6,8 \cdot 10^{-3}$ kg/mm².[1]

Die Abb. 81 zeigen die Abhängigkeit des Elastizitätsmoduls von der

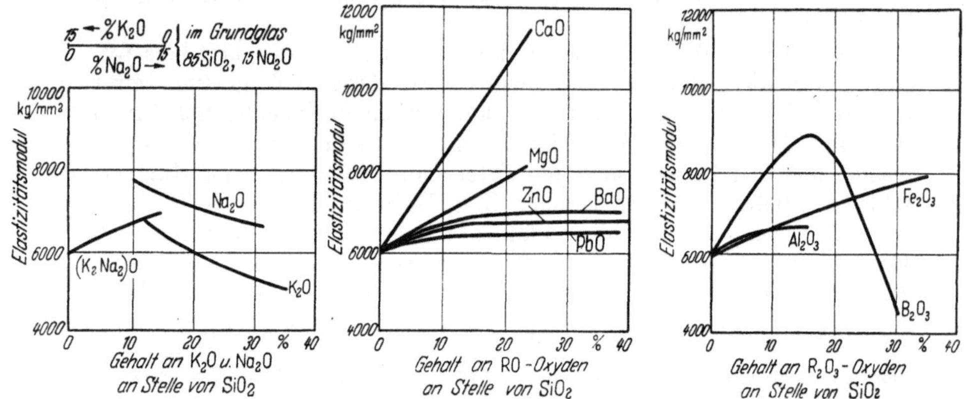

Abb. 81. Elastizitätsmodul in Abhängigkeit von der chemischen Zusammensetzung (Grundglas 82 SiO₂, 18 Na₂O). (Nach GEHLHOFF und THOMAS)

chemischen Zusammensetzung nach GEHLHOFF und THOMAS[2]. Die Kurven sprechen für sich selbst. Der Einfluß von CaO gegenüber den anderen RO-Oxyden, die Borsäureanomalie und die Bedeutung des K_2O—Na_2O-Verhältnisses treten klar hervor.

5. Die akustischen Eigenschaften (s. S. 43)

Da die *Schallgeschwindigkeit* durch den YOUNG-Modul und die Dämpfung in Beziehung zur Elastizität steht, sei sie an dieser Stelle besprochen. Die schalltechnischen Eigenschaften sind in erster Linie durch die Verlustzahl (Dämpfung η) bestimmt. Sie hat den Wert von etwa 0,5 bis $2 \cdot 10^{-3}$. Je kleiner η ist, um so langsamer klingen die freien Schwingungen ab. Für Glasglocken ist also ein kleines η erwünscht[3]; es wird deshalb als Gütemaß angesehen. Durch Verfolgung der Schwingung von Stäben mit dem Kathoden-Oszillographen wurde gefunden, daß der Modul des Abklingens der Stablänge proportional ist. Unter sonst gleichen Bedingungen ergab hoher PbO-Gehalt das längste Abklingen. Der Klang

---

[1] Mc GRAW, D. A.: J. Amer. ceram. Soc. Bd. 35 (1952) S. 22.
[2] GEHLHOFF, G. u. M. THOMAS: Z. techn. Phys. Bd. 7 (1926) S. 116.
[3] MAYER, E.: Glastechn. Ber. Bd. 10 (1932) S. 200. — SCHUSTER, K.: Glastechn. Ber. Bd. 18 (1940) S. 213. — Mc CANN, J. G.: J. Amer. ceram. Soc. Bd. 25 (1942) S. 40.

langer dünner Glasstäbe ist von den folgenden Eigenschaften abhängig: die Schallgeschwindigkeit c, die Verlustzahl η und der Elastizitätsmodul E. Bei steigender Temperatur nehmen E und c stetig ab, $E \cdot 10^{11}$ (ausgedrückt in dyn/cm²) z. B. von 7,07 bei 20° bis 6,55 bei 480°. $c \cdot 10^{-5}$ (ausgedrückt in cm/Sek.) fällt von 5,34 bei 20° auf 5,12 bei 480°. $\eta \cdot 10^3$ beträgt 0,75 bei 20°, geht durch ein Maximum von 2,5 bei 150° und ein Minimum von 1,2 bei 270° und erreicht den Wert von 4,5 bei 480°. Schlieren beeinflussen nach DIETZEL und DEEG[1] diese Eigenschaften nicht, wohl aber künstlich beigemengte Schlieren aus einem Fremdglase. Frisch getempertes Glas hat ein größeres η als nach einem Tag Lagerung (thermische Nachwirkung). Diese Verfasser deuten diese Ergebnisse an Hand des ZACHARIASEN-WARREN-Modells: Man muß dann annehmen, daß die Netzwerkwandler „*mikrobrownsche*" Bewegungen zwischen mehreren stabilen Gleichgewichtslagen ausführen können. Das gilt natürlich in besonders hohem Maße von beweglichen Na-Ionen. Die besondere Klangwirkung der Bleigläser hängt mit dem Polarisationsvermögen der Pb^{2+}-Ionen zusammen.

Die *Schalldurchlässigkeit* bzw. die *Schallisolierung* von Flachglas von 3 bis 7 mm Dicke liegt bei 28 bis 29 Phon. Glas von 10 bis 12 mm Dicke hat 32,4 Phon. Glas von 25 mm Dicke 38,5 Phon Isolierfähigkeit. Man Man muß also dickere Gläser nehmen, um besseren Schallschutz von Glas zu erhalten[2]. Die Schluckzahlen für Glas steigen mit abnehmender Frequenz, aber nur dann, wenn seine Ränder gefaßt sind oder aufliegen.

6. Festigkeit von Flaschen

Flaschen platzen bei steigender Druckanstieg-Geschwindigkeit bei einem Berstdruck, der 25% höher liegt als der Druck, der nach 1 Minute Dauer das Bersten verursacht. Bei dünnwandigen Flaschen hingegen tritt das Platzen unter beiden Versuchsbedingungen bei demselben Druck auf[3]. Erhitzt man eine braune Bierflasche 6 Stunden auf 520°, so steigt bei gleichen Kühlbedingungen der Berstdruck um 50%. ISKEN[4] nimmt an, daß dann Polymerisation an den offenen Stellen der im Schmelzzustand nicht völlig aggregierten Strukturelemente stattfindet.

Das Platzen von Flaschen unter Innendruck ist temperaturabhängig. Bei höherer Temperatur nimmt der kritische Druck ab, so daß das Produkt von absoluter Temperatur $\times$ Druck ungefähr konstant bleibt[5]. Die Festigkeit solcher Glasbehälter ist von den atmosphärischen Umständen unabhängig[6]. Kurzfristige Untersuchung der Bruchfestigkeit von Flaschen ist unzureichend, ebenso Untersuchungen bei nur 20°, weil die Festigkeit bei höherer Temperatur, z. B. beim Pasteurisieren kleiner ist. Die Festigkeit F nimmt mit zunehmender Belastungsdauer h ab:

[1] DIETZEL, A. u. E. DEEG: Glastechn. Ber. Bd. 27 (1954) S. 105.
[2] MAYER, E.: Glastechn. Ber. Bd. 10 (1932) S. 200.
[3] LEHNERT, L. H.: Glastechn. Ber. Bd. 28 (1955) S. 259.
[4] ISKEN, H.: Glas-Email-Keramik Tech. Bd. 5 (1954) S. 364.
[5] LANGMUIR, B. u. W. E. S. TURNER: J. Soc. Glass Technol. Bd. 18 (1934) S. 252.
[6] MURGATROYD, J. B.: J. Soc. Glass Technol. Bd. 16 (1932) S. 350.

$F = a - b \cdot \log h$. Die Dauerfestigkeiten liegen bei nur 40 bis 50% der direkt ermittelten Bruchfestigkeiten[1]. BORCHARD hat F und h bei Zeitintervallen von 10 Sekunden bis 60 Minuten bestimmt. Für Werte der Konstanten $a = 0,77$ und b m $0,099$ decken sich die errechneten mit den Versuchswerten. Die Bruchdehnung von Flaschen (HOOKEsche Dehnung + Nachwirkung) nimmt mit zunehmender Belastungsdauer ab. Der „Spiegel" auf der Bruchfläche wächst mit zunehmender Belastungsgeschwindigkeit logarithmisch.

7. Die Härte (s. S. 35)

Von der „Härte" des Glases zu sprechen, hat leider vorläufig wenig wissenschaftlichen Wert, denn es gibt so viel „Härten" wie es Bestimmungsmethoden der Härte gibt. Je nachdem, ob man die Oberfläche ritzt, oder eine Diamantspitze eindrückt, ob man ein Kügelchen unter Druck darüber rollt, oder das Glas schleift, erhält man andere Werte. Sie werden zudem um so verschiedenartiger, je verschiedener die angewandten Kräfte sind.

Bestimmt man die *Ritzhärte* eines Glases mit dem Diamant (s. S. 37), so nimmt die Zahl der Brüche und ihrer Stärke mit wachsender Belastung zu[2]. Beim Ritzen an der Luft ist sie am größten, bei Flüssigkeiten wie Benzol, Toluol, Äthylalkohol, Methylalkohol merklich kleiner, vielleicht noch etwas kleiner als in Wasser und seinen Lösungen. Die größte Schutzwirkung gegen das Entstehen von Brüchen üben Flüssigkeiten wie Paraffinöl, Olivenöl und Terpentinöl aus. Hier wird die Viskosität entscheidend sein, die verhindert, daß die Spitze den Boden berührt.

Die Ritzhärte gehärteten und gewöhnlichen polierten Glases ist gleich. Ein leichter Diamantstrich ist auf gehärtetem Glas kaum sichtbar, wird aber durch Absplitterung der Ränder nach einigen Stunden von selbst breiter. Bei stärkerer Belastung tritt diese Absplitterung direkt auf. Aus der Krümmung dieser Brüche läßt sich berechnen, daß die Zugspannungen inmitten der flachen Platte 1,0 bis $5,3 \cdot 10^4$ kg/cm² betragen und die Druckspannungen an der Oberfläche 2,1 bis $10,7 \cdot 10^4$ kg/cm². Zerkratzung beider Flächen einer gehärteten Platte verhinderten nicht, daß sie beim Kugelfallversuch in der bekannten, charakteristischen Weise zerbröckelten.

Querkratzer mit dem Diamant beeinflussen die Festigkeit[3]: Bei Belastung des Diamanten unterhalb 300 g war die Festigkeit der Breite des Schnittes proportional. Oberhalb 500 g hatte die Belastung nur geringen Einfluß auf die Festigkeit. Die Minimumbreite, die noch imstande ist, die Festigkeit zu vermindern, ist verschieden für den gewöhnlichen Schneiddiamanten, für einen konisch geschliffenen und polierten

---

[1] BORCHARD, K. H.: Glastechn. Ber. Bd. 13 (1935) S. 52, 116, 243.

[2] TAMMANN, G. u. H. ELSNER VON GRONOW: Z. anorg. allg. Chem. Bd. 201 (1931) S. 37.

[3] HOLLAND, A. J. u. W. E. S. TURNER: J. Soc. Glass Technol. Bd. 19 (1935) S. 221; Bd. 21 (1937) S. 383.

Diamanten und eine Grammophonnadel. Der Effekt hängt wahrscheinlich von Form und Tiefe des Schnittes ab. Bei kleinen Kratzgeschwindig-
keiten war die Verminderung der Festigkeit des Glasstreifens gering.
Von 8 mm je Sekunde ab wurde die größte Minderung der Festigkeit erreicht. Bei größerem Zeitintervall zwischen Kratzern und Brechen wird
die Ritzwirkung geringer. Offenbar tritt eine „Heilung" der Glaswunde,
ein Aneinanderschließen der getrennten Bindungen ein. Die Streuung der
Festigkeitswerte war bei den geritzten Proben geringer als bei den ursprünglichen Proben.

Die Abhängigkeit der Ritzhärte von der Zusammensetzung wurde von
Gehlhoff und Thomas in der schon früher beschriebenen Weise dargestellt (Abb. 82).

Bemerkenswert ist der große Härteunterschied zwischen K- und Na-
Gläsern mit dem Minimum in den Gläsern mit beiden Alkalien. Die Bor-

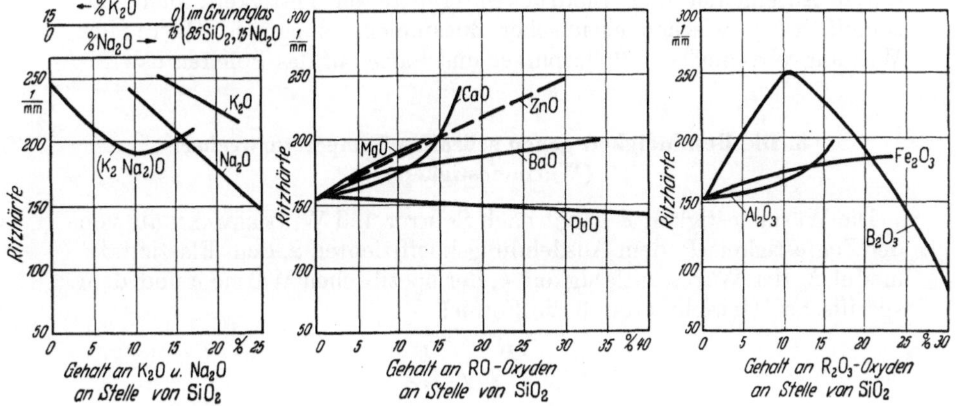

Abb. 82. Ritzhärte in Abhängigkeit von der chemischen Zusammensetzung (Grundglas 82 SiO$_2$,
18 Na$_2$O). (Nach Gehlhoff und Thomas)

säureanomale tritt stark hervor. MgO, CaO und ZnO sowie Al$_2$O$_3$ fördern
die Ritzhärte, wie der Praxis lange bekannt ist.

Nach Bailey[1] kann man die „Härte" auch durch *Rollen einer* 3 mm
Stahlkugel unter veränderlichem Druck über die Glasoberfläche bestimmen. Feuerpolierte Flächen variieren von cm zu cm außerordentlich
in Härte, die man hier wohl besser als Sprödigkeit bezeichnet. Kieselglas
hat einen „Härtewert" von nur 5 — 8 kg, ist also sehr spröde. Fensterglas, feuerpoliert hat 9 bis 20 kg, geschliffen und poliert 8 kg, Fourcault-
glas 12 bis 13 kg, Colburnglas 15 bis 16 kg, verschiedene Flaschengläser
10 kg, Borosilikatglas 8 bis 10 kg, gehärtetes Glas 21 kg, Glas mit 20%
Al$_2$O$_3$, gehärtet von 25 bis 35 kg bis zu 3 bis 4 kg herab. Der hier angegebene Druck auf die rollende Stahlkugel sollte nicht auf Flächen-
drucke bezogen werden.

Die *Schleifhärte* eines Glases, gemessen durch den Stoffverlust beim

---

[1] Bailey, J.: J. Amer. ceram. Soc. Bd. 20 (1937) S. 42.

Schleifen, stimmt in keiner Weise mit der Diamantpyramidenhärte
(s. S. 35) überein[1]. Die Schleifhärte der Gläser scheint von der chemischen Zusammensetzung in folgender Weise abzuhängen:

SiO_2..........	$+ 10{,}0$	CaO	$- 4{,}3$
B_2O_3..........	$+ 6{,}1$	ZnO..........	$- 0{,}6$
Na_2O	$- 3{,}7$	BaO	$- 0{,}7$
K_2O	$- 10{,}2$	Al_2O_3	$- 3{,}5$
PbO	$- 0{,}9$	Sb_2O_3	$- 0{,}7$

Die Glasformer SiO_2 und B_2O_3 sind hier also am festesten. PbO, das
bei der Eindruckprobe als sehr weich erscheint, ist hier eines der hart
machenden basischen Oxyde.

Die verwickelten Verhältnisse bei der Zerstörung der Glassubstanz
sprechen nach WEYL[2] für *Zusammenwirkung chemischer und mechanischer Kräfte*. Das folgt aus dem Einfluß verschiedener Flüssigkeiten beim
Abschleifen von Glas, der mangelnden Übereinstimmung zwischen der
durch Abschleifen und Eindrücken ermittelten Festigkeit, dem Zusammenhang zwischen chemischer Zusammensetzung und Härte, der
Wirkung verschiedener Polierpulver und Salze auf das Polieren usw.

8. Die Beständigkeit gegen schroffen Temperaturwechsel (Wärmefestigkeit)

Die Wärmefestigkeit F hängt nach SCHOTT und WINKELMANN ab von
der Zugfestigkeit P, dem Ausdehnungskoeffizienten α, dem Elastizitätsmodul E, der Wärmeleitfähigkeit k, der spezifischen Wärme c und dem
spezifischen Gewicht s durch die Formel

$$F = \frac{P}{\alpha \cdot E} \sqrt{\frac{k}{s \cdot c}}.$$

In anderen Formeln sind die Stoffkonstanten dieser Formel in eine
Konstante zusammengefaßt, und nur Variationen der Dimensionen
variabel gehalten. Man kann so für eine Glassorte den Einfluß der Form
feststellen, z. B. in der Formel $F = Q(1 + 3 \cdot (0{,}6)^{r/r_1}$, wo Q die Stoffkonstante und r bzw. r_1 die Radien der zu untersuchenden und zu vergleichenden Gläser bedeutet[3].

Die Wärmefestigkeit von Glas wird verbessert, wenn das Glas vorgespannt wird. So konnte sie bei Glasstäben von 225° auf 390° dadurch
erhöht werden, daß das Glas mit einer optischen Doppelbrechung von
800 mμ versehen wurde[4]. Setzt man das Glas unter kleine Spannungen,
so steigt die Wärmefestigkeit ziemlich rasch, bei größeren Spannungen
weniger. War der Ausdehnungskoeffizient klein, so erhält man auch bessere Wärmefestigkeit. Man kann so gewöhnliche, nicht resistente Gläser
durch Wärmebehandlung bis zur Qualität von ungehärteten resistenten

[1] WILLOTT, W. H.: J. Soc. Glass Technol. Bd. 34 (1950) S. 77.
[2] WEYL, W. A.: Glass Ind. Bd. 27 (1946) S. 17ff.
[3] KARKHANAVALA, M. D. u. S. R. SCHOLES: J. Soc. Glass Technol. Bd. 35 (1951) S. 289.
[4] MORIYA, T. u. K. TABATA: J. Soc. Glass Technol. Bd. 21 (1937) S. 232.

Gläsern verändern. Zur Vermeidung von Bruch ist es zweckmäßig, das Glas vor dem Abschrecken bis dicht unter das Transformationsintervall zu erhitzen. Dann ist die optische Phasendifferenz am größten und damit die Wärmefestigkeit ebenfalls[1]. *Glasstäbe* haben bei wiederholter Abschreckung immer weniger Bruchwahrscheinlichkeit, so daß mit jedem weiteren Abschrecken steigende Auslese stattfindet. Ätzt man aber vor den Versuchen die Stäbe mit HF ab, so erhält man bald einen Mittelwert, also weitgehende Konstanz der Bruchwahrscheinlichkeit. Werden die abgeätzten Stäbe aber bei Ausführung der Untersuchung zu hoch erhitzt, z. B. oberhalb 200°, so verlieren sie die erlangte Festigkeit wieder und kommen in denselben Zustand wie ungeätzte Stäbe[2].

Die Abschreckbeständigkeit von *Fensterglas* ist der Quadratwurzel der Dicke umgekehrt proportional. Diese Regel gilt für 1,8 bis 6 mm dicke Scheiben von einer Fläche von 10 × 10 cm. Diese Beständigkeit wird durch Schlichten der Ränder und ebenso durch Altern der Scheibe erhöht[3].

9. Gehärtetes Glas

Durch plötzliche Abkühlung heißen Glases lassen sich Druckspannungen in der Oberfläche erzeugen, die die Wirkung eines Panzers übernehmen und die Festigkeit erhöhen.

	Flachglas		gehärtetes Flachglas	
	6 mm	8 mm	6 mm	8 mm
Bruchmodul kg/cm² .. (langsame Belastung)	380	488	1750	1900
Elast. Modul kg/cm² .	$8,85 \cdot 10^5$	$8,38 \cdot 10^5$	$7,95 \cdot 10^5$	$7,75 \cdot 10^5$

Diese Versuche wurden an 112 × 25 cm-Platten ausgeführt[4]. Eine fallende Stahlkugel von 5,64 cm ⌀ und 762 g Gewicht brach eine Platte von 25 × 25 cm freitragender Fläche von folgenden Fallhöhen:

	gewöhnliches Glas		gehärtetes Glas	
	6 mm	8 mm	6 mm	8 mm
Mittlere Fallhöhe..... (aus 6 Versuchen)	31,6 cm	29,2 m	305 cm	183 cm

Die Bruchfestigkeit bei langsamer Belastung und beim freien Stoß ist also 4 bis 10mal so groß als bei gewöhnlichem Glas. Spiegelglasplatten von 70 × 120 cm, die an den schmalen Seiten aufliegen, tragen das Gewicht von 1 bis 2 Menschen ohne zu brechen. Dabei biegen sie tief durch. Liegen die Platten nicht frei, sondern sind sie auf Sand gebettet, so sind

[1] FANDERLIK, M.: Glastechn. Ber. Bd. 18 (1940) S. 314.
[2] SCHÖNBORN, H.: Glashütte Bd. 76 (1949) S. 17.
[3] DINGER, K.: Verres et Silicates Bd. 13 (1948) S. 197. — LEVENGOOD, W. C. u. E. C. MONTGOMERY: J. Soc. Glass Technol. Bd. 27 (1953) S. 306.
[4] MEIKLE, J.: J. Soc. Glass Technol. Bd. 17 (1933) S. 149.

diese Unterschiede nicht vorhanden oder weniger groß. Liegen sie an den 4 Ecken auf Gummistopfen auf, so verhalten sie sich wie frei gelagerte Platten. Werden aber nur die Kanten von der fallenden Kugel getroffen, so brechen sie früher:

	gewöhnlich		gehärtet	
	6 mm	8 mm	6 mm	8 mm
Fallhöhe	75 cm	161 cm	16,3 cm	45 cm

Spannt man die Platten einseitig ein und verdreht das freie Ende, so bricht gewöhnliches Glas bei 9,25° Verdrehung, gehärtetes bei 28,6°. Bei Ausübung von hydraulischem Druck und bei thermischer Abschreckung (s. o.) ist das gehärtete Glas dem gewöhnlichen überlegen.

Es ist bemerkenswert, daß der YOUNG-Modul der Elastizität bei beiden Glassorten derselbe bleibt ($7{,}1 \cdot 10^{11}$ dyn/cm²).

An vorgespanntem Spiegelglas wurden folgende Biegefestigkeiten in Abhängigkeit von der Dicke gemessen[1]:

bei 5 mm Dicke 2000 kg/cm²	Die Belastung dauerte 10 Sekunden.
bei 8 mm Dicke 2500 kg/cm²	Die Streuung betrug weniger als 10%.
bei 12 mm Dicke 3000 kg/cm²	

Die Durchbiegung ist der Belastung proportional, also geradlinig bis zum Bruch. Bei Dauerbelastung sinkt die Biegefestigkeit anfangs rasch und strebt asymptotisch einem Endwert zu, der bei 6 mm Dicke etwa 1600 kg/cm² beträgt. Die Dauerfestigkeit von vorgespanntem Spiegelglas sinkt lange nicht so weit ab wie bei ungespanntem Spiegelglas.

Die Verwendung dieser Glassorten in der Autoindustrie beruht auf ihren Brucheigenschaften. Die starken Druckspannungen lassen es nicht zu langen Brüchen kommen, die Platten brechen in kleine Prismen mit nahezu 90° steilen Kanten. Diese Prismen sind längs Linien geordnet, die vom Fallpunkt der Kugel ausgehen.

E. Die Elektrolyse des Glases (s. S. 66)

Glas kann nur mit Vorbehalt als Isolator bezeichnet werden. Bei erhöhter Temperatur ist es ein guter Leiter. Es gehorcht dabei dem RASCH-HINRICHSEN-Gesetz $\log W = \dfrac{A}{T} + B$, wo W der Widerstand, T die absolute Temperatur und A und B Konstanten sind, die unterhalb und oberhalb des Transformationsintervalls für jedes Glas andere Werte haben. Oberhalb desselben nimmt sie stärker zu. Die „Konstante" A scheint nach MOORE und DE SILVA doch etwas variabel zu sein, die „Konstante" B sogar noch mehr[2]. Die Leitung ist rein elektrolytisch wie bei wässerigen Lösungen und gehorcht dem FARADAYschen Gesetz. Es

---

[1] ARAKI, T., S. TAKAHASHI u. S. MORI: s. Ref. Glastechn. Ber. Bd. 12 (1934) S. 348. — REIS, L. VON: Glastechn. Ber. Bd. 13 (1935) S. 239.

[2] MOORE, H. u. R. C. DE SILVA: J. Soc. Glass Technol. Bd. 36 (1953) S. 5.

besagt, daß eine bestimmte Strommenge äquivalente Mengen von Kationen oder Anionen transportiert und ausscheidet. Dieses Gesetz gilt für alle Spannungen und Feldstärken, z. B. selbst für solche von $1{,}4 \cdot 10^6$ Volt/cm [1].

Bei der Elektrolyse von Silikatgläsern entstehen an der Kathode Gase, bei Hg als Kathodenmaterial im wesentlichen H_2. Diese Gase werden bei Stromumkehr wieder resorbiert. Diese Abgabe und Wiederaufnahme geht bei Na-Gläsern glatt, bei K-Gläsern schwieriger vor sich. Bei Ag-haltigen Gläsern entstehen keine Gase, sondern ein Ag-Amalgam [2]. Alkalien wandern aus wässeriger Lösung leicht in Glas ein, zuweilen Ag noch leichter. Dagegen wandern zweiwertige Ionen sehr langsam ein. Der Prozentgehalt der Leitung steigt mit der Konzentration der Lösung die als Anode dient. Er kann bis zu 100% ansteigen. In schwach saurer Lösung ist er kleiner als in schwach basischer. Die Ionenwanderung geht mit dem elektromotorischen Verhalten parallel, so daß einer gut wirkenden Elektrode auch ein hoher Prozentsatz eingewanderter Ionen entspricht. Echte Elektronenleitung (wie bei Metallen) ist sehr gering. Sie kann aber bis zu 20% der Gesamtleitung ausmachen. Auch die Einwanderung von H^+-Ionen ist bewiesen [3].

Die Abb. 83 zeigt den Verlauf der elektrischen Leitfähigkeit der Gläser $6\,SiO_2 \cdot Na_2O \cdot RO$, nach GEHLHOFF und THOMAS [4], wobei die Leitfähigkeit in $10^{-10}\,\Omega^{-1}$ cm^{-1} aufgetragen ist. Als Charakteristik der Leitfähigkeit eines Glases wurde jeweils diejenige Temperatur angegeben, bei der die Leitfähigkeit von $100 \cdot 10^{-1}\,\Omega^{-1}$ cm^{-1} erreicht wird ($T_{\times 100}$-Wert genannt). Diese Werte sind bei jeder Kurve angegeben. Die Abb. 83 zeigt auch die Leitfähigkeit der entsprechenden Kaligläser. Man sieht, daß sie schlechtere Leiter als die Natrongläser sind. Alkalien erhöhen, wie längst bekannt, das Leitvermögen stark, Na_2O mehr als K_2O wie die Abb. 83 zeigt. Bei kleinen Mengen Alkali als Ersatz von SiO_2 im Grundglase 82% SiO_2, 18% R_2O ist die spezifische Wirkung am größten. Ersetzt man in diesem Grundglase SiO_2 durch ZnO, so wird die Leitfähigkeit nicht verändert, durch Einführung von MgO an Stelle von SiO_2 wird sie leicht verringert. In derselben Weise eingeführt, steigt die Leitfähigkeit leicht durch Al_2O_3, sinkt leicht durch Fe_2O_3 und etwas mehr durch B_2O_3. Auch große Mengen dieser Oxyde beeinflussen die Leitfähigkeit und daher die Isolierfähigkeit nicht in erhöhtem Maße. Desgleichen beeinflussen PbO und BaO an Stelle von SiO_2 die Leitfähigkeit wenig, CaO mindert die Leitfähigkeit am meisten. Ordnet man die Glasbildner entsprechend ihrer Isolierfähigkeit in eine Reihe, so erhält man nach GEHLHOFF und THOMAS diese Reihenfolge: CaO, B_2O_3, BaO, Fe_2O_3, PbO, MgO, ZnO, SiO_2, Al_2O_3, K_2O, Na_2O. Bei anderen Grundgläsern gilt diese Reihenfolge nicht [5]. Eine Additivität wie beim Ausdehnungskoeffizienten besteht

---

[1] QUITTNER, F.: Sitz.-Ber. Akad. Wiss. Wien, Math.-Nat. IIa Bd. 136 (1927) S. 151.

[2] MULLIGEN, M. J., J. B. FERGUSON u. J. W. REBBECK: J. Phys. Chem. Bd. 32 (1928) S. 779, 843, 1018.

[3] QUITTNER, F.: Ann. Phys. Bd. 85 (1928) S. 783.

[4] GEHLHOFF, G. u. M. THOMAS: Z. techn. Physik Bd. 6 (1925) S. 544.

[5] BADGER, A. E. u. J. F. WHITE: J. Amer. ceram. Soc. Bd. 23 (1940) S. 271.

bei der elektrischen Leitfähigkeit nicht. Gläser, die beide Alkalien enthalten, besitzen ein Maximum der Isolierfähigkeit, also Minimum der Leitfähigkeit im Vergleich mit den entsprechenden Gläsern mit nur

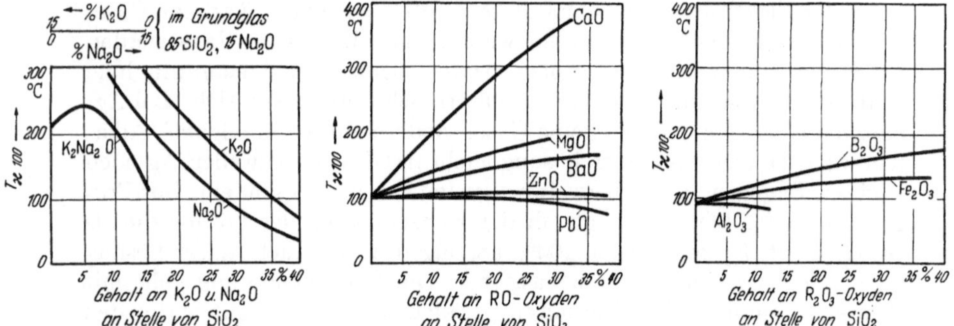

Abb. 83. Temperaturen gleicher Leitfähigkeit in Abhängigkeit von der chemischen Zusammensetzung (Grundglas 72 SiO$_2$, 18 Na$_2$O). (Nach GEHLHOFF und THOMAS)

einem Alkali. Im System 85% SiO$_2$, 15% R$_2$O liegt dieses Maximum bei der Mischung gleicher Anteile beider Alkalien. In ternären Gläsern liegen die Maxima aber anders. Es fällt auf, daß die Unterschiede in den Temperaturen, bei denen gleiche Leitfähigkeit erreicht wird, sich über viele hundert Grade erstrecken.

Die beiden Konstanten des RASCH-HINRICHSEN-Gesetzes A und B sind bei gekühltem und bei gespanntem Glas verschieden. Bei der Erweichung tritt bei gespanntem Glas eine sprungweise, bei gekühltem Glas eine allmähliche Änderung dieser Koeffizienten ein. Das gekühlte Glas hat bis zur Erweichung größere Konstanten A und B als das gespannte. Der Widerstand des entspannten Glases ist höher als der des gespannten Glases[1]. Ein Glas 7 Na$_2$O, 23 B$_2$O$_3$, 70 SiO$_2$ hatte nach Härtung bei 750° eine 3- bis 6mal so hohe Leitfähigkeit als nach Kühlung bei 530°. Dieser große Unterschied in der Leitfähigkeit ist nach ZHDANOV und KUSNETZOV[2] darauf zurückzuführen, daß im abgeschreckten Glas das Na an Si gebunden ist, während es im gekühlten Glase an B gebunden ist. Die Bindung an B ist aber viel fester als die an Si. Bei weiterer Erhöhung der Temperatur nimmt der sehr große Temperaturkoeffizient des Widerstandes allmählich ab, um beim flüssigen Glase einen sehr geringen, anscheinend konstanten Wert zu erreichen. Unterwirft man Gläser verschiedenartiger Wärmebehandlung, so wird die Leitfähigkeit doch stabilisiert, wenn man diese Gläser lange genug auf konstanter Temperatur hält[3]. Die Geschwindigkeit dieser Stabilisierung ist von der Viskosität der Gläser abhängig. In diesen stabilisierten Gläsern wurde von LITTLETON und WESTMORE kein Transformationspunkt gefunden.

---

[1] FULDA, M.: Sprechsaal Bd. 60 (1927) S. 769.

[2] ZHDANOV, S. P. u. A. Ya. KUSNETZOV: Doklady Akad. Nauk. SSSR. Bd. 85 (1952) S. 587 [Ref. in Amer. Ceram. Abstr. (1955) S. 47].

[3] LITTLETON, J. T. u. W. L. WESTMORE: J. Amer. ceram. Soc. Bd. 19 (1936) S. 243.

Trägt man den elektrischen Widerstand der Gläser des Systems Na_2SiO_3-SiO_2 graphisch gegen $\dfrac{1}{T}$ auf, so erhält man parallele und gerade Linien bis zum Transformationsintervall (Abb. 84). Aber sie enthalten schwache sog. Übergangs- oder Knickpunkte[1]. Das Transformationsintervall ist dasselbe als das mit dem Dilatometer erhaltene, aber die schwachen Knickpunkte liegen anders. Trägt man den spezifischen Widerstand gegen die chemische Zusammensetzung auf, so erhält man 2 gerade Linien, die sich bei der Zusammensetzung $Na_2O \cdot 2\,SiO_2$ schneiden (s. hierzu Meßergebnisse von STEVELS, s. u.). Der elektrische Widerstand eines 20% Na_2O, 80% SiO_2 enthaltenden Glases nimmt innerhalb von 3 Jahren zu, offenbar durch Umordnung der Atome. Diese Zunahme betrug bei abgeschrecktem Glas 30%, bei gekühltem Glas 16% des ursprünglichen Widerstandes von $\log \Omega = 11{,}40$[2].

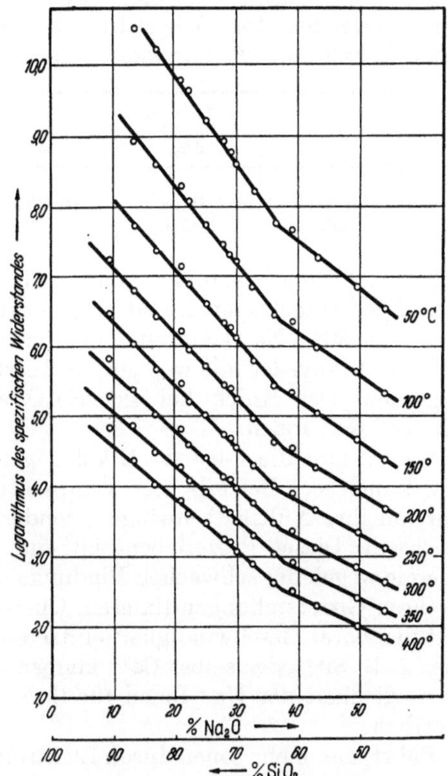

Abb. 84. Einfluß der chemischen Zusammensetzung auf den Logarithmus des spezifischen Widerstandes bei verschiedenen Temperaturen. (Nach SEDDON, TIPETT und TURNER)

Ein technisches Fensterglas hatte bei *tiefsten Temperaturen* die folgenden elektrischen Leitfähigkeitswerte[3]:

°K		°K	
2	$5{,}3 \cdot 10^{-4}$	4	$1{,}19 \cdot 10^{-4}$
3	$8{,}3 \cdot 10^{-4}$	5	$1{,}44 \cdot 10^{-4}$

Bei Leitfähigkeitsversuchen fanden SCHWARZ und HALBERSTADT[4], daß auch bei 600° nur die Na^+-Ionen leiteten. Sie konnten keine Elektronenleitung feststellen. Im Thüringer Glas wandern auch die K^+-Ionen nicht mit. Desgleichen konnte von ihnen keinerlei elektrolytische Wanderung

[1] SEDDON, E., E. J. TIPETT u. W. E. S. TURNER: J. Soc. Glass Technol. Bd. 16 (1932) S. 450.

[2] SEDDON, E.: J. Soc. Glass Technol. Bd. 22 (1938) S. 268.

[3] BERMAN, R., E. L. FOSTER u. H. M. ROSENBERG: Brit. J. Appl. Phys. Bd. 6 (1955) S. 181.

[4] SCHWARZ, R. u. J. HALBERSTADT: Z. anorg. allg. Chem. Bd. 203 (1932) S. 365.

von $(Si_2O_5)^{2-}$-Ionen festgestellt werden. Auch in Na-Boratgläsern wandert nur das Na^+-Ion[1]. Die elektrische Leitfähigkeit von Glas wird durch einen Gehalt an NaCl nur wenig erhöht[2]:

	Spezifisches Leitvermögen des Glases bei Gehalt an NaCl:			
	0 %	0,66 %	0,95 %	1,41 %
850°	0,0254	0,0262	0,0267	0,0278
950°	0,0510	0,0525	0,0532	0,0553

STEVELS[3] stellte (s. o.) fest, daß ein Knickpunkt in den gegen die Konzentration aufgetragenen Leitfähigkeitskurven bei 4% Na_2O und ein anderer bei 30% Na_2O auftritt. Letzterer entspricht der Konzentration, bei der O-Polyeder mit weniger als 3 Brückensauerstoffen zu erscheinen beginnen. Der Knick bei 4% Na_2O entspricht dem Auftreten sog. „freier" Na^+-Ionen.

WEYL[4] gibt die folgende Erklärung für die höhere Leitfähigkeit der Natriumgläser: Bei erhöhter Temperatur werden die Na^+-Ionen nicht nur um ihre Nullage schwingen, sondern gelegentlich auch ihre Plätze wechseln. Dieser Prozeß benötigt eine ziemlich geringe Aktivierungsenergie wegen der schwachen Bindungen, die die einwertigen Alkaliionen in ihren Gitterstellungen fixieren. Oberhalb 300° kann der Platzwechsel mit meßbarer Geschwindigkeit eintreten. Andere Ionen mit höherer Valenz z. B. Si^{4+} oder selbst Ca^{2+} können das nicht. Daher ist die größere Beweglichkeit der Na^+-Ionen für ihre elektrische Leitfähigkeit verantwortlich.

Führt man mehr Ionen durch Elektrolyse in das Glas ein, als es normal aufnehmen kann, so treten Verfärbungen oder Sprünge auf[5]. Na^+ ließ sich ohne weiteres durch das Glas hindurch transportieren, höchstens trat bei höheren Temperaturen Braunfärbung auf. K^+ ließ sich bei 265° schwieriger einführen, und Springen trat auf. Der Transport von Li^+-Ionen gelingt meist nicht; das Glas wird milchweiß und zerspringt. Immerhin gelingt dieser Transport wohl bei einzelnen Li-Gläsern. Ag^+-Ion dringt in Glas leichter als K^+ und Li^+ unter Braunfärbung ein. Aus NH_4-Azetatschmelze oder gesättigter NH_4Cl-Lösung läßt sich NH_4 sehr leicht durch 1 mm dickes Glas hindurch elektrolysieren. Mit dem kathodisch ausgeschiedenen Natrium setzt sich das NH_4-Radikal freilich um zu Na-Amid und der freigewordene Wasserstoff bildet Na-Hydrid. NH_4 verfärbt die Gläser nicht, sie zeigen aber zahllose feine oberflächliche Sprünge. Beim Erhitzen und beim Behandeln mit Wasser entdeckt man in diesen Rissen deutlich Gasentwicklung. Die Einwanderung des $(NH_4)^+$ kann man auf die Gleichheit des Volumens mit Na^+ zurückführen.

[1] SCHTSCHUKAREW, S. A. u. R. L. MÜLLER, Z. physik. Chem. A. Bd. 150 (1930) S. 439.

[2] SUTTON, W. J. u. A. SILVERMAN: J. Amer. ceram. Soc. Bd. 7 (1924) S. 86.

[3] STEVELS, J. M.: J. Soc. Glass Technol. Bd. 30 (1946) S. 31.

[4] WEYL, W.: Coloured Glasses, Sheffield, 1951, S. 414.

[5] HURD, CH. B., E. W. ENGEL u. A. A. VERNON, J. Amer. chem. Soc. Bd. 49 1927) S. 447 [Ref. Glastechn. Ber. Bd. 5 (1927) S. 327].

Beim Stromdurchgang bei 400 Volt durch Gläser verschiedener chemischer Zusammensetzung trat Sprungbildung um so mehr auf, je höher der Alkaligehalt des Glases war. Das war eine Folge der besseren elektrischen Leitfähigkeit und der dadurch hervorgerufenen stärkeren Erwärmung. Die Stromrichtung wurde so lange umgekehrt bis Bruch eintrat[1].

Sichtlich ist hier auch der größere Ausdehnungskoeffizient entscheidend.

Alle bisher gemachten Ausführungen betreffen das feste oder erweichte Glas. Deshalb machten ENDELL und HELLBRÜGGE[2] derartige Untersuchungen am *geschmolzenen Glase.* Sie fanden hier ganz andere Verhältnisse wie bei dem Glase tieferer Temperaturen. Bei den geschmolzenen Silikaten ist nämlich die elektrische Leitfähigkeit nicht auf die Alkaliionen beschränkt. Hier ist die Leitfähigkeit der mehrwertigen Ionen sogar noch größer. Sie ist durch die Menge und demnächst durch die Ladung der anwesenden Metallkationen bedingt. Daneben ist die Beweglichkeit des Kations wichtig, d. h. die Hemmung der Bewegung infolge der Viskosität. Bei gleicher Ionenkonzentration steigt die Leitfähigkeit mit steigender Ladung und zunehmendem Ionenradius (Abb. 85). In diesem Bild kommt die höhere Leitfähigkeit der zwei- und dreiwertigen Ionen gegenüber den Alkaliionen treffend zum Ausdruck. Auffallend ist die niedrige Leitfähigkeit des Na-Silikats im Gegensatz zu seiner hohen Leitfähigkeit bei tiefen Temperaturen. Sie findet ihre Erklärung in der Parallele zur Korrosionskraft der

Na_2O + wenig K_2O	Zahl der Strom-umkehrungen
21,1	4—6
16,9	7—9
12,3	255—300
5,3 0,0 (Borosilikat) }	noch nicht bei 500 ×

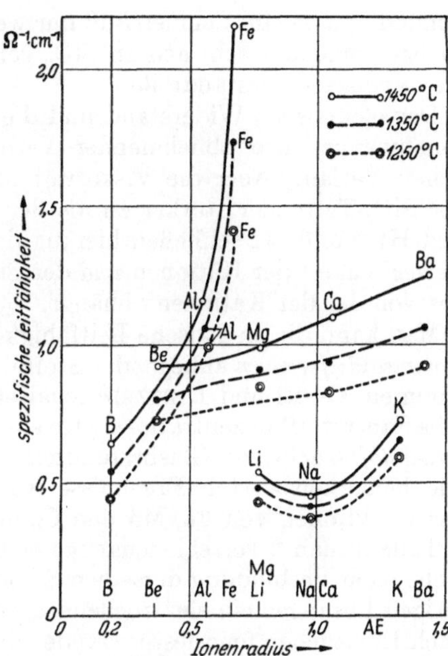

Abb. 85. Spezifische Leitfähigkeit einer Natrium-Disilikatschmelze, mit Zusatz gleicher Anteile von ein, zwei- und dreiwertigen Ionen, für Temperaturen von 1250°, 1350° und 1450°, dargestellt in Abhängigkeit vom Ionenradius der zugefügten Metalle. (Nach ENDELL und HELLBRÜGGE)

Oxyde in Silikatschmelzen. Die chemische Korrosion geschmolzener Silikate verhält sich nämlich genau so: Die RO-Silikate korrodieren feuerfestes Material viel stärker als die Alkalisilikate. Diese korrodieren etwa ebensowenig wie die „sauren" Oxyde R_2O_3, RO_2 und R_2O_5. Die

---

[1] SCHUMACHER, E. E.: J. Amer. chem. Soc. Bd. 46 (1924) S. 1772.
[2] ENDELL, K. u. J. HELLBRÜGGE: Glastechn. Ber. Bd. 20 (1942) S. 277.

Reaktionsfähigkeit K kann durch die Formel ausgedrückt werden:

$$K = \frac{(R_2O - Alkali) + RO}{R_2O_3 + RO_2 + R_2O_5 + Alkalisilikate} \quad (s.\ S.\ 58),$$

die sog. *pyrochemische Reihe der Oxyde*[1].

Ihre Erklärung findet diese merkwürdige Tatsache, die dem chemischen Verhalten derselben Oxyde bei tieferen Temperaturen direkt widerspricht, in der Festigkeit der Bindung zwischen dem basischen Oxyd und der Kieselsäure. Die Bildungswärme der Metasilikate aus den Oxyden beträgt nämlich:

$Na_2O \cdot SiO_2$	97,85 Cal	$MnO \cdot SiO_2$	5,4 Cal
$CaO \cdot SiO_2$	19,3 Cal	$ZnO \cdot SiO_2$	2,5 Cal
$FeO \cdot SiO_2$	10,0 Cal		

Hierdurch ist sowohl die geringe Korrosionskraft wie die schlechte elektrische Leitfähigkeit der Natriumsilikate erklärt: Sie sind so fest gebunden, daß sie im Schmelzfluß nur wenig dissoziieren. Die RO-Silikate dagegen sind nur schwach an SiO_2 gebunden und dissoziieren leicht in die oxydischen Bestandteile.

Der elektrische Widerstand und die Viskosität haben mit steigender Ionenmenge, also abnehmender Vernetzung der SiO_4-Tetraeder ähnlichen Verlauf. Aber die Viskosität nimmt mit steigender Vernetzung der SiO_4-Tetraeder stärker zu als der elektrische Widerstand. ENDELL und HELLBRÜGGE schließen hieraus richtig, daß die Viskosität von der Beweglichkeit der Kationen *und* der SiO_4-Ketten, die Leitfähigkeit aber nur von der der Kationen abhängt.

Man kann die elektrische Leitfähigkeit des Glases dazu benutzen, um *Potentialdifferenzen* anliegender Stoffe, die wie Elektroden wirken, zu bestimmen. CSAKI und DIETZEL[2] schalteten die Schmelze in eine galvanische Sauerstoffkonzentrationskette ein, um die Änderungen des „*inneren*" *Sauerstoffdrucks* von Glasbestandteilen mit variabler Valenz zu messen. Die bemerkenswerten Ergebnisse werden auf S. 265 bei Besprechung der Reaktionen von Fe, Mn und Ce in der Glasschmelze besprochen.

Taucht man 2 verschiedenartige Metalle in eine Glasschmelze, so entsteht nach Verbindung derselben Stromschluß, da sie genau wie in wässerigen Lösungen ein elektrochemisches Element bilden. Dasselbe erfolgt nach Eintauchen feuerfester Oxyde oder deren Verbindungen gegen Platin. Auch zwischen 2 Punkten einer Glasschmelze verschiedener Temperatur besteht eine Potentialdifferenz. An Spiegelglasstäben, deren Enden platinisiert wurden, wurde festgestellt, daß das kältere Ende immer als positiver Pol, das wärmere als negativer Pol wirkte. Die Ursache ist in der größeren Beweglichkeit der Na^+-Ionen am wärmeren Ende zu suchen[3]. Die Reihenfolge der Metalle in der elektrochemischen Reihe in Glasschmelzen ist dieselbe wie in wässerigen Lösungen. Bei Verwendung von Oxyden als Elektroden sind die Glasbildner elektropositiv

---

[1] SALMANG, H.: Die Keramik, 3. Aufl. Berlin/Göttingen/Heidelberg: Springer 1954, S. 229.

[2] CSAKI, P. u. A. DIETZEL: Glastechn. Ber. Bd. 18 (1940) S. 33, 65.

[3] LE CLERC, P.: Chim. et Ind. Bd. 69 (1953) S. 653. — LE CLERC, P. u. I. PEYCHÈS: Verres et Réfr. Bd. 7 (1953) S. 339.

und die Netzwerkwandler elektronegativ. Sind 2 feuerfeste Steine verschiedener Zusammensetzung durch die Verankerung leitend verbunden, so erfolgt Alkaliwanderung und hierdurch Korrosion.

An vielen Kombinationen von Silikaten und Oxyden in verschiedenen Glasschmelzen stellte PLUMAT[1] fest, daß Erhöhung des Alkaligehaltes im Glase Abnahme der Potentialdifferenz zwischen den als Elektroden dienenden festen Stoffen verursacht. Bei wechselnder Konzentration von BeO, B_2O_3 und teilweise auch Al_2O_3 treten Maxima auf. Bei Auflösung feuerfester Stoffe im Glas wird die Potentialdifferenz um 0,3 bis 0,4 Volt erhöht. Zwischen dem reinen feuerfesten Material und reinem Glas besteht ein Maximum. Die starke Korrosion eines feuerfesten Materials am Glasspiegel scheint z. T. an der Entwicklung einer elektromotorischen Kraft an dieser Oberfläche zuzuschreiben zu sein. Schließt man 2 Elektroden, die in 2 Gläser eintauchen, kurz, so wird am negativen Pol Blasenbildung verursacht.

Zwischen flüssigen und festen Metallsalzen einerseits und einer Glasfläche andererseits besteht ein Potentialgefälle, das mit der Zeit kleiner wird[2].

Schickt man *positiv geladene Gasionen* gegen eine Glaswand, deren andere Seite von geschmolzenem Salpeter bedeckt ist, so verschwinden Wasserstoff, Sauerstoff und Stickstoff proportional den durch das Glas gehenden Elektrizitätsmengen[3]. 1 Elektronenladung entsprach hierbei 1 Molekül H_2 aber nur $^1/_2$ Molekül O_2 und N_2. Bei He fand ebenfalls Stromdurchgang statt, aber das Gas verschwand nicht im Glase. Das Verschwinden des Gases war nicht reversibel. Es konnte auch nicht mit Sicherheit bewiesen werden, daß das Gas durch das Glas hindurch wandert. Es handelt sich hier nicht um Diffusion, da He dann 20 mal so schnell wie H_2 durch das Glas hindurch treten müßte.

1. Oberflächenleitfähigkeit

Sie ist mehr vom Alkaligehalt des Glases als von der Feuchtigkeit der Atmosphäre abhängig. Eine Erhöhung des Na_2O-Gehaltes um 2% erhöht die Leitung um das Zehnfache[4]. Bei Glasisolatoren im Freien nimmt die Oberflächenleitung infolge der Auslaugung von Alkali stark ab.

Man kann die adsorbierte Wasserschicht dadurch sichtbar machen, daß man ein Glasgefäß innen mit trockenem Hg füllt und elektrolysiert. Es bilden sich dann auf der Oberfläche Gasblasen, die beim Umkehren des Stromes verschwinden[5]. Sie bestehen vorwiegend aus H_2 und entstammen der adsorbierten Wasserschicht. Wird diese vorher bei 350° im Vakuum entfernt, so treten die Gasblasen nicht auf. Sie entstanden durch Reaktion des durch die Elektrolyse am Hg abgeschiedenen Na, das mit dem Wasserfilm reagierte.

---

[1] PLUMAT, E.: Silicates Ind. Bd. 19 (1954) S. 141.

[2] REED, L.: J. Amer. ceram. Soc. Bd. 38 (1955) S. 131.

[3] TAYLOR, J.: Nature Bd. 121 (1928) S. 708.

[4] SEDDON, E., W. J. MITCHELL u. W. E. S. TURNER: J. Soc. Glass Technol. Bd. 23 (1939) S. 197. — KANTZER, M.: Bull. Inst. Verre Bd. 1 (1946) S. 11.

[5] REBBECK, J. W. u. J. B. FERGUSON: J. Amer. chem. Soc. Bd. 46 (1924) S. 1991.

Um in mit Wasserdampf gesättigter Luft eine möglichst geringe
Wasserhaut zu erhalten, genügt es nicht, den Gehalt an Alkalien so gering wie möglich zu machen[1]. Auch für die übrigen Glasbildner ergibt
sich bei einem gewissen Prozentgehalt ein Minimum der Wasserhaut-
formung. Fulda hat die Glasoxyde gemäß ihrem Einfluß auf die Verhinderung der Ausbildung einer Wasserhaut in die folgende Reihe geordnet: CaO, B_2O_3, BaO, Al_2O_3, Fe_2O_3, MgO, ZnO, PbO und SiO_2 verhindern in dieser Reihenfolge die Bildung der Wasserhaut; K_2O und Na_2O
begünstigen sie. Es ist durch Anwendung dieser Reihe möglich, Gläser
herzustellen, die mit und ohne Wasserhaut besser isoliern als Kieselglas
und Porzellan.

Der elektrische Oberflächenwiderstand eines bei $300°$ getrockneten
Glases nimmt in 75% feuchter Luft in den ersten 2 bis 3 Stunden schnell
ab und dann in den folgenden 2 Monaten langsam zu. Wahrscheinlich ist
die Abnahme auf Lösung von Alkali und die Zunahme auf Lösung von
SiO_2 zurückzuführen[2].

2. Eisenflecke auf Glas (s. S. 180)

Diese Erscheinung trat in Geschirrspülmaschinen auf und konnte von
Marboe und Weyl[3] auf eine galvanische Reaktion von Glas und Eisen
zurückgeführt werden. Eine feuchte Glasoberfläche, die in Kontakt mit
metallischem Eisen gebracht wird, nimmt binnen 1 Minute nachweisbar
Fe auf, das nach einer Einwirkung von 10 Minuten sogar sichtbar wird.
Fe in Wasser sendet nämlich positiv geladene Fe^{2+}-Ionen in Lösung und
läßt das Metall mit einer negativen Ladung zurück. Das benachbarte
Glas hat ein negatives elektrisches Potential, das die positiven Ionen der
Lösung anzieht. Der Eisenfleck ist das Ergebnis, dadurch, daß bei Oxydation die Bildung eines unlöslichen, gefärbten Ferrihydrosilikats stattfindet. Die Verfärbung kann verhindert werden durch Bildung anioni-
scher Eisenkomplexe oder durch Blockierung der aktiven Zentren im
Silikagel der Glasoberfläche, z. B. durch Al^{3+}- oder Cr^{3+}-Ionen.

3. Gläser geringer Leitfähigkeit

Sie sind zur Isolierung von den metallischen Teilen von Lampen und
Entladungsröhren erforderlich. Gute Isolierfähigkeit hat Bleiglas mit
30% PbO. Da der hohe Bleigehalt Schwierigkeiten bei der Verarbeitung
verursachte, gab Partridge[4] Sätze mit nur 15% PbO an, die daneben
kleine Mengen von SrO, BaO und MgO enthielten und doch wenig Strom-
leitung aufwiesen. Gläser für Entladungsröhren waren arm oder frei von
Alkali und reich an Borsäure.

[1] Fulda, M.: Sprechsaal Bd. 60 (1927) S. 769 ff.
[2] Le Clerc, P.: Silicates Ind. Bd. 19 (1954) S. 237.
[3] Marboe, E. C. u. W. A. Weyl: J. Amer. ceram. Soc. Bd. 30 (1947) S. 320.
[4] Partridge, J. H.: J. Soc. Glass Technol. Bd. 19 (1935) S. 266; Bd. 29
(1945) S. 434.

4. Leitende Gläser

Gläser mit PbO, Bi_2O_3 oder Sb-Oxyden oder deren Mischungen werden nach einigen Stunden Reduktion in H_2-Gas stromleitend[1]. Es entsteht dabei eine elektronische Oberflächenleitfähigkeit, die stabil und reproduzierbar ist. Ihr Umfang hängt von der Menge der zugesetzten Oxyde, der Temperatur der Reduktion und der Art des Glases ab. Die Dicke der leitenden Schicht beträgt nur 0,04 μ (= 400 Angström). Alkalien im Glase scheinen diese Art der Leitung zu erschweren. In Bleigläsern behindert B_2O_3 sie, BaO scheint keinen Einfluß zu haben, während Al_2O_3 die Leitung hemmt. Reduziert man die Oberfläche eines Bleiglases von 61% PbO mit H_2 bei 335 bis 400°, so wird es halbleitend mit einem Widerstand von 2000 bis 3000 Megohm per cm^2. Bei höherer Temperatur nimmt der Widerstand wieder zu, und bei 520° leitet das reduzierte Glas nicht mehr, obwohl es schwarz war[2]. Die Leitfähigkeit wurde besser, wenn erst bei niedriger, dann erst bei höherer Temperatur reduziert wurde als wenn nur bei höherer Temperatur reduziert wurde. Die leitende Schicht war nur 50 bis 100 Angström dick und hatte selbst einen spezifischen Widerstand von nur 800 Ohm-cm oder mehr je nach H_2-Behandlung. Das Verhältnis der Widerstände bei 25 und 280° war konstant. Die leitende Substanz war also ein Halbleiter, wahrscheinlich aus reduzierten Bleiatomen bestehend, die die Elektronen liefern. Sie stellten nur 1 Millionstel der gesamten im Glas vorhandenen Bleiatome dar. Die übrigen Bleianteile bildeten große Aggregate, die das Glas schwarz färbten. Dieses leitende Glas konnte als ein Überzug auf anderes Glas oder Porzellan aufgespritzt werden und erteilte der neuen Oberfläche nach Einbrennen die Eigenschaften eines Halbleiters. Der Überzug war bei Spannungen von 40 Kilovolt per cm noch stabil. Der Widerstand stieg mit zunehmender Temperatur wie bei Metallen.

5. Elektrolytisches Verhalten von Silbergläsern (s. S. 91)

Ag^+-Ionen können in einem Glase so beweglich wie Alkaliionen sein. Gläser mit höchster Ag^+-Ionenkonzentration ergaben die niedrigsten Potentiale[3]. Es bestand also ein Verband zwischen den hier erhaltenen Potentialen und der Stabilität von Ag_2O im Glase. Gläser mit stabilem Ag^+ oder anderen Schwermetallionen erzeugten kein oder ein niedriges Potential, und Gläser mit unstabilem Ag^+-Ion erzeugten ein hohes Potential. Das maximale Potential bei 300° war für ein Na-Silikatglas 1,040 Volt, für ein Na-Boratglas 0,755 Volt und für ein Na-Phosphatglas 0,325 Volt. Diese Werte sind der Konzentration von Ag_2O, das ohne Ag-Abscheidung ins Glas eingeführt werden kann, umgekehrt proportional. Das Alkalisilikat kann nämlich nur 0,2% Ag_2O aufnehmen, das Borat etwas mehr, aber das Phosphat bis zu 10%. Die Silikate konnten bei 75° durch H_2 zu Ag reduziert werden, die Borate bei 125°, die Phosphate

[1] GREEN, R. L. u. K. B. BLODGETT: J. Amer. ceram. Soc. Bd. 31 (1948) S. 89.
[2] BLODGETT, K. B.: J. Amer. ceram. Soc. Bd. 34 (1951) S. 14.
[3] RINDONE, G. E. u. W. A. WEYL: J. Amer. ceram. Soc. Bd. 33 (1950) S. 91.

bei 350°. RINDONE und WEYL führen das auf die hohe polarisierende Kraft des 5mal positiv geladenen P auf die benachbarten O^2-Ionen zurück, wodurch die Beweglichkeit der wandernden Gruppen im Glase mehr erschwert wird wie in Silikat- und Boratgläsern.

F. Die dielektrischen Eigenschaften der Gläser[1] (s. S. 14)

Die Isolierfähigkeit eines Körpers wird durch seine *Dielektrizitätskonstante* ε angegeben, einer dimensionslosen Zahl, die angibt, um wieviel besser der Stoff isoliert als trockene Luft. Sie ist bestimmt durch die *elektronische Polarisation*, die *atomische Polarisation* und die *Wirkung der Orientierungsphänomene*. Diese 3 Abarten der Polarisation bestimmen ε je nach Temperatur, der Frequenz des elektrischen Feldes, der chemischen Zusammensetzung und der Vorgeschichte des Glases. ε ist 3,6 bei Kieselglas und höher als 16 bei Gläsern mit wenig Alkali, viel PbO und besonders bei viel TiO_2.

Während die dielektrische Konstante der Alkalihalide für niedrige Temperaturbereiche steil ansteigt, erfolgt bei Gläsern das Gegenteil. Dasselbe ist bei Quarz und Kieselglas der Fall. Der positive Temperaturkoeffizient scheint also an geordnete Strukturen gebunden zu sein[2].

1. Die elektronische Polarisation

beruht auf der Deformation der äußeren Elektronenschalen der Ionen im elektrischen Feld. Dabei werden die Elektronen als negativ geladene Elektrizitätsteilchen durch die Anode, die positiv geladenen Kerne durch die Kathode angezogen. In diesem polarisierten Zustande stellt jedes Ion einen Dipol dar, d. h. die positiven und negativen Gravitationszentren fallen nicht zusammen. Dieser Zustand tritt sofort beim Anlegen des elektrischen Feldes ein. Die Polarisierbarkeit der Anionen ist besonders groß, weil die positive Ladung des Kerns kleiner ist als die negative Ladung der Elektronen. Bei Sauerstoff z. B. ist dieses Verhältnis 8 : 10. In den Natron-Kalk-Silikatgläsern leitet man deshalb fast die ganze Polarisation aus derjenigen der O^{2-}-Ionen ab.

Das gilt aber nicht für diejenigen Gläser, die Ionen vom Nichtedelgastypus enthalten (Pb^{2+}, Zn^{2+}). Selbst die großen Ionen vom Edelgastypus (Ba^{2+}, Ti^{4+}) sind der Polarisation fähig. Das ist die Ursache der hohen ε-Werte der Gläser mit PbO und TiO_2. Auch der optische Brechungsindex n ist eine Funktion der Polarisation (s. S. 18). Das ist im *2. Maxwellschen Gesetz* ausgedrückt: $\varepsilon = n^2$. Die Beziehung zwischen der *Polarisierbarkeit* α (s. S. 15) und ε wird durch das *Clausius-Mosottische Gesetz* ausgedrückt $\dfrac{\varepsilon - 1}{\varepsilon + 2} = \dfrac{4}{3}\pi \cdot N \cdot \alpha$, wo N die Teilchenzahl im Einheitsvolumen darstellt. Man kann diese Teilchenzahl mit Hilfe der Dichte

[1] WEYL, W. A.: J. Soc. Glass Technol. Bd. 33 (1949) S. 220. — NAVIAS, L. u. R. L. GREEN: J. Amer. ceram. Soc. Bd. 29 (1946) S. 267.

[2] HIPPEL, A. VON u. R. J. MAURER: Phys. Rev. Bd. 59 (1941) S. 820 [Ref. in J. Amer. ceram. Soc. Abstr. (1941) S. 260].

d, des Molekulargewichtes M und der *Avogadroschen Zahl* $(0{,}06 \cdot 10^{23})$ berechnen: $N = 6{,}06 \cdot 10^{23} \cdot \dfrac{d}{M}$.

Ersetzt man in der CLAUSIUS-MOSOTTIschen Gleichung ε durch n^2, so erhält man die LORENTZ-LORENZ-Gleichung (s. S. 19) für die Molarrefraktion. Diese *Molarrefraktion* ist mit der *elektronischen Polarisation* identisch, aber ausgedrückt durch den Brechungsindex. Sie ist ein Maß der Polarisierbarkeit und vom Zustande der Aggregation unabhängig.

ε wechselt mit der Wärmebehandlung. ,,Kühlung'' eines abgeschreckten Glases verringert den interionischen Abstand und verändert den ionischen Typus nach einem weniger polaren Typus.

2. Die atomische Polarisation

Ebenso wie die negativ geladenen Elektronen und die positiv geladenen Atomkerne durch ein angelegtes elektrisches Feld verlagert werden, geschieht dasselbe mit den positiv geladenen Kationen (z. B. Si^{4+} usw.) und den negativ geladenen Anionen (z. B. O^{2-}). Hier werden also ganze Atome verlagert. Für Kieselglas ($n_d = 1{,}458$ und $\varepsilon = 3{,}7$) gilt dann nicht mehr das MAXWELLsche Gesetz $\varepsilon = n^2$, denn die Kapazität eines Kondensators aus Kieselglas ist um 75% größer als aus der elektrischen Polarisation erwartet werden würde. Dieser Zuwachs wird durch eine leichte Änderung der Ionenabstände verursacht. Er erfolgt nicht so spontan wie die Verlagerung der Elektronen, aber doch sehr schnell.

3. Die Orientierungspolarisation

Sie ist bei Flüssigkeiten bekannt, deren Dipole sich im elektrischen Feld ausrichten; so kommt z. B. ein tröpfelnder Wasserhahn zum Strömen, wenn man ihn in ein elektrisches Feld bringt. Diese Neuordnung erfordert Zeit wegen der Größe und Form der Moleküle und der Temperatur. Gläser zeigen diese Art der Polarisation nur in geringem Ausmaße. Ausgenommen sind alkalireiche Gläser wegen ihrer anormalen Ladungs- und Entladungsströme. Dies ist verursacht durch die Beweglichkeit der Alkaliionen, des Platzwechsels eines Teils derselben selbst bei Zimmertemperatur und der nicht regelmäßigen Gestalt der ,,Löcher'' in der Glasstruktur. Die *anormalen Ladungs- und Entladungsströme* erfordern sogar mehrere Minuten bis zur endgültigen Aufladung oder Entladung eines Kondensators aus einem Na_2O-haltigen Glase. Die Na^+-Ionen verlagern sich dabei in Richtung der Kathode unter Bildung einer Raumladung (dielektrische Absorption). Die Zeit bis zur Erreichung des elektrischen Endzustandes nimmt bei höherer Temperatur wegen der größeren Beweglichkeit der Na^+-Ionen stark ab. Bei der Entladung geht der Vorgang wieder rückwärts. Glas hat also ein ,,elektrisches Gedächtnis''. WEYL (s. o.) beschreibt die Rolle der Na^+-Ionen im elektrischen Feld folgendermaßen: Die isolierenden Eigenschaften eines Glases hängen von der Fähigkeit der Na^+-Ionen zu wandern ab, was aber nur auf wenige dieser Ionen zutrifft. Aber alle Na^+-Ionen können an der *atomischen* Polarisation teilnehmen.

Die Netzwerkwandler, vor allem die Alkaliionen befinden sich in Hohlräumen (Potentialtälern) des Netzwerks und müssen deshalb einen Potentialberg überspringen, um in einen anderen Hohlraum zu gelangen. Diese Potentialmaxima sind nicht gleich hoch. Die höchsten Potentialmaxima liegen bei 0,5 bis 0,7 eV (Elektronvolt). Diese Arbeit ist also zu verrichten, um den Platzwechsel der Kationen zu bewirken[1].

Sie alle bewegen sich spontan im elektrischen Feld, wenn auch nur wenig, zur Kathode hin. Im Wechselstromfeld wird hierdurch der dilektrische Verlust vergrößert, da elektrische Energie in thermische Schwingungen umgesetzt wird, also Erwärmung eintritt. Jedes in eine Gitterlücke gebrachte Na^+-Ion ist ein Dipol geworden, dessen positive Ladung zur Kathode gerichtet ist, während die negativen Ladungen der umgebenden O^2-Ionen sich zur Anode ausrichten. Die angeregten Na^+-Ionen haben z. T. die Möglichkeit zum Sprung in eine benachbarte Gitterlücke. Dieser Vorgang beansprucht Zeit, weil eine Energiesperre zu überwinden ist. Diese Zeit wird bestimmt durch deren Höhe und die thermischen Schwingungen der Umgebung. Diese Wanderung verursacht den „anormalen Ladungsstrom", der in dem kleinen Strom endet, der die wirkliche elektrische Leitung ausmacht. Man kann die anormalen Ladungs- und Entladungsströme als Ergebnisse der Orientierung von Dipolen mit verschiedenen Momenten und Relaxationen ansehen. Viele Gitterlücken bleiben dabei unbesetzt.

Die *Leitfähigkeit* (s. S. 222) von Glas folgt dem OHMschen Gesetz nicht und wächst mit zunehmender Feldstärke. Deshalb kann das OHMsche Gesetz nicht gelten, da es eine konstante Zahl von Elektrizitätsträgern voraussetzt. Ebenso wird es durch die Polarisation der Glasbausteine ausgeschaltet. Sie verursacht Anisotropie des elektrischen Feldes und damit Erleichterung des Platzwechsels der Na^+-Ionen. Deshalb steigt die Leitfähigkeit beim Anlegen eines starken elektrischen Feldes. Die Leitfähigkeit des Glases ist am kleinsten bei Gleichstrom, größer bei Wechselstrom und wächst mit dessen Frequenz, weil dann mehr Möglichkeiten für die Überwindung der Energiesperren durch Na^+ vorliegen. Bei Temperaturen von 250 bis 300° überwinden die thermischen Schwingungen die Energiesperren, so daß die Leitfähigkeit für Gleich- und Wechselstrom dieselbe wird.

Auch *mechanischer Druck* beeinflußt die Na^+-Wanderung. Die Gitterlücken werden durch Kompression kleiner und manche Na^+-Ionen wandern in geeignetere Positionen. Zug bewirkt das Gegenteil: Na^+-Ionen wandern von größeren in kleinere Zwischenräume. Beide Vorgänge haben Zeit nötig.

Bei konstanter Belastung verursacht dieser Vorgang die *elastische Nachwirkung* des Glases (s. S. 45). Bei starken Schwingungen verursacht er die starke *Dämpfung* der Schallwellen. Deshalb haben alkalifreie Gläser die kleinste Dämpfungskonstante. Also haben die anormalen Ladungs- und Entladungsströme und die elastische Nachwirkung dieselbe Ursache. Dasselbe gilt für die Dämpfung der Schallwellen (= innere

---

[1] STEVELS, J. M.: Philips Res. Rep. Bd. 5 (1950) S. 23; Bd. 8 (1953) S. 452.

Reibung) und dem entsprechenden elektrischen Phänomen, den *dielektrischen Verlusten*. Alle diese Erscheinungen sind daher am ausgesprochensten bei alkalireichen Gläsern.

4. Die dielektrischen Verluste

werden in Europa durch den *Verlustwinkel* tg δ, in England und Amerika durch den *power factor* cos φ ausgedrückt, wo φ den Phasenwinkel bedeutet. Sie äußern sich durch unerwünschte Erwärmung.

Mißt man die *dielektrischen Verluste* eines gut leitenden Glases (z. B. $\varrho = 10^{12}\ \Omega$ und $\varepsilon = 6$), so ist tg $\delta = \dfrac{2}{f \cdot \varrho \cdot \varepsilon}$, wobei f die Frequenz ist. Für $f = 10^6$ erwartet man $3 \cdot 10^{-7}$ und für $f = 10^3$ Hz erwartet man $3 \cdot 10^{-4}$ zu finden. Die gemessenen Werte liegen aber nach STEVELS[1] (s. o.) 10^2 bis 10^4 mal höher. Das beweist, daß die dielektricshen Verluste in diesem Bereich durch andere Ursachen beeinflußt werden, nämlich durch Relaxation von ε. Sie kann nur verursacht sein durch Verschiebung der Netzwerkbildner über die Gebiete niedrigeren Potentials hin. Die Netzwerkwandler führen zudem außerhalb ihres eigenen Platzwechsels noch Schwingungen aus von der Frequenz $f = 10^{11}$ bis 10^{13} Hz. In der Gegend solcher Frequenzen muß man deshalb noch dielektrische Verluste erwarten.

Die Abb. 86 gibt die dielektrischen Verluste von 4 Gläsern

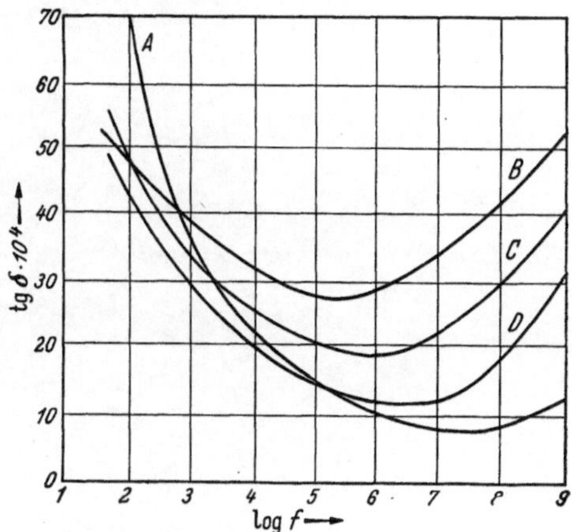

Abb. 86. Dielektrische Verluste (tg δ) von 4 Gläsern in Abhängigkeit von der Frequenz. (Nach STEVELS) A = Natronkalkglas mit 17% Na₂O (für dieses Glas ist die Ordinate tg δ × 10³ B = Aluminiumsilikatglas (alkalifrei) C = Borosilikatglas D = Bleiglas

in Abhängigkeit von der Frequenz wieder. Das Minimum bei einer bestimmten Frequenz ist für jedes Glas erkennbar. Durch Änderung der Zusammensetzung des Glases kann man das Minimum und evtl. vorhandene Maxima verlagern. Bei *sehr tiefen Temperaturen* werden die Verluste bei mittleren und niedrigen Frequenzen ebenfalls beobachtet. Aber sie werden dann nach STEVELS nicht durch die Netzwerkwandler, sondern durch die Bewegungen des Netzwerks selbst veranlaßt.

Die Netzwerkbildner können natürlich dieselben Schwingungen ausführen wie die Wandler, d. h. mit Frequenzen von 10^{11} bis 10^{13} Hz. Daneben treten aber bei ihnen Deformationsverluste auf, die man als Relaxation von ε innerhalb sehr kleiner Zeiträume auffassen kann. Das Maximum dieser Relaxation ist noch nicht gemessen worden, weil es bei

---

[1] STEVELS, J. M.: Koninkl. Inst. Ing. Holland (1951) Nr. 31.

zu tiefen Temperaturen liegt. Jenseits dieses hypothetischen Maximums fallen die Verluste zum absoluten Nullpunkt hin völlig weg.

Die verwickelten Verhältnisse in der Abhängigkeit der dielektrischen Verluste von Temperatur und Frequenz wurden von Stevels[1] in einem Raumdiagramm anschaulich dargestellt (Abb. 87):

Es zeigt auf einer Seite die absoluten Temperaturen, auf der anderen die Frequenzen (f). Senkrecht auf allen Punkten der von ihnen umschlossenen Fläche sind als Senkrechte die Werte für tg δ aufgetragen. Sie erheben sich für hohe Temperaturen (500 bis 600° K) und Frequenzen von etwa 10^3 Hz zu einem hohen „Gebirge". Die Höhe desselben,

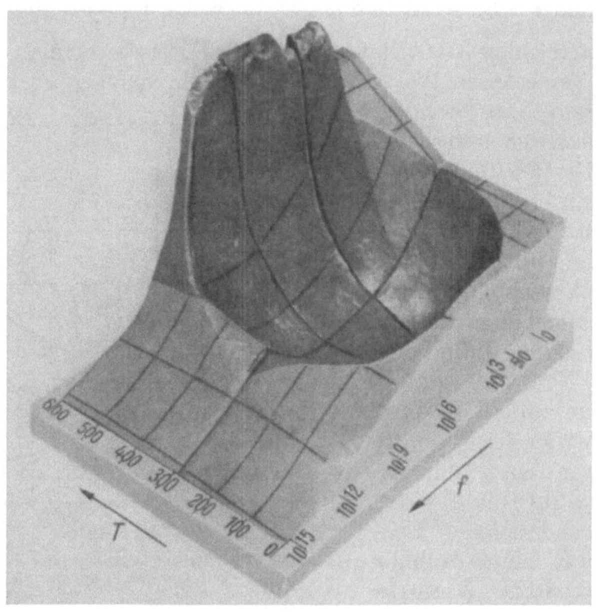

Abb. 87. Dielektrische Verluste in Abhängigkeit von Temperatur und Frequenz. (Nach Stevels)

die Steilheit der „Hänge" und die Form der „Täler" hängt von der Zu-sammensetzung des Glases ab. Das schwarze Gebiet ist erforscht. Die Form des dunkelgrauen Gebiets ist theoretisch erfaßt, aber experimentell noch nicht bearbeitet. Das hellgraue Gebiet ist unbekannt. Die durch 2 von der Spitze abfallende „Täler" getrennte 3 „Steilhänge" werden von Stevels gedeutet als Gebiete der Verluste durch Vibration der Wandler, Relaxation der Former und Deformationen des Netzwerkes.

Der tiefste Punkt des „Tales" liegt überall auf derselben Stelle, nämlich bei etwa 200° K und $f = 10^3$ Hz. Bei Zimmertemperatur (300° K) findet man immer ein Maximum für tg δ als Funktion der Frequenz bei $f = 10^6$ Hz. Für Frequenzen von 10 Hz sind die Verluste zwischen 200° K und 400° K praktisch unabhängig von der Temperatur.

[1] Stevels, J. M.: Koninkl. Inst. Ing. Holland (1951) Nr. 29/31.

Der Verlustfaktor tg δ mancher Gläser und eines Quarzkristalls hat nach STEVELS[1] bei 1000 Hz ein Maximum bei etwa 40° K. Er nimmt an, daß in Gläsern, Kieselglas und Quarz ein Relaxationsmechanismus besteht, der durch sehr kurze Relaxationszeiten (etwa 10^{-12} Sekunden) und sehr niedrige Aktivierungsenergie (etwa 0,04 bis 0,1 eV) charakterisiert ist. Siloxane verhielten sich ebenso. STEVELS nimmt an, daß die dielektrischen Verluste durch das Mitschwingen der nicht brückenbildenden „Sauerstoffschwänze" in den SiO_4-Tetraedern bedingt sind. In den Siloxanen sind das die Radikale, in den komplexen Gläsern die Bindungen an eingelagerte Metallionen.

Bei SiO_2 sind weder Verluste von ε durch Leitung noch durch Relaxation zu erwarten. Die Verluste durch Deformation liegen bei sehr tiefen Temperaturen, die Vibrationsverluste bei sehr hohen Frequenzen. Die Verlustmaxima liegen weit auseinander, ihr Gefälle ist gleichmäßig, der Bezirk niedriger Verluste sehr groß. STEVELS gibt folgende Beispiele:

$$\text{tg } \delta = 8 \cdot 10^{-4} \text{ bei } 10^2 \text{ Hz}$$
$$\text{tg } \delta = 2 \cdot 10^{-4} \text{ bei } 10^6 \text{ Hz}$$
$$\text{tg } \delta = 2,5 \cdot 10^{-4} \text{ bei } 2,5 \cdot 10^{10} \text{ Hz}$$

Bei P_2O_5 (mindestens 1 schwebendes O^{2-}-Ion per netzwerkformendes Ion) ist der Abfall steiler. Die fremden Ionen können sich leichter einen Weg durch dieses Netzwerk bahnen. Fügt man solchen Netzwerken Kationen zu, so entstehen große Relaxationsverluste, deren Verlustgefälle um so steiler ist, je beweglicher das Kation ist. Li^+ und Na^+ wirken am schlimmsten, K^+ und Mg^{2+} etwas weniger, während Ba^{2+} und Pb^{2+} wegen ihrer eigenen Polarisation leichter durch das Netzwerk wandern und wenig dielektrische Verluste verursachen. Deshalb sind nach STEVELS Li^+ und Na^+ enthaltende Gläser oberhalb 300° K sehr abhängig von Frequenz und Temperatur. In Gegenwart vieler Kationen wird das Netzwerk so locker, daß auch Ba^{2+} und andere Ionen Relaxationsverluste veranlassen.

Der Verlustwinkel ist in SiO_2- oder B_2O_3-Glas sehr klein wegen deren starker Bindungskräfte. MOORE und DE SILVA gaben für Alkali-Kalk-Gläser für cos φ folgende Änderungen an:

Er wächst bei Vermehrung von	Na_2O auf Kosten von SiO_2
Er wächst noch mehr bei Vermehrung von	Na_2O „ „ „ CaO
Er wächst bei Vermehrung von	Al_2O_3 „ „ „ SiO_2
	bei konstantem Na_2O und CaO
Er nimmt ab bei Vermehrung von	B_2O_3 auf Kosten aller anderer Glasbestandteile.

Gewichtsprozentischer Ersatz von Na_2O durch K_2O reduziert cos φ bis Na_2O auf 3% gesunken ist. Bei weiterem Ersatz von Na_2O durch K_2O steigt er.

Die Temperaturabhängigkeit α des power factors (Verlustwinkels) tg δ ist folgenden Schwankungen unterworfen:

---

[1] STEVELS, J. M.: Glastek. Tid. Bd. 9 (1954) S. 104. Glastechn. Ber. Bd. 26 (1953) S. 227.

sie steigt bei Einführung von Na_2O an Stelle von SiO_2
sie steigt bei Einführung von CaO „ „ „ Na_2O
verändert wenig bei Einführung von Al_2O_3 „ „ „ SiO_2
wird wenig kleiner bei Einführung von B_2O_3 „ „ o Na_2O
steigt bei Einführung von Al_2O_3 in B_2O_3haltigen Gläsern.

Bei Ersatz von Na_2O durch K_2O bei konstantem CaO und SiO_2 wird dieses α nicht verändert bis die Hälfte des Na_2O ersetzt ist. Aber oberhalb 8% K_2O verringert sich α linear mit wachsendem Gehalt an K_2O.

In *Natron-Kalk-Gläsern* sank der Verlustwinkel bei konstanter Temperatur mit wachsender Frequenz[1]. Bei Zimmertemperatur waren diese Veränderungen sehr gering. In *Na_2O-SiO_2-Gläsern* war bei Zimmertemperatur der Verlustwinkel bei 4 Kilohertz etwa 3mal so groß wie bei 4 Megahertz. Bei Temperaturänderungen verringerte sich der Temperaturkoeffizient des Verlustwinkels mit zunehmender Frequenz.

Im reinen *B_2O_3-Glas* bleibt der Verlustwinkel bis 350° unverändert. In den *binären Boratgläsern* wächst er mit steigenden Temperaturen, aber nicht linear[2]. Der Zuwachs ist größer, je höher der Alkaligehalt, besonders der Na-Gehalt ist: Bei 30 m-Wellen wurde festgestellt:

Bei 28% K_2O		Bei 24,4% Na_2O	
t°	Verlustwinkel	t°	Verlustwinkel
100	14 Minuten	100	28 Minuten
200	25 „	200	88 „
300	70 „		

Binäre Li_2O - B_2O_3 - Gläser haben noch höhere dielektrische Verluste.

Boratgläser erhalten durch Zusatz von Kationen bei bestimmten Konzentrationen keine Schwächung, sondern eine Verstärkung des Netzwerkverbandes. Es treten dann bestimmte scharfe Minima sowohl im Relaxations- wie im Vibrationsbereich auf.

Solche Minima der dielektrischen Verluste können auch bei Gläsern auftreten, die etwa gleiche Anteile von K und Na enthalten. Die Verluste können dann etwa $^1/_6$ derjenigen von solchen Gläsern mit nur einem Alkali betragen. STEVELS[3] nimmt an, daß solche gemischten Gläser im Netzwerk einen Zustand „dichtester Packung" haben.

Ternäre Boratgläser mit 2 Alkalien haben ein Minimum der Verluste, das z. B. für 18° bei K : Li = 28 : 42 für 100 Mol B_2O_3 liegt. Das gilt für alle Wellenlängen von 6 bis 1510 m. Dieses Minimum bleibt auch bei hohen Temperaturen bestehen. Hier besteht ein Zusammenhang zwischen den dielektrischen Verlusten und der elektrischen Leitfähigkeit.

Variiert man in Gläsern des Systems R_2O-PbO-SiO_2 die chemische Zusammensentzung[4], so ist der Verlustfaktor am kleinsten bei 0,5 Mol K_2O oder Na_2O. Ersetzt man teilweise PbO durch CaO, so nimmt der Verlustwinkel mit steigendem Gehalt an SiO_2 zu, während ε abnimmt. Die Stoffkonstante $\varepsilon \cdot \mathrm{tg}\,\delta$ wächst ebenfalls mit steigendem SiO_2-Gehalt an. Dagegen nimmt bei B_2O_3-Gläsern mit steigendem SiO_2-Gehalt $\mathrm{tg}\,\delta$ und ε ab. Läßt man bei konstantem SiO_2-Gehalt PbO bzw. CaO variieren, so wird mit deren steigendem Gehalt $\mathrm{tg}\,\delta$ und $\mathrm{tg}\,\delta \cdot \varepsilon$ kleiner, ε größer, also

---

[1] MOORE, H. u. R. C. DE SILVA: J. Soc. Glass Technol. Bd. 36 (1952) S. 18.
[2] KESSENIKH, R. M.: Ref. in Bull. Amer. ceram. Soc. Abstr. (1945) S. 37.
[3] s. S. 235.
[4] EGAMI, K.: Ref. in Glastechn. Ber. Bd. 14 (1936) S. 32.

gerade umgekehrt wie beim Anwachsen des SiO_2-Gehaltes in diesen Gläsern. Beim Ersatz von PbO durch B_2O_3 erfolgt dieselbe Änderung der dielektrischen Eigenschaften wie bei Variation von SiO_2.

Bleiborosilikatgläser mit hohem Bleigehalt haben sehr hohes ε[1]:

PbO	B_2O_3	SiO_2	ε	$\mathrm{tg}\,\delta \cdot 10^3$	PbO	B_2O_3	SiO_2	ε	$\mathrm{tg}\,\delta \cdot 10^3$
90	10	—	78,9	30,0	50	5	45	17,7	1,5
50	50	—	18,5	1,3	50	45	5	15,0	—
50	25	25	16,0	1,0	50	—	50	18,7	< 1,0

Sehr niedrige dielektrische Verluste wurden bei Gläsern des Systems Al_2O_3–B_2O_3–SiO_2, mit etwa 25% (Li_2O + einem anderen Alkali) gefunden ($\mathrm{tg}\,\delta = 0{,}0016$ und $0{,}0011$, während technische Glassorten Werte von 0,008 haben)[2]. Enthalten solche Gläser nur LiO_2, so zeichnen sie sich durch hohe elektrische Leitfähigkeit aus, nämlich 10^3 bis 10^4 so hoch wie bei Gebrauchsglas.

Setzt man einem Natron-Kalkglas die gleiche geringe Menge von Oxyden zu, so ergibt sich für 100 bis $5 \cdot 10^6$ Hz folgende Reihe der Beeinflussung der dielektrischen Verluste. Zunahme fand statt bei Zusatz von ZrO_2, Na_2O und Al_2O_3. Abnahme fand statt bei SiO_2, V_2O_5, ZnO, MgO, B_2O_3, TiO_2, CoO, CaO, CeO_2, NiO, MnO, Fe_2O_3, BaO, PbO, Li_2O und K_2O. Die Reihenfolge entspricht derjenigen des Grades der Zu- oder Abnahme[3].

5. Der elektrische Durchschlag

Er kann ein *direkter elektrischer* oder ein *thermisch bedingter* Durchschlag sein. Ersterer besteht in der Auslösung einer Elektronen- und Ionenlawine durch Elektronenstoß, letzterer im gegenseitigen Höhertreiben von Erwärmung und elektrischer Leitfähigkeit[4]. Bei sehr dünnen Schichten überwiegt der elektrische, bei dickeren Schichten sowie bei höherer Anfangstemperatur und Dauerbeanspruchung der thermische Durchschlag. Der absolute Wert der Durchschlagfestigkeit ist in den Gläsern wesentlich höher als in den entsprechenden Kristallen. Dies ist erklärbar aus dem Einfluß von Temperatur und Struktur auf die Streuung der Elektronen. Die Erhöhung des Widerstandes der Metalle bei Temperaturerhöhung ist ein ähnliches Phänomen[5]. Bei homogenem Feld ist die Durchschlagspannung der Schichtdicke proportional, wächst aber bei größeren Schichtdicken langsamer als diese. Das liegt an der Erwärmung, der Versuch muß deshalb schnell durchgeführt werden. Von 5 Megavolt ab durchbricht die Spannung jede Schichtdicke. Der absolute Wert der Durchschlagfestigkeit ist in den verschiedenen Temperatur-

[1] BISCHOFF, F.: Glastechn. Ber. Bd. 28 (1955) S. 98.

[2] DALE, A. E., E. F. PEGG u. J. E. STANWORTH: J. Soc. Glass Technol. Bd. 35 (1951) S. 136.

[3] THURNAUER, H. u. E. BADGER: J. Amer. ceram. Soc. Bd. 23 (1940) S. 9, 271.

[4] SHAND, E. B.: Electr. Eng. Bd. 60 (1941) S. 814 [Ref. in Glastechn. Ber. Bd. 20 (1942) S. 295].

[5] HIPPEL, A. VON u. R. J. MAURER: Phys. Rev. Bd. 59 (1941) S. 820 [Ref. in J. Amer. ceram. Soc. Abstr. (1941) S. 260].

bereichen für Gläser und die entsprechenden Kristalle verschieden. Es gibt nämlich eine kritische Temperatur, unterhalb deren die elektrische Festigkeit zunimmt, und oberhalb deren sie abnimmt[1]. Die Durchschlag-feldstärke von Kieselglas bei $-80°$ ist fast doppelt so groß wie die von Quarz. Das wird von FRÖHLICH dadurch erklärt, daß er das Kieselglas als einen Quarzkristall mit sehr vielen Gitterstörungen ansieht, die bei tieferen Temperaturen dem elektrischen Durchschlag größere Hinder-nisse bereiten. Bei $+40°$ sind diese Feldstärken gleich und bei $+80°$ ist kristallisierter Quarz doppelt so fest wie Kieselglas[2]. Damit stimmt die Erfahrung überein, daß der kristallisierte Glimmer bei hohen Tempera-turen (Bügeleisen) besser isoliert als Glas.

Bei 700—1000 Volt erfolgt der elektrische Durchschlag von[3]

Soda-Kalk-Kieselglas	bei 300°
Bleiglas (30% PbO)	„ 500°
Pyrexglas	„ 520°
94% SiO_2, 4% CeO_2, 2% BeO-Glas	„ 740°
Borosilikatglas, viel Al_2O_3	„ 950°

Ein *Goldrubinglas* hatte eine elektrische Durchschlagfestigkeit von $6,0 \cdot 10^6$ V/cm, *Kieselglas* von $5,4 \cdot 10^6$ V/cm. Das beweist, daß die Gold-teilchen im Glase die elektrische Festigkeit nicht beeinflussen[4].

6. Elektrostriktion[5]

Die starke atomische Polarisation der Alkaliionen, besonders ihre Be-wegung zur Kathode hin beeinflußt die Si-O-Bindungen. Bei Raum-temperatur ist der Einfluß klein. Er führt daher nicht zur Lösung der Bindung, wohl aber zur Änderung des Winkels und des Abstandes der Si-O-Bindung. Dieses verursacht geringe Volumänderungen (Elektro-striktion), die der säkularen Nullpunktserhöhung der Thermometer ver-gleichbar sind. Diese kleinen Änderungen in der Si-O-Bindung verur-sachen wieder Verschiebungen in der Koordination der Na^+-Ionen, die von NaO_8- bis zu NaO_{12}-Koordination schwanken kann. Das verursacht diese Abstandsänderungen der Si-O-Bindungen. Also vermag ein an-gelegtes elektrisches Feld das Volumen zu vergrößern. Der Effekt ist zeitbedingt. Nur alkaliarme Gläser reagieren spontan.

7. Reibungselektrizität[5] (s. S. 177)

Die Bildung einer elektrischen Ladung beim Reiben von Glas beruht auf Ionenwanderung. Die Oberfläche von Glas besteht nämlich nicht aus Ionen hoher Valenz, z. B. Si^{4+}, da dieses sich sofort mit O^{2-}-Ionen abschirmt (screening), sondern aus großen Ionen (O^{2-}, F^-), Alkaliionen und polarisierbaren Ionen (Pb^{2+}). Entfernt man durch Reiben nur 1% der Na^+-Ionen aus der monomolekularen Oberflächenschicht, so führt

---

[1] FRÖHLICH, H.: Proc. Roy. Soc. London A. Bd. 188 (1947) S. 521.
[2] KELLER, K. J.: Koninkl. Inst. Ing. Holland (1951) Nr. 29.
[3] PIRANI, M.: J. Soc. Glass Technol. Bd. 27 (1943) S. 38.
[4] AUSTEN, A. E. W. u. S. WHITEHEAD: Proc. Roy. Soc. Bd. 176 A (1940) S. 33.
[5] WEYL, W. A.: J. Soc. Glass Technol. Bd. 33 (1949) S. 233.

das nach WEYL zu einer negativen Ladung von 300000 Volt. Daher verursacht Schütteln von Glaspulver, das sorgfältig entgast und in ein Rohr eingeschmolzen wird, elektrische Entladungen, die im Dunkeln sichtbar sind. Sie bilden beim Schütteln neue Bindungen. Die Mitwirkung der Alkalien geht auch daraus hervor, daß die beim Reiben von Glas mit Seide verursachte elektrische Aufladung mit der Verarmung des Glases an Alkali und Anreicherung von PbO mindert[1]. Reibt man das Glas mit einem Diamanten, so entstehen elektrische Entladungen mit Lichteffekten, die auf einer auf der anderen Seite der Platte befindlichen photographischen Schicht direkt photographiert werden können[2] (s. S. 35).

Die positive Ladung des Glases kehrt nicht nur durch Reiben mit Seide, Tuch, Katzenfell, sondern auch durch Erhitzung auf eine gewisse Temperatur um in negative Ladung. Diese Temperatur liegt bei vielen Glassorten bei 260°.[3] Die positive Ladung nimmt bei Erhitzung stetig ab. Erhitzt man über den Umkehrpunkt hinaus, so hält die negative Ladung etwa 1 Tag an. Auch bei sehr starker Abkühlung, z. B. in flüssiger Luft laden sich die Glasisolatoren vorübergehend negativ auf. Die Stärke der Ladungen hängt von der Glasart ab. Kronglas lädt sich stärker auf als Flintglas, UV-Gläser sehr stark, schwere Flintgläser sehr schwach. Borosilikatglas steht in der Mitte. Bei glatter Oberfläche sind die Ladungen sehr viel größer als bei rauher Fläche (Abstrahlung!).

G. Kieselglas (s. S. 59)

Das Kieselglas verdient wegen seiner außerordentlichen Eigenschaften eine besondere Besprechung. In seinen Eigenschaften hat es Höchstwerte unter den Gläsern, teilweise selbst unter allen Feststoffen.

Wie S. 60 bereits behandelt wurde, gibt es bei Kieselglas 2 Modifikationen, eine oberhalb 1850° beständige α-Form und eine unterhalb dieser Temperatur beständige β-Form. Bei der technischen Bereitung entsteht ein Gemisch beider Phasen, die durch Wärmebehandlung bei tieferen Temperaturen stabilisiert werden können[4]. Um Konstanz der Dichte zu erhalten, sind bei 1080° 40 Stunden, bei 993° 600 Stunden, bei 900° wahrscheinlich mehr als 10000 Stunden erforderlich[5]. Oberhalb 1300° ist die Konstanz in wenigen Sekunden erreicht. Damit ist eine große Änderung des Ausdehnungskoeffizienten verbunden.

Die *Dichte* im Gleichgewichtszustand wächst mit zunehmender Temperatur, was nach DOUGLAS und ISARD auf die Schrumpfung des offenen Gitterwerks bei hohen Temperaturen zurückgeführt wird. Bei — 84° erleidet das Kieselglas eine zweite Dichteumkehr.

---

[1] WEYL, W. A.: J. Soc. Glass Technol. Bd. 33 (1949) S. 233.

[2] LABUSSIÈRE, G.: C. R. Bd. 185 (1927) S. 1028.

[3] RIZZI, FR.: Rendiconto Acad. Sc. Fis. Napoli (3) Bd. 30, S. 174 [Ref. in Glastechn. Ber. Bd. 5 (1927) S. 177].

[4] SALMANG, H. u. F. GAREIS: Sprechsaal Bd. 68 (1935) S. 467.

[5] DOUGLAS, R. W. u. J. O. ISARD: J. Soc. Glass Technol. Bd. 35 (1951) S. 206; Bd. 39 (1955) S. 61, 83.

Kieselglas (*Heräus*) hatte folgende *Ausdehnungskoeffizienten*[1]:

$$
\begin{array}{llll}
0\text{—}200° & 5{,}9 \cdot 10^{-7} & \quad 600\text{—}\ 800° & 5{,}9 \cdot 10^{-7} \\
200\text{—}400° & 6{,}7 \cdot 10^{-7} & \quad 800\text{—}1000° & 4{,}2 \cdot 10^{-7} \\
400\text{—}600° & 5{,}9 \cdot 10^{-7} & &
\end{array}
$$

Ein Maximum liegt also bei 250°. Gläser aus SiO_2 und TiO_2 haben noch niedrigere Ausdehnungskoeffizienten:

SiO_2	94,7	93,8	91,6	90,3	89,6
TiO_2	5,3	6,2	8,4	9,7	10,4
$\alpha \cdot 10^{-7}$ ...	2,1	1,75	0,1	0,7	0,6

In Gläsern aus SiO_2 mit Al_2O_3 bleibt der Ausdehnungskoeffizient praktisch unverändert. DIETZEL sieht die Erklärung im Ersatz von Si^{4+} durch Ti^{4+} und Al^{3+}, die eine festere örtliche Bindung, aber eine Lockerung der Struktur verursachen, die dann die Ausdehnung noch besser auffangen kann. Trotz des kleinen Ausdehnungskoeffizienten sind auch im abkühlenden Kieselglas ansehnliche Spannungen vorhanden[2]. Ein dünnwandiger Tiegel kann aus der Gebläsehitze ohne Schaden unter einen laufenden Wasserkran gehalten werden. Aber ein 1000° heißer, faustgroßer Brocken Kieselglas, der ins Wasser geworfen wird, zerspringt.

Die *Festigkeiten* des Kieselglases übertreffen die der meisten anderen Gläser: Die Druckfestigkeit beträgt 13400 kg/cm², die Zugfestigkeit 490 kg/cm², die Mohshärte ist 4,9, der Elastizitätsmodul 8000 kg/mm², d. h. so hoch wie bei vielen Metallen. Die Festigkeit ist bei 20° viel geringer als bei $-80°$, bleibt bis 500° fast unverändert und steigt bis 800° wieder erheblich an[3]. Durch Abätzen der Oberfläche mit HF wird die Festigkeit um $^1/_2$ bis $^1/_3$ erhöht, wie das bei allen Gläsern der Fall ist. Die Erklärung liegt in der Beseitigung der Oberflächenfehler.

Schon kleine Drücke verursachen *Kompressibilität* des Kieselglases[4] (s. S. 28). Man ist deshalb genötigt, Verbiegung der Si-O-Si-Ketten schon bei gewöhnlichen Temperaturen anzunehmen (s. S. 23). Die Kompressibilität wächst nicht sprunghaft, sondern gleichmäßig an, was auf eine gewisse Willkürlichkeit dieser Verbiegung deutet.

Geschmolzenes Kieselglas hat bei 1720° eine *Viskosität* von $2{,}94 \cdot 10^6$ Poisen, bei 2000° von $2{,}83 \cdot 10^4$ Poisen[5]. Im Viskositätsintervall $\eta = 10^4$ bis 10^{12} gilt nach SOLOMIN die Beziehung $\log \eta = \dfrac{2{,}074}{t - 182} - 6{,}991$. Die Viskosität von Kieselglas änderte sich von $5 \cdot 10^{13}$ bei 1100° bis $9 \cdot 10^{11}$ bei 1450°. Die Schwankungen bei Kieselgläsern verschiedener Herkunft waren gering.

Geschmolzenes Kieselglas läßt sich zu viel dünneren *Fäden* ausziehen als andere Gläser.

[1] DIETZEL, A.: Naturwiss. Bd. 31 (1943) S. 22.

[2] ISARD, J. O. u. R. W. DOUGLAS: J. Soc. Glass Technol. Bd. 39 (1955) S. 61, 83.

[3] DAWIHL, W. u. W. RIX: Glastechn. Ber. Bd. 18 (1940) S. 265.

[4] SMYTH, H. T., J. W. LONDEREE u. G. E. LOREY: J. Amer. ceram. Soc. Bd. 36 (1953) S. 238.

[5] VOLAROVICH, M. P. u. A. A. LEONTIEVA: J. Soc. Glass Technol. Bd. 20 (1936) S. 139. — SOLOMIN, N. V.: [Ref. in J. Amer. ceram. Soc. Abstr. (1941) S. 143].

Die *mittlere spezifische Wärme* und die *wahre spezifische Wärme* von
-270 bis $2600°$ lassen sich sehr genau durch die Formeln ausdrücken:

$$C_M = \frac{0{,}68\,t + 250}{2{,}19\,t + 1{,}485} \qquad C_W = \frac{0{,}68 \cdot 2{,}19 \cdot t^2 + 2 \cdot 0{,}68 \cdot t + 250}{(2{,}19 \cdot t + 1)^2} \quad 1$$

Die *Wärmeleitfähigkeit* ist hoch ($0{,}0033$ bzw. $0{,}0046$ cal/cm·sek bei $0°$
und bei $100°$) wegen der starren Vernetzung[2].

Läßt man dieselbe Wärmequelle unter gleichen Bedingungen auf
Kieselglas und Kronglas einwirken, so kann man mittels der Inter-
ferenzmethode feststellen, daß die Zahl der Interferenzstreifen beim
Kieselglas viel kleiner ist als beim Kronglas. Ersteres ist deshalb das
beste Material, um optische Spiegel zu konstruieren, die gegenüber
schroffen Temperaturänderungen unempfindlich sind. Entscheidend ist
in diesem Falle auch die größere Wärmeleitfähigkeit des Kieselglases[3].

Die *Dielektrizitätskonstante* ε beträgt bei 50 Hz 3,7, was dem Quadrat
der Brechung entspricht (*2. Maxwellsches Gesetz*). Der *Verlustwinkel* tg δ
beträgt $5 \cdot 10^{-4}$ bei 50 Hz und $1{,}8 \cdot 10^{-4}$ bei $3 \cdot 10^5$ Hz. Diese sehr niedrigen
Werte des dielektrischen Verlustwinkels sind nach DIETZEL[4] auf die
Starrheit des Netzwerkes zurückzuführen, die ein Mitschwingen der Teilchen im Wechselfeld unterdrückt.

Kieselglas läßt noch so kurze *Lichtwellen wie 185 mμ* durch. Es wird
hierin nur vom Quarz und Fluorit übertroffen. Schon sehr geringe Mengen
von SnO_2 (0,2 bis 0,5%) verursachen Absorption der kürzesten Wellen[5].

An Kieselglasplatten von
10 mm Dicke wurde fol-
gende Absorption festge-
stellt[6] (s. S. 146):

λ	Absorption in %	λ	Absorption in %
1862 A	83,6	2034	75,8
1873	83,5	2066	70,4
1930	82,1	2105	59,5
1979	80,7	2126	52,3
1994	80,0	2182	33,0
2026	76,7		

Die Absorption nimmt also unterhalb 2100 A schnell zu, aber unterhalb 1930 A wieder langsamer.

Die *Entglasung* gekühlten
Kieselglases erfolgt bei gewöhnlichem Kieselglas bei $1000°$, bei poliertem bei $1400°$ und bei in Knallgas feuerpoliertem bei $1300°$[7].

Kieselglas ist *mit Wasserdampf flüchtig*[8].

Ein als *Vicorglas* technisch hergestelltes Kieselglas wird aus einem
Alkaliborosilikatglas mit niedrigem SiO_2-Gehalt, das zu der gewünschten
Form geblasen wird, hergestellt[9]. Alle Bestandteile außer SiO_2 lassen sich
dann auslaugen (s. S. 65). Durch Erhitzen des Restglases auf eine Temperatur zwischen dem Kühl- und Erweichungspunkt schrumpft man das

---

[1] THURET, A.: J. Soc. Glass Technol. Bd. 20 (1936) S. 680.
[2] DIETZEL, A.: Glastechn. Ber. Bd. 22 (1948) S. 82.
[3] ARNULF, A.: Rév. d'Opt. Bd. 6 (1927) S. 315.
[4] DIETZEL, A.: Glastechn. Ber. Bd. 22 (1948) S. 82.
[5] MADDOCK, A. J.: J. Soc. Glass Technol. Bd. 23 (1939) S. 372.
[6] TSUKAMOTO: C. R. Bd. 185 (1927) S. 55.
[7] HUWA, K. u. H. INUZUKA: [Ref. in Amer. ceram. Abstr. (1946) S. 137].
[8] NIEUWENBURG, C. J. VAN u. H. B. BLUMENDAL: Rec. Trav. Chim. Pays
Bas Bd. 49 (1930) S. 857; Bd. 50 (1931) S. 129. Bd. 51 (1932) S. 707.
[9] NORDBERG, M. E.: J. Amer. ceram. Soc. Bd. 27 (1944) S. 299.

Glas zu einem sehr brauchbaren Gefäß zusammen, dessen Substanz 96% SiO_2 enthält. Die folgende Tabelle zeigt seine Eigenschaften im Vergleich zu *Pyrexglas* und *Kieselglas*.

	Vicor 790	Pyrexglas	Kieselglas
Dichte	2,18	2,23	2,20
Ausdehnungskoeffizient · 10^7	7,5	33	5,5
Erweichungstemperatur °	1500	819	1650
Kühltemperatur °	900	553	1150
Elektrischer Widerstand Ohm · cm			
$\quad$ log R bei 250°	9,7	8,1	12
$\quad$ log R bei 350°	8,1	6,7	9,7
Dielektrizitätskonstante 20°	3,8	4,7	3,8
Brechungsindex n_D	1,458	1,474	1,458
5% HCl, 24 Std., mg/cm²	0,0005	0,0045	—
n/50 NaOH, 6 Std.	0,07	0,12	—
5% NaOH, 6 Std.	0,90	1,4	—

Die *Entglasungsgeschwindigkeit* ist unterhalb 900° sehr klein, wächst aber von 1000° ab. Sie ist bis 1200° größer als bei Kieselglas. Bei höheren Temperaturen fällt sie unter die des Kieselglases.

Die *UV-Durchlässigkeit* des Vicorglases beginnt schon von 210 mμ ab und beträgt 90% von 280 mμ ab. Im *Infrarotgebiet* besteht völlige Schluckung bei genau 2,72 μ und dann erst wieder von 3,6 μ ab. Das Glas ist völlig durchsichtig und verfärbt sich nicht im Sonnenlicht.

H. Optisches Glas

1. Optische Eigenschaften

Der Optiker hat außer an Homogenität (das ist Abwesenheit von Bläschen und Schlieren) und Farbe nur für zwei Eigenschaften Interesse, an n und v, d. h. an *Brechung* und *Dispersion*. Letztere ist ein Maß für die Breite des mit dem betreffenden Glase erhaltenen Spektrums. Setzt man die Breite des mit Wasser erhaltenen Spektrums gleich 1, so ist das von Kronglas 1,5, von Flintglas 3,2 breit. Haben wir z. B. mit einem Glase zu tun, das einen Brechungsindex von $n_D = 1,517$ und eine

reziproke, relative Dispersion $v = \dfrac{n_D - 1}{n_F - n_C}$ (ABBEsche Zahl) von 64,5 hat

(n_F und n_C sind die Brechungsindizes für die Linie C im Rot und F im Violett), so erhält das Glas nach einem von ZSCHOKKE stammenden Vorschlag die Bezeichnung 517,645.

Die Abb. 88, 89 zeigen eine Übersicht der gebräuchlichen optischen Gläser im Diagramm $n - v$. Nach alter Gewohnheit bezeichnet man auch heute noch die Gläser mit großer reziproker Dispersion und niedriger Brechung als *Krongläser*, die mit niedriger reziproker Dispersion und hoher Brechung als *Flintgläser*. Zu ihnen rechnen z. B. die Bleigläser. Da praktisch alle Linsen achromatisch sein müssen, müssen die optisch positiven Teile niedrige Dispersion, die negativen Teile hohe Dispersion haben. Hier folgen einige Angaben über die *Brechungsindizes bei den wichtigsten Wellenlängen* für einige Gläser und Diamant:

Wellenlänge in mµ	656	578	436	· 405
Leichtes Kronglas (Borkron BK 1) ...	1,5076	1,5101	1,5200	1,5236
Leichtes Flintglas (F 1)	1,6150	1,6200	1,6421	1,6507
Schweres Flintglas (SF 4)	1,7473	1,7552	1,7913	1,8060
Diamant	2,4099	2,4175	2,4499	2,4621

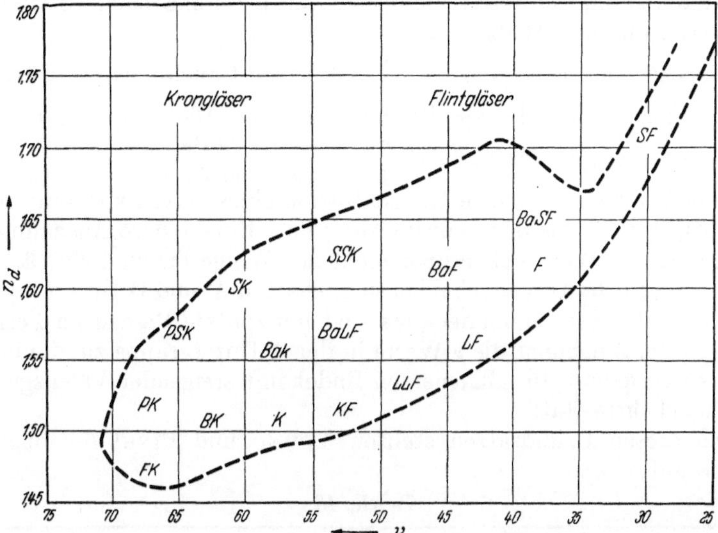

Abb. 88. Übersicht über die optischen Gläser

BK	= Borkron	K	= Kron	LLF	= Doppelleichtflint
PSK	= Phosphatschwerkron	SSK	= Schwerstkron	LF	= Leichtflint
PK	= Phosphatkron	BaK	= Barytkron	BaSF	= Barytschwerflint
FK	= Fluorkron	BaLF	= Barytleichtflint	F	= Flint
SK	= Schwerkron	KF	= Kronflint	SF	= Schwerflint
		BaF	= Barytflint		

Die S. 19 gegebenen Werte für die Ionenrefraktionen können als Ausgangspunkt für die Berechnung der Brechung und der Dispersion benutzt werden. Dieser Weg ist praktisch für stöchiometrische Verbindungen. Für Gläser empfiehlt sich die Berechnung auf Grund der oxydischen Zusammensetzung auf additiver Basis.

Hierzu ist die Kenntnis der *spezifischen Brechung r* und der *spezifischen Dispersion q* jedes glasbildenden Oxydanteils notwendig. Die spezifische Brechung wurde 1858 von GLADSTONE und DALE angegeben zu $r = \dfrac{n-1}{d}$, wo d die Dichte

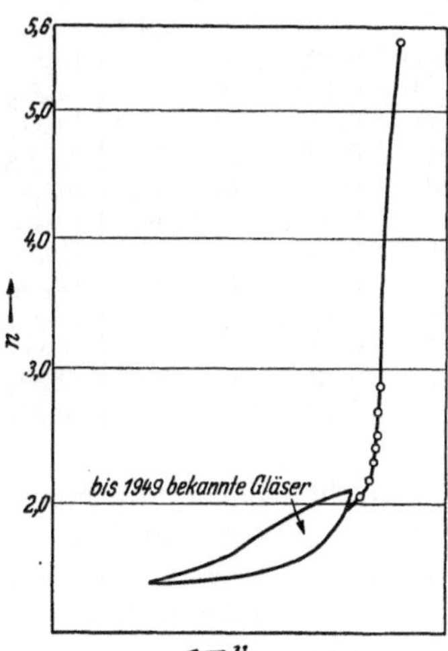

Abb. 89. Neue optische Gläser nach A. WINTER[1]

[1] WINTER, A.: IV. Internat. Kongreß Glas, 1956, Abtlg. VIII. I

bedeutet. Nach dieser Formel variiert r linear mit der chemischen Zusammensetzung und dem Quadrat der Wellenlänge des Lichts, sie ist ferner für dieselbe Zusammensetzung identisch für den kristallisierten und den glasigen Zustand. Sie ist ferner für den glasigen Zustand unabhängig von der thermischen Vorbehandlung. Während die Dichte eines Glases durch verschiedenartige Wärmevorbehandlung um 0,27% schwanken kann, schwankt die spezifische Brechung nach GLADSTONE und DALE nur um 0,03%.

Die spezifische Dispersion $q = \dfrac{n_F - n_C}{d}$ variiert auch linear mit der Zusammensetzung wie die spezifische Brechung. Die reziproke mittlere Dispersion v ergibt sich aus $v = \dfrac{r}{q} = \dfrac{r_A\,P_A + r_B\,P_B + \cdots}{q_A\,P_A + q_B\,P_B + \cdots}$.

Die q-Werte sind für jede Konzentration eines Oxyds konstant außer für PbO, das nur bis 60% konstantes q hat. Eine andere Ausnahme ist B_2O_3, dessen q-Wert sich proportional der Menge bis zu 100% ändert.

Die v-Werte der Oxyde scheiden sich scharf in A- und B-Untergruppen. Mit steigender Seriennummer (das sind horizontale Reihen im Periodischen System) nehmen die v-Werte in der A-Untergruppe zu, die in der B-Untergruppe ab. Im allgemeinen findet mit steigender Valenzgruppe das Umgekehrte statt.

Nach diesen Grundsätzen stellten YOUNG und FINN[1] die folgende Tabelle auf:

Tabelle 48

	Spezifische Brechung r	$q \cdot 10^4$	v		Spezifische Brechung r	$q \cdot 10^4$	v		Spezifische Brechung r	$q \cdot 10^4$	v
H_2O	0,344	—	—	B_2O_3	0,236	40	59	SiO_2	0,2082	30,5	68,2
Li_2O	0,308	70	44	Al_2O_3	0,2070	42	49	TiO_2	0,300	170	17,7
Na_2O	0,1937	49,5	39,2	Ga_2O_3	0,153	39	39	GeO_2	0,167	40,1	41,6
K_2O	0,2019	42	48,1	Y_2O_3	0,172	41	42	ZrO_2	0,209	69	30,3
Rb_2O	0,133	26	51	In_2O_3	0,138	36	38	SnO_2	0,150	45	33
Cs_2O	0,124	22	56	La_2O_3	0,146	33	44	ThO_2	0,113	33	34
Tl_2O	0,148	120	12,3	Pr_2O_3	0,143	—	—	CeO_2	0,160	—	—
BeO	0,236	30	78	Nd_2O_3	0,138	—	—	P_2O_5	0,202	25,3	80
MgO	0,212	45	47,1	Sm_2O_3	0,130	—	—	V_2O_5	0,35	—	—
CaO	0,2270	49,4	46	Gd_2O_3	0,124	—	—	Nb_2O_5	0,230	100	23
ZnO	0,150	42	35,7	Ho_2O_3	0,157	—	—	Sb_2O_5	0,16	—	—
SrO	0,154	32	48	Er_2O_3	0,120	—	—	Ta_2O_5	0,134	50	27
CdO	0,126	—	—	Fe_2O_3	0,265	—	—	MoO_3	0,21	58	24
BaO	0,126	26,8	47	Bi_2O_3	0,147	79	19	WO_3	0,142	—	—
PbO	0,134	66	20,3	Sb_2O_3	0,169	70	23	UO_3	0,12	—	—
FeO	0,190	—	—	As_2O_3	—	37	47	—	—	—	—

Optische Gläser mit hohem Brechungsindex und hoher ABBE-Zahl sind sehr gesucht für Linsen mit großem Sehwinkel. Die Temperaturgradienten der Dispersion bei Änderungen der Gleichgewichtstemperatur sind meist negativ in Krongläsern und positiv in Flintgläsern. Letzteres

---

[1] YOUNG, J. C. u. A. N. FINN: J. Res. Nat. Bur. Stand. Bd. 25 (1940) S. 759.

ist die Folge des Hereinrückens der UV-Absorptionsbande der Flintgläser ins sichtbare Gebiet bei Temperaturerhöhung[1].

Ersetzt man in einem Grundglase von der molaren Zusammensetzung 54 SiO_2, 14 B_2O_3, 32 BaO mit den Werten $n_D = 1,6268$ und $v = 58,5$ die Oxyde SiO_2 und BaO durch andere Oxyde, so erhält man[2]:

Tabelle 49

Bei Ersatz		Brechungsindex	ABBE-Zahl	Liquidus °C
von	durch			
BaO	BeO	niedriger	höher	bei <6 bis 8% BeO Erniedrig.
				> 6 bis 8% BeO Erhöhung und
SiO_2	BeO	höher	unverändert	Neigung zu Krist.
BaO	CaO	niedriger	höher	gut läuterbar
BaO	La_2O_3	starke Erhöhung	niedriger	bei > 6% starke Erhöhung
BeO	ThO_2	höher	niedriger	bei > 4% starke Erhöhung
SiO_2	B_2O_3	bei 22% Maximum	höher	Erniedrigung

Bei La_2O_3-haltigen Gläsern wurde durch Einführung von B_2O_3 die Liquidustemperatur nicht erniedrigt. Diskontinuität in den Liquiduskurven und den Brechungskurven wurden immer bei ungefähr derselben Zusammensetzung gefunden. BaO und La_2O_3 vermindern den v-Wert weniger als andere Oxyde, die gleiche Erhöhung des Brechungsindex verursachen[3]. La_2O_3 verleiht Gläsern große Resistenz.

TiO_2 und PbO beeinflussen den Brechungsindex von Glas in gleicher Weise[4]. In *Bleigläsern* ergibt Berechnung des spezifischen Gewichtes denselben Wert wie die experimentelle Bestimmung. Die LICHTENECKERsche Regel gilt: In homogenen Mischungen (keine Mischkristalle!) ist der Logarithmus einer Eigenschaft gleich der Summe der logarithmischen Raumverhältnisse der einzelnen Bestandteile. Dies gilt nach H. KARMAUS[5] auch für die Lichtbrechung von Bleigläsern.

In Na_2O-B_2O_3-SiO_2-Gläsern mit wechselndem Na_2O- und B_2O_3-Gehalt wird der Brechungsindex bei steigendem B_2O_3-Gehalt bis zu einem Maximum erhöht, das bei 10% Na_2O bei 10% B_2O_3 und bei 20% Na_2O bei 22% B_2O_3 liegt. Auch der v-Wert steigt ungefähr in derselben Weise[6].

Fluorkrongläser zeichnen sich aus durch niedrigen Brechungsindex (n_D etwa 1,46 bis 1,50), hohe ABBE-Zahl (v etwa 63 bis 70) und niedrige Dispersion (etwa 0,007). Sie sind chemisch sehr wenig widerstandsfähig und werden als mittleres Glas in einer aus 3 Linsen kombinierten Optik gebraucht. Ersetzt man SiO_2 durch gleiche Gewichtsprozente F, so wird der Brechungsindex erniedrigt und die reziproke Dispersion v erhöht.

---

[1] TOOL, A. Q., L. W. TILTON u. J. R. SAUNDERS: J. Res. Nat. Bur. Stand. Bd. 38 (1947) S. 519.

[2] HAMILTON, E. H., O. H. GRAUER, Z. ZABAWSKY u. C. H. HAHNER: J. Amer. ceram. Soc. Bd. 31 (1948) S. 132.

[3] BREWSTER, G. F., N. J. KREIDL u. T. G. PETT: J. Soc. Glass Technol. Bd. 31 (1947) S. 153.

[4] COLBERT, W.: J. Amer. ceram. Soc. Bd. 29 (1946) S. 45.

[5] KARMAUS, H.: Sprechsaal Bd. 59 (1926) S. 725ff.

[6] WANG, T. H. u. W. E. S. TURNER: J. Soc. Glass Technol. Bd. 29 (1945) S. 390.

Ersetzt man SiO_2 durch Al_2O_3, so kann man fast alle erwünschten optischen Eigenschaften im Felde der Fluorkrongläser finden[1].

Fluoridgläser sind sowohl wegen ihres niedrigen Brechungsindex wie ihrer Durchlässigkeit für ultraviolettes Licht sehr interessant. Da Alkalifluoride zu hygroskopisch sind, untersuchte IMAOKA[2] das Eutektikum AlF_3-KF und fand es, teils zusammen mit MgF_2 oder CaF_2 sehr geeignet ($n_D = 1,36$ bis $1,38$, ν m 100).

Stellt man den Brechungsindex der $Na_2O\text{-}SiO_2$-Gläser[3] und der $K_2O\text{-}SiO_2$-Gläser[4] in Abhängigkeit von der chemischen Zusammensetzung dar, so erhält man Kurven, die aus 3 Abschnitten bestehen.

2. Transparenz und Haltbarkeit

Wie man sich an jedem Fenster überzeugen kann, ist die Transparenz nicht vollständig, da immer Spiegelung stattfindet. Die Reflexion entspricht bei Fensterglas 4% seiner Oberfläche, bei schweren Flintgläsern 10%, bei optischen Linsen und Prismen bis zu 30%[5]. Um die Reflexion beider Oberflächen einer Glasplatte zu vermindern, müssen die folgenden Bedingungen erfüllt sein:

1. Von beiden Oberflächen müssen gleiche Lichtmengen reflektiert werden.

2. Die Phasen der beiden Strahlen müssen Interferenz ergeben.

3. Die Oberflächenfilme, die die erforderlichen Reflexionswerte liefern, müssen eine definierte Dicke haben[6].

Unter diesen Umständen wird die Reflexion vermindert, aber die Transparenz nicht erhöht. Aber ein Oberflächenfilm aus einem transparenten Stoff, dessen Brechungsindex gleich der Quadratwurzel desjenigen des Glases ist, kann die Reflexionsverluste bis um 50% vermindern[7]. Wird die Dicke des Oberflächenfilms auf $^1/_4$ Wellenlänge reduziert, so sind die Reflexionsverluste Null. Ein Oberflächenfilm kann bereits durch Auslaugung, also Bildung eines Kieselgelfilms entstehen. Der nur $^1/_4$ Wellenlänge dicke Film kann allein durch Aufdampfen von geeigneten Stoffen, z. B. Kryolith entstehen.

Die allgemeine Lichtdurchlässigkeit optischer Gläser litt bisher an dieser Oberflächenreflexion. Nach Beseitigung dieser Störung bleibt noch die Lichtabsorption im Glase selbst, die ebenfalls vermindert worden ist. Die spektrale Durchlässigkeit optischer Gläser ist fast allgemein im UV-Gebiet (350 bis 400 mμ) gering.

Die Transparenz wird durch Entfernung der basischen Oxyde aus der Oberfläche erhöht. Der so entstandene SiO_2-Film ist so hart wie das Glas und kann auf der polierten Oberfläche erzeugt werden. Bei Kron-

[1] FRASER, W. A. u. L. O. UPTON: J. Amer. ceram. Soc. Bd. 27 (1944) S. 121.

[2] IMAOKA, M.: J. ceram. Assoc. Japan Bd. 62 (1954) S. 24 [Ref. J. Soc. Glass Technol. Abstr. Bd. 39 (1955) S. 31.

[3] FAICK, C. A. u. A. N. FINN: J. Amer. ceram. Soc. Bd. 14 (1931) S. 518.

[4] U. S. Bureau of Standards, J. Franklin Inst. Bd. 221 (1936) S. 160.

[5] TURNER, A. F.: Glass Ind. Bd. 22 (1941) S. 255. — H. JENSEN: Glastechn. Ber. Bd. 20 (1942) S. 46.

[6] FRENCH, J. W.: Nature Bd. 146 (1940) S. 687.

[7] STRONG, J.: J. Opt. Soc. Bd. 26 (1936) S. 73.

gläsern ist 1% HNO_3 hinreichend. Die Behandlungszeit ist bei Gläsern mit viel Pb und Ba kurz, bei Borosilikatgläsern lang. Für etwa 10% Temperaturerhöhung wird die Lösungsgeschwindigkeit verdoppelt. Die Oberfläche weicher Gläser kann durch einen Kieselgelfilm härter gemacht werden[1]. Die Verbesserung der Transparenz wird von F. L. Jones durch folgendes Beispiel erläutert: Ein Kronglas mit 18% Alkali hatte 91,7% Durchlässigkeit, also 8,3% Verlust. Durch längeres Erhitzen in heißer, konzentrierter Salzsäure wird ein Film niedriger Lichtbrechung erzeugt, der die Durchlässigkeit auf 93,2% erhöht. Vorbehandlung mit $AgNO_3$ verursacht Erhöhung auf 94,9%. Die Verwitterung von optischem Glas im Instrument kann trübe Filme, lösliche Alkalisalze oder aber durchsichtige SiO_2-reiche Filme bilden. Interferenzeffekte können dann Färbung der Oberfläche vortäuschen. Dagegen können in feuchter Luft verwitternde Glasoberflächen nach Waschen dieselbe, selbst noch bessere Lichtdurchlässigkeit erhalten wie vorher. Es gibt selbst Fälle, in denen die Durchlässigkeit während der ganzen Verwitterungsperiode besser wird[2].

Durch Überzüge mit *Fluoriden*, z. B. Kryolith ($n = 1,35$) kann man die Reflexionsverluste angeblich von 11,6% auf 6,25% erniedrigen. Durch Auftragen solcher Überzüge oder Auftragen unlöslicher Seifenfilme gelingt es, die Lichtverluste noch weiter zu senken. Für die optische Industrie kommen aber nur harte Oberflächenfilme in Frage. Diese werden z. B. durch Auftragen von MgF_2 erzeugt[3].

Die normale Alterung einer Glasoberfläche an der Luft erfaßt auch den Oberflächenfilm. Seine Beeinflussung ist von der Glaszusammensetzung mit abhängig. Ebenso wirkt die Zusammensetzung der Luft ein. So nimmt die Durchlässigkeit in einer mit Abgasen von Bunsenbrennern verunreinigten Luft stark ab[4]. Diejenigen polierten optischen Gläser, die hoch polarisierbare Ionen enthalten, waren am beständigsten gegen Blindwerden der Oberfläche[5].

Ionenbombardement auf Glas, z. B. mit ^{84}Kr, aber auch mit anderen Edelgasen und Wasserstoff, erzeugen auf Glas eine $^1/_4$ Wellenlänge dicke Oberflächenschicht, die die Durchsicht von 91% auf 96,8% bringt[6]. Die Schicht hat direkt auf der Oberfläche einen sehr kleinen Brechungsindex, der mit zunehmender Tiefe kontinuierlich in den des unbehandelten Glases übergeht. Die gebildete Schicht ist sehr fest und sehr resistent.

3. Homogenität

An sie werden die äußersten Anforderungen gestellt, und deshalb wird die Schmelze optischer Gläser gerührt. Für drei verschiedene Wellenlängen wurden bei optischen Gläsern die folgenden Abweichungen der

[1] Jones, F. L., H. J. Homer: J. Opt. Soc. Amer. Bd. 31 (1941) S. 34, 166; J. Amer. ceram. Soc. Bd. 24 (1941) S. 119.

[2] Tooley, G. V. u. G. F. Stockdale: J. Amer. ceram. Soc. Bd. 33 (1950) S. 11.

[3] Bateson, S.: Can. Chem. Process Ind. Bd. 27 (1943) S. 438. — Geffcken, W.: Glastechn. Ber. Bd. 24 (1951) S. 143.

[4] Pfund, A. H.: J. Opt. Soc. Amer. Bd. 36 (1946) S. 95.

[5] Simpson, H. E.: J. Soc. Glass Technol. Bd. 37 (1953) S. 249.

[6] Koch, J.: Nature Bd. 164 (1949) S. 19.

Brechungsindizes der Schlieren von denen des Glases gefunden[1]: Bei Gläsern von $n = 1,51370$ bis $n = 1,63609$ war der n-Wert der Schlieren abweichend um -27 bis $+39$. Die negative Differenz kam mehr vor bei Gläsern mit hohem n, die positive Differenz mehr bei Gläsern mit niedrigem n-Wert.

4. Oberfläche

Die Bearbeitbarkeit optischer Gläser wird nach ihrer Ritzhärte und ihrer Schleifhärte beurteilt. Beide gehen nicht parallel. Als *Ritzhärte* H_R gilt die Kraft in g, die notwendig ist, um mit einem Diamanten (Kegel 120°) eine Ritzspur von $10\,\mu$ zu erzeugen. Als *Schleifhärte* H_S wird die Abnutzung eines Glasblocks von $50\,\mathrm{cm}^2$ quadratischer Bodenfläche definiert.

$$H_S = \frac{100}{\text{Abnutzung in cm}} ,$$

H_R beträgt bei allen Gläsern 55 bis 70, selten weniger oder mehr. H_S kann zwischen 140 (bei schweren Flintgläsern) und 420 (bei gewissen Krongläsern) liegen[2].

Die Oberflächenhärte der optischen Gläser wurde von TAYLOR[3] durch die Diamantpyramidenhärte (DPH) mittels der Formel $\dfrac{2\,P \cdot \sin \frac{1}{2}\vartheta}{d^2}$ ausgedrückt, wo P die Belastung in kg, d die mittlere Länge der Diagonalen des Eindrucks in mm darstellt. P war hier $50\,\mathrm{g}$.

Tabelle 50

	Symbol	Oberfläche	$d\ (\mu)$	DPH
dichtes Ba-Kron	590,613	optisch	12,01	645
mittleres Ba-Kron	574,566	,,	12,28	615
Borosilikatkron	509,650	,,	12,44	600
Borosilikatkron	509,650	feuerpoliert	12,62	580
Borosilikatkron	509,650	Bruchfläche	12,64	580
hartes Kron	516,610	optisch	12,67	575
Zinkkron	515,574	,,	12,84	560
weiches Kron	515,564	,,	13,11	540
leichtes Ba-Kron	539,596	,,	13,15	535
Ba-Leichtflint	566,550	,,	13,21	530
Ba-Flint	605,436	,,	13,60	500
leichter Flint	574,429	,,	14,17	460
schwerer Flint	620,363	,,	14,26	455
Teleskopflint	526,513	,,	14,31	450
extra leichter Flint	540,478	,,	14,45	445
extra dichter Flint	650,337	,,	14,56	435
doppelt extra dichter Flint ..	752,277	,,	14,91	420

Die Härte folgt also dem Bleigehalt. Bei dieser Ausführungsform der Eindruckprüfung bildete die verdrängte Glassubstanz einen Wall rund um den Eindruck.

---

[1] SMITH, T. T., A. H. Bennett u. G. E. MERRITT: Sc. Pap. Bur. Stand. Bd. 16 (1920) Nr. 373 S. 75.
[2] GEORG, K.: Glastechn. Ber. Bd. 22 (1949) S. 224.
[3] TAYLOR, E. W.: J. Soc. Glass Technol. Bd. 34 (1950) S. 69.

Optisches Glas zeigt *nach dem Schleifen Doppelbrechung* (TWYMAN-Effekt) derart, daß die Oberfläche unter Druck-, das Innere unter Zugspannungen steht[1]. Die Oberflächenkompression nimmt mit steigender Feinheit des Korns ab. Beim *Polieren* scheinen nur $^1/_{50}$ der Spannungen aufzutreten, die beim Schleifen im Glase erzeugt werden. Man kann sie kaum nachweisen. Die Spannung in der Oberfläche, die durch *Feuerpolitur* erhalten wird, dürfte größer sein als die durch Polieren erhaltene. Wird eine polierte Oberfläche mit verdünnter Flußsäure schwach geätzt, so zeigen sich mikroskopische Risse von 25^{-5} cm (chatter flaws). Da sie erst nach Entfernung der Oberflächenlage sichtbar werden, kann man ein „flowed layer", also eine Fließ- und Schmierschicht für möglich halten (s. S. 339).

Die Striche beim Schleifen und Polieren entsprechen nicht direkt der Korngröße. Beim Schleifen mit Schleifrädern tritt infolge hoher Temperatur meist „flow" = Verschmieren auf. Beim Polieren mit Filz und Rot zeigt sich Amalgamation von Glas und Rot.

5. Verschmolzene Bifokalgläser[2]

Man pflegt das gekrümmt geschliffene und polierte Zusatzglas in eine gleichfalls polierte Höhlung sich einsenken zu lassen. Dieses Segment muß niedrigeren Erweichungspunkt als das Hauptglas haben. (Bleigläser C (Flinte $n_D = 1,62, 1,66, 1,69.$) Nach dem Einschmelzen darf keine erhebliche Spannung vorhanden sein. Folgende Fehler können auftreten: *Nebelbildung* durch Tridymit an der Oberfläche. Dann muß die chemische Zusammensetzung geändert werden. *Blasen* durch Verwitterung der Oberflächen, durch Gase aus dem Glase oder durch Adsorption. *Deformation*; zu ihrer Verhütung müssen die Erweichungspunkte weiter auseinander liegen.

J. Die Lichtdurchlässigkeit von Glas

1. Die Ursachen der Farbigkeit

Zur Erklärung der *Lichtabsorption* und der *Farbe* anorganischer Ionen sei hier die Theorie von K. FAJANS[3] und W. A. WEYL[4] (s. S. 20) angeführt: Farben treten nur auf bei Anwesenheit von Ionen, die verschiedene Stufen der Wertigkeit annehmen können, also vor allem der schweren Metalle. Die Farben sind nichts anderes als das Ergebnis der Lichtemission und Lichtadsorption an den Elektronenhüllen dieser Ionen. Dasselbe gilt für die spezifische Absorption ultravioletter und infraroter Wellen durch bestimmte Ionen oder Gruppierungen von Ionen. Diese Elektronenhüllen unterliegen nicht nur dem Einfluß des Kerns, sondern auch den Kraftfeldern der umgebenden Ionen. Dieser Einfluß äußert sich in Verformung der äußeren Elektronenschalen (Polarisation).

---

[1] Anon. [Ref. in Glastechn. Ber. Bd. 5 (1927) S. 223].
[2] MONTGOMERY, R. J.: J. Amer. ceram. Soc. Bd. 12 (1929) S. 274.
[3] FAJANS, K.: Naturwiss. Bd. 11 (1923) S. 167.
[4] WEYL, W. A.: Coloured Glasses, Sheffield 1951 S. 7.

Diese Polarisation durch die Umgebung kann Elektronenübergänge innerhalb der Schalen eines Ions und dadurch optische Effekte verursachen. Diese äußern sich in der Verschiebung von Absorption und Emission nach längeren oder kürzeren Wellenlängen, also auch anderen Farben. Der Grad der Polarisation ist also die Ursache der Farbunterschiede im Gase, in der wässerigen Lösung und im Glase und Kristall. Wie S. 21 und S. 22 ausgeführt wird, ist daneben der Solvatationsgrad des Lösungsmittels und der im Glase vorhandenen Netzwerkformer wichtig. Er hängt von deren Dipolnatur ab.

Daß der höhere Polarisationsgrad größerer Anionen eine tiefere Färbung hervorruft, kann an dem Beispiel der Nickelhalogenide gezeigt werden:

Tabelle 51

	NiF_2	$NiCl_2$	$NiBr_2$	NiJ_2
Ionenradius des Halogens	1,36	1,81	1,95	2,16
Farbe	schwachgelb	gelbbraun	dunkelbraun	schwarz

2. Definition der Farbe

Es gibt zwei Möglichkeiten der Darstellung einer Farbe. Die erste folgt dem Vorschlag von WILHELM OSTWALD und anderen, die Farbe nach ihrem Gehalt an Reinfarbe, an Schwarz und an Weiß zu beschreiben. OSTWALD hat das sehr anschaulich in seinem *Farbkreisel* verwirklicht. Das ist ein Doppelkegel, dessen Basisfläche die 8 Spektralfarben trägt: rot, orange, gelb, hellgrün, dunkelgrün, blau, violett und purpur. Die beiden Spitzen des Doppelkegels werden von Weiß und Schwarz dargestellt. Dann stellen die Mantelflächen der beiden Kegel alle Mischfarben dar. Die Achse des Doppelkegels ist die Graulinie. Da alle Körperfarben Mischfarben sind, entspricht jede Farbe einem Punkt der beiden Kegelflächen. Es gibt Atlanten und Sammlungen von Farbproben auf Papier usw., deren Farbnummer nach OSTWALD bestimmt worden ist. Man kann dann leicht die Farbe eines Gegenstandes durch Vergleich mit diesen Farbmustern festlegen.

Die zweite Möglichkeit verschmäht diese praktische, aber wenig genaue Vergleichsmethode. Sie bedient sich der Messung der Wellenlängen, die dem vom zu untersuchenden Körper reflektierten oder durchgelassenen Licht eigentümlich sind. Schickt man z. B. weißes Licht durch ein grünes Glas hindurch und zerlegt das durchgelassene Licht mittels eines Prismas, so sieht man, daß das Spektrum hohe Durchlässigkeit für grünes Licht (etwa 550 mμ), aber geringe Durchlässigkeit, also hohe Adsorption, für rotes Licht (etwa 650 mμ) anzeigt. Rot ist aber die komplementäre Farbe von grün. Rot wird also vom grünen Glas absorbiert. Die Farbe des grünen Glases ist daher genau definierbar nach der Lichtdurchlässigkeit für die einzelnen Wellenlängen.

Meist erstreckt sich eine Absorptionsbande über einen Wellenlängenbereich von etwa 30 mμ. Liegt sie im Ultraviolett, so ist das Glas für das Auge farblos. Verschiebt sie sich bis zum ersten sichtbaren Violett

(360 mμ), so erscheint das Glas in der betreffenden Komplementärfarbe, also schwach gelblich.

Gläser, die keine färbenden Oxyde (Chromophore) enthalten, sind „weiß". Zu ihnen gehören vor allem die technischen weißen Gläser. Sie alle haben starke Absorptionsbanden im Ultraviolett. Diese Banden liegen bei Gläsern, die nur aus Netzwerkformen bestehen, bei sehr kurzen Wellen, bei Gläsern, die auch Netzwerkwandler enthalten, bei längeren Wellen. In beiden Fällen findet die Absorption bei den kürzesten Wellen statt, wenn das hoch geladene P^{5+} Zentralatom ist. Bei Si^{4+} enthaltenden Gläsern liegt sie bei längeren Wellen und beim mindest hoch geladenen B^{3+}-Ion bei den längsten ultravioletten Wellen.

Tabelle 52. *Lage der UV-Absorptionsbanden* (nach STEVELS)[1]

	Glas nur aus Netzwerkformen	Glas aus Formern und Wandlern
Phosphatgläser	nicht bekannt	220 mμ
Silikatgläser	180 mμ	270 mμ
Boratgläser	250 mμ	360 mμ

Mit Hilfe solcher Absorptionskurven lassen sich Farbgläser gewünschten Farbtons und gewünschter Lichtdurchlässigkeit herstellen. Dabei liegt es nahe, anzunehmen, daß die Konzentration des färbenden Oxyds und die Lichtadsorption in linearem Verhältnis stehen. Das findet seinen Ausdruck im LAMBERT-BEERschen Gesetz $J_d = J \cdot e^{-k' \cdot c \cdot d}$, worin J_d die Lichtadsorption, d die Dicke der Schicht, c die molekulare Konzentration des Farbstoffs selbst ist. Der Begriff „*Farbe*" ist im folgenden sehr weitgefaßt. Er umfaßt auch die Bereiche des *Ultraviolett* und *Infrarot*. Aber leider hat dieses Gesetz viele Ausnahmen, weil viele Farbzentren durch *Dissoziation* oder *Solvatation* (s. S. 21) Veränderungen unterworfen sind[2].

In der Farbglastechnik wird das Gesetz meist in der Form angewandt:

$$\log \frac{J_0}{J} = k \cdot d,$$ wo k der dekadische Extinktionskoeffizient ist. Er ist konstant für die Glasart und die Wellenlänge. Da er natürlich auch Teilabsorptionen der einzelnen Glasbestandteile umfaßt, erlaubt er bei Variationen Schlüsse auf diese Glasbestandteile zu ziehen.

3. Farbwirkung der Oxyde

Ersetzt man in einem Grundglase 82% SiO_2, 18% Na_2O 1% SiO_2 durch 1% eines anderen Oxydes, so erhält man Gläser, deren Spektren in den Abb. 90 bis 94 zusammengestellt worden sind (nach Messungen von GEHLHOFF und Mitarbeitern)[3]. Unter dem oberen Rand der Abb. 90 sind 6 Kurvenzüge dargestellt, die den Gläsern mit den wenig färbenden Oxyden CeO_2, U_3O_8, MnO, Fe_2O_3, V_2O_5 und FeO eigen sind. Letzteres

[1] STEVELS, J. M.: Verres et Réfract. Bd. 5 (1951) S. 197.
[2] WANG, T. H. u. W. E. S. TURNER: J. Soc. Glass Technol. Bd. 26 (1942) S. 272.
[3] FRITZ-SCHMIDT, M., G. GEHLHOFF u. M. THOMAS: Z. techn. Physik Bd. 11 (1930) S. 310.

vermindert die Durchlässigkeit noch am meisten, CeO_2 am wenigsten. Alle diese Kurven verlagern sich übrigens nach niedrigeren Durchlässigkeiten, wenn der Anteil an färbenden Oxyden auf Kosten der Kieselsäure

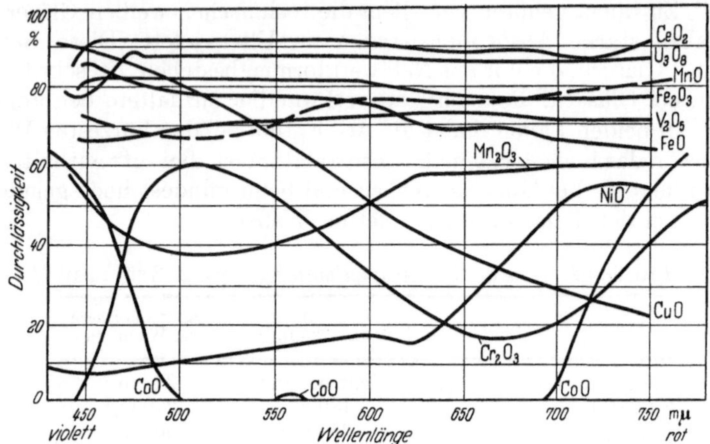

Abb. 90. Durchlässigkeit von 1 mm dickem Glas (81% SiO_2, 18% Na_2O, 1% R_aO_b).
M. Fritz-Schmidt, G. Gehlhoff und M. Thomas, Z. Techn. Physik, Bd. 11 (1930), S. 310

erhöht wird (Abb. 91). Die stark färbende Kraft der Oxyde Mn_2O_3, NiO, Cr_2O_3, CuO und CoO äußert sich in den geringen Durchlässigkeiten bei den Wellenlängen der betreffenden Komplementärfarben, die bei Zusatz von nur 1% CoO zur völligen Schluckung der Farben grün bis orange

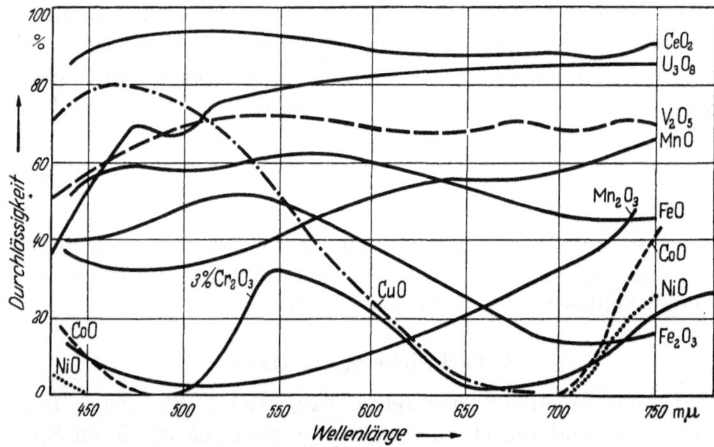

Abb. 91. Dasselbe mit 5% Oxyden an Stelle von SiO_2 (Nach Fritz-Schmidt, Gehlhoff und Thomas)

führen. Das ist die Ursache davon, daß das Kobaltglas den Farbstich der noch überbleibenden Farben, nämlich ein rotstichiges Blauviolett, besitzt. Der kundige Farbglasphysiker liest aus diesen Spektren wie aus einem Buche die Ursachen seiner Mischfarben und ihrer Lichtdurchlässigkeit ab. Schlüsse auf die Konstitution des Glases sind aber sehr schwierig.

In Abb. 91 wird die Lichtdurchlässigkeit von Gläsern mit denselben Oxyden wiedergegeben, aber mit 5% Oxyd an Stelle von nur 1% Oxyd. Man sieht, daß alle Kurven außer der mit CeO_2 wesentlich nach unten verlagert worden sind. Das ist der physikalische Beweis der verringerten Lichtdurchlässigkeit bei höherem Gehalt an färbenden Oxyden. Damit sind aber auch Verschiebungen der Durchlässigkeit nach anderen Wellenlängenbereichen verbunden. So rutscht das Maximum der Durchlässigkeit des Chromglases bei Erhöhung von 1% auf 5% Cr_2O_3 von der Wellenlänge 520 nach 550, also von dunkelgrün nach hellgrün. Das Minimum der Durchlässigkeit bei 670 mμ wird dabei vertieft bis zur absoluten Absorption des Hellrot. CoO hatte bei 1% Gehalt im Glase bereits völlige Absorption im Grün und Gelb. Sie wird bei 5% Zusatz weiter vertieft, so daß das Glas fast schwarz erscheint. Noch radikaler wirkt NiO. Bemerkenswert ist die Tatsache, daß 5% Fe_2O_3 viel tiefer färben als 5% FeO, während bei nur 1% die Verhältnisse umgekehrt liegen.

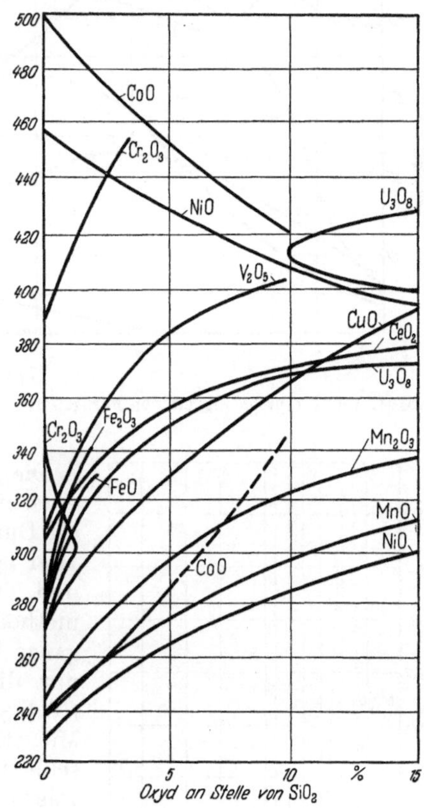

Abb. 92. Grenze der Durchlässigkeit im Ultraviolett (Nach FRITZ-SCHMIDT, GEHLHOFF und THOMAS)

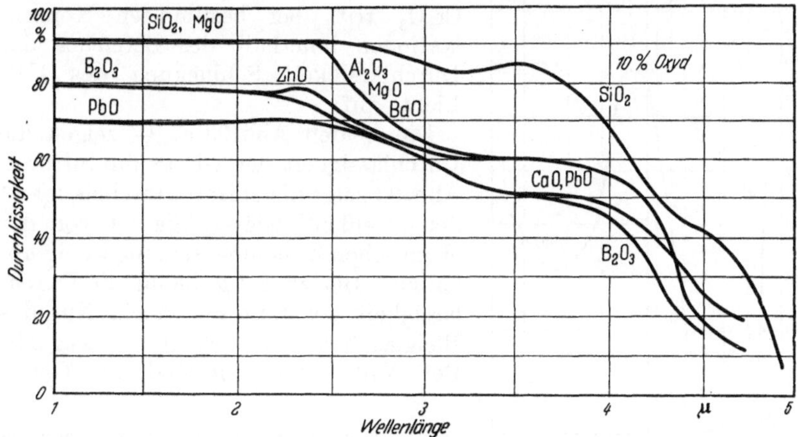

Abb. 93. 1 mm dickes Glas (82—x)% SiO_2, 18% Na_2O, x% Oxyd Infrarotdurchlässigkeit (Nach FRITZ-SCHMIDT, GEHLHOFF und THOMAS)

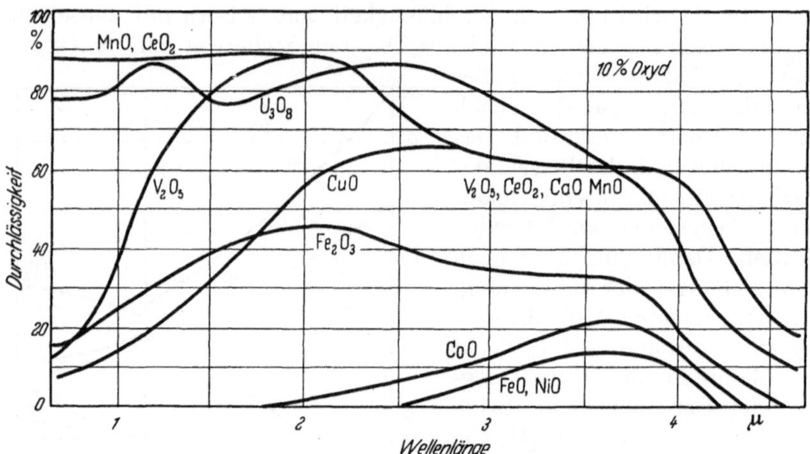

Abb. 94. Infrarotdurchlässigkeit von Farbgläsern. (Nach Fritz-Schmidt, Gehlhoff und Thomas)

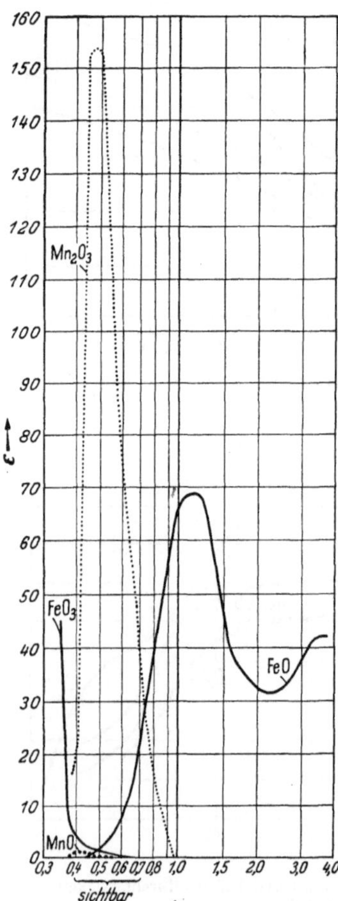

Die Abb. 92 zeigt den Einfluß von verschiedenen Mengen von Oxyden auf die Durchlässigkeit im Ultraviolett (UV). Hier ist von Fritz-Schmidt, Gehlhoff und Thomas eine andere Darstellungsmethode gewählt worden, da nicht der ganze Verlauf der Absorption, sondern nur die Lage der völligen Absorption (Null-% Durchlässigkeit) gezeigt wird. Mit steigendem Gehalt an Oxyd verschiebt die Grenze nach längeren Wellen. Das heißt tief gefärbte Gläser absorbieren die kürzesten Wellen in höherem Maße. Bei den Oxyden U_3O_8, CoO, NiO und Cr_2O_3 tritt bei bestimmten Konzentrationen innerhalb des Bereiches der Durchlässigkeit Schluckung des UV-Lichts auf.

Die beiden Abb. 93 u. 94 zeigen die Durchlässigkeit der Gläser im Infrarot. Abb. 93 zeigt die Infrarotdurchlässigkeit der „weißen" Gläser. Sie ist von der chemischen Zusammensetzung wenig abhängig. Bis zu 2,4 μ bleibt die Durchlässigkeit konstant und hoch. Nur das Bleiglas hat bloß 80% Durchlässigkeit. Bei Wellen von 5 μ sind alle Gläser

Abb. 95. Lichtabsorbtion eines Glases mit nur einem Oxyd (durch Extrapolation ermittelt). (Nach Dietzel)

undurchlässig, d. h. die betreffenden Strahlen werden absorbiert. Kieselglas ist noch am durchlässigsten.

Die Abb. 94 zeigt das Verhalten der Gläser mit den färbenden Oxyden im Infrarot. Die Gläser mit MnO, CeO_2 und U_3O_8 verhalten sich ähnlich wie die weißen Gläser. V_2O_5 und CuO haben bei 1 bis 1,5 μ fast völlige Absorption und bei 2 bis 2 μ hohe Durchlässigkeit. Fe_2O_3 und noch viel mehr FeO, CoO und NiO lassen nur wenig infrarotes Licht durch. Bei 5 μ sind auch diese Gläser „dicht".

Die Absorption der für die technischen Gläser wichtigsten reinen Farboxyde FeO, Fe_2O_3, MnO und Mn_2O_3 sind in Abb. 95 von DIETZEL durch Extrapolation von eigenen und von Messungen von CHR. ANDRESEN-KRAFT dargestellt: Der Extinktionskoeffizient ε ist gegen die Wellenlängen (logarithmisch dargestellt) vom äußersten Ultraviolett bis zum Infrarot aufgetragen.

Im UV-Bereich tritt die hohe Absorption des Fe_2O_3 hervor. Im sichtbaren Bereich überrascht die noch höhere Absorption des Mn_2O_3 im Blau und Grün, der Ursache seiner tiefen Rotbraunfärbung in den Flaschengläsern. Im Infrarot herrscht die hohe Absorption des FeO vor, der Ursache des Verschluckens der Wärmestrahlen in den dunkelgrünen Gläsern. Dagegen machen Fe_2O_3, Mn_2O_3 und MnO das Glas im infraroten Bereich durchlässig (s. S. 264).

Der an Sauerstoff sehr reiche Braunstein wirkt vierfach: 1. er läutert durch O_2-Abgabe bei hohen Temperaturen, 2. er geht in das tief rotbraun färbende Mn_2O_3 über, 3. er oxydiert FeO zu Fe_2O_3 und 4. er erleichtert so den Wärmedurchgang während der Schmelze und hemmt ihn während der Verarbeitung (s. S. 145)[1].

Tabelle 53. *Oxyde färben Bleigläser in folgender Weise*[2]:

	FeO (Fe₂O₃)	CoO	NiO	MnO₂	CuO
$Li_2O \cdot PbO \cdot 5\,SiO_2$	grünl. gelb	grünl. blau	gelb	gelb	bläul. grün
$Na_2O \cdot PbO \cdot 5\,SiO_2$	gelbgrün	hellblau	rotviolett	rotviolett	grünl. blau
$K_2O \cdot PbO \cdot 5\,SiO_2$	reingrün	dunkelblau	blauviolett	violett	grünl. blau

Mit steigendem Atomgewicht der Alkalien verschiebt sich also die Wellenlänge nach kürzeren Bereichen. Bei Erdalkalien wurde folgender Einfluß ermittelt:

Tabelle 54

	CoO	NiO	CuO
$Na_2O \cdot CaO \cdot 5\,SiO_2$	himmelblau	rotviolett	blau
$Na_2O \cdot SrO \cdot 5\,SiO_2$	blau	tief violett	blau

Ersatz von Erdalkalien übt also einen kleineren Einfluß aus als Ersatz von Alkalien.

Die Absorptionsspektra verraten oft bei Wechsel der Konzentration an Farbträgern deren Übergang von der Gruppe der Netzwerkwandler

---

[1] DIETZEL, A.: Glastechn. Ber. Bd. 17 (1939) S. 303.
[2] FEDOTIEFF, P. P. u. A. LEBEDEFF: Z. anorg. allg. Chem. Bd. 134 (1924) S. 87.

zur Gruppe der Netzwerkbildner und umgekehrt. Bei Anwesenheit mehrerer *Chromophore* ist eine Zuweisung jedes einzelnen zur Gruppe der Netzwerkbildner oder Wandler sehr schwierig. Vergleich der Absorptionsspektra mit denen einfacher Gläser (s. S. 254) mit nur einer der färbenden Komponenten kann oft Aufschluß bringen.

Einblick in die Konstitution von Gläsern durch kleine Zusätze von Chromophoren ist bereits durch V. M. GOLDSCHMIDT empfohlen worden. Das Prinzip ist dasselbe wie die Anwendung von Indikatoren zur Bestimmung des p_H von Lösungen. Nach WEYL[1] kann man so bestimmen: 1. den *Grad der Oxydation,* 2. den *Säuregrad,* 3. die *Koordinationszahl* eines Ions und deren Änderung mit der Temperatur und der Glaszusammensetzung und 4. die *Störung des elektrischen Feldes* eines Ions infolge der Solvatation (s. S. 20).

Zur Bestimmung des *Oxydationsgrads* können alle glasfärbenden Oxyde benutzt werden, die in verschiedenen Oxydationsgraden auftreten können[2]. So ist Chrom ein Indikator zur Bestimmung der Basizität von Bleigläsern[3]. Basische Glasuren wurden in oxydierender Atmosphäre rot, in neutraler oder reduzierender Atmosphäre gelb. Nach WEYL und THÜMEN (s. o.) ist dieses Gleichgewicht nicht ausschließlich vom O_2-Druck abhängig, sondern auch vom Säuregrad des Glases. Erhöhung des Alkaligehaltes verschiebt dieses Gleichgewicht nach dem höheren Oxydationsgrad. Ein Vergleich zwischen Na- und K-Gläsern derselben molaren Zusammensetzung zeigte, daß das K-Silikat sich basischer verhielt als das entsprechende Na-Silikat. Diese Indikatoren reagieren also auf das Oxydationspotential ebenso wie auf den Säuregrad. STEGMAIER und DIETZEL[4] untersuchten den Einfluß geringer Mengen von Chromophoren in verschiedenen Glasarten bei genau gleichen Temperaturen, Schmelzzeiten und Atmosphären:

Tabelle 55. *Alkalikonzentration (Mol-%), bei der Farbwechsel im Glase eintritt*

Glas	$Cr^{3+} - Cr^{6+}$ %	$V^{3+} - V^{5+}$ %	$Mn^{3+} - Mn^{6+}$ %	Fe_3O_4 %
Na_2O—SiO_2	15	15	67	—
K_2O —SiO_2	—	—	42	—
Li_2O —B_2O_3	—	—	—	17
Na_2O—B_2O_3	36	38	64	12
K_2O —B_2O_3	15	24	50	8
Na_2O—P_2O_5	65	53	—	—
K_2O —P_2O_5	46	47	63	—

Hieraus folgt, daß der Oxydationsgrad also auch die Koordination und die Farbe der Schwermetallionen in Gläsern verschiedener Zusammensetzung sehr verschieden sein kann. Dasselbe ist bei Lösungen der Fall: So ist z. B. die Farbe des Jods in verschiedenen nichtpolaren Lösungs-

---

[1] WEYL, W. A.: Coloured Glasses, Sheffield 1951 S. 64.

[2] BRUNNER, W. L.: Trans. Amer. ceram. Soc. Bd. 11 (1909) S. 528.

[3] MÖTTIG, H. u. W. WEYL, Glastechn. Ber. Bd. 11 (1933) S. 67. — LÖFFLER, J.: Glastechn. Ber. Bd. 12 (1934) S. 299. — CSAKI, P. u. A. DIETZEL: Glastechn. Ber. Bd. 18 (1940) S. 33, 65.

[4] STEGMAIER, W. u. A. DIETZEL: Glastechn. Ber. Bd. 18 (1940) S. 297, 353.

mitteln ungefähr dieselbe. Aber sie ändert sich stark, wenn das nicht-polare Lösungsmittel, etwa ein Kohlenwasserstoff durch einen Alkohol ersetzt wird[1], der Solvate bildet.

Die labilen Gleichgewichte zwischen zwei Oxydationsstufen desselben Kations sind von CSAKI und DIETZEL[2] durch die Messung des „*inneren Sauerstoffdrucks*" der betreffenden Glasschmelzen erfaßt worden (s. S. 228). Die betreffende Schmelze wurde zu diesem Zweck in eine galvanische Sauerstoffkonzentrationskette eingeschaltet. Aus dem elektrochemischen Potential läßt sich dieser innere Sauerstoffdruck berechnen.

In Boraxschmelze bei 820° ändern die Eisenoxyde (FeO-Fe_2O_3) ihre Farbe schon bei verhältnismäßig niedrigen Sauerstoffdrucken der Schmelze (10^{-5} bis 10^{-10} at), die Chromoxyde ($Cr_2O_3 - CrO_3$) bei 10^{-2} bis 10^{-5} at. Am meisten nach der Sauerstoffseite verschoben ist der Um-schlagbereich der Manganoxyde ($MnO - Mn_2O_3$). Er liegt bei den hohen Drucken 10^3 bis 10^{-3} at, so daß die Bildung von Mn_2O_3 bei einem Druck von 1 at Sauerstoff nicht annähernd vollständig ist. Die Auswertung der Absorptionskurven ergab bei den Eisengläsern, die in etwa neutraler bis schwach reduzierender Atmosphäre geschmolzen waren, die *Anwesenheit von Fe_3O_4 neben FeO und Fe_2O_3*. Die Verfasser denken sich seine Ent-stehung nicht aus den beiden Oxyden $FeO + Fe_2O_3 = Fe_3O_4$, sondern aus Ionen: $Fe^{2+} + 2(FeO_2)^- = Fe_3O_4$. In der Boraxschmelze liegt das dreiwertige Eisen vorzugsweise als Ferritanion vor.

Schmilzt man ein reversibles Oxydationsmittel (CeO_2) bei 950° in Borax ein, so mißt man kurz nach dem Einschmelzen bei 800° ein um-gekehrtes, kräftiges Potential, also einen Sauerstoffüberdruck. Nach kurzer Zeit sinkt dieses Potential auf Null, kehrt sein Vorzeichen um und steigt rasch auf einen konstanten Endwert. Das ist auf Regeneration von CeO_2 aus $Ce_2O_3 + {}^1/_2O_2$ zurückzuführen. Diesen Sauerstoff holt sich das Ce^{3+} aus der Schmelze.

Der Koordinationswechsel in Kristallen und Gläsern kann auf 2 Wei-sen erfolgen[3]: 1. eine gesättigte Koordination geht in eine ungesättigte über. Dann ist eine Verminderung des negativen Feldes um das Kation herum möglich. Bei Anwesenheit gefärbter Ionen wird hierdurch ein Übergang zu längeren Wellenbereichen der Absorptionsbande erfolgen Ein Beispiel ist (CuO_6) → (CuO_4), also von blau zu gelbbraun.

2. Eine höhere Koordination geht in eine weniger gesättigte über, wo-bei das negative Feld um das Kation herum verstärkt wird. Die Absorp-tionsbande verschiebt sich dann nach kürzeren Wellenlängen. Ein Bei-spiel ist (FeO_6) → (FeO_4), also von gelb nach farblos mit Absorption im UV.

Es scheint, daß ein als Netzwerkbildner eingebautes Ion Licht stärker absorbiert als in der Stellung als Netzwerkwandler. Lichtabsorption geht gepaart mit der Verformung der äußeren Elektronenschale. Nicht absor-bierende Ionen beeinflussen die Felder ihrer Umgebung wenig. Ihr Ein-fluß erstreckt sich nur auf die mechanischen und elektrischen Eigen-schaften.

---

[1] WEYL, W. A.: Coloured Glasses, Sheffield 1951 S. 9.
[2] CSAKI, P. u. A. DIETZEL: Glastechn. Ber. Bd. 18 (1940) S. 33.
[3] DIETZEL, A.: Naturwiss. Bd. 29 (1941) S. 81.

Das färbende Oxyd (Chromophor) kann als Netzwerkbildner wie als Netzwerkwandler auftreten. Cu^{2+} ist ein Wandler, denn es ersetzt Alkali in den Zwischenräumen des SiO_4-Netzwerks, wo es von 6 oder mehr O^{2-}-Ionen umgeben ist.

Wird hingegen Si^{4+} durch Fe^{3+} oder Co^{2+} ersetzt, so wirken die färbenden Ionen (Chromophoren) als Netzwerkbildner. Sie treten hier auf als (FeO_4)- oder (CoO_4)-Gruppen.

Eine dritte Art von Chromophoren ersetzt das Anion O^{2-} durch andere Anionen, z.B. F^-, Cl^-, S^{2-}, Se^{2-} usw. Bei ersteren tritt keine Absorption im sichtbaren Gebiet auf.

Die Bestimmung der Stellung des Chromophors als Wandler oder Bildner ist nicht immer möglich. Folgende Fälle in der Tabelle sind aber deutlich:

In vielen Fällen entsteht aber ein Gleichgewicht zwischen den Grenzfällen und es entstehen Mischfarben.

Tabelle 56

Farben entsprechend dem Einbau der Chromophore (WEYL)

Ion	Netzwerkbildner	Netzwerkwandler
Cr^{3+}	—	grün
Cr^{6+}	gelb	—
Cu^{2+}	gelbbraun	blau
Cu^+	—	farblos. braun fluoreszierend
Co^{2+}	blau	rosa
Ni^{2+}	purpur	gelb
Mn^{2+}	farblos, grün fluoreszierend	schwach orange, rot fluoresz.
Mn^{3+}	purpur	—
Fe^{2+}	—	Absorption im Infrarot
Fe^{3+}	tief braun	schwach gelb bis rosa
U^{6+}	gelb-orange	schwach gelb, starke grüne Fluoreszenz
V^{3+}	—	grün
V^{4+}	—	blau
V^{5+}	farblos bis gelb	—

4. Einfluß der Temperatur

Während des Erhitzens einer Substanz werden die interatomischen Bindungen geschwächt und die Farbe vertieft. Die Absorptionsbanden verlagern sich nach längeren Wellenlängen und neue Banden verlagern sich aus dem Ultraviolett in den sichtbaren Bereich. So ist z. B. CdS enthaltendes Glas bei $-200°$ farblos, bei $0°$ gelb, bei höheren Temperaturen orange und schließlich rot. Doch wird die Leuchtkraft der betreffenden Farbe dabei kleiner[1]. Im *flüssigen Glase* nimmt also die Absorption aller Gläser bei steigender Temperatur zu. Die Temperatursteigerung verursacht Verflachung der Absorptionsbanden[2].

Die *Infrarotabsorption* (1 bis 5 μ) nimmt bei Erhitzung bis zum Transformationsintervall um 10 bis 20% ab. Bei Temperaturerhöhung bis

---

[1] LÜTGE, H.: Glastechn. Ber. Bd. 10 (1932) S. 374. — WEYL, W. A.: Coloured Glasses, Sheffield 1951, S. 15.

[2] NEUROTH, N.: Glastechn. Ber. Bd. 25 (1952) S. 242.

1000° nimmt sie stärker ab, bis zu $^1/_3$ derjenigen bei 20°. Bei einem *Röntgenschutzglas* nahm die Infrarotabsorption nur ab bei mehr als 2,8 μ.

Es besteht ein Unterschied zwischen dem Einfluß der Temperatur auf Kristalle und auf Gläser. Kristalle haben streng symmetrische Gitter, verursacht durch symmetrische elektrische Felder. In Gläsern ist nur spärliche Symmetrie vorhanden. Bei der Abkühlung bis auf den absoluten Nullpunkt kommt die thermische Bewegung der Atome zum Stillstand. Das absorbierende Ion ist dann von den anderen Ionen in vollkommener Symmetrie umgeben, und es resultiert ein scharfes Linienspektrum. In Gläsern verschwindet die thermische Bewegung bei 0° K ebenfalls, aber es entsteht kein Linienspektrum. Das rührt daher, daß die färbenden Ionen wegen der regellosen Verteilung aller Ionen nie in derselben Weise von anderen Ionen umgeben sind, so daß sich jedes Farbzentrum von den anderen unterscheidet. Dadurch entsteht an Stelle einer scharfen Linie eine breite Bande. Ein anderer Unterschied in der Lichtadsorption von Kristallen und Gläsern ist in der Tatsache gegeben, daß beim Erhitzen die Farbe von Kristallen plötzlich wechselt, bei Gläsern aber nur allmählich über große Temperaturbereiche hinweg.

5. Glasfarbe und Strahlung

Die von Gläsern verschiedener Farbe ausgesandte Strahlung ist von der Farbe selbst sehr abhängig[1]. Die Abb. 56 zeigt das Strahlungsvermögen verschiedenfarbiger Gläser bei verschiedenen Temperaturen (s. S. 147). Die Beeinflussung der Wärmeaufnahme und der Wärmeabgabe bei der Verarbeitung ist S. 149 ausführlich behandelt.

6. Farben durch chemische Einwirkung

BADGER und BARD[2] haben die Verfärbung eines gewöhnlichen Natron-Kalkglases, das in einer H_2-Atmosphäre bei 1250° mit Metallen in Berührung war, festgestellt:

Tabelle 57

Cu	am Metall rot, Rest farblos	Sn	farblos mit grünlicher Tönung
Ag	farblos außer einigen braunen Streifen	Pb	wie Sn
		V	schwarze Wolke, Oberfläche gelbbraun
Au	strohfarben (einheitlich)		
Mg	schwarze Wolke überall, schwach rot am oberen Ende	Sb	wie Sn
		Bi	wie Pb
Ca	wie Mg	S	farblos mit gelbbraunem Streifen nahe Oberfläche
Zn	farblos, schwarze Flecken am Metall		
Cd	farblos, schwach gelbliche Tönung	Cr	schwarze Wolke
Ba	dichte schwarze Wolke überall	Se	klar, braunrot gefärbt
Al	graue Wolke mit rotbraunen Teilen an Oberfläche	Mo	klar, schwachgelb
		Wo	klar
C	durchsichtig, teilweise bernsteinfarben	Mn	wie Ti
		Fe	grüngelb
Si	farblos, an Oberfläche rötlich, viele Gasblasen	Co	klar, meist schwach bläulich, einzelne Teile rot
Ti	überall schwarze Wolke, einige Ränder rot	Ni	grüngelb, nahe Metall schwarze Wolke

---

[1] EITEL, W. u. B. LANGE: Glastechn. Ber. Bd. 10 (1932) S. 78.—BURCH, O. G. u. C. L. BABCOCK: J. Amer. ceram. Soc. Bd. 21 (1938) S. 345.

[2] BADGER, A. E. u. B. BARD: J. Amer. ceram. Soc. Bd. 23 (1940) S. 326.

In verschiedenartigen Gläsern reduzierte trockener H_2 die reduzierbaren Oxyde bei einer um 75° tiefer liegenden Temperatur als feuchter Wasserstoff. Ag^+-Ionen wurden bei tieferer Temperatur reduziert, falls das Glas basischer wurde, während saurere Gläser es stabiler machten[1]. Reduktion trat ein bei Ag bei 130°, bei Bi bei 200°, Pb bei 350° und Sb bei 400°.

Den *Farbwechsel* durch Oxydation und Reduktion kann man nach WEYL[2] leicht dadurch sichtbar machen, daß man in leichtschmelzende gefärbte Alkaliborat- und Phosphatgläser geschiedene Räume durch ein Diaphragma mit 2 Elektroden anbringt. Spannungen bis zu 10 Volt erzeugen darin Gasentwicklung und Farbwechsel. Alle in verschiedenen Oxydations- und Farbstufen zugefügten Glasfarbstoffe zeigen ihre betreffenden Farben in reicher Skala.

Bedampft man Gläser vom Typ der Laboratoriumsgläser bei 450 bis 500° mit *Natriumdampf*, so werden sie innerhalb weniger Minuten an der Oberfläche fleischfarben, rötlichgelb bis rötlichbraun. Bei 615° werden sie gelbbräunlich[3]. In Wasser gelegt, hellen die Farben unter Wasserstoffentwicklung auf. Im Mikroskop wurden gelbe bis gelbbraune Bläschen sichtbar. Kaliumdampf sowie Dampf von Erdalkalien wirkte ähnlich. Diese Wasserstoffentwicklung kann auch durch gebildetes elementares Si bedingt sein.

7. Färbung durch Eisen.

Der Linienreichtum des Eisenspektrums bedingt auch Lichtabsorption in den Bereichen des Ultraviolett, des Sichtbaren und des Infrarot. Die Farbskala im *sichtbaren Bereich* kann nach BOGITSCH[4] durch Behandlung eines Glases mit 0,10 bis 0,15% Fe bei 1325° mit einem CO-CO_2-Gemisch folgendermaßen beschrieben werden:

CO (%)	0—8	8—12	12—65	65—89	89—100
	I. Blau	Hellgrün	Gelb	Hellgrün	II. Blau

Für Gläser mit bis 0,5% Fe und denselben Bedingungen blieb das I. Blau bis zu 5% CO ebenfalls blau, bei Gemischen von CO und CO_2 grünlichgelb und bei 89 bis 100% CO grün.

Bei noch höheren Eisengehalten wurden die folgenden Färbungen erhalten:

Tabelle 58

	100% CO_2			40% CO_2	60% CO			100% CO		100% H_2		
Gesamt-eisen %	5,56	1,47	0,70	5,80	3,29	1,68	0,40	5,70	2,83	5,9	3,10	1,49
Farbe	dunkelgrün	blaugrün	blau	grün	grüngelb			grün		grün		

---

[1] BASTRESS, A. W.: J. Amer. ceram. Soc. Bd. 30 (1947) S. 52.

[2] RINDONE, G. E., E. C. MARBOE u. W. A. WEYL: J. Amer. ceram. Soc. Bd. 30 (1947) S. 314.

[3] HOFFMANN, J.: Sprechsaal Bd. 66 (1933) S. 96.

[4] BOGITSCH, B.: C. R. Bd. 189 (1929) S. 581; Bd. 190 (1930) S. 794.

Im O_2-N_2-Gemisch traten folgende Farben auf:

Tabelle 59

% O_2	100	80	50	20	4	1,25	0	0	0
Gesamt-eisen % ..	5,2	4,5	4,75	4,68	4,3	4,10	4,20	1,32	0,30
Farbe		gelbbraun			grün-gelb	gelb-grün	dunkel-grün	grün	grün-blau

Die blaue Farbe trat also sowohl bei Gläsern mit sehr wenig wie mit sehr viel CO in der Gasatmosphäre auf. Bei leichter Reduktion (0 bis 0,2% CO) lag die Stabilitätsgrenze bei einem Verhältnis der Oxyde $FeO : Fe_2O_3$ von 4 : 1 (in Molen) bei 1% Gesamteisen und 1300°. Es ist leicht, die blaue Farbe bei Sodaglas zu erzeugen aber schwierig bei Sulfatglas. Sulfatgläser sind meist grün. Doch tritt auch dann in einem bestimmten Intervall die blaue Farbe auf, und zwar, wenn die Gasphase 9 bis 12% CO enthält, was bei technischen Gläsern kaum der Fall sein dürfte.

CHR. ANDRESEN-KRAFT[1] fand folgende Färbungen bei Zusatz kleiner Mengen von Eisen zu Schmelzen von der Zusammensetzung Na_2O-3 SiO_2:

Mol Fe_2O_3 per Mol $Na_2O \cdot 3SiO_2$	% Fe_2O_3 vom Totaleisen	Farbe
0,01	87	leichtgrün
0,02	92	,,
0,04	90	,,
0,06	92	gelblich grün
0,08	93	dunkelgrün
0,10	94	braungrün
0,12	95	grünlich braun

Bei hohen Gehalten an Eisen im Glase (3 bis 13% Fe_2O_3) fällt der FeO-Gehalt bis auf 8% des Gesamteisens. Ändert man das $Na_2O : SiO_2$-Verhältnis, so wird die Farbe ebenfalls verändert.

Tabelle 60

$Na_2O : SiO_2$ Molarverhältnis	Mol Fe_2O_3 per 2 Mol Na_2O	100 Fe_2O_3 total Fe als Fe_2O_3	Farbe
2 : 5	0,08	93	gelblich grün
2 : 5	0,14	95	,, ,,
2 : 4	0,08	95	grünlich gelb
2 : 4	0,14	96	grünlich braun
2 : 3	0,08	97	gelblich braun
2 : 3	0,14	99	braun

Aus beiden Tabellen geht hervor, daß sowohl der Eisengehalt, wie gering er auch sei, wie auch die Zusammensetzung des Grundglases die Farbe tiefgreifend beeinflussen. Auch geht daraus hervor, daß reine Fe_2O_3-Gläser gelb bis braun sind. Aber schon wenige Prozente FeO, berechnet auf 100 Gesamteisen, färben grün, welche Farbe mit steigendem FeO-Anteil in blau übergeht. Gläser mit 60% FeO, berechnet auf 100 Gesamteisen, sind rein blau. Aber auch dies gilt nach BOGITSCH nur für geringe Fe-Gehalte. Sie absorbieren das Licht erheblich stärker als die

---

[1] ANDRESEN-KRAFT, CHR.: Glastechn. Ber. Bd. 9 (1931) S. 577.

vorwiegend Fe_2O_3 enthaltenden Gläser[1] (s. S. 256). Eine Ausnahme bilden nur die Gläser mit extrem hohem Alkaligehalt. Sie sind dunkler gefärbt wie alkaliarme FeO-Gläser mit gleichem Eisengehalt.

Für die Absorption im *Ultraviolett* und *Infrarot* gilt: Erstere wird durch den Anteil an Fe_2O_3, letztere durch den Anteil an FeO verursacht.

Die Abb. 96 zeigt dies an den Absorptionskurven für reines FeO und reines Fe_2O_3 in dem Grundglase nach CHR. ANDRESEN-KRAFT (extrapoliert von A. DIETZEL)[2]. Die Absorption des ultravioletten Lichts auch durch kleine Gehalte an Fe_2O_3 ist besonders unerwünscht für die *Fenstergläser*, da sie hierdurch gerade die biologisch wirksamen Strahlen nicht durchlassen. Drückt man aber den Gesamt-Fe_2O_3-Gehalt auf weniger als 0,01%, was technisch leider nicht zu verwirklichen ist, so werden sie selbst für Licht von 235 mμ durchlässig[3]. Spuren von Ti^{4+}-Ionen behindern die Durchlässigkeit weniger als Fe^{2+}-Ionen. Noch günstiger wirken Cr^{3+}-Ionen.

FeO-reiche Gläser eignen sich wegen ihrer starken Absorption im Infrarot zur Anwendung als *Wärmeschutzgläser*. Die Absorption im Infrarot der ersten 4 Gläser in Abb. 96 zeigt, daß der Einfluß kleiner Fe-Gehalte sehr groß ist. Ein Teil des von solchen Gläsern verschluckten kurzwelligen Infrarots wird wieder als langwellige Wärmestrahlung abgestrahlt. Hierauf ist beim Einbau solcher Scheiben Rücksicht zu nehmen[4]. 24 russische Tafelgläser[5] mit 0,18 bis 0,95% FeO + TiO_2 hatten einen Tiefstwert der Durchlässigkeit für Infrarot bei 1,0 bis 1,5 μ. Durch Steigerung der Wellenlänge steigt die Durchlässigkeit zuerst wieder an und fällt dann oberhalb 3 μ wieder stark ab.

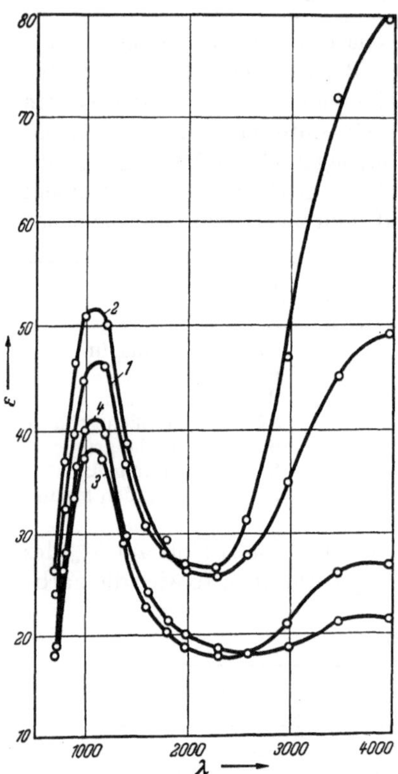

Abb. 96. Extinktionskoeffizienten der FeO-Gläser Nr. 1 bis 4 im Ultrarot. (Nach CHR. ANDRESEN-KRAFT) S. 263

Beim Schmelzen und Verformen verursacht die hohe Infrarotemission und Absorption eines FeO-haltigen Glases, daß es sich schneller erwärmt, aber auch schneller abkühlt als weißes Glas oder Fe_2O_3-haltiges Glas

[1] JAECKEL, G.: Glastechn. Ber. Bd. 8 (1930) S. 257.
[2] DIETZEL, A.: Glastechn. Ber. Bd. 17 (1939) S. 303.
[3] STANWORTH, J. E.: J. Soc. Glass Technol. Bd. 34 (1950) S. 153.
[4] ESTEY, R. S. u. R. A. MILLER: Glass Ind. Bd. 15 (1934) S. 243.
[5] REMISOFF, N. A.: Keramika i Steklo (Moskwa) Bd. 7 (1931) S. 3.

(s. S. 152). Es hat deshalb auch einen kürzeren Verarbeitungsbereich als diese. Selbst in eisenarmen Bleigläsern wird die Temperaturverteilung im Glase durch das Verhältnis $FeO : Fe_2O_3$ beeinflußt.

Das farblose Eisenglas ist alleine nicht darstellbar. Seine Existenz folgt lediglich daraus, daß man mittels des LAMBERT-BEERschen Gesetzes nicht auf 100% der vorhandenen Eisenmenge kommt.

Der Eisengehalt kann während der Kühlung unangenehme Überraschungen verursachen wegen der Nachoxydation von FeO. Das kann selbst beim Einbrennen von Farben auf das fertige Glas vorkommen, ferner beim Einbrennen von Silbergelb, da Oxydation von FeO im Glase die Reduktion der ins Glas einwandernden Ag^+-Ionen behindert.

a) Die Deutung der Lichtabsorption von Eisen aus der Struktur

Eisen kann das Glas farblos machen und gelb, grün, blau und grau färben. Über die Ursachen, d. h. den Einfluß seiner Valenz, seiner Koordination, seiner Anwesenheit als Glasformer oder Glaswandler sind noch keineswegs einheitliche Auffassungen vorhanden[1]. Zudem ist die Zusammensetzung des Grundglases von ausschlaggebender Bedeutung, weil es von ihr abhängt, ob das Eisenion infolge des Einflusses der umgebenden Felder teilweise oder ganz eine der soeben erwähnten Formen übergeht. Kompliziert wird dieses Bild noch durch die Feststellung von DIETZEL und CSAKY[2], daß das Eisen in molekularer Form, d. h. als kolloidales Fe_3O_4 auch als kolloidales Fe_2O_3 in sauren Gläsern mit wenig Alkali auftreten kann. Zur Beurteilung der Eisenbindung lassen sich chemische Methoden nur mit Vorbehalt verwenden. Man ist auf die Analyse der Spektren und die Bestimmung der magnetischen Suszeptibilität angewiesen. Hierzu macht man aber die Voraussetzung, daß hohe Werte derselben nur durch Fe^{2+}-Ionen verursacht werden, niedrige Werte durch Fe^{3+} und besonders hohe Werte, welche auf Ferromagnetismus deuten, auf Gegenwart von Fe_3O_4 weisen.

Die folgende Zusammenstellung, die auf Grund der unten zitierten Arbeiten zusammengestellt worden ist, möge die Ursachen der Eisenfärbung darlegen[3] (siehe umstehende Tabelle):

Das Eisenion kann in 3 Ladungsformen vorkommen (s. Tabelle 61): Fe^{6+}, Fe^{3+} und Fe^{2+}. Fe^{6+} ist äußerst unbeständig. Es entsteht bei 300 at Sauerstoffdruck und ist bläulich rot.

Fe^{3+}-Gläser haben eine verwickelte Absorption im Ultraviolett. Sie ist nicht einfach vom Fe^{3+}-Gehalt abhängig, sondern auch noch von der Koordination von $(Fe^{3+}O_4)$- und von $(Fe^{3+}O_6)$-Gruppen, die im Gleichgewicht stehen. $Fe^{3+}O_4$ ist Netzwerkbildner und bildet so braune Ferrite im Glase mit starker Absorption im Ultraviolett[4]. Es ersetzt dann

---

[1] STEVELS, J.: Verres et Refract. Bd. 4 (1950) S. 293. — H. MOORE, S. N. PRASAD: J. Soc. Glass Technol. Bd. 33 (1949) S. 336; Bd. 34 (1950) S. 173. — WEYL, W. A.: Coloured Glasses, Sheffield 1951, S. 89. — COLE, H.: J. Soc. Glass Technol. Bd. 35 (1951) S. 5, 25.

[2] DIETZEL, A. u. P. CSAKY: Glastechn. Ber. Bd. 18 (1940) S. 41.

[3] ABD-EL-MONEIM: J. Soc. Glass Technol. Bd. 38 (1954) S. 101. — JONG, J. DE: Diss. Delft 1952. S. 63.

[4] WEYL, W. A.: Coloured Glasses Sheffield 1951, S. 89 ff.

Tabelle 61

1. Fe^{2+}	blau	wahrscheinlich in den Leerräumen des Netzwerks umgeben von 6 O^{2-}-Ionen. Magnet. Suszept.	$225 \cdot 10^{-6}$
2. Fe^{3+}	braun	kolloidal, magnetische Suszeptibilität	$39 \cdot 10^{-6}$
3. Fe_3O_4-Typus	grau	kolloidal, in kleinen Mengen paramagnetisch, in großen Mengen ferromagnetisch, magnetische Suszeptibilität	$424 \cdot 10^{-6}$
4. Fe^{3+}	farblos	nur in Viererkoordination im Netzwerk, bei wenig Alkali. Magnetische Suszeptibilität ...	$182 \cdot 10^{-6}$
5. Fe^{6+}	rosa bis tiefbraun	im Netzwerk als Ferrat, als FeO_3-Dreieck (ähnlich BO_3) nur in Gläsern mit viel Alkali. Absorption bei 480 bis 520 mμ neben derjenigen von Fe^{3+}, magnetische Suszeptibilität......	$25 \cdot 10^{-6}$

($Si^{4+}O_4$) und bildet wie dieses einen Anionenkomplex. Die Bildung von ($Fe^{3+}O_4$)-Gruppen wird durch Erhöhung des Alkaligehalts erleichtert. Wenn es als ($Fe^{3+}O^6$) auftritt, füllt es die Räume zwischen den Glasketten und scheint einen Anionenkomplex zu bilden, der kaum rötlich und fast farblos ist. Diese schwache Rosafärbung durch ($Fe^{3+}O^6$)-Gruppen erhält man bei Reaktionen im festen Zustand zwischen Fe_2O_3 und SiO_2.[1] Auch die *Rotfärbung von Feldspäten* und *Granat* scheint durch ($Fe^{3+}O^6$)-Gruppen hervorgerufen zu sein.

Fe^{3+} ist wenig stabil, was auch aus seinem Verhalten bei Temperaturerhöhung ersichtlich ist. Es ist nur stabil, wenn nach der Auffassung von WEYL seine freien elektrischen Ladungen neutralisiert sind, d. h. wenn seine Potentialfelder durch Anionen völlig abgeschirmt (screened) sind. Letzteres erfordert mehr Anionen als zur Neutralisierung der freien Ladung allein nötig ist. Das kann erfolgen durch $6 F^-$ als $(FeF^6)^{3-}$-Komplex oder aber durch 4 hoch polarisierbare O^{2-}-Ionen in dichter Nähe oder aber durch 6 weniger polarisierbare O^{2-}-Ionen auf größerem Abstand. Die Polarisierbarkeit der Anionen entscheidet also nach WEYL über die Art der Koordinationsgruppe.

Fe^{2+} ist als Glasbestandteil immer zugleich mit Fe^{3+} vorhanden. Nur in *Phosphatgläsern* gelingt die Reduktion vollständig[2]. Solche Gläser dienen als wärmewehrender Schirm wegen ihrer starken Infrarotabsorption. Sie sind fast farblos, und die Infrarotabsorptionsbande wird steiler.

Ein selbst 5 bis 8% Fe_2O_3 enthaltendes Na-Al-Phosphatglas ist schwach rosa, Knochenporzellan (mit 20 bis 40% Ca-Phosphat) sogar rein weiß.

Auch Fluor, das ins Glas eintritt, entfärbt Fe^{3+} vollständig, ohne daß Verflüchtigung von FeF_3 eintritt. Dieselbe völlige Entfärbung erhält man durch Zusatz von HF zu einer $FeCl_3$-Lösung. Die Entfärbung beruht auf der Bildung des farblosen Ions $(FeF^6)^{3-}$.

---

[1] HEDVALL, J. A. u. P. SJÖMAN: Z. Elektrochem. Bd. 37 (1931) S. 130.
[2] WEYL, W. A.: Coloured Glasses, Sheffield 1951 S. 119.

Fe^{2+}-Ionen verursachen im nahen *Infrarot* Absorption bei $1,2\,\mu$, was schon durch ZSIGMONDY entdeckt und ferner im *Ultraviolett* bei 280 bis 290 mμ. Das wird von DE JONG[1] dahin gedeutet, daß auch Fe^{2+}-Ionen vorwiegend als Netzwerkbildner vorkommen.

Fe^{2+}-Silikate in reiner Form existieren nur im kristallisierten Zustand. Beim Schmelzen zersetzen sie sich teilweise zu Fe^{3+} und metallischem Fe.[2] Das ist die Erklärung für die Tatsache, daß man kein Silikatglas erschmelzen kann, ohne Fe^{3+} zu bilden, selbst bei starker Reduktion. Diese Zersetzung des Fe^{2+}-Silikats ist eine der Ursachen, wenn auch nicht die wichtigste, der Haftung von Email auf Eisenblech. Ein Glas mit fast nur Fe^{2+}-Ionen erhält man durch Zusatz von wenig Al- oder Si-Pulver.

Es ist aber ebensowenig möglich, ein reines Fe^{3+}-Glas zu erschmelzen, selbst nicht in einer Atmosphäre von reinem Sauerstoff. Es stellen sich immer Gleichgewichte zwischen Fe^{2+} und Fe^{3+} ein, die von Konzentration, Glaszusammensetzung und Atmosphäre abhängen[3]. Erhitzt man basische Schlacken oder Gesteinsschmelzen, so geht von 1300 bis 1600° der FeO-Gehalt von 20%, berechnet auf 100 Gesamteisen bis auf 40% hinauf, und die Farbe verändert sich dabei von Braun über Olivbraun zu Hellgrün. Je niedriger die Viskosität ist, um so schneller stellt sich das Gleichgewicht ein. Im viskosen Glase dürfte sich das Gleichgewicht unter Betriebsbedingungen kaum einstellen. Das wird u. a. durch die Erfahrung bestätigt, daß mehrfaches Umschmelzen von Scherben deren Färbung verändert und vertieft. Laboratoriumsschmelzen erforderten bereits 22 Stunden, um ein Gleichgewicht mit der Ofenatmosphäre zu erlangen[4].

b) **Der Einfluß des Grundglases auf die Lichtdurchlässigkeit**[5]

Fe^{3+} verursacht eine flache Bande im Blauviolett. Die kurzwelligen Banden des Grundglases werden durch Fe^{3+} vertieft und nach längeren Wellenbereichen ins Sichtbare verschoben. Dadurch wird das Sichtbare vertieft. Diese Verschiebung erfolgt nach KREIDL, wenn das Sauerstoffgerüst des Glases gelockert wird durch a) Abnahme von Netzwerkformern oder b) Ersatz eines starken Netzwerkformers durch einen schwächeren, z. B. von P durch Si oder von Si durch B. Diese Wirkung ist der größeren Wirkung des elektronischen Systems zuzuschreiben, wenn die Sauerstoffbrücken des Netzwerks geschwächt werden.

Die Infrarotbande des Fe^{2+} wird sowohl durch die Zusammensetzung des Grundglases wie durch Reduktion beeinflußt. Alkali schwächt sie in der Reihenfolge $Li^+ \rightarrow Na^+ \rightarrow K^+$. Ebenso wirkt Ersatz von Si durch B. In komplexen Zn-Borofluorsilikatgläsern verflachen die Transmissionskurven durch Einwirkung von B auf die Absorption im Rot und Infrarot.

[1] JONG, J. DE: J. Soc. Glass Technol. Bd. 38 (1954) S. 57.

[2] BOWEN, N. L., J. F. SCHAIRER u. E. POSNJAK: Amer. J. Sci. Bd. 24 (1932) S. 177; Bd. 26 (1933) S. 193.

[3] HOSTETTER, J. C. u. H. S. ROBERTS: J. Amer. ceram. Soc. Bd. 4 (1921) S. 127. — SALMANG, H. u. J. KALTENBACH: Arch. Eisenhüttenwes. Bd. 8 (1934/35) S. 9.

[4] DENSEM, N. E. u. W. E. S. TURNER: J. Soc. Glass Technol. Bd. 22 (1938) S. 372.

[5] BREWSTER, G. F. u. N. J. KREIDL: J. Soc. Glass Technol. Bd. 35 (1951) S. 332.

Der Ersatz von alkalischen Erdoxyden durch Zn und B sowie reduzierendes Schmelzen oder Zusatz von F führen zur Ausbildung flacher Transmissionskurven. BREWSTER und KREIDL erklären dies durch Ausbildung einer *Mosaikstruktur* (Domänen) und der Wirkung der verringerten normalen Konzentration der Kationen, falls ein kleiner Teil der O^{2-}-Anionen durch F^- ersetzt werden.

Schärfere Absorptionsbanden in Phosphatgläsern und die Verschiebung der ultravioletten Banden nach kurzwelligen Bereichen sind durch die umgekehrten Effekte verursacht, die durch Alkali und Bor verursacht werden. Es entsteht dann ein schwaches Rosa. Es ist der braunen Farbe der Eisen-Aluminiumphospate verwandt.

Zink und *Cadmium* wirken netzwerkformend, was dem polarisierenden Einfluß ihrer 18 Außenelektronen zuzuschreiben ist. TITAN vertieft die Eisenfärbung stark infolge der gemeinschaftlichen elektronischen Wirkung. ZnO und PbO beeinflussen die Eisenfarbe besonders stark was in *optischen Gläsern* hinderlich ist. Die hohe Lichtabsorption des Eisens in Bleigläsern ist auch bei anderen färbenden Oxyden beobachtet worden: Ni, Cu, Ti, Ce und U.

Auffällig ist die blaue Farbe von ZnO enthaltenden Gläsern. Scheinbar wird Fe durch Zn reduziert, aber wahrscheinlich beruht seine Wirkung auf Zersetzung der S- und Polysulfidfarben. Diese sind in reduzierend geschmolzenen Gläsern schwer zu vermeiden. Man kann mit Zink Gläser herstellen, die im Infrarot stark, im sichtbaren Gebiet sehr wenig absorbieren.

c) Braunfärbung durch Eisen

Sie erfolgt in der Glasindustrie durch Zusatz von Eisenoxyd und Braunstein bei oxydierender Schmelze[1] (s. S. 256). Mangan wirkt hier als Oxydans durch Überführung von FeO in Fe_2O_3. Höhere Manganoxyde gehen in Mn^{2+} über. Erst wenn alles Fe^{2+} zu Fe^{3+} oxydiert ist, kann Mn^{3+} im Glase entstehen. Das Verschwinden des Fe^{2+} kann durch Messung seiner Absorptionsbande im Infrarot bei $1,1\ \mu$ genau verfolgt werden. Zugleich mit Erhöhung des Mn-Gehaltes nimmt die Absorption im Infrarot ab und die im Violett und Blau zu, was der Zunahme der Fe^{3+}-Ionen entspricht. Die Farbe solcher Gläser ist also sehr abhängig von dem jeweiligen Gleichgewichtszustande und schwierig reproduzierbar.

d) Die Entfärbung (s. S. 126)

Die Entfärbung mit *Braunstein* beruht auf denselben Grundsätzen. Sauerstoff abgebende Oxyde des Pb, Ba, As und Sb helfen durch ihren Sauerstoff bei hohen Temperaturen an der Oxydation des störenden FeO.[2] Am meisten gebraucht sind *As- und Sb-Oxyde*, die nicht nur oxydierend wirken, sondern durch ihre Verflüchtigung und Sauerstoffabgabe die Läuterung energisch beschleunigen. Das im Glase zurückbleibende

---

[1] TURNER, W. E. S. u. W. WEYL: J. Soc. Glass Technol. Bd. 19 (1935) S. 208; Sprechsaal Bd. 68 (1935) S. 114.

[2] SALMANG, H. u. A. BECKER: Glastechn. Ber. Bd. 6 (1929) S. 625. Bd. 7 (1930) S. 241.

As_2O_5 ist bei mehr als 1% in der Lage, Fe zu einem farblosen Komplex zu binden und damit nochmals zur Entfärbung beizutragen[1]. Meist ist aber nur 0,3 bis 0,5% davon zugegen, die nur oxydierend und nicht bleichend wirken. *Sulfat* in kleinen Mengen wirkt oxydierend. Größere Mengen erfordern zu ihrer Zersetzung Anwesenheit von Kohle. Meist ist Sulfatglas blauer als Sodaglas.

8. Färbung durch Mangan

Reine Mn^{2+}-*Gläser sind farblos*, oxydieren aber bereits beim Abkühlen, so daß nur Evakuieren während des Abkühlens die Farblosigkeit erhalten kann. In der Praxis haben sie deshalb gelbe oder braune Farbe[2] mit einer starken Absorption bei 430 mμ. Gegenwart von Alkali führt zur Oxydation zu Mn^{3+}-Glas, das im Sichtbaren bei 470 bis 520 mμ eine Absorptionsbande hat, deren Lage vom Grundglas abhängt (s. S. 256). Doch ist der Anteil an Mn^{3+} im technischen Glase nur gering. Nach Berechnung von Weyl befindet sich nur 0,1% des Mangans im dreiwertigen Zustand, falls nicht sehr oxydierend gearbeitet wird. Reines Mn^{3+}-*Glas ist purpurn*. Lösungen von Mangan in H_2SO_4 mit HF haben ähnliche Farbe wie Permanganatlösungen, aber gänzlich verschiedene Lichtabsorption. Das $(MnO_4)^-$-Ion ist also darin nicht vorhanden.

MnO_2 im Gemenge beginnt bereits bei 500° Sauerstoff abzugeben. aber das gebildete Oxyd oxydiert in Gegenwart von Alkali und Luft bei 800° wieder zu Manganat[3]. Mit steigender Basizität der Schmelze führen die Gleichgewichte vom farblosen Mn^{2+}-Ion über das purpurne Mn^{3+}-Ion zum *grünen Manganation* $(MnO_4)^{2-}$. Im $2Na_2O \cdot B_2O_3$-Glase verursacht Mangan schon Grünfärbung. Wird weiterhin durch Aufgabe von Sand die Schmelze sauer, so verschwindet die grüne Farbe.

Zur Erzielung eines *tief braun* gefärbten Glases muß die Schmelze möglichst oxydierend geführt werden bei hohem Alkaligehalt und möglichst niedriger Schmelztemperatur. Der Mangangehalt muß höher sein als theoretisch notwendig ist.

Bei hinreichend starker Reduktion gelingt es, selbst bei Gehalten bis zu 20% MnO farblose oder schwach gefärbte Gläser zu erhalten[4]. MnO erniedrigt die *Viskosität* der Natron-Kalkgläser, weshalb das Alkali teilweise durch MnO ersetzt werden kann. Desgleichen sinkt die *Erweichungstemperatur*. Das *spezifische Gewicht* steigt infolge des hohen spezifischen Inkrements der Dichte von MnO von 4,65. Der *spezifische Ausdehnungswert* betrug 3,18. Die Reduktion mit Hilfe *chemischer Reduktionsmittel* erfolgt in folgender abnehmender Reihenfolge: Al, Fe, $SnCl_2$, As_2O_3, C (Graphit), Zn, Mg, Sb_2O_3.[5] Die drei erstgenannten Mittel werden quantitativ zur Reduktion von MnO_2 verbraucht, die übrigen Mittel wirken nur zum Teil reduzierend ein. Kohle reduziert schlechter als Graphit

[1] Cousen, A. u. W. E. S. Turner: J. Soc. Glass Technol. Bd. 9 (1925) S. 119; — Wang, T. H. u. W. E. S. Turner: J. Soc. Glass Technol. Bd. 27 (1943) S. 60.
[2] Weyl, W. A.: Coloured Glasses, Sheffield 1951 S. 121.
[3] Kühl, C., H. Rudow u. W. Weyl: Glastechn. Ber. Bd. 16 (1938) S. 37.
[4] Kitaigorodsky, I. I. u. N. W. Solomin: Sprechsaal Bd. 67 (1934) S. 18, 29.
[5] Zschakke, F. H.: Glastechn. Ber. Bd. 10 (1932) S. 634.

wegen vorzeitiger Vergasung. As_2O_3 reduziert viel stärker als Sb_2O_3, obwohl die Wärmetönungen beim Übergang in die Pentoxyde nahezu gleich sind. Wahrscheinlich liegt das an der unterschiedlichen Stabilität der Pentoxyde. H_2, H_2S wirken beim Einblasen in die Schmelze stark reduzierend, SO_2 nur schwach. Die Farben der reduzierten Schmelzen sind: bei Al, Mg, Zn rein grün, wahrscheinlich infolge des Fe-Gehaltes, Kohle und Graphit ergeben violett — grün — gelb, As_2O_3 färbt von violett über gelb nach farblos, Sb_2O_3 von gelblich-violett nach gelbgrün.

Der Farbton manganhaltiger Gläser wechselt mit Änderung des Grundglases. Die Deutung wurde von FEDOTIEFF und LEBEDEFF[1] (s. S. 257) gegeben: Sie fanden die allgemeine Regel, daß beim Ersatz eines Alkalis durch ein anderes von höherem Atomgewicht die Farbe von rot nach blau wechselt. RO-Ersatz untereinander wirkt ebenso, nur schwächer. WEYL[2] drückt dasselbe aus, wenn er in moderner Sprache die Polarisation der umgebenden Ionen für ihre Auswirkung auf die Polarisation des Manganions verantwortlich macht. So ist die Wirkung des Feldes eines O^{2-}-Ions aus einem (PO_4)-Tetraeder eine andere als die aus einem (SiO_4)-Tetraeder. Und dasselbe gilt für die Kraftfelder der umgebenden Alkaliionen.

Oxydationsmittel vertiefen die Farbe der Mn-haltigen Schmelzen; hierzu gehört auch Na_2SO_4.

9. Färbung durch Kobalt

Glastechnisch ist allein das Co^{2+}-Ion von Interesse, weil das Co^{3+}-Ion sehr unbeständig ist. Aber das Co^{2+}-Ion kann die Farbtöne rosa, rot, violett, blau und grün annehmen. Abb. 97 zeigt die Absorptionsspektren von 3 Gläsern: I. Silikatglas blau, II. Metaphosphatglas rosa, III. Borosilikatglas amethystfarben.

Die blaue Farbe wird von WEYL der $(Co^{2+}O_4)$-Koordination zugeschrieben, die rote der Koordination $Co^{2+}O_6$ oder einer höheren Koordination. In beiden Farben bestehen nicht nur verschiedene Tönungen, sondern auch verschiedene Intensitäten. Die blaue Farbe hat eine so starke Absorption, daß schon ein geringer Anteil an CoO_4 die rosa Farbe des CoO_6-Komplexes verdeckt. Deshalb ist rosa (= pink) nur in Gläsern extremer Zusammensetzung möglich, in denen sich kein CoO_4 bilden kann, also in Boraten und Phosphaten. Die Farben stimmen mit denen der entsprechenden wässerigen Lösungen in etwa überein, sind aber etwas nach längeren Wellenlängen verschoben.

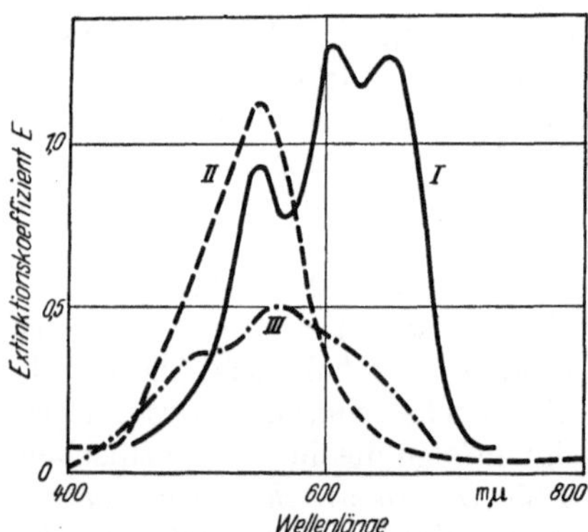

Abb. 97. Lichtabsorption von Co^{2+} in Gläsern I. Kalisilikat (tiefblau), II. Metaphosphat (rosa-rot), III. Borosilikat (violett). (Nach WEYL und THÜMEN)

[1] FEDOTIEFF, P. P. u. A. LEBEDEFF: Z. anorg. allg. Chem. Bd. 134 (1924) S. 87.
[2] WEYL, W. A.: Coloured Glasses, Sheffield 1951 S. 122.

Die K-Silikatgläser werden durch Co reiner blau gefärbt als die Na-Silikatgläser, Boratgläser haben rötliche Töne. Alle Co-Gläser sind im roten Teil des Spektrums sehr durchlässig, was die Ursache ihrer Verwendung zum Nachweis von K neben Na ist. Die gelbe Na-Linie (589 mμ) wird völlig verschluckt, während die K-Linie (769 mμ) durchgelassen wird. Diese Absorption des gelben und orangen Lichts macht Kobaltglas auch geeignet zur Beobachtung hoher Ofentemperaturen. Es zeigt den Wechsel dieser Temperaturen durch Farbwechsel an.

Die blaue Farbe des Kobalts in Silikatgläsern wird auf Einbau der (CoO_4)-Gruppe *ins Netzwerk* zurückgeführt[1]. Das entsprechende Li-Glas ist rosa mit (CoO_6)-Koordination. Nach BRODE[2] werden die in gemischten Gläsern auftretenden Mischfarben nicht einfach durch Gleichgewichte zwischen CoO_4 und CoO_6 bedingt, sondern man kann im ungeordneten Glaskörper alle Übergänge zwischen beiden Gruppen annehmen. Er nimmt auch an, daß O^{2-}-Ionen dieser Koordinationen teilnehmen an der Koordination von Alkaliionen.

Erhitzt man rosa Kobaltgläser, so werden sie blau wegen der Erniedrigung der Koordinationen bei hoher Temperatur. Rosa Kobaltgläser sind daher immer weich.

WEYL[3] fiel es auf, daß die *Kobaltblaufarbe im Mineralreich* fast nie vorkommt. Daher wurden die Bestandsbedingungen der (CoO_4)-Gruppe, die die Ursache der blauen Farbe ist, untersucht. Diese Gruppe wurde in Mineralien nicht gefunden. Dort herrscht die rosa Farbe vor, die durch Co^{2+} mit der Koordinationszahl 6 verursacht wird. Das ist aber nur bei weichen Gläsern der Fall. Hieraus schließen FÖRLAND und WEYL, daß das *Co^{2+}-Ion in Magmen* bei niedrigen Temperaturen als Sulfid, Arsenit usw. auskristallisiert. Die rosa Kobaltmineralien sind denn auch auf solche Anionen beschränkt wie As_2O_5, SO_4 usw.

Geringe Mengen von Halogenen verschieben das Blau nach längeren Wellenlängen. Nach AGLAN und MOORE[4] sind dann Komplexe von $(CoCl_4)^{2-}$, $(CoBr_4)^{2-}$ oder $(CoJ_4)^{2-}$ vorhanden.

Alle Kobaltgläser haben *keine Absorption im Ultraviolett*. Bei Gehalt an wenigen Prozenten Co liefern sie „schwarze" Gläser (s. S. 284), die alles sichtbare Licht absorbieren, aber ultraviolettes Licht durchlassen.

Dagegen haben diese Gläser *starke Emission und Absorption im Infrarot* bei 1,25 und 1,75 μ, mehr als Cr_2O_3 aber weniger als FeO. Für sie gilt also dasselbe wie für FeO-Gläser hinsichtlich ihrer Abkühlung und Verarbeitbarkeit[5].

Co^{2+} und Ni^{2+}-Ionen im Glase sind *paramagnetisch*, während das Grundglas selbst diamagnetisch ist. Die *magnetische Suszeptibilität* χ eines Kobaltglases ist $100\,\chi_{Glas} = \text{Gew.-\% Co} \cdot \chi_{Co} + (100\,\text{Gew.-\%}) \cdot {}_{Grundglas}$. Schlüsse auf die Konstitution gehen von der Voraussetzung aus, daß

[1] WEYL, W. A.: Coloured Glasses, Sheffield 1951 S. 180.

[2] BRODE, W. R.: J. Amer. chem. Soc. Bd. 55 (1933) S. 939.

[3] FORLAND, T. u. W. A. WEYL: J. Amer. ceram. Soc. Bd. 32 (1949) S. 267.

[4] AGLAN, M. A. u. H. MOORE: J. Soc. Glass Technol. Bd. 39 (1955) S. 351.

[5] EITEL, W. u. B. LANGE: Glastechn. Ber. Bd. 10 (1932) S. 78. — TURNER, W. E. S., S. ENGLISH u. F. WINKS: J. Soc. Glass Technol. Bd. 12 (1928) S. 57, 75.

die gemessene Suszeptibilität (130 bis $175 \cdot 10^{-6}$) dem Gehalt an Co^{2+} parallel ist.

Kobalt ist wichtig für die Herstellung *keramischer Farben*. Rosa-Pigmente enthalten die CoO_6-Gruppe. So wird z. B. mit Co-Lösung getränkter Periklas (MgO) rosarot, weil die MgO_6-Koordination seines Gitters direkt vom CoO_6 geteilt wird. In den Spinell $MgO \cdot Al_2O_3$ eingeführt, färbt Co himmelblau. Auch hier ersetzt jedes Co ein Mg, aber Mg ist von 4 O^{2-}-Ionen umgeben. Das entstehende CoO_4 färbt aber blau.

Die keramischen Kobaltfarben haben folgende Grundlagen:

Co—MgO	rot	
Co—Al$_2$O$_3$	hellblau	(THÉNARDS Blau),
Co—ZnO	grün	(RINMANNS Grün),
Co—SiO$_2$	dunkelblau	(rotstichig).

10. Nickelfarben

Auch Nickel ist nur in der Ni^{2+}-Form in Gläsern vorhanden. Die verschiedene Färbung des Nickels in Gläsern ist nach WEYL[1] nicht auf verschiedene Valenz, sondern auf verschiedene Koordinationen zurückzuführen. Schon ZSIGMONDY[2] fand 1901, daß das Nickelspektrum Absorption im ganzen sichtbaren Gebiet hat, aber bei verschiedenen Grundgläsern und verschiedenem Nickelgehalt stark wechselt. Nickel als NiO_4 färbt K-Gläser tief purpurn, Na-Gläser braun, Li-Gläser gelb in der NiO_6-Koordination[3].

Nickel färbt zinkhaltige Glasuren je nach Zn-Gehalt braun bis violett. Co-freies NiO, ZnO und SiO_2 ergeben ein blaues Pigment[4]. Dicke Ni-Gläser sind tiefrot, gleichgültig ob sie in dünner Schicht braun oder grau sind. Die Ursache liegt an dem Mangel an Rotabsorption des Ni-Spektrums. MOORE und WINKELMANN[5] erklären die Braunfärbung durch O—Ni—O-Brücken zwischen Glasformern.

Nickel färbt Li-reiche Gläser, P_2O_5-Glas und Phosphatgläser gelb. Ihr Absorptionsmaximum liegt bei 425 mμ.

Das Spektrum der purpurnen Ni-Gläser ähnelt dem der Co-Gläser, denn es besteht aus 3 Banden mit Maxima bei 520, 590 und 640 mμ. Es ist verschieden von dem entsprechender wässeriger Lösungen. Es sind wahrscheinlich 2 Farbzentren verschiedener Koordination (4 und 6), die hier nebeneinander vorliegen. Sie haben wenig verschiedene Farbintensitäten und sind als Indikator für Solvatation und Koordination geeignet. Ni mit der maximalen Koordinationszahl 6 hat bei 440 mμ eine Absorptionsbande, die die gelbe Farbe verursacht. NiO_4 hat im Sichtbaren die bereits oben erwähnten Absorptionsbanden. Nur die extrem violetten und roten Teile werden durchgelassen. Diese purpurnen Gläser haben

---

[1] WEYL, W. A.: Coloured Glasses, Sheffield, 1951, S. 197.

[2] ZSIGMONDY, R.: Ann. Physique Bd. 4 (1901) S. 60.

[3] FUHA, K.: J. Japan. ceram. Ass. (1922); Ref. in Glastechn. Ber. Bd. 2 (1924) S. 430. — JACKSON, H.: Nature Bd. 120 (1927) S. 264, 301.

[4] PENCE, F. K.: Trans. Amer. ceram. Soc. Bd. 14 (1912) S. 143.

[5] MOORE, H. u. H. WINKELMANN: J. Soc. Glass Technol. Bd. 39 (1955) S. 215, 250, 287.

im Infrarot bei 1,1 μ eine Absorptionsbande. Die gelben Ni-Gläser absorbieren dort nicht. Aber zwischen diesen Farbzentren bestehen Übergänge. Ni^{2+} als $(NiCo_6)$ in den Hohlräumen verursacht Grünfärbung[1]. Erhitzt man gelbe Ni-Gläser, so werden sie purpurn; diese Purpurfarbe wird beim Abschrecken des Glases nicht verändert. Erhöhung der Ni-Konzentration verursacht Verschiebung der Gleichgewichte zwischen den Farbzentren. Das *Beersche Gesetz* gilt dann nicht mehr, weil bei größerer Dicke des Glases ein anderer Farbton aufkommt.

Die in der Natur vorkommenden Nickelerze sind gelb oder grün. Sie haben also mehr als 4 O^{2-}-Ionen um jedes Ni^{2+}-Ion herum.

11. Färbung durch Kupfer[2]

Kupfer hat in Lösungen und in Gläsern je nach Zusammensetzung und Temperatur die Farben tiefblau, grün und braun. Der Zustand der Solvatation und Koordination beeinflußt die Farbe also stark. Kleine Mengen Cu erzeugen in gewöhnlichen Natron-Kalkgläsern dasselbe Blau wie in der $CuSO_4$-Lösung. Dieselbe Konzentration färbt grünlich in Borosilikatgläsern oder in Gläsern mit viel MgO oder PbO, so wie die Farbe von Kupfer in HCl-Lösung.

Der Einfluß der Temperatur wird sichtbar, wenn ein blaues Cu-Glas erhitzt wird, denn es wird dann grün, weil die Zahl der ungesättigten Ionen auf Kosten der gesättigten Ionen wächst. Für das Nichtedelgasion Pb^{2+} wurde seine hohe Polarisierbarkeit als Ursache für seine glasbildenden Eigenschaften erkannt (s. S. 17). Aus denselben Gründen sind die Nichtedelgasionen Co^{2+} und Cu^{2+} stark lichtabsorbierend. Nach WEYL[2] ist hier die Polarisation von größerem Einfluß als die Koordinationszahl. Ein $K_2O \cdot CuO \cdot 4\,SiO_2$-Kristall[3] und ein $CuO \cdot B_2O_3$-Kristall[4] sind blau. Die entsprechenden Gläser sind grün, was auf den durch die Polarisation verursachten Grad der Unordnung schließen läßt.

Neben der Koordinationszahl ist ferner noch das Gleichgewicht zwischen Cu^+- und Cu^{2+}-Ionen von Belang.

Das schöne, reine Blau *orientalischer Glasuren* ist mit Hilfe von Kupfer erzeugt worden.

Größere technische Bedeutung haben die Kupfergläser zur Erzeugung des *Signalgrüns* erlangt[5]. Messungen im Spektrum der grünen Kupfergläser zwischen 690 und 450 mμ weisen aus, daß solche Gläser die stärksten „Rotfresser" sind. Die höchste Lichtdurchlässigkeit liegt bei 500 mμ bei einem Gehalt von 4,5% CuO auf 100 Teile Glas. Wohl ist das Verhältnis des Restes von Rotdurchlässigkeit zur Durchlässigkeit für grünes und blaues Licht veränderlich. Bei Signalgläsern liegt die kleinste Rotdurchlässigkeit (1 bis 2%) bei 650 mμ. Dieses Ziel wird nach ZSCHIM-

---

[1] MOORE, H. u. H. WINKELMANN: J. Soc. Glass Technol. Bd. 39 (1955) S. 215, 250, 287.
[2] WEYL, W. A., Coloured Glasses, Sheffield 1951, S. 154.
[3] DUBOIN, A.: C. R. Bd. 186 (1928) S. 234.
[4] GUERTLER, W.: Z. anorg. allg. Chem. Bd. 40 (1904) S. 225.
[5] ZSCHIMMER, E.: Sprechsaal Bd. 59 (1926) S. 818, 833, 858.

MER am besten erreicht bei Na-Mg-Si-Gläsern. An zweiter Stelle kamen K-Pb-Si-Gläser und weiches Na-Ca-Si-Glas.

In Natriumboratgläsern sehr variabler Zusammensetzung verursachte 2% CuO folgende Farbwirkungen: Cu^+ hatte auf die Lichtabsorption im Sichtbaren keinerlei Einwirkung. Für gleiche Cu^{2+}-Gehalte nahm die Absorption im Rot kontinuierlich mit zunehmendem B_2O_3-Gehalt ab, während die Blauabsorption gleichzeitig bis zu 80% B_2O_3 zunahm. Bei mehr als 80% B_2O_3 nahm die Absorption wieder ab[1].

12. Färbung durch Chrom[2]

Es ist farbgebend durch das drei- und das sechswertige Atom. Cr_2O_3 ist das einzige stabile Oxyd. Es geht mit SiO_2 keine Verbindungen ein, ist also mit ihm auch nicht mischbar. Daher ist auch seine Löslichkeit in Silikatgläsern gering. Bei Temperatursenkung kristallisiert es leicht aus und liefert so den *Chromaventurin*.

Die Absorption von Cr-haltigen Gläsern ist nicht dieselbe bei Tageslicht und bei künstlichem Licht, weil sie von der Dicke des Glases abhängig ist. SILVERMAN[3] berichtet, daß ein Chromglas in dünner Schicht grün, in doppelt dicker Schicht rot war. *Grüne Signalgläser* werden deshalb mit Kupfer gefärbt (s. S. 273), dem etwas Chrom beigemischt wird.

Die Lichtabsorption der Cr-Ionen hängt wie bei allen farbigen Ionen von dem Einfluß der elektrischen Felder der umgebenden Ionen ab: (Polarisation). *Cr^{2+}-Ionen* in wässeriger Lösung sind durch extreme Reduktion herstellbar. Sie sind blau. Ebenso gibt es blaue Cr-Gläser beim Schmelzen in mit Kohlenstoff gefütterten Tiegeln. *Cr^{3+}-Ionen* geben ein grünes Glas. Cr_2O_3 + Alkali + Luft ergibt *$Cr^{6+}O_3^{2-}$, also gelb*, was bei Gegenwart von Salpeter bei niedrigen Schmelztemperaturen im Glase ebenfalls realisierbar ist. CrO_3 ist flüchtig, vielleicht in der Form $CrCl_3$, in dem das Chrom nur dreiwertig ist.

Chromgläser, die unter gewöhnlichen Umständen reduzierend geschmolzen werden, sind smaragdgrün. Alkali wandelt diese Farbe nicht ab, selbst wenn das ursprüngliche Cr-Glas alkalifrei war[4]. Man kann deshalb an solchen Gläsern weder die Koordinationszahl noch die Stellung als Netzwerkwandler oder Netzwerkformer bestimmen. Solche Gläser absorbieren nicht im *Ultraviolett*. Auch andere Chromgläser haben nur wenig Absorption im Ultraviolett.

Gelbe Gläser mit Cr^{6+}-Ion konnten von WEYL nur unter sehr hohen O_2-Drücken hergestellt werden. Sie haben das Absorptionsspektrum von Alkalichromatlösungen. Die so erhaltenen Absorptionsspektren der beiden Glastypen mit drei- und sechswertigen Ionen erlauben nun, die Analyse von Gläsern mit gemischten Ionen durchzuführen, da das Cr^{3+}-Ion ein Absorptionsmaximum bei 650 mμ hat, in dessen Nähe das Cr^{6+}-Ion

[1] LAHIRI, D.: J. Indian chem. Soc. Bd. 31 (1954) S. 377; Ref. in Amer. Ceram. Abstr. (1955) S. 46.
[2] WEYL, W. A.: Coloured Glasses, Sheffield 1951, S. 132.
[3] SILVERMAN, A.: Trans. Amer. ceram. Soc. Bd. 16 (1914) S. 548.
[4] WEYL, W. u. E. THÜMEN: Sprechsaal Bd. 66 (1933) S. 197.

nicht absorbiert. Umgekehrt konnte WEYL[1] aus dem Ladungszustand dieser Ionen Schlüsse auf das Oxydations-Reduktionsgleichgewicht ziehen, wenn Zusammensetzung und Temperatur sich änderten. Die Reihenfolge der Alkalien in der Verstärkung der Gelbfärbung durch Cr^{6+}-ist die des steigenden Atomgewichts und des Ionenradius. Ebenso wirkt PbO, das bei niedrigen Schmelztemperaturen undissoziiertes $PbCrO_4$ bildet.

Bei konstanter Konzentration an Chrom kann man in solchen Schmelzen feststellen:

1. Bei steigender Temperatur wird das Verhältnis $Cr^{3+}:Cr^{6+}$ größer.
2. Das Verhältnis $Cr^{3+}:Cr^{6+}$ wird kleiner mit steigender Basizität.
3. Cr^{6+} kann durch Zusatz von As_2O_3 oder Sb_2O_3 völlig entfernt werden.
4. Dasselbe erfolgt durch reduzierende Gase. Aber völlige Oxydation zu Cr^{6+} erfordert O_2-Drücke von mehreren 100 at.
5. Das Verhältnis $Cr^{3+}:Cr^{6+}$ wächst, wenn K_2O durch Na_2O ersetzt wird. Chromatbildung war am günstigsten in einem K-Ba-Glas. Dieses Glas hat hohe Molekularrefraktion, was hoch polarisierbare O^{2-}-Ionen verrät. Dasselbe gilt für Bleigläser.

In B_2O_3-haltigen Gläsern färbt Chrom tiefer als in borfreien Gläsern[2]. Das wird verursacht durch Verschiebung der Absorptionsbande im Blau nach längeren Wellen und Abplattung der Spitze derselben. B_2O_3 hat nämlich die Eigenschaft, das Absorptionsspektrum eines Glases zu verbreitern. Der Eintritt von BO_3 und BO_4 ins SiO_4-Netzwerk beeinträchtigt die Symmetrie der das färbende Ion umgebenden Felder, was zum Verlust an Feinstruktur führt.

Die geringe Löslichkeit von Chrom im Glase kann zu *Auskristallisation im feuerfesten Material* führen. So sind Chromkorunde mehrfach beobachtet worden[3].

Reines *Smaragdgrün* kann nur durch Zusatz reduzierender Oxyde wie As_2O_3 oder Sb_2O_3 (s. S. 107) hergestellt werden. Bei oxydierender Schmelze kommt der gelbe Farbton des Cr^+ hinzu. *Gelb bis rotgelb* kann besonders in bleireichen Gläsern erzielt werden. Rein *rot* ist das CrO_3 enthaltende *Korallrot* der keramischen Dekoration, das sich aber schon bei 700° zersetzt.

Bei dieser Gelegenheit seien einige andere interessante Anwendungen von *Chrom in keramischen Farben und Glasuren* erwähnt. Als brauner Spinell $ZnO \cdot Cr_2O_3$ wird es wegen seiner Unempfindlichkeit gegen chemische und thermische Einflüsse viel gebraucht. Die bekannte *Pinkfarbe* von Cr-haltigem Al_2O_3 und besonders von SnO_2 ist von STILLWELL[4] gedeutet worden: Kleine Mengen von bis zu 4% Cr_2O_3 können mit diesen Oxyden bei hohen Temperaturen Mischkristalle bilden. Hierzu sind γ-Al_2O_3 und SnO_2 als Gitterträger geeignet. Dieser Kristall entmischt bei der Abkühlung in oxydierender Atmosphäre und wird roter. Bei höheren Chromgehalten bleibt er grün, weil der Einfluß des Gitterträgers dann unzureichend ist.

---

[1] WEYL, W. A.: J. Soc. Glass Technol. Bd. 35 (1951) S. 458.
[2] ZSIGMONDY, R.: Ann. Physik Bd. 4 (1901) S. 60.
[3] PRESTON, F. W.: J. Amer. ceram. Soc. Bd. 17 (1934) S. 356. — JEBSEN-MARWEDEL, H.: Glastechn. Fabrikationsfehler, Berlin: Springer 1936, S. 114.
[4] STILLWELL, CH. W.: J. physik. Chem. Bd. 30 (1926) S. 1441.

13. Färbung durch Uran[1]

Uran kann sowohl als Kation wie als Anion auftreten. Unter oxydierenden Bedingungen ist es als U^{6+}-Ion stabil. Es ist im gelben Oxyd UO_3 vorhanden, das amphoter ist. In dieser Form besteht es ebenfalls in den Uranylsalzen, die das Radikal $(UO_2)^{2+}$ enthalten und in den Uranaten, deren Anionen die Formel $(UO_4)^{2-}$ oder $(U_2O_7)^{2-}$ haben. Diese Uranate entsprechen den Chromaten. Zu ihnen gehört das *Urangelb* $Na_2U_2O_7$, das meist gebraucht wird, um Uran in Gläser und Glasuren einzuführen. Das gelbe UO_3 geht bei Reduktion in das schwarze Uranyl-Uranat $UO_2 \cdot 2UO_3 = U_3O_8$ über, das als *Unterglasurschwarz* und in schwarzen Glasuren gebraucht wird. Das gelbe UO_3 kann nach Howe[2] durch Zusatz von Al_2O_3 derart stabilisiert werden, daß das gelbe und das schwarze Uranoxyd nebeneinander auf demselben Werkstück angewandt werden können.

Die gelben *wässerigen Lösungen* eines Uranylsalzes enthalten das Uranyl $(UO_2)^{2+}$, das durch naszierenden H_2 in die dunkelgrünen Lösungen des U^{4+}-Ions verwandelt werden. Bei noch stärkerer Reduktion kann aus dem U^{4+}-Ion das U^{3+}-Ion gebildet werden. Dieses ist rot mit einer breiten Absorption im kurzwelligen Teil des Spektrums bei 540 $m\mu$. Es ist in Lösungen unbeständig und geht unter H_2-Entwicklung in U^{4+} über.

Die grundlegenden Beobachtungen über die *optischen Eigenschaften* der Uranlösungen stammen von H. Bequerel. Uranverbindungen haben eine starke gelb-grüne Fluoreszenz. Verbindungen des U^{6+} und diejenigen des U^{4+} haben ein durch sehr viele scharfe Minima und Maxima gekennzeichnetes Absorptionsspektrum. Es ähnelt hierin dem der seltenen Erden und ist bei tiefen Temperaturen fast so scharflinig wie das Linienspektrum eines Gases.

Aus diesem verwickelten Bild der Uranfarben in Lösungen folgt eine ebenso verwickelte Optik der *Urangläser*. Uranyl-Ionen bilden sich nur in sauren, Uranate nur in basischen Gläsern. Das äußerst verwickelte Bild läßt sich nach Weyl am besten an den chemisch so variablen *Glasuren* studieren. Man erhält durch Reduktion derselben ein Dunkelgrün durch U^{4+}-Ionen, ein Schwarz durch $UO_2 \cdot 2UO_3$. Ein Glas mit 1,5% UO_3 enthielt Uran als Uranyl, eines mit 12% UO_3 als Uranat[3]. Das Absorptionsgebiet des letzteren erstreckte sich nach längeren Wellenlängen. Das Uranylglas fluoreszierte bereits bei Raumtemperatur, das Uranatglas erst bei tiefen Temperaturen.

Ein schönes Gelb entsteht bei oxydierender Schmelze in Abwesenheit von Blei. In B_2O_3-reichen Gläsern entsteht ein grünliches Gelb, wahrscheinlich durch Verschiebung des Gleichgewichtes zwischen den Uranaten zu den Uranylionen hin. Glasuren mit viel Pb oder Bi bilden orangerote oder zinnoberrote Kristalle der Bi- oder Pb-Uranate (Tomatenrot). Bei hohem Bleigehalt entsteht eine gelbe Farbe ohne grüne

---

[1] Weyl, W. A.: Coloured Glasses, Sheffield 1951, S. 205.
[2] Howe, R. M.: Trans. Amer. ceram. Soc. Bd. 16 (1914) S. 487.
[3] Kröger, F. A., J. M. Stevels u. Th. P. J. Botden: Philips Res. Papers Bd. 3 (1948) S. 46.

Fluoreszenz. W. Colbert[1] entwickelte ein tief rot gefärbtes Glas der Grundzusammensetzung 71% PbO · 19% SiO_2 · 10% Al_2O_3. Diese Wirkung ist von der Anwesenheit des Al_2O_3 abhängig, das nach Zusatz von 4% $Na_2U_2O_7$ diese roten Kristalle von Pb-Uranat bildet. Die Farbe ähnelt derjenigen der Selenrubine mit einer Absorption im kurzwelligen Teil des Spektrums direkt unterhalb 500 mμ.

14. Färbung durch Wolfram, Molybdän und Vanadin[2]

WO_3 und MoO_3 sind nur sehr wenig in Gläsern löslich. Sie können in keramischen Glasuren je nach Zusammensetzung und Grad der Reduktion sehr verschiedenartige, aber oft schwer reproduzierbare Farben erzeugen. So erhält man in Phosphatgläsern bei Reduktion blaue Töne mit WO_3, grüne Farben mit MoO_3, wahrscheinlich durch Bildung von Mo^{5+}-Ionen. In Silikatgläsern kann bei gleichzeitiger Einführung von MoO_3 und S orange Färbung erzielt werden. Hierbei bildet sich wahrscheinlich Sulfomolybdat.

Führt man Vanadium in verschiedene Grundgläser ein, so kann erhalten werden: farblos, gelb, braun, grün und grau[3]. Das farblose Glas entsteht bei Einführung des Vanadins in extrem basische Gläser bei Oxydation. Dann erfolgt totale Absorption im Ultraviolett, wahrscheinlich durch Vanadationen. Leider sind diese Gläser nicht mehr resistent. Normale Gläser mit Vanadiumgehalt absorbieren im sichtbaren Licht, wahrscheinlich durch V^{3+}- und $(VO)^{2+}$-Ionen (Vanadyl). Die grüne Farbe dieser Gläser ist durch die Maxima bei 425 und 625 mμ verursacht. Ein Anteil an langwelliger Absorption scheint durch Vanadyl verursacht zu sein. Wenige Prozente dieser Oxyde genügen, um sich infolge ihrer niedrigen spezifischen Oberflächenspannung an der Oberfläche anzureichern. Sie können dann bei Glasuren prächtige Entglasungen hervorrufen.

15. Färbung durch Titan[4]

Titangläser können in den verschiedensten Farben hergestellt werden. Gläser mit Spuren Titan sind meist völlig farblos. Ein Na_2O-SiO_2-Glas mit 3% TiO_2 kann noch farblos sein[5] und bei gleichzeitiger Einführung des Na_2O in Form von $NaNO_3$ können sogar 10% ohne Färbung eingeführt werden. Spuren von Titan können nur in einigen B_2O_3 oder P_2O_5 enthaltenden Gläsern Färbung hervorrufen.

Entsprechend der Lorenz-Lorentz-Formel scheint Ti^{4+} in der TiO^6-Koordination aufzutreten[6]. Aber die Zusammensetzung des Glases verursacht dieselbe Änderung der Absorption wie die Fe^{3+}-Ionen. Daher

---

[1] Colbert, W.: J. Amer. ceram. Soc. Bd. 29 (1946) S. 40.

[2] Weyl, W. A.: Coloured Glasses, Sheffield 1951, S. 149, 216.

[3] Weyl, W. A., A. G. Pincus u. A. E. Badger: J. Amer. ceram. Soc. Bd. 22 (1939) S. 374.

[4] Weyl, W. A.: Coloured Glasses, Sheffield 1951, S. 213.

[5] Sheen, A. R. u. W. E. S. Turner: J. Soc. Glass Technol. Bd. 7 (1924) S. 187.

[6] Turnbull, R. C. u. W. G. Lawrence: J. Amer. ceram. Soc. Bd. 35 (1952) S. 48.

hält DE JONG[1] die TiO_4-Koordination für wahrscheinlich. Sie dürfte vor allem dann vorliegen, wenn es ins Netzwerk eintritt.

Im Gegensatz zur schwachen Lichtabsorption des Ti^{4+}-Ions allein ist sie in Kombination mit anderen Farbionen sehr groß. Die leichte Gelbfärbung keramischer Erzeugnisse wird durch etwa 0,3% Fe_2O_3 hervorgerufen, aber durch Zehntelprozente von TiO_2 vertieft. Nach WEYL rührt das von dem damit verbundenen Übergang des farblosen Fe^{3+}-Netzwerkwandlers in die Position eines Netzwerkbildners her. Dann ist es als FeO_4-Gruppe anwesend, die das Ultraviolett absorbiert und deshalb gelbbraun färbt. Dieser Übergang wird bereits durch Anwesenheit von wenig TiO_2 ermöglicht. Dementsprechend wird auch Viskosität und Erweichung beeinflußt.

In ähnlicher Weise verändert TiO_2 auch die Färbung anderer Oxyde. Kupfergläser verändern dann die blaue Farbe nach Grün und sogar nach Braun. Auch hier ist der Farbwechsel verursacht durch den Übergang des Cu^{2+} von der Position als Netzwerkwandler zu der eines Netzwerkformers. WEYL empfiehlt deshalb TiO_2 als Zusatz zu grünen Signalgläsern.

Noch vielfältiger ist der Einfluß des Titans auf die Farbe des U^{6+}-Ions. Auch hier erfolgt der Übergang aus der Position des Wandlers in die des Formers, wobei die gelbe Färbung vertieft wird und die Fluoreszenz verschwindet. Die damit verbundene chemische Wandlung besteht im Übergang von anwesenden U^{4+}-Ionen in die saureren $(UO_2)^{2+}$-Ionen. TiO_2 beeinflußt also die Farben von Gläsern ebenso wie ein Übermaß an Alkali.

Dasselbe gilt für die Bildung von Cer-Titan-Gelb. Dort findet ein durch Zusatz von Ti^{4+} bewirkter Übergang von Ce^{4+}-Ionen in das Netzwerk statt, also der Bildung von Ceraten an Stelle von Cersilikaten.

Mn^{2+} ist in kleinen Konzentrationen farblos mit einer sehr schwachen Absorption im Blau. Durch Zusatz von TiO_2 wird diese Absorption so verstärkt, daß eine tiefe Gelbbraunfärbung entsteht.

Cer-Titanpigmente von tiefgelber Farbe eignen sich als Unterglasurfarben. Mangan färbt sie orange.

Neapelgelb (Bleiantimoniat) wird durch Einführung von TiO_2 vertieft.

Die reduzierten Titanstufen sind in Lösung violett. Dieselbe Farbe läßt sich in Gläsern erzeugen. Es gelingt aber nur leicht in Borosilikat- und Phosphatgläsern. Sie haben eine Absorptionsbande bei 550 mμ.

Ti^{3+}-Ionen sind auch Ursache der blauen Färbung von keramischen Scherben mit etwa 3% TiO_2-Gehalt. Bei oxydierender Kühlung verschwindet das Blau wieder. Dabei bildet sich TiO_2, das die stark gefärbten FeO_4-Gruppen stabilisiert und die Rinde braun färbt, während das Innere des Korns blau bleibt.

16. Lichtabsorption durch Cer[2]

Es wird als CeO_2 zur *Läuterung* (s. S. 132) und zur *Entfärbung* (s. S. 127) zugesetzt. In beiden Fällen wirkt der bei hohen Temperaturen abge-

---

[1] JONG, J. DE: J. Soc. Glass Technol. Bd. 38 (1954) S. 57.
[2] WEYL, W. A.: Coloured Glasses, Sheffield 1951, S. 231.

gebene Sauerstoff, wobei C^{4+} in C^{3+} übergeht. Seine entfärbende Kraft ist besonders stark in Gegenwart von Neodym.

Es wird ferner gerne gebraucht wegen seiner hohen *Absorption im Ultraviolett*. Schon W. CROOKES[1] stellte 1914 das erste cerhaltige Schutzglas her, das im sichtbaren Bereich nicht absorbiert und bis heute unübertroffen ist. Zuweilen werden ihm kleine Mengen Kobalt beigesetzt[2], um einen durch Solarisation aufkommenden gelblichen Stich wegzunehmen[3]. Ein Glas mit 6,8% CeO_2 und 0,1% CoO absorbiert alle Wellen unterhalb 365 mμ. Andere UV-Schutzgläser enthielten 2% CeO_2 und 0,005% CoO.[4]

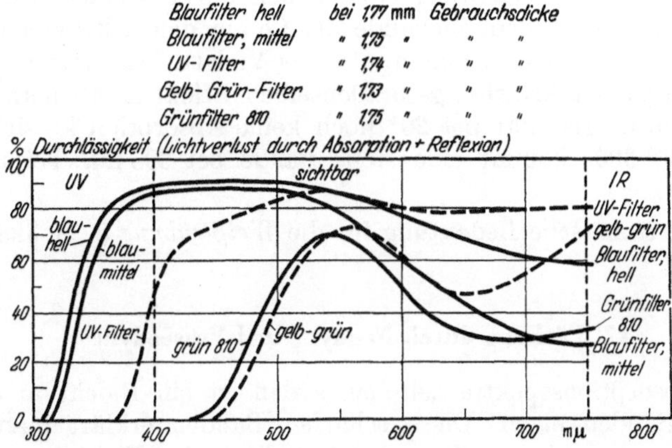

Abb. 98. Durchlässigkeitskurven verschiedener Photofilter. (Nach GOTT)

Der Einfluß der Glaszusammensetzung auf die Lichtabsorption steigender Mengen an CeO_2 ist folgender: In *Natron-Kalkgläsern* wird alles kurzwellige Licht bis 380 mμ absorbiert und die Absorption bei 550 bis 1000 mμ nimmt ab. In *Borosilikatgläsern* breitet sich bei steigendem Gehalt an CeO_2 das Gebiet der Absorption bis 550 mμ aus, während die Absorption von 600 bis 1000 mμ geringer wird[5]. Geringe Mengen Ce_2O_3 verursachten Braunfärbung, aber diese Färbung nahm bei größeren Zusätzen ab. Bei 3 bis 4% Ce_2O_3 war sie verschwunden. Größere Mengen BaO und PbO verhinderten die Färbung[6] (s. S. 289). In *Flintgläsern* war ebenfalls große Absorption im ultravioletten Bereich. Hier verursachten sehr kleine Gehalte an CeO_2 geringere Absorption von 400 bis 1000 mμ als CeO_2-freies Flintglas. Solche Gläser mit großen Gehalten an CeO_2 absorbierten bis 550 mμ. Auch hier war die Absorption von 550 bis 1000 mμ geringer als bei cerfreiem Glas.

[1] CROOKES, W.: Philos. Trans. Roy. Soc. London. Ser. A. Bd. 214 (1914) S. 1.
[2] COBLENTZ, W. W. u. A. N. FINN: J. Amer. ceram. Soc. Bd. 9 (1926) S. 423.
[3] HEINRICHS, H. u. G. JAECKEL: Sprechsaal Bd. 60 (1927) S. 705.
[4] LÖFFLER, J.: Glastechn. Ber. Bd. 9 (1931) S. 501. — STYROKY, W.: J. Soc. Glass Technol. Bd. 32 (1948) S. 40.
[5] KAPNICKY, J. A. u. W. A. KOEHLER: J. Amer. ceram. Soc. Bd. 31 (1948) S. 321.
[6] ECKERT, F.: Z. techn. Physik Bd. 7 (1925) S. 300.

Die braune Farbe der Cergläser ist an die Gegenwart des Ce^{3+}-Ions gebunden. Das Gleichgewicht zwischen drei- und vierwertigem Cer ist sehr von der Zusammensetzung abhängig und ebenfalls von der Menge des zugesetzten Cers. Daher fanden HEINRICHS und JAECKEL bei größeren Mengen auch mehr Gelbfärbung. Auch durch Schmelzen im Vakuum wird Ce^{3+} unter O_2-Abgabe gebildet[1].

Ce^{4+} kann ebenso wie Fe^{3+} ins Netzwerk eintreten. Wir haben dann Ceratgläser analog den tiefgefärbten Ferritgläsern. Wie unter *Titangläsern* bereits ausgeführt wurde, wird dieser Vorgang durch Zusatz von TiO_2 befördert. Diese Ceratgläser sind gelb. Aber die Wirkung des TiO_2 besteht nicht in der Schaffung einer neuen Farbe, sondern nur in der Verschiebung der Absorptionsbande des Ce aus dem Ultraviolett etwas in den sichtbaren Bereich hinein, also ins Violett. Das Glas zeigt dann dessen Komplementärfarbe: gelb. Denselben Effekt erhält man bei Erhitzung. Ein Cerglas hat bei 20° noch keine Absorption im sichtbaren Bereich. Bei 395° kommt eine steile Bande bei 395 mμ, bei 425° bei 418 mμ vor.

CeO_2 hat technische Bedeutung für die *Weißtrübung* (s. S. 328).

17. Färbung durch Neodym und Praseodym[2]

Allen Absorptionsspektra seltener Erden ist ein Reichtum an sehr schmalen Banden eigen. Diese scharfen Banden erklärt man durch Elektronensprünge innerhalb geschützt liegender Elektronenschalen. WEYL hat die Definition der Farbe von Nd- und Pr-Gläsern als äußerst schwierig bezeichnet: Nd erteilt einem Glase eine charakteristische, zarte Purpurfärbung, die durch keine Mischung anderer Oxyde erreicht werden kann. Sie sind *dichroitisch*, d. h. sie können in 2 Farben erscheinen. In dünnen Schichten oder niedriger Konzentration erscheinen sie blau, in dicken Schichten oder hoher Konzentration rot[3].

Pr-Gläser sind grün. Gläser mit beiden seltenen Erden (Didymgläser) sind ebenfalls dichroitisch, nämlich in dünner Schicht olivgrün, in dicker Schicht braun oder rot. Ist zugleich Selenpink anwesend, so ist die dünne Schicht silbergrau, die dicke Schicht rötlich-braun. LÖFFLER[4] konnte alle Farbtöne zwischen Pink, Amethyst und Weinrot durch Anwendung von Se, Nd und Co in geeigneten Mischungsverhältnissen erhalten. Dasselbe konnte in Bleigläsern, die keine Bildung von Selenpink erlauben, erreicht werden durch Einführung von Nd mit Goldrubin.

Die großen Möglichkeiten des Dichroismus beschreibt CTYROKY[5] durch Versuche mit Mischungen von Neodym und Vanadin:

[1] SALMANG, H. u. A. BECKER: Glastechn. Ber. Bd. 7 (1929) S. 241.

[2] WEYL, W. A.: Coloured Glasses, Sheffield 1951, S. 220.

[3] WEIDERT, F.: Z. wiss. Photogr. Bd. 21 (1922) S. 254; Glastechn. Ber. Bd. 16 (1938) S. 51.

[4] LÖFFLER, J.: Glastechn. Ber. Bd. 15 (1937) S. 389.

[5] CTYROKY, V.: Glastechn. Ber. Bd. 18 (1940) S. 1.

% Nd_2O_3	% V_2O_5	Farbe im	
		Tageslicht	Elektrischen Licht
6	0	lavendel	violett pink
5	0,2	bläulich	pink
4	0,4	blau	schmutzig rosa
3	0,6	blau	hell pink
2	0,8	grünlich blau	lachsfarben
1	1,0	bläulich grün	gelblich pink
0	1,2	hellgrün	grünlich gelb

Der Lichteffekt, der hier auftritt, ist bekannt als Alexandriteffekt, so genannt nach dem Edelstein *Alexandrit*. Er hat bei verschiedener Belichtung verschiedene Farben (grün im Tageslicht, tief rot im künstlichen Licht). Beim Glase wie beim Edelstein ist der Dichroismus durch die Anwesenheit sehr schmaler, sehr intensiver Absorptionsbanden bei 570 und 590 mμ verursacht, die die Komplementärfarbe scharf heraustreten lassen. Sie teilen also das Spektrum in einen roten und einen blauen Teil.

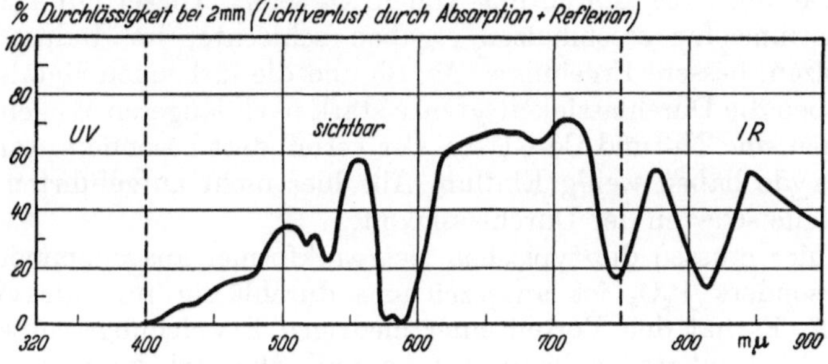

Abb. 99. Durchlässigkeitskurve eines Didym-Glases. (Nach GOTT)

Neodymgläser gestatten eine sehr scharfe Unterscheidung zwischen roten und grünen Farbtönen sowie Nuanzierungen innerhalb dieser Farben. Sie sind von F. WEIDERT zum Gebrauch in der Schiffahrt ausgearbeitet worden, weil sie bei nebeligem Wetter Unterscheidungen erleichtern (*Neophanglas*). Auch werden sie gebraucht, um wenig sichtbare Lichtzeichen zu geben, die aber vom Empfänger aber doch leicht zu entziffern sind, sowie um Farbeffekte zu ändern.

Didymgläser absorbieren das blendende Na-Licht im Bereich von 575 bis 593 mμ, wobei die Durchlässigkeit für gewöhnliches Tageslicht mit 41% hoch genug ist. Sie sind geeignet zum Augenschutz von Glasbläsern[1].

18. Durchlässigkeit im Ultraviolett
(s. S. 255 und bei den Farbträgern)

Die kurzwelligsten Strahlen des Sonnenlichtes erreichen die Erde nicht, weil sie bereits in den oberen Lagen der Ionosphäre, also mehr als 300 km

---

[1] BURGESS, J.: Ind. Engg. Chem. Bd. 9 (1932) S. 344.

oberhalb der Erde und in der darunter liegenden Stratosphäre verschluckt werden. Sie erzeugen dort aus den vorhandenen Gasresten Ionen und Ozon unter sehr starker Wärmeentwicklung. Die bei uns ankommenden Strahlen haben Wellenlängen von mehr als 250 mμ. Nur diese sind „Heilstrahlen". Kurzwelligere Strahlen erhält man mit Hilfe der Hg-Lampe.

Kieselglas hat die sehr hohe Durchlässigkeit von 185 mμ, die nur noch von einem B_2O_3 enthaltenden Kieselglas erreicht und nur vom Quarz und Fluorit übertroffen wird. Bei den anderen Silikatgläsern fällt die Durchlässigkeitsgrenze mit steigendem SiO_2-Gehalt des Glases, aber doch nur bis zu einer gewissen Grenze, die je nach Zusammensetzung stark schwankt[1].

CaO erniedrigt die Durchlässigkeit bis auf 300 mμ, vor allem bei Na-Gläsern, weniger bei K-Gläsern. Ba-Gläser sind durchlässiger bis zu etwa 255 mμ herab. Auch hier sind die Na-Gläser ein wenig besser als die K-Gläser. MgO verschiebt die Durchlässigkeitsgrenze noch mehr nach längeren Wellenlängen. ZnO verhält sich wie CaO. Sehr günstig ist der Einfluß von Al_2O_3, der die Grenze von 270 mμ eines tonerdefreien Glases bis auf 246 mμ nach Einführung von Al_2O_3 senkt. Gläser mit B_2O_3, im Laboratoriumsofen erschmolzen, ergaben schlechte, im Industrieofen erschmolzen, bessere Ergebnisse. As, Sb und die färbenden Metalloxyde verschieben die Durchlässigkeitsgrenze stark nach längeren Wellen. Ausgenommen sind Ni- und Co-Gläser. Cer vermindert besonders stark, die Didymoxyde haben wenig Einfluß. Alle hier nicht aufgeführten Glasbestandteile schaden der Durchlässigkeit.

Aber hier müssen die typischen Netzwerkformer ausgenommen werden. Besonders P_2O_5 ist ausgezeichnet durchlässig für ultraviolette Strahlen[2]. Es hat den Vorteil einer niedrigen Erweichungstemperatur, aber den Nachteil großer chemischer Angreifbarkeit. Sie kann aber durch Einführung von Al_2O_3 stark zurückgedrängt werden. B_2O_3 in reinster Form ist auch sehr gut durchlässig, läßt aber besonders stark nach, wenn auch nur Spuren von Fe zugegen sind[3].

Selbst die best durchlässigen Gläser verschlucken die ultravioletten Strahlen (200 bis 400 mμ), wenn nur Spuren von Fe^{3+}, Ti, Cr, V, Pb, Sb und Ce darin enthalten sind. Schon 0,012 % Fe_2O_3 verschluckt alle Strahlen unterhalb 270 mμ.[4] Fe^{2+} ist weniger absorbierend. Phosphatgläser enthalten weniger Fe^{3+} als SiO_2-Gläser, was zu ihrer Durchlässigkeit sehr beiträgt. Die Glasdicke ist wichtig. Durchlässige Gläser sollten so dünn wie möglich sein. Gewöhnliches Glas, zu Folie ausgeblasen, kann bis zu 240 mμ durchlässig sein.

Im Ultraviolett verschieben sich die Absorptionsbanden meist stark

[1] GILARD, P., P. SWINGS u. A. HAUTOT: Rev. belge Ind. Verre (1931) Nr. 13 bis 17. — JONG, J. DE: J. Soc. Glass Technol. Bd. 38 (1954) S. 57. Diss. Delft 1952, S. 14 ff.

[2] KREIDL, N. J. u. W. A. WEYL: J. Amer. ceram. Soc. Bd. 24 (1941) S. 372.

[3] WARGIN, W. W.: Keramika i Steklo (Moskwa) Bd. 7 (1931) S. 4; Ref. in Glastechn. Ber. Bd. 10 (1932) S. 565.

[4] GOTT, O.: Glastechn. Ber. Bd. 24 (1951) S. 36.

nach längeren Wellenlängen, wenn die Gläser von Zimmertemperatur auf 600° erhitzt werden. Diese Verschiebung ist reversibel[1].

Der Durchlässigkeit der technischen Gläser für Ultraviolett ist nichts so schädlich wie der unvermeidbare Gehalt an Fe_2O_3. FeO absorbiert viel weniger stark. In wässeriger Lösung absorbiert Fe^{3+} 100mal so stark wie Fe^{2+}. Unter dem Einfluß der UV-Bestrahlung geht die UV-Durchlässigkeit zurück. Das ist auf Reoxydation von Fe^{2+} zurückzuführen. Dasselbe erfolgt bei UV-Bestrahlung von wässerigen Fe^{2+}-Lösungen. Die UV-Durchlässigkeit von Gläsern erlaubt eine Schätzung des Anteils an Fe^{2+}- und Fe^{3+}-Ionen[2].

Bei *ultraviolett durchlässigen Fenstergläsern*[3] kommt es nicht darauf an, möglichst tief ins UV-Gebiet einzudringen, sondern nur darum, die „Heilstrahlen" von 259 bis 320 mμ durchzulassen. Die Analyse der Durchlässigkeit hat sich also quantitativ auf alle Bereiche auszudehnen. Das Glas soll möglichst dünn und glatt sein, da rauhe Oberfläche die Reflektion befördert. Reine Alkalisilikatgläser mit 20% Alkali haben ihre Absorptionsgrenze bei ungefähr 272 mμ. Nach ENGLISH hatte Ersatz von K durch Na in diesem Glase keinen Einfluß auf die Absorption. Aber Gläser mit beiden Alkalien zeigen noch die Linie 252 mμ. Für Gläser mit 3 Bestandteilen fand er folgende Absorptionsgrenzen:

Hier besteht keine Parallelität zwischen SiO_2-Gehalt und Durchlässigkeit. Zwischen 15 und 30% B_2O_3 bleibt die Durchlässigkeit unverändert. Durch Läuterung mit As_2O_3, mehr noch mit Na_2SO_4, sinkt sie stark.

Oxyde	% SiO_2	Durchlässigkeits-grenze
10% CaO	75*	278 mμ
8% MgO	77	284 „
10% Al_3O_3	73	276 „
20% B_2O_3	61	262 „
8% ZrO_2	73	298 „
10% ZnO	75	278 „
14% BaO	70	276 „

* Die Ergänzung zu 100% stellen die Alkalien dar.

Beim Altern nimmt die Durchlässigkeit ab, am meisten in den ersten 2 Monaten, selbst im Winter. Aber nach 4 Monaten stellt sich ein stabiler Zustand ein. Vor einer Hg-Lampe stellt sich dieser stabile Zustand bereits nach 6 Stunden ein. Das Glas war vor der Belichtung schwach grünlich, nach der Belichtung gelblich gefärbt. Entsprechend trat im Grünen bei 500 mμ eine Absorptionsbande auf, die sich bei zunehmender Belichtung mehr vertiefte und verbreiterte. Natürliche und künstliche Alterung waren identisch. Es gibt übrigens Gläser, die wenig altern. Mit KNO_3 stark oxydierte Gläser haben wegen ihres Fe_2O_3-Gehaltes geringe Anfangsdurchlässigkeit, altern aber nicht mehr. Die Alterung beruht auf Oxydation von FeO zu Fe_2O_3. MnO_2 im Gemenge macht das Glas unempfindlich gegen Alterung.

Hier folgen einige Angaben über UV-durchlässige Glassorten[4]:

[1] WEIZEL, W. u. H. E. WOLFF: Z. techn. Physik Bd. 11 (1930) S. 358. MEYER, S.: Glastechn. Ber. Bd. 14 (1936) S. 305.
[2] ROSE, G.: Sprechsaal Bd. 62 (1929) S. 314ff.
[3] ENGLISH, S.: Glass Bd. 5 (1928) S. 338ff.
[4] Bureau of Standards, Nr. 235 [Ref. in Glastechn. Ber. Bd. 6 (1928) S. 320].

	UV-Gesamt-durchlässigkeit %	Durchlässigkeit bei 302 mµ	Dicke mm
Kieselglas	92	92	4,7
Corexglas	92	89	2,8
Helioglas...............	50	56	2,3
Vitaglas	50	44	2,5
Gewöhnl. Fensterglas ...	0—5	0,0	3,3

Alle diese Gläser verlieren durch Bestrahlung an Durchlässigkeit. Die
Hg-Lampe wirkt am stärksten, schwächer der Kohlelichtbogen, noch
schwächer das Sonnenlicht. Bei *Vitaglas* sank die Durchlässigkeit bei
302 mµ von 41% innerhalb eines Jahres auf 25%. Der stärkste
Rückgang erfolgte sofort in den ersten Wochen. Die Änderungen verlaufen bei den anderen Gläsern anders. *Corexglas* ändert sich im Sonnenlicht nicht, ist aber wenig beständig gegen atmosphärische Einflüsse.

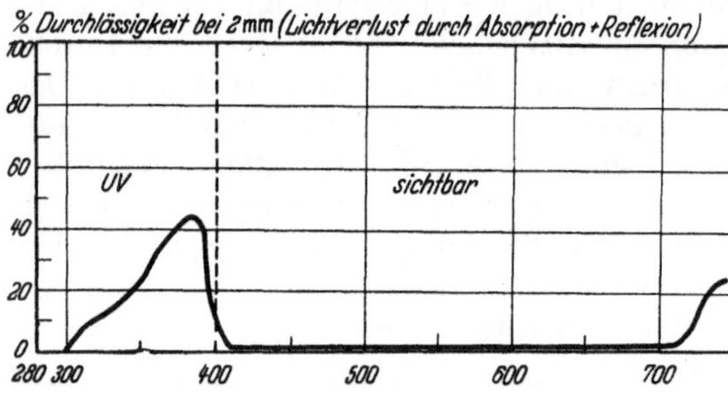

Abb. 100. Durchlässigkeit eines UV-Schwarzfilters. (Nach Gott)

UV-Kieselglaslampen altern besonders stark.

Das rührt her von einer Bedeckung der inneren Wand mit einer UV-
Strahlen absorbierenden Substanz[1]. Ein Teil derselben ist durch Reiben
oder chemische Behandlung entfernbar. Sie kann bis 0,1 mm tief ins
Glas eindringen: Es kann sein, daß hier Reduktion zu elementarem Si
eintritt, aber auch, daß hochdisperses Hg ins Glas übergeht.

Für *UV-Analysenlampen* wird sogenanntes *Schwarzfilterglas* verwendet, das UV- und infrarote Strahlen durchläßt und alle sichtbaren Strahlen (400 bis 700 mµ) absorbiert[2]. *Brillengläser*, die ultraviolettes Licht
absorbieren sollen und doch farblos sein müssen (Gletscherbrillen), enthalten Ce, Ti, Pb und CdS, das nicht angelaufen ist[3]. Dem Auge sind
Strahlen von weniger als 315 mµ schädlich. *Schweißerschutzgläser* müssen
ultraviolette und infrarote Strahlen verschlucken.

Eine *bakterizide Lampe*[4] muß bis 251 mµ durchlässig sein. Da Phosphatgläser dann ihre Transparenz verlieren, benutzt man Boratgläser

$$z.\ B.\ 55\ B_2O_3,\ 17{,}5\ Al_2O_3,\ 20{,}0\ BaO,\ 7{,}5\ Na_2O$$
$$oder\ 60\ \ \ ,,\ \ \ 15{,}0\ \ \ ,,\ \ \ 25{,}0\ \ \ ,,\ \ \ 0{,}0\ \ \ ,,$$

Es waren „lange" Gläser, die bei 1450° schmelzen und wenig Neigung
zu Entglasung zeigen. Mehr als 40% B_2O_3 schaden der Resistenz, viel
BaO erhöht sie wie auch Al_2O_3. Fe_2O_3 muß weitgehend fern gehalten
werden.

---

[1] Meyn, W.: Z. wiss. Photogr. Bd. 25 (1928) S. 345.
[2] Gott, O.: Glastechn. Ber. Bd. 24 (1951) S. 36.
[3] Hauser, G.: Bl. Unters.- u. Forsch.-Instr. Bd. 1 (1927) S. 26.
[4] Danilov, V. P. u. Z. A. Joffe: C. R. Acad. Sci., U.R.S.S. Bd. 39 (1943)
S. 234 [Ref. Bull. Amer. ceram. Soc. (1945) S. 141].

Die Einwirkung von Röntgenstrahlen und anderen Strahlen

Röntgenstrahlen werden von Glas absorbiert, das Pb, Ta, W. Pt, Au, Bi, Th, U, Ba, Sn, enthält. Kurzwelligere und γ-Strahlen werden durch Pb, W, Bi, Si und P-Gläser absorbiert[1].

Ein Röntgenstrahlen absorbierendes Glas hatte die Zusammensetzung: 82% PbO, 2% Ta_2O_5, 2,0% SiO_2, 14% B_2O_3. Wegen des niedrigen „Bleiäquivalents" der gewöhnlichen Bleischutzgläser wurden PbO-WO_3-P_2O_5-Gläser entwickelt, die hohes Bleiäquivalent und langsame Verfärbung durch Röntgenstrahlen haben[2].

Ein Neutronen absorbierendes Glas bestand aus 63,8% CdO, 2,0 TiO_2, 3,1% ZrO_2, 31,1% B_2O_3.[3]

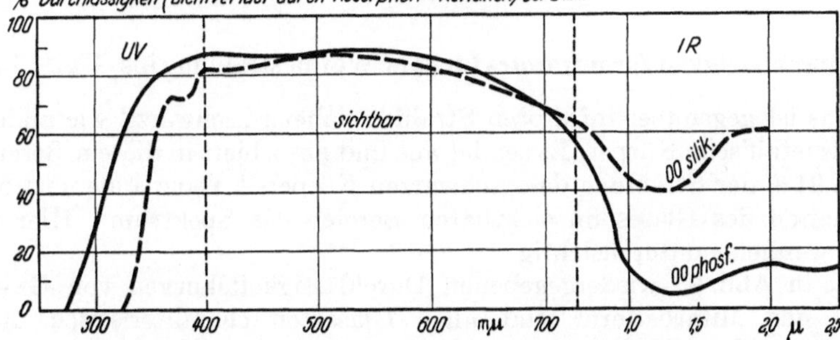

Abb. 101. Durchlässigkeitswerte einiger Schweißerschutzgläser. (Nach Gott)

Ein Röntgenstrahlen gut durchlassendes Glas enthält Li und Be (Lindemannfenster).

Gammastrahlen verursachen in Gläsern im sichtbaren Bereich eine Absorption, die der unter denselben Umständen in Alkalihalidkristallen auftretenden F-Bande ähnlich ist. Diese γ-Strahlen sind äußerst kurzwellige Röntgenstrahlen, die nicht der Elektronenhülle, sondern dem Atomkern entstammen. Bei ihrer Absorption und der folgenden Ionisierung werden Elektronen von verschiedener Energie frei gemacht. In den Alkalihalidkristallen werden diese Elektronen in Anionenfehlstellen, den sog. F-Zentren eingefangen, die eine Absorptionsbande, die F-Bande, im Kristall verursachen. Ähnlich wie in solchen Kristallen verursachen zweiwertige Ionen dann im Glase das Auftreten von Z-Banden, die durch Z-Fehlstellen verursacht werden[4].

CeO_2 wird Gläsern zugesetzt, um Verfärbung durch Strahlung zu verhüten (s. S. 289). Das gilt aber nur für den sichtbaren Teil des Spektrums. Im Ultraviolett tritt aber eine starke Absorptionsbande auf, die

[1] Gott, O.: Glastechn. Ber. Bd. 24 (1951) S. 36.
[2] Rothermel, J. J., K. H. Sun u. A. Silverman: J. Amer. ceram. Soc. Bd. 32 (1949) S. 153.
[3] Brewster, G. F. u. N. J. Kreidl: J. Amer. ceram. Soc. Bd. 25 (1952) S. 259.
[4] Kreidl, N. J. u. J. R. Hensler: J. Amer. ceram. Soc. Bd. 38 (1955) S. 423.

von der elektronischen Struktur des Cers bestimmt wird. Die Unterdrückung einer durch Strahlung ausgelösten Bande im Sichtbaren kann auch durch Zusatz anderer Ionen erfolgen, z. B. von Fe, Mn, Co, Ni, V, Cu und einigen anderen, die aber in anderen Teilen des Spektrums Banden formen. Das farblose Eisenphosphat blieb bei Bestrahlung farblos. Aber Co erzeugte im Sichtbaren eine neue und so starke Bande, daß man sie zur *Dosierung von Strahlung* gebrauchen könnte.

In einem *Kernreaktor* wird *Quarz* allmählich in eine amorphe Form übergeführt. Die Dichte, Brechung, optisches Drehvermögen und Doppelbrechung nehmen ab. Die α-β-Umwandlung verschwindet und das Absorptionsspektrum ändert sich. Auch *Kieselglas* verändert[1]. Dichte und Brechungsindex werden etwas größer. Beim Erhitzen der bestrahlten Proben ändern sich die Eigenschaften in verwickelter Weise. Scheinbar spielt die Verlagerung von Atomen in die Hohlräume hier eine Rolle bei den Änderungen der Eigenschaften.

19. Durchlässigkeit für infrarotes Licht (s. Wärmestrahlung ins Glas S. 145)

Glas ist gegenüber infraroten Strahlen nahezu „schwarz" wie andere nichtmetallische Körper. Es sendet aus und absorbiert in diesem Bereich etwa 94% der Strahlung des „schwarzen Körpers". Ganz anders ist das Verhalten des Glases im sichtbaren Bereich des Spektrums. Hier ist Glas weitgehend durchsichtig.

Die in Abb. 93 wiedergegebenen Durchlässigkeitskurven von GEHLHOFF und Mitarbeitern[2] sind allen Glasarten charakteristisch. Alle „weißen" Gläser sind bis 2,5 μ sehr durchlässig. Von den farbigen Gläsern gilt, daß die Schwermetallionen sehr stark und verschiedenartig absorbieren. Im Gegensatz zur Absorption im UV-Gebiet absorbiert hier Fe^{3+} weniger stark als Fe^{2+}. Das kommt in diesen Versuchsreihen stark zum Ausdruck. In Borosilikatgläsern mit viel BaO und beiden Alkalien wurde allerdings auch die stärkere Infrarotabsorption bei Fe^{3+} gefunden[3]. Eigen ist allen Gläsern die mehr oder weniger vollständige Absorption von 3,5 bis 4,5 μ. Nicht oxydische Gläser (mit As, S, Se usw.) sind bis 12 μ transparent[4]. Meist ist der Einfluß der Temperatur auf die Durchlässigkeit kleiner als im UV-Bereich.

Jenseits des Bereiches der 4 μ-Welle haben alle Gläser im Infrarot gleichen Verlauf der Absorption. Ihnen allen eigen ist eine starke Bande bei 9,5 μ, die durch eine der Schwingungen des (SiO_4)-Tetraeders verursacht wird[5].

Der Einfluß der Temperatur von 250 bis 800° ist sehr gering. In der Nähe des Kühlbereichs ist die Emission (oder Reflektion) scheinbar

---

[1] PRIMAK, W., L. H. FUCHS u. P. DAY: J. Amer. ceram. Soc. Bd. 38 (1955) S. 135.

[2] FRITZ-SCHMIDT, M., G. GEHLHOFF u. M. THOMAS: Z. techn. Physik Bd. 11 (1930) S. 310. — ZIMPELMANN, E.: Glastechn. Ber. Bd. 9 (1931) S. 102.

[3] KITAIGORODSKY, J. J. u. N. W. SOLOMIN: J. Soc. Glass Technol. Bd. 18 (1934) S. 323. — MEYER, S.: Glastechn. Ber. Bd. 14 (1936) S. 305.

[4] GLAZE, F. W.: Bull. Amer. ceram. Soc. Bd. 34 (1955) S. 291.

[5] McMAHON, H. O.: J. Amer. ceram. Soc. Bd. 34 (1951) S. 91.

etwas zeitabhängig. Auch scheint die Wärmevergangenheit einigen Einfluß zu haben.

Gläser aus reinem SiO_2, aus B_2O_3 oder Borax haben im Gebiet der 2,7 bis 3,0 μ-Wellen hohe Absorption. Aber diese Minima sind nicht durch diese Glasbildner verursacht, sondern durch deren Wassergehalt[1].

Li_2O-SiO_2-Gläser sind durchlässiger als die entsprechenden Na- und K-Gläser. Erhöhung des PbO in Bleigläsern erhöht die Durchlässigkeit für Infrarot nicht für alle Infrarotbereiche. Ein Glas mit 71% PbO und 29% SiO_2 hat von 0,8 bis 2,7 μ maximale Durchlässigkeit. Doch wird bei mehr als 71% PbO die Durchlässigkeit von 3,25 bis 5,0 μ erhöht und von 0,8 bis 2,7 μ erniedrigt[2].

Andere Gläser mit hoher Durchlässigkeit im Infrarot sind 47 BaO, 53 SiO_2 und 10 PbO, 50 BaO, 40 SiO_2. Schmilzt man das Bleisilikat bei Unterdruck, so wird die Durchlässigkeit erhöht. Noch mehr ist das der Fall, wenn man trockene Luft durch die Schmelze bläst oder an Stelle von Karbonaten die Nitrate nimmt[3].

20. Solarisation[4]

So nennt man eine Absorption von Licht, die eine bleibende Verfärbung durch Änderung der Konstitution des Glases herbeiführt. Es handelt sich also um photochemische Prozesse in der Glasstruktur. *Fluoreszenz* und *Solarisation* unterscheiden sich nur darin, daß erstere hierbei eine vorübergehende Änderung der Wellenlänge verursacht, letztere aber eine bleibende. Diese Unterscheidung ist ziemlich willkürlich.

Folgende Änderungen der Farbe wurde nach 1 Jahr Belichtung beobachtet[5]:

Tabelle 62

Glas	Farbe	
	vor Belichtung	nach Belichtung
Französisches weißes Spiegelglas	bläulich weiß	gelblich
deutsches weißes Spiegelglas ..	hellgrün	leicht bläulich
englisches weißes Spiegelglas ..	hellgrün	gelblich grün
englisches Kronglas	hellgrün	hellpurpur
belgisches Fensterglas	bräunlich gelb	tiefpurpur
englisches Fensterglas	dunkelgrün	bräunlich grün
amerikanischer Kristall	leicht bläulich weiß	purpurartig weiß
amerikanischer Kristall	leicht bläulich weiß	leicht geblich grün
amerikanisches Fensterglas ...	bläulich grün	unverändert

Die Wirkung der Solarisation auf verschiedene Gläser war also außerordentlich verschieden.

---

[1] HARRISON, A. J.: J. Amer. ceram. Soc. Bd. 30 (1947) S. 362.

[2] FLORENCE, J. M., F. W. GLAZE u. C. H. HAHNER: J. Amer. ceram. Soc. Bd. 31 (1948) S. 328.

[3] FLORENCE, J. M., F. W. GLAZE u. M. H. BLACK: J. Res. Nat. Bur. Stand. Bd. 50 (1953) S. 187.

[4] WEYL, W. A.: Coloured Glasses, Sheffield 1951 S. 497. — BADGER, A. E. u. A. C. OTTOSON: J. Amer. ceram. Soc. Bd. 25 (1942) S. 104.

[5] GAFFIELD, T.: Amer. J. Sci. Bd. 44 (1867) S. 244, 316.

PELOUZE[1] entdeckte schon 1869, daß Erhitzung auf 350° den durch
Solarisation verursachten Farbwechsel rückgängig machen konnte. Die
gelbliche Verfärbung führte er auf Umsetzung von FeO mit Na_2SO_4 in
Fe_2O_3 und Na_2S zurück. Er konnte dieses Na_2S im bestrahlten Glase sogar nachweisen. Die ebenfalls umkehrbare purpurne Verfärbung erklärte
er in gleicher Weise durch Umsetzung von Fe_2O_3 und MnO in Mn_2O_3 und
FeO. WEYL erklärt dasselbe in moderner Form durch Ionenübergang:
$Fe^{3+} + Mn^{2+} = Mn^{3+} + Fe^{2+}$. Nur bei Annahme, daß die Fe^{2+}-Ionen
als Elektronenspender wirken, kann die Abnahme der UV-Durchlässigkeit bei gleichzeitigem Auftreten der
purpurnen Mn-Farbe erklärt werden.
WEYL nimmt ferner an, daß die
Fe^{2+}-Ionen von niederer Koordination
Elektronen abgeben, da die resul-
tierenden Fe^{3+}-Ionen eine niedrigere
Koordination als die Mehrzahl der
Fe^{2+}-Ionen haben. Dadurch erklärt
sich die große Lichtabsorption durch
so wenig Fe^{3+}-Ionen.

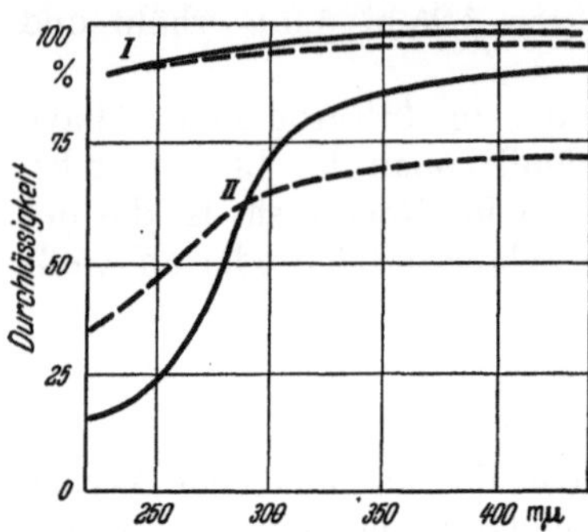

Abb. 102. UV-Durchlässigkeit eines Kieselglases (I) und eines Natrium-Kaliumsili-
kats (II) vor und nach Bestrahlung (— vor,
---- nach). (Nach DÜSING und ZINKE)[2]

Ultraviolett durchlässiges Kieselglas, Be_2O_3-Glas oder P_2O_5-Glas werden durch Einführung von Alkali
oder Erdalkali undurchlässig. Die nur
schwach im Glas gebundenen Ionen
werden durch Elektronenaufnahme in Atome umgewandelt und werden
dadurch *Fluoreszenzzentren*. Dazu ist aber die hohe Energie des kurzwelligsten UV-Lichts von 200 bis 230 mμ nötig. Die Abb. 102 gibt eine
Darstellung dieser Solarisation. Aber die Bestrahlung dieser Gläser wirkt
hauptsächlich auf diejenigen Alkali- und Erdalkaliionen ein, die an Fehlstellen der Struktur liegen. Diese werden dadurch Fluoreszenzzentren,
die Licht höherer Wellenlänge aussenden. Nach WEYL verursachen nur
diese Kationen, die etwa 1% der Gesamtmenge ausmachen, Absorption
des UV-Lichts. Die Atome, die Fluoreszenz auslösen, absorbieren kein
UV-Licht mehr.

Die zur Regeneration eines solarisierten Glases erforderliche Energie
ist eine Funktion der Elektronenaffinität des Akzeptors. Der Vorgang
geht zuweilen schnell (bei 20° im Dunkeln), zuweilen im Tageslicht, zuweilen erst bei hoher Temperatur vor sich.

Hier folgen einige bei der Solarisation verlaufende Reaktionen:

$$4MnO + As_2O_5 = 2Mn_2O_3 + As_2O_3 \text{ (I)} \qquad Ce_2O_3 + V_2O_5 = 2CeO_2 + 2VO$$
$$4FeO + As_2O_5 = 2Fe_2O_3 + As_2O_3 \text{ (II)} \qquad Ce_2O_3 + 2CuO = 2CeO_2 + Cu_2O$$
$$2Ce_2O_3 + As_2O_5 = 4CeO_2 + As_2O_3 \text{ (III)} \qquad Ce_2O_3 + 2Cu_2O = CeO_2 + 2Cu$$
$$Ce_2O_3 + 2Ag_2O = CeO_2 + 2Ag$$

Die beiden ersten Gleichungen erklären die Purpurfärbung (I) und die
Alterung der UV-durchlässigen Gläser (II). Sb kann dieselbe Rolle wie

[1] PELOUZE, J. T.: C. R. Bd. 1 (1869) S. 1107.
[2] DÜSING, W. u. A. ZINKE: Glastechn. Ber. Bd. 16 (1938) S. 278.

As spielen. Die Gleichung (III) erklärt die Verfärbung von mit Ce entfärbten Gläsern. As_2O_3 ist also aus solchen Gläsern sorgfältig fern zu halten[1]. Schon 0,005% CeO_2 verursacht in As_2O_3-haltigen Gläsern Solarisation nach Gelb[2]. Bei 2,5% CeO_2 ist die Verfärbung tiefbraun. Bei höherer Konzentration nimmt die Solarisation ab durch Abfilterung der Strahlen in der Oberfläche. Mit Salpeter erschmolzene cerhaltige Gläser verfärben nicht. Die Solarisation wird durch reduzierendes Schmelzen erniedrigt, z. B. von gelb nach farblos, und durch oxydierendes Schmelzen stark nach gelb erhöht. As_2O_3 ist erforderlich für Solarisation. TiO_2 verstärkt sie noch in Gegenwart von CeO_2 und As_2O_3 aufs Doppelte. Cer-Titangläser ohne As_2O_3 sind nicht lichtempfindlich. Die Lichtempfindlichkeit von *TiO_2 enthaltenden Glasuren* ist bekannt. Außer As und Sb wirken Bi und Pb aktivierend, aber sie wird durch hohe Pb-Gehalte wieder vor Verfärbung infolge des Cer-Gehaltes geschützt.

Tabelle 63
Verfärbung von cerhaltigen Bleigläsern (nach LÖFFLER)

CeO_2 %	3% PbO	6% PbO	9% PbO
0,05	stark verfärbt	—	Oberfläche eben verfärbt
0,1	stark verfärbt	—	eben verfärbt
0,2	stark verfärbt	deutlich verfärbt	nicht verfärbt
0,3	deutlich verfärbt	Oberfläche eben verfärbt	nicht verfärbt
0,4	schwach verfärbt	nicht verfärbt	nicht verfärbt
0,5	Oberfläche eben verfärbt	nicht verfärbt	nicht verfärbt

Wenn die bei Solarisation entstandenen Atome Gelegenheit zur *Aggregation* haben, entstehen *graue und braune Farben*. Die dem Glasfabrikanten so erwünschte *Minderung der Lichtempfindlichkeit* des Glases kann durch Zusatz kleiner Mengen leicht wirkender Oxydationsmittel erzielt werden. Sie nehmen die durch Lichteinstrahlung ankommenden freien Elektronen auf, die sonst die oben erwähnten Reaktionen einleiten würden. B. LONG[3] empfiehlt, den mit Mn und Se entfärbten Gläsern kleine Mengen PbO und TiO_2 zuzusetzen.

Die Tatsache, daß Solarisation bei höheren Temperaturen rückgängig gemacht werden kann, besagt auch, daß sie bei hohen Temperaturen nicht eintreten kann. Die *Regeneration* des durch Solarisation erzeugten Zustandes *durch Bestrahlung (Phototropismus)* ist nach WEYL noch nicht erklärbar. Man kann die durch UV-Licht (300 mμ) verursachte Solarisation und die dadurch verminderte Durchlässigkeit durch Sonnenlicht zu einem Teil aber nicht völlig regenerieren.

Will man besonders *lichtempfindliche Gläser* herstellen, so hat man nach WEYL folgende Gesichtspunkte zu berücksichtigen:

1. Stoffe, die Strahlung absorbieren, ohne Elektronen abzugeben, sind zu vermeiden, z. B. PbO.

---

[1] ECKERT, F. u. K. SCHMIDT: Glastechn. Ber. Bd. 10 (1932) S. 80.
[2] LÖFFLER, J.: Glastechn. Ber. Bd. 9 (1931) S. 501.
[3] LONG, B.: verschiedene Patente.

2. As, V u. dgl. sind zu vermeiden, falls die mit Ceroxyden zusammenkommen, da die dann erschmolzenen Gläser überempfindlich sind.

3. Metallophile Ionen (Bi^{3+}, Sn^{2+}, Pb^{2+}) sind zuweilen in kleinen Mengen erwünscht, z. B. um die Anlaßtemperatur von Kupferglas zu erniedrigen.

4. Die Zusammensetzung der Grundgläser kann großen Änderungen unterworfen werden, wenn diese Faktoren vorher bestimmt werden. Die Eignung zur Solarisation steigt mit zunehmender Ladung und abnehmendem Radius der Netzwerkwandler[1].

Die zur Solarisation dieser Gläser benötigten Lichtmengen sind sehr viel größer als die zur Belichtung einer photographischen Platte erforderlichen.

21. Thermolumineszenz

Es gibt Gläser, die nach Bestrahlung mit Sonnenlicht, UV-Licht, Röntgen- oder Radiumstrahlen bei Temperaturen Licht aussenden, die tief unterhalb der Temperatur der beginnenden Rotglut liegen. Solarisation verursacht einen Elektronenübergang, der durch Erhitzung wieder rückgängig gemacht werden kann. Findet das bei 100 bis 300° statt, so kann *Thermoluminiszenz* auftreten. Ist die Bestrahlung mit Verfärbung verbunden, so sind Farbzentren entstanden. Deren Gegenwart ist bei Thermoluminiszenz nicht erforderlich. Sie tritt z. B. auf durch nur 20 Minuten lange Belichtung mit Sonnenlicht eines Glases aus Zinkborat, das mit ThO_2 aktiviert worden ist[2].

Verfärbung durch Radiumbestrahlung[3]

Mn-freie Gläser verfärben nach gelb bis braun und schwärzlich,
Mn, Fe-haltige Gläser nach blau und violett,
Kieselglas nach violett, obwohl kein Mn vorhanden ist,
Quarz wird zu *Rauchtopas*, der durch Erhitzen farblos wird, auftretende
    Graufärbung verschwindet bei Erhitzung oder Zerpressen und läßt
    violett zurück,
Bleigläser werden rötlich. UV löst dann Fluoreszenz aus.

Durch Ra-Bestrahlung violett gefärbtes Glas wird bei Erhitzung auf einige Hundert Grad zu Lichtaussendung angeregt. Diese *Thermophosphoreszenz* ist von keiner erhöhten Wärmestrahlung begleitet.

Die roten Bestrahlungsfärbungen phosphorhaltiger Gläser werden auf Bildung freier Atome von rotem P zurückgeführt[4]. Hierfür spricht die Entfärbung durch rauchende Salpetersäure, die restlose Tageslichtechtheit und die Entfärbung bei der Entzündungstemperatur des im Licht entstandenen roten Phosphors, ferner die Entfärbung beim oxydierenden Erhitzen.

---

[1] JONG, J. DE: Diss. T. H. Delft, 1952.
[2] NYSWANDER, R. E. u. B. E. COHN: J. Opt. Soc. Amer. Bd. 20 (1930) S. 131.
[3] HOFFMANN, J.: Sprechsaal Bd. 69 (1936) S. 534; Glastechn. Ber. Bd. 8 (1930) S. 482.
[4] HOFFMANN, J.: Sprechsaal Bd. 70 (1937) S. 529.

22. Fluoreszenz

Im Glase absorbiertes Licht kann entweder 1. in Wärme umgesetzt werden (z. B. in Eisen enthaltenden Gläsern) oder es kann 2. durch chemische Wirkung *Solarisation* hervorrufen oder aber 3. es wird in Licht längerer Wellenlängen umgesetzt (*Fluoreszenz*). Erfolgt die Lichtaussendung *nach* der Einstrahlung, so besteht *Phosphoreszenz*. Nicht hierhin gehört die Lichtaussendung trüber Medien. Sie zeigen im reflektierten Licht eine *Pseudofluoreszenz*, also eine andere Farbe als im durchfallenden Licht, die auf dem *Tyndallphänomen* beruht, d. i. die diffuse Lichtzerstreuung an den trübenden Teilchen der Lösung.

Das einfallende Licht hat eine höhere Frequenz als das Fluoreszenzlicht, die Umsetzung dauert 10^{-7} bis 10^{-9} Sekunden. Sie besteht in dem Übergang eines Elektrons in eine andere Elektronenschale. Bei den stark fluoreszierenden Urangläsern ist die Dauer der Fluoreszenz der SiO_2-reichen Sorten länger als bei den alkalireichen. Abgeschreckte Urangläser hatten 10 bis 40 % längeres Nachleuchten als gut gekühlte Gläser[1]. Bei höherer Temperatur ist die Zeit des Nachleuchtens kürzer. *Fluoreszenz* und *Phosphoreszenz* entsprechen verschiedenen Vorgängen. Ihr Spektrum ist deshalb verschieden. Bei extrem tiefen Temperaturen bleibt die Fluoreszenz erhalten, die Phosphoreszenz bleibt aus. Umgekehrt kann Phosphoreszenz auftreten, wenn die Fluoreszenz ausgeschaltet ist. Die Emission von Licht, wie sie u. a. bei der Fluoreszenz stattfindet, ist von den umgebenden elektrischen Feldern noch abhängiger als die Absorption. Das ist von PARMELEE[2] an Uran- und Mangan-Gläsern verschiedener Zusammensetzung gezeigt worden (s. u.).

Durch Erhitzen kann man die Fluoreszenz zum Verschwinden bringen. Das liegt an der bei höherer Temperatur erleichterten Bewegung der „angeschlagenen" instabilen Atome. Sie können dann eine normale Lage annehmen und gewöhnliches Licht durchlassen. Die Fluoreszenz kann zuweilen durch Verunreinigungen unterdrückt werden, z. B. durch Fe oder Halogene.

Fluoreszenz kann durch Aktivatoren erregt werden, z. B. Kristalle mit Verunreinigungen (*Lenardtypus*), z. B. Ionen von Cu, Ag, Mn, Bi usw., verteilt in „Gastgittern" von Oxyden, Sulfiden, Silikaten, Vanadaten oder Wolframaten. Sie können bei etwa 800° in geeignete Emails eingeführt werden, die auf diese Weise trübende Pigmente als Trübungsmittel erhalten. Die Fluoreszenz kann auch durch ein Trübungsmittel erzeugt werden, das man submikroskopisch auskristallisieren läßt. Viele Trübgläser können durch Bestrahlung mit Röntgenstrahlen fluoreszierend gemacht werden.

Gläser mit entladenen Metallionen, also Metallatomen, mit UV-Absorption sind besonders geeignet für Fluoreszenz. Diese Metallatome, z. B. Ag haben wenig energetische Bindung an ihre Umgebung, ähneln also den eben beschriebenen Trübungsmitteln. WEYL[3] erzeugte durch

---

[1] SMILEY, W. D. u. W. A. WEYL: Glass Sci. Bull. Bd. 6 (1947) S. 1.

[2] RODRIGUEZ, A. R., C. W. PARMELEE u. A. E. BADGER: J. Amer. ceram. Soc. Bd. 26 (1943) S. 137.

[3] WEYL, W. A.: Coloured Glasses, Sheffield 1951 S. 460.

reduzierende Behandlung eines Natron-Kalkglases mit 0,125% Ag folgende Fluoreszenzen:

Tabelle 64

Ag-Gläser	Fluoreszenz
in Wasser abgeschreckt	schwach gelblich-weiß
reduziert bei 120°	tief gelb-weiß
„ „ 175°	gelb-weiß
„ „ 220°	gelb-braun
„ „ 325°	„
„ „ 375°	braun (schwach)
„ „ 430°	keine

In einem Phosphatglas ist Ag fester gebunden. Es kann bis zu 10% eingeführt werden und wird erst bei höheren Temperaturen reduziert. Die Reduktion von Ag^+ kann auch durch Bestrahlung herbeigeführt werden.

Die *seltenen Erden*[1] erzeugen in Gläsern charakteristische Absorptions- und Emissionsspektra. Ihre äußeren Elektronenschalen sind identisch, was große Ähnlichkeit, sogar Gleichheit chemischer Eigenschaften verursacht. Wegen der Ungleichheit der inneren Schalen, die z. T. ungesättigt sind, ist die Möglichkeit zum Elektronenübergang bei Lichtabsorption gegeben. Diese Elektronenübergänge innerhalb der beschirmenden Außenschicht verursachen die sehr scharf begrenzten Absorptionen und Emissionen. So kann man Gläser mit 2,5% Pr oder Nd mit einer Hg-Lampe zur Fluoreszenz bringen. Pr bildet dann ein Spektrum von 3 Banden, die je nach Art der Anregung auch einzeln entstehen können. Weißes Licht erzeugt gelbgrüne Fluoreszenz, UV-Licht, Grün oder Gelb erzeugten orange Fluoreszenz[2]. Nd-Gläser des Alkali-Kalktypus haben zwischen rot und gelb schwache Fluoreszenz. Nd-Gläser mit B_2O_3-Gehalt aber nicht. In Boraxperlen hat Eu^{3+} (Atomnummer 63) schöne rote, Eu^{2+} schwach grüne Fluoreszenz. Sa erzeugt schon in Konzentration von 0,005% rosa bis orange Fluoreszenz in Form dreier Banden, deren Lage in verschiedenen Gläsern verschieden ist. Mit steigendem Atomgewicht des „Gast"-Oxydes verschieben sich die Emissionslinien nach längeren Wellenlängen[3]. Fe-Gehalt von über 0,01% beeinträchtigt die Fluoreszenz. Bei mehr als 10% Nd_2O_3 tritt keine Fluoreszenz mehr auf. Auch andere Erdoxyde haben ein Maximum der Fluoreszenz bei bestimmten Zusammensetzungen. Sie liegt z. B. bei Ce_2O_3 bei 0,6 bis 0,7%. Das von diesem Oxyd ausgesandte blaue Licht ist aber nicht die einzige Fluoreszenzfarbe. Durch Ce^{3+} im Glase wird UV-Licht in Licht von 300 bis 480 mμ umgesetzt.

Manganionen werden zur Aussendung von grünem oder rotem Licht benutzt. Grüne Fluoreszenz tritt auf, wenn Mn^{2+} als Netzwerkformer auftritt, also in MnO_4-Tetraeder-Koordination. Die rote Fluoreszenz schreibt WEYL denjenigen Mn^{2+}-Ionen zu, die im Netzwerk eingebettet liegen[4]. Die rote Fluoreszenz ist deshalb sehr temperaturabhängig. Sie ist stark bei tiefen und schwach bei Temperaturen oberhalb 100°. Die grüne Fluoreszenz ist wenig temperaturabhängig.

---

[1] WEYL, W. A.: Coloured Glasses, Sheffield 1951 S. 218.
[2] PRINGSHEIM, P. u. S. SCHLIVITSCH: Z. Physik Bd. 61 (1930) S. 297.
[3] TOMASCHEK, R.: Ann. Physik Bd. 75 (1924) S. 109, 561.
[4] LINWOOD, S. H. u. W. A. WEYL: J. Opt. Soc. Amer. Bd. 32 (1942) S. 443.

Uran fluoresziert besonders stark. Es ist dann sechswertig in Form von UO_2 vorhanden. Die Uranate $(UO_4)^{2-}$ und $(U_2O_7)^{2-}$ fluoreszieren nicht. Das Emissionsspektrum von Uranylgläsern besteht aus einer Reihe von Banden, die in verschiedenen Gläsern verschiedene Lage haben[1]. Die Abb. 103 zeigt die großen Veränderungen der Lichtstärke und die Verlagerung der Wellenlänge bei Einführung verschiedener Oxyde an Stelle von Na_2O oder CaO in ein Natron-Kalkglas. Man sieht, daß Li die Fluoreszenz fast vernichtet, Na, Mg oder K dagegen sie erhöht. In einem Phosphatglas war sie am stärksten. In einem Boratglas wurde bei Erhöhung des B_2O_3-Gehaltes von 70 auf 90 % die Fluoreszenz erhöht, aber nach kürzeren Wellenlängen verschoben. Bei Abkühlung auf sehr tiefe Temperaturen wurde sie innerhalb des Wellenlängenbereiches stark gesteigert, bei Erhitzung auf 150° völlig vernichtet.

Kupfergläser, die bei hohen Temperaturen und leicht reduzierend geschmolzen sind, fluoreszieren mit einer schmalen Bande bei 465 mμ, die durch Cu^+ oder aber durch Cu selbst verursacht wird. Die Temperaturempfindlichkeit ist dieselbe wie bei den Urangläsern. Auch Tl, Sn, Pb, V rufen in Gläsern Fluoreszenz hervor und haben deshalb als Indikatoren beim Studium des glasigen Zustandes Verwendung gefunden.

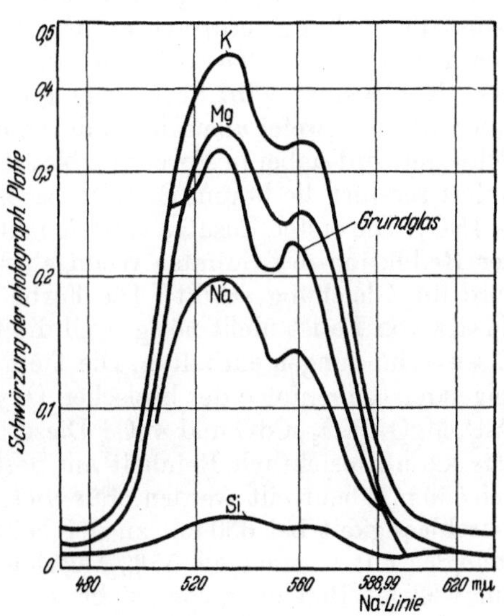

Abb. 103. Einfluß verschiedener Oxyde auf die Fluoreszenz eines mit Uran aktionierten Grundglases. (Nach RODRIGUEZ, PARMELEE und BADGER)

23. Färbungen durch Elemente der 6. Gruppe des Periodischen Systems[2]

Es besteht weitgehende Parallelität zwischen den Oxydationsstufen, der Färbung und den wichtigsten Reaktionen von *Schwefel, Selen und Tellur* in wässeriger Lösung und im Glase. Die Unterschiede bestehen nach DIETZEL nur darin, daß die Grenzen der Beständigkeitsgebiete der einzelnen Oxydationsstufen gegen einander verschoben sind. So fällt z. B. Schwefel bei kleinem p_H-Wert der Lösung, Tellur bei höherem p_H als beim Selen aus. Elementarer Schwefel tritt daher nur in relativ sauren Schmelzen, Tellur schon in ziemlich basischen auf. Auch folgt daraus, daß Polysulfide in gewöhnlichen Gläsern unbeständig sind im Gegensatz zu den darin wohl beständigen Polyseleniden und Polytelluriden. Das

---

[1] RODRIGUEZ, A. R., C. W. PARMELEE u. A. E. BADGER: J. Amer. ceram. Soc. Bd. 26 (1943) S. 137.

[2] DIETZEL, A.: Glastechn. Ber. Bd. 16 (1938) S. 292.

Schwefelblau des *Ultramarins* ist ein Analogon des *Selenrosa*. Freies Tellur ist zu stark elektropositiv, um sich in Lösung halten zu können. Es fällt in Tröpfchenform aus und koaguliert schnell.

24. Färbung durch Schwefel

Sulfide sind in Glasschmelze löslich[1], während Sulfat nur wenig löslich ist (bis 1% SO_3 nach GELSTHARP, s. S. 136). Diese Sulfide, meist Polysulfide, sind verantwortlich für die Gelbfärbung solcher Gläser. Da diese Färbung nur mit Hilfe der Reduktion durch Kohle bewirkt werden konnte, ist lange und eingehend untersucht worden, ob nicht die Kohle selbst die Färbung verursachte[2]. Aber völlig schwefelfreie Gläser werden durch reinsten Kohlenstoff (Zuckerkohle) nicht gefärbt. Die Färbung des „Kohlegelbs" wird durch sehr kleine Mengen von FeS verursacht. Aber auch Schwefel allein färbt durch die gebildeten Alkalisulfide. Der Schwefel wird dabei in Form von Na_2SO_4 eingebracht. Anwesenheit von Sulfat zerstört die braune Sulfidfarbe: $FeS + 3\,Na_2SO_4 = FeO + 3\,Na_2O + 4\,SO_2$. Die ersten Zusätze vertiefen allerdings die braune Farbe infolge der Reduktion des Sulfats. Wenn aber größere Mengen Sulfat folgen, wird die Gleichung erfüllt[3]. Die Farbe wird durch Fluorid intensiver[4]. Zusatz von Fe ist nicht nötig, weil die technischen Glassätze genügend Eisenverbindungen enthalten. Die Tiefe der braunen Färbung nimmt in folgender Reihenfolge der basischen Oxyde zu: Na_2O, K_2O, BaO, SrO, CaO, MgO, B_2O_3, CdO und ZnO.[5] Dieses Fe und S enthaltende *Bernsteinglas* kann hinsichtlich Reinheit am besten durch seine Durchlässigkeit bei 550 mμ beurteilt werden. Für viele Zwecke ist das Verhältnis der Durchlässigkeit bei 650 mμ zu der bei 550 mμ von Bedeutung[6]. Bernsteinglas mit weniger als 55% Durchlässigkeit bei 550 mμ läßt in den kurzwelligen Bereichen von 290 bis 450 mμ nur 10% oder weniger durch. Die Absorption von Bernsteinglas und von Grünglas bei 1,05 μ ist dem FeS-Gehalt direkt proportional. Die Durchlässigkeit bei 550 mμ nimmt mit zunehmendem Gehalt an Fe oder S ab. Bei Gläsern gegebener Durchlässigkeit bei 550 mμ wird mit zunehmendem S-Gehalt und abnehmendem Fe-Gehalt die Bernsteinfarbe roter und die Wellenlänge größer. Wärmebehandlung eines Kohle-Schwefelglases bei 500 oder 600° reicht schon hin, um den Farbton reversibel zu ändern[7]. Bei 600° ist das neue Gleichgewicht innerhalb 10 Minuten, bei 500° erst innerhalb 15 Tagen erreicht.

Durch *Reduktion der Glasschmelze* mit staubförmigem Al, Mg oder Fe erhält man dunkelbraune bis schwarze Gläser. Mit Zinkstaub gelingt das

---

[1] ZSIGMONDY, R.: Dinglers Polytechn. Journ. Bd. 266 (1887) S. 364; Bd. 273 (1889) S. 29.

[2] SPRINGER, L.: Sprechsaal Bd. 69 (1936) S. 735. — BORK, A.: Glastechn. Ber. Bd. 8 (1930) S. 275.

[3] WEYL, W. A.: Coloured Glasses, Sheffield 1951 S. 254.

[4] LYLE, A. K.: J. Amer. ceram. Soc. Bd. 33 (1950) S. 300.

[5] LITZOW, K. u. G. BROCKS: Sprechsaal Bd. 68 (1935) S. 51.

[6] BACON, F. R. u. C. J. BILLIAN: J. Amer. ceram. Soc. Bd. 37 (1954) S. 60.

[7] SPIX, W. L. u. F. R. BACON: J. Amer. ceram. Soc. Bd. 36 (1953) S. 377.

nicht[1]. Im Glasfluß gelöstes Wasser, das z. B. aus wasserhaltigen Rohstoffen stammt, zerstört die Farbe. Das Glas ist bei 1% FeS tiefschwarz.

WEYL leitet die Sulfidfärbung aus der glasigen Natur des Schwefels ab. Im rhombischen und im monoklinen Schwefel konnten WARREN und BURNELL[2] S_8-Ringe nachweisen. Der Abstand zwischen 2 Atomen ist 2,12 A und der Valenzwinkel beträgt 105°. Diese Ringe sind so stabil, daß sie beim Übergang der rhombischen in die monokline Form und umgekehrt sowie bei vorsichtigem Schmelzen erhalten bleiben. Sie werden erst beim Erhitzen auf höhere Temperaturen gelöst. Die offenen Enden schließen sich dann aneinander und bilden *lange Ketten*. Das ist die Ursache der hohen Viskosität des Schwefels oberhalb 150°. Erst bei viel höherer Temperatur werden die Ketten unterteilt, und die Viskosität sinkt wieder.

Das ist wichtig für das gelbbraune Glas, denn die zu Ketten gewordenen Ringe haben ungesättigte Enden, an die sich andere Ionen anlagern können. So entstehen *Polysulfide* verschiedener Art, die je nach Länge der S-Kette bedingt ist. Diese Länge bestimmt demnach auch die Farbe da alle Aggregationsvorgänge eine Verschiebung der Lichtabsorption nach längeren Wellenlängen zur Folge haben.

NEUMANN und DIETZEL[3] erschmolzen *farblose Sulfidgläser* mit 74% SiO_2 aus reinsten Rohstoffen durch Einführung eines großen Teils des Alkalis als Na_2SO_4 und Reduktion mit Kohlenstoff. Dasselbe Ergebnis wurde erreicht durch Einrühren von *farblosem* Na_2S in die Schmelze. In basischen Schmelzen dagegen bildeten sich gelbe und rote Gläser. Dieses erfolgte besonders dann, wenn das Na_2S vorher entwässert und geschmolzen war. Das gebundene Wasser scheint demnach die langen Polysulfidketten abzubauen zu wenig aggregierten Sulfidketten. Man kann die gelbbraunen Polysulfidketten aber auch durch Oxydation zu SO_2 abbauen und bleichen. DIETZEL und NEUMANN fanden in einem tiefroten Glase ein Gemenge von Sulfiden und Polysulfiden, in dem 1,03% Mono- und 0,71% Polysulfid vorlag. Ein leicht gelbes Glas hatte 0,63% Monosulfid und nur 0,08% Polysulfid. Wahrscheinlich liegen hier mehrere Polysulfide nebeneinander vor.

Es ist bekannt, daß im *Leblanc-Sodaprozeß* FeS sich in Na_2S-haltigen Schmelzen zu tiefrot gefärbtem Sulfoferrit löst. NEUMANN und DIETZEL nehmen an, daß diese Verbindung auch in Gläsern mit niedrigem Na_2S-Gehalt vorliegt, wobei allerdings ihre Konzentration mit steigendem Säuregrad des Glases abnimmt. Die Farbe verändert sich dann nach gelbbraun infolge des Auftretens von freiem FeS. Schon kleine Mengen von Eisen vertiefen die Farbe eines Bernsteinglases stark. Die Sulfoferritbildung erfordert Zeit: $2\,FeS + Na_2S_2 = 2\,NaFeS_2$. Daher vertieft die Farbe bei längerem Erhitzen bzw. bei längerer Kühldauer beträchtlich.

Die Erzielung eines bestimmten Farbstichs von Bernsteingläsern nur mit den billigen Sulfiden ist sehr schwer, weil ein durch FeS verursachter

[1] HEINRICHS, H.: Glastechn. Ber. Bd. 6 (1928) S. 51.
[2] WARREN, B. E. u. H. T. BURNELL: J. Chem. Physics Bd. 3 (1935) S. 6.
[3] NEUMANN, G. u. A. DIETZEL: Glastechn. Ber. Bd. 17 (1939) S. 286; Bd. 18 (1940) S. 267.

Graugehalt und die schwierige Läuterung hinderlich sind. Man färbt deshalb meist mit Fe_2O_3 und MnO_2. Man kann auch die billige Kohle durch das teure UO_2 und Se ersetzen, um eine konstante Farbe zu erhalten. Ein Kohle-Bernsteinglas erfordert hohen Alkaligehalt, um den Graugehalt niedrig zu halten. Der Schwefel kann zum Weil in Form von Sulfat eingebracht werden. Die Zusammenstellung des Grundglases kann etwas schwanken, ohne den Farbstich zu beeinflussen. Vorausgesetzt ist, daß der Gesamtalkaligehalt hoch genug ist, um die Polysulfide zu bilden. Hoher Gehalt an ZnO oder CdO schaden der Sulfidbildung. 1% Sulfat und 1% Kohle sind am günstigsten zur Erzielung eines Bernsteingelb. Die Schwierigkeiten der Läuterung rühren daher, daß oxydierende Mittel wie As_2O_3, Sb_2O_3 und Na_2SO_4 von selbst ausgeschlossen sind. Man läutert deshalb mit den wenig wirksamen Chloriden und Fluoriden. Auch nach Reinigung der Schmelze von Gasblasen können neue entstehen durch Reaktion der Sulfide und Sulfate untereinander: $Na_2S + 3\,Na_2SO_4 = 4\,Na_2O + 4\,SO_2$. Fuwa[1] gibt folgende Daten:

Tabelle 65

% S		Farbe des Glases	% S		Farbe des Glases
zugefügt	im Glase gefunden		zugefügt	im Glase gefunden	
0,2	0,0048	bläulich	1,0	0,0650	orange
0,4	0,0056	,,	2,0	0,18	dunkel-orange
0,6	0,0080	grünlich	3,0	0,34	,,
0,8	0,0230	orange-gelb	4,0	0,46	braun

Die ersten kleinen Mengen wirken also nur als Reduktionsmittel für Fe_2O_3 zu FeO. Fuwa erhielt die größten S-Mengen im Glase bei Verwendung von ZnS als Quelle für Schwefel und bei Reduktion mit metallischem Mg.

Bei der Kohle-Bernstein-Glasschmelze besteht analog dem Leblanc-Prozeß die Braunfärbung in Stufen. Jebsen-Marwedel und Becker[2] fanden noch bei oxydierenden Schmelzen bei 1400° gelbe Farbe.

Will man in Soda-Kalkglasschmelzen die vorübergehende Braunfärbung verhüten, so wendet man am besten eine genaue Oxydation durch Na_2SO_4 an. Litzow und Brocks (s. S. 294) fanden bei 2% Kohle und steigendem Sulfatzusatz folgende Farben:

Tabelle 66

% Sulfat	Farbe	% Sulfat	Farbe
0,0	leicht gelb	2,0	tiefbraun
0,1	honiggelb	6,0	,,
0,2	leicht rötlich braun	12,0	rötlich braun
0,5	rötlich braun	24,0	farblos
1,0	braun		

---

[1] Fuwa, K.: J. Soc. Chem. Ind. Japan Bd. 40 (1937) S. 299, 413 (Ref. in Weyl, Coloured Glasses, Sheffield 1951 S. 254).
[2] Jebsen-Marwedel, H. u. A. Becker: Sprechsaal Bd. 63 (1930) S. 874.

Die Menge der Zusätze und die Schmelzbedingungen müssen in jedem Fall vorher ausgesucht werden.

25. Blaue Schwefelgläser

Ebenso wie Polysulfide bei Zugabe von Säure freien Schwefel abgeben, bilden sie auch in Gläsern freien Schwefel, falls eine Säure, z. B. B_2O_3 oder P_2O_5 hinzutritt. Mischt man Schwefel oder ein Alkalisulfid in geschmolzenen Borax, so erhält man eine braune Schmelze. Rührt man nun B_2O_3 oder P_2O_5 ein, so entstehen nacheinander die Farben schmutzig-gelb, grau und schließlich ein reines Blau wie die Farbe des bekannten *Ultramarins*[1]. Deshalb wirken anwesende Metallionen, die S zu Sulfid binden, schädlich, z. B. Zn^{2+} und Cd^{2+} usw. DIETZEL stellte fest, daß sowohl dieses blaue Glas wie der Ultramarin bei 575 mμ eine Absorption haben, die beim blauen Glase durch Zugabe von mehr B_2O_3 schnell wuchs. WEYL und Mitarbeiter[2] erhielten durch elektrolytische Reduktion von sulfathaltigen Boratgläsern bernsteinfarbene und blaue Gläser. Auch hier war der Säuregrad der Grundgläser entscheidend für die Farbbildung.

Im Ultramarin ist der Schwefel molekular im Kristall gelöst. In den kolloidalen blauen Schwefellösungen ist die Farbe lediglich abhängig von der Teilchengröße des kolloidalen Schwefels. Alle diese kolloidalen Lösungen haben einen starken TYNDALL-Effekt. In den blauen Gläsern hingegen meint WEYL molekulare Lösung des Schwefels zu finden wie im Ultramarin. Im Gegensatz zu den rosa Selengläsern fluoreszieren die Schwefelgläser nicht im UV-Licht.

26. Gläser mit Metallsulfiden

J. H. L. VOGT[3] fand in basischen Schmelzen höhere Sulfidlöslichkeit als in sauren. Diese Löslichkeit wächst schnell mit steigender Temperatur, aber bei Abkühlung kristallisiert das gelöste Sulfid wieder aus. Erfolgt diese Abscheidung oberhalb der Schmelztemperatur des Sulfids, so entstehen zwei nicht mischbare Schmelzschichten. ZnS und MnS sind sehr leicht löslich, weniger löslich sind CaS, FeS und MgS. PbS, Ag_2S, CuS und NiS sind praktisch unlöslich.

Diese Regeln sind nicht nur bestimmend für die technischen Schlacken, sondern auch gültig für die Gläser. Der Übergang der Oxyde in die Sulfide und umgekehrt ist von ihrer Bildungswärme abhängig, die WEYL[4] folgendermaßen angibt:

---

[1] DIETZEL, A.: Glastechn. Ber. Bd. 16 (1938) S. 292.

[2] WEYL, W. A., G. E. RINDONE u. E. C. MARBOE: J. Amer. ceram. Soc. Bd. 30 (1947) S. 314.

[3] VOGT, J. H. L.: Mineralbildung in Schmelzmassen, Christiania 1892.

[4] WEYL, W. A.: Coloured Glasses, Sheffield 1951 S. 264.

Tabelle 67

	Bildungswärme		Unterschied in Bildungswärme		Bildungswärme		Unterschied in Bildungswärme
	des Oxyds	des Sulfids			des Oxyds	des Sulfids	
Al ...	380	140	240	Co ...	57	22	35
Mg ...	146	82	64	Pb ...	52	22	30
Mn ...	97	47	50	Cd ...	65	35	30
Zn ...	85	44	41	Sn ...	140	113	27
Fe ...	64	23	41	Cu^+ ..	43	19	24
Ca ...	151	113	38	Ba ...	133	111	22
Ni ...	58	20	38				

Viel verwickelter liegen diese Verhältnisse, wenn Polysulfide oder Sulfate gebildet werden. Die abnehmende Löslichkeit ist zusammen mit der Kornvergrößerung die Ursache des *Anlaufens* oder *Anlassens* dieser Farben.

Ein Beispiel hierfür ist das *gelbe Filterglas*, das CdS enthält. Bei der Schmelze wird ein farbloses Glas erhalten, das durch eine Wärmebehandlung „angelassen" wird, bis die gelbe Farbe sich hinreichend entwickelt hat. Es absorbiert den kurzwelligen Teil des sichtbaren Lichts und das Ultraviolett. Das Anlassen kann auch zugleich mit der Verformung des Glases erfolgen.

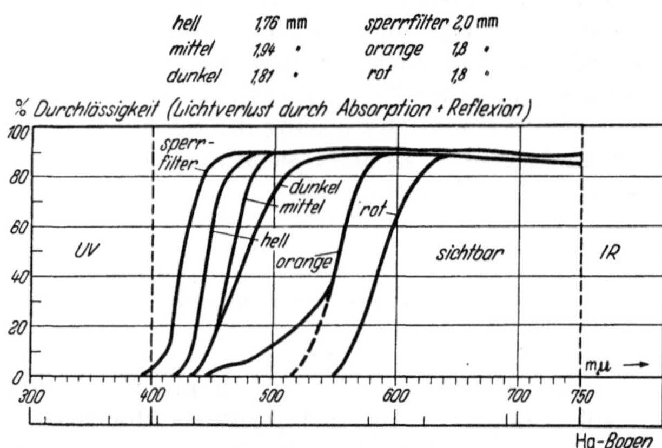

Bild 104. Durchlässigkeitskurven einiger Kadmiumsulfid- und Kadmium-sulfidselenid-Farbfilter
(Nach GOTT)

Dieses Anlassen der *Sulfidgläser* braucht nicht dieselben Ursachen zu haben wie das Anlassen der *Rubingläser*, z. B. des *Goldrubins*. Bei letzterem haben wir es mit der Kornvergrößerung von im Anfang molekular anwesendem Gold zu tun. Bei Sulfidgläsern ist es zunächst eine Verschiebung im Oxydationsgleichgewicht oder in eine andere Koordination des färbenden Ions. Während der TYNDALL-Effekt der Rubingläser leicht nachweisbar ist, fehlt er in den Sulfidgläsern häufig oder ist nur gering. Das spricht gegen ihre Kolloidnatur[1]. Der scheinbare TYNDALL-Effekt dürfte lediglich eine Fluoreszenzwirkung sein.

[1] LANGE, B.: Glastechn. Ber. Bd. 5 (1927/28) S. 477.

Deshalb nimmt Suckstorff[1] an, daß unpolare CdS-Moleküle vorliegen, die die gelbe Farbe und orangerote Fluoreszenz verursachen. Dasselbe gilt für Gläser mit schweren Sulfiden. Sie bilden kein echtes Tyndall-Licht, sind also keine Kolloidgläser. Nur bei hoher Anlaßtemperatur tritt ein reiner Tyndall-Kegel auf.

Eine andere Deutung des Anlassens der Sulfidgläser geht auf die Verschiebung der Gleichgewichte zwischen Silikaten und Sulfiden zurück. Zum Beispiel Na-Sulfid ist mit Cd- oder Pb-Silikat bei hohen Temperaturen im Gleichgewicht, aber CdS oder PbS mit Na-Silikat bei niedrigen Temperaturen. Weyl[2] nimmt entsprechend neueren Anschauungen über die Konstitution der Gläser an, daß das größere und deshalb polarisierbarere S^{2-}-Ion in die Nähe der stark polarisierenden, höher geladenen, kleinen Kationen rückt. Das sind die Ionen vom Nichtedelgastypus Cd^{2+}, Zn^{2+} oder Pb^{2+}. Das ist die treibende Kraft beim Anlassen dieser Sulfidgläser. Dieselbe Ursache ist gegeben beim Anlassen der *Fluoridgläser*.

$CdSO_4$ läßt sich mit Al-Pulver zu einem bräunlichen Glase reduzieren, das bei Wiedererhitzung bis nahe dem Erweichungspunkt gelb anläuft[3]. Schon 0,081% CdS färben schön opak-gelb. Es flockt in sauren Gläsern besser aus als in alkalischen Gläsern.

In *sulfidischen Kupfergläsern* scheidet sich bei langsamer Abkühlung Cu_2S aus. Es kann sich auch bei der Kupferbeize und manchmal auch bei der Abkühlung einer *Kupferrubinschmelze* bilden[4]. Die meisten Schwermetallsulfide sind noch unlöslicher als das CdS. Die Glasschmelzer haben hiervon Gebrauch gemacht, indem sie den CdS-Gläsern Spuren von CuS zusetzten. Das CuS bildet sich sehr früh und bildet einen Kern, um den sich das CdS beim Anlassen ansetzen kann und es völlig umgibt. CuS wirkt hier also als Kristallisator.

Hinderlich ist der oft zu niedrige Zersetzungsdruck dieser Sulfide. CdS beginnt schon bei 600°, die Sulfide von As, Sb, Bi, Tl, Pb und Sn bei 1000° zu dissoziieren. Es hat deshalb wenig Sinn, sie dem Gemenge zuzusetzen. Durch Zusatz von genügend Alkali oder etwas ZnO kann man den Schwefel bis zu hohen Temperaturen binden und erst bei der Abkühlung Metallsulfide entstehen lassen.

Das CdS hat besonderen Wert unter den Sulfiden wegen seines reinen Gelbs, scharfer Absorption im kurzwelligen Teil und Fehlen der Absorption im langwelligen Teil des Spektrums. *Die Silbergelbgläser* hingegen lassen noch UV-Licht durch und die Absorption ist minder scharf. Durch Änderung der Wärmebehandlung wird die scharfe Absorption gehalten, aber man kann sie zwischen 420 und 500 mμ verschieben. Diese Verschiebung und die Farbänderung ist die Folge der Aggregation der CdS-Teilchen, nicht aber einer Änderung des kubischen Kristallsystems, wie vermutet wurde. Verschiebung der Absorption nach längeren Wellenlängen läßt sich auch durch Zusatz von Se bewirken. Dieses bildet das

---

[1] Suckstorff, G. A.: Glastechn. Ber. Bd. 8 (1930) S. 270.
[2] Weyl, W. A.: Coloured Glasses, Sheffield 1951 S. 267.
[3] Heinrichs, H.: Glastechn. Ber. Bd. 6 (1928) S. 51.
[4] Dietzel, A.: Glastechn. Ber. Bd. 22 (1948) S. 63.

tiefrote CdSe. Alle diese Gläser können wegen ihrer scharfen Absorption sehr dünn gehalten werden.

Submikroskopische CdS-Kristalle verursachen Fluoreszenz, die mit wachsender Größe des Kristalls verschwindet. Man kann die Fluoreszenz von CdS-Gläsern sogar als Gradmesser der Aggregation dieser Teilchen gebrauchen[1]. JAECKEL[2] stellte den Zusammenhang der Absorption und der Fluoreszenz folgendermaßen fest:

Absorption	Fluoreszenz		Absorption	Fluoreszenz	
425 mμ	weiß,	670 bis 450 mμ	475 mμ	orange,	670 bis 550 mμ
450 „	gelb,	670 „ 510 „	490 „	rot,	690 „ 630 „

Der TYNDALL-Effekt tritt erst auf, wenn die Fluoreszenz infolge der Temperaturerhöhung fast verschwunden ist. Daß bei höherer Temperatur die Farbe vertieft und nach höheren Wellenlängen verschoben wird, ist bereits erwähnt worden.

Schon kleine Gehalte an FeS verursachen minder scharfe Absorption, so daß die Gläser dicker gewählt werden müssen. Man kann sie daran erkennen, daß das gelbe Glas, senkrecht zur Schnittfläche betrachtet, bräunlich erscheint. Zugleich verschwindet die Fluoreszenz. Zugleich erleichtert das FeS durch seine Kernbildung das Anlassen. Wie bei allen Farbgläsern geben auch hier Grundgläser mit großen Ionen wie Ba^{2+} und K^+ bessere Farben als kleine Ionen, weil diese das Spektrum verbreitern und weniger leuchtend machen.

Tiefrot gefärbte Antimonrubine können mit Sb-Sulfiden erhalten werden. Dieses Verfahren wird noch nicht technisch ausgeführt. Nach DIETZEL[3] ist die Entwicklung und Tiefe der Anlaßfarbe eines normalen Natron-Kalkglases bei 580° abhängig von dem Verhältnis der Mengen an S, C und Sb_2O_3, die dem Versatz zugegeben werden. Man kann so eine große Anzahl von Farbtönen zwischen gelb, braun und rot erzeugen. Die braunen Töne werden meist durch Eisen verursacht und vertieft. Der färbende Bestandteil ist das Sb_2S_3, wie röntgenographisch nachgewiesen wurde. Im abgeschreckten, noch nicht angelassenen Glase sind die farblosen Ionen Sb^{3+} und Sb^{2-} vorhanden. Bei der Kühlung oder Wiedererhitzung bildet sich erst das Sulfid, das entsprechend seinem kovalenten Charakter eine andere Lichtabsorption als die betreffenden Ionen hat. Der Schmelzpunkt des Sb_2S_3 liegt bei 550°. Bei der Anlaßtemperatur entstehen deshalb Tröpfchen. Diese Gläser sind deshalb den Pyrosolen, von Sulfidtröpfchen durchsetzten Schlacken verwandt. DIETZEL fand, daß nur solche Gläser anlassen, welche Konzentrationsprodukte von $C_{Sb}^2 \cdot C_S^3 = 5 \cdot 10^{-5}$ besitzen. Dieser Wert entspricht daher ungefähr der Löslichkeit dieses Sulfids im Glase.

Viele andere Sulfide können als Farbträger in Gläsern auftreten, so z. B. Mo-Sulfide als Orangerot[4], das auch technisch hergestellt wird.

[1] WEYL, W. A.: Coloured Glasses, Sheffield 1951 S. 462.
[2] JAECKEL, G.: Z. techn. Physik Bd. 7 (1926) S. 301.
[3] DIETZEL, A.: Glastechn. Ber. Bd. 16 (1938) S. 324.
[4] ZSIGMONDY, R.: Dinglers Polytechn. Journ. Bd. 273 (1889) S. 29.

Es handelt sich hier nicht um ein normales Sulfid, sondern um ein Sulfo-molybdat entsprechend dem dunkelroten $(NH_4)_2MoS_4$.

Die Sulfide von Cu, Pb und Ag sind in gefärbten Gläsern wenig beständig. SMILEY und WEYL[1] stellten ein gelbes As_2S_3-Glas her durch Zusatz von 10% ZnS und 0,5% As_2O_3 zu einem Na_2O und CaO enthaltenden Al-Phosphatglas. Dieses Glas hatte ungefähr dieselben Eigenschaften wie ein CdS-Glas. Die schwarzen FeS-Gläser werden noch technisch hergestellt, leiden aber unter der Gefahr der Entmischung und der Sprödigkeit. Gläser mit hohem Gehalt an Zn^{2+} und S^{2-} können weiß anlaufen durch Bildung von ZnS. Diese weißen Gläser luminiszieren im Röntgenlicht.

27. Selengläser (s. S. 129)

Das *Selenglas* ist sowohl für die Herstellung von *gefärbtem* wie *entfärbtem Glas* wichtig geworden. In letzterem dient es zugleich mit Kobalt zur Erzeugung der Komplementärfarbe des grünen Eisens.

Von der ausgebreiteten Literatur über die *rosa Selenfärbung* sei hier die Arbeit von WITT und FRÄNKEL[2] erwähnt, in der gezeigt wurde, daß nur 8% des im Glase vorhandenen Selens die Rosafarbe verursacht. Der Rest bleibt farblos. FENAROLI[3] erhielt bei reduzierender Schmelze ein braunes Glas, bei schwach oxydierender das Selen-rosa. Er schrieb die braune Farbe Polyseleniden zu. Im rosa Selenglas sah er Gleichgewichte zwischen Seleniten, Polyseleniden sowie elementarem Selen mit dem Glase. HÖFLER und DIETZEL[4] konnten das bestätigen, hielten aber das Selen als echt gelöst im Glase und nicht als Kolloid anwesend. Ein scheinbar vorhandener TYNDALL-

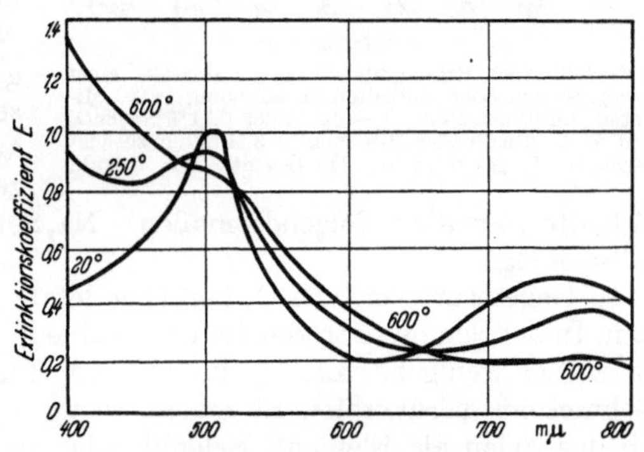

Abb. 105. Lichtabsorption eines Selenpinkglases bei verschiedenen Temperaturen (Nach WEYL)

Effekt ist in Wirklichkeit eine Erscheinung von Fluoreszenz. Wir haben es beim rosa Selenglas mit gelöstem Selendampf, also mit einem Pyrosol zu tun. Gegen Anwesenheit von kolloidalem Selen spricht, daß rotes Selen schon bei 130° in die schwarze metallische Form übergeht. Das ist aber beim roten Selenglas nicht der Fall. Das Selen ist also atomar im Glase vorhanden zum Unterschied von den blauen Schwefelgläsern, in denen S_2-Moleküle vorliegen.

Die hohe *Polarisierbarkeit* des großen Se-Atoms ist die Ursache der Abhängigkeit von der chemischen Zusammensetzung des Glases, be-

---

[1] SMILEY, W. D. u. W. A. WEYL: Glass Science Bull. Bd. 6 (1947) S. 39.
[2] WITT, O. N. u. E. FRÄNKEL: Sprechsaal Bd. 47 (1914) S. 444.
[3] FENAROLI, P.: Sprechsaal Bd. 47 (1914) S. 183.
[4] HÖFLER, W. u. A. DIETZEL: Glastechn. Ber. Bd. 12 (1934) S. 297, 301.

sonders der Alkalien. In Kaligläsern erscheint ein bläuliches Rosa, in
Natrongläsern ein bräunliches oder gelbliches Rosa. Der Einfluß höherer
Temperatur geht aus Abb. 105 hervor.

Die Polarisierbarkeit des Se wird in Bleigläsern wegen der Nicht-
edelgasnatur des Pb-Atoms benutzt zur Herstellung von *Goldtopas-
tönung.*

Selen ist sehr flüchtig, aber es besteht kein Zusammenhang zwischen
Flüchtigkeit und Rosafärbung. Diese Farbe ist vielmehr von dem Gleich-
gewicht zwischen den einzelnen Selenverbindungen abhängig (FENA-
ROLI). Die schwarze metallische Form hat den Schmelzpunkt 220°, der

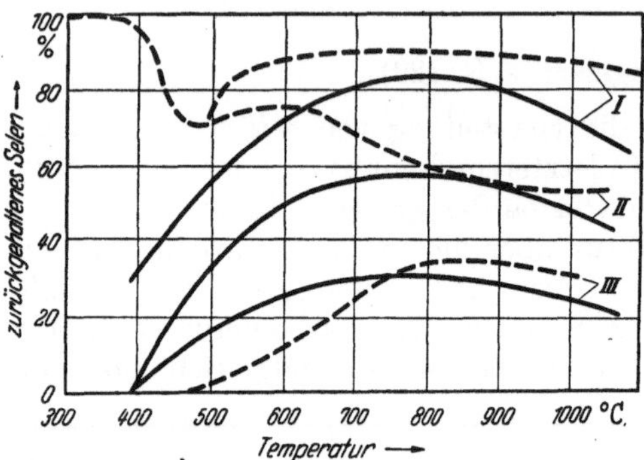

Abb. 106. Nach HIRSCH und DIETZEL: ---- aus einer
0,05% Se und Soda enthaltenden Mischung in 20 Minuten zurückgehalten, ——— aus einer 0,11% Na_2SeO_3
und Soda enthaltenden Mischung in 5 Minuten zurückgehalten. I: gesamtes Se, II: Selenit, III: Selenid

Siedepunkt liegt bei 690°.
Das geschmolzene Selen ist
sehr schwer und saigert
leicht durch die Masse ab.
Diese Aussaigerung und die
Flüchtigkeit sind die Ur-
sache, daß die Glasindustrie
den Gebrauch von Selen-
verbindungen vorzieht. Meist
wird Na_2SeO_3 gebraucht, weniger Ba- und Zn-Selenite[1].
Na- und Zn-Selenite be-
ginnen sich ab 350° zu zersetzen, wobei rotes Selen
ausgeschieden wird. $BaSeO_3$
zersetzt sich erst ab 1100°:

Selenite zerfallen folgendermaßen: $Na_2SeO_3 = Na_2O + SeO_2$, SeO_2
$= Se + O_2$.

In Gegenwart von viel O_2 kann die letzte Reaktion unterdrückt werden. In der Schmelze treten die Unterschiede zwischen den verschiedenen
Seleniten wenig hervor. $3/4$ des eingeführten Selens wird während des
Schmelzens verdampft[2]. Es macht wenig Unterschied für den Erfolg,
ob das Selen als Element, Selenid oder irgendeines der Selenite eingeführt wird. Selen selbst ist am billigsten.

Selen, mit Soda erhitzt, verflüchtigt von 400 bis 600° stark. Bei 800°
wird ein großer Teil des Selens in der Schmelze zurückgehalten, dann
nimmt auch dieser Anteil ab. Die Anteile an Selenid und Selenit können
aus Abb. 106 abgelesen werden. Unterhalb 700° existiert auch Se, oberhalb 700° ist es verschwunden. Dann enthält die Schmelze doppelt so
viel Selenid wie Selenit:

$$3\,Se + 3\,Na_2CO_3 = 2\,Na_2Se + Na_2SeO_3 + 3\,CO_2.$$

Überschüssiger Sauerstoff kann auch Selenat bilden, das bis 800° in
neutraler Atmosphäre stabil bleibt. Na_2SeO_3 mit viel Soda zerfällt unter
Abscheidung von rotem Se. Im ganzen gesehen, bestehen nach HIRSCH

---

[1] HIRSCH, W. u. A. DIETZEL: Sprechsaal Bd. 68 (1935) S. 243.
[2] KRAK, J. B.: J. Amer. ceram. Soc. Bd. 12 (1929) S. 530.

und DIETZEL in neutraler Atmosphäre bei 800° die folgenden Gleichgewichte:

$$Na_2CO_3 + Se \longleftrightarrow 1\ Mol\ Selenid + 0{,}5\ Mol\ Selenit$$
$$Na_2CO_3 + Selenit \longleftrightarrow 1\ Mol\ Selenid + 1{,}06\ Mol\ Selenit$$
$$Na_2CO_3 + Selenat \longleftrightarrow 1\ Mol\ Selenid + 2{,}33\ Mol\ Selenit.$$

Der Einfluß der Atmosphäre auf diese Gleichgewichte ist folgender: Bei Reduktion entsteht natürlich mehr Selenid, als dem Gleichgewicht in neutraler Atmosphäre entspricht. Die Alkaliselenide sind farblos oder wenig gelb, aber FeSe ist braun. Deshalb ist beim Schmelzen auf leicht oxydierende Atmosphäre zu achten. Wenn die oben beschriebenen Reaktionen nicht in neutraler, sondern in oxydierender Atmosphäre durchgeführt werden, entsteht immer bei 800° Selenat. Selenid verschwindet dann aus der Schmelze. In der technischen Schmelze ist Selenatbildung kaum zu erwarten, weil der überall vorhandene CO_2-Strom den Sauerstoff zu sehr verdünnt. In Gegenwart von Quarz tritt von 400° ab folgende Reaktion auf:
$$Na_2SeO_3 + SiO_2 = Na_2SiO_3 + Se + O_2,$$
wobei sofort Verflüchtigung von Se beginnt. Im Ge-

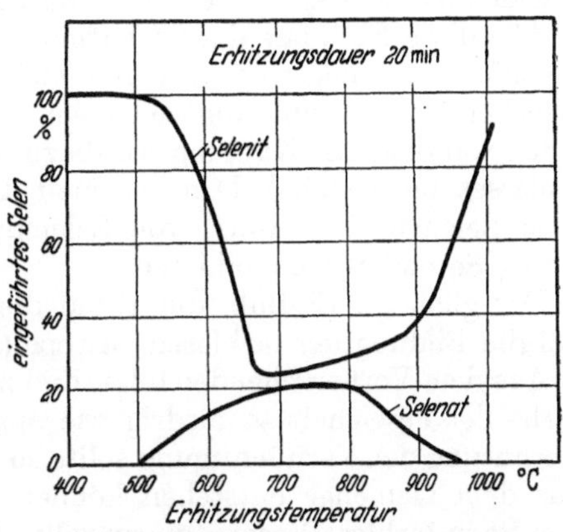

Abb. 107. Selenit-Selenatgehalt oxydierend geschmolzener Gläser (Nach HIRSCH und DIETZEL)

menge treten natürlich beide Reaktionen auf, die mit Soda und die mit Quarz. Im Gegensatz zu Sulfaten sind Selenite mit Glasschmelzen homogen mischbar[1]. Man kann $10\%\ SeO_2$ in eine gewöhnliche Glasschmelze und 20% in eine Alkali-Bleiboratschmelze einführen. Solche Gläser sind hydrolytisch unbeständig.

Um *rotes Selenglas* zu erschmelzen, ist also Reduktion zu farblosen Seleniden wie auch Oxydation zu farblosen Selenaten zu vermeiden. Dazwischen liegen die Bedingungen zur Erzeugung des roten Glases[2]. Will man doch oxydierend schmelzen, so muß man das Selen in Form von Seleniden zusetzen oder aber in Form von Mischungen, die zunächst zu ihrer Bildung führen. Reduktion würde dann zur Braunfärbung durch FeSe führen. Deshalb muß bei Reduktion das Selen in Form von Seleniten und Selenaten vorliegen.

Die tiefste Rotfärbung wird aber nicht durch Selenite, sondern durch elementares Se erreicht. Obwohl ein großer Teil davon verflüchtigt, wirkt es doch günstig auf die Gleichgewichte, die zu einem Maximum an gelöstem Se in atomarer Form führen. Nach HÖFLER werden die Gleichgewichte der einzelnen Selenformen durch die Temperatur wenig beeinflußt. Die Gasatmosphäre ist wichtiger. In neutraler Atmosphäre ist

[1] NAVIAS, L. u. J. GALLUP: J. Amer. ceram. Soc. Bd. 14 (1931) S. 441.
[2] HÖFLER, W.: Glastechn. Ber. Bd. 12 (1934) S. 117. — LÖFFLER, J.: Glastechn. Ber. Bd. 15 (1937) S. 389.

der geringe Kohlegehalt des Sandes wichtig für die Reduktion der Selenite[1]. Der Einfluß des Grundglases ist ebenfalls wichtig. Die rote Farbe ist in Kaligläsern kräftiger als in Natrongläsern. Noch intensiver wirkt Bleioxyd. Hierin findet die größere Polarisierbarkeit der K^+ und Pb^{2+}-Ionen einen treffenden Ausdruck.

Der Einfluß von As_2O_3 auf die empfindlichen Gleichgewichte ist groß. Es wirkt auf Se oxydierend und ist deshalb unerwünscht. Doch wird es nicht völlig fern gehalten, weil es bei der *Selenentfärbung* stabilisierend auf den Se-Gehalt wirkt, wenn die Ofenatmosphäre Schwankungen erleiden sollte. As_2O_3 übt dann eine Bufferwirkung aus.

Alle diese Einflüsse der Ofenatmosphäre, von As_2O_3 und FeO auf die Selenfarbe können sich auch nur auf die Oberfläche der Schmelze erstrecken, was zur Bildung von Lagen verschiedener Farbe führen kann. Auch während der Kühlung wurde zuweilen eine unerwünschte Art von Anlassen festgestellt[2]. Dann enthielt das verarbeitete GlasPolyselenide oder Selen in Gegenwart von Selenid, die mit ebenfalls anwesendem As_2O_3 Se und Selenit bildeten.

Der günstige Einfluß von F auf die Selenfarbe dürfte nach WEYL[3] auf die Bildung der farblosen Gruppe $(FeF_6)^{3-}$ zurückzuführen sein.

Aus dem Vorhergehenden folgt, daß zur Entwicklung einer rosa Selenfarbe der Fe-Gehalt so niedrig wie möglich gehalten werden muß. Zur Verhütung der Verflüchtigung sollte so wenig wie möglich Wasserdampf aus dem Gemenge entstehen können. Zur Verhütung des Übergangs von Se in farblose Verbindungen sollte der Sauerstoffdruck im Gemenge hoch gehalten werden, z. B. durch Läutern mit KNO_3 oder Na_2SO_4. Aber viel Na_2SO_4 würde wieder schaden durch Überführen von Selen in die Glasgalle. Durch *Zusatz von Kobalt* kann der gelbliche Stich des Selenrosa etwas verbessert werden. LÖFFLER[4] konnte die Farbe dadurch bedeutend verbessern, daß er 0,6 % Nd_2O_3 zusetzte. 2,5 % Nd_2O_3 bildet einen schönen Rubin.

Polyselenide Na_2Se_x färben das Glas ebenso wie ein Gemenge von Na_2Se und Se. Das Absorptionsspektrum kann entscheiden, ob Polyselenide vorliegen. Sie können direkt bei der Abkühlung des Glases entstehen. FeSe hingegen erfordert auch noch Wärmebehandlung oder Anlassen[5]. Die rotbraune Farbe des FeSe-Glases kann nicht erhalten werden durch Hintereinanderschaltung eines Se-Glases und eines Fe-Glases. Sie ist also an die Verbindung FeSe gebunden. HÖFLER und DIETZEL *sehen in diesem Selenit FeSe das entfärbende Mittel bei der Selenentfärbung* und nicht im etwa als anwesend vermuteten, elementaren Se. Sie fanden, daß der Anteil an FeSe, der direkt entsteht und derjenige, der erst durch Anlassen entsteht, mit steigendem Se-Gehalt auch größer wird. Besonders der durch Anlassen erhaltene Anteil wächst dann an.

[1] WIEGAND, H., A. DIETZEL u. E. ZSCHIMMER: Sprechsaal Bd. 67 (1934) S. 528.

[2] LÖFFLER, J.: Glastechn. Ber. Bd. 12 (1934) S. 299.

[3] WEYL, W. A.: Coloured Glasses, Sheffield 1951 S. 302.

[4] LÖFFLER, J.: Glastechn. Ber. Bd. 15 (1937) S. 389.

[5] LÖFFLER, J.: s. o. — HÖFLER, W. u. A. DIETZEL: s. S. 301. — GOODING, E. J. u. J. B. MURGATROYD: J. Soc. Glass Technol. Bd. 19 (1935) S. 43.

Braune Selengläser auf der Basis FeSe werden unter Vermeidung rein oxydierender Verhältnisse erschmolzen, also ohne die üblichen Mengen Salpeter und Arsenik. Bei zunehmender Oxydation bildet sich weniger FeSe beim Abkühlen der Glasschmelze, aber mehr beim Anlassen. Mit höherer Se-Konzentration muß das Anlassen in einem höheren Temperaturbereich erfolgen. Aber zunehmende Oxydation erniedrigt die Temperatur wieder. Der Anteil an direkt gebildetem FeSe und an während des Anlassens gebildetem hängt von den Schmelzbedingungen ab. As_2O_3 beeinflußt die Farbe zudem beim Kühlen des Glases.

Das Anlassen des FeSe-Brauns beruht nicht auf einer Aggregation oder Kornwachstum wie beim Goldrubin, sondern auf einer atomischen Umlagerung. Die direkte Bildung von FeSe beim Abkühlen hingegen erfolgt durch direkten Zusammentritt von Fe^{2+} und Se^{2-}-Ionen zu FeSe.[1]

Ein *schwarzes Selenglas* erhält man durch reduzierendes Schmelzen eines Na_2O-CaO-SiO_2-Glases mit 0,6% Se und 0,1% $CoCO_3$.[2] Auch die Selenide von Eisen und Nickel werden zur Herstellung schwarzer Gläser benutzt.

28. Selenrubine

Setzt man einem gelben CdS-Glase steigende Mengen von Se zu, so wandelt das Gelb in Orange und schließlich in Rot, den *Selenrubin* oder *Cadmiumrot* um. Der Farbstoff besteht aus Mischkristallen von CdS und CdSe. Dieser Rubin wird in reiner Form auch zur Rotfärbung von *Glasuren, Emails* und als *Pigmentfarbe* angewandt. Sowohl das Sulfid wie das Selenid kristallisieren hexagonal und sind unbeschränkt mischbar[3].

Farbe	% CdS	% CdSe	Farbe	% CdS	% CdSe
gelb	100	0	rot	40	60
orange	75	25	dunkelrot .	10	90

Die Farbe ist also nur von der chemischen Zusammensetzung abhängig. Selenrubin ist kein Kolloidglas im engeren Sinne. CdSe allein gibt auch keinen roten Rubin, sondern ist einfach braun[4]. Die Rubinfarbe kann sowohl bei der normalen Abkühlung wie durch Anlassen entstehen. Sie ist sehr abhängig von der Zusammensetzung des Grundglases. Meist wird darin Zink eingeführt[5]. Sein Einfluß geht aus der folgenden Tabelle nach WECKERLE hervor:

Tabelle 68

% Se	% ZnO	Farbe	% Se	% ZnO	Farbe
0,496	18,75	farblos	0,039	1,86	hell gelbrot
0,444	14,61	rot			nach Erhitzung
0,250	8,13	hellrot	0,010	0	farblos
0,114	4,03	hellrot			

[1] WEYL, W. A.: Coloured Glasses, Sheffield 1951 S. 306.
[2] AUSTIN, CH. R. u. J. D. SULLIVAN, J. Amer. ceram. Soc. Bd. 25 (1942) S. 128.
[3] ROOKSBY, H. P.: J. Soc. Glass Technol. Bd. 16 (1932) S. 171.
[4] LÖFFLER, J.: Sprechsaal Bd. 71 (1938) S. 406.
[5] WECKERLE, H.: Glastechn. Ber. Bd. 11 (1933) S. 273, 314.

Die Anwesenheit von 14,6% ZnO war also nötig für die Rubinbildung. Die Anlaßfähigkeit steigt mit dem Gehalt an CdS und CdSe. Zu hoher Gehalt führt zur Bildung von $(ZnS_4)^-$-Ionen, die den Schwefel der Rubinbildung entziehen.

ZnO ist für die Herstellung von Sulfid- oder Selenidgläsern so wichtig, weil es S und Se in Form von *Sulfozinkaten* oder *Selenozinkaten* bindet. Diese Anionen haben die Konfiguration (ZnS_4) bzw. $(ZnSe_4)$ angesichts der Neigung des Zn zur Viererkoordination gegen O, S, Se. Es bindet so S und Se und vermindert deren Abbrand sowie die Färbung von „kohlegelben" Gläsern. Diese Zinkate sind bei Zinküberschuß schon in der Schmelze vorhanden und vermehren ihre Konzentration bei sinkender Temperatur. (ZnS_4) ist nach DIETZEL[1] weniger stabil als $(ZnSe_4)$. Letzteres bleibt daher in der Schmelze gelöst, während ersteres unter Ausscheidung von trübendem ZnS zerfallen kann. Das erfolgt besonders leicht in sauren Schmelzen. In basischeren Schmelzen bleibt es gelöst.

In *Selenrubingläsern* wird Cd ebenfalls diese Komplexionen bilden. Sie sind aber wegen des größeren Atomradius des Cd wenig stabil, so daß sich CdS noch vor ZnS ausscheidet. Aus räumlichen Gründen ist aber $(CdSe_4)$ stabiler als (CdS_4). Daher scheidet sich CdS bevorzugt aus, und reines braungefärbtes CdSe kann sich deshalb bei Gegenwart von S nicht ausscheiden. DIETZEL nimmt an, daß diese Anionen sechswertig sind entsprechend den Formeln $(RS_4)^{6-}$ und $(RSe_4)^{6-})$.

Es besteht ein Zusammenhang zwischen der „Löslichkeit" bzw. der „Ausfällung" von Schwermetallsulfiden oder Seleniden einerseits und dem Verhältnis der Ionenradien der Schwermetalle zu den Ionenradien von Schwefel und Selen andererseits[1]. Nur solche Schwermetallkationen, die mit S oder Se eine stabile Viererkoordination bilden können, zeigen eine beträchtliche Löslichkeit als Sulfo- oder Selenosalze. Ist das Ion $(MeX_4)^{n-}$ aber instabil, so fällt das betreffende Sulfid oder Selenid aus.

Nach den Vorstellungen der Kristallchemie bilden sich (MeX_4)-Konfigurationen, wenn das Verhältnis der beiden Ionenradien $(R_K : R_A)$ zwischen 0,225 und 0,414 liegt. Dieser Bedingung gehorchen As^{5+}, As^{3+}, Fe^{3+} und Sb^{5+}. Ihre Sulfide kommen im Glase tatsächlich als Sulfosalze und nicht als Kolloide vor. Die Ionen von Fe^{2+} und Cd^{2+} sind zu groß, um mit S ein Sulfo-Anion zu bilden und fallen daher aus. Diese Stabilität der Komplexionen ist auch die Ursache der verschieden großen Neigung zur Ausscheidung von CdS und CdSe in den *Selenrubingläsern*, also auch ihrer Farbe und deren Änderung mit der Anlaßtemperatur. Der Anionenkomplex ist um so beständiger, je basischer das Grundglas ist. Der bestimmende Faktor ist hier die geringe Feldstärke der Alkaliionen, die den Zusammenhang des Komplexions durch Verminderung kontrapolarisatorischer Einflüsse erhöht.

Die Bildung des Rubins erfolgt in 3 Stufen: Erst bildet sich Zinksulfid oder Sulfozinkat, die den Schwefel dem Glase entnehmen. Dann wird bei abnehmender Temperatur und zunehmender Stabilität von CdS das Gleichgewicht zwischen den Sulfiden von Zn und Cd zugunsten des CdS

---

[1] DIETZEL, A.: Glastechn. Ber. Bd. 19 (1941) S. 1.

verschoben. Es ist in Silikatschmelzen wenig löslich und bildet daher Kristallkeime. Schließlich erfolgt das Wachsen dieser Keime zu Selenrubin. Seine Farbe hängt vom Sättigungsgrade an S und Se ab. So können bei niedriger Temperatur gelbe, bei hohen Temperaturen rote Rubine entstehen. Bei Temperaturen oberhalb 1000° dissoziiert CdSe zu farblosen ionischen Verbindungen.

Die Erschmelzung ist deswegen und wegen der Reduzierbarkeit schwierig. Aussaigerung muß vermieden werden. Solche Saigerungen bestanden z. B. aus 47,7% Cd, 35% Se, 5,9% Zn, 2,0% S, 3,0% Na und gingen nicht mehr in Lösung[1]. Selen kann als Element oder CdSe eingeführt werden, Cadmium ebenfalls als Metall. Angeblich ist die Art der Einführung aller Bestandteile des Rubins entscheidend für die Bildung desselben beim Abkühlen und beim Anlassen. Kleine Änderungen im Abkühlen genügen schon, um den Selenrubin zu erzeugen oder zu verderben[2].

Selenrubinglas kann auch ohne Gebrauch von Schwefel und Zink hergestellt werden, wenn CdSe zusammen mit Aluminium- oder Siliziumpulver als Reduktionsmittel einschmilzt. Im letzten Falle erscheint die Farbe nur bei Innehaltung der stöchiometrischen Mengen an CdSe und dem Reduktionsmittel[3].

Die roten Selenrubine werden bei Abkühlung in flüssiger Luft gelb, bei Erhitzen dunkelrot und schwarz[4]. Diese Erfahrung entspricht dem allgemeinen, auf S. 260 angeführten Gesetz der Verschiebung der Lichtabsorption nach längeren Wellen bei Temperaturwechsel.

29. Tellurid- und Phosphidgläser

Tellur kann wie Selen in ein Glas eingeführt werden unter Purpurfärbung[5]. Auch *Phosphor* kann bei Reduktion und Anwesenheit schwerer Metalle färbend als Phosphid auftreten. Das P^{3+}-Ion ist sehr polarisierbar und erteilt den Gläsern Eigenschaften eines Halbleiters. Sie sind schwarz, absorbieren also alles sichtbare Licht, sind aber durchlässig im Infrarot.

30. Glasfärbung durch Metallatome (Rubine)[6]

Die *Rubingläser* enthalten Metallkristallite von einigen Hundert Atomen. Diese verlieren dabei ihre metallischen Eigenschaften, z. B. die elektrische Leitfähigkeit und die starke Lichtabsorption. Man könnte sie als eingefrorene Metalldämpfe bezeichnen. Man unterscheidet sie dadurch von den Selenrubinen, die Atomlösungen im Glase sind.

Man kann diese Suspensionen von Metallen im Glase auch als Pyrosole auffassen, das sind Wolkenbildungen von kathodisch abgeschiedenem

---

[1] Löffler, J.: Sprechsaal Bd. 71 (1938) S. 406.

[2] Kirkpatrick, F. A. u. G. R. Roberts: J. Amer. ceram. Soc. Bd. 2 (1919) S. 895.

[3] Kawakubo, S.: J. ceram. Ass. Japan Bd. 62 (1954) S. 565 [Ref. in Amer. ceram. Abstr. (1955) S. 66].

[4] Silverman, A.: Trans. Amer. ceram. Soc. Bd. 16 (1914) S. 547.

[5] Smiley, W. D. u. W. A. Weyl: Glass Science Bull. Bd. 6 (1947) S. 38.

[6] Weyl, W. A.: Coloured Glasses, Sheffield 1951 S. 331.

Metall im Elektrolyten[1]. Diese Pyrosole haben echt kolloidale Eigenschaften, obwohl W. Eitel und B. Lange[2] auch echte Lösung von Metallen in Salzschmelzen nachwiesen. Die Auffassung als Kolloid blieb aber siegreich.

Die echte Lösung von Metallen in Glas bei 1300 bis 1450° ist gering. Es muß aber ein Vorrat an gelöstem Metall anwesend sein, um durch Anlassen Ausscheidung desselben zu erhalten. Diese erwünschte Lösbarkeit von Metallen in Glasschmelzen kann durch kleine Zusätze von katalytisch wirkenden Substanzen erhöht werden. So wirkt besonders 0,1 bis 0,2% SnO_2 zu einem Soda-Kalkglase erhöhend auf die Löslichkeit von Au, Ag und Cu. Dieselbe Wirkung wird durch 10% PbO im Glas bewirkt. Schon W. Müller[3] fand 1871, daß die Löslichkeit von Gold in Gläsern deren Bleigehalt proportional war. Chloride und Sulfate vernichten diese Lösungskraft des Bleioxyds. Die Nichtedelmetallionen Pb^{2+}, Sn^{2+}, Bi^{3+} bilden eine Brücke zwischen den Ionenstrukturen und den Metallstrukturen. Das ist auch der Grund, daß sie bei der Metallisierung von Glas eine verbindende Rolle spielen. In den Rubingläsern ist deshalb Blei oft in beträchtlichen Mengen zugegen. Zinnoxyd ist nötig, um das Anlassen einzuleiten.

Diese Anwendung ist uralt, weil sie zur Herstellung des *Cassiusschen Goldpurpurs* gebräuchlich war. Sie beruht auf gleichzeitiger Fällung von Au und Sn. Dieser Cassiuspurpur wurde früher als Farbstoff für Goldrubin gebraucht. Erst später lernte man, ihn durch seine Bestandteile zu ersetzen.

SnO_2 ist in Silikatgläsern wie auch in Boratgläsern wenig löslich. Das Gelöste kristallisiert beim Erkalten zum größten Teil wieder aus. Das ist die Ursache der *Zinntrübung* in Emails und Glasuren. Die Löslichkeit wird durch Zusatz von Alkalien erhöht. Das Oxyd SnO hingegen ist als Netzwerkwandler und basisches Oxyd in Silikatschmelzen leicht löslich. Hier kommt die *Nichtedelgasstruktur* des Zinns zur Hilfe, das mit seinen 18 Außenelektronen stark zu polarisieren vermag und einen Übergang zwischen Metall- und Silikatstrukturen durch Bildung metallophiler Gruppen erleichtert. Mit seiner Hilfe kann man einen dem *Cassiuspurpur* analogen *hellroten Platinpurpur* und einen *rötlichen Silberpurpur* erzeugen.

Reduktion des SnO_2 ist beim Goldrubin nicht nötig, wohl aber beim Kupferrubin wegen der Oxydierbarkeit von Kupfer. Dabei ist kein Au^+ im Glase, sondern nur Au-Atome. Dieses Au-Atom zieht Sn^{2+}-Ionen an, die einen Schutzwall gegen weiteres Kristallwachstum bilden.

Die Bildung des *Kupferrubins* wird durch Reduktion des zuerst als Cu^{2+} im Glase vorhandenen Kupfers eingeleitet und dann bis zur Reduktion zu rotem atomarem Kupfer durchgeführt. Mit Hilfe der von Csaki und Dietzel (s. S. 228) angegebenen Methode der Messung des „inneren" Sauerstoffdrucks wurden von A. Dietzel und M. Dietzel[4] folgende Drucke ermittelt:

[1] Lorenz, R. u. W. Eitel: Pyrosole, Leipzig: Akad. Verlagsges. 1926.
[2] Eitel, W. u. B. Lange: Z. anorg. allg. Chem. Bd. 171 (1928) S. 168.
[3] Müller, W.: Dinglers Polytechn. Journ. Bd. 201 (1871) S. 117.
[4] Dietzel, A. u. M. Dietzel: Z. Elektrochem. Bd. 51 (1945) S. 32.

Cu^{2+} (blau) $\rightleftharpoons Cu^{+}$ (farblos) zwischen 10^{-3} und 10^{-10} at O_2,
Cu^{+} (farblos) $\rightleftharpoons Cu$ (rot) von $2{,}10^{-12}$ at abwärts.

Für Silberätze gilt entsprechend:

Ag^{+} (farblos) $\rightleftharpoons Ag$ (gelb) von 10^{-2} at abwärts.

Für Goldrubin gilt:

Au^{+} (farblos) $\rightleftharpoons Au$ (rot) weit über 1 at O_2 (schätzungsweise bei 10^4 bis 10^5 at).

Je edler das Metall ist, um so höhere Sauerstoffdrücke muß man also anwenden, um das Metall im Glasfluß gelöst zu halten. Die Rolle der Hilfsstoffe SnO, FeO, As_2O_3, Sb_2O_3, Ce_2O_3 usw. besteht darin, daß sie der Schmelze Sauerstoff entziehen und so erst die Ausscheidung der Metalle möglich machen. Die Lage des Oxydationsgleichgewichts des Hilfsstoffs muß in der Nähe derjenigen des färbenden Oxyds oder besser etwas unterhalb derselben liegen (d. h. bei einem etwas niedrigerem Sauerstoffdruck). DIETZEL zeigt, durch Messungen des inneren Drucks, daß Spuren von Eisenoxyden zur Bildung von Silbergelb genügen, während für Kupferaventurin größere Mengen notwendig sind. Diese Zusätze erlauben die Ausscheidung von Metallatomen schon bei mittleren Temperaturen im Bereiche größerer Viskosität. Ohne sie würde die Reduktion erst bei höheren Temperaturen durchgeführt werden können mit der Gefahr schneller Koagulierung der Metallkeime und damit auch der Mißfärbung.

WEYL[1] hält das *Anlassen von Rubingläsern* nicht für eine genaue Parallele zur Entglasung, wie TAMMANN (s. S. 71) dies an Gläsern gezeigt hatte. Diese enthalten nämlich hohe Konzentration der einzelnen Kristallbildner, während Opalgläser höchstens 5% Trübungsmittel, Rubingläser unter 1% Metalle enthalten. Deshalb ist die Diffusion bei ihnen viel wichtiger als bei normal entglasenden Gläsern.

Die weniger als 1% Metall enthaltenden Glasschmelzen geraten beim Abkühlen in den Zustand der Übersättigung und deshalb bei weiterem Abkühlen zur Kristallisation des Metalls[2]. Die Kristallnatur dieser kolloidalen Ausscheidungen wurde erst durch die Röntgenspektrogramme erwiesen. Die kolloidale Natur war schon früher durch das Ultramikroskop bewiesen worden, welches das seitlich abgebeugte Licht (Tyndallkegel) sichtbar machte[3].

Das *Ultramikroskop* zeigt die diffuse Zerstreuung von Licht, wenn ein Lichtstrahl durch ein transparentes Medium geht, das kleine Teilchen enthält, die einen anderen Brechungsindex haben als das Medium selbst. Wenn die Teilchen klein sind, ist die Farbe des zerstreuten Lichts (FARADAY-TYNDALL-Phänomen) blau. Das tritt in Erscheinung beim ersten Stadium des Anlassens von Opalglas oder beim Beginn der Entmischung unmischbarer Flüssigkeiten. Im Ultramikroskop wird das seit-

---

[1] WEYL, W. A.: Coloured Glasses, Sheffield 1951 S. 355.
[2] WEIMARN, P. P. VON: Chem. Rev. Bd. 2 (1926) S. 217.
[3] SIEDENTOPF, H. u. R. ZSIGMONDY: Ann. Physik Bd. 10 (1903) S. 1.

lich zum einfallenden Lichtstrahl abgebeugte sog. TYNDALL-Licht ins
Auge des Beobachters geleitet. Die Größe und Gestalt der Teilchen
können aber nicht getreu wahrgenommen werden.

Die Geschwindigkeit der Bildung der Metallkerne ist $v = k \cdot \dfrac{Q - L}{L}$,
wo Q die Konzentration und L die Löslichkeit, k ein Proportionalitätsfaktor ist. $\dfrac{Q - L}{L}$ ist der Übersättigungsfaktor. Die Teilchengröße ist also
der Kondensationsgeschwindigkeit umgekehrt proportional. Daß Gold
im Goldrubinglas als metallisches Au vorliegt, ist eine Entdeckung
FARADAYS (1857).

Die *Lichtabsorption* ist die Folge von Elektronensprüngen innerhalb
der Elektronenschale eines Atoms. Bei den Metallrubinen haben wir es
im Gegensatz zu den bisher besprochenen Chromophoren aus ausgeglichenen Ordnungen positiver und negativer Ionen mit nur positiven
Ionen zu tun, die durch freie Elektronen zusammengehalten werden.
Letztere nehmen wenig an der Lichtabsorption teil, sind aber verantwortlich für die metallische Reflektion vorwiegend längerer Wellen. Die
Bindungselektronen erzeugen Absorption im kurzwelligen Bereich, ihr
Einfluß auf die Reflektion ist gering. MURMANN[1] maß an 70 mμ dicken
Silberspiegeln 90% Reflektion des darauf fallenden Lichts, an nur 5 mμ
dicken Silberlagen aber nur 20% Reflektion. Der Rest wird absorbiert,
was für die Farbe von mit Metallatomen gefärbten Gläsern entscheidend
ist. Er wird in JOULEsche Wärme umgesetzt[2]. Alle Metallrubine erhalten
ihre Färbung durch solche konsumptive Lichtabsorption und nicht durch
Reflektion. Die diffuse Lichtzerstreuung spielt in Goldrubingläsern dagegen nur eine untergeordnete Rolle. Sehr verdünnte Goldsuspensionen in
Glas haben ein scharfes Maximum der Absorption im grünen Teil des
Spektrums bei 530 mμ, die Farbe ist deshalb ein reines Rot oder Purpur.

31. Goldrubine

Sind die Teilchen zu klein, so besitzen sie noch nicht die Eigenschaften
des metallischen Zustandes und Lichtabsorption findet nicht statt. Werden sie zu groß, so ist mehr Reflektion als Absorption vorhanden, und
das Rubinglas wird „leberig“. Die untere Grenze liegt bei 3 bis 5 mμ,
die obere bei 70 bis 100 mμ. Gläser mit Goldteilchen von 200 bis 500 mμ
haben wenig Absorption. Sie sind im durchfallenden Licht schwach blau,
im reflektierten Licht tief gelb bis braun (Saphiringlas). Im Bereich von
5 bis 60 mμ liegen die echten Goldrubine. Die Korngröße des Goldes ist
innerhalb dieses Bereiches von geringem Einfluß. Die Farbe hängt fast
nur von der Goldkonzentration ab. Etwa die Hälfte des Goldes wirkt
färbend[3]. Die Teilchengröße ist also von entscheidendem Einfluß auf die
Farbe. Wenn sie zu klein sind, können sie die Eigenschaften des metallischen Zustandes nicht entwickeln, also keine Lichtabsorption zeigen. Bei

---

[1] MURMANN, H.: Z. Physik Bd. 80 (1933) S. 161.

[2] MIE, G. u. W. STEUBING: Ann. Physik Bd. 25 (1908) S. 377; Bd. 26 (1908)
S. 329.

[3] SPRING, W.: Bull. Acad. Roy. Belge Bd. 12 (1900) S. 1019.

zu großen Teilchen ist der Anteil diffus zerstreuten Lichts zu groß, so daß das vorher klare Glas „leberig" wird, und die Farbe in Blau übergeht. Die kleinsten Teilchen von 3 bis 5 $m\mu$ wirken als Keime, an deren Oberfläche sich andere Goldteilchen ankristallisieren können. Es scheint, daß kleinere Teilchen als 1,7 $m\mu$ (nur 10^{-16} mg Masse) nicht bestehen, wohl atomar verteiltes Au. Teilchen von 1,7 $m\mu$ haben noch dasselbe Röntgenspektrum wie metallisches Gold[1]. Das Anlassen des Goldrubins ist die Folge des Wachsens der Keime zu kolloidalen Dimensionen.

Zu schnelle Abkühlung des erschmolzenen Rubinglases ist für das Anlassen schädlich. Aber es darf auch nicht zu langsam abgekühlt werden. Der Grund ist der, daß zu schnelle Abkühlung die Bildung von Keimen verhindert. Zu langsame Abkühlung führt zur Bildung von zu großen Keimen und das Glas wird beim Anlassen leberig. Man kann die Keimbildung so führen, daß das Glas bereits bei der gewöhnlichen Formgebung oder bei der Glaskühlung anläuft. Wegen der Schwierigkeit, gepreßtes oder gewalztes Glas gleichmäßig anlaufen zu lassen, begnügt man sich meistens mit einem „Überfang", der leicht überall gleichmäßig herauskommt.

Die Teilchen haben etwa Kugelform, was mit Hilfe des *Elektronenmikroskops* bestätigt wurde[2]. Das ist aber nicht allgemeingültig, denn bei derselben Teilchengröße können zuweilen verschiedene Farbtöne auftreten. Man führt das auf andere Teilchenform zurück.

Goldrubin hat im Rot   von 662 $m\mu$ 76% Durchlässigkeit
im Grün   von 539 $m\mu$ 3%   „
im Blau   von 480 $m\mu$ 26%   „

Er ist also im Gegensatz zu Kupferrubin etwas bläulich rot gefärbt[3]. Das goldhaltige Grundglas zwischen den Goldteilchen kann getrübt oder durchsichtig, im durchsichtigen Zustande farblos, hellgelb bis gelbgrün erscheinen. Das rot angelaufene Glas kann durch erneutes Schmelzen wieder farblos werden. Es gibt Goldrubingläser, die *Strömungsdoppelbrechung* zeigen, eine Erscheinung, die als Folge asymmetrischer Teilchen (Stäbchen, Plättchen, Dendriten) gedeutet wird. Das beeinflußt die Absorption. Aus allem folgt, daß die Farbe (Lichtabsorption) von vielen Faktoren abhängt.

In der Praxis des *Cassiuspurpurs* ist die Gegenwart von Zinn in beiden Oxydationsstufen unerläßlich. Sn^{2+} wirkt als Reduktionsmittel und Sn^{4+} hydrolysiert unter Bildung von $SnO_2 \cdot xH_2O \cdot yAu$. Dieser Purpur kann direkt zur Fabrikation des Goldrubinglases benutzt werden. Doch ist die Herstellung des Rubins keineswegs an die Gegenwart von Zinn gebunden. Aber dies erzeugt den tiefsten Purpur. Die Färbung ist bereits nachweisbar bei 1 Teil Gold in 100000 Teilen Bleiglas, aber am stärksten erst bei 1 Teil auf 1000 Teile Bleiglas. An zwei Industriegläsern bestimmte LANGE[4] $7,7 \cdot 10^{-4}$ g Au/cc und $1,0 \cdot 10^{-4}$ g Au/cc. Schwere Bleigläser haben

---

[1] SCHERRER, P. u. H. STAUB: Z. physik. Chem. Bd. 154 (1931) S. 309.

[2] BORRIES, B. VON u. G. A. KAUSCHE, Kolloid-Z. Bd. 90 (1940) S. 132.

[3] ZSCHIMMER, E.: Sprechsaal Bd. 63 (1930) S. 642.

[4] LANGE, B.: Z. physik. Chem. Bd. 132 (1928) S. 27; Veröff. Kaiser-Wilhelm-Inst. Silikatforsch. Bd. 3 (1930) S. 5.

keine Zusätze von Zinn oder Wismut oder dergleichen nötig. Natron-Kalkgläser sind nur mit SnO_2 als Basis für Rubinglas geeignet, Kaligläser sind besser als Natrongläser. Als Goldrohstoff kann man wohl Goldmetall verwenden, aber es löst sich schwer auf. $AuCl_3$ ist besser. Das Anlaufen wird durch die Atmosphäre nicht beeinflußt. Es bedarf keiner besonderen Reduktionsmittel mehr. Wenn der Träger nur aus Edelgasionen besteht (Na^+, Ca^{2+}, Mg^{2+}, Ba^{2+} usw.), erscheint die Goldfarbe darin bei 250° und verblaßt bei 750 bis 850°. Hoch polarisierbare Ionen wie Ti^{4+} im Rutil üben starke Kräfte auf Au aus, so daß bei 800° noch keine Aggregation entsteht[1]. Sehr leichtflüssige Gläser färben sich rasch, viskosere Gläser langsam. Ersatz von CaO durch PbO oder Na_2O steigert die Schnelligkeit, mit der die Farbe sich entwickelt. PbO wirkt durch die polarisierende Kraft des Pb^{2+}-Ions, Na_2O durch Senkung der Viskosität. PbO ist wirksamer als Na_2O. Soll die Färbung nicht während des Preßvorgangs entstehen, so darf man PbO nicht verwenden. Hoher SiO_2-Gehalt ist für gute Färbung notwendig, da sonst Braun und Trübung aufkommen kann. Bei sehr steifen Gläsern beginnt dann die Gefahr streifiger Färbung, was durch kleine Beträge an PbO vermindert werden kann. Durch Wiedereinschmelzen wird die Färbung wieder verbessert, was beweist, daß die Streifung durch Mangel an Homogenität hevorgerufen wurde. Die Farbdichte wächst mit steigender Temperatur des Anlassens. Die Zeit spielt hierbei keine bedeutende Rolle[2].

Platin-Rubinglas[3] ist rosafarben, *Wismut-Rubinglas*, das durch Reduktion von wismuthaltigen Gläsern mit Wasserstoff erhalten wird, ist rotbraun. Entsprechend hergestellte *Antimon- und Blei-Rubingläser* sind grau. *Zinn-Rubingläser* sind braun. *Kobaltrubin* ist braun.

32. Silbergläser[4]

Direkte Färbung von Glasschmelzen durch Silber ist selten. Man kann so gelbe bis braune Gläser herstellen. Die übliche Art der Silberfärbung ist die der Einwanderung der Ag^+-Ionen ins Glas bei Temperaturen unterhalb der Transformation (*Silberbeize*). Sie war seit mehr als 1000 Jahren bereits den Mauren bekannt. Es handelt sich hierbei um einen Austausch von Na^+- gegen Ag^+-Ionen. Beide Ionen haben gleiche Ladung und Radius. Aber die Elektronenverteilung ist verschieden. Der polarisierende Einfluß der 18 Außenelektronen des Ag^+ ist größer als der des Na^+ mit seinen 8 Außenelektronen von Edelgascharakter. Das äußert sich z. B. in der Unlöslichkeit und der gelben Farbe des AgJ und Ag_3PO_4 gegenüber den wasserlöslichen, farblosen Natriumverbindungen. Schon P. EBELL fand 1870, daß die gelbe Farbe der Silbergläser durch das Silbermetall verursacht wird. Silber ist zu 2 % im Glase löslich, also besser als Gold und schlechter als Kupfer. Schreckt man eine solche

---

[1] WEYL, W. A.: Glass Ind. Bd. 26 (1945) S. 557.
[2] WILLIAMS, A. E.: Trans. Amer. ceram. Soc. Bd. 16 (1914) S. 284 [Ref. in Glastechn. Ber. Bd. 5 (1927/28) S. 167].
[3] WEYL, W. A.: Coloured Glasses, Sheffield 1951 S. 373.
[4] WEYL, W. A.: Coloured Glasses, Sheffield 1951 S. 409.

Schmelze ab, so erhält man ein mit gelben Punkten durchsetztes Glas, das beim Anlassen tief bernsteinfarben wird. Dieser Vorgang entspricht dem Anlassen der Goldrubingläser. Weitere Erhitzung erzeugt graue Gläser, so wie bei entsprechenden Kupfergläsern ziegelrote *Hämatinongläser* entstehen.

Wie bei Goldrubinen ist auch hier bleihaltiges Glas geeigneter als Natron-Kalkglas. Phosphatgläser eignen sich zur Herstellung sehr farbiger *Silberlüster*: rot, gelb, purpur und blau. Auch hier ist Zinn wichtig für die Silberbindung an Glas. Nur Bleigläser machen den Gebrauch von Zinn überflüssig.

Die *Silberbeize* besteht aus dem Austausch der Ionen des Na^+ im Glase gegen Ag^+, das auf der Glasoberfläche liegt. Das Ag^+-Ion kann bis zu 0,1 bis 0,5 mm tief ins Glas eindringen. Die Ag^+-Ionen können leicht in Ag-Atome umgesetzt werden durch Reaktion mit anderen Ionen, z. B. Fe^{2+}- oder As^{3+}-Ionen, die als Elektronenspender dienen[1]. Die geringe Löslichkeit des so gebildeten elementaren Silbers führt zur Bildung submikroskopischer Kristalle. WEYL unterteilt diesen Beizvorgang in 4 Teile: 1. Ionenaustauschreaktion, 2. Wanderung der Ag^+-Ionen ins Innere, 3. Reduktion des Ions zum neutralen Atom und 4. Bildung der Farbzentren durch Kristallisation. Der Ionenaustausch setzt voraus, daß Silber in Form von Ag^+ vorliegt. Silbermetall wirkt nur in Gegenwart von Sauerstoff oder beim Anlegen von elektrischem Strom. Im Vakuum wandert kein Silbermetall ins Glas ein. Bei Erhöhung des Sauerstoffdrucks trat Diffusion ein bis 40 mm O_2. Silber tritt also als Ag^+-Ion ins Glas ein. Weitere Erhöhung des O_2-Drucks beförderte die Diffusion kaum[2].

In der Praxis wird 2 bis 20% einer Silberverbindung zusammen mit einem „Träger" (Ton, Ocker) aufgeschmiert oder aufgespritzt. Die Gegenstände werden dann in einer Muffel bis unterhalb der Erweichungstemperatur (etwa 600°) erhitzt. Man kann das Silber als Oxyd evtl. gemischt mit Karbonat, Sulfat oder Sulfid anwenden. AgCl neigt zur Bildung von Flecken, wahrscheinlich infolge seiner hohen Oberflächenspannung. Bei Ersatz von AgCl durch die anderen Halide wurde die Eindringtiefe vermindert[3]:

AgCl 0,735 mm Eindringtiefe
AgBr 0,510 mm   „
AgJ   0,120 mm   „

Diese Zahlen zeigen den Einfluß des Ionenradius.
Selbst bei Erreichung des Gleichgewichts wird nur ein Teil der Ag^+-Ionen ins Glas eintreten. Die eintretende Menge ist dem Na_2O-Gehalt des Glases proportional. Treten die ausgetauschten Na^+-Ionen als NaCl in die AgCl-Masse ein, so wird deren Reaktionsfähigkeit stark herabgesetzt. Schon 1% NaCl genügt, um 25% der Diffusionsfähigkeit zu vernichten. Bei NaBr ist diese Giftwirkung noch größer. Die Wirkung der

---

[1] HEINRICHS, W.: Sprechsaal Bd. 64 (1936) S. 868.
[2] KUBASCHEWSKY, O.: Z. Elektrochem. Bd. 42 (1936) S. 5.
[3] RICHTER, M.: Glastechn. Ber. Bd. 11 (1933) S. 123.

Ton- oder Ockerpaste scheint z. T. darin zu bestehen, daß sie diese schädigenden Alkaliverbindungen aufnimmt. Nach WEYL geht diese alkalibindende Kraft des Tonüberzugs auch hervor aus vergleichenden Versuchen mit ZrO_2 und ThO_2 als Träger. Denn ZrO_2, das Alkali binden kann, ermöglicht nämlich Diffusion des Ag^+-Ions, während ThO_2, das kein Alkali bindet, keine Diffusion ermöglicht.

Die Diffusion der Ag^+-Ionen im Austausch mit den Na^+-Ionen erfolgt nach der von NERNST[1] angegebenen Gleichung: $\dfrac{1}{D} = N_A \cdot \dfrac{1}{D_A} + N_B \cdot \dfrac{1}{D_B}$, wo N_A der Anteil der diffundierenden Ionen des A-Typus, D_A deren Diffusionskoeffizient und N_B und D_B die entsprechenden Werte für den B-Typus vorstellen. Da die Diffusion von Ag^+ und Na^+ gleichzeitig und gleichartig erfolgt, ist $\dfrac{1}{D} = \dfrac{1}{2} \cdot \dfrac{1}{D_{Na^+}} + \dfrac{1}{2} \cdot \dfrac{1}{D_{Ag^+}}$.

Betrachtet man die Diffusion des Ag^+-Ions allein, so gilt das FICKsche Diffusionsgesetz $dw = -D \cdot \dfrac{dc}{dx} \cdot dt$, wo dW die diffundierende Menge per qcm und Zeit, D der Koeffizient der Diffusion, x der Abstand eines Punktes im Inneren von der Oberfläche, c die Konzentration und t die Zeit ist. Aber das FICKsche Gesetz gilt nach PASK und PARMELEE[2] nur für den Anfang der Diffusion.

°C	D_{Ag} (per qcm und Tag)	°C	D_{Ag} (per qcm und Tag)
354	$0{,}22 \cdot 10^{-4}$	590	$11{,}32 \cdot 10^{-4}$
540	$0{,}95 \cdot 10^{-4}$	615	$13{,}65 \cdot 10^{-4}$
565	$9{,}85 \cdot 10^{-4}$		

Von vielen Salzen, die versucht wurden, diffundierten allein die von Ag, Tl und V. Ihre Diffusionsgeschwindigkeit wächst mit kleinerem Ionenradius. Cu scheint nicht zu diffundieren, was verwunderlich ist, denn das Cu^+ ist kleiner als das Ag^+-Ion. Die Diffusionsgeschwindigkeit aus $Ag\,NO_3$ ist während der ersten 10 Stunden praktisch konstant und nimmt dann ab. In 36 Stunden erreicht die Diffusion bei 900° 0,42 cm, bei 500° nur 0,05 cm. Die Diffusion aus AgCl beträgt 0,8 cm bei 900°. Die Stetigkeit der Färbung leidet bei der Erweichungstemperatur und die Teilchengröße wächst nicht kontinuierlich, weil die Konzentration sich nicht kontinuierlich ändert. In den grauen Teilen des Glases erscheinen LIESEGANGsche Ringe.

Nach ZSCHIMMER[3] entspricht die diffundierende Silbermenge M der Wurzel aus der Diffusionszeit: $M = c \cdot \sqrt{t}$ oder $M = c_1 \cdot \sqrt{\lambda \cdot T}$, wo λ die elektrische Leitfähigkeit und T die absolute Temperatur ist.

Nach ZSIGMONDY[4] erfolgt die Reduktion von Ag_2O nicht durch thermischen Zerfall, sondern durch chemische Wechselwirkung mit FeO oder

[1] NERNST, W.: Z. Phys. Chem. Bd. 2 (1888) S. 613.
[2] PASK, J. A. u. C. W. PARMELEE: J. Amer. ceram. Soc. Bd. 26 (1943) S. 267.
[3] ZSCHIMMER, E.: Sprechsaal Bd. 64 (1931) S. 522.
[4] ZSIGMONDY, R.: Dinglers Polytechn. Journ. Bd. 306 (1897) S. 91. — HEINRICHS, W.: s. S. 313.

As_2O_3, die selbst zu den höheren Oxydstufen oxydiert werden. Etwas Eisen in den Rohstoffen ist deshalb erwünscht. WEYL[1] konnte diese Wirkung durch Reduktion mit Wasserstoff bei 100° erreichen. Das Glas ist dann allerdings noch farblos, verrät aber die Anwesenheit von Ag^+-Ionen durch starke Fluoreszenz im Ultraviolett.

Die Reduktion von Ag^+-Ionen zu elementaren Ag-Atomen kann auch durch *Bombardement* des Glases *mit Kathodenstrahlen oder Röntgenstrahlen* erreicht werden[2].

Wird das *Silber mit ins Glas eingeschmolzen*, so verlaufen nach SPRINGER[3] die Reaktionen bei der Farbbildung etwas anders. Ein Kalkkristallglas färbte sich gelb, aber es färbte sich nicht bei Anwesenheit von As_2O_3 oder Sb_2O_3. Normales Bleikristallglas färbte sich mit und ohne As_2O_3 schwach gelb. Erst schweres Bleikristallglas färbte sich mit und ohne As_2O_3 stark aber ungleichmäßig. In allen Gläsern kann ein Zusatz von SnO_2 die Färbung verstärken. Aber auf die Gleichmäßigkeit derselben hat es keinen Einfluß. In solchen Gläsern, mit 4% Ag_2CO_3 erschmolzen, fanden FORST und KREIDL[4] nach Zusatz steigender Mengen von Alkalihaliden folgende Färbungen:

Zunehmende Mengen von Alkalihaliden

KJ	dunkel-purpur-rot	dunkel-braun-rot	dunkel-purpurrot				
KBr	gelb-braun*	purpur-rot	purpur-rot	hell-pur-purrot	rot	hell-pur-purrot	hell-pur-purrot
NaCl	—	—	—	braun-orange*	braun-gelb*	braun-rote Flecken*	—
NaF	—	—	—	—	—	farblos	hell-grüngelb

* Die vier angekreuzten Farben treten erst beim Wiedererhitzen auf.

Bringt man das Glas in direkten Kontakt mit *Halogenidschmelzen des Silbers*, so bilden sich mit den Gläsern Gleichgewichte, die mit zunehmender Größe des Anions immer mehr zur Seite der Schmelze liegen. Sowohl im spröden wie im viskosen Glaszustand verläuft die Einwanderung linear. Diese Geraden schneiden einander im Transformationsintervall. Im viskosen Bereich ist diese Einwanderung naturgemäß verschnellt[5].

Beim *Erhitzen eines Silberspiegels* auf Glas auf 250° tritt Sammelkristallisation ein. Auf dem Glase bildet sich eine abkratzbare Schicht, die von 600° ins Glas diffundiert als Silbergelb. Der Vorgang selbst ist

[1] WEYL, W. A.: Sprechsaal Bd. 70 (1937) S. 580.
[2] WEYL, W. A.: Coloured Glasses, Sheffield 1951 S. 417.
[3] SPRINGER, L.: Sprechsaal Bd. 68 (1935) S. 470.
[4] FORST, E. u. N. J. KREIDL: J. Amer. ceram. Soc. Bd. 25 (1942) S. 278.
[5] RICHTER, M.: Glastechn. Ber. Bd. 11 (1933) S. 123.

von der Glaszusammensetzung unabhängig, nicht aber die Intensität der Gelbfärbung. Die anfangs eintretende *Sammelkristallisation* erfolgt nur in Gegenwart von Sauerstoff[1]. Das silberhaltige Glas hat erhöhte *Leitfähigkeit*.

Die Bildung der Farbzentren erfolgt nach denselben Gesetzen wie beim Goldrubin. Ein Unterschied besteht wohl insofern, als im Goldglase die Verteilung der Zentren homogen ist, im Silberglase aber einem Konzentrationsgradienten unterworfen ist. Ist letzteres nicht der Fall, so wird das Glas zu undurchsichtig. Auch nachträgliches reduzierendes Brennen wirkt auf die Durchsichtigkeit nachteilig.

Na-Gläser beizen sich besser als K-Gläser. Auch scheinen PbO und BaO geeigneter als Ca im Glase zu sein[2]. Auf die „beste" Ag-Verbindung kommt es kaum an. Die Ag-Konzentration muß größer als 5 % sein.

Die *Lichtabsorption* gleicht der gewisser Kohlegelbgläser. Sie haben eine Absorptionsbande im blaugrünen Teil des Spektrums, das nicht so schmal ist wie bei CdS-Gläsern. Dagegen besteht ein Unterschied zwischen der UV-Transmission der Silbergläser mit der aller anderen gelben Gläser. Die Absorption der gelben Gläser liegt bei 430 bis 450 mμ. Die Farbe ist nach WIEGEL[3] von der Teilchengröße sehr abhängig:

Tabelle 69

Teilchengröße	Durchfallendes Licht	Reflektiertes Licht
10 bis 20 mμ	gelb	blau
25 „ 35 „	rot	grün
35 „ 45 „	rotpurpur	gelbgrün
50 „ 60 „	blaupurpur	gelbgrün
70 „ 80 „	blau	braun
120 „ 130 „	grün	braun

Ein Gehalt von 0,3 bis 0,6 % Ag auf Glas kann dazu dienen, es *nur in einer Richtung durchsichtig* zu machen. Es wird hierzu nach Ausformen reduziert, wodurch eine spiegelnde Oberfläche entsteht (*Oneway*-Glas, s. S. 343).

Rote Silbergläser haben bei Boratbasis bei 501,7 mμ bei Phosphatbasis bei 502,5 mμ Absorption. Beide enthalten Ag-Kristalle[4]. Die rote Farbe wird sowohl von BANERJEE wie von WEYL durch die unregelmäßige Form der Ag-Kristalle erklärt.

33. Kupferrubine[5]

Die alte Kunst der Kupferrotgläser und der entsprechenden Glasuren ist von zahlreicheren Faktoren abhängig als die der Gold- und Silbergläser. Empirie spielt deshalb bei der Herstellung der Kupferrubine und Kupferrotglasuren eine größere Rolle. Die Anwendung von Zinnoxyd in nicht unbeträchtlichen Mengen, von Bleiglas und einer sorgfältig durchgeführten Wärmebehandlung erscheint unerläßlich[6]. Die berühmte *Sang-de-Boeufglasur* der Chinesen besteht aus verschiedenen Lagen mit

---

[1] LIEPUS, T.: Glastechn. Ber. Bd. 13 (1935) S. 270.
[2] SPRINGER, L.: Glastechn. Ber. Bd. 9 (1931) S. 334.
[3] WIEGEL, E.: Kolloid-Z. Bd. 53 (1930) S. 96.
[4] BANERJEE, B. K.: J. Amer. ceram. Soc. Bd. 37 (1954) S. 288.
[5] WEYL, W. A.: Coloured Glasses, Sheffield 1951 S. 420.
[6] MELLOR, J. W.: Trans. Brit. ceram. Soc. Bd. 35 (1936) S. 487.

verschiedenem Grade der Oxydation. Die rote Farbe dürfte sowohl auf Anwesenheit von metallischem Kupfer als von Kupferoxydul Cu_2O gegründet zu sein.

Die Kupferrotgläser werden von WEYL in 4 Typen eingeteilt:

1. *Kupferrubin* ist ein tiefrotes klares Glas, das metallische Kupferteilchen von kolloidalen Dimensionen enthält.

2. *Hämatinon* ist ein undurchsichtiges Glas, das Kupferteilchen von der Größe der Wellenlängen des sichtbaren Lichtes enthält. Diese Kristalle sind noch nicht groß genug, um Metallglanz zu zeigen. wohl aber groß genug, um kein Licht hindurchzulassen.

3. *Aventuringlas* entsteht, wenn nur wenige, aber große Kristalle in der Schmelze beim Abkühlen gebildet werden. Sie können 0,5 bis 1 mm groß werden. Sie zeigen Metallglanz und Reflektion, was durch ihre parallele Anordnung durch den Blas- und Ziehvorgang noch befördert wird.

4. *Kupferbeize* entsteht durch Einwanderung von Cu^+-Ionen in ein farbloses Glas und deren Reduktion zu metallischem Kupfer.

Von diesen 4 Typen wird nur der Kupferrubin technisch hergestellt. P. EBELL[1] hat bereits 1874 als erster festgestellt, daß metallisches Kupfer das färbende Element in allen Kupfergläsern ist. Er brachte feingepulvertes Aventuringlas in eine alkoholische $AgNO_3$-Lösung und erhielt so einen Niederschlag von metallischem Silber. Später hat dann der Röntgenstrahl ebenfalls für die Gegenwart metallischen Kupfers entschieden. EBELLS Veröffentlichungen über die Kupfergläser sind so bedeutsam, daß WEYL (s. o .S. 424) einen Neudruck seiner Arbeiten empfiehlt.

Der wichtigste Unterschied in der Fabrikation der *Hämatinon-* und *Aventuringläser* ist der, daß erstere ziemlich schnell abgekühlt, aber hernach einige Stunden warm getempert werden. Aventurin hingegen soll bei hohen Temperaturen erschmolzen und langsam abgekühlt werden. In beiden Fällen enthielt das geschmolzene Glas das metallische Kupfer in echter Lösung. Es ist 30mal so löslich wie Gold. Alle diese Gläser enthalten sehr viel PbO und mehr SnO_2 als CuO. Allerdings kann der Effekt, wenn auch weniger sicher, auch in gewöhnlichen Gläsern erreicht werden.

Das Metall kann wie in Goldgläsern sowohl in farbloser wie in farbiger Form vorliegen. Die farblose Form entspricht den höchsten Temperaturen, die farbige den tieferen. Durch das *Anlassen* wird die farblose Form in den Zustand der farbigen übergeführt. Diese ganze Wärmebehandlung ist viel wichtiger als alle Einflüsse der Zusammensetzung. Zinn scheint so unentbehrlich zu sein, daß es selbst analytisch zum Nachweis von Cu als Rubinglasperle benutzt werden kann, ebenso wie umgekehrt Cu in derselben Weise zum Nachweis von Sn benutzt werden kann[2]. Reduktion ist dabei schädlich, Sn wirkt also nicht als Reduktor.

Der Cu-Gehalt in Rubingläsern ist klein, meist nur 0,2%. Es wird als Oxyd zusammen mit einem Reduktionsmittel eingeführt, meist Weinstein. Bei der Reduktion bildet sich ein Gleichgewicht von Cu, Cu^+ und Cu^{2+}. Bei hohen Temperaturen bildet sich Cu^+, das bei der Abkühlung ein mit elementarem Cu übersättigtes Glas bildet. Dabei bildet sich leider

---

[1] EBELL, P.: Dinglers Polytechn. Journ. Bd. 213 (1874) S. 53.
[2] TREADWELL, F. D.: Lehrb. analyt. Chemie, 1930, I. S. 220.

auch Cu^{2+}, das grün färbt, also rot absorbiert. Deshalb verdunkelt es den Farbton trotz der leuchtenden Kupferrubinfarbe. Der hohe Graugehalt des Kupferrubins unterscheidet ihn vom Gold- und vom Selenrubin. Die Vermeidung der Bildung von Cu^{2+} kann durch Zusatz von Cu_2S oder wegen dessen Unlöslichkeit besser durch Phosphid, Cyanide oder durch SiC oder Sb bewirkt werden[1].

Den Einfluß der Anlaßzeiten, der Anlaßtemperatur und der Konzentration des Kupfers auf die Färbung zeigen die Abb. 108 und 109 nach Versuchen von ZSCHIMMER[2].

Die Abb. 108 zeigt das Verhältnis von Durchlässigkeit zu Absorption für die störende grüne Wellenlänge 550 mμ und die rote Welle von 690 mμ in Abhängigkeit von der Temperatur. Hieraus ersieht man, daß Kupferrubin bei 685° seine beste Rotdurchlässigkeit erwirbt. Das grüne Licht wird dann noch am besten verschluckt, während es bei 500° und 900° ebensogut durchgelassen wird wie das rote Licht. Die Durchlässigkeit für rot wird durch verschiedene Anlaßtemperatur kaum beeinflußt.

Die Abb. 108 zeigt auch den Einfluß der Anlaßzeit. Etwa 7 Minuten sind mindestens nötig, um bei 400 bis 570° eine Anlaßwirkung zu erreichen. Bei längerer Anlaßdauer breitet sich der Temperaturbereich auf 300 bis 580° aus. Die Temperatur des Grünminimums (685°) ist von der Anlaufzeit unabhängig.

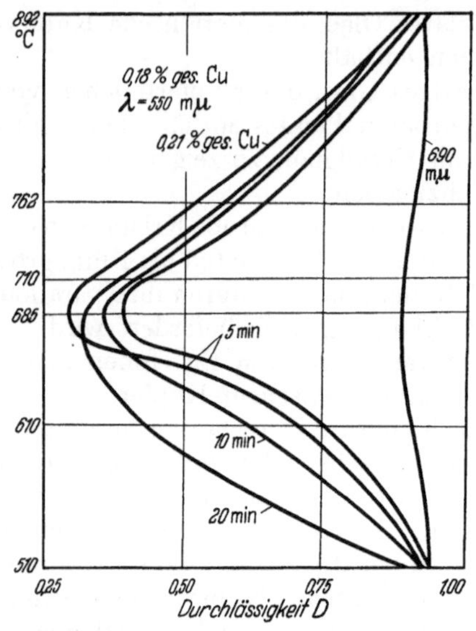

Abb. 108. D_{550} mμ-Kurven von Kupferrubin bei verschiedener Anlaufzeit. (Nach ZSCHIMMER)

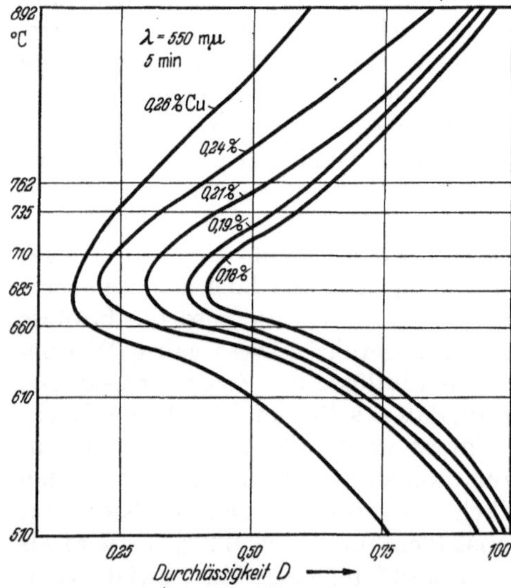

Abb. 109. D_{550} mμ-Kurven bei verschiedener Cu-Konzentration (Nach ZSCHIMMER)

[1] WEYL, W. A. und N. J. KREIDL: J. Amer. ceram. Soc. Bd. 24 (1941) S. 337.
[2] ZSCHIMMER, E.: Sprechsaal Bd. 63 (1930) S. 852.

Die Abb. 109 zeigt schließlich, daß bei allen Konzentrationen an Cu das Minimum der Gründurchlässigkeit bei derselben Temperatur liegt.

Dieser Verlauf der Kurven ist charakteristisch für die Rubinfärbungen und stimmt mit dem Befund ZSIGMONDYS überein, daß die Färbung des Goldrubins auf der Anwesenheit von kolloiddispersem Gold in kristallisierter Form beruht. Die Tiefe der Rotfärbung ist eine Funktion der Kristallisationsgeschwindigkeit. Diese Durchlässigkeitskurven haben daher einen ähnlichen Verlauf wie die Kurven der Kristallisationsgeschwindigkeit TAMMANNS an unterkühlten Schmelzen. Diese Diagramme gestatten die Beherrschung des Rubinwerdeganges.

Die *Kupferbeize* ist verwickelter als die Silberbeize, weil sie 2 bis 3 Wärmebehandlungen umfaßt. Kaliumglas ist geeigneter als Natriumglas, ZnO und MgO günstiger als CaO. PbO wirkte noch günstiger, brachte aber die Gefahr von Fleckenbildung mit sich. As_2O_3 wirkte immer günstig[1]. Meist muß man in einem zweiten Anlaßbrand die Farbe unter Reduktion vertiefen, aber in einem dritten Brand unter oxydierenden Bedingungen glänzender machen. Da sowohl Cu^+ wie auch Cu^{2+} ins Glas einwandern können, ist der erste Farbstich kein Maß für denjenigen nach dem letzten Anlassen.

Ein *Kupfer-Aventuringlas* kann in Tiegelschmelzen von 1 bis 3 kg bei langsamer Abkühlung rhythmische Entglasungen zeigen, wie LIESEGANG sie an seinen Gelatinegelen fand[2].

Durch Gemenge von *Kupfer-, Silber- und Zinksalzen* mit Trägern von Cl^--Ionen lassen sich Natron-Kalkgläser so *beizen*, daß bernsteingelbe, grüne oder rote Farbtöne entstehen. Hierbei spielt der Anteil an Silber und die Brenntemperatur bei der Erzeugung eines bestimmten Farbtons[3] eine Hauptrolle.

Einen *Kobaltrubin* kann man durch Reduktion kleiner Mengen von Kobalt in Natron-Kalkglas durch Zusatz von Silizium erhalten[4]. Es entsteht ein braunes Pyrosol mit wenig konstanter Farbe. Dieses Glas ist magnetisch.

K. Trübgläser

Lichttechnische Gläser für *Glühlampen* und *Leuchtröhren* müssen möglichst *hohe Transmission* und *Lichtzerstreuung* und möglichst *geringe Reflektion* und *Absorption* haben[5]. Die Diffusion wird durch Trübung der Glasmasse oder durch Mattierung der Oberfläche erreicht. Die Trübgläser werden als *Massivgläser* oder als *Überfanggläser* gebraucht. Das Transmissionsvermögen braucht bei Massivgläsern nicht schlechter zu sein als bei Überfanggläsern, kommt aber nie oberhalb 60%. Die Überfanggläser erleiden in der Klarschicht infolge totaler Reflexion besondere Lichtverluste, die die Transmission herabsetzen und die Absorption erhöhen.

---

[1] LECRENIER, A., P. GILARD u. L. DUBRUL: J. Soc. Glass Technol. Bd. 20 (1936) S. 225.

[2] BEYERSDÖRFER, P.: Glastechn. Ber. Bd. 20 (1942) S. 140.

[3] LEVI, O. S.: Bull. Amer. ceram. Soc. Bd. 34 (1955) S. 119.

[4] FANDERLIK, M. u. F. SCHILL: J. Soc. Glass Technol. Bd. 32 (1948) S. 122.

[5] WEIGEL, R. G.: Glastechn. Ber. 10 (1932) S. 307.

Allen Sorten Überfanggläser haben bei mehr als 50 bis 60% Transmission außer der diffusen auch die ungewünschte reguläre Transmission, d. h. sie fangen dann an, durchsichtig zu werden. Während die *Trübgläser* ein Transmissionsvermögen von 10 bis 60% haben, sind die *Mattgläser* viel durchsichtiger und ihr Transmissionsvermögen beträgt 70 bis 90%. Einseitig mattierte Gläser haben, falls die matte Seite dem Licht zugekehrt ist, ein erheblich kleineres Absorptionsvermögen als im umgekehrten Fall. Im übrigen unterscheiden sich einseitig und beiderseitig mattierte Gläser wenig voneinander. Die Lichtstreuung zeigt bei massiven Trübgläsern eine weit größere Mannigfaltigkeit als bei den Überfanggläsern. Trübgläser haben meist eine bessere Streuung als Mattgläser. Je besser die Transmission, desto schwieriger ist es, eine gute Streuung zu erhalten.

Wie bei den trüben Lösungen bestimmt auch bei den Trübgläsern die Größe der trübenden Teilchen den Zusammenhang zwischen der gerichteten und der Gesamtdurchlässigkeit[1]. Bei gleich großer Gesamtdurchlässigkeit ist sowohl die absolute Größe als auch die Wellenlängenabhängigkeit der gerichteten Durchlässigkeit um so größer, je kleiner die Teilchen sind.

Überfanggläser werden mit dünnem, weißen Überfang (flashed opal) und mit gleicher Dicke von durchsichtigem und von opakem Glas (cased opal) hergestellt. Die Teilchen, die die Lichtzerstreuung verursachen, sind selbst transparent. Es muß ein Unterschied im Brechungsindex vorhanden sein. Die Teilchen sind meist kleiner als Nebeltröpfchen und auch zahlreicher als im dichten Nebel. Die Zerstreuung des Lichts läßt sich darstellen durch $\beta = (1 - r_0)^2 \cdot e^{-q \cdot x}$, wo β das Verhältnis der durch die Opalglaskugel gemessenen Helligkeit der Lichtquelle ist, r_0 der Koeffizient der Oberflächenreflexion, q der totale Zerstreuungskoeffizient eines Glases und x die Dicke. β und x können gemessen werden, so daß q berechnet werden kann. Die Zerstreuung (q) ist für kurze Wellen größer als für lange Wellen. Bei einem bestimmten Glase z. B. ist $q = 122$ für 450 mμ (blau) und $q = 40$ für 700 mμ (rot). Für Opalglaslagen von 2 mm Dicke war bei 13 Gläsern der Reflexionsfaktor $\varrho = 0{,}24$ bis $0{,}70$ und der Transmissionsfaktor $\tau = 0{,}11$ bis $0{,}62$. Die besten Bedingungen sind: 1. die Dicke der Opalüberfangschicht sei so klein wie möglich, 2. möglichst wenig Verunreinigungen, die Absorption verursachen, 3. die zerstreuenden Teilchen müssen verhältnismäßig groß sein, 4. die Lichtquelle darf nicht sichtbar sein.

Zur Bestimmung der Größe und Zahl der opalisierenden Teilchen mißt man nach CALLOW[2] 5 Eigenschaften: 1. die totale Transmission τ' für paralleles monochromatisches Licht einer polierten Platte bekannter Dicke, 2. den totalen Reflexionskoeffizienten ϱ' desselben Lichtstrahls, 3. die Lichtmenge β desselben Strahls, die unzersetzt hindurchgeht, 4. den Brechungsindex n_0 des Grundglases und n_1 des Trübungsmittels. Hier folgen einige Zahlen nach CALLOW über Zahl und Größe der trübenden Teilchen bei Fluoridtrübung:

---

[1] SCHÖNBORN, H.: Glastechn. Ber. Bd. 8 (1930) S. 280.
[2] CALLOW, R. J.: J. Soc. Glass Technol. Bd. 35 (1951) S. 226.

Tabelle 70

% F	6,0	5,2	4,1	3,9	3,6	3,5
⌀ in μ	—	groß	0,6	—	0,4	0,3
Anzahl per cm³	—	—	$1,2 \cdot 10^{11}$	—	$1,0 \cdot 10^{11}$	$4,2 \cdot 10^{11}$
Vol. d. Kristalls in Vol.-% ...	—	—	1,1	—	0,4	0,5
Gew.-% d. Krist.	—	—	1,3	—	0,5	0,6
% F-Kristall des Glases ..	—	—	0,6	—	0,2	0,3
% F glasig im Glase	—	—	3,5	—	3,4	3,2

Nach Erhitzung auf 580° und 4 Stunden:

	6,0	5,2	4,1	3,9	3,6	3,5
⌀ in μ	0,25	0,24	0,23	0,54	0,74	0,74
Anzahl per cm³	$5,6 \cdot 10^{12}$	$5,3 \cdot 10^{12}$	$4,4 \cdot 10^{12}$	$1,1 \cdot 10^{11}$	$1,7 \cdot 10^{11}$	$1,7 \cdot 10^{11}$
Vol. d. Kristalls in Vol.-% ...	4,6	3,8	2,8	0,91	0,36	0,92
Gew.-% des Kristalls	5,3	4,4	3,2	1,1	0,42	1,1
% F-Kristall des Glases	2,4	2,0	1,5	0,5	0,2	0,5
% F glasig im Glase	3,6	3,2	2,6	3,4	3,4	3,0

Der Einfluß der F-Konzentration und der Wärmebehandlung auf die physikalischen Eigenschaften geht aus diesen Zahlen gut hervor.

Die Absorption von Opalgläsern kann nicht durch die größere Weglänge des Lichtstrahls im Glase erklärt werden, da diese höchstens das Vierfache der Wandstärke beträgt[1]. Das direkt durchgelassene Licht gehorcht exakt dem BEERschen Gesetz (s. S. 253)[2].

Der Weg des Lichts durch eine *kolloidale Lösung* oder ein *Kolloidglas* ist sichtbar (*Tyndalleffekt*). Das hier sichtbar gemachte seitlich abgebeugte Licht ist z. T. polarisiert[3]. Der Grad der *Polarisation* oder *Depolarisation* kann gemessen werden. Der Depolarisationsgrad θ ist das Verhältnis der Intensitäten vom natürlichen (n) und polarisiertem Licht (p): $\theta = \dfrac{n}{P}$. Die Abb. 110 zeigt das Strahlungsdiagramm eines größeren, von der Kugelform abweichenden Kolloidteilchens (nach BLUMER):

Im Punkte, von dem die Radien ausgehen, liegt das Teilchen, das TYNDALL-Licht aussendet. Die äußere, umgrenzende Kurve schneidet von den Radien Stücke ab, die der Intensität i_1 des vertikal schwingenden Lichtes entsprechen. Die innere Kurve bestimmt entsprechend die Radienvektoren für den unpolarisierten Anteil der TYNDALL-Strahlung. Der unpolarisierte Anteil verschwindet also fast ganz, wenn man senkrecht zum einfallenden Strahl beobachtet, das Licht ist dann vollständig linear polarisiert. Bei schwacher Neigung zur Senkrechten nimmt der unpolarisierte Anteil schnell zu. Die einseitige Asymmetrie der inneren

---

[1] GEHLHOFF, G. u. M. THOMAS: Z. techn. Phys. Bd. 9 (1928) S. 172.

[2] DROESTI, G. M.: Phil. Mag. Bd. 11 (1931) S. 80 [Ref. Glastechn. Ber. Bd. 9 (1931) S. 674].

[3] LANGE, B.: Glastechn. Ber. Bd. 5 (1927) S. 477, 488.

Kurve in Form einer liegenden 8 deutet an, daß in Richtung des einfallenden Lichtes sehr viel mehr Licht abgebeugt wird als in der entgegengesetzten in denjenigen Fällen, in denen größere und unregelmäßiger geformte Teilchen vorliegen[1]. Jeder Trübung entspricht also ein bestimmter Depolarisationsgrad. Für Beobachtungen senkrecht zum einfallenden Strahl ist die Depolarisation eine Funktion der Größe des Kolloidteilchens. Aus der Depolarisation kann man nach LANGE auf das entsprechende Strahlungsdiagramm und hierdurch auf die räumliche Verteilung der Lichtintensität schließen, die für Anwendung der Trübgläser in der Beleuchtungstechnik von Bedeutung ist.

Spannungen in Trübgläsern lassen sich durch infrarote Strahlen erkennbar machen, die auf den Kopf von Thermoelementen wirken[2].

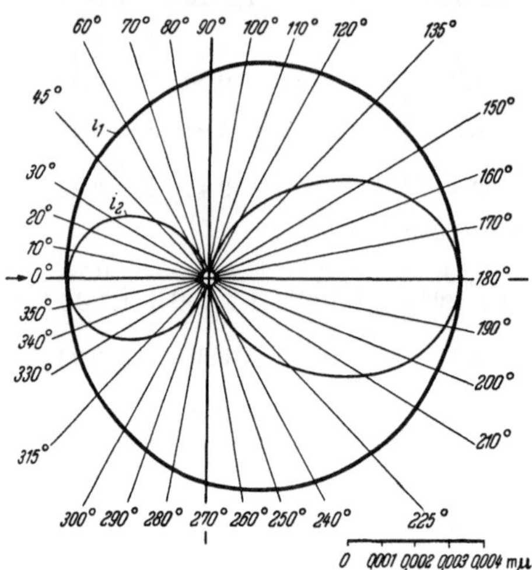

Abb. 110. Strahlungsdiagramm eines größeren, von der Kugelform abweichenden Kolloidteilchens (Nach BLUMER)

In Gläsern bilden Ionen von Hauptreihenelementen mit solchen Anionen, die schwerer polarisierbar sind als das Lösungsmittel, schwerlösliche Verbindungen. Dagegen tun dasselbe die Ionen der Nebenreihen und der Übergangselemente nur mit leichter polarisierbaren Anionen. Das ist nach DIETZEL[3] der Grund, daß sich Hauptreihenelemente nur als Fluoride ausscheiden, während sich Nebenreihen- und Übergangselemente nur als Chloride, Bromide oder Jodide ausscheiden.

Mit diesen Halogeniden erhielt DIETZEL die folgenden Trübungen:

Tabelle 71

Eingeführt	Zugesetztes Halogenidsalz	Ergebnis
10% Pb₃O₄	10% NaCl	Dicht weiß getrübt, röntgenographisch PbCl₂ identifiziert
2% AgNO₃	10% NaCl	Elfenbein getrübt. Röntgenographisch AgCl. Verfärbt an Licht dunkelblau
	10% KBr	Himbeerrot getrübt
	10% KJ	Schokoladenbraun, am Licht braunschwarz
10% CdO	10% NaCl	Dicht weiß getrübt
5% TlNO₃	10% NaCl	Dicht weiß getrübt
10% ZnO	10% NaCl	Dicht weiß getrübt
5% SnCl₂	—	Trüb

---

[1] BLUMER, H.: Z. Physik Bd. 32 (1925) S. 119.
[2] MENDENHALL, C. E. L. R. INGERSOLL u. N. H. JOHNSON: J. Opt. Soc. Amer. Bd. 15 (1927) S. 285.
[3] DIETZEL, A.: Naturwiss. Bd. 29 (1941) S. 537, (1944) S. 217.

1. Fluoridgläser[1]

Sie stellen den weitaus wichtigsten Teil der Trübgläser dar. Die Trübung der Gläser durch Fluoride wird als eine Entglasungserscheinung aus einem im Schmelzfluß homogenen Glase aufgefaßt. Ihre wichtigsten Eigenschaften z. B. allgemeine Durchlässigkeit, der Durchlässigkeit von nicht zerstreutem Licht, Reflexion und Absorption lassen sich aus den bekannten Entglasungsgesetzen TAMMANNS ableiten. Das heißt Kristallisationsgeschwindigkeit und Kernzahl der ausgeschiedenen Fluoride beeinflussen die optischen Eigenschaften[2]. Allerdings sind in extrem flußspatreichen Schmelzen Entmischungserscheinungen (s. S. 326) festgestellt worden. Bei der schnell verlaufenden Abkühlung der Trübgläser im Betrieb werden Gleichgewichte ebenso wenig wie innerhalb der bekannten Glassysteme erreicht. Die bekannt gewordenen Systeme mit Fluoriden[3] sind deshalb nur mit großen Vorbehalten zur Deutung der optischen Eigenschaften heranzuziehen.

Die trübenden Teilchen sind durch Auslaugung mit Wasser[4] oder durch Röntgenanalyse[5] als NaF festgestellt worden. Neben ihm können aber auch andere Fluoride ausgeschieden werden. KF und ZnF_2 kommen nicht vor, wohl aber Fluoride anderer zweiwertiger Metalle. Alle diese Fluoride können direkt durch entsprechend gewählte langsame Abkühlung oder aber durch Anlassen ausgeschieden werden. Erfolgte die Trübung erst durch Anlassen, so entstehen mikroskopiseh nicht definierbare Kügelchen. Durch thermische Behandlung vergrößern sie sich und zeigen die Eigenschaften von NaF, bei an Flußspat reichen Gläsern auch die Eigenschaften von CaF_2. Die Einführung von AlF_3 verursacht Trübung durch NaF. Das Verhältnis zwischen ausgeschiedenem NaF und CaF_2 wird durch das Na : Ca-Verhältnis im Glase bestimmt. Längeres Verweilen des Glases im Erweichungsbereich verursacht erhebliche Zunahme der Teilchengröße und fehlerhafte Trübung. Grobkristalline Ausscheidungen bestehen aus Cristobalit[6]. Der Entglasungscharakter der trübenden Teilchen geht aus folgenden Versuchen GEHLHOFFs und Mitarbeitern hervor: Bei schneller Abkühlung einer Schmelze auf einer Platte enthielt 1 mm² 9600 Teilchen. Bei langsamer Abkühlung im Tiegel bei 800° enthielt 1 mm² 95700 Teilchen. Bei schnellstem Abschrecken bleibt das Trübglas klar, da die Zeit zur Bildung von Kristallkeimen nicht ausreicht. Nach Unterschreitung der Erstarrungstemperatur des Fluorids nimmt die Kristallisationsgeschwindigkeit erst stark zu und bei weiterem Temperaturabfall wieder ab. Wegen der Geschwindigkeit, mit der dieses Trajekt durchlaufen wird, bleibt ein Teil des Fluorids in Lösung, wird aber bei Wiedererhitzen (Anlassen) weitgehend ausgeschieden.

---

[1] GEHLHOFF, G., H. KALSING u. M. THOMAS: Z. techn. Physik Bd. 12 (1931) S. 323.

[2] KITAIGORODSKY, J. u. S. J. KUROVSKAJA: J. Soc. Glass Technol. Bd. 16 (1932) S. 210.

[3] Phase Diagrams, J. Amer. ceram. Soc. 1947. Nov.

[4] TEDESCO, A.: Dinglers Polytechn. Journ. Bd. 271 (1889) S. 424.

[5] AGDE, G. u. H. F. KRAUSE: Z. angew. Chem. Bd. 40 (1927) S. 525, 804, 886. — RYDE, J. W. u. YATES, E.: J. Soc. Glass Technol. Bd. 10 (1926) S. 274.

[6] BÜSSEM, W. u. W. WEYL: Sprechsaal Bd. 65 (1932) S. 240.

Während des *Einschmelzens* geht ein Teil des Fluors verloren, was sich schon durch den stechenden Geruch der Abgase von Öfen, in denen Fluoridgläser erschmolzen werden, verrät. Auch enthalten die Regeneratorsteine dieser Öfen viel Fluor. Der Siedepunkt von KF ist 1505°, von NaF 1695°, von SiF_4 −65°, so daß bei den Ofentemperaturen von 1400 bis 1450° viel verflüchtigen kann. Kleine Mengen von Fluoriden verdampfen sogar so schnell, daß man mit ihnen läutern kann. Fluor verdampft je nach der Zusammensetzung der Schmelze als SiF_4[1] oder als NaF[2] und AlF_3. Dieses wurde von AGDE und KRAUSE durch Abnahme des Na- und Al-Gehaltes der Schmelze (Sublimation) bewiesen. Man kann die sublimierten Fluoride auffangen und bestimmen. In alkalischen Emailschmelzen traten SiF_4 und BF_3 nicht auf. Wohl scheint HF aufzutreten, offenbar infolge der Reaktion mit Wasser.

Als *Trübungsmittel*[3] können verschiedene Fluoride gebraucht werden: Bei Anwendung von *Kryolith* scheint die Art des R^{2+}-Ions entscheidend zu sein (s. S. 322). Na_2SiF_6 wirkt wie Kryolith. CaF_2 wirkt schwächer als beide. Es kann jedoch die Trübung durch Na_2SiF_6 verbessern[4]. *NaF* verhält sich bei Gebrauch verschiedener RO-Oxyde wie Kryolith. Die schwache Wirkung von CaF_2 wird auf hohe Löslichkeit desselben im Glase zurückgeführt. Die milchige Trübung setzt sich in Kaligläsern besser durch als in Natrongläsern, Vermehrung des Alkalis begünstigt sie. Die Läutermittel KNO_3 und As_2O_3 beeinflussen die Fluortrübung nicht oder nur wenig.

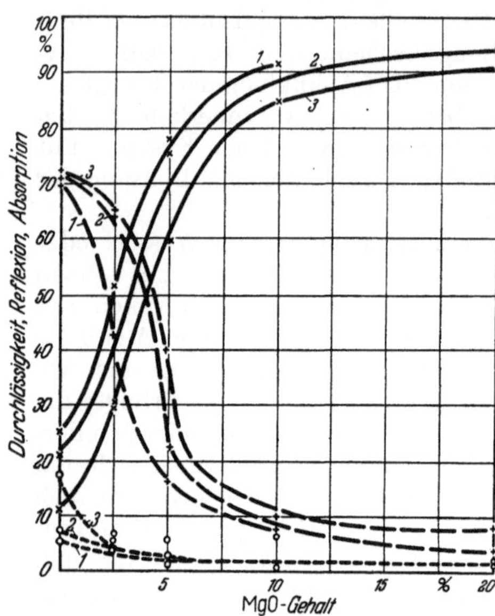

Abb. 111. Abhängigkeit der lichttechnischen Eigenschaften von der Zusammensetzung der Trübgläser: 12 bis 18% Na_2O + 88 bis 82% (SiO_2 + MgO) + 5 F auf 100 1 Stunde 1400° C, *1* 18% Na_2O, *2* 15% Na_2O, *3* 12% Na_2O, ——— Durchlässigkeit, — — Reflexion ---- Absorption (nach GEHLHOFF, KALSING und THOMAS)

Den Einfluß der chemischen Zusammensetzung des Grundglases auf die Trübung bestimmten GEHLHOFF, KALSING und THOMAS dadurch, daß sie 5% F Gläsern zufügten, die durch Abwandlung des Grundglases 82% SiO_2, 18% Na_2O erhalten wurde (Abb. 111 und 112). Die Diagramme geben den Verlauf der Durchlässigkeit, der Reflexion

---

[1] OTREMBA, A.: Ker. Rdsch. Bd. 33 (1925) S. 343, 364.
[2] AGDE u. KRAUSE: s. S. 323.
[3] FUWA, K.: J. Japan. ceram. Ass. Bd. 32 (1924) S. 280 [Ref. in Glastechn. Ber. Bd. 5 (1927) S. 371].
[4] ZSCHAKKE, F. H.: Sprechsaal Bd. 72 (1939) S. 583.

und der Absorption an für Gläser mit drei verschiedenen Natriumgehalten und wechselnden Gehalten anderer Glasoxyde.

Die *Durchlässigkeit* nimmt in der folgenden Reihenfolge der RO-Oxyde ab: MgO, CaO, SrO, BaO, ZnO und PbO. *Die Trübung* steigt mit zunehmendem Fluorgehalt und abnehmendem Gehalt an Natrium. Gläser mit PbO haben sehr starke Trübung und nur geringe Absorptionsverluste. Al_2O_3 in wenigen Prozenten verschlechtert, in hohen Prozenten verbessert die Trübung. B_2O_3 setzt die Trübung analog dem Prozentgehalt herab, K-Gläser sind schwerer zu trüben als Na-Gläser. Ein Glas ist um so leichter zu trüben, je durchlässiger es ist. Sehr dichte Gläser sind schwierig noch dichter zu machen. Die Kurven für die Durchlässigkeit sind in etwa die Spiegelbilder derjenigen für die *Reflexion*. Es ist ziemlich gleichgültig, in welcher chemischen Form das Fluor eingeführt wird. Entscheidend ist vor allem die eingeschmolzene Menge.

GEHLHOFF und Mitarbeiter fanden folgende Fluorverluste beim Schmelzen von Na_2SiF_6 mit Zusätzen:

	1 Std. 1400° mit 2,5 Mol SiO_2	1 Std. 1450° mit 2,5 Mol SiO_2	1 Std. 1400° mit 2,5 Mol Na_2O
Fluorverlust:	80,8%	85,4%	19,0%

Die Fluorverluste scheinen im Anfang der Schmelze am größten zu sein, weil das Fluor dann noch nicht im Schmelzfluß gebunden ist. Im übrigen steigen die Schmelzverluste ungefähr proportional der Temperatur. Aber der Einfluß der Temperatur auf die Fluorverluste ist weniger stark als der auf die Trübung. Die Lichtdurchlässigkeit stieg bei 7 Trübgläsern bei Erhöhung der Temperatur von 1350° auf 1450° sogar um 0 bis 4% an und war bemerkenswerterweise unabhängig von der Trübung selbst.

Es ist merkwürdig, daß Gläser mittlerer Lichtdurchlässigkeit (etwa oberhalb 40%) im Betrieb schwerer gleichmäßig zu erschmelzen sind als ganz dichte Trübgläser. Man stellt dann lieber Opalüberfanggläser her. Die Ursache ist wohl darin zu suchen, daß ein paar Prozent Trübungsverlust bei weniger getrübten Gläsern leichter zu erkennen sind als bei ganz dichten Gläsern. Bedeutend stärker als Erhöhung der Temperatur wirkt aber Verlängerung der Schmelzdauer auf die Stärke der Trübung. Bei einer Probeschmelze bei 1400° stieg die Durchlässigkeit nach Versuchen von GEHLHOFF und

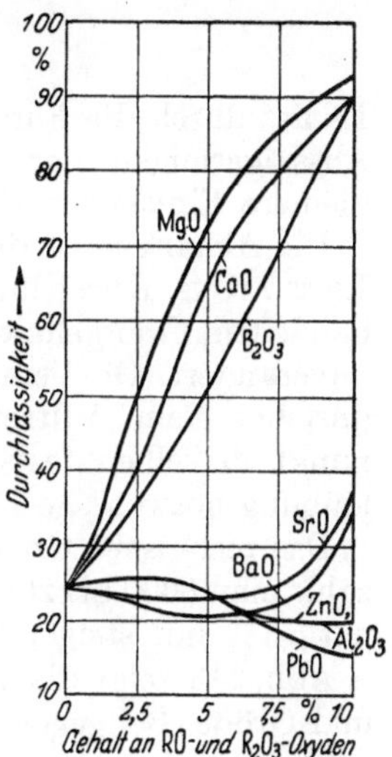

Abb. 112. Gehalt an RO- und R_2O_3-Oxyden. (Nach GEHLHOFF, KALSING und THOMAS)

Mitarbeitern bei längerer Schmelzdauer z. B. von 20 auf 31%, von 36 auf 58%, von 58 auf 80%, von 82 auf 90%. Die optischen Eigenschaften eines Glases, das von 1400° ab oder erst von 1000° ab auf eine 450° heiße Platte ausgegossen wurde, sind praktisch gleich. Bei ihnen wird nämlich das für die Fluorentglasung wichtige Trajekt mit derselben Geschwindigkeit durchlaufen.

Der Anteil an Fluor im Glase ist linear abhängig vom Fluorgehalt des Gemenges. Bei höherem Fluorgehalt des Gemenges als 7% blieb der Fluorgehalt des Glases aber konstant[1]. Fluor kommt mit der Schmelze bereits innerhalb 4 bis 16 Stunden zu einem Gleichgewicht, und die überschüssige Menge Fluor verdampft. Das zurückgehaltene Fluor, gleichgültig ob gelöst oder als Fluorid ausgeschieden, erniedrigt die Dichte und den Brechungsindex. Die Opaleszenz beginnt bei 2,5% F aufzutreten und ist bei 4% vollkommen. Die Fluormenge im Glase ist bei verschiedenen Schmelztemperaturen:

$$1350° \ldots \ldots \ 3,5\% \ F$$
$$1400° \ldots \ldots \ 3,2\% \ F$$
$$1450° \ldots \ldots \ 2,1\% \ F$$

Der Einfluß der Schmelzzeit ist nur bedeutend bis zur 16. Schmelzstunde. Bei längerem Schmelzen bleibt der Fluorgehalt konstant.

Opalglasschmelzen in Wannen können sich bösartig *entmischen*[2]. Dabei kann sich ein dünnflüssiges schweres Glas am Boden absetzen und ihn völlig wegfressen. Aus einem Opalglas hatte sich so z. B. ein Glas am Boden angesammelt von der Zusammensetzung:

$$0,4 \ \text{bis} \ 0,6\% \ \ldots \ldots \ldots \ SiO_2$$
$$19 \ \ ,, \ \ 46\% \ \ldots \ldots \ldots \ Al_2O_3$$
$$60 \ \ ,, \ \ 20\% \ \ldots \ldots \ldots \ CaO$$
$$12 \ \ ,, \ \ 42\% \ \ldots \ldots \ldots \ CaF_2$$
$$4 \ \ ,, \ \ \ 7\% \ \ldots \ldots \ldots \ Na_2O$$

Es lief durch die Fugen aus und löste den Stein auf. Die gefürchteten Aussaigerungen der betreffenden Gemengebestandteile kann durch kleinere Einlagen verhütet werden.

Die Abhängigkeit der Durchlässigkeit von der Schichtdicke ist linear. LITTLETONS Erweichungspunkt und die Dichte fallen linear mit vorhandenem Fluorgehalt. Der Ausdehnungskoeffizient von 0 bis 100° bleibt unverändert. Ob Veränderungen der Liquidustemperatur auftreten, ist unsicher. Beim Auftreten der Opaleszenz konnte CALLOW keinen Knickpunkt derselben feststellen. In Na_2O-SiO_2-Gläsern ist die zur Opaltrübung notwendige Fluormenge direkt proportional dem Na_2O-Gehalt.

Das technische Opalglas hat Teilchen von 0,5 bis 10 μ. Im Mikroskop zählt man 6000 bis 200000 Teilchen per mm². Die Durchlässigkeit nimmt natürlich mit steigender Teilchenzahl wie steigender Teilchengröße ab.

Abb. 113 zeigt die Durchlässigkeit in Abhängigkeit von Teilchenzahl und Größe. Bei gegossenen Flachgläsern von 8,5 mm Dicke war die Anzahl der Teilchen per mm² auf $^1/_2$ mm Abstand von der an der Luft gelegenen, feuerpolierten Seite $19,5 \cdot 10^4$, nahm bei 2 mm Abstand von der feuerpolierten Seite ab auf ein Minimum von $13,5 \cdot 10^4$ per mm², um

---

[1] CALLOW, R. J.: J. Soc. Glass Technol. Bd. 33 (1949) S. 255, Bd. 36 (1952) S. 266, 270.

[2] ZIGMONDY, R.: Dinglers Polytechn. Journ. Bd. 271 (1889) S. 36, 80. — UHRMANN, C. J. u. S. M. SLATER: J. Amer. ceram. Soc. Bd. 13 (1930) S. 931.

dann nach der geriffelten, am Gießtisch angelegenen Seite zu steigen auf $23,5 \cdot 10^4$ per mm² bei 7 mm Abstand von der feuerpolierten Seite[1].

Auch die Bruchflächen von Opalglas passen lichtoptisch aufeinander, was darauf schließen läßt, daß keinerlei plastische Verformung beim Bruch eintritt. Die Bruchrichtung ist im elektronenoptischen Bild an den Fähnchen erkennbar, die hinter jedem aus der Oberfläche herausragenden Kriställchen sichtbar sind.

Schleift man ein Dreischichtenglas mit Opalzwischenschicht keilförmig an, so beobachtet man bei 2000facher Vergrößerung, daß die Opalteilchen in das klare Glas nur bis zu 4,95 μ Tiefe eindringen. Diese Diffusion war sehr gleichmäßig. Dagegen war die Dicke der Opalzwischenlage nicht gleichmäßig. In dieser Schicht schwankte der Gehalt an Opalteilchen zwischen 4,62 bis $12,7 \cdot 10^7$ per mm³ bei Flachglas und von 4,6 bis $7,3 \cdot 10^7$ per mm³ bei Hohlglas. Die einzelnen trübenden Teilchen waren im Flachglas 0,57 bis 0,82 μ und in Hohlglas 0,62 bis 0,90 μ groß. Die Streuung bei diesen Messungen betrug etwa 2,4%[2].

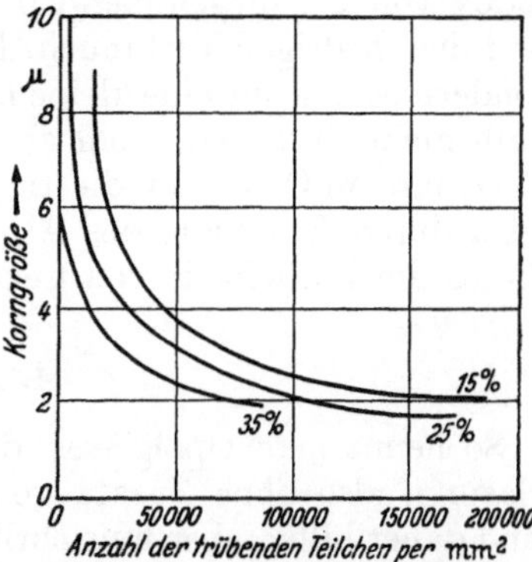

Abb. 113. — Anzahl der trüben Teilchen per mm² % Durchlässigkeit in Abhängigkeit von Zahl und Größe der Teilchen. (Nach GEHLHOFF, KALSING und THOMAS)

Die großen Teilchen sind Ursache der gefürchteten *Sprödigkeit* der Opalgläser. Sie ist also abhängig von der Verarbeitungstemperatur. Diese muß höher liegen als die Temperatur der Keimbildung. Wird bei einer tiefer liegenden Temperatur verarbeitet, so tritt infolge der Bildung zu großer Kristalle die Sprödigkeit auf[3].

2. Phosphatopalgläser. Arsenatopalgläser

Phosphatopalglas hat ausgezeichnete Eigenschaften als Trübglas[4]. Leider ist es zu teuer und daher durch das Fluoridglas verdrängt worden. Die Trübung erfolgt durch ausgeschiedenen Apatit[5]. Seine Eigenschaften werden durch Zusatz von PbO wesentlich verbessert. In solchen Bleigläsern liegt das trübende Mittel als $Pb_3(AsO_4)_2$ oder als $Pb_3(PO_4)_2$ vor[6]. Das englische *Knochenporzellan* dankt seine ausgezeichnete weiße Farbe sowohl dem lichtzerstreuenden Apatit wie auch der farblosen Eisenphosphatverbindung im Scherben.

---

[1] KERKHOF, F., R. SELIGER u. W. WESTPHAL: Glastechn. Ber. Bd. 28 (1955) S. 262.

[2] FANDERLYK, M.: Sklarske Roshledy Bd. 16 (1939) S. 62 [Ref. in Glastechn. Ber. Bd. 21 (1942) S. 9].

[3] GEHLHOFF, G. u. M. THOMAS: J. Soc. Glass Technol. Bd. 11 (1927) S. 347.

[4] ZSCHIMMER, E.: Sprechsaal Bd. 63 (1930) S. 347.

[5] WEYL, W. A.: J. Amer. ceram. Soc. Bd. 24 (1941) S. 221.

[6] ROOKSBY, H. P.: J. Soc. Glass Technol. Bd. 23 (1939) S. 76.

3. Trübung durch Cer[1]

Es kann mit gutem Erfolg zur Trübung von Emails verwendet werden. Es ist ähnlich wie Sn^{4+} schwer löslich in leicht schmelzbaren Silikatschmelzen und scheidet sich beim Erkalten wieder aus. Nach H. KOHL[2] wirken 1,5% CeO_2 so stark wie 6% SnO_2. PAQUET[3] hält das flächenzentrierte kubische CeO_2 für das trübende Agens. Sein hoher Brechungsindex von 2,3 (gegenüber 2,0 für SnO_2) erklärt seine starke Wirkung und den niedrigen Verbrauch. Es ist nicht unlöslich in Silikatschmelzen, sondern es hat nur eine kleine Lösungsgeschwindigkeit. Man kann es deshalb nicht einfritten, wohl aber zur Mühle zusetzen. Vorsinterung des CeO_2 mit MgO scheint die trübende Wirkung zu verstärken. Dasselbe wird durch Erhöhung des Al_2O_3-Gehaltes im Glase der Fall sein, weil dieses die Löslichkeit von CeO_2 noch zurückdrängt.

4. Alabasterglas

So nennt man Opalgläser, die durch absichtlich herbeigeführte Entglasung, also ohne Zusatz von Trübungsmitteln, getrübt werden. Sie sind daher billig, aber hinsichtlich ihrer Trübung wenig gleichmäßig und reproduzierbar. Ihr Hauptnachteil ist die schwer zu vermeidende Sprödigkeit, die durch etwa anwesende große Entglasungsprodukte verursacht wird. Man kann die Entglasung sowohl durch sehr saure wie auch durch sehr basische Gemenge erreichen. Für erstere ist ein Glas charakteristisch, das neben 76% SiO_2 und 19% K_2O noch B_2O_3, Na_2O und MgO enthält. Für letzteres wird ein Gemenge aus 100 Teilen Pegmatit und 22 Teilen PbO angegeben, das ein dünnflüssiges Glas ergibt.[4]

5. Säurematt

Blankätzen wird mit verdünnter HF ausgeführt, gespült und eventuell wieder nachgeätzt. Zusatz von H_2SO_4 dient zur schnelleren Entfernung etwa abgesetzter Salze.

Mattätzen[5] beruht auf bewußtem Ablagern von Salzen auf der Glasfläche, wodurch weitere Einwirkung von HF verhindert wird. Stellenweise schreitet der Angriff doch fort, was Zerklüftung der Oberfläche verursacht. Die Ätzung kann durchgeführt werden mit konzentrierter HF oder aber durch verdünnte HF mit Alkalifluoriden. Man kann auch gasförmige HF anwenden. Spült man vorsichtig, so kann man die abgesetzten Salze entfernen. Die abgesetzten Kristalle werden aber beim technischen Mattglase nicht entfernt. Sie bilden kristallähnliche pyramidale Erhebungen auf der Glasfläche und bestehen aus Na_2SiF_6 und $CaSiF_6$. Erstere bilden hexagonale Prismen, letztere Nadeln[6]. Primär entsteht CaF_2, das

---

[1] WEYL, W. A.: Coloured Glasses, Sheffield 1951 S. 229.
[2] KOHL, H.: Emailwarenindustrie Bd. 15 (1938) S. 199.
[3] PAQUET, M.: C. R. 18. Congr. chim. Ind. (1938) S. 1096.
[4] DRALLE-KEPPELER: Glasfabrikation, Bd. 2 (1931) S. 1207.
[5] REINITZER, F.: Dinglers Polytechn. Journ. Bd. 262 (1886) S. 322. — TILLOTSON, E. W.: J. Ind. Eng. Chem. Bd. 9 (1917) S. 937.
[6] HERBERT, J.: C. R. Bd. 199 (1934) S. 369.

mit H_2SiF_6 in $CaSiF_6$ und $2\,HF$ übergeht. So entstehen viele Unebenheiten, die zusammen eine lichtstreuende Oberfläche bilden. Die Anwesenheit der Schutzschicht allein ist unzureichend. Es müssen Kristallisationsbedingungen erzeugt werden, so daß die einzelnen Kristalle ihre Flächen
unabhängig von denen der Nachbarkristalle entwickeln können. Am
besten sind Pyramidenflächen[1]. Die Kristalle sind Hohlformen. Die
Keime zu ihnen bilden sich direkt auf dem Glase selbst. Dasjenige Säuregemisch ist das beste, das durch geeignete Übersättigung gerade so große
Keimzahl und Wachstumsgeschwindigkeit erzeugt, daß die Keime unabhängig von ihren Nachbarkristallen an der Glasoberfläche wachsen
können. Das erfolgt unabhängig von der Schwerlöslichkeit des Reaktionsprodukts. Eine zu große Keimzahl ruft zu feine, eine geringe Keimzahl
zu grobkörnige Mattierung hervor. Beide ergeben schlecht lichtstreuende
Gläser. Wichtig ist die Form der Kristalle. Erwünscht sind wegen der
diffusen Lichtzerstreuung viele schräge Flächen, unerwünscht viele
parallele Flächen. Die Ätzung gehorcht dem Löslichkeitsgesetz

$$\frac{\text{Konz. Me}^+ \times \text{Konz. F}^-}{\text{Konz. MeF}} = \text{Konst.}$$

Man kann den Matteffekt durch Beschleunigung des Überschreitens der
Sättigungskonzentration der sich bildenden Reaktionsprodukte verstärken. Das erfolgt hier am besten durch Zugabe eines Überschusses der
einen oder anderen Ionenart. Durch vorherige Zugabe der sich beim Ätzprozeß bildenden Reaktionsprodukte zum Mattbade kann man die Strukturen beliebig verändern. Damit ist beweisbar, daß die Reaktionsprodukte
Silikofluoride und keine Doppelfluoride sind.

Ein auf diese Weise innen mattiertes Glas ist gegenüber Stößen auf
die glatte Außenwand empfindlicher als bei unbehandeltem Glas. Gegenüber Stößen auf die mattierte Innenseite ist es weniger empfindlich[2]. Für
außen mattierte Gläser, die allerdings wegen der Gefahr der Verschmutzung selten hergestellt werden, gelten sinngemäß die umgekehrten
Erscheinungen.

Die Ursache der geringen Stoßfestigkeit liegt in kleinen Rissen, die
beim Mattieren entstanden sind und einen zu kleinen Krümmungsradius
haben. Erweitert man diese durch Anbohren oder Lösungsmittel (HCl,
Soda, kochendes Wasser usw.), so wird die Stoßfestigkeit erhöht.

Wird die mattierte Seite eines Mattglases der Lichtquelle zugewandt,
so ist die Menge des hindurchgelassenen Lichtes größer, die Menge des
reflektierten und die des absorbierten Lichtes stets kleiner, als wenn die
Mattseite dem Licht abgekehrt ist. Für ein stark mattiertes Glas beträgt
das durchgelassene Licht 69,5 bzw. 83,5%, das reflektierte 16,2 bzw.
9,8% und das absorbierte Licht 12,8 bzw. 5,8% des auffallenden Lichtes.
Die Lichtverluste im Glase kommen dadurch zustande, daß ein Teil des
Lichts im Inneren an der Glasfläche total reflektiert wird und sehr schräg
im Glase verläuft. Es erleidet so eine große Schwächung. Ist die mattierte

---

[1] HONIGMANN, L.: Glastechn. Ber. Bd. 10 (1932) S. 154.
[2] SPENCER, C. D. u. L. OTT: J. Amer. ceram. Soc. Bd. 10 (1927) S. 402.

Seite der Lichtquelle abgekehrt, so tritt die Totalreflexion bereits bei
steilem Lichteinfallswinkel auf[1].

Die Lichtzerstreuung an grob mattierten Glasflächen kommt durch
Reflexion an den verschieden orientierten Flächenelementen zustande.
Bei feinkörnigen Platten tritt ein Farbeffekt auf, der in der Gegend des
regulären Reflexionswinkels am stärksten ist. Er setzt bei um so kleineren
Einfallswinkeln ein, je feiner das Korn ist und besteht in einer bevor-
zugten Reflexion des langwelligen Lichtes. Er beruht auf einem Inter-
ferenzeffekt. Der Farbeffekt ist bei nachträglich geätzten Gläsern besonders stark, selbst bei grobkörnigen Oberflächen. Auf Beugungseffekte
ist dieser Farbeffekt nicht oder fast gar nicht zurückzuführen[2].

6. Mosaikglas

Zur Zusammensetzung von Mosaiken benutzt man meist mit Antimon-
oxyd und Zinnoxyd oder mit Arsenik getrübte Bleigläser der allgemeinen
Zusammensetzung $PbO \cdot R_2O \cdot 4\,SiO_2$ bis $PbO \cdot R_2O \cdot 6\,SiO_2$. Erst werden
farblose Trübgläser erschmolzen und aus diesen farbige Grundgläser hergestellt, die nach Bedarf gemischt werden[3].

VII. Glasfasern

1. Herstellung

Die Kunst des Verspinnens von Glas ist bereits im späten Mittelalter
in Italien ausgeübt worden. Heute hat sie sich zu einem wichtigen Teil
der Glasindustrie entwickelt. Es werden viele Verfahren zur Herstellung
der Fasern angewandt, die man in etwa 3 Gruppen einteilen kann[4]:

Stabziehverfahren: Ein Glasstab wird bei etwa 1200° abgeschmolzen
und der ausgezogene Faden auf einer Trommel aufgerollt. Die Fäden sind
6 bis 10 μ dick und werden meistens in Stücke geschnitten und direkt
versponnen.

Düsenziehverfahren aus der Schmelze: Aus etwa 100 Platin-Iridium-
düsen wird das bei 1430° austretende Glas mittels rotierender Trommeln
zu endlosen 5 bis 6 μ-Fäden ausgezogen. Zwischendurch wird der Faden
in Wachs „geschmälzt“.

Düsenblasverfahren: Das Glas wird aus 35 Düsen mittels expandieren-
dem Dampf ausgezogen und in Fasern verschiedener Länge zerrissen. Die
Fasern werden geschmälzt, gesammelt und als Band abgenommen
(6 bis 10 μ).

Die folgende Tabelle zeigt einige Eigenschaften von Einzelfasern zum
Vergleich nach KOCH[5]:

[1] PIRANI, M. u. H. SCHÖNBORN: Licht und Lampe (1926) S. 458.

[2] KAPPLER, E. u. G. SCHRICKER: Glastechn. Ber. 23 (1950) S. 29.

[3] SSELESNEW, W.: USSR Sci. techn. Departm. Nr. 230 [Ref. in Glastechn. Ber. Bd. 10 (1932) S. 220].

[4] SATLOW, G.: Glastechn. Ber. Bd. 23 (1950) S. 89. — MEYER, O., ULLMANN:
Encyklopädie Bd. 7, S. 333.

[5] KOCH, P. A.: Glastechn. Ber. Bd. 19 (1941) S. 153.

Tabelle 72

	Spezifisches Gewicht	Reißlänge km	Spezifische Festigkeit kg/mm²
Stahl	—	—	40—60
Baumwollhaar	1,48	20—45	30—67
Flachs, Einzelfaser	1,45	30—50	44—73
Schafwollhaar	1,32	10—20	13—26
Seide, entbastet	1,37	30—40	41—54
Viskosezellstoff, normal	1,50	15—30	26—46
Viskosezellstoff, hochfest	1,50	40	60
Nylon	1,12	47—62	53—70
Glasfaser je nach Feinheit	2,48	35—110	87—273

Dagegen ist die Verknüpfbarkeit, Verdrehungsfestigkeit und Scheuer-
festigkeit von Glasfasern viel geringer als bei pflanzlichen und tierischen
Fasern. Deshalb sind sie textiltechnisch schwieriger zu verarbeiten als
diese. Die nach dem Düsenziehverfahren hergestellte Glasseide mit etwa
$5\,\mu$ Dicke ist feiner als die Textilfasern, aber wegen ihres größeren
Biegungsradius auch brechbarer. Glasfasern von mehr als $12\,\mu$ sind
textilmäßig nicht mehr verarbeitbar. Glasgespinste haben niedrigere
Werte als Einzelfasern. Die Festigkeiten, Dehnung und Reißlängen von
Einzelfasern werden durch $^1/_2$ Stunden Erhitzen auf Temperaturen bis
500° nur um 10 bis 20% erniedrigt. Gespinste verhalten sich auch hier
ungünstiger.

Die chemische Zusammensetzung ist wichtig: ein alkalifreies Glas lieferte Fäden von 124 kg/mm², ein 15% Alkali enthaltendes Glas Fäden
von nur 78 kg/mm². Für *Glasseide* wird möglichst alkaliarmes Boroalumo-
silikatglas verwendet mit etwa 50 bis 55% SiO_2, 8 bis 12% B_2O_3,13 bis
15% Al_2O_3, 15 bis 17% CaO und 3 bis 5% MgO. Dagegen wird die
Stapelfaser nach dem Stabziehverfahren aus einem Glase hergestellt,
das enthält: 60 bis 65% SiO_2, 1 bis 3% B_2O_3, 4 bis 6% Al_2O_3, 4 bis
6% CaO, 3 bis 5% MgO. 14 bis 16% Na_2O und 5 bis 6% K_2O. Aber es
werden auch Gläser mit bis zu 70% SiO_2 verwendet.

Die Gläser werden meist sorgfältig vorgeschmolzen, wobei alle Verunreinigungen wie Bläschen und Steinchen ferngehalten werden. Durch
geeignete Wahl der Glasbildner senkt man die Oberflächenspannung
(z. B. durch B_2O_3 oder Alkalien), um lang spinnbares Glas zu erhalten,
das möglichst wenig Kügelchen enthält und dabei genügend hohe Viskosität und geringe Entglasung besitzt. Die Einspannlänge ist für die Beurteilung des Wertes für die Zugfestigkeit wichtig. Vergleichbar sind nur
Festigkeitszahlen, die gleiche Erzeugungsart des Fadens, gleiche Glaszusammensetzung und gleiche Prüfbedingungen vorauszusetzen erlauben. Bei geringerem Fadendurchmesser steigt bekanntlich die Festigkeit.
Gibt man aber beim Stabziehverfahren dem Glasstab einen entsprechenden Vorschub, so steigt die Festigkeit bei abnehmendem Durchmesser
nicht. „Nässen" der Fäden verringert ihre Festigkeit. Diese Minderung
ist am kleinsten beim Düsenblasverfahren, offenbar, weil die Fäden dann
schon bei der Herstellung genäßt werden. Feinere Fäden verlieren beim
Nässen mehr an Festigkeit als die gröberen, alkalireiche mehr als alkali-

arme. Der Grund liegt in der größeren Oberfläche der feineren Fäden und des großen Substanzverlustes der alkalireichen Fäden.

Die Bruchdehnungswerte liegen zwischen 2 und 4% in praktisch linearer Abhängigkeit von der Festigkeit. Bei den Garnen werden noch geringere Werte erreicht. Von 250° ab vermindert die Festigkeit. Nach 24 Stunden Erhitzung bei 400° beträgt die Festigkeit nur 50%, bei 600° nur 20% des Ausgangswertes. Die nachteiligste Eigenschaft der Glasfasern ist ihre mangelnde Geschmeidigkeit beim Knoten, d. h. ihre Sprödigkeit. Ihr Hauptverwendungszweck ist nicht das Textilgewebe, sondern die thermische und elektrische Isolation aller Art, ferner ihre Verwendung als Füllmittel in Plastika und zur Filterung.

2. Die Festigkeit von Glasfäden

A. A. GRIFFITH[1] entdeckte 1920 die erstaunlich hohe Festigkeit sehr dünner Glasfäden (Abb. 114). Die Zugfestigkeit steigt bei Fäden, deren Durchmesser kleiner ist als 12 μ mit kleiner werdendem Durchmesser, bei dünnsten Fäden bis zu 1000 kg/mm². Diese Festigkeiten übertreffen selbst die der festesten Metalle. Glasfäden von 250 bis 1000 μ haben etwa 50 kg/mm² Festigkeit. Ihre Festigkeit beträgt nur 3 bis 5% der aus der Bindungsenergie der Atome berechneten Festigkeit. Die Festigkeit der dünnsten Fasern (unter 1 μ) hingegen kommt in die Nähe der theoretisch erwarteten Werte. Die Streuung der Zugfestigkeit kann von 10% bis zu 50% betragen. Der Elastizitätsmodul und der Torsionsmodul nehmen mit abnehmendem Fadendurchmesser ebenfalls zu, allerdings weniger als die Zugfestigkeit[2]. Abätzen der Fäden mit Flußsäure erhöht alle Festigkeiten. Natürliches und künstliches Altern vermindert sie. Die Elastizität ist geringer als bei der Baumwollfaser. Ihr Modul beträgt 7000 bis 4500 kg/mm². Die Dehnung steigt nach EITEL und OBERLIES[3] linear bis zum Bruch, der bei 9μ Fäden bei 300 g/mm² per Sekunde Belastungsgeschwindigkeit bei 54 kg/mm² Spannung und 1,3% Dehnung erfolgte. Bei kleinerem Durchmesser nimmt die Dehnung zu. Wie bereits erwähnt, beeinflußt die eingespannte Länge des Fadens die Meßwerte für die Zugfestigkeit (nach ANDEREGG)[4].

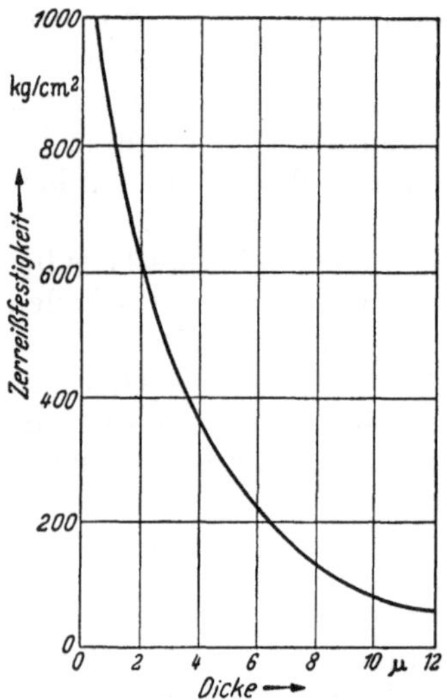

Abb. 114. Festigkeit von Glasfasern (Nach GRIFFITH)

[1] GRIFFITH, A. A.: Trans. Roy. Soc. (London) Bd. 221 A (1920) S. 163.
[2] SMEKAL, A.: Glastechn. Ber. Bd. 16 (1938) S 240.
[3] EITEL, W. u. F. OBERLIES: Glastechn. Ber. Bd. 15 (1937) S. 228.
[4] ANDEREGG, F. O.: Ind. Eng. Chem. Bd. 31 (1939) S. 290.

Die Dehnung e wird nach AN-
DEREGG durch die Formel ausgedrückt:

$$e = 1,5 + \frac{36,3}{S + 2,9}$$

wo S die Fadenlänge bedeutet.

Länge des Fadens mm	Durchmesser μ	Zugfestigkeit kg/mm²
5	13	150
20	12,5	121
90	12,7	76
1500	13,0	72

Im Vergleich mit dem Einfluß der
Dicke des Fadens ist der Einfluß der chemischen Zusammensetzung gering.

GRIFFITH fand, daß die Festigkeit der Fäden mit der Zeit nachläßt.
Er stellte den Beharrungszustand erst nach 1 bis 2 Stunden fest. SOS-
MAN fand dasselbe bei Kieselglasfäden.

Ätzt man mit 40% HF nur wenige Zehntel μ von Kieselglasfäden ab,
so steigt die Festigkeit steil an. Dann wird bei weiterem Abätzen die Zunahme der Festigkeit langsamer, und von 5 μ Abtragung an war die
Festigkeitszunahme gleichbleibend.

Bei „alten" Fäden ($d = 70\ \mu$) betrug sie 150%, bei $d = 20\ \mu$ sogar
200%. An frisch hergestellten Fäden betrug sie nur 30 bis 40%. Die hohe
Festigkeit der abgeätzten alten Fäden blieb 3 Monate anhalten, aber nach
21 Monaten war die niedrige Festigkeit zurückgebildet. In HF ausge-
führte Zerreißversuche ergaben niedrigere Werte als an Fäden, die geätzt,
gereinigt und getrocknet waren[1].

Nicht abgeätzte Fäden ergaben beim Zerreißen im Vakuum Festig-
keitszunahmen, abgeätzte Fäden änderten im Vakuum ihre Festigkeit
nicht. Da auch die Festigkeit abgeätzter Fäden mit abnehmendem Durchmesser stark erhöht wird, ist bewiesen, daß die Festigkeit nicht auf das
Vorhandensein einer Oberflächenschicht erhöhter Festigkeit zurückzuführen ist. Die Oberflächenschicht unabgeätzter Fäden erniedrigt sogar
die Festigkeit.

Auch die *elastischen Moduln* steigen mit abnehmender Fadendicke an,
allerdings langsamer als die Zerreißfestigkeit. Nach Entfernung adsor-
bierter Schichten im Vakuum blieben die Moduln unverändert. Abätzen
der Oberfläche alter Fäden lieferte dagegen eine Zunahme der Moduln. Sie
trat nicht ein bei frisch bereiteten geätzten Fäden.

Obwohl Glasfaser nicht quellbar ist wie tierische oder pflanzliche Fasern, nimmt sie doch *durch Einlegen in Wasser an Festigkeit ab*. So sinkt
die *Reißlänge* (d. i. der Quotient aus Zugfestigkeit und spezifischem Gewicht) von 65 km durch 10 Minuten Wässerungsdauer auf 50 km, um bei
längerer Verweildauer in Wasser konstant zu bleiben. Sie hat dann 23%
Festigkeitsverlust. In anderen Versuchen wurde gefunden: beim Stabziehverfahren 8%, beim Düsenziehverfahren 11% und beim Düsenblasverfahren 3%. Alkalifreie Fäden haben fast keinen Festigkeitsverlust[2].

Die niedrigen *Schlingendurchmesser* von Textilfasern werden von Glasfasern nicht erreicht. Die nach dem Stabziehverfahren hergestellten Fasern sind schlingenfähiger als die nach dem Düsenblasverfahren hergestellten. Hoher Alkaligehalt ist ungünstig.

---

[1] REINKOBER, O.: Physik. Z. Bd. 38 (1937) S. 112.
[2] KOCH, P. A.: Glastechn. Ber. Bd. 25 (1952) S. 44, 101.

Die *Verdrehbarkeit* der Fasern um ihre eigene Achse, gemessen durch den Steigwinkel der Spirale bis zum Bruch beträgt bei Kasein (äußerst geschmeidig!) 30°, bei Azetatseide 50° (geschmeidig), Baumwolle 56° (normal schmiegsam), Flachs 68° (spröde) und 85 bis 88° bei Glasfäden (extrem spröde).

Zerreißversuche an Kieselglasfäden[1] von 1 bis 10 μ ergeben in Wasser und Alkohol geringere Festigkeiten als an in Luft frisch gezogenen Fäden. Es macht nichts aus, ob die Zerreißversuche in der Flüssigkeit selbst oder in ihrem gesättigten Dampf vorgenommen werden. Die Abnahme der Zerreißfestigkeit bei Lagerung in Luft muß auf adsorbierte Wasserhaut zurückgeführt werden, da die Festigkeit in Luft nach langer Lagerung mit derjenigen in Wasser oder gesättigtem Wasserdampf übereinstimmt. Durch Entfernung der Wasserhaut (durch starkes Erhitzen im Vakuum oder Trocknen im Exsikkator) wird die Zerreißfestigkeit stark erhöht. Die Dampfadsorption vermindert die Festigkeit nach SCHURKOW um so mehr, je höher die Dielektrizitätskonstante ist. Die Festigkeit dünner Fäden läßt sich als Summe einer Volumen- und Oberflächenfestigkeit darstellen, wobei letztere durch adsorbierte Stoffe herabgesetzt wird.

Glasfäden aus Borosilikatglas von 4,4 bis 4,8 μ, die in Wasser 12% Festigkeitsverlust haben, erhalten eine Erhöhung der Festigkeit von 100%, wenn sie lange in Wasser von 90° gelagert werden. Soda-Kalkglas und Bleiglas erreichen ihre maximale Festigkeit bereits nach 4 Stunden Lagerung in heißem Wasser. Der Effekt der Minderung der Festigkeit bei Lagerung in kaltem Wasser wird von STOCKDALE, TOOLEY und YING[2] durch Eindringen des Wassers in die Oberflächenrisse und deren Ausweitung durch die Oberflächenspannung des Wassers gedeutet. Der zweite Effekt erklärt sich durch Eintritt des Wassers in den Glaskörper und daraus folgende „Abrundung" des Risses.

Die *elastische Nachwirkung* von Glasfasern bei 60% Belastung der Zugfestigkeit (in % der spontanen elastischen Deformation) nimmt mit wachsender relativer Feuchtigkeit der Luft stark zu. In Wasser war der Zuwachs noch größer besonders nach Zusatz von Benetzern, die gegen Glas chemisch inert sind. Die Größe der Nachwirkung war nach Beseitigung der Last völlig umkehrbar. In trockenen unpolaren Kohlenwasserstoffen hat Aluminium-Borosilikatglas keine elastische Nachwirkung, aber alkalische Glasfaser eine von unter 2%. Nicht alkalische Phosphatgläser ohne SiO_2 hatten Nachwirkung. Kationaktive Stoffe (Salze organischer Basen) verursachten größte Nachwirkung, die in irreversibles langsames Fließen (creep) überging. Al-Borosilikatfasern zeigten die größte Nachwirkung in wässeriger Lösung von Isoamylalkohol. In alkalischen Glasfasern rief Wasser allein dieselben Effekte hervor. Der Effekt wurde größer bei Annäherung an die technische Zugfestigkeit. Bei gleicher spezifischer Belastung hatten dickere Fasern den größeren Effekt. Wenn dünne Fasern aber 60 bis 70% der Zugfestigkeit ausgesetzt waren, hatten auch sie größere Effekte und Fließen. Fasern, die durch HF-Be-

---

[1] SCHURKOW, S.: Phys. Z. USSR Bd. 1 (1932) S. 123.

[2] STOCKDALE, G. F., F. V. TOOLEY u. C. W. YING: J. Amer. ceram. Soc. Bd. 34 (1951) S. 116.

handlung verstärkt waren, zeigten den Effekt bei höherer Belastung. Die restliche Verformung nahm dann ab[1].

3. Ursachen des anormalen Verhaltens der Glasfaser

Nach MAXWELL gilt für Glas bei hohen Temperaturen $\eta = G \cdot \tau$, wo G der veränderliche Zähigkeitsmodul und τ die Zeit ist, deren eine Spannung bedarf, um nach Entfernung einer angelegten Kraft zu verschwinden[2]. G ist in weichen Stoffen 10^6 bis 10^7 Dyn/cm^2, in festen Stoffen z. B. Glas bei gewöhnlicher Temperatur 10^{10} bis 10^{12} Dyn/cm^2. Für $\eta = 1000$ Poisen bei 1100° ist τ etwa 10^{-3} Sekunden.

In einer abkühlenden Glasfaser werden Spannungen ebenso schnell entfernt, wie sie entstehen, wenn die Relaxationszeit kürzer ist als die Abkühlungszeit t_e zwischen Oberfläche und Achse des Fadens.

Hieraus schließen BATESON u. a., daß bei schneller Abkühlung, also t_e kleiner als τ, die Temperatur des Fadens innen und außen zu der niedrigeren Temperatur abkühlen, ehe die Glasstruktur die Zeit fand, sich zu ordnen. Wenn diese Temperatur unterhalb der Transformation liegt, besteht folgender Zustand:

Durchmesser μ	Zugfestigkeit kg/cm^2 · 1000	$\dfrac{t_e}{\tau}$
250	1,5	10,1
125	2	2,8
50	4	0,44
25	6,5	0,11
12,5	10	0,03

1. Erneute Erhitzung oder Abkühlung wird keine Spannungsgradienten erzeugen.

2. Die Glasstruktur ist dieselbe wie bei hohen Temperaturen.

3. Die Faser ist spannungsfrei. Das ist die Ursache der hohen Festigkeit. In der Tat ist eine *Glasfaser* in Immersion einer Flüssigkeit von demselben Brechungsindex unter dem Polarisationsmikroskop *spannungsfrei*.

Oberflächenkompression, wie sie bei abgeschreckten Platten stattfindet, ist also bei Glasfasern *nicht vorhanden*.

In der Glasfaser ist also ein Glaszustand höherer Temperatur eingefroren worden. Das verursacht nach DIETZEL und DEEG[3] erhöhte Festigkeit und Dehnbarkeit, eine kleinere Dichte, sowie kleinere Elastizitäts- und Schubmoduli. Das so erzeugte Glas ist stärker isotrop als gewöhnlich abgekühltes Glas, weil bei diesem die Bildung von Spannungen von mikroskopischer und von submikroskopischer Größe einfach nicht zu vermeiden ist. Selbst die beste optische Feinkühlung dürfte nicht imstande sein, einen wahrhaft isotropen Glaszustand zu ermöglichen. Wegen der schroffen Abschreckung entsteht eine sperrigere Struktur (geringer Vernetzungsgrad) und größerer Abstand der Si^{4+}- und O^{2-}-Ionen in den (SiO$_4$)-Tetraedern. Das ist die Ursache der niedrigen Dichte der Glasfäden. Die eingefrorene sehr isotrope Struktur hingegen, ist zugleich mit dem bei den höheren Temperaturen vorhandenen erhöhten

---

[1] ASLANOWA, M. S. u. P. A. REBINDER: Doklady Akad. Nauk. SSSR Bd. 96 (1954) S. 299 [Ref. in Amer. Ceram. Abstr. (1955) S. 65].

[2] BATESON, S.: J. Soc. Glass Technol. Bd. 37 (1953) S. 302.

[3] DEEG, E. u. A. DIETZEL: Glastechn. Ber. Bd. 28 (1955) S. 221.

Anteil der Ionenbindung Ursache der hohen Festigkeit und des besseren elastischen Verhaltens. Offenbar ist die durch unvermeidlich ungleichmäßige Abkühlung des gewöhnlichen Glases verursachte Bildung von Fehlstellen in der Struktur bei der Glasfaser stark verringert. Auf Grund der S. 24 beschriebenen Theorie von MURGATROYD[1], nach der zwischen den starren Ketten der Glasformer „viskose" Taschen weicheren Materials liegen, die „weichere" Bindungen besitzen, kann man die Faserbildung folgendermaßen beschreiben: Die stärksten Bindungen werden von selbst in Ziehrichtung zusammengefaßt. Die schwachen Bindungen brechen dabei und stellen sich quer zur Ziehrichtung ein. In der Ziehrichtung entstehen so *Kettenstrukturen*. Ätzt man sehr dünne Fäden (von unter 1 μ) mit einer Säure, so legt man nach G. SLAYTER[2] diese Ketten bloß, so daß sie im Elektronenmikroskop bei 120000facher Vergrößerung sichtbar werden. Sie haben sinusartigen Verlauf, der bei Erhitzen verschwindet. Gröbere Fasern zeigten diese Kettenstrukturen nicht (s. S. 23).

Gegen die Kettenstrukturen spricht nach PRESTON und OTTO[3], daß der Torsionsversuch keine Bevorzugung der Ziehrichtung gegenüber der dazu senkrecht stehenden Richtung ergibt. Doch darf wegen des gewaltigen Unterschieds von Länge und Dicke bezweifelt werden, daß diese Folgerung etwas über Existenz von Kettenstrukturen aussagt. Wichtiger ist die von ihnen gemachte Entdeckung, daß Fäden verschiedener Dicke, die bei *derselben* Temperatur gezogen wurden, doch dieselbe Festigkeit hatten. Dieser Versuch scheint gegen die Ketten zu sprechen. Offenbar ist aber in Fäden verschiedener Dicke auch Glas verschiedener Temperaturen enthalten, also auch Glas verschiedener Ordnungszustände.

VIII. Schleifen

Schleifen von Glas besteht aus: 1. Beseitigung der Spannungen, 2. plastischer Deformation der Glasoberfläche und 3. dem Zerreißen der Struktur[4]. Dabei darf aber die Belastung nie so groß werden, daß konische Sprungsysteme im Inneren auftreten können. Setzt eine belastete Kugel an einer vorspringenden Ecke eines Glaswürfels an, so sprengt sie schließlich unter muscheligem Bruch einen Teil ab. Dieser Vorgang findet beim Schleifen tatsächlich statt. Die translatorische Bewegung des Glaskörpers verhilft jedem Schleifmittelkorn immer wieder zum Ansetzen neuer Ecken und Spitzen[5]. Es ergibt sich ohne weiteres ein Zusammenhang der abgeschliffenen Glasmenge mit 1. der Korngröße des Schleifmittels, 2. der Belastung des Werkzeugs und dessen Fortbewegungsgeschwindigkeit, 3. der Zahl der Schleifeindrücke in der Zeiteinheit.

[1] MURGATROYD, J. B.: J. Soc. Glass Technol. Bd. 28 (1944) S. 368, 388; Bd. 32 (1948) S. 373.
[2] SLAYTER, G.: Bull. Amer. ceram. Soc. Bd. 31 (1952) S. 276.
[3] PRESTON, F. W.: Bull. Amer. ceram. Soc. Bd. 33 (1954) S. 355. — OTTO, W. H.: J. Amer. ceram. Soc. Bd. 38 (1955) S. 122.
[4] RYSCHKEWITSCH, E.: Glastechn. Ber. Bd. 20 (1942) S. 166.
[5] FRENCH, J. W.: Glass Ind. (1923) S. 65.

Diese hängt von der Gestalt des Schleifkorns ab. Da die Körner genügend tief in das Werkzeug eindringen müssen, darf dieses nicht zu hart sein. Messing oder weiches Eisen sind besser als Stahl. Die Gestalt des Korns ist von großer Bedeutung. Flach teilbare Körner und schiefrige Substanzen sind ungeeignet, weil sie den Druck auf ihre Fläche und nicht auf Spitzen übertragen. Die Körner müssen scharfeckig sein. Deshalb sind Diamant und SiC geeignet ungeachtet ihrer Härte. Schmirgel neigt zum „Totschleifen", da seine Körner sich zu leicht verreiben. Dasselbe gilt von runden Sandkörnern. Schleifscheiben aus SiC sind weniger geeignet als loses SiC-Pulver. Während des Schleifens von Glas rollen die Schleifkörner rund auf der Glasfläche. Das verursacht Ausspringen der Glasstückchen aus der Oberfläche[1]. Der Schleifprozeß hängt nicht von der Korngröße des Schleifmittels ab. Der Abrieb von Glas mit Karborundum ist um etwa 20 bis 40% größer als bei dem härteren Borkarbid und dem Korund. Der Abschliff $S = s \cdot n \cdot G \cdot S_0$ in cm³/sek, wo s der Schleifweg in cm, n die Umdrehungen per Sekunde, G die Belastung in g, S_0 der Normalschliff ist, der den Volumverlust für 1 g Belastung auf 1 cm Schleifweg erzeugt[2]. Nur höchstens 1/1000 der geleisteten Arbeit ist wirkliche Grenzflächenarbeit. Der Hauptanteil wird zur Zerkleinerung des Schleifkorns, Abnutzung des Schleifmittels und plastischer Verformung gebraucht und geht schließlich in Wärme über. Je geringer die Schleiffestigkeit in der betreffenden Flüssigkeit ist, um so gröber ist die Schleifstruktur.

Die abgetragene Glasmenge ist dem Schleifwege und dem Schleifdruck direkt proportional[3]. Ihre Abhängigkeit von der Schleifgeschwindigkeit läßt sich als Kurve darstellen, die einen Wendepunkt und ein Maximum aufweist. Das scheint darauf zu weisen, daß die Gläser bei einer kritischen Schleifgeschwindigkeit zu erweichen beginnen. Das findet man auch beim Schleifen mit SiC-Scheiben. Bei gleicher Schleifdauer und geringer Schleifgeschwindigkeit tragen glatte Schleifscheiben z. T. mehr Glas ab als Scheiben aus Korn und Bindemittel. Für die Annahme plastischer Verformung spricht, daß v. Stösser im Schleifstaub „Späne" fand, die deutliche Spiralform aufwiesen.

Der Einfluß verschiedener Flüssigkeiten ist gering, aber vorhanden. Nicht polare Flüssigkeiten erhöhen den Abrieb um 10 bis 20%[4]. Der Abrieb und das Sedimentvolumen sind ungefähr umgekehrt zueinander proportional. Hier folgt eine Übersicht über *Bohreffekte* an Glas nach Ramsauer:

Wasser	1,00	Petroleum	1,0 bis 1,2
Benzol	0,4 bis 0,7	Terpentin	1,2 bis 1,6
Cyclohexan	0,3	Glycerin	1,2 bis 1,6
2-Äthylhexanol	1,3 bis 2,3	Silikonöl	0,4 bis 0,7
Äther	0,65		

Bemerkenswert ist der hohe Wert für Terpentin. Der Effekt scheint

---

[1] Polyakow, N. J.: Ref. in J. Amer. ceram. Soc. (1941) S. 215.
[2] Engelhardt, W. v.: Naturwiss. Bd. 23 (1946) S. 195.
[3] Stösser, K. v.: Glastechn. Ber. Bd. 18 (1940) S. 337.
[4] Ramsauer, R.: Glastechn. Ber. Bd. 24 (1951) S. 239.

darin zu bestehen, daß bei Terpentin und Petroleum der Bohrer nicht so schnell abstumpft.

Eine frisch geschliffene Glasoberfläche kann nach WEYL[1] in kürzerer Zeit poliert werden als eine alte polierte Scheibe, die bereits angelaufen war. Die noch nicht abgesättigten Bindungskräfte der frischen Glasoberfläche scheinen demnach den Angriff der Schleifkörner zu erleichtern. Alkalizusatz schadet dem Schleifvorgang.

Die *chemische Zusammensetzung* des Glases ist bekanntlich von großem Einfluß auf seine Schleifbarkeit. Die Schleifhärte von Glas ist am größten bei hohem Gehalt an SiO_2 und B_2O_3, während Na_2O, CaO und besonders PbO die Schleifhärte vermindern. Setzt man die Schleifhärte von Kieselglas = 1, so ist nach SCHOLES[2] die anderer Gläser um einen Faktor vermindert wie folgt:

Kieselglas, klar 1
Kieselglas, durchscheinend 1,15
Pyrex, Resistenzglas... 1,6

SiO_2	Al_2O_3	Na_2O	K_2O	CaO	MgO	B_2O_3	PbO	
73,2	4,0	18,3	4,6					3,4
74		16		6	4			3,2
67		16	10			7		2,4
65		15					20	5,0

Für Bleigläser läßt sich die Schleifhärte durch die Formel ausdrücken:
$$\frac{1}{K} = 155 \cdot (\% \, PbO)^{-1,435}.$$
Bei anderen Gläsern war wegen der wechselnden Zusammensetzung keine Formel zu finden[3].

IX. Polieren

Der Poliervorgang beruht nicht auf einer mechanischen Abtragung derjenigen Erhöhungen auf der Glasoberfläche, die beim Schleifen noch stehengeblieben waren, sondern auf deren plastischer Verformung, einem echten Fließvorgange. Die Bildung der neuen „*Beilby*schicht" kann unter dem Phasenmikroskop verfolgt werden[4]. Um 1 ccm Glas auf diese Weise plastisch zu verformen, sind nach W. KLEMM und A. SMEKAL[5] 10^{11} Erg nötig, d. i. eine Energiemenge von derselben Größenordnung wie die Schmelzwärme. MADELUNG[6] berechnete aus der Wärmeleitfähigkeit, daß eine Nadel unter 400 g Belastung beim Kratzen einer Glasoberfläche über einen Abstand von 20 μ eine Temperatur von 600° erzeugen kann. Diese beiden Angaben lassen daher die Theorie einer plastischen Verformung des Glases beim Polieren als physikalisch verantwortet erscheinen.

[1] WEYL, W. A.: Glass Science Bull. Bd. V (1947) S. 117.
[2] SCHOLES, S. R.: J. Amer. ceram. Soc. Bd. 28 (1945) S. 133.
[3] MOSSKWIN, B. N.: Ref. in Glastechn. Ber. Bd. 16 (1938) S. 240.
[4] ZERNICKE. F.: Chem. Weekblad Bd. 35 (1938) S. 28.
[5] KLEMM, W. u. A. SMEKAL: Naturwiss. Bd. 29 (1941) S. 688, 710, 769.
[6] MADELUNG, E.: Naturwiss. Bd. 30 (1942) S. 223.

Für plastische Verformung spricht auch, daß während des Polierens Polierrot und Luftbläschen innerhalb der Glasoberfläche eingeschlossen werden kann[1]. Ferner spricht hierfür, daß nach Ätzung der Oberfläche des bereits polierten Glases mit HF unter der Oberfläche liegende Schleifspuren sichtbar gemacht werden können[2].

Kratzer auf Glas von nur 0,3 mμ Tiefe und 0,5 mμ Breite kreuzen einander so, daß der Schnittpunkt poliert wird. Dasselbe wurde an Kristallen festgestellt. KLEMM und SMEKAL halten deshalb den Poliervorgang für eine Summierung derartiger Kreuzungen von Kratzern. Erst bei größerer Belastung der Nadeln entstanden die bekannten scharfen Diamantkratzer. Beim Trockenpolieren von fein vorgeschliffenem optischen Glas in einer mit Papier ausgelegten Schleifscheibe mit Polierrot wird die Glasoberfläche nach kürzester Zeit optisch transparent. Daher schließt MARTENSEN[3] hieraus ebenfalls auf plastische Verformung und nicht auf mechanische Abtragung von Substanz.

Unter dem Elektronenmikroskop kann man den Übergang vom Feinschliff zur polierten Fläche gut verfolgen: Zuerst wird die aus Erhebungen bestehende reflektierende Schicht schonend abgetragen. Dann erfolgt die Glättung der Oberfläche bis auf kleine Bruchteile einer Wellenlänge. Die Schleifschicht ist dann bis auf die Tiefe der Täler abgetragen

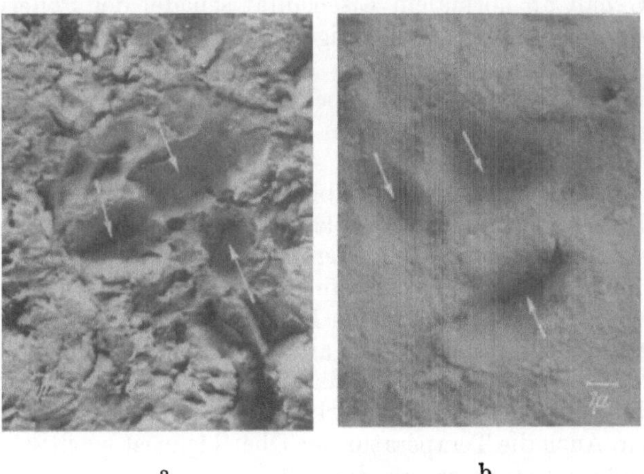

a   b

Abb. 115. Leere Schleifgrübchen. a) zu Beginn des Polierprozesses (2250 ×), b) nach 5 Minuten Polierzeit (3900 ×). (Nach BRÜCHE und POPPA)

Risse werden durch plastisch gewordenes Glas verschmiert. Am Ende des Poliervorganges bildet sich unter der Wirkung der unter großem Druck über die Fläche bewegten Polierkörner eine äußerst dünne plastische Oberflächenhaut (*Beilby*schicht) aus. Hieraus kann auf eine Er-

---

[1] WEYL, W. A.: J. Amer. ceram. Soc. Bd. 32 (1949) S. 369.
[2] SCHULZ, H.: Glastechn. Ber. Bd. 18 (1940) S. 160, 323.
[3] MARTENSEN, H.: Z. Ver. dtsch. Ing. Bd. 76 (1932) S. 761.

starrungszeit des Glases nach Entlastung in der Größenordnung von 10^{-4} Sekunden geschlossen werden[1].

Aufeinander schleifende Metalle geben hohe thermoelektrische Effekte. Hieraus schließen BOWDEN und HUGHES[2], daß schleifende Glas noch höhere Temperaturen besitzt, was zur Annahme örtlichen Erweichens und Fließens leitet.

Polierte Glasflächen haben anderen Brechungsindex wie das Innere[3]. Die Schichtdicke der Politur beträgt etwa $3 \cdot 10^{-6}$ cm. Nach Beseitigung der Politurschicht mit verdünnter Flußsäure konnten optische Kontaktflächen mit sehr vielen stark lichtstreuenden Kontaktfehlstellen nachgewiesen werden[4]. Dies sind offenbar die durch die Ätzung wieder frei gelegten, unsichtbar gewesenen Schleifkratzer. Wirklicher Gitterkontakt zwischen 2 polierten Platten findet nur an wenigen Stellen statt, weil der Abstand etwa das siebenfache des Gitterabstandes beträgt. Älter als die Theorie der Plastizierung der geschliffenen Oberfläche ist die der mechanischen Abtragung. Sie wird nur selten noch vertreten.

Das gewöhnlich gebrauchte Poliermittel ist das „Polierrot" (potée, Caput mortuum), ein aus natürlichen Eisenerzen, besser aus Eisensalzen hergestelltes Eisenoxyd. Letztere geben die feinsten Polierrote. Je dunkler die Farbe ist, desto härter sind sie. In synthetischen Rots müssen 96 bis 97% Fe_2O_3 enthalten sein. Ein Gehalt an basischen Eisensulfat nützt, ein Gehalt an normalem Eisensulfat schadet der Polierwirkung.

Die Polierwirkung steigt mit steigendem Schmelzpunkt des Poliermittels. Verwendet werden nächst „Rot" noch Kieselsäure in den Formen Quarz, Infusorienerde, Tripel und Bimsstein. Auf 1000° vorerhitztes Ceroxyd (CeO_2) wird wegen seiner großen Härte benutzt, seltener Cr_2O_3, SnO_2 und ZrO_2.

Das Polieren des Glases ist stark abhängig vom Verdünnungsgrad des Poliermittels. Zu naß bearbeitete Gläser bleiben porig, zu trocken bearbeitete bekommen bläuliche Streifen, welche durch „Verbrennen" der Oberfläche infolge der starken Reibung entstehen[5].

Es kommt aber nicht nur auf das Poliermittel an, sondern auch auf seinen Träger. Es ist wichtig, ob es auf Metall- oder Holzscheiben aufgetragen wird, ja sogar auf Art und Maserung des Holzes[6]. Der spezifische Druck des einzelnen Korns darf also eine bestimmte Grenze nicht überschreiten. Auch die Temperatur der Oberfläche ist wichtig, die heiße Oberfläche poliert sich besser als die kalte.

Während des Schleifens und Polierens wird durch die Reibung der Eisenblöcke Wasserstoff aus dem Wasser frei gemacht. Das abgeriebene Glas wird durch Wasser zersetzt und verunreinigt das Polierrot. Dieses wird durch Silikagele und Eisenhydroxyde verklebt. Aus den Schwefelresten des Rots bildet sich Na_2SO_4, das beim Trocknen des Rots aus·

---

[1] BRÜCHE, E. u. H. POPPA: Glastechn. Ber. Bd. 28 (1955) S. 232.
[2] BOWDEN, F. P. u. T. P. HUGHES: Proc. Roy. Soc. Bd. 160 A (1937) S. 575.
[3] SCHULZ, H.: Glastechn. Ber. Bd. 18 (1940) S. 160.
[4] LORD RALEIGH: Nature Bd. 139 (1937) S. 78.
[5] SCHILD: Z. VdI. (1923) S. 538.
[6] RYSCHKEWITSCH: Glastechn. Ber. Bd. 20 (1942) S. 174.

kristallisiert[1]. Ein Rotkuchen enthält viel Gips (vom Aufgipsen), Silikagel, wenig Eisenoxyd, viel Eisenhydroxyd, etwas Quarz und etwa ein Drittel hygroskopisches Wasser.

Die *Säurepolitur* durch Flußsäure ist äußerst wirksam und wird daher viel beim Polieren von Hohlglas, besonders Bleikristall gebraucht. Ihre Wirkung erhellt aus folgendem Versuch von LORD RALEIGH[2]: Eine polierte Fläche, die durch trockenes Schleifen innerhalb 30 Minuten mit feinstem Schmirgel reflektierend gemacht worden war, konnte weder durch Reiben mit Tuch, Erhitzen oder Säurebehandlung von der reflektierenden Schicht befreit werden. Dies erfolgte aber augenblicklich durch 2% HF. Bleireiche Gläser lassen sich durch HF schneller polieren als bleiarme. Bei 4 Volumteilen HF (40%) und 1 Volumteil H_2SO_4 war die Glasoberfläche am besten[3]. Der Wasserzusatz zum konzentrierten Säuregemisch darf um so größer sein, je mehr PbO das Glas enthält, ohne die Ätzzeit zu verlängern. Nach DIETZEL und Mitarbeitern ist der Wasserzusatz bei 50° gleich 2 (% PbO − 10). Man kann so die Entwicklung der schädlichen Säuredämpfe vermindern, ohne an Poliergeschwindigkeit einzubüßen. Wegen besserer Kontrolle des Poliervorgangs kann man diese Wassergrenze wohl überschreiten. Je höher die Temperatur des Bades ist, desto schneller erfolgt die Ätzung. Doch ist oberhalb 50° die Dampfentwicklung nicht mehr erträglich. An der feuerpolierten Seite des Glases werden die Schlieren durch den Ätzvorgang förmlich herauspräpariert.

X. Metallisieren

Die Verspiegelung von Glas kann auf vielerlei Weise erfolgen[4]:

Chemische Verspiegelung: Sie erfolgt durch Reduktion von Lösungen. Nur Silber und Kupfer lassen sich so als Spiegel niederschlagen.

Verspiegelung aus der Gasphase: SbH_3 und $Ni(CO)_4$ formen metallische Spiegel auf erhitzten Glasflächen.

Verdampfung von Metallen in hoch evakuierten Gefäßen: Die Auffangfläche muß kalt sein.

Kathodenzerstäubung. Das zu verspiegelnde Glasstück hängt 1 cm vor dem Kathodenblech, das mit dem negativen Pol einer Gleichstromquelle von 1000 Volt verbunden ist. Die Anode ist auf der anderen Seite des Glasstücks. Man kann so alle Metalle als Spiegel absetzen. Es handelt sich hier nicht um Verstaubung, sondern um Ablagerung ungeladener Moleküle oder Atome, die von der Oberfläche verdampfen.

Die technisch wichtigste Methode ist die der chemischen Versilberung bzw. Verkupferung. Der *Silberspiegel* ist eine Entdeckung JUSTUS LIEBIGS. Er entsteht durch chemischen Niederschlag von Ag aus wässerigen, alkalischen Lösungen von Silberverbindungen durch geeignete

---

[1] PRESTON, F. W.: J. Soc. Glass Technol. Bd. 14 (1930) S. 132.
[2] LORD RALEIGH: Proc. Roy. Soc. Bd. 160A (1937) S. 507.
[3] DIETZEL, A., A. TIELSCH u. L. ERNYEI: Sprechsaal Bd. 65 (1932) S. 5.
[4] VOLMER, M.: Glastechn. Ber. Bd. 9 (1931) S. 133.

Reduktionsmittel wie Salze der Weinsäure, Formaldehyd, Azetaldehyd, Milchzucker oder invertierten Rohrzucker. Das Silber muß in alkalischer Lösung als AgOH oder besser als komplexes Amminsalz vorliegen. Bis 90% des gelösten Silbers kann als Spiegel niedergeschlagen werden. Die Glaswand muß die Reaktion katalytisch begünstigen, und diese Wandkatalyse muß sofort nach Abscheiden des ersten Silberhauchs vom Silberbelag selbst weitergeführt werden. Deshalb setzt eine neu zugegossene Silberlösung an einem bereits begonnenen Spiegel besser an als an einem frischen Glase. Am besten katalysiert ein weiches Natronglas. Anwesenheit von Ag(OH) ist erforderlich. Ein Überschuß von NH_3 erschwert die Abspaltung von AgOH und damit die Verspiegelung. Cl^--Ionen sind wegen der Bildung unlöslichen Halogenids schädlich.

Aber die Wand bzw. das abgesetzte Silber bedürfen einer spezifischen Aktivierung der Reduktionsmittel (Stannoverbindungen oder Hydroxylamin), die allein gebraucht, wohl reduzieren, aber keinen Spiegel liefern.

Bei der technischen Verspiegelung wird die äußerst sorgfältig gereinigte Fläche mit einer $SnCl_2$-Lösung (1 : 1000 oder 1 : 1500) abgespült. An Stelle dieser 0,1%-Lösung von $SnCl_2$ kann auch gebraucht werden (in abnehmender Reihenfolge der Wirksamkeit): 0,1% alkalisches SnO_2, 0,1% $Th(NO_3)_4$, 0,20% $Zr(NO_3)_4$, 0,5% Methylenblau, 0,3% saures SnO_2 oder 0,02% $TiCl_4$.

Feuerpoliertes Glas lieferte haltbarere Spiegel als poliertes Glas. Bei der Verspiegelung kann die Reduktion an Stelle von Formaldehyd mit dem geruchlosen und billigen Triäthylamin oder Glyoxal vorgenommen werden[1].

Bei einem Glase, das längere Zeit unterhalb der Erweichungstemperatur erhitzt wurde, erfolgt die Versilberung langsamer als bei einem vorher nicht erhitzten Glase oder einem Glase, das auf den Erweichungspunkt erhitzt wurde. Bei vorher in Sauerstoff erhitzten Gläsern geht die Reaktion schneller vor sich als bei nicht oder in Luft erhitzten Gläsern. Die schönsten Spiegel wurden erhalten, wenn das Glas 50 bis 100° unterhalb der Erweichungstemperatur 30 bis 60 Minuten lang bei geringem Sauerstoffdruck aufgeheizt wurde[2].

Man stellt 2 Lösungen her, eine mit ammoniakalischem Silber, die zweite mit dem Reduktionsmittel. Schon kleine Abweichungen von der vorgeschriebenen Konzentration können die Verspiegelung mißlingen lassen[3].

Bei Stehenlassen der Silberlösung bildet sich explosives Knallsilber. Deshalb muß der nicht gebrauchte Überschuß der Silberlösung mit HNO_3 sauer gemacht werden.

Die Rolle des *Zinns beim Versilbern* wird von WEYL[4] folgendermaßen erklärt: Sn^{2+}-Ionen bilden mit O^{2-}-Ionen asymmetrische Koordinationsgruppen. Dadurch kommt eine Bildung an die O^{2-}-Ionen der Glasoberfläche zustande. Dieselben Ionen stoßen die 2 Außenelektronen des

[1] WEIN, S.: Glass Ind. Bd. 36 (1955) S. 85, 112.
[2] NAKANISHI, K.: J. Soc. chem. Ind. Japan Bd. 36 (1933) S. 595 B, 672 B.
[3] SHARP, D. E.: Glass Industry Bd. 11 (1930) S. 273.
[4] WEYL, W.: Coloured Glasses, Sheffield 1951 S. 348.

Sn^{2+} ab, so daß die Oberfläche des mit Sn^{2+} behandelten Glases eine erhöhte Elektronendichte erhält und damit metallischem Zinn ähnlicher wird. Diese auch von Pb^{2+}-Ionen bekannte Verformung ist die Ursache des metallischen Charakters einer mit $SnCl_2$ behandelten Glasoberfläche und ihres katalytischen Einflusses auf die Ausscheidung von Ag aus Lösungen. Die Rolle des Zinns kann mit der Rolle der Seife beim Waschvorgang verglichen werden. Beiden ist eine gewisse „oberflächenaktive" Kraft eigen, die zu ihrer Verbindung mit der Faser bzw. Haut bei Seife und mit der Glasoberfläche bei Stannolösungen führt.

Oberflächenreduktion eines Ag_2O enthaltenden Glases erlaubt Herstellung des *„One way"-Glases*[1] (s. S. 316). Der im Dunkeln stehende Beobachter kann durch das Glas ins Helle sehen. Der im Hellen stehende Beobachter dagegen sieht nur die Spiegelung.

Aluminium[2] hält auf abgeschrecktem Glas noch fester als auf gut gekühltem Glas. Es ist mit der Glasunterlage fest verbunden und beständig gegen atmosphärische Einflüsse.

---

[1] WEYL, W. A.: Glass Science Bull. Bd. V (1947) S. 78.
[2] LONG, B.: J. Soc. Glass Technol. Bd. 21 (1937) S. 428.

Namenverzeichnis

Sachverzeichnis